U0389163

主要作者介绍

姜传海，男，1963 年 9 月生，汉族，教授，博士生导师。1983 年 7 月毕业于兰州大学物理系，1983～1995 年在哈尔滨汽轮机厂工作，1995～2000 年在哈尔滨工业大学材料科学与工程学院攻读博士学位，2000～2001 年在上海交通大学材料科学与工程学院从事博士后工作。2001 年至今，在上海交通大学材料科学与工程学院从事材料内应力、喷丸强化及其表征等方面的教学与科研工作。2007 年在法国国立高等工程技术学院（ENSAM）做高级访问学者。

现担任国际喷丸科学委员会委员、中国机械工程学会材料分会常务理事及残余应力专业委员会副主任兼秘书长、中国机械工程学会失效分析分会常务理事及喷丸技术专业委员会常务副主任、中国机械工程学会材料分会磨料丸料专业委员会常务副主任、中国机械工程学会理化检验分会理事、中国晶体学会理事及粉末衍射专业委员会委员、中国物理学会 X 射线衍射专业委员会委员、上海市物理学会理事及 X 射线与同步辐射专业委员会主任等。

曾开设有材料组织结构表征、无损检测、X 射线衍射原理和技术、材料近代物理测试方法、不完整晶体结构及分析方法、同步辐射技术及其应用课程。

共主持国家、省部级及大中型企业科研项目百余项，发表论文 200 余篇，被 SCI 及 EI 检索 150 余篇，发明专利 20 余项。

著有《材料射线衍射和散射分析》《X 射线衍射技术及其应用》《材料组织结构的表征》《中子衍射技术及其应用》《内应力衍射分析》和《晶体结构与缺陷》等。

詹科，男，1982 年生，博士，现任教于上海理工大学材料科学与工程学院。2008～2013 年于上海交通大学材料科学与工程学院攻读博士学位，2010～2011 年获中国国家留学基金管理委员会资助赴美国弗吉尼亚大学联合培养。主要从事材料表面强化处理及残余应力分析研究，参与包括国家自然科学基金在内的多项国家和省部级科研课题以及企业课题。累计发表 SCI 及 EI 论文数十篇，参与编著《内应力衍射分析》。2014 年 10 月新增为上海市物理学会 X 射线衍射与同步辐射专业委员会青年委员。

杨传铮，男，1939 年 8 月生，侗族，教授。1963 年 6 月毕业于上海科学技术大学金属物理专业。1963 年 7 月～1988 年 9 月在中国科学院上海冶金研究所从事材料物理、X 射线衍射和电子显微镜应用方面的研究。1988 年 10 月～1993 年 5 月先后应美国 Exxon 研究与工程公司和美国 Biosym 技术有限公司邀请，在美国长岛 Brookhaven 国家实验室（BNL）从事材料的同步辐射和中子衍射散射合作研究。1993 年 6 月至 1999 年 8 月在上海大学物理系任教。现已退休。

先后为研究生开设激光光谱学、物质结构研究的理论与方法、同步辐射应用基础等课程和应用物理前沿系列讲座。先后在各种期刊杂志上发表相关论文 60 多篇。"材料科学中晶体结构和缺陷的 X 射线研究"获 1982 年度国家自然科学奖四等奖（排名第二），"遥控式 X 射线貌相机"获 1984 年上海市重大科研成果三等奖（排名第一）。

曾任中国物理学会 X 射线衍射专业委员会第一届委员（1982～1998 年）兼秘书长（1982～1986 年）、上海市物理学会 X 射线衍射与同步辐射专业委员会第一届委员兼秘书长（1982～1992 年）、上海市金属学会理事兼材料专业委员会副主任。现任上海市物理学会 X 射线衍射与同步辐射专业委员会资深委员。

著有《物相衍射分析》《晶体的射线衍射基础》。

2004 年 3 月～2011 年 10 月应中国科学院上海微系统与信息技术研究所（原冶金研究所）之聘，对纳米材料和电池活性物质及电极过程进行了大量研究，又发表论文 40 多篇。新书著有《同步辐射 X 射线应用技术基础》《纳米材料的 X 射线分析》《材料的射线衍射和散射分析》《X 射线衍射技术及其应用》《中子衍射技术及其应用》《内应力衍射分析》《科研征途辛乐行记》和《绿色二次电池的材料表征和电极过程机理》。

三位作者在上海交通大学材料科学与工程学院周志宏院士塑像前的合影

左起是姜传海、杨传铮和詹科

国家科学技术学术著作出版基金资助出版

材料喷丸强化及其 X 射线衍射表征

姜传海 詹 科 杨传铮 编著

科学出版社

北京

内 容 简 介

本书分四大部分，共 17 章。第一部分（第 1～3 章）介绍喷丸强化的基本原理、设备、工艺及其对材料/零部件性能的影响。第二部分（第 4～10 章）介绍 X 射线衍射的原理和表征喷丸强化表层结构的 X 射线衍射方法，包括晶体学及 X 射线源衍射原理、多晶物相的定量分析方法、多晶材料织构衍射分析方法、宏观应力的 X 射线衍射测定方法、多晶材料中微结构和层错的衍射线形分析、喷丸表面微结构和位错的衍射线形分析、Rietveld 全谱拟合及其在喷丸表层结构表征中的应用；第三部分（第 11～16 章）介绍对相关材料/零部件喷丸强化表层结构的 X 射线衍射表征和研究结果，包括喷丸应力的模型数值模拟，以及主要钢材、铝和铝基复合材料、钛合金及钛基复合材料、镍基高温合金单晶 DD3、重要典型零部件的喷丸表层结构表征与研究。第四部分（第 17 章）为全书的总结：弹丸对材料的作用机理和喷丸强化机理，主要包括喷丸机理分析基础——单丸条件下的受力变形分析、喷丸表层塑性变形、应力强化机理、晶粒细（纳米）化机理、组织-结构强化机理（细晶强化机理、相变强化机理、缺陷强化）。

本书可供机械、航空、航天、航海、轨道交通、高铁、汽车等方面机械部件的设计、制造和应用部门的工程技术人员阅读和参考，也可供高等院校、设计和研究院所的教师、研究人员和有关专业的研究生阅读和参考。

图书在版编目(CIP)数据

材料喷丸强化及其X射线衍射表征/姜传海等编著—北京：科学出版社，2019.6
ISBN 978-7-03-056501-3

Ⅰ. ①材⋯　Ⅱ. ①姜⋯ ②詹⋯③杨⋯　Ⅲ. ①喷丸强化-X射线衍射-研究
Ⅳ. ①TG668

中国版本图书馆 CIP 数据核字（2018）第 022713 号

责任编辑：刘凤娟　崔慧娴 / 责任校对：彭珍珍
责任印制：吴兆东 / 封面设计：无极书装

科 学 出 版 社 出版

北京东黄城根北街 16 号
邮政编码：100717
http://www.sciencep.com

北京虎彩文化传播有限公司 印刷
科学出版社发行　各地新华书店经销

*

2019 年 6 月第 一 版　开本：B5（720×1000）1/16
2019 年 6 月第一次印刷　印张：37　插页 1
字数：725 000

定价：199.00 元

（如有印装质量问题，我社负责调换）

前　言

喷丸强化是高速运动的弹丸流喷射材料/零部件表面使其表层发生塑性变形的过程。弹丸反复打击材料表面，最终在材料表面附近造成深度为 0.1~0.8mm 的塑性变形层，即强化层。通过弹丸撞击工件材料，使工件表面引入残余压应力，同时改变工件表层材料的显微组织结构，能够有效提高金属工件的疲劳强度、疲劳寿命、表面硬度、表面强度、工件抗应力腐蚀和高温环境下抗氧化等性能，在工业界，特别是在航空航天领域的应用极为广泛。运用喷丸方法对金属及其复合材料进行强化处理，可以大大改变工件表面性能。表面喷丸处理已在制丸、喷丸设备生产等方面形成产业化，被广泛用于大型造船厂、重型机械厂、汽车厂等。喷丸强化是一个冷处理过程，被广泛用于提高长期服役于高应力工况下的金属零件如飞机引擎压缩机叶片、机身结构件、汽车传动系统零件等的抗疲劳属性，因此在机械、航空、航天、航海、轨交、高铁等方面应用广泛。国内外对此都很重视，每三年召开一次的国际喷丸会议从不间断（表 0.1）。

表 0.1　国际喷丸会议表

国际喷丸会议	举办时间	举办地点	大会主席
第一届	1981 年	法国巴黎	A. Niku-Lari 博士
第二届	1984 年	美国芝加哥	H. Fuchs 教授
第三届	1987 年	德国加米施-帕滕基兴	H. Wohlfahrt 教授
第四届	1990 年	日本东京	K. Iida 教授
第五届	1993 年	英国牛津	D. Kirk 博士
第六届	1996 年	美国圣弗朗西斯科	J. Champaigne
第七届	1999 年	波兰华沙	A. Nakonieczny 教授
第八届	2002 年	德国慕尼黑	L. Wagner 教授
第九届	2005 年	法国马恩河谷	V. Schulze 教授
第十届	2008 年	日本东京	Katsuji Tosha 教授
第十一届	2011 年	美国南本德	J. Champaigne
第十二届	2014 年	德国戈斯拉尔	L. Wagner 教授

出版的一些专业书籍如下：

（1）Shot Peening：Theory and Application. Edited by Eckersey John and Champaigne Jack，1991；Steven Baiker. Shot Peening：A Dynamic Application and Its Future，3rd Edition. 2012，Metal Finishing Publishing House.

（2）Lothar Wangner. Shot Peening. Wiley-VCH，2006.

（3）Hong Yan Miao. Numerical and Theoretical Study of Shot Peening and Stress Peen Forming Process. Genie Ecanique，2010.

国内对此也非常重视，在中国机械工程学会下设立喷丸技术专业委员会，经常组织"喷丸技术"专题的会议，已出版很多相关书籍。

（1）李金桂，周师岳，胡业锋. 喷丸强化层设计与加工建议. 北京：化学工业出版社，2014.

（2）杨永红，关建军，乔明杰. 现代飞机机翼壁板数字化喷丸形成技术. 西安：西北大学出版社，2012.

（3）王仁智. 金属材料的喷丸强化与表面完整性论文集. 北京：中国宇航出版社，2011.

（4）周海良. 喷丸、喷涂技术及设备. 北京：化学工业出版社，2008.

（5）航空零件喷丸强化工业通用说明书. 中华人民共和国航天工业部航空工业标准，HB/Z26-92，1992-10-12 发布，1992-12-01 实施，航空航天工业部第三零一研究所出版，1993.

（6）方博武. 受控喷丸与残余应力理论. 济南：山东科学技术出版社，1991.

（7）王仁智. 航空材料喷丸手册. 航空航天部，1988.

（8）李国祥. 喷丸成形. 北京：国防工业出版社，1982.

（9）刘锁（王仁智）. 金属材料的疲劳性能与喷丸强化工艺. 北京：国防工业出版社，1977.

阅读这些书籍可知，其主要介绍表面喷丸强化原理、工艺和应用，涉及喷丸强化表层结构的 X 射线分析甚少。

近十来年，用 X 射线衍射来表征和研究喷丸强化表面层结构有了很大发展，上海交通大学材料科学与工程学院 X 射线实验室与有关单位紧密合作，开展了一系列研究工作，培养了大批研究生，取得了很多成果。《材料喷丸强化及其 X 射线衍射表征》就是在这样的基础上编撰的专业书籍。

本书的特色和创新点如下：

（1）突出表征喷丸强化表层结构的 X 衍射效应的实验测试研究方法，如宏观应力、微观应力、晶粒大小、位错密度、层错概率实验测定的 X 射线衍射方法，以及物相定量和织构测定等；在第 9、10 章中，除介绍一般分离多重线宽化效应外，还介绍作者建立和发展分离多重（二重、三重）宽化效应的最小二乘方法和计算机程序。

（2）突出喷丸强化表层结构的 X 射线表征，包括宏观应力、微观应力、晶粒大小、位错密度、层错概率随离表面深度的分布；

（3）突出上述结构参数与喷丸工艺参数的对应关系，如喷丸强度、复合喷丸、预应力喷丸、高温喷丸等对宏观应力、微观应力、晶粒大小、位错密度、层错概率随离表面深度的分布的影响；

（4）突出喷丸强化材料/零部件的继后处理（如退火等）过程残余应力和微结构的回复和弛豫的研究，这是很有实际意义的；

（5）突出结构参数（宏观应力、微观应力、晶粒大小、位错密度、层错概率及分布）与喷丸材料表层的性能（硬度、屈服强度）及分布的对应关系；

（6）在上述五点的基础上，首先阐明了材料表面喷丸作用机理、变形机理、应力产生机理，随后阐明了应力强化机理、晶粒细（纳米）化机理和组织-结构强化机理，组织-结构强化机理包括细（纳米）晶强化机理、相变强化机理、缺陷强化机理等。

本书可供机械、航空、航天、航海、轨交、高铁、汽车等方面机械部件的设计、制造和应用部门的工程技术人员阅读和参考，也可供高等院校、设计和研究院所的教师、研究人员和有关专业的研究生阅读和参考。

需要说明的是，除署名的三位作者外，第 11 章"喷丸应力的模型数值模拟"由朱开元博士撰写。本书实为集体的成果，许多博士研究生、硕士研究生都做出了贡献，其中有冯强、陈艳华、付鹏、栾卫志、汪舟、张广良、谢乐春、卞凯、黄俊杰、须庆和朱晨等。

衷心感谢国家科学技术学术著作出版基金的资助。感谢刘泉林、王聪和石磊三位教授对本书的推荐。

编　者

2017 年 7 月于上海交通大学

目　　录

第1章 喷丸强化原理和设备

断裂、磨损、腐蚀是金属材料的三大主要失效模式，在这三者中断裂失效的危害最大，而疲劳断裂又是断裂失效的主要形式之一。通常在宏观上疲劳断裂属于脆性破坏，在失效之前基本没有明显的塑性变形，因此很难预测。为了预防金属部件的疲劳失效，研究和预防金属零部件在服役中的疲劳断裂具有十分重要的意义。喷丸强化工艺是一种在航空、航天、兵器、汽车、核电、机车、工程机械、模具制造、电气电站设备等机械制造行业中有着广泛应用的表面强化工艺。其主要原理是利用空气压力或者离心力的作用，用高速的弹丸介质连续轰击金属材料/零部件表面，使得表面发生循环塑性变形而形成表层强化层。从应力状态看，强化层内形成了较高的残余压应力；从组织结构看，强化层晶块细化，微应变增大，位错密度增加。喷丸处理后，表层组织结构及应力的变化显著地提高了金属材料的抗疲劳、抗应力腐蚀以及抗高温氧化等性能。本章依据文献［1］～［7］的相关内容摘编而成。

1.1 喷 丸 发 展

喷丸（shot peening，SP）工艺操作简单、强化效果明显，是一种在工业生产中有着广泛应用的表面强化处理工艺。喷丸过程中，高速的丸料在反复击打材料/零部件表面时，材料/零部件表面吸收了弹丸的一部分动能，从而导致受喷材料表层产生塑性变形，在表层形成残余压应力层的同时细化表层组织结构。通过喷丸强化技术引入残余压应力、优化表层组织结构，金属材料的表面强度和硬度、抗疲劳性能以及抗应力腐蚀破裂等均能获得显著的提高。

喷丸强化技术是在喷砂清理技术基础上发展而来的，至今已有 100 多年的历史。1870 年 B. C. Tighman 获得了利用空气、水或其他气体推动石英砂、铸铁砂进行喷砂处理的第一个喷砂清理发明专利。随后第一台离心式喷丸设备面世，抛丸清理技术正式应用于实际工业生产。激冷钢丸 1908 年在美国的出现使得喷砂工艺获得进一步发展，并在此基础上形成了喷丸强化技术。1929 年，F. P. Zimmerli 等将喷丸强化技术运用到弹簧工业中，显著提高了弹簧性能，在喷丸强化技术的推广应用中起到了积极作用。1935 年美国的 E. E. Weibel 研究了喷丸强化工艺对提高金属材料零部件表面疲劳寿命的作用，为喷丸强化技术的大范围应用奠定了基础。20 世纪 40 年代，人们从强化理论出发，认识到喷丸强化技术可在金属材料表面形成残余压应力层，并有效阻碍裂纹在材料表面的萌生及扩展，从而在理论上揭示了喷丸强化能够提高处理工件的疲劳寿命的原因。其间，Almen 工程师在通用汽车公司（GM）做了大量喷丸工艺的开拓性工作，为喷丸工艺的推广做出了积极的贡献。到 20 世纪 60 年代之后，航空工业获得了快速发展，喷丸技术也被应用到航空工业中，除了喷丸强化工艺外还产生了喷丸成形技术，现在已经广泛地应用于飞机机翼的制造中。70 年代以来，为了提高机车齿轮疲劳寿命，喷丸强化技术在汽车齿轮行业中被广泛采用并获得了较大的效益。进入 80 年代后，喷丸处理技术被进一步推广到铁道、化工机械、石油开采、工程机械等行业。到了 90 年代，喷丸强化技术结合其他表面处理工艺，如电镀、等离子电解氧化（PEO），进一步优化了材料表面性能。相对于其他表面强化工艺，喷丸强化具有成本低廉、操作简单、适应范围广以及强化效果明显等一系列显著优点。因而，喷丸强化工艺在 20 世纪八九十年代被广泛应用于各种机械零件的表面强化处理。喷丸强化技术飞速发展，为了促进喷丸强化技术的国际交流，在美国斯坦福大学机械系 H. O. Fuchs 教授和法国机械工程技术研究中心 A. Niku-Lari 博士的组织和倡导下，第一届国际喷丸会议于 1981 年在法国巴黎召开。会议不仅汇聚了全球从事喷丸强化技术的专家学者以及设备制造商，还促进了对喷丸机理的分析，对工艺创新的研究与探讨，同时在国际上也形成了相应的技术规范。

我国的喷丸强化技术起步于 20 世纪 50 年代，主要援引苏联的喷丸技术，由于在执行过程中缺乏严格的喷丸质量控制和检测方法，喷丸强化技术逐渐同表面清理工序相混淆，强化过程未受到重视。但从 60 年代起，自主受控喷丸的研究逐渐受到重视，并在我国工业制造中获得了应用和发展。经过几十年的努力，我国开发出了与喷丸强化相关的设备、各种强化丸料以及用于检验和测量喷丸强化质量的弧高试片、弧高量具等硬件设备，也制定了各行业的喷丸强化技术文件、指导手册等。

1.2　喷丸强化原理

喷丸过程中，在大量高速弹丸反复的撞击下，材料表面部分动能被材料表层所吸收，使得材料表面发生剧烈的循环塑性变形，依据材料的性质和状态，受喷试样表面将发生以下几种主要变化：

(1) 表层形成残余压应力场；

(2) 表层组织结构优化（亚晶粒尺寸细化、位错组态以及密度的改变等）；

(3) 塑性诱导相变；

(4) 材料表面粗糙度的变化。

在一定条件下，应变层内的残余压应力场、亚晶细化、微应变增加、位错密度增大以及相变可成为强化因素来提高受喷件疲劳和应力腐蚀断裂抗力。然而，如果喷丸工艺控制不当，表面形成微裂纹或表面粗糙度增加，则会降低材料的疲劳性能。

高速弹丸连续撞击材料表面，表面发生反复塑性变形，由于表层与心部的变形不均匀性，因此在塑性变形层内形成了残余压应力层。同时，表层材料的组织结构经过塑性变形后也会发生规律变化，主要体现在晶块细化、微应变增加、位错数量增加。图 1.1 为单个弹丸撞击试样后材料表层残余压应力及组织结构的变化，其中压痕的深度主要由弹丸直径、能量以及喷丸入射角决定。随着弹丸的多次撞击，受喷试样表面压坑逐渐变为平缓。在压坑下一定深度内形成的塑性变形层中，图 1.1 (c) 为变形层内残余应力分布。同时，变形层内材料的组织结构发生如图 1.1 (d) 和 (e) 所示变化。喷丸强化后的组织结构是一种亚稳态，在加热或者外加载荷的条件下，其亚稳态将向稳定态转化。

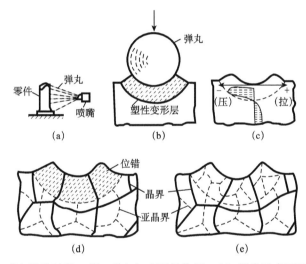

图 1.1　(a) 喷丸强化过程；(b) 弹丸与表面的作用；(c) 强化后表面塑性变形层内的
残余应力分布；(d) 喷丸层微观结构；(e) 喷丸层在外场下微观结构变化

喷丸强化机理主要分为残余压应力强化和组织结构强化。表面为材料的薄弱点，疲劳裂纹易于在材料表面萌生。而当有残余压应力存在时，对于表面无缺陷试样，在外加载荷不太高的条件下，疲劳断裂寿命主要消耗在表面疲劳裂纹成核期中，产生疲劳裂纹源的循环次数约占整个断裂循环次数的 90% 以上。因此，残余压应力能够在裂纹产生前很长一段过程中起到降低交变载荷中拉应力的水平作用，阻碍了裂纹源的产生。当试样存在缺陷或微裂纹，喷丸后形成的残余应力深度又超过裂纹的深度时，喷丸残余压应力的作用在于降低裂纹尖端附近的拉应力水平，使得裂纹的扩展速率明显减弱。此外，残余压应力还能有效阻止位于最大剪应力方向附近的晶体滑移，达到提高材料性能的目的。

残余应力在改善材料疲劳性能方面是一个很有力的因素，但在疲劳试验过程中，由于交变载荷和温度的作用，残余应力将会发生松弛。另外，喷丸后变形层内晶块细化、微应变增加、位错密度增大，对于一些材料还会发生塑性诱导相变强化。这一组织结构的变化提高了其表面硬度。同时，由于大量微观缺陷的存在，可以提高一些合金元素从内部向表层的扩散速率，利用这一特点，对一些电站用耐热不锈钢进行表面喷丸处理可以提高其抗氧化性能。例如 TP304H 钢，通过优化喷丸处理后，其表面氧化皮中的 Cr 元素含量明显增加，形成了一层致密的 Cr_2O_3，其在 650～770℃温度区间抗水蒸气氧化性能显著。还有研究利用这种喷丸后微观结构的变化，降低渗氮的温度。与残余应力相似，在温度和交变载荷的作用下，强化层的组织也伴随着变化，亚晶粒、晶粒尺寸逐渐长大，位错密度逐渐降低。

喷丸对材料表面粗糙度的改变弱化了喷丸强化效果。在其他喷丸参数不变的情况下，弹丸尺寸越大，喷丸强度越高，喷丸后材料表面粗糙度也越大。因此，在喷丸过程中通过选择合适的喷丸强化参数，可以使得残余压应力强化的效果远高于粗糙度的提高所带来的不利影响，最终获得优异的强化效果。

1.3　喷　丸　机

喷丸机依据弹丸的输送系统可以分为两种类型：气动式喷丸机，机械离心式喷丸机。任何一种形式的喷丸机均应具备以下四个主要系统：

(1) 弹丸加速（抛出）系统：使弹丸获得足够的动能，以便锤击金属表面。

(2) 弹丸提升系统：将喷射到金属表面后落入底部的弹丸重新提升至一定高度，然后输入弹丸加速机构。

(3) 筛分及隔离系统：筛分不合格弹丸，排除喷丸机工作室内的金属和非金属粉尘。

(4) 零件运转系统：供零件在喷丸过程中作一定方式的运转，以满足规定表面获得均匀喷丸的要求。

此外，对于不同类型的喷丸机，还需具备其他一些辅助机构，下面分别予以阐述。

1.3.1　气动式喷丸机

弹丸由压缩空气驱动而获得高速运动的喷丸机称为气动式喷丸机。按弹丸的运动方式，又可将它们分为吸入式、重力式和直接加压式三种类型。

气动式喷丸机可以对一些零部件关键区域实现喷丸强化处理，从而提高零部件的性能。喷丸机具有以下几个优点：

第一，对于一些不规则或者几何结构复杂的工件，可以准确控制喷丸强化的弹丸流、喷丸角度、喷丸区域等。图 1.2 为配备了长杆导向喷嘴的喷丸设备，其中导流喷枪可以合适的角度喷射此工件上嵌壁式轮廓的所有边缘。

图 1.2　不规则零部件喷丸强化处理的实物照片

第二，喷丸机可以实现选择性喷丸强化。对于一些工件，仅需要对一些特定的区域进行喷丸强化处理。如图 1.3 中的连杆轴，仅需要对轴颈的接触面进行喷丸强化处理，而其他表面无须进行处理。

第三，喷丸机可以实现两个表面的同步喷丸强化。对于薄壁零部件，当对单独一面进行喷丸强化时，表面的变形和残余应力的分布可能导致工件变形，如果在对未喷丸强化的一面应用相同的处理，则有可能因两面残余应力分布的交互作用而无法准确地修正变形。薄片两面同步喷丸有利于避免喷丸强化引起的变形，例如图 1.4 对燃气涡轮气压机叶片的同步喷丸强化处理。

图 1.3　连杆轴喷丸强化处理的　　　图 1.4　燃气涡轮气压机叶片的同步喷丸
　　　　　实物照片　　　　　　　　　　　　强化处理的实物照片

第四，喷丸机特别是气动式喷丸机，可用于喷射塑料甚至聚氨酯泡沫颗粒等低密度的磨料，可以实现较低的喷丸强度。

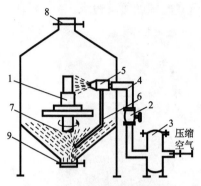

图 1.5　吸入式气动喷丸机结构图

1-零件；2-阀门；3-过滤器；4-管道；
5-喷嘴；6-导丸管；7-储丸箱；
8-排尘管；9-换丸口

1. 吸入式气动喷丸机

吸入式气动喷丸机的工作原理是向安装在喷嘴后部的空气喷射器喷射压缩空气流，空气从喷射器中加速流出，当高压空气通过喷嘴喉部时，喷嘴内的导管口处立即形成负压，弹丸由储丸箱透过导丸管而被吸入喷嘴内，然后随高压空气一道由喷嘴喷射出去（图 1.5）。吸入式气动喷丸机的工作过程如下：将零件置于工作室内的转动台上，打开压缩空气阀门 2，空气经过过滤器 3 通过管道 4 进入喷嘴 5，将弹丸通过导丸管 6 吸入喷嘴内，在混合室内混合后将弹丸喷射至零件表面。失速弹丸落入储丸箱 7 后可再度进入导丸管，以此往复循环，喷丸过程便可连续进行。喷丸机工作室内的金属和非金属粉尘由排尘机构通过排尘管 8 被排出室外。

吸入式气动喷丸机使用的弹丸一般为比重较轻（约 2.0g/cm^3）的玻璃弹丸，直径一般不超过 0.6mm。而比重较重、尺寸较大的金属弹丸一般不采用这种驱动方式，因为它们难以靠负压吸入喷嘴。设计和制造吸入式气动喷丸机需要注意以下几个问题：

第一，喷丸机工作室内往往需要安装数个喷嘴（有的数量达十余个），为保证喷丸过程中各喷嘴前的压力不产生较大幅度的下降，需要消耗相当可观的压缩空气量，因此压缩空气机到喷丸机的总进气管面积应大于各喷嘴进气管面积的总和。在一般情况下，喷丸机的总进气管不应随意由车间的通用管路上采用分流方式接通，而应直接通往压缩型气站或安装独立系统的压缩空气机。

第二，储丸导管的长度应尽量短，喷嘴与储丸箱的距离（高度）应尽量小，以减小弹丸在导管内的运动阻力。

第三，由于压缩空气中含有大量的水分和油垢，在进入喷嘴前需要安装过滤器，以将它们滤掉。在使用玻璃弹丸进行干喷丸时，这个措施尤为重要，否则弹丸经过若干次循环后会变潮湿而发生黏结，由此致使弹丸在导管内堵塞。

第四，为减小喷嘴前空气压力的波动，应在管路中安装增压罐，其容积在可能的情况下应尽量大一些。

第五，根据零件的形状和尺寸确定喷嘴的安放位置，喷嘴在工作室内应能灵活调整，在一般情况下，喷嘴与零件表面的距离应处于100～250mm的范围。

第六，喷嘴几何形状的设计很重要。在相同的空气压力条件下，喷嘴设计得当可以获得更高的弹丸速度。

图1.6为两种典型的喷嘴构图：直筒形和文丘里形。直筒形喷嘴的入口直径等于或者大于喷丸软管的内径，在靠近喉部有一个直径逐渐减小的引入段，接下来在喷嘴的出口端是一个等径孔道，压缩静态压力一直保持到喉部，然后从喉部开始膨胀，失去静态压力，获得速度压力。随着空气膨胀，空气和弹丸在经过喷嘴孔道时不断加速，直到从喷嘴末端以最大速度喷出。直筒形喷嘴的弹丸冲击主要集中在中心区域，四周比较分散，这种分散是由喷嘴出口的湍流造成的，湍流通常使直筒形喷嘴的噪声大于文丘里形喷嘴的噪声。文丘里形喷嘴也有一个引入段，然后孔道沿出口方向逐渐变宽，这种构造能够使空气快速自然膨胀，并能减少出口处的湍流，与直筒形喷嘴相比，这种喷嘴产生的喷丸区域比较宽，冲击强度也更加均匀。

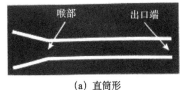

(a) 直筒形　　　　　　　(b) 文丘里形

图1.6 两种喷嘴的构图：直筒形和文丘里形

喷嘴的长度一般为50～200mm，喷嘴较长，弹丸的加速时间也较长，因此产生的强度比短喷嘴略高。通常，用耐磨的碳化物材料制作喷嘴，碳化硼耐磨性最高，但是碳化钨的耐磨性相对于弹丸来说已足够，而且价格较低。碳化物的内衬脆性较大，因此需使用铝罩或者聚氨酯罩进行保护。

如果将储丸箱内注入水（或溶液），使水与弹丸混合后通过导丸管进入喷嘴，然后由喷嘴喷射出，与上述干喷法相比，这是一种湿喷法，即液体喷丸法。液体喷丸机的设计与制造除考虑上述要求之外，储丸箱必须安装弹丸搅拌装置。一般通过压缩空气搅拌，以保证弹丸和水的良好混合。为了使弹丸顺畅通过导丸管而不发生堵塞，需要在导丸管的下端安装水泵，由其协助弹丸提升到喷嘴内，然后随压缩空气由喷嘴喷射出去。

2. 重力式气动喷丸机

重力式弹丸进入喷嘴不是靠喷嘴喉部的负压，而是借助于弹丸的自重自动流入喷嘴内，然后随高压空气一道由喷嘴喷射出。这种喷丸机的工作过程如下：零件放置在喷丸机工作室的运转台上，弹丸由提升机提升到一定的高度，弹丸靠自重流入弹丸分离器。图1.7为重力式气动喷丸机结构图。

在这里对小于规定尺寸的弹丸进行分离，不符合要求的弹丸流入废料箱中，

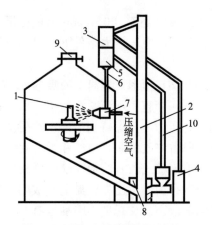

图 1.7　重力式气动喷丸机结构图
1-零件；2-提升机；3-弹丸分离器；4-废料箱；
5-储丸箱；6-流量调节阀；7-喷嘴；
8-弹丸收集箱；9-排尘管；10-过剩弹丸溢出管

而合格的弹丸输入储丸箱。弹丸通过流量调节阀流入喷嘴，然后随高压空气一道喷射出。失重弹丸流入弹丸收集箱并待提升机再行提升。以此循环进行连续不断的喷丸。工作室内的金属和金属粉尘由排尘机构通过管道排出室外。

这种喷丸机的结构比吸入式的复杂一些。它适用于比重较高、尺寸较大（直径＞0.4mm）的铸铁弹丸或钢弹丸。它的设计与制造原则上应满足吸入式喷丸机的要求。此外，弹丸在这种喷丸机内的运动方式有利于在顶部安装弹丸分离器，由它来分离由于磨损失重而变小的不符合规定要求的弹丸，这是确保喷丸强化质量的重要环节之一。早期的分离器中采用筛网结构，但因破碎的弹丸易将筛孔堵塞，在长期使用中筛网也易磨损，所以难以确保弹丸筛选质量。目前多用气动方式过筛，这种气动分离器的结构如图 1.8 所示。其工作原理为：提升至一定高度的弹丸靠自重流入分离器，弹丸由隔板向储丸箱分散降落，由侧面吹来的压缩空气将小于规定尺寸要求的弹丸送入废丸管，而灰尘通过导管排出室外。合格弹丸落入储丸箱，然后通过流量调节阀流入喷丸机内的喷嘴，由此完成弹丸的筛选。

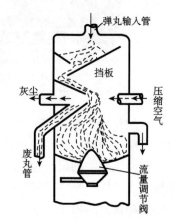

图 1.8　气动式弹丸分离结构图

3. 直接加压式气动喷丸机

第三种气动式喷丸机为直接加压式气动喷丸机。图 1.9 为直接加压式气动喷丸机结构图。具体原理为：弹丸与压缩空气在混合室内混合后，通过导管进入喷嘴，然后由喷嘴喷射出。这种喷丸机的工作过程如下：提升机将弹丸输送给弹丸分离器，分离出的废弹丸被送至废料箱，合格弹丸落入储存箱，通过流量调控阀进入增压箱，然后再进入空气混合室。最后，通过导丸管进入喷嘴，由喷嘴喷出。

以上介绍了三种类型的气动式喷丸机。这类喷丸机的优点在于灵活性高，工作室内的喷嘴数目和安放位置可根据零件的尺寸和几何形状的变动而随时调整。它的缺点是耗费功率较大，生产效率较低。对于零件的品种繁多，几何形状复杂而产量又不高，具备公用压缩空气站的工厂，采用这种气动式喷丸机最适宜。

另外，由于喷嘴在柔性软管上具有移动性，因此，气动式喷丸设备可以与机器人系统相结合，对于准确性和可重复性要求较高的喷丸强化应用，使用臂式机器人变得越来越普遍。机器人不仅可以确保喷丸工艺的一致性，还可以使用位置编码使机器臂自由移动，提高处理工艺的灵活性以及效率。目前，国内外均已经开发出了数控气动式喷丸机，如图 1.10 所示。

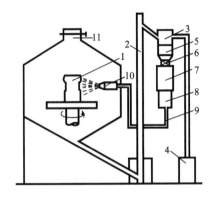

图 1.9　直接加压式气动喷丸机结构图
1-零件；2-提升机；3-弹丸分离器；4-废料箱；
5-储存箱；6-流量调节阀；7-增压箱；8-混合室；
9-导丸管；10-喷嘴；11-排尘管

图 1.10　数控气动式喷丸机

在气动式喷丸机中，弹丸的筛分及排尘系统十分重要，因为弹丸的质量是影响喷丸强化效果的重要因素。气动式喷丸机的弹丸筛分及隔离系统一般主要包括：空气冲洗设备——用于清除粉尘和碎屑；弹丸尺寸分选设备——清除尺寸过小和破碎的弹丸；弹丸圆度分选设备——清除非圆和破碎的弹丸。用于弹丸尺寸分选的振动筛系统一般设有重型底座，在底座中有一个配备了电机激振器的组件，电动机驱动偏心重块产生振动。此外，在振动组件内还有用于筛选粉尘和碎屑的网筛和用于接收粉尘和碎屑的底盘。上部筛子用于筛除过大的弹丸，下部筛子用于筛除过小的弹丸，两个筛子之间尺寸适中的弹丸被回收重新进入喷丸系统。

为了正确地指定筛网的筛孔尺寸，具体可参考弹丸粒径分布。上部筛子的筛孔尺寸与弹丸分级表中的最大筛孔尺寸相当，主要筛除过大的碎屑，下部筛子筛孔尺寸应大致为所使用弹丸的标准尺寸的一半。调控偏心重块，可实现最有效的筛选操作。

1.3.2　机械离心式喷丸机

弹丸靠高速旋转的抛丸器抛出而获得高速运动的喷丸机称为机械离心式喷丸机。它的主要结构如图 1.11 所示。其主要由抛丸器、抛丸强化室、提升机、弹丸介质分离器及粉尘收集器组成。其工作原理与重力式气动喷丸机基本相同，不过这里弹丸不是依靠压缩空气驱动，而是靠抛丸器来驱动的。这种喷丸机的优点是耗费功率低、生产效率高、喷丸强化质量较稳定。

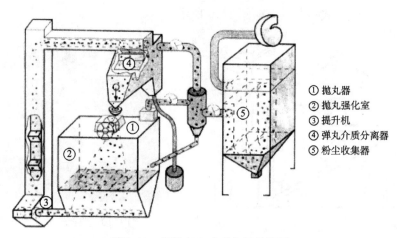

① 抛丸器
② 抛丸强化室
③ 提升机
④ 弹丸介质分离器
⑤ 粉尘收集器

图 1.11　机械离心式喷丸机结构图

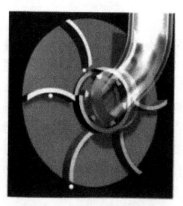

图 1.12　抛丸器的结构图

抛丸器的结构如图 1.12 所示。抛丸器主要由叶片、分丸轮、定向套、导丸管组成，弹丸从导丸管进入分丸轮分丸，从定向套（图 1.13）开口处进入叶片，由叶片加速抛出弹丸。通常，叶轮的直径一般为 300～400mm，叶轮转速为 1500～3000r/min，弹丸离开叶轮的切向速度一般为 45～75m/s。定向套中的开口是影响加工强化区的参数。定向套中开口越大意味着强化区越长，同时，抛丸器出口与待强化表面之间的距离也会对强化区产生影响，距离越长，强化区越长。需要注意，弹丸冲击动能会随着距离的增加而减小。图 1.14 为抛丸器工作示意图。

在定向套固定到抛丸器中时，定向套的位置是一项需要控制的重要参数，如果固定位置不当，会导致抛丸器外壳受到冲击磨损，并且影响强化效果。图 1.15 为几种安装定向套的示意图。

(a)   (b)

图 1.13　（a）预装配叶轮的分丸轮和定向套；（b）分丸轮和定向套

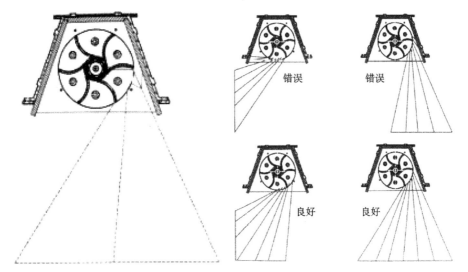

错误　　　　　错误

良好　　　　　良好

图 1.14　抛丸器工作示意图　　　　图 1.15　几种安装定向套的示意图

　　抛丸器抛射的弹丸介质经过多孔板的孔隙，落入抛丸室下方的弹丸介质料斗，料斗的底部装有连续输送螺杆，此输送螺杆通过横向螺旋将回收后的弹丸介质输送到斗式提升机。提升机由一个全钢外壳包围，内部配有优质的橡胶带，在橡胶带上均匀分布一些耐磨斗，提升机将耐磨斗中没有经过分离处理的弹丸介质卸载到分离器中。

　　空气分离装置与斗式提升机相连，回收后的弹丸介质经弹丸分离装置进行分离和筛分。在这个过程中，较重的粉尘颗粒直接在粉尘集料斗中得以分离，空气携带较细粉尘颗粒流入滤筒中。图 1.16 为抛丸机的弹丸分离及粉尘收集装置示意图。

　　抛丸强化室一般采用稳定的结构制成，内部采用耐磨钢进行保护，防止因大量高速弹丸撞击而出现磨损和泄漏。图 1.17 为抛丸室内部和外壳。外壳应方便操作以方便维护人员进行内部操作。

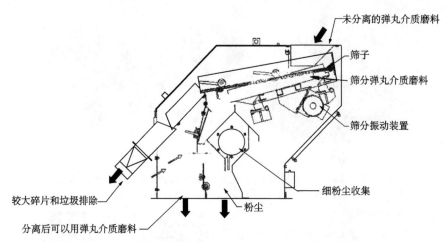

图 1.16　抛丸机的弹丸分离及粉尘收集装置示意图

图 1.17　抛丸室内部和外壳

　　根据零件的喷丸强度要求及其形状等确定零件在工作室内的运动方式。通常零件采用的典型运动方式有以下几种：

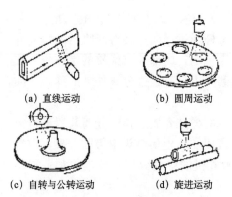

图 1.18　零件在工作室内的典型运动方式

　　（1）直线运动：零件只做简单的单向或往复直线运动，见图 1.18（a）。

　　（2）圆周运动：零件随工作台只做简单的圆周运动，见图 1.18（b）。

　　（3）自转与公转运动：零件随工作台做圆周运动的同时本身还自转，见图 1.18（c）。

　　（4）旋进运动：零件做直线运动的同时本身还自转，见图 1.18（d）。

　　无论是以上这些运动方式还是其他运动方式，其目的都是使零件表面获得预先规定的喷丸强度和最佳的表面覆盖率。

1.3.3　喷丸机选择原则

根据喷丸强化零件品种及产量的多少来选择喷丸机的类型。目前还没有一种标准型的万用喷丸机。我国工业部门目前为达到强化目的所使用的喷丸机，绝大部分是根据具体情况设计和制造的。在一般情况下，应根据下述条件选择喷丸机的类型。

选择气动式喷丸机的条件：

(1) 零件品种繁多而每种产量较低。

(2) 零件的品种虽少但其形状较复杂。

(3) 零件的喷丸强度较低，可以采用玻璃弹丸或直径较小的金属弹丸。

(4) 需要采用液体喷丸方式。

(5) 工厂中备有现成的公用压缩空气站。

选择机械离心式喷丸机的条件：

(1) 零件品种不多但每种产量较高。

(2) 零件的尺寸较大且形状简单。

(3) 零件的喷丸强度较高，需要采用大直径的金属弹丸。

(4) 工厂中无现成的公用压缩空气站。

当然，上述选择喷丸机类型的各种条件是相对而言的。在无现成的压缩空气站而需要设计制造气动式喷丸机时，可单独安装一台小型专用的压缩空气机（如流量为 $8m^3/min$）。在有现成的压缩空气站的地方，根据需要也可设计制造机械离心式喷丸机。气动式喷丸机的灵活性高，喷嘴的数目和安放位置可根据零件的尺寸、形状、喷丸强度随时改动。在零件品种繁多而产量不高的情况下，一台机器可完成多种零件的喷丸强化。显然，在此情况下设备的利用率高，经济性好，如果采用机械离心式喷丸机，可能需要多台设备才能完成多种零件的喷丸强化，这样势必造成设备的利用率低、经济性差，反之亦然。总之，应综合考虑实际需要、可能性、经济等原则，合理地选择喷丸机的类型。

1.4　弹 丸 种 类

喷丸所采用的介质，一般泛称为弹丸，它对接受喷丸的工件表面质量有很大的影响。经过几十年的发展，已出现了许多不同种类的喷丸介质，它们在材料品质、机械性能、几何形状和颗粒大小等方面都有很大差别。

根据材料的品质，常用弹丸可分为铸铁弹丸、铸钢弹丸、不锈钢弹丸、钢丝切割弹丸（以下称钢丝切丸）、玻璃弹丸、陶瓷弹丸及其他非金属材料弹丸等七类。近年来，工业生产中用得最多的是铸铁弹丸、铸钢弹丸、钢丝切丸和陶瓷弹丸。在有害健康的石英砂被淘汰之后，铸铁是最早用于制造弹丸的金属材料。20

世纪 20 年代末，国外已有冷硬铸铁弹丸和冷硬铸铁碎砂投入市场。此后，由于使用了装有抛射轮的新式喷丸设备，对弹丸的质量和寿命都提出了更高的要求。40 年代末开始采用经过热处理的弹丸，不久，又发展了钢丝切割弹丸。其后一段时间，喷丸材料发展很快，1955 年，美国利用电炉熔化的钢料直接喷雾生产弹丸，这种弹丸的质量已能满足喷丸技术很多方面的要求。欧洲已于 60 年代初开始生产这种钢弹丸并获得专利，同时制定了相应的标准。在很多场合，金属弹丸并不适用，这促进了非金属材料的发展。目前已有多种合成材料和矿物性材料，乃至植物性材料，可供选用，这里包括刚玉（氧化铝）、金刚砂（碳化硅）、高炉渣、铜砂和锆砂等。应用较多的是刚玉弹丸，它可以是采石场的散碎天然矿物，也可以是熔炼制成的电刚玉。特殊场合也用斩段的尼龙丝或植物性弹丸，如磨碎的胡桃壳、杏子核等。

喷丸介质的机械性能指标主要是抗冲击韧性和硬度两个方面。由于喷丸时弹丸高速喷射，弹丸必须具有较高的抗冲击韧性才能避免大量破碎。显然，钢弹丸的抗冲击韧性高于铸铁弹丸，其中尤以钢丝切割丸的韧性最好。弹丸硬度与喷丸的强度密切相关，它直接影响到喷丸的效果。一般应在保证弹丸足够韧性的条件下，尽量提高硬度。受控喷丸以强化工件为目的，它与清理喷丸不同，对弹丸有严格的几何形状要求。弹丸切忌带有尖锐棱角。工业上常用的金属弹丸可分为球形弹丸和带棱边的弹丸两种，而喷丸强化的弹丸以球形为宜。

同一种类弹丸的尺寸相差也很大，可以从几微米到几毫米，应根据喷丸目的和工艺条件，按照标准选用。

1.4.1　喷丸过程中弹丸的状态

喷丸时弹丸依靠压缩空气或叶轮加速后撞击工件表面。当这种弹丸流碰撞工件时，弹丸的运动方向将突然改变，同时伴有能量的转移。

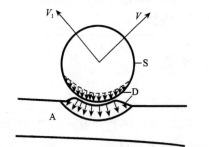

图 1.19 为球形弹丸工作时的运动过程和工件、弹丸各自的变形区域。弹丸高速度撞击工件表面 A 处，好像一个微型的锤子锤击工件最表面的薄层，使局部应力超过材料的屈服强度，从而在撞击部位出现塑性变形，产生辐射状延伸，形成残留变形的凹坑。经过撞击的弹丸损失部分能量后，循另一方向离开工件表面。

图 1.19　球形弹丸工作时的运动过程和变形区域
S-弹丸；A-工件；D-变形区域

在弹丸撞击工件表面的过程中，弹丸的部分动能被工件表面层吸收，引起局部区域瞬时温度升高。虽有这种短时间的局部温升，但通常仍把喷丸看作是冷加工工艺。局部温度升高现象可以用来测定弹丸流是否对准了所需的喷丸位置。实际操作中，当弹丸流射向工件的某个位置时，短时间（1～15s）后，局部就会剧烈发热，温度升高，据此即能判定弹丸流的真实方位。很多情况下，弹丸撞击工件表面某处后，还有机会进行第二次撞击，甚至多次撞击。这种连续弹跳现象在形状复杂的工件喷丸时更为明显。

在现代的喷丸装置中，弹丸可以循环使用。弹丸经过最后一次弹跳后将落入收集漏斗，并通过回收系统作筛选、清洗和除尘等净化处理，然后重新加速，进入新的工作循环。在每个循环中，受到冲击载荷作用的弹丸也会与工件表面一样发生塑性变形，经过多次积累后最终出现裂纹，进而分裂成碎粒。这种碎粒仍然参与喷射过程，在每次撞击工件后仍遭受冲击。如果弹丸由韧性材料制成，且具有一定的塑性，如钢丝切割丸，则冲击时的变形能使碎粒除去尖锐棱边而逐渐变圆，成为直径较小的新生弹丸。再过一段时间，新生弹丸又破裂成更小的碎粒，进而形成更小的弹丸。这种过程不断重复，直到形成的弹丸直径过小而被净化装置排出为止。喷丸过程持续一定时间后，弹丸流的组成将到达一个平衡状态，这时弹丸流成为包含大量直径不等、形状各异颗粒的混合物。如果弹丸是由脆性材料制成的，如冷硬铸铁弹丸，则弹丸与工件撞击时的冲击载荷将很快引起颗粒破碎。混合物中呈锐边形状的碎粒将占有很大比例。

在喷丸强化过程中，常用弹丸有以下几种：铸铁弹丸、铸钢弹丸、钢丝切丸、不锈钢弹丸、玻璃弹丸、有色金属弹丸、陶瓷弹丸等，其中常用的是铸钢弹丸、钢丝切丸、玻璃弹丸、陶瓷弹丸。与喷丸成形、校形和清理的弹丸不同，强化用的弹丸几何形状要求是圆球形，不能有棱角。此外，为避免冲击过程中的大量破碎，弹丸必须具备一定的冲击韧性。在具备较高的冲击韧性条件下，弹丸的硬度越高越好。

1.4.2　铸钢弹丸

铸钢弹丸主要是通过将钢水雾化（或造粒）为类球形颗粒，并经过后续多重热处理、机械处理及筛选等工序后获得。铸钢弹丸一般是使用废钢作为原料来制造的，正确选择废钢是确保钢丸质量的第一步，在选择过程中尽量避免硫、磷、铬和铜等不利元素。在铸钢弹丸的制造过程中，首先将废钢在电炉中进行熔化，检测并调控钢水化学成分，达到要求后注入钢水包中；钢水包被抬升并缓慢倾斜，当钢水流出钢水包时，钢水在半空中被高压水柱冲击，散落成大量小液珠，在落入水中之前不到1s的时间，钢液表面张力使得这些液珠呈现出球形，这些微粒在空中飞行落入水中凝固，此阶段被称为雾化或者造粒，如图1.20所示。

通过雾化制备的半成品铸钢弹丸，必须经过进一步的处理和选择，处理分为热处理和机械处理。在热处理过程中，主要分为淬火和回火处理。淬火可以

(a)　　　　　　　　　　　　　　(b)

图 1.20　　(a) 钢水注入钢水包；(b) 雾化

图 1.21　淬火后形成的马氏体显微组织

消除组织中的成分偏析和粗大的树枝结构，形成马氏体组织，通过回火调控钢弹丸的硬度，并形成回火马氏体显微组织（图 1.21）。

在机械处理过程中，可以将内部和表面有缺陷（气孔或裂缝）的铸钢弹丸破碎，并使用筛子筛除破碎不合格的产品。在选择处理过程中，根据铸钢弹丸的类型和相关规范标准，通过筛分选出不同粒度规格的铸钢弹丸；同时选择性去除 AMS 规定的不可接受的外形形状。

1.4.3　钝化钢丝切丸

目前，生产钢丝切丸所采用的材料为典型的碳钢，一般为高碳亚共析弹簧钢，这些钢丝的机械性能和热处理特征主要是由其中的碳含量决定的。

用于制造 0.2～2mm 钢丝切丸的钢丝通常是平均直径为 5.5mm 的盘条，工序初期，盘条经过铅浴淬火及冷拔工序。盘条的铅浴淬火通常在连续进料淬火炉中进行，奥氏体化温度约为 900℃，铅浴温度约为 530℃；铅浴处理之后的盘条经过多道次拉丝模最终拉拔为所需尺寸的钢丝。图 1.22 为平均含碳量为 0.75% 的盘条及铅浴淬火冷拔钢丝的显微组织。冷拔前盘条主要为索氏体组织，有极少量的粗片层和铁素体成分，盘条组织无任何冷加工痕迹。在冷拔之后，晶粒被显著拉长，呈现纤维状。铅浴淬火冷拔钢丝的这种显微结构状态是钢丝切丸产品的初始状态，因此对于钢丝切丸的性能具有至关重要的作用。

在冷拔过程中，随着盘条直径的减小，其抗拉强度、屈服应力将会随之增加，而代表盘条塑性变形能力的屈服应力与抗拉强度的比值将基本呈现减小的趋

| (a) 盘条显微组织500× | (b)铅浴淬火冷拔钢丝显微组织500× |

图 1.22　平均含碳量为 0.75％的盘条及铅浴淬火冷拔钢丝的显微组织

势。表 1.1 显示含碳量为 0.7％ 和 0.8％的铅浴淬火钢丝在冷拔过程中，随着截面尺寸的减小，其屈服应力、抗拉强度以及两者比率的变化基本符合上述规律。通过两种材料的比较，也可以发现，含碳量越高的钢丝，在获得所需的最终强度的铅浴淬火钢丝时需要的横截面减少率越小。

表 1.1　含碳量为 0.7％和 0.8％铅浴淬火钢丝不同冷拔程度下的力学性能

含碳量为 0.7％的铅浴淬火钢丝			
横截面减小率/％	屈服应力/（kg/mm²）	抗拉强度/（kg/mm²）	比率/％
48	122	142	86
68	122	155	79
80	138	172	80
90	146	202	81
含碳量为 0.8％的铅浴淬火钢丝			
横截面减小率/％	屈服应力/（kg/mm²）	抗拉强度/（kg/mm²）	比率/％
45	118	156	75
60	122	161	75
72	141	181	78
82	161	213	75

对于不同含碳量的钢丝，达到预定屈服强度时，所需变形量也是不一样的。例如，假设钢丝冷拔之后的钢丝直径要求为 2mm，制备钢丝切丸的材料所需强度为 1600～1800N/mm²。图 1.23 为不同含碳量的钢丝的横截面减小率与抗拉强度之间的关系。

图 1.23（a）显示了含碳量为 0.6％的盘条横截面减小率与抗拉强度之间的关系，尽管强度随着横截面减小不断增加，但是轧制钢丝几乎不能达到所需的强度极限。图 1.23（b）显示了含碳量为 0.7％的铅浴淬火钢丝从初始直径 5mm 冷拔至最终直径 2mm 的结果，尽管获取最终直径 2mm 所需的截面减小率小于

图 1.23 （a)所示的产品，但是制成品的抗拉强度却符合要求。这主要是由于其含碳量高以及较高的铅浴淬火强度。图 1.23 （c） 显示了含碳量为 0.8%、直径为 5.5mm 的铅浴淬火盘条，冷拔至直径为 3.45mm，再经过铅浴淬火并冷拔至最终直径 2mm 的结果。通过上述工艺钢丝的抗拉强度为 $1600\sim1800\text{N/mm}^2$，且具有充分的安全限度。因此，在材料的选择、热处理工艺方面，冷拔工艺对于生产钢丝切丸原材料的强度以及最终产品的性能具有重要的影响。

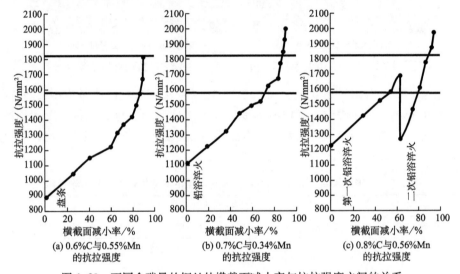

图 1.23　不同含碳量的钢丝的横截面减小率与抗拉强度之间的关系

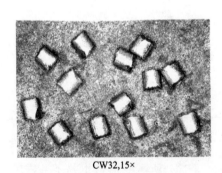

CW32,15×

图 1.24　典型切割样品的形貌

确定原材料后，钢丝需要切割成圆柱形丸粒，切割工艺必须能够确保统一的长度以及最小的加工硬化。此外，切割时还需要防止在切割面上形成马氏体。图 1.24 是随机选取的切割样品，通过显微镜观察到典型切割样品的形貌。

钝化设备与叶片抛丸设备的类似之处在于钢丝切丸以一定的速度和角度被抛向硬质平板，冲击力使切丸变形，从而钝化切丸。为了确保钝化钢丝切丸的质量，需要经常参照各种评估标准，如 VDF18001、D50TF11。图 1.25 为可接受和不可接受的介质形状。

钢丝切丸钝化程度主要可以分为三类，具体如表 1.2 所示。各个行业对钢丝切丸的钝化均有具体的要求，最常用的国际标准是由 SAE（汽车工程师协会）发布的，如在 SAE AMS —2431/8 规定了钝化碳钢丝切丸的要求。

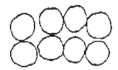

(a) 可接受的钝化钢丝切丸形状

(b) 不可接受的形状：部分和未钝化的钢丝切丸

(c) 不可接受的形状：破碎

图 1.25　可接受和不可接受的介质形状

表 1.2　钢丝切丸钝化程度

制造商的设计	抛丸外观	试样应用
一般钝化	圆柱形的圆周边缘轻微磨损	底盘弹簧、钢板弹簧、平衡器等
双重钝化	边缘磨损至最小半径，最初的圆柱体仍可辨认	冷加工弹簧，下部材料横截面较小的一般工件
球形钝化	放大观察，钢丝切丸呈现球形，最初的圆柱形不可再辨认出来	航空航天行业

　　切制新弹丸后需经数十小时钝化处理，以消除弹丸的尖棱角。弹丸在具备一定韧性条件下，其硬度高些为好，但过高又易破碎，使用寿命缩短。弹丸的最适宜硬度为 HRC＝45～50。弹丸的韧性取决于它的显微组织。图 1.26 为钝化处理后典型的钢丝切丸。

图 1.26　钝化处理后典型的钢丝切丸的实物照片

　　实践证明，回火马氏体和贝氏体的韧性较好，使用寿命最长。弹丸的使用寿命同时还取决于它的直径大小，一般情况下直径愈小寿命愈长。例如，直径为 $d=$ 1.1mm 的平均使用寿命约为 840 次（撞击次数），而直径为 $d=0.05$mm 的平均寿命为 1390 次。如热处理不当，则获得回火马氏体与大量的残余奥氏体组织，而晶界上产生渗碳体和贝氏体组织，其寿命会降低 $1/2\sim2/3$。与铸铁弹丸相比，钢弹丸的使用寿命要高 20 倍左右。虽然采用钢弹丸的成本较高，但使用寿命很长。

　　表 1.3 展示了一些使用钝化钢丝切丸进行喷丸强化的典型应用。一般粒度在 $0.2\sim1$mm 适合采用叶片式喷丸设备，钢丝切丸粒度在 $0.25\sim0.6$mm 时适合采用气压式喷丸设备。

表 1.3　钝化钢丝切丸的主要使用领域（含粒度/mm 和使用方法）

Ⅰ. 汽车行业

　　（1）弹簧（叶片式喷丸设备）

适用于高负载应用的冷加工弹簧	适用于底盘的热冷加工弹簧	钢板弹簧
$0.2\sim0.6$mm	$0.6\sim0.8$mm	$0.9\sim1.0$mm

　　（2）其他底盘要件（叶片式喷丸设备）

扭杆	平衡杆
$0.7\sim0.9$mm	$0.7\sim0.9$mm

　　（3）驱动传动装置（叶片式喷丸设备，气压式喷丸设备）

适用于高负载应用的表面硬化工件

　　$0.4\sim0.6$mm

Ⅱ. 航空航天行业

适用于高负载应用的推进装置工件

　　$0.25\sim0.4$mm

1.4.4　玻璃及陶瓷弹丸

　　玻璃弹丸用于喷丸强化是近十几年才发展起来的，并且在国防工业中获得了较为广泛的应用，在国外也主要是因航空工业的需要而发展起来的。玻璃弹丸的硬度为 HRC$=46\sim50$，密度为 $2.45\sim2.55$g/cm^3。若零件的硬度高于弹丸的硬度，则弹丸在喷丸过程中会发生大量的破碎；若零件的硬度比弹丸低，则弹丸不易破碎。美国用于强化的玻璃弹丸共分为 11 级，其规格示于表 1.4 中。

　　陶瓷弹丸材料可以分为陶瓷珠和陶瓷丸，主要成分为氧化锆及二氧化硅。陶瓷弹丸材料微观结构均匀致密，具有较高的耐磨性能和耐冲击性能。陶瓷珠是当前应用的标准产品。图 1.27 为当前喷丸用的不同型号的陶瓷弹丸对应的尺寸。陶瓷珠呈圆形且表面光滑，一般不会产生粉尘也不会污染工件。

表 1.4　玻璃弹丸的额定尺寸

分类	美国筛号	弹丸直径		质量/µg	每千克的丸颗数/10^5
		in*	µm		
A	20～30	0.0331～0.0234	841～595	272～765	2.19
B	30～40	0.0234～0.0165	595～420	96～272	6.2
C	40～60	0.0165～0.0098	420～250	20～95	29.6
D	50～70	0.0117～0.0083	297～210	12～33	49.5
E	60～80	0.0098～0.0070	250～177	7.7～20	82
F	70～100	0.0083～0.0059	210～149	4.2～12	139
G	80～120	0.0070～0.0049	177～125	2.5～7.2	234
H	100～140	0.0059～0.0049	149～105	1.5～4.2	400
I	120～170	0.0049～0.0035	125～88	0.89～2.5	666
J	140～200	0.0041～0.0029	105～74	0.53～1.5	1130
K	170～230	0.0035～0.0025	88～63	0.32～0.89	1910

* 1in=2.54cm.

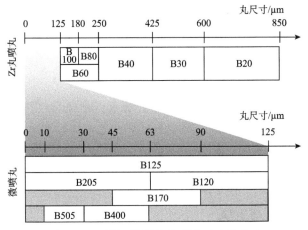

图 1.27　不同型号的陶瓷弹丸对应的尺寸

陶瓷弹丸用于高端喷丸强化，其尺寸比陶瓷珠小，陶瓷弹丸球形度更高。图 1.28 为高等级氧化锆陶瓷弹丸形貌。

陶瓷弹丸的制备工艺流程如图 1.29 所示，陶瓷弹丸的制备主要由成形、尺寸选择等步骤组成。陶瓷弹丸的尺寸可以参照 ISO 2591-1 标准；陶瓷弹丸基本为球形；衡量陶瓷介质的球形度主要是通过测量同一丸粒最大直径和最小直径的比值 (KS)，理想球形弹丸的 KS 为 1，如果 KS 大于

图 1.28　高等级氧化锆陶瓷弹丸形貌（型号 Y210）

0.5，则视弹丸为球形。陶瓷弹丸的形状和球形度可通过预处理和形状选择得以保障。

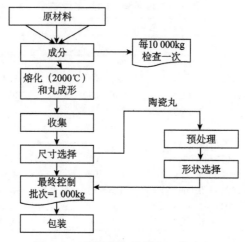

图 1.29　陶瓷弹丸的制备工艺流程

陶瓷弹丸在使用过程中一般不会磨损，也不会直接转变成粉尘，而是以较为恒定的破碎率破碎，因此在破碎成许多碎片之前，陶瓷弹丸在整个喷丸过程中始终处于"新"的状态。这使得在喷丸时很容易分离破碎的丸料。同时无尘可以保证工件无污染，最终可以实现高质量的喷丸强化表面。

基于陶瓷弹丸的特性，在喷丸过程中，如果丸料流量维持在适当的范围内，采用空气分离器可以在一些破碎的弹丸变成粉尘之前将其清除（图 1.30）。

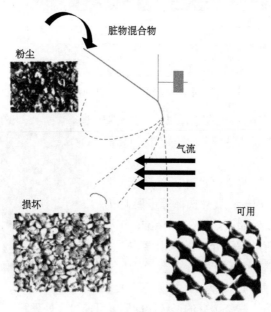

图 1.30　空气分离器分离陶瓷弹丸示意图

陶瓷弹丸可以用于玻璃制品模具、铝压铸/挤压模具的表面清理,还可用于一些食品及制药行业所用不锈钢部件的表面处理。陶瓷弹丸喷丸处理后,表面的粗糙度降低,甚至低于初始值。图 1.31 为不锈钢部件采用陶瓷弹丸喷丸前后的形貌以及喷丸后的表面粗糙度。

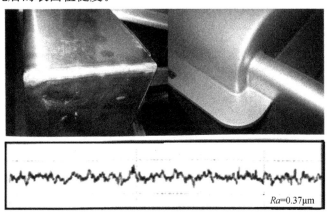

图 1.31 表面清理前(上左)后(上右)的不锈钢零件,清理后的表面粗糙度(下)

此外,陶瓷弹丸还可用于轻合金、高强钢等材料的表面强化处理,在航空工业中应用较多。表 1.5 为陶瓷弹丸在飞机制造工业中一些公司的制造规范标准说明。

表 1.5 陶瓷弹丸在飞机制造工业中一些公司的制造规范标准

(a) 陶瓷喷丸相关的飞机发动机制造商规范

Patt Whitney	SPOP 500	大修发动机工件
	PWA 3690	喷丸强化
SNECMA	DMP 28070	喷丸强化,陶瓷弹丸
CFMI	70-00-99	湿喷陶瓷珠
	CP 2462	喷丸强化用陶瓷珠
	70-52-04	陶瓷珠相关测试
	70-52-13	湿喷陶瓷珠强化的表面应力

(b) 陶瓷喷丸相关的飞机制造商规范

AIRBUS	AIPS 02－02－001	金属零件喷丸强化形成
INDUSTRIE	AIPS 02－02－004	用于增强金属零件疲劳强度的喷丸强化
BOEING	BAC 5730	喷丸强化
GRUMMAN	GSS 5310	一般喷丸规范
MDD	DPS 4.999	金属零件的喷丸强化
MDD (St Louis)	PS 14023	金属零件的喷丸强化
Military	Mil S 13165C	金属零件的喷丸强化(已取消:参阅 SAE/AMS)

1.5　弹丸的质量

1.5.1　弹丸的质量要求和检验方法

弹丸质量指标主要有弹丸的球形度、尺寸的均匀性、硬度以及抗破碎性等。喷丸强化的弹丸应该尽可能呈球形，以便在喷丸强化过程中形成光滑的球面弹坑。实际生产的弹丸不可能全部呈球形，特别是铸造弹丸，还有椭球形、棱角形、空心的、半个的、两个连在一起的或者其他各种畸形。用畸形弹丸进行喷丸强化会使零件表面产生许多微小的尖切口，这些缺口可能形成疲劳源，从而达到降低喷丸强化、改善零件疲劳强度和抗应力腐蚀的效果。通过对比①未喷丸，②好弹丸、不饱和喷丸，③50％破碎弹丸喷丸强度为 0.36mmA，100％覆盖率，④全好弹丸喷丸强度 0.36mmA，100％覆盖率，四种条件下的零件疲劳寿命结果显示，破碎弹丸比好弹丸降低强化效果近 50 个百分点，只相当于好弹丸不饱和喷丸的强化效果，同时畸形弹丸还会磨削零件表面，对较软的铝合金更明显。

对于新的铸造弹丸，应规定其畸形弹丸的允许数量，如美国军用规范规定畸形弹丸数量为 2％～9％。一般采用目视法检测。检查时可利用一块具有正方形凹槽的平板，凹槽的外廓尺寸应符合表 1.6 中所规定的尺寸，凹槽的深度与弹丸的直径相等。将受检弹丸充满凹槽后，数出好弹丸和畸形弹丸的个数，并计算出百分比。

表 1.6　新的铸钢弹丸号与筛选公差

弹丸号 No.	全通过筛网号数 *	在下列筛号上最多 2％	在下列筛号上最多 30％	在下列筛号上最多 20％	在下列筛号上最多 8％	变形弹丸的界限（最多个数）***	
						个数	面积/in²
S930	5(.1570)**	6(.1320)	7(.1110)	8(.0937)	10(.0787)	5	1×1
S780	5(.1320)	7(.1110)	8(.0957)	10(.0787)	12(.0661)	6	1×1
S660	7(.1110)	8(.0937)	10(.0767)	12(.0551)	14(.0555)	12	1×1
S550	8(.0937)	10(.0787)	12(.0552)	14(.0555)	16(.0459)	12	1×1
S460	10(.0787)	12(.0531)	14(.0555)	16(.0469)	18(.0394)	20	1×1
S390	12(.0681)	14(.0555)	16(.0469)	18(.0394)	20(.0331)	20	1×1
S330	14(.0555)	18(.0459)	18(.0394)	20(.0381)	25(.0230)	20	1/2×1/2
S280	16(.0469)	18(.0394)	20(.0381)	25(.0280)	30(.0232)	20	1/2×1/2
S230	18(.0394)	20(.0333)	25(.0390)	30(.0332)	35(.0197)	20	1/2×1/2
S190	20(.0331)	25(.0280)	30(.0232)	35(.0197)	40(.0165)	20	1/2×1/2
S170	25(.0280)	30(.0332)	35(.0157)	40(.0165)	45(.0138)	20	1/2×1/3
S130	30(.0232)	35(.0197)	40(.0165)	45(.0128)	50(.0117)	20	1/4×1/4
S120	35(.0197)	40(.0165)	45(.0136)	50(.0117)	80(.0070)	40	1/4×1/4
S 70	40(.0156)	45(.0138)	50(.0117)	80(.0070)	120(.0019)	40	1/4×1/4

＊美国筛网，标准见 RR S 366；

＊＊目视检查，试样应由完全充满本表规定面积上的一层弹丸构成；

＊＊＊筛网号数（个数，即每英寸长度上的网眼数和对应的面积，单位为英寸）。

1.5.2　弹丸尺寸的均匀性

弹丸尺寸的分散度应该小一些，这样有利于控制和稳定工艺过程。在装机使用的弹丸中，如果弹丸尺寸超过规定尺寸的上限很多，将产生高于规定的喷丸强度；如果弹丸尺寸比规定尺寸的下限偏少，将产生低于规定的喷丸强度。因此，所有类型的弹丸在使用过程中都会有不同程度的破碎，这不仅增加了畸形弹丸的数量，而且也扩大了弹丸尺寸的范围，从而破坏了工艺过程的稳定。为保证稳定的连续喷丸，较完善的喷丸设备都备有清理机构，以除去破碎的和超尺寸的弹丸。同时，还要求在累计操作 8h 内检查一次机上弹丸的状况。美国军用规范规定，通过指定号数筛网的弹丸（不合格的）数量按重量计不应大于 20%，而波音公司的喷丸生产说明书规定较严，规定不应大于 15%。此外，应定期补充新弹丸，以维持喷丸机中有足够数量的弹丸。当一次增加的铸钢弹丸（或铸铁弹丸）超过机床中弹丸装机量的 10% 时，就需要循环地用弹丸喷打钢板，以便除去弹丸表面的黏附物，使表面光滑。为此，喷丸机上最好有能自动添加弹丸的装置机构。

弹丸均匀性检查方法如下：取样 100g，用摇动式或振动式筛选试验机筛分，摇动速度为 275～295r/min，振动速度为 145～160 次/min。采用的筛网为 35 目或更粗时，筛选时间为 5min±5s，当用比 35 目更细的筛网时必须持续10min±5s。

1.5.3　弹丸的硬度和使用寿命

一般弹丸的硬度应比工件的硬度高。因为弹丸比工件越硬，在工件上产生的喷丸效果就越大。最适宜的硬度一般取 HRC45～50，低于 HRC40 会降低喷丸强度，高于 HRC60 易于破碎，从而降低了弹丸的寿命。高硬度与高脆性是相联系的。弹丸的抗破碎性，即弹丸的使用寿命，除与弹丸的硬度有关外，还与弹丸的种类和材料的组织结构有关。铸钢弹丸的寿命比铸铁弹丸的高得多，切割钢丝弹丸的寿命又比铸钢弹丸的高。钢弹丸具有回火马氏体和贝氏体组织，它们的韧性较好，使用寿命较高。如果热处理不当，钢弹丸产生了回火马氏体和大量残余奥氏体的组织，又在晶体上产生渗碳体和贝氏体的组织，则寿命会降低 1/2～2/3。为了测定弹丸的使用寿命，需要使用专用的弹丸破碎试验机，如果采用静力压碎或锤头冲击压碎弹丸的试验方法来测定弹丸的使用寿命，则并不能说明弹丸的实际使用情况，因为用这些试验所得到的弹丸强度是随弹丸直径的增加而提高的，实际使用情况却正好相反。

1.5.4　弹丸的选择原则

根据零件的尺寸、形状、力学性能（抗张强度和表面硬度）以及表面光度等选择弹丸的种类和尺寸。在一般情况下，应根据下述原则来选择弹丸。

（1）黑色金属零件可选用铸铁弹丸、钢弹丸或玻璃弹丸。

（2）有色金属及不锈钢零件（如铝合金、镁合金、钛合金、镍基合金等）最好采用玻璃弹丸或不锈钢弹丸（如用铸铁弹丸或钢弹丸，则喷丸后应立即清洗，以防由铁粉沾污引起随后的表面电化学腐蚀）。

（3）对表面光度无严格要求的大型零件，可采用较大的弹丸，以获得较高的喷丸强度。

（4）对表面光度要求较高的零件（如各类叶片、轴类等），应采用较小的弹丸，在保证具有足够喷丸强度的同时应尽量满足规定的光度要求。

（5）带有内外圆角、沟槽的零件，所选择的弹丸直径应小于内外圆角半径以及沟槽的宽度。

喷丸强化过程中，由于弹丸的磨损和破碎，往往需要更换或补充新弹丸，这就出现了新旧弹丸搭配使用的比例问题。若使用铸铁或玻璃弹丸，可以直接向喷丸机内补充新弹丸；若使用钢丝切割的钢弹丸，应严格控制带尖棱角的新弹丸的加入量，以保证合格弹丸的数量不少于 80%。这是保证喷丸强化质量的重要环节之一。

表 1.7 中列出了各种金属材料喷丸强化所采用的弹丸材料及尺寸，仅供选择弹丸时参考。

表 1.7　各种金属材料喷丸强化采用的弹丸材料及尺寸

试样或零件	材　料	材料性能		弹丸		表面强化层厚度/mm
		抗张强度/(kg/mm^2)	硬度	材料	直径/mm	
发电机软钢	50CrV 钢		HRC41~45	铸铁	0.6~0.8	0.15~0.17
主,钢连杆	18CrNiWA 钢	133	HRC42	钢	0.8	0.28~0.30
主,钢连杆	40CrNiMoA 钢	110	HRC36	钢	0.8	0.25~0.28
齿轮	12CrNi 4A 钢		HRC>61	铸钢	0.6~1.0	
旋转弯曲试样	AISI86B45 钢		HRC35	钢	0.84	
阀门弹簧	CrSi 或 Cr-V 钢			钢	1.2~1.6	
旋转弯曲试样	AISI4340 钢	182~189		铸铁	0.3	
旋转弯曲试样	18Ni 马氏体时效钢	173		铸铁	0.2	
旋转弯曲试样	H-500 不锈钢			铸铁	0.45	
叶片	Cr17Ni 2A 不锈钢			玻璃	0.25~0.35	
大梁	LD2-Cz 铝合金		HB=65	玻璃		0.5
旋转弯曲试样	LYH 铝合金		HB=95	玻璃		0.3
螺旋桨	LY11 铝合金			玻璃		0.3
导风轮	LD5 铝钛合金			玻璃		

试样或零件	材　料	材料性能		弹丸		表面强化层厚度/mm
		抗张强度/（kg/mm²）	硬度	材料	直径/mm	
叶片	LY-17 钛合金			玻璃		
材料疲劳试样	7075-T6 铝合金			铸铁	0.71	
对板材焊试样	Al-Zn-Mg 铝合金	42		钢	4.3	
旋转弯曲试样	钛合金	50		玻璃	0.05～0.15	
旋转弯曲试样	Ti-6Al-4V 钛合金	110		玻璃	0.05～0.10	0.02～0.04
旋转弯曲试样	Ti-5Al-4V 钛合金	102		铸铁	0.28～0.48	0.02～0.15
旋转弯曲试样	GH-33 镍基合金	102	HRC34	玻璃	0.05～0.15	0.06～0.08
叶片	GH-33 镍基合金	70		玻璃	0.05～0.15	0.06～0.08
平板弯曲试样	GH-140 镁合金			玻璃	0.05～0.15	0.08～0.09
旋转弯曲试样	GH-36 铁基合金			玻璃	0.05～0.16	0.08～0.19
旋转弯曲试样	GH-132 铁基合金			玻璃	0.05～0.15	0.80～0.19
平板弯曲试样	Ulimet700			玻璃	0.18～0.28	0.19～0.25
叶片	K-6 镍基合金		HRC35	玻璃	0.25～0.35	

1.6　弹丸的筛选设备

若市场供应的弹丸不能满足高标准质量要求，或者市场供应的弹丸质量较差，不能满足喷丸成形的要求，可以采用本节介绍的筛选设备再次进行筛选，使之达到所需的弹丸标准。

筛选机的作用是将弹丸按直径大小分选。常用的有摇动筛选机和振动筛选机，它们都是矿山工业筛选中常用的设备。筛选时，摇动筛的筛上物在筛网上做平行移动，经网眼落入筛下；而振动筛的筛上物则做抛物线形的跳跃运动，经网眼落入筛下。因此，振动筛选机的筛选效率大大高于摇动筛选机，而且网眼不易被筛上物所堵塞，但是，摇动筛选机的结构简单，制造方便。

摇动筛选机的外形见图 1.32（a），工作原理见图 1.32（b），由电动机带动连杆推动筛箱做往复摇动。摇动频率约 204 次/min，摇动位移量可调，分 70nm、80nm 和 90mm 三种。筛网有三层，可筛选出四种规格的弹丸，筛面尺寸为 340mm×340mm。摇动筛选机的筛选效率与被筛弹丸的直径、每次装机弹丸的数量和摇动的时间等有关。

振动筛选机的种类很多，有简单振动筛、半振动筛、自定中心振动筛和共振筛等。

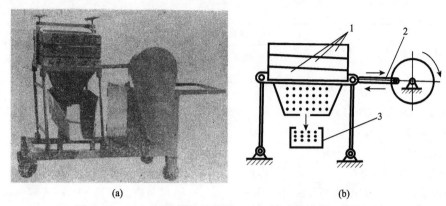

(a)　　　　　　　　　　　　　　(b)

图 1.32　　(a) 摇动筛选机外形；(b) 摇动筛选机工作原理
1-筛网；2-连杆结构；3-续丸箱

　　图 1.33 所示振动筛选机是参照矿山工业用标准振动筛选机的典型结构设计的，为自定中心单轴振动筛选机。电动机通过三角皮带带动振动器中心轴旋转，因偏心配重产生激振力，使支撑在弹簧上的筛箱产生机械振动（图 1.33）。因为筛体的振幅与主轴的偏心距相等，故皮带轮中心在空间不动，振动器无须精确平衡。筛箱设有两层筛网，下层筛的筛上物即所需尺寸的弹丸。转动筛箱可调节筛面的倾角。振动筛的筛体装在四周面板均可快速拆卸的密闭室中，上方装有料斗，进料口大小可调，两侧面和前面为出料口，振动筛的上方与除尘系统相连。

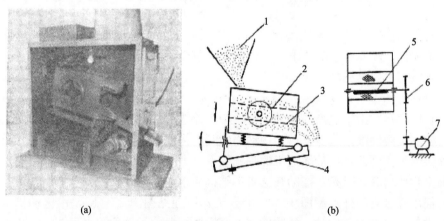

(a)　　　　　　　　　　　　　　(b)

图 1.33　　(a) 振动筛选机外形；(b) 振动筛选机工作原理
1-料斗；2-上层筛网；3-下层筛网；4-减振支撑台；5-激振器；6-皮带轮；7-电机

　　根据滚动阻力差的原理，由于球形弹丸滚得快，畸形和破碎的弹丸滚得慢或不滚动只滑动，从而达到除去畸形弹丸和破碎弹丸的目的。滚动筛选机的外形示于图 1.34 (a)，其结构原理示于图 1.34 (b)。它由直流电动机，调速装置，机架，主、从动轴与套筒，胶皮带和储丸箱等组成。通过调速装置驱动直流电动

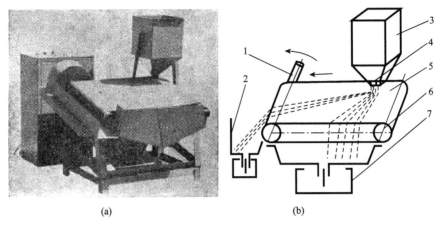

(a)　　　　　　　　　　(b)

图1.34　（a）滚动筛选机外形；（b）滚动筛选机结构原理

1-主动轴；2-废料斗；3-储丸箱；4-开关；5-胶皮带；6-套筒；7-出料斗

机，经三角皮带带动主动轴和套筒旋转，使倾斜安放的胶皮带向左运动。储丸箱出口设有一个插板开关，用以调节弹丸的流量。弹丸从储丸箱落到调整板（可以调角度）上，使弹丸分散而形成幕帘落到胶皮带上。球形弹丸沿胶皮带的斜面很快滚下，落入出料斗，而畸形的和破碎的弹丸以及尘土和杂物，由于滚动或滑动较慢，而被向左运动的胶皮带带入废料斗。滚动分选时，根据清理效果来调节弹丸的流量、胶皮带的运动速度和倾斜角，一般，小弹丸采用低速度和大倾角，大弹丸采用高速度和小倾角。弹丸流量太大会影响清理效果，如果一次分选达不到要求，可以多次重复进行。生产率一般为80kg/h（0.3～0.5mm直径弹丸）到250kg/h（2～2.5mm直径弹丸）。

此外，螺旋分离器也是一种常用的分离装置，在实验室用得较多。它的结构简单（图1.35），可以用来分离球形度不同的弹丸，但结构尺寸高达数米，装料不便。这种装置是根据滚动阻力差和离心力的分离原理设计的。弹丸从料斗流至螺旋面后，球形

图1.35　螺旋分离器

度好的和尺寸大的弹丸越滚越往外边靠，最终落到靠外边的接弹箱中。

参 考 文 献

[1] Eckersey J，Champaigne J. Shot Peening ：Theory and Application. Metal Finishing Publishing House，1991.

［2］Baiker S. Shot Peening：A Dynamic Application and Its Future. 3rd ed. Wetzikon：MFN Publishing House，2012.

［3］刘如伟. 抛喷丸强化. 第 4 版. 歌德斯尔摩：MFN 出版社，2015.

［4］刘锁. 金属材料的疲劳性能与喷丸强化工艺. 北京：国防工业出版社，1977.

［5］王仁智. 航空材料喷丸强化手册. 航空航天工业部 AFFD 系统工程办公室，1988.

［6］方博武. 受控喷丸与残余应力理论. 济南：山东科学技术出版社，1991.

［7］周海良. 喷丸、喷涂技术及设备. 北京：化学工业出版社，2008.

第2章 喷丸工艺和评价

2.1 喷丸方法和工艺概述

若人们（研究者、生产者）已决定对某种（些）材料或/和零部件进行表面喷丸处理以提高材料/零部件的表面性能，首先是决定要采用（或购置）什么样的喷丸设备最为合适，其次是采用什么样的喷丸方法和工艺，这些都需要进行试验和摸索，对喷丸方法和工艺进行优化，才能建立最合理的方法和工艺流程，使受处理材料/零部件获得最佳的喷丸强化效果。就喷丸方法而言，有简单喷丸、预应力喷丸、热喷丸和复合喷丸等。

所谓简单喷丸是在给定的喷丸工艺条件下，对材料/零部件表面做一次喷丸处理，当然可以喷丸不同的时间，但只能选用一种弹丸、一种喷丸强度等。

预应力喷丸是在喷丸之前给材料加载某一固定（或两个相互垂直的）方向的张应力，喷丸以后卸载预应力，工件将产生弹性回复而使强化效果得到进一步提高，其强化工艺被称为预应力喷丸。这样可采用更小的喷丸强度获得更优化的残余应力分布，同时有利于降低表面粗糙度。

热喷丸是指在喷丸过程中，受喷材料/零部件加热到一定温度的情况下进行喷丸处理。在预应力和热的情况下，可以进行一次喷丸或复合喷丸。

所谓复合喷丸是指用不同的工艺条件，如同一种弹丸、不同喷丸强度，或不同的弹丸、相同的喷丸强度，进行二次、三次喷丸处理。

无论采用哪种喷丸方法，其喷丸处理都是一个极其复杂的过程，喷丸强化效果除了受喷材料自身的性能影响外，还受喷丸工艺和工艺参数的影响。喷丸强化工艺参数包括弹丸直径、弹丸速度、弹丸流量、喷射角度、喷嘴至零件表面距离和喷射时间等。一定的工艺参数下产生一定的喷丸强度和表面覆盖率，而在一定的喷丸强度和表面覆盖率下具有一定的喷丸强化效果。上述任何一个参数在喷丸过程中的变化都会不同程度地影响喷丸强度，从而影响零件的强化效果。

在喷丸过程中，通过要求控制和检验的喷丸工艺参数主要是弹丸尺寸和形状、弹丸流量、喷丸强度和表面覆盖率，而其中最重要的是喷丸强度。通常，零件的喷丸工艺参数是通过试验的方法来确定的。这种试验方法之一是"弧高度"试验，或叫做"喷丸强度"试验，根据试验获得的弧高度与强化时间 t 的关系曲线来确定诸工艺参数。其次是"表面覆盖率"试验，即测定喷丸后试片表面凹坑面占总面积的比例，由此确定诸工艺参数。本章依据文献［1］～［5］的相关内容和栾卫志的博士论文[6]编著而成。

2.2　主要喷丸工艺参数试验

2.2.1　喷丸强度试验

在其他喷丸工艺参数固定的前提下，试片的弧高度值起初随着喷丸时间而迅速增高，但随后逐渐变缓，最后达到"饱和"或者"准饱和"。过了饱和点后，弧高度值基本保持不变，图 2.1 为喷丸时间与弧高度值的关系曲线。

描述饱和曲线特征参数：弧高度曲线斜率，饱和弧高度；

影响曲线斜率因素：弹丸流量，弹丸动能，弹丸硬度；

影响饱和弧高度的因素：弹丸动能，弹丸硬度。

直线段外推与曲线的偏离为饱和点，弧高度曲线上饱和点处的弧高度值称为喷丸饱和强度。

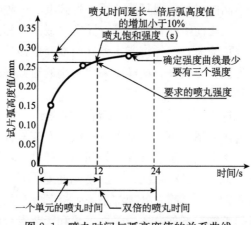

图 2.1　喷丸时间与弧高度值的关系曲线

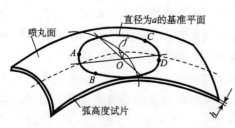

图 2.2　试片单面喷丸后所形成的双面曲率
球面形状及弧高度测量位置示意图

在工件喷丸之前对薄板试片进行单面喷丸确定喷丸强度，由于表面层在弹丸作用下产生残余拉伸变形，所以向喷丸面呈球面弯曲，见图 2.2。通常以一定跨度距离上测量的弧高度值 f 来度量喷丸的强度。球面上的最高点 O 与 $ABCD$ 平面（四点位于直径为 a 的圆周上）的垂直距离称为弧高

度 f。如将试片紧固在夹具上进行喷丸，喷丸后试片的弧高度 f 与试片厚度 h、残余压应力层深 δ_r、强化层内的平均残余压应力 σ_{mr} 之间有以下关系：

$$f=\frac{3}{4}\frac{a^2(1-\nu)}{Eh^2}\sigma_{mr}\delta_r \tag{2.1}$$

式中，E 为弹性模量；ν 为泊松系数。式（2.1）指出：在其他工艺参数不变的条件下，试片厚度 h 愈厚，弧高度愈小；在试片厚度固定的情况下，弧高度仅取决于 σ_{mr}。因此，可以用弧高度 f 来度量零件的喷丸强度。

为了使弧高度试片在作较大挠度的弯曲时不发生屈服，要求试片材料具有较高的弹性极限。70 号弹簧钢具备这种性能，所以目前大都采用这种钢来制作弧高度试片。目前国际上通常使用标准化的 Almen 试片（表 2.1）测试弧高度。标准化的 Almen 弧高度试片长 76mm，宽 19mm，分为 C、A、N 三种。其中 A 应用较多，主要表征中等喷丸强度。若用 A 测量喷丸强度，其值大于 0.6mm A，则需要改为 C 试片，其主要是测量高强度喷丸。N 型试片通常适用于 A 型试片测量值小于 0.15mm A 的喷丸强度。

表 2.1　Almen 试片参数及适用范围

试片类型	厚度/mm	平直度	（长×宽）/mm	平面光洁度	适用范围（喷丸强度）
N	0.79	0.025	76×19	▽7	<0.15mmA*
A	1.27	0.025	76×19	▽7	0.15~0.6mmA
C	2.39	0.025	76×19	▽7	>0.6mmA

＊0.15mmA 表示用 A 型试片测量弧高度曲线上"饱和"点的弧高度值 $f=0.15$mm。

测量试片弧高度的方法有两种：三点法和四点法，目前大都采用四点法。图 2.3 为四点法量具实物外观图。量具上四个圆头底脚固定在直径为 36mm 的圆周上，底脚间距如图 2.3 所示。

弧高度试验主要是测定弧高度曲线。有两种测定弧高度的试验方法：单一试片法和多试片法。目前应用广泛、大家公认的方法为多试片法，所以这里主要介绍多试片法。将试片紧固在专用夹具上，使它在喷丸过程中不能自由弯曲，仅在从夹具上取出后试片才能自由弯曲。一次试验的试片数量一般取 10~15 片。喷丸初期，由于弧高度的变化速率高，所以试片的强化时间应短一些，试片间隔的时间应短一些（如 4~6s）。喷丸时间

图 2.3　喷丸试片弧高度测量仪（四点法）

一般达到 30～50s 后，弧高度上升缓慢，所以喷丸间隔时间可以取长一些（如 10～15s），根据各试片在不同喷丸时间 t 下获得的弧高度值 f，可以绘制 f-t 曲线。

从图 2.1 可以看到，弧高度曲线的变化有以下特点：初期的弧高度变化速率较高，随后变化速率逐渐缓慢；在表面的弹丸坑面积占据整个表面（即全覆盖率）之后，弧高度最后达到"饱和"值（实际上应称为"准饱和"值）；过饱和点以后，弧高度变化极为缓慢。在任何喷丸强化工艺参数条件下，饱和点所对应的强化时间一般均处在 20～50s 的范围内。在 f-t 曲线上，弧高度随着喷丸强化时间 t 的增加而增高，所以它是一个变量。当弧高度达到饱和值，覆盖率达到全覆盖率时，此弧高度值定义为喷丸强度。

图 2.4 说明了喷丸强度与弧高度之间的关系。弧高度曲线 A 的喷丸强度为"A"，其弧高度值为 0.2mm。曲线 B 的喷丸强度为"B"，弧高度值为 0.3mm。从图上可以看到，虽然用 B 曲线的工艺参数也可获得"A"强度所对应的弧高度值（即 0.2mm），但它不是"饱和"点对应的值，所以它只表示在一定覆盖率下的弧高度值，并不表示为一种喷丸强度。只有弧高度曲线上"饱和"点所对应的弧高度值才称为喷丸强度。

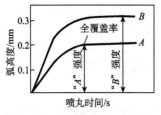

图 2.4　喷丸强度与弧高度的
关系示意图

喷丸强度（或弧高度）试验的进行步骤可归纳如下。

（1）选择弹丸材料及确定弹丸直径（选择原则参阅第 1 章）。

（2）根据预先规定的喷丸强度（即弧高度值）选择试片的种类。

（3）在改变弹丸运动速度的条件下（如改变空气压力 p、叶轮转速）用试验方法得出一组弧高度曲线（即 f-t 曲线）。

（4）根据符合预先规定的喷丸强度 f-t 曲线，确定零件的喷丸工艺参数。

以上介绍了喷丸强度的试验方法。

影响喷丸强度的因素主要有弹丸介质、尺寸、硬度、密度、喷丸时间、冲击速度、冲击角度。图 2.5 是弧高度值与喷丸工艺参数之间的关系。当弹丸尺寸增加时，饱和点的弧高度值逐渐增加，而达到饱和的时间变化较小。

2.2.2　表面覆盖率试验

零件除了应具备一定的喷丸强度之外，还应具备一定的表面覆盖率的要求。"覆盖率"（表面覆盖率）的概念是基于美国印第安纳州米沙沃卡的 Wheelabrator Corporation 的调查研究工作而提出来的。覆盖率是喷丸强化工艺中十分重要的参

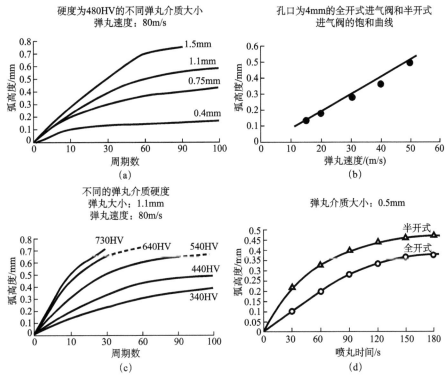

图 2.5　弧高度值与喷丸工艺参数之间的关系

数，喷丸强化后表面弹丸坑占据的面积与总面积的比值称为表面覆盖率，如图 2.6 所示，其中 A_i 为第 i 个弹丸坑所占的面积，并对测量区域所有弹丸坑求和，A 为整个工件测量区域的总面积。

覆盖率主要是由弹丸冲击工件表面的动能决定的。影响因素包括喷丸强化设备的类型、喷嘴几何形状、弹丸介质速度、冲击角度、喷丸时间、工件表面状态等。其中，理论上，90°冲击角度传输到工件的能量最大，然而，为了确保弹丸介质的流动性，离心式抛丸机的弹丸冲击角度可以在75°~85°变化。

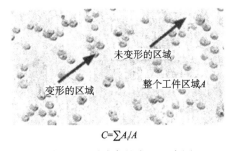

$C = \sum A_i / A$

图 2.6　覆盖率的定义示意图

零件只有达到规定的喷丸强度和表面覆盖率要求，才能具备较高的抗疲劳破坏和抗应力腐蚀破坏性能。喷丸强化零件通常要求其表面覆盖率达到并超过 100%。

覆盖率一般按照下式计算：

$$C_n = 1 - (1 - C_1)^n \tag{2.2}$$

式中，C_1，C_n 分别为喷丸 1 次和喷丸 n 次的覆盖率（以小数表示）；n 为喷丸时间因数（或者喷丸次数）。式（2.2）表明，C_n 随 n 增加而增高，最后达到极限值 $C_n =$ 100%。由于覆盖率是根据麻坑面积的测量数据而计算出的，所以只有麻坑面积完全可以分辨时才能获得精确的覆盖率数值。但是，在实际测量中可以做到精确测量的 C_n 值为 98%，超过此值则不可靠，所以通常以 98% 作为覆盖率测量的极限值。

试验结果指出：覆盖率达到 30% 时，疲劳强度就有明显的提高；随着 C 值的提高，疲劳强度仍然继续提高，但超过 80% 之后，疲劳强度的增高速度逐渐减缓。

从图 2.7 中可看到，1 次喷丸的 $C_1 = 43\%$，对应的时间因数为 2，而 3 次喷丸的时间因数为 $3 \times 2 = 6$，它所对应的覆盖率为：$C_3 = 1 - (1 - 0.43)^3 = 81.5\%$。此值与从图 2.7 上查出的数值是一致的。如果要求的覆盖率达到 98%，则所对应的时间因数为 12.5，显然此值比 $C = 82\%$ 所需的时间因数约高 1 倍。在生产量较高的情况下，应该考虑尽量缩短喷丸强化时间。但是必须指出，为改善疲劳性能和抗应力腐蚀性能的喷丸强化，零件表面的覆盖率一般应达到或超过 100%。

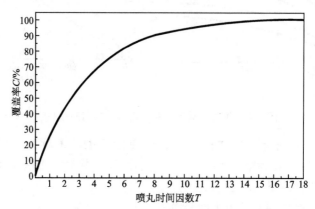

图 2.7　弧高度试片的表面覆盖率与时间因数的关系

当覆盖率超过 100% 时，只能用喷丸时间来间接衡量，二者之间满足一定的正比关系，即要求喷丸时间成比例增加。例如，若要达到 200% 的覆盖率，则喷丸时间应为 100% 覆盖率强化时间的 2 倍，如此类推。

通常情况下，表面覆盖率的检测主要有以下几种方法：

（1）目测法。目测是其他所有方法的基本，也是标准方法，主要通过使用透镜或者能够放大 10~50 倍的显微镜评估处理表面，可参考图 2.8 所示的不同覆盖率形貌图。

（2）蓝墨水方法。开始喷丸处理之前在工件上涂覆有"蓝墨水"，处理后可以使用标准方法（放大 10~50 倍）评估工件表面并确定覆盖率，撞击至表面颜色完全消除时，实现完整覆盖率。

（3）荧光示踪剂法。在该方法中，工件在处理前涂覆一层荧光示踪剂，暴露

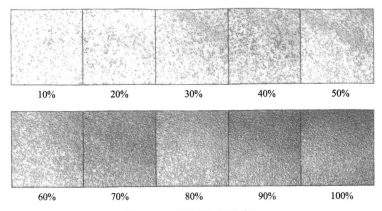

图 2.8　不同覆盖率形貌图

在紫外线下时涂覆区域会发出一种淡黄色的光线；处理之后，如果覆盖率超过 100％，就不会再看到涂料。该检测方法对于调整气压式喷丸机的喷嘴非常有效，也能保证日常喷丸的可重复性，当然，该方法也必须与目测方法相结合。图 2.9 为零件利用荧光示踪法检测覆盖率的喷丸前后形貌。

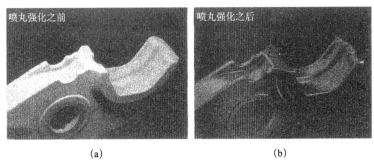

(a)　　　　　　　　　　　　　　(b)

图 2.9　利用荧光示踪法检查覆盖率

　　（4）视频法。评估较大工件表面时，该方法将非常有效，结果可以存档。该方法也可以应用于难以用肉眼观察的几何形状。图 2.10 为使用视频法检查覆盖率。

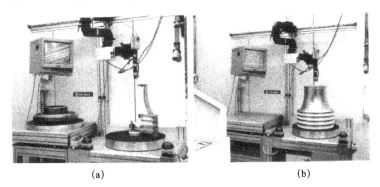

(a)　　　　　　　　　　　　　　(b)

图 2.10　使用视频法检查覆盖率

对于覆盖率的检测，现在有大量针对覆盖率检测和记录的辅助技术，从简单的放大镜和显微镜到支持软件的解决方案，这些解决方案可以消除光学的"缺点"。使用深度测定的高端数字解决方案可以检测针尖大小的三维表面图像，并显示其详细的形貌。图 2.11 为带有补偿和测量功能的数字显微镜。对于难以测量的表面，如钻孔或者缺口，可以使用管道镜加以辅助。各种放大功能的手提式设备、集成照明系统和现场图片使现场直接评估成为可能，也可以使用数字图像或视频技术将检测结果记录在外置（SD）存储卡中。

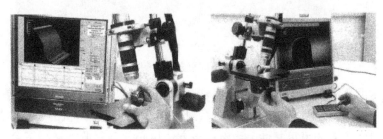

图 2.11　带有补偿和测量功能的数字显微镜

需要指出的是，在喷丸成形过程中，喷丸成形的主要功能不是提升疲劳寿命，而是明确控制工件的变形，因此，覆盖率是一个十分重要的参数。与喷丸强化工艺相比，覆盖率是决定性的差别，它不一定达到 100% 覆盖率。在理论上，喷丸量、强度、覆盖率甚至介质类型等工艺参数都可能根据工件的要求发生变化，因此工艺会变得很难控制。大多数情况下，只将覆盖率作为控制参数使用。

根据所需几何形状和变形程度，使用具体的研发模拟软件可以计算和模拟精确的覆盖率，该生产方法应用于航空和航天领域。许多科学论文都介绍了喷丸制造方法，如使用有限元法，并试图呈现对不同工件的影响，但是经过证实这并不能满足所有情况，当数目很多的个别事件（撞击）发生时，统计定律可将复杂的工艺进行数学处理。

图 2.12 显示撞击概率如何在喷丸环形区域变化，a 区是喷丸量最大的区，在该区域，弹丸介质撞击表面的概率最大，喷嘴以不变的速度 $V_{喷嘴}$ 相对于表面做平行移动，如果喷嘴速度提高，概率曲线变平坦，因为喷丸量保持不变，在每个时间单元处理的表面面积增加。在该例中，喷丸斑纹具有不同的覆盖率，边缘区域（b 区和 c 区）的撞击概率和覆盖率降低。该工艺可以由正态分布曲线表示，通过概率和撞击直径，可以计算覆盖率，也可以模拟该工艺。

在喷丸强化过程中，如果不能满足规范要求，喷丸强化可能会引起问题，不完整的表面覆盖率会导致裂纹过早形成和扩展，应力腐蚀开裂的风险也会提高并会导致工件提前失效。图 2.13 是对比了两种不同覆盖率下喷丸工件的疲劳应力-循环周数（S-N）曲线，没有喷丸的试样在 2000N 的动态应力作用下，在疲劳

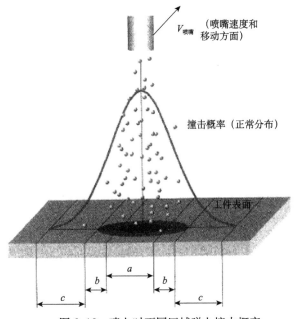

图 2.12　喷丸时不同区域弹丸撞击概率

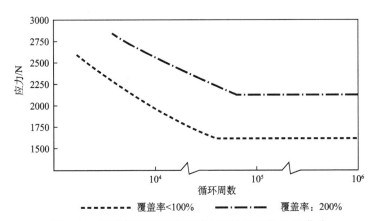

图 2.13　两种不同覆盖率下喷丸工件的疲劳 S-N 曲线

失效前能够承受至少 10^6 次负载循环；由点划线显示的工件按照规范处理超过 100%，在动态应力 2000N 的测试下，循环 10^6 次后仍然没有破坏。由点虚线显示的测试工件喷丸覆盖率低于 100%，在 2000N 动态应力的测试下，组件经历了 2×10^4 次负载循环后断裂，说明在喷丸强化过程中 100% 的整体覆盖率是绝对必要的。

　　覆盖率是喷丸强化工艺中最重要的值之一，过度的覆盖率也会导致裂纹过早形成，降低疲劳寿命；覆盖率不够，也会降低疲劳寿命。因此，通过遵守所需规范，可以有效地保证喷丸质量。

2.3　喷丸最佳工艺参数的选择

以上两节介绍了喷丸强化工艺参数以及确定工艺参数的试验方法和一般原则。在讨论上述问题时假定了喷丸强度是预先给定的，即在预先给定了喷丸强度的条件下如何用试验确定喷丸工艺参数。但是，根据什么原则给定零部件的喷丸强度和覆盖率？应该根据喷丸强化对零部件的疲劳和应力腐蚀性能影响的优劣程度来选择最适宜的喷丸强度。一般地讲，金属材料的疲劳强度和抗应力腐蚀性能并不是一直随着喷丸强度的提高而增加的，而是存在着一个最佳的喷丸强度，只有在此喷丸强度下零部件才能获得最好的性能。

怎样确定最佳的喷丸强度，对于任何一种金属材料，只能通过一系列的试验才能决定。图 2.14 为金属材料疲劳强度极限与喷丸强度之间的关系。实际过程中，我们可以设计这样一个试验方案，制备 7 组光滑（或切口）疲劳试样（每组20 根），除第一组外其余六组以不同喷丸强度进行喷丸强化，然后做疲劳试验。从试验获得的 7 条 S-N 曲线中可以确定：最高一条 S-N 曲线所对应的工艺参数就是最佳喷丸工艺参数，即最佳喷丸强度。但是，这种系统试验不仅花钱多，而且试验周期冗长（往往需要半年或更长的时间），这在工厂中是难以行得通的。

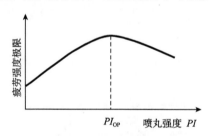

图 2.14　金属材料疲劳强度极限与喷丸强度之间的关系示意图

在实际生产中，通常采用下述方法确定喷丸强度。根据零件的尺寸（包括内、外圆角）、形状、力学性能（抗张强度和硬度）、表面光度等情况，参照同类材料和零件的喷丸强度，选择一种较为适宜的喷丸强度。喷丸强化后做少量的对比性疲劳强度试验或应力腐蚀试验（用试样或用零部件），例如在适当的交变应力下比较未喷丸和喷丸零部件（或试样）的疲劳断裂寿命，或者比较它们的疲劳强度极限。这种方法在花钱较少的情况下，能够较为迅速地选择出较好的喷丸强度。在实际生产的条件下，这是对多品种零部件确定喷丸强度的切实可行的简便方法。

2.4　喷丸强化工艺质量的控制和检验

所谓喷丸强化工艺的质量，实质主要是表面强化层深度和层内残余压应力的大小及其分布。喷丸过程中任一参数（主要是弹丸尺寸、速度、流量、时间）的

变动都会影响喷丸强化的质量。检验和控制强化工艺质量的方法很多,下面分别
予以讨论。

弧高度试验不仅是确定喷丸强度的试验方法,同时又是控制和检验零件喷丸
质量的方法。在生产过程中将弧高度试片与零件一起进行喷丸,然后测量试片的
弧高度,如弧高度值处在生产工艺中规定的范围内,表明零件的喷丸强度合格。
此方法最为简便、可靠,是目前生产中普遍采用的检验方法。这是控制和检验喷
丸强化质量的基本方法。

弧高度试片给出的喷丸强度,仅表明金属材料的表面强化层深度和残余应力
分布的综合值,而 X 射线法能给出它们的具体数值。X 射线应力测定仪和电解抛
光逐次去层法可以测定出残余应力在表面层内的分布。具体测试方法如下:

(1) 制备应力测定试样,尺寸约为 8mm×15mm×15mm。

(2) 依据规定的喷丸强度对试样进行喷丸强化。

(3) 测定表面残余应力。

(4) 用电解抛光法单面逐次去层,每去一层,测定一次表面应力,每次去层深
为 3~5mm。对每次的测量值进行修正后,便可获得残余应力 σ 沿表面深度的分布。

图 2.15 是 1Cr13 钢喷丸强化后试样
表面残余压应力随喷丸强化时间(即弧高
度值)的变化。曲线变化表明,表面残余
压应力起初随喷丸时间增长而增加,但继
续增加喷丸时间,表面残余压应力又复而
下降。增长喷丸时间,表面残余压应力虽
然有所下降,但是最高残余压应力却移向
表面下层。这种残余压应力的分布对于改
善材料的疲劳性能最为有利。表面残余压
应力值和强化层内最高残余压应力值取决
于喷丸强度,喷丸强度越高,最大残余压
应力距离表面越深。对于表面光洁度较低
或者可能存在较深微裂纹和类似裂纹缺陷
的零件,应采用较高的喷丸强度,以便使

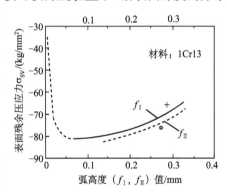

图 2.15 1Cr13 钢喷丸强化后试样表面
残余压应力随喷丸强化时间的变化
f_I、f_{II} 分别为 C 型和 A 型 Almen 试片
测出的弧高度值

裂纹在交变应力或者应力腐蚀条件下不发生或者不易发生扩展,这样会在更大的
幅度上提高零件的疲劳强度和抗应力腐蚀性能。

2.5 零部件的喷丸强化工艺规范

下面介绍零部件喷丸强化加工所必经的一般的工艺过程。

1. 喷丸设备及弹丸种类的确定

（1）根据零部件的产量及品种确定喷丸机类型。

（2）零件的非喷丸部位应预先采用挡板或粘贴胶布等措施进行防护。

（3）根据零件尺寸、形状、抗张强度、硬度及表面光洁度等确定弹丸材料和尺寸。

（4）弹丸必须呈球形（切忌带棱角），规定弹丸规格的弹丸数量应占总量的 80％以上，应定期检验弹丸的质量。

2. 喷丸工艺参数的确定

（1）根据零部件的尺寸、形状、抗张强度、硬度及表面光洁度，并参照同类零部件的喷丸强度确定零部件的喷丸强度。

（2）根据规定的喷丸强度确定喷丸工艺参数。

（3）N、A、C 三种标准弧高度试片的尺寸必须符合规定要求。

（4）弧高度测具必须符合规定要求。

具体流程可以按照图 2.16 操作。

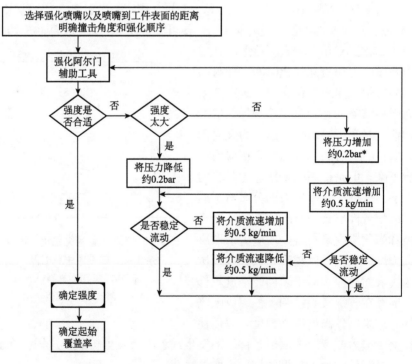

图 2.16　利用 Almen 试片确定喷丸工艺参数流程图

* 1bar＝10^5Pa＝1dN/mm^2

3. 零件准备

（1）喷丸前零部件必须加工至图纸要求尺寸（包括内、外角及表面抛光）。

（2）喷丸前零部件应按规定进行热处理。

（3）除其他规定外，零部件的无损检验应在喷丸前进行。

（4）喷丸前应清除表面的灰尘、油垢、腐蚀物等。

4. 零件喷丸

（1）可对单个零部件也可对组合件进行喷丸。

（2）图纸标明的非喷丸部位，应采取措施予以屏蔽。

（3）定期（每隔 4 小时或每交接班）检验喷丸强度，确保工艺参数的稳定性。

（4）定期检验弹丸质量。

（5）喷丸强度公差范围可定为 0～+30% 弧高度。

（6）在检验中如发现试片低于规定的喷丸强度，上批生产的零件可再行补喷一次。

5. 喷丸后处理

（1）撤去表面防护层。

（2）清除表面弹丸。

（3）强化后的零件不允许用机械方法校形。

（4）强化零部件在以后的加工工序中如需要加热处理，为最大限度发挥残余压应力的有利作用，在一般情况下，对普通钢和钛合金加热温度不应超过 250℃，对不锈钢不应超过 300℃，对铝合金和镁合金不应超过 100℃，以防止表面残余压应力出现大幅度的弛豫。

（5）强化后的零部件表面需进行磨削或切削加工时，在一般情况下，切削深度为 0.02～0.05mm（具体的深度视喷丸强度酌情规定）。

2.6　影响喷丸强化效果的参数

正确选择喷丸强化工艺参数以及确保工艺参数在加工过程中的稳定性，是提高零部件疲劳强度和抗应力腐蚀强度的必要条件。不适当的工艺参数或喷丸过程中任何一工艺参数发生变化，都会影响喷丸强化质量。本节将讨论各强化工艺参数及其在加工过程中的变化对材料疲劳强度的影响。了解这些变化规律，对于生产者恰当地选择工艺参数或在加工过程中重视控制强化工艺参数的稳定性，是极为重要的。

2.6.1　弹丸尺寸的影响

表 2.2 列出了弹丸尺寸的变化对 18CrNiWA 钢疲劳强度的影响。弹丸尺寸由 $d=1.2mm$ 降低至 $d=0.8mm$ 时，虽然强化材料的疲劳强度比未强化者有所提高，但其强化效果有所降低。所以，对这种调质钢应选择 $d=1.2mm$ 的弹丸尺寸较为适

宜。显然，如弹丸在长期喷丸过程中因磨损而直径变小，就会影响喷丸强化效果。由此可见，严格检验和控制弹丸的尺寸是保证强化质量的重要环节之一。

表 2.2　弹丸尺寸对 18CrNiWA 钢疲劳强度的影响

弹丸直径 /mm	试样表面状态 *	材料弯曲疲劳试验结果	
		应力 σ/(kg/mm²)	断裂循环周期数 N/周
0.8	未喷丸	60	1.40×10^3
	喷丸	60	$>1.04 \times 10^7$
	喷丸	70	3.97×10^5
1.2	未喷丸	70	—
	喷丸	70	$>1.04 \times 10^7$

* 平板试样厚度为 3mm。

当然，并不是在任何情况下都是弹丸尺寸越大，强化效果越好。因此，需要根据零件的材料性能和几何尺寸恰当地选择弹丸直径。比如，从图 2.17 可以看出，SUP-6 弹簧钢，采用 $d=0.5$mm 钢弹丸比 $d=1.0$mm，1.2mm 的钢弹丸喷丸强化效果好。

2.6.2　弹丸速度的影响

在其他工艺参数不变的情况下，弹丸的运动速度越高，材料表面获得的喷丸强度就越高。通常是改变机械离心轮的转速或者改变压缩空气的压力，使弹丸的运动速度获得改变。

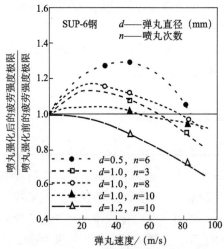

图 2.17　SUP-6 弹簧钢板材弯曲疲劳强度随弹丸速度的变化

图 2.17 为 SUP-6 弹簧钢板材的弯曲疲劳强度随弹丸速度的变化。当采用弹丸直径为 $d=0.5$mm 时，强化钢板的疲劳强度随弹丸速度的增加而增高，在速度为 $V=49$m/s（喷丸次数为 6 次）时，疲劳强度达到最高值。但如果继续增高弹丸速度，则疲劳强度出现下降。

恰当选择弹丸速度以及在生产过程中严格控制弹丸速度，是保证喷丸强化质量的一个重要环节。

2.6.3　弹丸形状的影响

在喷丸过程中，弹丸由于多次碰撞不仅产生了一定量的破碎，同时由于磨损弹丸的直径也逐渐变小，为了保证喷丸质量，需要对弹丸进行定期筛选以及补充新弹丸。破碎的弹丸或者新切制的钢丝弹丸往往存在尖锐的棱角，用这种弹丸强化时，零件表面会产生许多微小的尖切口，由此降低了强化效果。这将直接影响强化工件的疲劳强度以及抗应力腐蚀性能。对于切制后的带有棱角的新弹丸，只有经过较长时间的撞击或者在滚筒内滚光使棱角变得圆滑之后，使用其进行喷丸处理才能获得较好的强化效果。严格控制以及经常检查弹丸几何形状，是提高喷丸强化质量的重要条件。

2.6.4　喷丸强化时间的影响

在喷丸过程中，喷丸时间只有达到"饱和"时间或者 2 倍于"饱和"时间时，才能获得最佳的喷丸强化效果。图 2.18 为强化时间对 45XH 调质钢的疲劳强度极限的影响。结果表明，在一定程度上超过"饱和"时间，实际上并不会引起材料疲劳强度的明显下降，在一般情况下，强化时间不足比强化时间过度更为不利。如果发现喷丸强化处理后强化时间低于规定要求，可以对该批次零件再次进行补充喷丸强化一次，与正常强化零件相比，其疲劳强度不会有明显的差异。

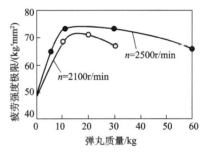

图 2.18　强化时间对 45XH 调质钢的疲劳强度极限的影响

2.6.5　喷丸温度的影响[5]

对 TiB_2/Al 复合材料选择初始喷丸温度（T_0）分别为 100℃和 200℃。变温热喷丸对 TiB_2/Al 残余压应力沿层深分布的影响如图 2.19 所示，从图中可以看出，初始喷丸温度越高，残余压应力越大。不同初始喷丸温度下，复合材料的残余压应力分布特征参数如表 2.3 所示。结果表明，随着初始喷丸温度的提高，残余应力场的各特征参数相应提高，初始温度 $T_0=200$℃喷丸样品的表面残余压应力值（SCRS）和最大残余压应力值（MCRS）分别为 −154MPa 和

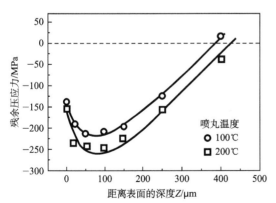

图 2.19　变温热喷丸对 TiB_2/Al 残余应力沿层深分布的影响，喷丸强度 0.23mmA

—255MPa，且其残余压应力层深（DCRS）也大幅度提高。喷丸残余压应力场特征参数的变化是由高温下材料的强度降低、弹丸的影响深度相对增大引起的。喷丸产生的残余压应力能够部分或全部抵消外加拉应力，因而较大的残余压应力总是有利于提高材料的疲劳性能，变温热喷丸优化了复合材料残余压应力场。

表 2.3　TiB$_2$/Al 变温热喷丸样品残余压应力分布特征参数，喷丸强度 0.23mmA

T_0/℃	SCRS/MPa	MCRS/MPa	DCRS/μm	DMCRS/μm
100	−140	−222	383	80
200	−154	−255	425	92

DMCRS：最大残余压应力深度。

出现这种情况可作如下解释：在高温下对材料进行喷丸，变形层内发生动态回复和再结晶过程，其最大优点是在喷丸过程中形成了较为稳定的位错结构，在外加载荷条件下残余应力的稳定性较高，从而提高了材料的疲劳强度和疲劳寿命。A. Wick 等研究了传统热喷丸对 AISI 4140 钢残余应力场的影响，认为在持续加热方式下喷丸过程中发生了应变时效，钢中碳化物和碳原子对位错的钉扎作用使位错结构更加稳定。在变温热喷丸方法中，既包括高温热喷丸又包括低温热喷丸，初始温度可以达到或接近材料的再结晶温度。在喷丸初始阶段，喷丸变形层发生动态回复与再结晶，位错不断产生、合并和重组，生成了稳定的位错结构。在其后的喷丸过程中，样品的温度不断降低，当材料温度降至较低时，位错的热运动变得困难，喷丸残余应力不再松弛，因而变温热喷丸能够在样品表层产生较高且不易松弛的残余压应力。

2.6.6　喷丸工件应力状态的影响[5]

选择预应力 100MPa 和 200MPa，研究应力喷丸对 TiB$_2$/Al 表层残余压应力的影响。应力喷丸残余压应力分布及其特征参数分别如图 2.20 和表 2.4 所示。结果表明，应力喷丸显著提高了复合材料的喷丸残余压应力，随着预加拉应力的提高，残余应力分布特征参数相应提高，当预加拉应力为 200MPa 时，复合材料喷丸残余应力的各特征参数值均最大。与变温热喷丸相比，在应力喷丸条件下，材料的 SCRS 也有较大幅度的提

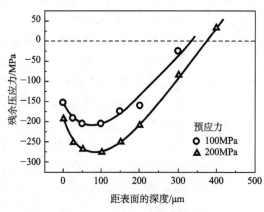

图 2.20　应力喷丸对 TiB$_2$/Al 表层残余压应力分布的影响，喷丸强度 0.15mmA

表 2.4　TiB$_2$/Al 应力喷丸样品残余压应力分布特征参数，喷丸强度 0.15mmA

预应力/MPa	SCRS/MPa	MCRS/MPa	DCRS /μm	DMCRS /μm
100	−150	−214	328	78
200	−193	−275	370	96

高。此外，预加拉应力促进了弹丸引起的塑性变形，其影响层也相对较深，因而应力喷丸有效提高了复合材料的 DCRS 和 DMCRS 值。出现这种情况可作如下解释：

在喷丸过程中对受喷工件施加拉应力，喷丸后未卸载时材料表层应力状态和未施加拉应力时喷丸表层应力状态相同。当拉应力卸载后，由于材料整体的弹性回复，喷丸残余压应力大幅度提高。应力喷丸预加拉应力的临界值为 0.5 倍材料屈服强度，当预应力小于临界值时，残余压应力的提高与预应力成正比，而当预应力超过临界值时，由于在卸载过程中产生了反向局部塑性变形，必然造成残余应力松弛，所以喷丸残余应力呈递减趋势。

总之，通过喷丸设备、弹丸介质以及喷丸工艺参数三者恰当搭配，可以实现最佳的强化效果。

2.7　受喷材料/零部件表面粗糙度

2.7.1　喷丸表面的粗糙度

对于表面粗糙度（surface roughness）有较高要求的零部件，喷丸处理后只允许进行少量表面磨加工或表面电抛光加工，因此受喷后材料/零部件表面粗糙度（或光洁度）还是要注意的问题，因为这涉及疲劳源是在表面萌生还是在表面下萌生，因而影响到零部件的疲劳性能，见本书 17.10 节的讨论。此外，表面粗糙度与机械零件的配合性质、耐磨性、疲劳强度、接触刚度、振动和噪声等有密切关系，对机械产品的使用寿命和可靠性也有重要影响。

表面粗糙度是指加工表面具有的较小间距和微小峰谷的不平度。其两波峰或两波谷之间的距离（波距）很小（在 1mm 以下），它属于微观几何形状误差。喷丸后，材料/零部件表面形成特殊的微观几何形状，这是由弹丸撞击而形成的大量球面浅凹坑构成的。通常，喷丸将增加表面粗糙度，降低表面的光洁度。

取样长度 l 应根据零件实际表面的形成情况及纹理特征，选取能反映表面粗糙度特征的那一段长度，量取样长度时应根据实际表面轮廓的总的走向进行。规定和选择取样长度是为了限制和减弱表面波纹度和形状误差对表面粗糙度的测量结果的影响。评定长度 l 是评定轮廓所必需的一段长度，它可包括一个或几个取样长度。由于零件表面各部分的表面粗糙度不一定很均匀，在一个取样长度上往往不能合理地反映某一表面粗糙度特征，故需在表面上取几个取样长度来评定表面粗糙度。评定长度 l 一般包含 5 个取样长度。

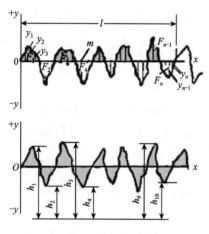

图 2.21　粗糙度测量的轮廓花样

我国的表面粗糙度（光洁度标准用轮廓的算术平均偏差）用 R_a 或不平度平均高度 R_z 来表示，见图 2.21。轮廓算术平均偏差 R_a 的定义是：在取样长度 l（用来判断具有粗糙度特征的一段基准线长度）内轮廓偏离绝对值的算术平均值。R_z 为 R_a 的近似值，分别表示如下：

$$R_a = \frac{1}{l} \int_0^l |y| \, dx \qquad (2.3)$$

$$R_z = \frac{\sum_1^{n+1} h_{奇} - \sum_2^n h_{偶}}{n/2} \qquad (2.4)$$

用轮廓单元的平均宽度 R_{sm} 表示特征参数，即在取样长度内，其表示轮廓微观不平度间距的平均值。微观不平度间距是指轮廓峰和相邻的轮廓谷在中线上的一段长度。用轮廓支承长度率 $R_{mr}(c)$ 表示形状特征参数，是轮廓支撑长度与取样长度的比值。轮廓支承长度是取样长度内平行于中线且与轮廓峰顶线相距为 c 的直线与轮廓相截所得到各段截线长度之和。

2.7.2　测定粗糙度的方法

表面粗糙度利用针尖曲率半径为 $2\,\mu m$ 左右的金刚石触针沿被测表面缓慢滑行，金刚石触针的上下位移量由电学式长度传感器转换为电信号，经放大、滤波、计算后由显示仪表指示出表面粗糙度数值，也可用记录器记录被测截面轮廓曲线。一般将仅能显示表面粗糙度数值的测量工具称为表面粗糙度测量仪，同时能记录表面轮廓曲线的称为表面粗糙度轮廓仪。这两种测量工具都有电子计算电路或电子计算机，它能自动计算出轮廓算术平均偏差 R_a、微观不平度平均高度 R_z、轮廓最大高度 R_y 和其他多种评定参数，测量效率高，适用于测量 R_a 为 $0.025 \sim 6.3\,\mu m$ 的表面粗糙度。

双管显微镜测量表面粗糙度，可用作 R_y 与 R_z 参数评定，测量范围为 $0.5 \sim 50\,mm$。

利用光波干涉原理（见平晶、激光测长技术）将被测表面的形状误差以干涉条纹图形显示出来，并利用放大倍数高（可达 500 倍）的显微镜将这些干涉条纹的微观部分放大后进行测量，以得出被测表面粗糙度。应用此法的表面粗糙度测量工具称为干涉显微镜。这种方法适用于测量 R_z 和 R_y 为 $0.025\sim0.8\mu m$ 的表面粗糙度。

2.7.3　影响喷丸表面粗糙度的因素

受喷表面的粗糙度主要取决于喷丸参数，零部件原始表面粗糙度的影响较小。

（1）喷射时间对粗糙度的影响。饱和喷丸以前，表面粗糙度急剧变化；饱和喷丸以后，喷丸时间对粗糙度影响很小。

（2）弹丸速度和弹丸尺寸对粗糙度的影响。在其他喷丸参数不变时，仅仅改变弹丸速度和弹丸尺寸，受喷表面的粗糙度明显增加，因为喷丸强度加大了，弹丸流的打击力量加大了。

（3）喷射角对粗糙度的影响。由于垂直喷射时弹流的打击最大，形成的弹坑最深，受喷表面的粗糙度最大。喷丸角度减小（即倾斜喷射），表面粗糙度较小，因为作用于受喷表面的打击力减小。此外，受喷材料的硬度对喷丸表面粗糙度也有影响，材料硬度越高，受喷材料的粗糙度越小。

2.7.4　改善喷丸表面粗糙度的方法

已知受喷表面的粗糙度取决于喷丸参数，而喷丸参数又取决于受喷零部件的刚度和零部件的外形曲率。因此，受喷零部件表面的粗糙度与零部件的外形有很大关系。如果零部件的刚度和曲率很大，所需的喷丸强度就高，也就需要用高的喷射气压和大的弹丸来喷，形成表面粗糙度必然很大；反之，零部件的刚度和曲率较小，所需喷丸强度就低，形成的表面粗糙度也较小。因此，对给定的零部件来说，合理选择喷丸工艺方法，就能改善喷丸零部件表面的粗糙度。实践表明，采用大尺度弹丸进行低速喷丸，形成的弹丸坑较浅，可获得较小的粗糙度。如果受喷零部件外形曲率很大，刚度也强，即使选择合理的喷丸参数和工艺方法，喷丸后的粗糙度较大，也满足不了设计的要求，在这种情况下，可以采用下面两种方法来改善表面粗糙度：①喷丸后，采用 $30°$ 喷射角对喷丸面再喷一次，利用磨蚀作用除去喷丸表面微观几何形状的峰顶；②喷丸后用砂纸打光等方法打磨喷丸面。一般打磨量不应超过残余压应力总深度的 10%。

2.8　喷丸强化工艺过程常遇到的问题

上面阐述了喷丸强化工艺的参数及其影响因素，在喷丸强化实践过程中，可能会面临一些问题，如喷丸强度的不稳定、饱和曲线不稳定、覆盖率低、弹丸的再循环问题、静电等。针对这些问题可以采取一些改进措施，从而确保工件喷丸强化的质量。

2.8.1　喷丸强度不稳定

这可归因于很多因素和使用的设备类型，其共性的因素如下：

（1）弹丸尺寸。在给定气压或抛丸叶轮转速和介质流量时，较大的弹丸将具有较高的喷丸强度，较小的弹丸喷丸强度较低。如果同一设备中使用了不同尺寸的弹丸，在选择用于特定工艺的弹丸尺寸时可能会发生错误。此外，如果弹丸的使用时间过长，平均颗粒尺寸就会降低，弹丸会破碎并损失一些质量，破碎的弹丸将被"修复"且弹丸尺寸会变小。使用合格试验筛进行筛分可以得到"混合颗粒"中的颗粒尺寸分布。喷丸过程中，应定期记录，从而确保不会出现重大偏差，且"混合颗粒"在客户规范的要求之内。图 2.22 为检查喷丸尺寸的筛分分析设备的实物照片。

图 2.22　检查喷丸尺寸的筛分分析设备的实物照片

（2）弹丸硬度。与较软弹丸相比，硬度高的弹丸能够实现更高的强度值（相同压力/抛丸叶轮转速/质量流量情况下）。弹丸使用时，也会发生加工硬化现象，因此如果设备中的全部弹丸被新弹丸取代，强度可能会降低。应采用往设备的料斗中多次少量添加的方式补充弹丸，以保持一定的"混合颗粒"，这样就能确保平均硬度值和粒径分布始终保持稳定。如果需要彻底更换全部弹丸，需将新弹丸向硬钢板先冲击几个完整周期，以调整弹丸到正常使用的状态。

（3）弹射冲击。一些喷丸覆盖率可能由弹射冲击形成（图 2.23），其强度无法达到直接冲击的饱和强度。研究工件的几何结构、所有装配夹具和阿尔门试片的定位，所有覆盖率都应来自直接冲击，除非弹跳喷丸强化获得特别许可，并符合技术说明书中相关计划。

图 2.23　喷丸过程中弹射冲击示意图

（4）读数误差。多种误差都可导致错误的阿尔门试片读数，常见的如表 2.5 所示。

表 2.5　阿尔门试片读数出现误差的原因

弹丸或碎屑卡在试片下，这会"预加压"试片并造成较高的读数
不平坦的阿尔门试片固定座（夹具），这也会"预加压"试片，校准接触面的平整度到指定要求
阿尔门测量仪中的安装球磨引起不准确的读数，可根据 SAEJ 442 进行检查和维护
阿尔门测量仪没有校准，联系测量仪供应商校准
使用的试片不正确（A.C.N.），读数会升高约 3 倍或降低为原来的 1/3，使用合适的测量仪检查试片厚度

如果是使用气压（喷嘴）喷丸设备时的喷丸强度变化，还应检查以下几项：

（1）指示压力。气压应与原饱和强度测试所用的气压相同，必要时进行压力调节。如果在处理过程中气压逐渐降低，那么压缩空气供应就无法再保持喷嘴中的介质流量，可能的原因是喷嘴磨损或空气压缩机、过滤器/干燥器或供给管出现工作故障。设备应安装低气压警告装置。

（2）弹丸流量。弹丸流量应与原饱和强度测试所用的弹丸流量相同，必要时可进行调节，如果使用孔板控制弹丸流量，磨损会增大孔径，进而增大弹丸流量，而弹丸流量增大会降低气动设备的喷丸强度。这是因为气压提供的用于加速弹丸流经喷嘴的力是固定的，如果弹丸质量增加，根据物理学的牛顿定律，加速度就会降低。因此，弹丸的速度会降低，强度也会因此降低，反之亦然，"精确"的弹丸流量会提高强度。但请注意，如果流量过小，则可能无法实现完全覆盖率，且阿尔门试片读数可能会因低覆盖率而降低，应检查确认阿尔门试片，以确认是否实现完全覆盖率。

（3）喷嘴磨损。喷嘴磨损，孔径会增大（图2.24），流经的压缩空气量就会增加，如果设备中的空气阀或设备的压缩空气供给无法保持空气量，喷嘴中的气压就会降低，喷嘴中的气压用来加速弹丸，因此气压降低会导致喷丸强度降低，可以使用圆截面钢棍制成的测量仪或使用适当尺寸的钻头检查喷嘴孔。测量喷嘴的喉部，而不是出口处。

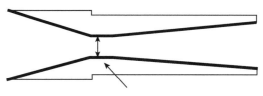

图 2.24　喷嘴测量区域示意图

如果使用叶片式抛丸设备，若抛丸强度变化，图2.25给出了叶轮式喷丸时引起喷丸强度变化的原因示意图，需要检测以下几项：

（1）抛丸器叶轮转速。抛丸强度与叶轮转速有直接关系，如果抛丸器叶轮转速可变，应根据原转速设置进行按需调整，当转速固定时，抛丸强度降低的原因可能是设备的磨损。

（2）定向套/分丸轮磨损。这会导致部分弹丸接触不到叶片的投掷面，而高高落入下一个叶片的表面，此时，弹丸不能达到最大抛射速度，因此会降低抛丸强度，此时应当更换所有磨损工件。

（3）有凹痕或磨损叶片。这些缺陷会使弹丸在叶片上停留时间过长，而获得较低的速度，冲击速度降低。测得的抛丸强度也会降低，应当更换已磨损的叶片。

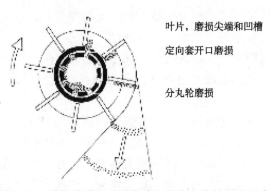

叶片，磨损尖端和凹槽

定向套开口磨损

分丸轮磨损

图 2.25　叶轮式喷丸时引起喷丸强度变化的原因示意图

2.8.2　喷丸覆盖率不稳定

当检测到喷丸强度变化时，应通过绘制喷丸饱和曲线查明相关原因。在检查喷丸强度问题时，仅读取试片的读数作用不大，饱和曲线能够显示更多的信息。当与原曲线比较时，如果达到饱和的时间增加了，则可能表示单位时间内冲击试片的弹丸量有所减少。可能的原因是弹丸流量的降低，这会导致饱和时间延长。饱和时间增加还可能起因于喷嘴喷射距离的增加，尽管设置相同的气压和弹丸流量，但是如果喷嘴距离较远，发散的弹丸流会导致冲击试片的弹丸数减少，因此导致饱和时间增加。

使用气压（喷嘴）喷丸设备时工件的低覆盖率可能是由于：

（1）喷嘴未正确对准工件：调整喷嘴方向，一些覆盖率可能由弹丸反弹形成，但是这不能达到饱和强度。

（2）不完全喷丸覆盖（螺旋覆盖）：喷丸成形时，可能需要不均匀的覆盖率以实现所需的形状，而喷丸强化以提高抗疲劳性能时，则需要完整均匀的覆盖率。下面介绍的是工件在转盘上旋转，喷嘴在线性制动器上相对于工件表面单向横移的移动，工件以一定的速度进行旋转运动，如图 2.26 所示。在每次转动时喷丸面必须重叠，以实现完整均匀的覆盖率。如果相对横移速度而言旋转速度

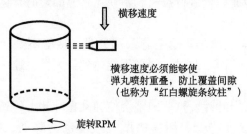

横移速度

横移速度必须能够使
弹丸喷射重叠，防止覆盖间隙
（也称为"红白螺旋条纹柱"）

旋转RPM

图 2.26　喷丸强化过程中不完整覆盖率产生的示意图

低，覆盖带就不会在每次旋转时重叠，无法实现完整覆盖率，最终形成弹丸覆盖螺旋带，即"红白螺旋条纹柱"效应。

这种设备的工艺周期是喷嘴单次横移所用的时间，该时间将决定冲击工件表面的弹丸数，并因此决定弹丸覆盖率。对于100%等特定覆盖率，周期时间即横移速度是固定的，因此，有时为避免"红白螺旋条纹柱"效应也无法降低横移速度，这会使覆盖率超过规定值，也会延长加工时间，而导致操作时效性降低。旋转速度增加，也会造成同样的效果。的确，旋转速度不会影响周期时间和覆盖率，因为周期时间和覆盖率由横移速度决定，但是最大旋转速度由旋转工件的稳定性和设备的力学结构决定。覆盖率并不是通过喷嘴在表面的单次扫描一次性实现的，多次扫描才能够实现均匀的覆盖率，较高旋转速度能获得较宽的喷丸图案重叠区域和非常均匀的表面覆盖率，对于喷嘴在转盘中的平面工件上方水平横移的情况，也使用这种通过多次扫描逐渐累积以实现均匀覆盖率的方法。如果工件位于摆动喷嘴下方的线性输送机上，则输送机的横移速度决定覆盖率，因此，如果是固定的，可以提高喷嘴的摆动频率，以通过多次重叠实现覆盖率逐渐累积。

使用叶片式抛丸设备时，工件的低覆盖率是由叶片式喷丸强化覆盖率的不稳定造成的，可归因于以下因素：

（1）叶轮磨损：叶轮肋条磨损会使一些弹丸沿叶片尾部弹跳，而影响强化区。

（2）定向套/分丸轮磨损：组件在这个位置磨损会增大开口，拉长抛丸热区，通常，应同时更换所有磨损的零件，以使设备恢复原状。

2.8.3　弹丸再循环问题

如果设备中的弹丸无法被抛喷系统充分再利用，可检查以下情况：

（1）电机过载。如果使用斗式提升机等机械设备回收弹丸，则应检查电机过载以查看是否发生跳闸，如果过载没有复位，则必须检查相关组件以确定原因，例如铲斗变松并卡住提升机。

（2）气动回收系统中的过滤器阻塞。如果使用气动回收系统，气流量可能已降低而阻止了充分回收，这可能是因为给回收系统提供动力的粉尘收集器中的过滤器发生了阻塞，此时应使用压力表或差压计等压差测量设备，测量过滤器中的压力下降，当压力下降超过一定的值时，应检查过滤器清洁系统，防止过滤装置被细粉尘完全"堵死"，此时必须更换过滤器。

（3）气动回收系统中的风机电机转速。为回收系统提供动力的风机电机可能是三相电机，三相供电系统中的两相可能会出现交叉，在这种情况下，三相风机将会反向运行，导致气流量降低约50%。电机则会耗用更多电流，此过载可能会导致跳闸，但是如果电机继续运行，电机就会损坏。大多数风机的风机外壳中都标有一个方向箭头，可以通过检查此箭头来确定风机是否以正确方向运行，如果无法找到方向箭头，正确的旋转方向应为风机外壳的向外螺旋方向。

（4）好的弹丸流向垃圾箱。如果设备具有多层振动分离器，下层筛子损坏会使好的可以重复使用的弹丸穿过底筛并与粉末一起排放到垃圾箱，应检查筛子并在必要时更换，如果设备装有空气分离装置来分离弹丸，空气流速过大会将好的弹丸携带进入垃圾箱中，可调节空气分离装置。

2.8.4　静电问题

由于弹丸颗粒在软管和管道中快速运动，喷丸强化容易产生静电，干燥的空气会加剧静电问题，因此在寒冷干燥的冬季或在带空调设备的场所，这些问题更加突出。静电荷量通常不会损坏设备或伤害操作人员，但是反复遭受电击，操作人员会非常痛苦。所有设备应充分接地，以帮助消除静电荷，有时工作人员会认为是设备的金属结构积聚静电荷并且使他们遭受了电击，但实际上，静电是从设备的软管或工件和接地装置流过他们的身体的，挠性回收管道可能具有金属螺旋加固件，每端的加固件均可以接地以消除弹丸在管道中流动产生的静电荷，如果将进行强化的工件安装在橡胶垫或聚氨酯夹具等非导电材料上，工件上会产生较大静电荷。当操作人员在强化后接近工件时，静电荷可能会接地泄漏并传递给操作人员，使他们遭受电击，此时，可以通过给工件连接接地搭铁线解决这个问题，如果此操作不可行，则可以尝试在非导电安装件中添加导电线。

2.9　喷丸强化工艺规范说明

SAE 发布了广泛范围的标准，如今，在喷丸强化中，几乎很少发现没有采用 SAE 规范标准的现象，针对喷丸强化，可从广义上将 SAE 标准规范分为两类：①SAE"AMS"规范，用于航空业（AMS＝航空材料规范标准）；②SAE"J"规范，用于地面车辆和一般应用。但是，通常会将"J"规范调用到航空操作上，且需要同时使用 AMS 规范。以下是最常见的规范汇总：

AMS 2431 喷丸强化介质，这包含 7 个附属规范：①AMS 2431/1 常规硬度铸钢弹丸（ASR）；②AMS 2431/2 高硬度铸钢弹丸（ASH）；③AMS 2431/3 钢丝切割弹丸（AWCR）；④AMS 2431/4 不锈钢丝切丸（AWS）；⑤AMS 2431/5 喷丸强化钢球；⑥AMS 2431/6 玻璃弹丸；⑦AMS 2431/7 陶瓷弹丸。这些规范包含对弹丸的化学成分、微观结构、尺寸、形状和硬度的要求。

一些"J"规范的完整性不及 AMS 2431，但详细说明了针对如下单一喷丸强化介质类型的要求：①J441 钢丝切丸；②J444 喷丸强化和清理用的铸钢弹丸和铸钢砂尺寸规范；③J827 高碳铸钢弹丸；④J1173 喷丸强化用玻璃珠的尺寸分类和特性；⑤J1830 喷丸强化用陶瓷弹丸的尺寸分类和特性。

在喷丸工艺控制方面：AMS 2430 为自动喷丸强化，此规范包含工艺设置、操作和验证的要求，也详细说明了使用中的弹丸介质的质量要求。AMS2432 为计算机监控的喷丸强化，此规范通常用于关键工件，这要求持续监控喷丸强化参数并在超出公差限值时停止工艺。

在喷丸强度和覆盖率的确定及验证方面：J442 规范了喷丸强化试片、夹具和测量仪；J443 使用标准喷丸强化试片的程序；J2277 喷丸强化覆盖率。

喷丸强度和覆盖率是所有喷丸强化应用的主要衡量标准，上述 SAE 规范对任何喷丸强化工艺的设计及实施均具有重要的意义。

参 考 文 献

[1] 刘锁．金属材料的疲劳性能与喷丸强化工艺．北京：国防工业出版社，1977.

[2] 李国祥．喷丸成形．北京：国防工业出版社，1982.

[3] 王仁智．航空材料喷丸强化手册．航空航天工业部 AFFD 系统工程办公室 1988.

[4] 李金桂，周师岳，胡业锋．喷丸强化层设计与加工建议．北京：化学工业出版社，2014.

[5] Baiker S. Shot Peening：A Dynamic Application and Its Future. 3rd ed. Wetzikon：MFN Publishing House，2012.

[6] 栾卫志．TiB_2/Al 复合材料喷丸强化及其表征研究．上海交通大学博士学位论文，2009.

第3章 喷丸强化对材料性能的影响及其应用领域

材料/零部件通过喷丸强化处理后在材料表面形成一层强化层，其相对受喷工件整体厚度而言是极薄的一层，强化层对材料的静强度以及冲击强度等基本无明显的影响。对于与材料表面应力、组织密切相关的疲劳性能以及应力腐蚀性能，喷丸强化层有着显著的影响。

3.1 喷丸强化对材料疲劳性能的影响[1~6]

3.1.1 金属材料的疲劳性能

金属材料在交变应力的作用下，即使应力水平处在弹性极限范围内，经若干次循环后也会发生断裂。在交变应力的作用下发生的断裂叫疲劳断裂，通常以应力-循环周数（S-N）曲线来表征疲劳性能，见图 3.1。与其他破坏方式相比较，疲劳破坏有如下特征：

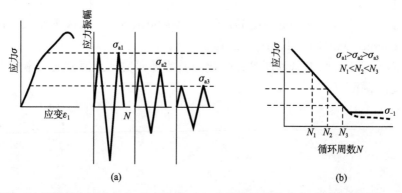

图 3.1 材料静力试验应力-应变曲线（a）和疲劳试验的应力-循环周数曲线（b）

（1）一般材料（包括高韧性材料）疲劳破坏前不产生明显的塑性变形；

（2）材料的断裂循环周数 N 随交变应力水平降低而增高。对低碳钢而言，存在一应力极限值，低于此值不再发生断裂。此应力称为疲劳强度极限，以 σ_{-1} 表示（图 3.1）；

（3）对于低碳钢，循环数大到 $10^6 \sim 10^7$ 周而不发生断裂时，则一般不再发生断裂，所以通常将 10^7 周所对应的应力水平定为材料的疲劳强度极限。但是，合金钢及其他有色金属材料的 S-N 曲线并不存在一水平线段，只是在应力降至某一水平时断裂循环数急剧增加（图 3.1（b）中虚线所示）。为了工程设计的需要，对这类材料一般将 $N=10^7$（或 10^8）所对应的应力水平定义为条件疲劳强度极限。

（4）在一定的交变应力水平下发生断裂的循环数 N 具有很高的分散性，所以任何材料的 S-N 曲线都由一个分散带构成。

（5）在净断面相同的条件下，切口试验的抗张强度比光滑试样的高；与此相反，在疲劳试验条件下切口试样的疲劳强度比光滑试样低。

（6）疲劳断裂的宏观断口一般由相互区别的三个区域组成，疲劳裂纹成核（裂纹萌生）区、裂纹扩展区和瞬时断裂区。

（7）光学显微镜观察指出，疲劳试验和静力（拉伸）试验条件下，材料表面均出现滑移带，但滑移带的分布和密集程度前者较后者更为严重。此外，在疲劳条件下某些材料表现出金属的"挤出"和"挤入"现象，这是单向拉伸试验中不曾有的。

（8）加工硬化或时效硬化的材料，在疲劳过程中出现循环软化（应变软化），退火的材料在疲劳过程中出现循环硬化（应变硬化）。

通过喷丸处理，在工件表面引入了残余压应力场，可以改善工件的疲劳性能，但是必须注意这只是零件在高周期疲劳的场合才有意义，对于应变控制的低周期疲劳，材料在高应变幅下必然发生塑性变形，从而使残余应力大幅度松弛，所以残余压应力对改善低周期疲劳抗力一般不会显示出很大的作用，因此，以下所提到的疲劳均为高周期疲劳。

进行零件的疲劳设计时，根据其服役条件的不同，有无限寿命和有限寿命设计之分。前者多以传统的材料疲劳极限和疲劳缺口敏感度等作为疲劳抗力指标，后者则用断裂力学来研究疲劳问题，以疲劳门槛值和裂纹扩展速率等作为材料的疲劳抗力参量。因此，在研究喷丸残余应力对材料疲劳性能的影响时也有两种不同的处理方式。

1. 喷丸残余应力对疲劳极限的影响

在研究残余压应力对疲劳极限的影响时，可以采用平均应力的观点来评估残余应力的作用。平均应力对疲劳极限的影响可以用 Goodman 关系来描述，见图 3.2。图中 σ_m 为平均应力，σ_b 为抗拉强度，σ_w^0 为平均应力 $\sigma_m=0$ 时的疲劳极限，存在平均应力 σ_m 时的疲劳极限 σ_w^m 可表示为

$$\sigma_w^m = \sigma_w^0 - (\sigma_w^0/\sigma_b)\sigma_m = \sigma_w^0 - m\sigma_m \tag{3.1}$$

式中，$\sigma_w^0/\sigma_b = m$ 是图 3.2 中 σ_w^0 和 σ_b 连线的斜率，称为平均应力敏感系数。当存在残余压应力 σ_r，并认为它与平均应力等效时，公式（3.1）中平均应力变为

$(\sigma_m + \sigma_r)$，因此，由残余应力而引起材料疲劳极限的变化 $\Delta \sigma_w^r$ 为

$$\Delta \sigma_w^r = -m\sigma_r \qquad (3.2)$$

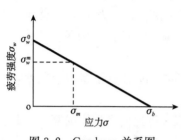

图 3.2　Goodman 关系图

可见，喷丸强化处理后的残余压应力可以提高材料的疲劳极限。残余压应力作用的大小与平均应力敏感系数密切相关。因此，如果知道 m 值，可由实测的残余压应力值简单评估 $\Delta \sigma_w^r$。但是在使用该方法时，需要注意以下几点：①Goodman 关系适用于拉压和弯曲疲劳；②是否分离了各种强化因素的影响；③残余压应力表征值的取法不同，研究表明对疲劳强度的提高起重要作用的是在工作应力下经衰减后实际存在的残余压应力，一般只有强度相当高的材料，其残余压应力的稳定性很高，才可用原始值来代替。

2. 对裂纹的萌生的影响

残余压应力是否影响疲劳裂纹的萌生是长期以来有争议的问题。主要原因是到底形成了多大尺度的裂纹才算作疲劳裂纹萌生。进行喷丸处理后，在引入残余压应力的同时也容易形成表面损伤，如粗糙度的增大、不规则的丸坑，甚至出现裂纹等。这些都会使裂纹萌生期缩短。有时裂纹直接从丸坑或微裂纹开始扩展，萌生期也就不存在了。目前，从前期的研究结果来看，残余压应力对疲劳裂纹萌生的作用不大。

3. 残余应力对裂纹扩展的影响

在 Goodman 关系中，把残余应力当做平均应力来处理，从而可以比较直观和方便地评估残余应力的作用。但是这种方法只能评价残余应力对材料疲劳极限的影响，却无法把残余应力和描述疲劳裂纹扩展的有关参量联系起来。此外，在疲劳裂纹不同的长度范围，残余应力对长、短裂纹的扩展的影响有着不同的规律。讨论疲劳裂纹在残余应力场中的扩展速率必须采用断裂力学的研究方法，目前在这方面有两种不同的途径。

一种是采用残余应力强度因子法，该法根据断裂力学叠加原理，认为存在残余应力时有效应力强度因子 K_{eff} 是外载引起的应力强度因子和残余应力引起的应力强度因子 K_r 之和，即

$$K_{eff, \ max} = K_{max} + K_r \qquad (3.3)$$
$$K_{eff, \ min} = K_{min} + K_r$$

而有效应力比 R_{eff} 为

$$R_{eff} = K_{eff, \ min} / K_{eff, \ max} \qquad (3.4)$$

对残余张应力而言，可将它和外载张应力叠加，只需注意其在裂纹尖端处的数值随裂纹长度而改变并受到应力松弛的影响即可。当表面存在不同大小的残余

压应力时，因其方向与外载张应力相反，故应分为以下两种情况：

第一，若残余压应力不很大，$K_{eff,min} = K_{min} + K_r > 0$，此时

$$\Delta K_{eff} = (K_{max} + K_r) - (K_{min} + K_r)$$
$$= K_{max} - K_{min} = \Delta K \tag{3.5}$$

即有效应力强度因子范围不随残余压应力而改变，但因有效应力比 R_{eff} 变小，即

$$R_{eff} < K_{min}/K_{max} = R \tag{3.6}$$

所以存在残余压应力时的裂纹扩展速率 $(da/dN)_r$ 仍然比无残余压应力时的裂纹扩展速率 da/dN 低，因为

$$(da/dN)_r = c(\Delta K)^n / [(1 - R_{eff})K_c - \Delta K]$$
$$< c(\Delta K)^n / [(1 - R)K_c - \Delta K] = da/dN \tag{3.7}$$

式中，c、n 为材料常数；K_c 为平面应力断裂韧性。

第二，若残余压应力足够大，使 $K_{eff,min} = K_{min} + K_r < 0$，由于压应力不会引起裂纹扩展，所以取 $K_{eff,min} = 0$。此时，

$$\Delta K_{eff} = K_{max} + K_r \tag{3.8}$$
$$R_{eff} = 0 \tag{3.9}$$

式中残余压应力引起的应力强度因子是负值，因此使有效应力强度因子范围 ΔK_{eff} 降低，且有效应力比为零，故裂纹扩展速率大幅度下降。

从上面的讨论可知，这种方法的关键是如何计算由残余应力引起的应力强度因子 K_r。目前一般采取权函数法，即把残余应力作为裂纹面间的一定形式的分布力，通过某种加载条件下的权函数计入 K_{eff} 之中。这种建立在叠加原理和权函数法基础上的预测残余应力对疲劳裂纹扩展速率的影响的做法已为不少研究者所采用。

但是残余应力强度因子法也有明显的不足之处。首先这一方法完全建立在线弹性断裂力学的基础上，因而与属于弹塑性问题的疲劳裂纹扩展存在较大的差异。其次该法没有考虑裂纹的闭合，使计算出的有效应力强度因子偏高，因此不符合裂纹扩展的实际情况。例如，导出式（3.8）的前提是认为只有使 $K_{eff,min} = 0$ 的那部分残余压应力才对裂纹扩展产生影响，而过高的残余压应力对裂纹扩展不起作用。

另一种研究思路是从残余压应力对裂纹闭合的影响来考虑残余应力的作用。裂纹闭合的概念最初由埃尔伯（Elber）于 20 世纪 70 年代初提出。后来人们在这方面做了大量的研究。裂纹闭合机理大致可分为三大类，如图 3.3 所示。

（1）塑性诱发闭合。这是裂尖和裂纹尾迹塑性区域在卸载过程中受到周围弹性区的约束而导致的裂纹闭合（图 3.3（b））。

（2）氧化物诱发闭合。在腐蚀疲劳等加载条件下，开裂表面存在氧化物，卸载时某些腐蚀产物使裂纹面过早接触而引起裂纹闭合（图 3.3（c））。

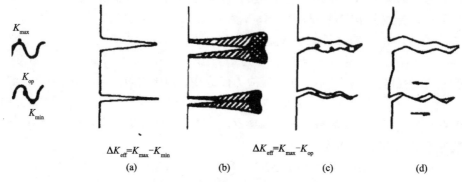

$\Delta K_{\text{eff}} = K_{\text{max}} - K_{\text{min}}$　　　　　$\Delta K_{\text{eff}} = K_{\text{max}} - K_{\text{op}}$

(a)　　　　　　　　　　(b)　　　　　　　(c)　　　　　　　(d)

图 3.3　　疲劳裂纹闭合的机理示意图

（3）粗糙度诱发闭合。在疲劳门槛值附近，疲劳裂纹以滑移分离方式扩展，形成锯齿状或小刻面状断口，断面在卸载时错位，其粗糙峰尖相互接触而闭合（图 3.3（d））。

在无腐蚀介质时，长裂纹的闭合机理主要为塑性变形诱发。即使在拉—拉加载条件下，疲劳裂纹也会发生塑性诱发的闭合。由于裂纹闭合，作用在裂纹体上的有效应力强度因子范围减小，从而使裂纹扩展速率下降。

4. 局部疲劳极限的概念

为了对疲劳裂纹源萌生于表面以下时残余应力的作用进行评估，马赫劳赫于 1979 年提出了局部疲劳极限的概念。把喷丸残余压应力折算为材料局部的疲劳性能。此时可以利用 Goodman 关系来计算。对于存在残余应力的试样，其局部疲劳极限 σ_w^r 将是离表面距离的函数，见图 3.4。即

$$\sigma_w^r(z) = \sigma_w(z) \{ 1 - [\sigma_r(z)/\sigma_b(z)] \} \quad (3.10)$$

式中，$\sigma_w(z)$ 是无残余压应力时材料的疲劳极限沿深度的分布；$\sigma_b(z)$ 是材料抗拉强度的部分；$\sigma_r(z)$ 为实测残余压应力的分布。

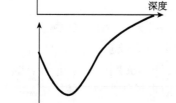

图 3.4　　局部疲劳极限

喷丸强化被广泛地应用于提高金属材料的室温以及中温疲劳性能，对于一些需要电镀的零部件，也采用喷丸强化处理，以避免电镀后疲劳性能大幅降低。金属材料的疲劳强度一般与其抗拉强度存在一定的关系，当其抗拉强度低于 1300MPa 时，疲劳强度随抗拉强度增高而逐渐提高。当抗拉强度超过 1300MPa 时，疲劳强度反而随抗拉强度增高而下降，这主要与高强度材料表面切口效应有关，即切口敏感性增高而导致的疲劳性能下降。在众多零部件中，通过喷丸强化提高弹簧的疲劳性能的历史最为悠久，几乎各种材料

的弹簧经过喷丸强化之后，疲劳性能都可获得显著的提高，然而随着温度的提高，疲劳性能逐渐下降，因此对于经过喷丸强化处理的弹簧，应该适当控制其使用温度。下面介绍喷丸对几种典型材料疲劳性能的影响。

3.1.2　喷丸对几种钢材疲劳性能的影响[1~6]

1. 喷丸强化对 AISI86B45 钢和板簧钢疲劳性能的影响

对于同一种材料经过不同的热处理后，喷丸对其疲劳性能的影响效果也不相同。对 AISI86B45 钢进行热处理，获得三种不同硬度水平，喷丸强化后表面残余压应力如图 3.5 所示，喷丸后表面残余压应力（硬度）越大，疲劳强度也越高。这说明随着材料强度的增高，喷丸强化效果越显著。

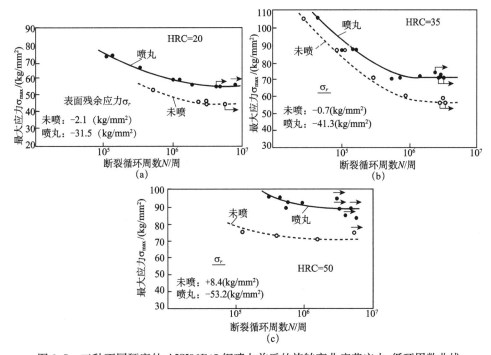

图 3.5　三种不同硬度的 AISI86B45 钢喷丸前后的旋转弯曲疲劳应力-循环周数曲线

同时不同喷丸工艺也影响喷丸强化效果，如采用预应变喷丸，可以在更大幅度上改善材料的疲劳性能。例如，板簧（尺度为 505mm×44.5mm×305mm）采用应力（应变）喷丸强化：一种为如图 3.6（a）所示的正应变（+0.30%，+0.60%），一种为如图 3.6（b）所示的负应变（-0.30%，-0.60%）喷丸强化。正应变喷丸强化使表面强化层内产生更高的残余压应力，可以进一步提高材料的疲劳性能；与此相反，负应变喷丸强化却使表面产生残余拉应力，疲劳性能一般降低。应变喷丸虽然具有更高的强化效果，但是对于一些形状简单并在特定受载条件下才可以采用，而其他情况下采用这种工艺较为困难。

2. 喷丸强化对 Cr18Mn8Ni5 奥氏体不锈钢疲劳性能的影响

图 3.7 为 Cr18Mn8Ni5 奥氏体不锈钢冷轧原始板材、退火板（950℃保温 1h 及 1070℃保温 1h）及喷丸强化板材的疲劳强度 σ_a-N 曲线。冷轧板材经过一次或数次退火后，板材表层的合金元素（主要是 Mn、Cr 和 Ni 元素）发生贫化，贫化深度约为 20μm。贫化的结果使表层金属的组织结构由奥氏体转变成铁素体；此外，由于退火高温的作用，板材晶粒也有所长大。合金元素贫化和晶粒长大，最后导致退火板材的疲劳强度发生大幅度下降（σ_{-1} 从 39kg/mm² 下降至 32kg/mm²）。但喷丸强化后能大幅度地提高板材的疲劳强度（σ_{-1}＝55kg/mm²），见图 3.6。可以预料，喷丸强化也可改善退火板材的疲劳强度。由此可见，对于那些在加工制造中必须用退火以消除残余压应力的零部件，可以避免零部件的疲劳强度发生大幅度的下降。

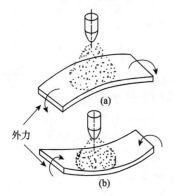

图 3.6　正应变（a）、负应变（b）喷丸强化示意图

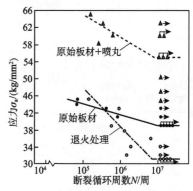

图 3.7　Cr18Mn8Ni5 不锈钢冷轧板材、退火板材及喷丸强化板材（玻璃弹丸，f＝0.2mmA）反复弯曲疲劳强度 σ_a-N 曲线

3. 喷丸强化对 1Cr13A 钢板材疲劳性能的影响

在对许多中强度或者高强度钢零件加工制造或者翻修过程中，往往采用电镀处理，电镀一般会导致零件疲劳性能降低，喷丸后再进行电镀可以抵御电镀带来的不利影响。同时在电镀后再进行轻度的喷丸，能更为明显地提高零件的疲劳性能。图 3.8 为 1Cr13A 结构钢板材试样反复弯曲疲劳性能的有害影响。但是，喷丸强化后再进行电镀可以抵御电镀带来的不利影响。这里应特别指出的是电镀后再进行轻度喷丸强化（图 3.7 中的喷丸强度 f＝0.2mmA），能够更为明显地提高疲劳性能。

喷丸强化对于含有裂纹的试样也具有强化作用。在表面裂纹深度不变的情况下，试样的疲劳强度随着残余压应力层深的增加逐渐增大，喷丸强化对试样的裂纹起到了一种"掩盖"的作用。从断裂力学的角度分析，喷丸强化使材料表面引入残余压应力，改变了裂纹尖端的应力状态，提高了裂纹启动扩展的所需能量，从而提高了材料疲劳性能。

4. 喷丸强化对 0Cr13Ni8Mo2Al 钢疲劳性能的影响[2]

0Cr13Ni8Mo2Al 钢的工艺编号、喷丸强化工艺参数示于表 3.1 中，其试验结果如表 3.2 和图 3.9 所示。无论采用何种喷丸强化规范进行强化，其疲劳寿命都得到了提高（表 3.2）。喷丸强化后表面粗糙度 R_a 数值的增加应该降低疲劳寿命，所以喷丸强化提高疲劳寿命的原因应归于表面层有利的残余压应力场。喷丸强化引入的表面层残余压应力对改善疲劳性能来说非常有利，属于强化因素；但喷丸强化时造成的表面粗糙

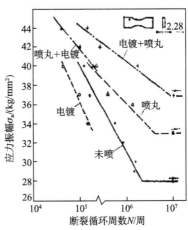

图 3.8　电镀与喷丸对 1Cr13A 钢板材试样反复弯曲疲劳性能的影响，电镀前喷丸：玻璃弹丸 $d=0.25\sim0.35$mm，$f=0.15$mmA；电镀后喷丸：玻璃弹丸，$d=0.05\sim0.15$mm，$f=0.25$mmA

度增加却是不利的，是弱化因素。表面粗糙度的增加相当于增加了缺口的敏感度，加剧了材料局部的应力集中，这会大大降低材料的疲劳性能。由表 3.1 和表 3.2 可知，喷丸强化后表面粗糙度对 0Cr13Ni8Mo2Al 钢疲劳性能的影响比较大，喷丸强化后 R_a 数值越大疲劳寿命越低，不同的喷丸强化规范下疲劳寿命相差一个数量级，因此表面粗糙度的改善对提高该材料的疲劳寿命非常重要。另外，残余压应力场深（如 A 和 B 规范）的试样的疲劳寿命因为表面粗糙度较大反而降低，这表明材料的塑性较好，表面粗糙度对喷丸强化敏感，表面粗糙度对疲劳性能的影响大，因此对该材料进行喷丸强化时必须综合考虑表面层残余压应力和表面粗糙度的影响。

表 3.1　喷丸强化工艺参数

工艺编号	喷丸强度 f/mmA	弹丸材料和名义尺寸 /mm	覆盖率 /%	喷丸时间 /s
A	0.30	铸钢 φ0.79	100	40
B1	0.20	铸钢 φ0.50	100	40
B2	0.20	铸钢 φ0.50	200	120
C1	0.15	玻璃 φ0.35	100	40
C2	0.15	玻璃 φ0.35	200	120
D	0.10	玻璃 φ0.10	100	60

表 3.2　　表面粗糙度试验结果寿命对比疲劳试验结果

	未喷 U	A	B1	B2	C1	C2	D
粗糙度/μm	0.9~1.1	3.5~4.8	1.8~2.3	2.1~2.25	1.25~1.4	1.2~1.35	0.8~1.3
循环周数	2.73×10^4	1.05×10^5	1.38×10^5	2.79×10^5	6.27×10^5	1.24×10^6	2.13×10^6

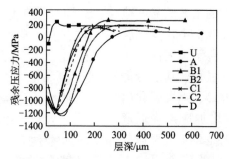

图 3.9　试样喷丸强化前后的残余压应力场

3.1.3　喷丸强化对 DD5 镍基高温合金单晶材料疲劳性能的影响[3]

DD5 镍基高温合金单晶，选用纯净的真空熔炼母合金在真空定向凝固炉上重熔合金、浇注并制成单晶试棒。对单晶试棒进行标准热处理，热处理制度为 1300℃×4h 空冷＋1120℃×4h 空冷＋900℃×16h 空冷。热处理后，采用线切割、车削及磨削等工艺将试棒加工成旋转弯曲疲劳试样和约 3mm 厚的试片。

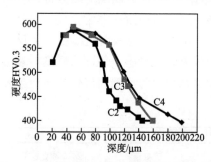

图 3.10　陶瓷弹丸喷丸后样品表层硬度变化

一半试样采用陶瓷弹丸喷丸，在数控喷丸机上完成。一半试样采用铸钢弹丸喷丸，在数控喷丸机上完成；采用喷丸强度范围为 S1~S6，表面覆盖率为 100%。喷丸试片均采用国际标准喷丸试片 A 型。喷丸对试样表层硬度的影响示于图 3.10 和图 3.11 中。可以看出，随着喷丸强度从 C2 到 C4 逐渐增加，从样品表面到内部，显微硬度先增加再减少，直至达到内部基体的硬度，即喷丸后样品表面形成了明显的硬化层。与此同时，随喷丸强度的增加，表面硬化层的深度也呈加深的趋势。由图 3.11 可以看出，随着喷丸强度从 S3 到 S4 逐渐增加，除了在喷丸强度较低的 S1 条件下硬化效果不显著外，其他条件下硬度分布变化规律与陶瓷弹丸喷丸一致，硬度在次表面达到极大值后逐渐降低至基体水平；同样表现出随喷丸强度增加硬化层增厚的规律。

　　弯曲疲劳试验数据见图 3.12。对疲劳性能的影响 650℃/550MPa 下陶瓷弹丸喷丸和铸钢弹丸喷丸试棒疲劳寿命结果如图 3.12 所示。从图中可见，无论是采用陶瓷弹丸喷丸或是采用铸钢弹丸喷丸，喷丸强度都会使试棒的疲劳寿命有所提高。陶瓷弹丸喷丸疲劳寿命提高 2~10 倍，铸钢弹丸喷丸疲劳寿命平均提高 4~10 倍。

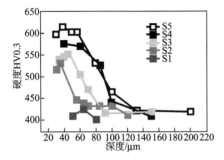
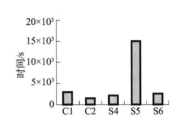

图 3.11　铸钢弹丸喷丸后样品表层硬度变化　图 3.12　陶瓷弹丸和铸钢弹丸旋转弯曲疲劳数据

　　由断口分析得知，未喷丸样品的疲劳裂纹始于样品表面，陶瓷弹丸喷丸后样品的疲劳裂纹源移到了次表面，而铸钢弹丸喷丸样品的疲劳裂纹源已移到样品的内部。

3.1.4　喷丸强化对 TC21 高强度钛合金疲劳性能的影响[4]

　　喷丸试样的残余压应力沿距离表层深度的分布见图 3.13。由图可以看出，喷丸使厚约 0.2mm 的表层产生了残余压应力，表面残余压应力 R_{srs} 的数值为 415MPa，达到了 $0.4R_{p0.2}$，最大残余压应力 R_{mcrs} 数值为 610MPa，达到了 $0.6R_{p0.2}$。

　　疲劳 S-N 曲线见图 3.14，未强化试样 1×10^7 周次条件下的疲劳极限为 420MPa，喷丸试样 1×10^7 周次条件下的疲劳极限为 550MPa，喷丸使疲劳极限幅度提高了 130MPa，相对提高了约 30%。在 Quanta600 型扫描电镜上对疲劳断口进行分析，发现 TC21 钛合金磨削试样的疲劳裂纹在表面萌生，而喷丸强化试样的疲劳裂纹从表面强化层下萌生。

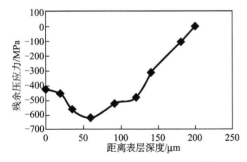
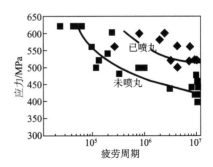

图 3.13　TC21 钛合金喷丸强化残余压
应力沿距离表层深度的分布

图 3.14　TC21 钛合金试样的疲劳 S-N 曲线

喷丸强化可增加疲劳极限或疲劳强度和高应力时的疲劳寿命，强化效果可用疲劳极限或疲劳强度的增加幅度或百分比以及疲劳寿命增益系数来表征。由图 3.14 中疲劳 S-N 曲线可知，高应力时的疲劳寿命增益系数为 5～10，即喷丸可使疲劳寿命增加 5～10 倍，因此具有很好的延寿效应。

3.1.5　喷丸强化对 ZK60 镁合金高周疲劳性能的影响[5]

ZK60 镁合金喷丸后表面粗糙度随喷丸强度的变化曲线如图 3.15 所示，试样的表面粗糙度随喷丸强度的增大而增加，ZK60 镁合金喷丸后的残余压应力随喷丸强度和变形层深度的变化规律如图 3.16 所示。从图 3.16 可以看出，喷丸处理可以在试样表面层产生残余压应力，在不同的喷丸强度下，变形层中的残余压应力随喷丸强度的增大而增加，位于试样表面下 55～75μm 处的最大残余压应力为 55～105MPa；而在同一个喷丸强度下，残余压应力随变形层深度的增大先急剧增加而后逐渐减小。

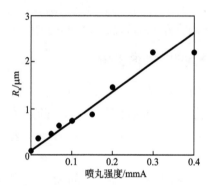

图 3.15　ZK60 镁合金喷丸后表面粗糙度随喷丸强度的变化曲线

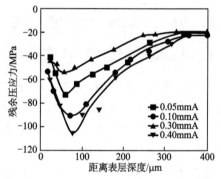

图 3.16　ZK60 镁合金喷丸后的残余压应力随喷丸强度和变形层深度的变化曲线

图 3.17 所示为 ZK60 镁合金喷丸后的表面变形层显微硬度变化曲线。由图 3.17 可知，在同一深度，试样表面的显微硬度随喷丸强度的增大而增加。同时，在同一个喷丸强度下，试样表面的显微硬度随变形层深度的增大而减小。另外，ZK60 镁合金经 0.05～0.40mmA 喷丸强度范围内处理后的变形层深度在 40～150μm。

图 3.18 所示为 ZK60 镁合金在最佳喷丸强度条件下的 S-N 曲线，与未喷丸试样的 S-N 曲线相比，在最佳喷丸强度条件下，各应力对应的疲劳寿命都明显提高，且在低应力水平疲劳寿命提高幅度更大，可大约提高两个数量级；而 ZK60 镁合金喷丸前后对应于疲劳寿命为 10^7 次的条件疲劳强度分别为 140MPa 和 180MPa，即经最佳喷丸处理后 ZK60 镁合金的疲劳强度提高 40MPa，增幅达 29%。

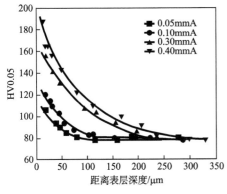

图 3.17　ZK60 镁合金喷丸后的表面
变形层显微硬度变化曲线

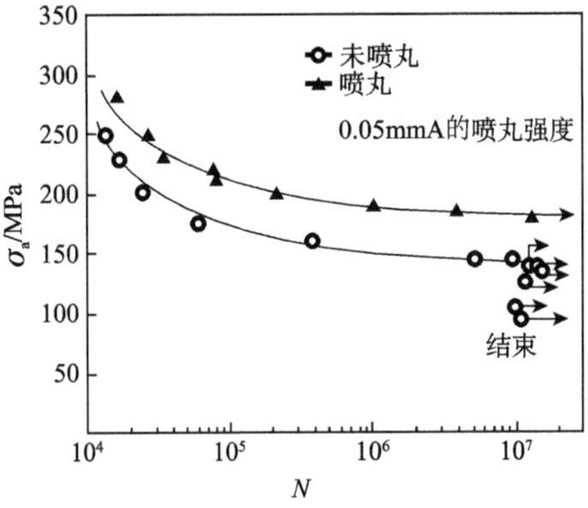

图 3.18　ZK60 镁合金喷丸前后的 S-N 曲线

3.1.6　喷丸强化对铝合金疲劳性能的影响[6]

将所研究的 7055-T7751 铝合金的化学成分和喷丸强化工艺编号列入表 3.3
中，喷丸强化对表层残余压应力和硬度及其分布见图 3.19 和图 3.20，其结果比
较列入表 3.4。

表 3.3　7055-T7751 铝合金的化学成分和喷丸强化工艺编号

元　素	Zn	Cu	Mg	Zr	Si	Fe	Mn	Cr	Ti	Al
质量分数/%	7.93	2.30	1.92	0.15	0.07	0.11	0.02	0.03	0.01	余量
工艺编号	SP1			SP2			SP3		SP4	
喷丸强度/mm	0.10			0.15			0.20		0.15	
覆盖率/%	100			100			100		200	

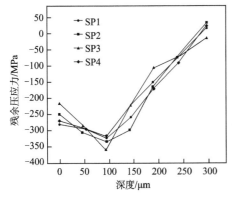

图 3.19　不同 7055-T7751 铝合金
试样表层残余压应力分布

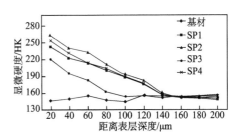

图 3.20　不同 7055-T7751 铝合金试样
表层显微硬度分布

表 3.4　不同 7055-T7751 铝合金试样的表面粗糙度和疲劳寿命

试样	喷丸强度/mmA	覆盖率/%	表面粗糙度/μm	疲劳寿命/万次
基材			0.372	27.6
SP1	0.10	100	1.006	60.5
SP2	0.15	100	1.909	74.1
SP3	0.20	100	3.239	14.0
SP4	0.15	200	1.725	63.9

由表 3.4 可以看到，喷丸处理使 7055-T7751 铝合金的表面粗糙度增加，相同喷丸覆盖率条件下，随喷丸强度的增加，铝合金表面粗糙度也增大，这是因为喷丸强度越高，弹丸速度越快，能量越高，冲击材料表面所造成的丸坑越深。对比相同喷丸强度、不同覆盖率的 SP2 与 SP4 试样表面状态可以发现，高覆盖率（200%）的 SP4 试样的表面粗糙度反而略小于低覆盖率（100%）的 SP2 试样的，究其原因在于喷丸覆盖率超过 100% 以后，喷丸过程会对前期形成的丸坑有一定的修复整平作用。并得到如下结论：

（1）合理参数的陶瓷弹丸喷丸强化处理能够在 7055-T7751 铝合金表面引入梯度分布的残余压应力场，并造成合理层深的加工硬化，有利于提高合金的疲劳性能；喷丸强度过高或覆盖率过大，会造成合金表面粗糙度过高或表面损伤过严重，导致表面缺口效应和应力集中效应增强，不利于合金的表面完整性和疲劳性能改善。

（2）7055-T7751 铝合金陶瓷喷丸强化的较佳工艺参数为喷丸强度 0.15mmA，喷丸覆盖率 100%，经此工艺处理后该铝合金的疲劳寿命提高了 1.7 倍。

3.2　喷丸强化对材料应力腐蚀性能的影响[7]

3.2.1　喷丸和退火对 304 不锈钢晶间腐蚀性能的影响

图 3.21 所示为原材料（BH）、0.25mmA 喷丸（0.25）和喷丸＋退火（0.25A）试样在相同的敏化条件下的腐蚀失重结果。从图 3.21 中可以看出，0.25 喷丸后试样的腐蚀速率明显高于原材料，这是因为高强度的喷丸处理虽然可以使处理层组织显著细化，但同时也由变形而导致大量马氏相存在。当试样在敏化温度区间重新使用时，表面双相组织的存在最终导致其耐腐蚀性能急剧下降，其耐腐蚀性能变得甚至比基体材料（BM）还差。而经过喷丸后退火处理试样的腐蚀速率显著降低，耐腐蚀性明显增强。这是因为退火过程中表层变形组织

发生了再结晶，从而导致大量退火孪晶的出现。由于孪晶的大量存在，材料中连续的、网状结构的自由晶界弥散化，阻断了晶间腐蚀裂纹扩展的通道，从而使加工材料的腐蚀速度降低，耐腐蚀性能得以提高。

图 3.22 所示为经硫酸-硫酸铁溶液腐蚀后试样的表面形貌。由 3.22（a）可以看出，原材料表面发生明显的晶间腐蚀，腐蚀晶界沟壑宽深，有部分晶粒脱落现象，个别晶粒有腐蚀坑孔，而喷丸试样（图 3.22（b））表面晶间腐蚀更加严重，磨制过的表层晶粒基本全部脱落，除整个晶粒腐蚀脱落外，单个晶粒内部也被腐蚀。退火后试样的腐蚀形貌如图 3.22（c），其表面晶粒几乎没有腐蚀脱落，还呈磨制过的

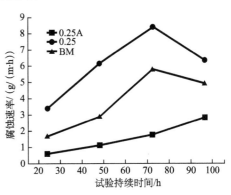

图 3.21　不同工艺条件下试样的腐蚀速率

平面状态，抗晶间腐蚀能力明显提高。可见在相同的敏化处理条件（650℃＋2h）下，由于基材中存在大量的连续网状的自由晶界，晶粒边界遭到了严重的侵袭，晶间腐蚀裂纹可以沿着晶界向材料内部不断扩展延伸，最终造成晶粒的大量脱落。随着退火时间的延长，材料的抗腐蚀能力越好，这是因为退火时间的延长会促进一些特殊晶界的产生，而这些晶界能有效地提高材料的抗晶间腐蚀的能力。

<table>
<tr><td>(a) 原材料</td><td>(b) 喷丸试样</td><td>(c) 退火后试样</td></tr>
</table>

图 3.22　腐蚀后试样的表面形貌

喷丸强化工艺在改善材料抗应力腐蚀方面也具有广泛的应用，实验表明，在一般情况下，表面残余拉应力均降低材料的抗应力腐蚀的能力，而表面残余压应力能提高材料抗应力腐蚀能力。喷丸强化可在材料表层形成一层压应力层，因而能够显著地提高金属材料抗应力腐蚀破坏能力。

3.2.2　喷丸对铝合金和钛合金抗应力腐蚀性能的影响

图 3.23 为 5054 铝合金悬臂梁试样喷丸前后在特定腐蚀介质中的抗应力腐蚀性能，喷丸可以有效改善其抗应力腐蚀性能。

钛合金在航空航天中应用广泛，由 Ti6-Al4-V 合金制成的宇航压力容器在

N_2O_4 物质和承压条件下，其内壁经常发生应力腐蚀开裂，为提高钛合金的抗应力腐蚀能力，对容器内壁采用玻璃弹丸强化。经过固溶以及时效处理的压力容器，经过喷丸处理后，在 40.5℃、压强为 170MPa 时，其抗应力腐蚀性能提高了 10 倍以上。

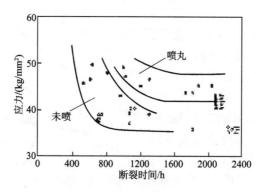

图 3.23　5054 铝合金悬臂梁试样喷丸前后应力腐蚀试验结果
（介质：NaCl 0.5mol/L＋NaHCO₃ 0.005mol/L 水溶液）

3.2.3　喷丸对钢材抗应力腐蚀性能的影响

随着高强度钢的广泛应用，应力腐蚀破坏故障日益增多，喷丸强化也逐渐被用来改善高强度钢的抗应力腐蚀性能。图 3.24 为 4330 M 和 AISI4340 两种材料试样采用三种不同表面加工，即①化学铣加工；②机械铣加工；③机械铣加工后喷丸强化。喷丸工艺为铸铁弹丸 $d=0.58\text{mm}$，喷丸强度 $f=0.2\text{mmA}$。实验结构表明，喷丸强化能够延长两种材料的应力腐蚀破坏时间。

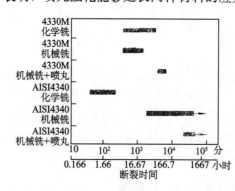

图 3.24　4330M 和 AISI4340 钢 U 型试样喷丸前后的应力腐蚀断裂时间（3.5% NaCl 水溶液）

在中温使用的不锈钢零部件经常发生应力腐蚀，喷丸也可用于改善不锈钢的抗应力腐蚀性能。将 Cr17Ni2A 马氏体不锈钢（$\sigma_s = 850 \sim 900\text{MPa}$，$\sigma_b = 110\sim140\text{MPa}$）加工成板状，试样尺寸为：$2\text{mm}\times5\text{mm}\times100\text{mm}$，加载成弓形，然后进行喷丸处理。试样间断地浸入 3% NaCl 水溶液中，实验温度为 35℃。结果表明，经过不同冷、热加工试样，喷丸强化形成的表面残余压应力可在不同程度上提高不锈钢抗应力腐蚀性能，见图 3.25。

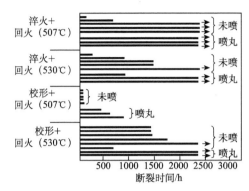

图 3.25　Cr17Ni2A 马氏体不锈钢不同加工处理的弓形试样喷丸前后的
应力腐蚀断裂时间（3％ NaCl 水溶液）

3.3　喷丸强化对材料其他性能的影响

上面两节分别介绍了表面喷丸强化处理能明显地提高材料疲劳强度、寿命和耐应力腐蚀的能力，本节介绍喷丸强化对其他性能的影响。其实在 3.2 节中已提到喷丸对材料表层硬度的影响。

3.3.1　显著提高其抗高温水蒸气氧化性能[8,9]

奥氏体耐热钢（TP347，Super304 等）具有优异的持久强度、抗氧化和抗腐蚀性能，广泛应用于超临界锅炉的高温过热器和再热器。因此，研究喷丸对其抗氧化性能的影响很有现实意义。

高温在热器管实际服役 7474h 后，未喷丸处理的管子内壁呈蓝灰色，为常见的 Fe 的氧化物，部分区域发生外层氧化物的剥落；喷丸处理的 TP304H 钢管外观呈淡黄色，表明氧化物的表层富 Cr，氧化层均匀致密，无剥落现象发生[8]。

图 3.26 示出 X 射线衍射（XRD）花样，经物相鉴定，未喷丸管的内壁氧化物层只检测出 Fe_3O_4 和 Fe_2O_3；喷丸管的内壁氧化物层很薄，显示出很强的基体衍射峰，氧

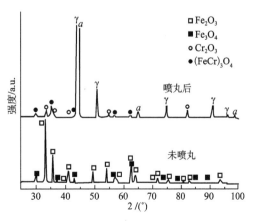

图 3.26　TP304H 喷丸和未喷丸高温在热器管实际服役 7474h 后的 XRD 花样[8]

化物层主要物相为（FeCr)$_3$O$_4$ 和 Cr$_2$O$_3$，而氧化层下的基体中，除奥氏体相 γ 外，还有较高比例的马氏体相 α，经半定量分析，γ 与 α 间的比例为 1∶1.4。

将管子取样后制成金相磨面，其断面像和元素线扫描结果示于图 3.27。由图可见，未喷丸的管子内壁氧化膜可分为两层，外层几乎为纯 Fe 的氧化物，内层为 Fe、Cr 和 Ni 的氧化物，内外层之间存在空洞和分离，在靠近氧化层的基体中，可观察到明显的贫 Cr 区域，见图 3.27（a）。而对于喷丸处理的管子，氧化膜的 Cr 含量在 60% 以上，靠近氧化膜的基体中未能观察到贫 Cr 区域，见图 3.27（b）。

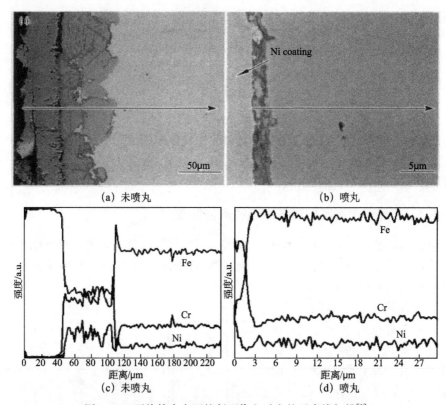

(a) 未喷丸　　　　　　　　　　　　(b) 喷丸

(c) 未喷丸　　　　　　　　　　　　(d) 喷丸

图 3.27　再热管内表面的断面像和对应的元素线扫描[8]

金用强[9]用箱式电阻炉对未喷丸和喷丸的 Super304H 和 TP347H 钢管试样进行了 650℃/24h、650℃/524h、700℃/24h、700℃/124h、700℃/624h 的空气氧化试验。用能谱仪分析了氧化后试样表面氧化膜的成分，通过氧化膜中铬的相对含量 {Cr/(Cr ＋Fe)} 的计算，间接比较氧化膜中 Cr$_2$O$_3$ 所占的份额，以评价喷丸效果。

表 3.5 中的数据显示：①喷丸对 Super304H 和 TP347H 钢管氧化膜中 Cr 元素的相对含量有提高作用；②Super304H 喷丸试样氧化膜中 Cr 元素相对含

量比未喷丸试样高约 8.29%，而 TP347H 喷丸试样氧化膜中 Cr 元素相对含量大约是未喷丸试样的 2.5 倍。分析认为，在 Super304H 和 TP347H 钢管喷丸侧，铬沿着奥氏体原始晶界和碎化晶粒边界、滑移带中的位错等向内壁表面扩散，在未喷丸钢管中，铬主要沿着奥氏体原始晶界向表面扩散。在短时氧化过程中，喷丸比未喷丸钢管中 Cr 元素向表面扩散的短路通道更多，故喷丸试样比未喷丸试样氧化膜中的 Cr 相对含量更高。Super304H 钢与 TP347H 钢中 Cr 含量相近，但是表中显示的未喷丸试样氧化膜中 Cr 元素相对含量相差较大，这可能是两者晶粒度不同所致。对未喷丸的钢管而言，Cr 元素主要通过晶界扩散，而 Super304H 比 TP347H 晶粒细小，可供 Cr 元素扩散的晶界数量更多，因此在氧化膜中获得的 Cr 元素相对含量更高。喷丸后，喷丸导入的滑移带和碎化晶粒的边界等也成为 Cr 元素扩散的通道，TP347H 钢晶粒粗大，喷丸后 Cr 元素扩散通道的增幅比 Super304H 高，因此氧化膜中 Cr 元素相对含量的增幅也比 Super304H 高。由此可见，喷丸对提高粗晶粒钢抗氧化性能的作用更明显。

　　用能谱仪测试了不同喷丸程度的 Super304H 和 TP347H 试样氧化膜中的 Cr 元素含量，并计算了 Cr 元素相对含量 {Cr/(Cr +Fe)}，结果见表 3.6 。

表 3.5　喷丸与未喷丸试样氧化膜中 Cr 元素的相对含量[9]

材料牌号	试样编号	抗氧化试验状态	Cr/(Cr+Fe)/%
Super304H	喷丸	650℃　24h	32.01
	未喷丸	650℃　24h	29.56
TP347H	喷丸	650℃　24h	29.84
	未喷丸	650℃　24h	11.82

表 3.6　不同喷丸程度氧化膜中 Cr 元素的相对含量 {Cr/ (Cr +Fe)}[9]

材料牌号	试样编号	650℃		700℃		喷丸层与基体硬度差/HV1	磁性相含量平均值/%
		24h	524h	124h	624h		
Super304H	7	32.01	33.63	41.10	46.43	130.6	0.16
	1	30.32	36.02	42.93	49.76	83	0
	2	27.51	31.07	33.16	40.21	52.7	0
	3	23.98	24.99	26.97	29.72	83.5	0.25
TP347H	4	26.79	32.42	29.49	35.41	100.4	4.22
	5	32.41	—	35.59	39.57	88.6	0.765
	6	29.84	32.02	21.79	—	54	0

从表 3.6 中的数据可以看出，对 Super304H 而言，①7 号试样磁性相含量比 1 号试样高，喷丸硬化程度也比 1 号试样高，但是氧化膜中 Cr 元素相对含量却与 1 号试样相当；②3 号试样磁性相含量比 1 号试样高，喷丸硬化程度与 1 号试样相当，氧化膜中 Cr 元素的相对含量却比 1 号试样低；③1 号与 2 号试样均未测试到磁性相，1 号试样喷丸硬化程度高于 2 号试样，其氧化膜中 Cr 元素的相对含量也高于 2 号试样。

对 TP347H 而言，4 号试样的磁性相含量最高，5 号试样其次，6 号试样最低，与喷丸硬化程度相对应；但无论 4 号还是 6 号试样，氧化膜中 Cr 元素的相对含量都比 5 号试样低；而 4 号试样的硬度差值比 6 号试样高约 46.4 HV1，但氧化膜中 Cr 元素的相对含量却相差不大。通过上述比较，可以确定：①喷丸硬化程度最高的试样并不一定能够在氧化膜中获得最高的 Cr 元素相对含量，相同喷丸硬化程度的试样也不一定能获得相同的 Cr 元素相对含量；②磁性相的出现对氧化膜中 Cr 元素的相对含量有一定的影响，只有在喷丸层中不存在磁性相或磁性相含量极低的情况下，喷丸硬化程度越高，氧化膜中 Cr 元素的相对含量越高。

喷丸层硬化的原因主要有两个：①喷丸在钢管内壁近表面产生碎化的晶粒以及大量的位错等缺陷，使硬度升高；②喷丸产生应变诱发马氏体（磁性相），由于马氏体的硬度比奥氏体高，这与氧化膜中高的 Cr 元素相对含量对应。而对于含有磁性相的试样，由于硬化与磁性相的存在有关，所以高硬度并不一定能产生好的抗氧化效果，致使喷丸层的总体硬度上升。前者能够提供氧化过程中 Cr 元素向表面扩散的通道，对提高抗氧化性能有益，而后者对抗氧化性能的提高没有明显的作用。7 号和 3 号试样中都发现了磁性相，喷丸层的硬化有磁性相的贡献，所以尽管 7 号试样喷丸硬化程度远高于 1 号试样，但实际的抗氧化性能却仅与 1 号试样相当，3 号试样与 1 号试样硬化程度相当，抗氧化性能却远不如 1 号试样。同样，未检测到磁性相的 1 号与 2 号试样，其喷丸硬化主要由位错等缺陷产生，因此喷丸硬化程度高的 1 号试样抗氧化性能好。TP347H 试样也表现出了同样的规律。由此可见，只有当喷丸层中没有出现磁性相或者磁性相含量很低时，硬度才能较好地表征喷丸层中滑移带的数量和密度。

经分析认为，对奥氏体钢的喷丸可以在钢管内壁近表面产生碎化的奥氏体晶粒、动态再结晶晶粒、大量的滑移带以及可能会出现的变形孪晶和应变诱发马氏体。碎化晶粒的晶界和滑移带等缺陷在锅炉运行初期成为 Cr 元素由基体向钢管内壁表面扩散的短路通道，从而加快了 Cr 元素向钢管内壁表面扩散的速度。此外，喷丸引入的表层缺陷，使得铬的氧化物形核密度、氧化膜生长速度以及铬的扩散有较好的协调性，有利于 Cr_2O_3 膜形成及生长至稳态厚度。喷丸钢管内壁表面形成的致密 Cr_2O_3 薄膜，将金属与腐蚀环境隔开，阻碍了氧化的进一步进行。

研究结论是：

（1）喷丸有效地提高了奥氏体耐热钢管内壁的抗氧化性能，且对粗晶粒钢的作用更明显。喷丸处理使锅炉管内壁的氧化膜由双层结构转变为单层结构，氧化膜厚度降至未喷丸的约 3%。氧化膜的物相发生明显变化，氧化膜的 Cr 含量提高，氧化膜无剥落现象发生。

（2）喷丸的硬化程度与抗氧化性能没有直接的对应关系，当喷丸层中不出现磁性相或者磁性相含量很低时，喷丸层与基体的硬度差值越大，钢管的抗氧化性能越好，此时喷丸层与基体的硬度差值才能作为定性地衡量抗氧化性能的依据。

（3）喷丸在 TP304H 钢表面诱发马氏体相变，对 Cr 向表面扩散和提高抗氧化性能都起到了重要作用。

3.3.2　明显提高材料的硬度[10]

谢乐春[10]研究了 TC4 钛合金及其复合材料（TiB＋TiC）/TC4 在不同工艺下喷丸对表面显微硬度和表面屈服强度的影响。图 3.28 体现了喷丸前后喷丸强度和增强体体积分数对表层显微硬度随深度变化的影响。喷丸前，三个样品的硬度如图 3.28（a）所示，随着增强体体积分数的增大，样品的硬度逐渐增大，这个现象可以归因于增强体和基体的热膨胀系数的不同，导致样品在成型过程中在增强体周围出现轻微的局部变形，从而导致硬度的提高。另外，由于维氏硬度是测量基体和增强体的平均硬度，所以增强体体积分数越大，硬度仪压头打在增强体上的概率就会增大，平均显微硬度必然增加。由于本书中选择的增强体和钛合金基体的热膨胀系数差别不大，并且增强体体积分数也不大，所以硬度增加幅度也比较小，三者喷丸前的平均显微硬度分别为 332HV、385HV、421HV，对比钛合金材料，两种复合材料硬度提高幅度分别为 16% 和 27%。而喷丸强化以后，在变形层中硬度增加幅度很大。图 3.28（b）和（c）分别显示在喷丸强度为（0.15＋0.15）mmA 和（0.3＋0.15）mmA 时硬度随深度的分布情况，结果显示，每个样品最大的硬度出现在表层，然后随着层深增加逐渐减小，最后逐渐接近样品喷丸前的初始硬度。当喷丸强度为（0.3＋0.15）mmA 时，三个样品表面最大的显微硬度分别为 524HV、560HV、638HV，硬度提高比例分别为58%、45% 和 52%，明显要高于喷丸前的显微硬度。同时也说明，喷丸和增强体同时影响材料表层显微硬度，其中喷丸作用是主要因素。

正因为喷丸强化能提高材料表面硬度，所以经喷丸强化处理后机械零部件的耐磨性能也得到明显提高。

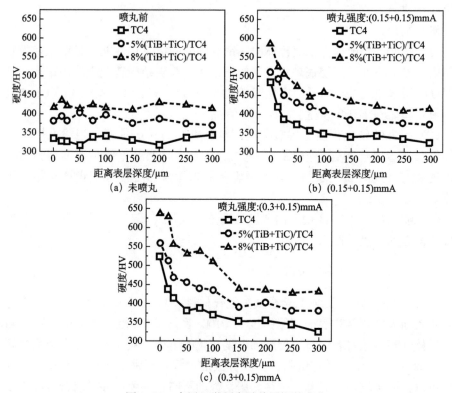

图 3.28　表层显微硬度随着层深的变化

3.3.3　明显提高材料的屈服强度[10]

为研究喷丸对 TC4 钛合金表层力学性能的强化效果，首先分别测试了未喷丸试样表面中沿纵向和横向应力与外载应变的关系，如图 3.29（a）所示。由图可见，随着外加载荷的增加，纵向应力逐渐增大，而横向应力几乎保持不变。

基于 Von Mises 屈服准则，材料的力学性能可以用等效应力-应变曲线表示，加载是逐级的，每一级加载后等效应力可以表示为

$$\bar{\sigma} = \sqrt{\sigma_1^2 - \sigma_1\sigma_2 + \sigma_2^2} \tag{3.11}$$

其中纵向应力和横向应力对于等效单轴弹性应变可表示为

$$\bar{\varepsilon}_e = \bar{\sigma}/E \tag{3.12}$$

其中，E 为杨氏模量。而在塑性应变阶段，相邻两测量点之间的等效塑性应变增量为

$$\Delta\bar{\varepsilon}_p = \frac{\bar{\sigma}' + \bar{\sigma}''}{|\sigma_1' + \sigma_1'' - (\sigma_2' + \sigma_2'')/2|} \left| \Delta\varepsilon_a - \frac{\Delta\sigma_1 - \nu\Delta\sigma_2}{E} \right| \tag{3.13}$$

其中，$\Delta\varepsilon_a = \varepsilon_a'' - \varepsilon_a'$；$\sigma_1'$，$\sigma_1''$，$\sigma_2'$，$\sigma_2''$，$\varepsilon_a'$，$\varepsilon_a''$ 分别表示相邻两测量点两主应力值、

相邻两测量点外载应变的测量值和表示相邻两测量点应力计算值。式（3.13）中，ν 为泊松比，$\Delta\sigma_1 = \sigma_1'' - \sigma_1'$，$\Delta\sigma_2 = \sigma_2'' - \sigma_2'$，$\Delta\varepsilon_a = \varepsilon_a'' - \varepsilon_a'$，采用依次求和法得到各测量点的等效塑性应变总量，对于塑性阶段，其总等效应变可表示为

$$\bar{\varepsilon} = \bar{\varepsilon}_e + \bar{\varepsilon}_p \tag{3.14}$$

式中，$\bar{\varepsilon}_e$ 为弹性应变；$\bar{\varepsilon}_p$ 为塑性应变。利用上述关系式，首先测量出两个主方向应力值，并计算出其相应应变量，从而得到材料的等效应力-应变曲线，即 $\sigma \sim \varepsilon$ 关系曲线，体现材料表层在外载下的屈服行为。

按式（3.12）~式（3.14）可计算得出 TC4 未喷丸试样单轴等效应力-应变关系与实测拉伸曲线，如图 3.29（b）所示，实际拉伸应力-应变曲线也如图 3.30 所示，结果显示该方法测得的试样表面拉伸曲线与整体拉伸曲线基本吻合。通过等效拉伸曲线求得 TC4 屈服强度 $\sigma_{0.2}$ 为 850MPa，弹性模量为 112GPa。

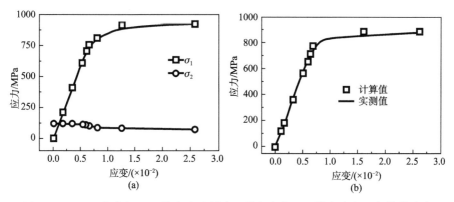

图 3.29　（a）未喷丸 TC4 钛合金试样表面纵向应力 σ_1 和横向应力 σ_2 与外载应变之间的关系；（b）TC4 未喷丸试样单轴等效应力-应变关系与实测拉伸曲线

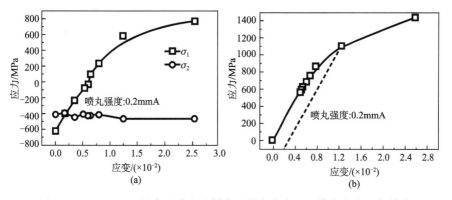

图 3.30　（a）TC4 钛合金喷丸试样表面纵向应力 σ_1 和横向应力 σ_2 与外载应变之间的关系；（b）TC4 表面等效应变与等效应力之间的关系

图 3.30 (a) 为在喷丸条件下，TC4 钛合金经 0.2mmA 喷丸后表面两主方向应力随外载应变之间的关系。在未拉伸时其喷丸表面残余压应力为−632MPa，随外加载荷的增加，纵向应力明显逐渐增大，横向变化相对缓慢。图 3.30 (b) 显示出计算的 TC4 喷丸处理后表面等效应力−应变曲线，可近似得到表面屈服强度 $\sigma_{0.2}$ 为 1080MPa，相对于喷丸前（850MPa），材料表面屈服强度显著提高，提高幅度达到 27%。主要因为喷丸过程使得材料表层基体的组织结构得到优化，表层基体晶块细化并产生大量位错，从而使得材料表面屈服强度提高。

3.4　喷丸强化的应用领域

3.4.1　一般介绍

喷丸强化能提高零部件的疲劳寿命和抗应力腐蚀能力，因此，目前已应用的零部件包括弹簧、齿轮、轴类、连杆、轴承、叶片、涡轮盘、飞机机翼壁板和起落架组件，以及吊柜、钻杆等零件和组件。喷丸方法还用于工作时受到一定幅度交变的焊件焊缝的强化。实施喷丸处理零部件的材料，除普通碳素钢外，有高强度钢、不锈钢、耐热合金、钛合金、铝合金和镁合金等，涉及机械、航空、航天、航海、轨交、高铁、汽车等行业的大型造船厂、重型机械厂、汽车厂等。

从以上简单描述可以看出，应用喷丸强化的材料/零部件种类之多、领域之广、行业之众、厂家之普遍，不可能一一介绍，故本节仅介绍航空航天、汽车工业的应用实例。

3.4.2　喷丸强化在航空航天工业中的应用[11]

在航空航天中叶片、螺旋桨、涡轮盘等经常发生疲劳裂纹，极大地影响了飞行器的使用寿命和安全。喷丸强化工艺常被用于提高其疲劳性能。对于叶片，在喷丸时不仅需要考虑使叶片达到一定的喷丸强度，同时喷丸后叶片的表面光洁度也不应该发生明显的降低，在兼顾上述两方面的情况下，一般采用直径在 0.05～0.15mm 的玻璃弹丸，喷丸强度为 0.10～0.13mmA 时高温模拟疲劳试验结果如表 3.7 所示。喷丸后 GH-32 旧叶片，疲劳强度超过了 GH-33 的新叶片。叶片喷丸后的表面残余压应力 σ_r 为−100～−120MPa。经过模拟疲劳试验之后，叶片没有产生疲劳裂纹，喷丸叶片经过数百小时的试验之后残余压应力下降至 $\sigma_r = -70 \sim -80$MPa。高温（550℃）和交变应力对表面残余压应力的松弛作用不大，叶片在工作时残余压应力可以长时间稳定在−80MPa 之上。残余压应力有助于提高叶片疲劳性能。

表 3.7　涡轮叶片第一棒槽 550℃ 疲劳试验结果

材料	叶片状态	疲劳试样条件		疲劳试样结果	
		平均应力 σ/（kg/mm²）	应力 σ /（kg/mm²）	断裂试样周数/周	表面出现裂纹情况
GH-22	数百小时使用的叶片（未喷）	38	±18	3.16×10^{5}	体槽底裂
		38	±19	6.14×10^{5}	体槽底裂
		38	±21	3.28×10^{5}	体槽底裂
GH-32	数百小时使用的叶片（喷丸）	38	±21	$>1.00\times10^{7}$	未裂
		40	±21	$>1.00\times10^{7}$	未裂
GH-35	钢叶片数百小时使用的叶片（喷丸）	40	±21	1.00×10^{6}	体槽底裂
		40	±21	$>1.00\times10^{7}$	未裂

＊试验加载频率：$T=4200$ 周/分。

气压机叶片（Cr17Ni2A）易于产生表面腐蚀坑，为了提高叶片的抗应力腐蚀性能，一般采用表面防护处理，如渗铝、电镀镍等。合金钢、高强度钢以及不锈钢等材料经过电镀后，疲劳性能往往发生大幅度的下降，为了弥补这一缺点，对于这类镀件在电镀前后最好采用喷丸强化。喷丸均采用玻璃弹丸，喷丸强度分别为 0.19mmA、0.25mmA。对上述叶片进行一阶弯曲高频振动疲劳试验，与没有喷丸强化试样相比，喷丸＋电镀＋喷丸处理后的叶片，疲劳极限提高了 10%。疲劳强度的增减与表面残余压应力水平密切相关。喷丸强化能有效降低由于电镀而使基体和镀层内产生的残余拉应力，而电镀后二次喷丸可使电镀层产生残余压应力，从而使电镀防护的叶片的疲劳强度获得进一步的提高。

螺旋桨在工作中所承受的弯曲交变应力都比较小，一般小于 ±30MPa，但在实际工作中难以避免产生疲劳破坏，这与零件材料中的非金属夹杂以及加工工艺密切相关。不适当的冷变形会导致桨叶表面形成残余拉应力，并且分布不均匀。机械加工过程中表面划痕也很难避免。喷丸强化可以有效抵消上述不足，改善桨叶疲劳性能。

涡轮盘桦齿转接圆角部经常出现的裂纹属于疲劳裂纹。表 3.8 为涡轮盘全齿模拟疲劳试验结果。结果表明，喷丸能够改善涡轮盘桦齿的高温疲劳性能，达到延长其使用寿命的目的。

表 3.8　涡轮盘全齿模拟疲劳试验结果

材料	体齿加工工艺	频率/Hz	产生裂纹的寿命		体齿破坏情况
			时间/h	循环周数/周	
GH-35	未喷	113	20.5	8.34×10^{5}	单面裂
		109	13.2	5.18×10^{6}	单面裂
		111	8.0	3.50×10^{6}	单面裂

材料	体齿加工工艺	频率/Hz	产生裂纹的寿命		体齿破坏情况
			时间/h	循环周数/周	
GH-32	喷丸	113	>30.0	>1.22×10^7	未裂
		111	>30.0	>1.22×10^7	未裂
		109	22.0	8.64×10^6	单面裂
	拉制（新刀）	108	>29.0	>1.13×10^7	未裂
		109	2.0	7.85×10^5	双面裂
		111	6.5	2.40×10^6	单面裂
	拉制（旧刀）	110	21.0	8.32×10^5	双面裂
		111	17.0	6.79×10^5	双面裂
		113	9.0	3.66×10^6	双面裂
	时效	112	3.0	1.22×10^5	单面裂
		113	7.0	2.80×10^5	单面裂
		113	1.0	4.03×10^5	单面裂

3.4.3　喷丸强化在汽车工业中的应用

在汽车制造业，喷/抛丸强化主要用于螺旋弹簧、板簧、扭杆、齿轮、传动元件、轴承、凸轮轴、曲轴、连杆等关键零件的强化处理。用 45 钢制备成的柴油机连杆，在使用中经常发生疲劳断裂，为提高连杆的疲劳强度，采用喷丸强化工艺。利用直径为 1～1.5mm 的铸钢弹丸，空气压强为 4～5MPa，喷丸时间为达到表面均匀的 100%覆盖，其表面残余应力为−35～−40MPa，喷丸后的连杆事故率大幅度降低。

用 18CrNiWA 和 40CrNiMoA 制备的其他类型的连杆，先前主要通过提高表面光度的方法来改善其疲劳性能，但是当光度达到一定水平之后，提高光度对材料疲劳性能已经无明显的作用。通过采用喷丸强化处理后可适当降低表面光度，由于喷丸后在表层引入残余压应力，综合上述两者因素，可提高其疲劳性能。

弹簧在汽车中具有广泛的应用。喷丸强化工艺，在弹簧类零件中应用最早。用钢丝绕制的弹簧，在弹簧形成后的内、外表面上沿钢丝走向方向的残余应力在原则上应该大小相等、方向相反，通常内表面为拉应力而外表面为压应力。因此，疲劳试验中所发生的疲劳断裂一般发生在内表面。对弹簧采用喷丸强化工艺时，在工艺上应该首先保证内表面获得足够的喷丸强度以及表面覆盖率。表 3.9 为喷丸前后弹簧压缩疲劳试验结果。喷丸强化使得各类弹簧的疲劳断裂寿命获得了明显的提高。

齿轮是汽车工业中十分重要的传动零件，其担负着传递动力、改变运动速度和方向的作用。硬齿面由于允许有更高的使用应力以及运转速度，因而被广泛地采用。采用渗碳钢渗碳淬火、低温回火热处理是获得硬齿面齿轮的重要方法之一。但经过表面处理的硬齿面经常会出现深度为几微米的点状麻点剥落，即为接触疲劳。喷丸强化处理使表层产生剧烈塑性变形，形成残余压应力以及加工硬化，可以有效提高齿轮的接触疲劳性能。表 3.10 为 20CrMnTi 钢齿轮渗碳后淬火、低温回火，然后进行喷丸强化处理后的接触疲劳性能[9]。结果表明，选择合适的喷丸工艺参数可以有效提高其接触疲劳强度。

表 3.9 喷丸前后弹簧的压缩疲劳试验结果

材料	表面状态*	弹簧规格		压缩疲劳试验条件**		断裂循环周期数 N/周
		长度/mm	外径/mm	预压度 l/mm	压缩幅度 Δl/mm	
69111	冷拉	32.1	9.55	31	5	2.88×10^5
	磨光	32.0	9.55	31	5	2.88×10^5
	冷拉＋喷丸	32.5	9.50	31	5	$>1.00 \times 10^7$
	磨光＋喷丸	32.2	9.60	31	5	7.56×10^6
50CrV A	磨光	32.5	9.60	31	5	1.37×10^6
	磨光＋喷丸	32.6	9.55	31	5	$>1.00 \times 10^7$

* 钢丝直径 2mm；

** 压缩频率 $T = 600$ 周/分。

表 3.10 不同喷丸参数下的接触疲劳强度

试样	时间/s	喷丸速度/ (m/s)	弹丸直径/mm	10^7 周次下的接触疲劳强度/MPa
1	40	80	0.6	2790
2	60	100	0.6	3160
3	80	100	0.6	2930
4	100	120	0.6	2610

谈及喷丸强化在汽车工业中的应用，在 *Shot Peening: A Dynamic Application and Its Future* 一书[12]第 17 章给出"全球汽车市场和发展趋势"的数据，见表 3.11 和表 3.12。

表 3.11 2011 年欧洲汽车产量   （单位：百万辆）

国 别	小汽车	货车	合计
德 国	5.9	0.4	6.3
法 国	1.9	0.4	2.3
西班牙	1.8	0.5	2.3
捷 克	1.2	0.0	1.2
英 国	1.3	0.1	1.4
意大利	0.5	0.3	0.8
波 兰	0.7	0.1	0.8
斯洛伐克	0.6	0.0	0.6
比利时	0.5	0.0	0.5
其 他	1.2	0.1	1.3
合计	16.2	2.5	18.7

表 3.12　全球汽车发展趋势　　　　　（单位：百万辆）

		2000 年	2005 年	2011 年	2015 年	2020 年
全球		58	66	80	90	110
	中国			18.4	22.5	28
	日本			8.4	5.0	6
	韩国			4.7	5.0	6
合　计				31.5	32.5	40
欧洲市场		19	18.8	18.7	18	18
北美洲市场	美国	12.8	11.9	8.6		
	加拿大	3	2.7	2.1		
	墨西哥	1.9	1.7	2.7		
合　计		17.7	16.3	13.4		
南美洲市场	巴西	1.7	2.5	3.4		
	阿根廷	0.3	0.3	0.8		
	哥伦比亚	0	0	0.1		
合　计		2.0	2.8	4.3		
东南亚＋中国台湾		1.4	2.6	3.2	5	8

　　从这些数据不难看出，汽车工业的发展表征了喷丸强化市场也在扩大和发展。

参 考 文 献

[1] 刘锁．金属材料的疲劳性能与喷丸强化工艺．北京：国防工业出版社，1977.

[2] 高玉魁，殷源发，李向斌，等．喷丸强化对 $OCr_{13}Ni_8Mo_2Al$ 钢疲劳性能的影响．材料工程，2001，12：46~48.

[3] 杨清，何杉，孟震威．喷丸强化对 DD5 单晶材料疲劳性能的影响．金属加工（热加工），2014，23：48~90.

[4] 高玉魁．喷丸强化对 TC21 高强度钛合金疲劳性能的影响．金属热处理，2010，35（1）：30~32.

[5] 刘文才，董杰，张军．喷丸强化对 ZK60 镁合金高周疲劳性能的影响．中国有色金属学报，2009，19（10）：1733~1740.

[6] 李鹏，刘道新，关艳英，等．喷丸强化对新型 7055－T775 铝合金疲劳性能的影响．机械工程材料，2015，39（1）：5~10.

[7] 朱成辉．喷丸强化对 304 不锈钢板应力腐蚀试验研究．浙江大学硕士学位论文，2011.

[8] 岳增武，傅 敏，李辛庚，等．内壁喷丸处理对 TP304H 耐热钢锅炉管抗水蒸
汽①氧化性能的影响．中国腐蚀与防护学报，2012，32（2）：137～140.

[9] 金用强．喷丸对奥氏体不锈钢抗氧化性能的影响．锅炉技术，2010，41（3）：
49～52.

[10] 谢乐春．TC4 钛合金与钛基复合材料喷丸强化及其 XRD 表征．上海交通大
学博士学位论文，2015.

[11] Kuang J X，Wang X H，Liu S J．Effect of shot peening strengthening on
contact fatigue strength of alloy carburizing gear. Hot Working Technology,
2010，39（20）：193～195.

[12] Baiker S. Shot Peening：A Dynamic Application and Its Future. 3rd ed. Metal
Finishing News Publishing House，2012.

---

① 应为：水蒸气。——编辑。

第4章　晶体学、X射线源衍射原理

4.1　晶体学基础[1,5,6]

4.1.1　点阵概念

为了集中描述晶体内部原子排列的周期性，把晶体中按周期重复的那一部分原子团抽象成一个几何点，由这样的点在三维空间排列构成一个点阵，点阵结构中的每一个阵点代表具体的原子、分子或离子团，称为结构基元，故晶体结构可表示

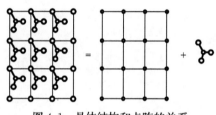

图 4.1　晶体结构和点阵的关系

为：晶体结构＝点阵＋结构基元。图 4.1 示意地表示了晶体结构和点阵的关系。所谓结构基元就是重复单元，如原子、原子团、分子等。根据点阵的性质，把分布在同一直线上的点阵称为直线点阵或一维点阵，把分布在同一平面中的点阵称为平面点阵或二维点阵，把分布在三维空间的点阵称为空间点阵或三维点阵。图 4.2 给出了一维、二维和三维点阵的示意图[1,3,5]。

4.1.2　晶胞、晶系

根据晶体内部结构的周期性，划分出许多大小和形状完全等同的平行六面体，在晶体点阵中，这些确定的平行六面体称为晶胞（或称单胞），用来代表晶体结构的基本重复单元。这种平行六面体可以由晶体点阵中不同结点连接而形成形状大小不同的各种晶胞，显然这种分割方法有无穷多种，但在实际确定晶胞时应遵守布拉菲法则，即选择晶胞时应与宏观晶体具有相同的对称性、具有最多的相等晶轴长度 a、b、c，晶轴之间的夹角 α、β、γ 呈直角数目最多，满足上述条件时所选择的平行六面体的体积最小，这样在三维点阵中选择三个基矢 a、b 和 c 以及它们之间的夹角 α、β 和 γ，按它们的特性把晶体分为七大晶系，即立方、六方、四方、三方（又称菱形）、正交、单斜、三斜（表 4.1）。立方晶系对称性最高，是高级晶系（有一个以上高次轴）；六方、四方、三方属中级晶系（只有一个高次轴）；正交、单斜、三斜属低级晶系（没有高次轴），三斜晶系对称性最低。

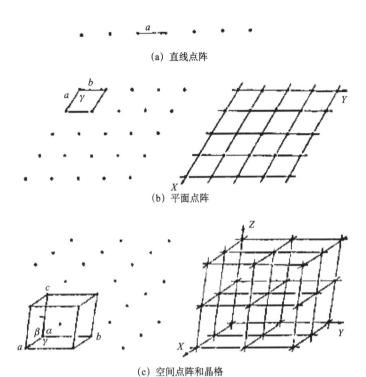

(a) 直线点阵

(b) 平面点阵

(c) 空间点阵和晶格

图 4.2　一维、二维和三维点阵的示意图

表 4.1　晶系划分与点阵类型的对应关系

晶系	晶胞参数	点阵类型	点阵符号
立方	$a = b = c,\ \alpha = \beta = \gamma = 90°$	简单、体心、面心	P、I、F
六方	$a = b \neq c,\ \alpha = \beta = 90°,\ \gamma = 120°$	简单	P
四方	$a = b \neq c,\ \alpha = \beta = \gamma = 90°$	简单、体心	P、I
三方	$a = b = c,\ \alpha = \beta = \gamma \neq 90°$	简单	$P(R)$
正交	$a \neq b \neq c,\ \alpha = \beta = \gamma = 90°$	简单、体心、底心、面心	P、I、C、F
单斜	$a \neq b \neq c,\ \alpha = \gamma = 90° \neq \beta$	简单、底心	P、C
三斜	$a \neq b \neq c,\ \alpha \neq \beta \neq \gamma \neq 90°$	简单	P

4.1.3　点阵类型

单位晶胞中，若只在平行六面体顶角上有阵点，即一个晶胞只分配到一个阵点，则称为初基晶胞。若在平行六面体的中心或面的中心含有阵点，即一个晶胞含有两个以上的阵点，则称为非初基晶胞。初基晶胞构成的点阵称为简单点阵，

记为 P。非初基晶胞构成的点阵根据顶角外的阵点是在体心、面心和底面心而分别称为体心、面心和底心点阵,记为 I、F、C。用数学方法可以证明只存在 7 种初基和 7 种非初基类型,称为布拉菲点阵,因其是通过平移操作而得,故又称为平移群或点阵类型,如图 4.3 所示。表 4.1 列出的是晶系划分与点阵类型的对应关系。

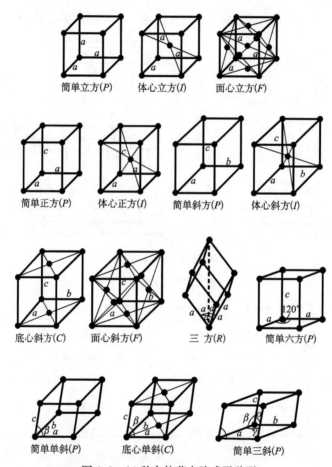

简单立方(P)　　体心立方(I)　　面心立方(F)

简单正方(P)　体心正方(I)　简单斜方(P)　体心斜方(I)

底心斜方(C)　面心斜方(F)　　三 方(R)　　简单六方(P)

简单单斜(P)　　底心单斜(C)　　简单三斜(P)

图 4.3　14 种布拉菲点阵或平移群

4.1.4　宏观对称性和点群

1. 宏观对称元素及其组合规律

宏观对称元素有对称中心、镜面、旋转(真旋转)和反轴(非真旋转轴),其组合有两条限制:一是对称元素必交于一点,这是因为晶体的大小有限,若无公交点,经过对称操作后就会产生无限多的对称元素,使晶体外形发散;另一个是点阵周期性的限制。组合的结果不能有与点阵不兼容的对称元素,如 5 次或 6

次以上的旋转轴。

2. 32 种结晶学点群

把八种基本的点对称元素按一定的规律性组合起来，可得到 32 种结晶学点群。"点"是指所有对称元素有一个公共点，它在全部对称操作中始终不动（通常取为原点）。

"群"在这里指一种对称元素或一组对称操作的集合。需要指出的是，每种点群的一组对称操作，实际上也是数学意义上的一个群。

关于点群的研究是很重要的，因为：

（1）可以利用它对晶体进行分类。历史上对晶体的研究是从它的外表面开始的。如果从同一点画出各晶面的法线方向，并以此来表征晶体，人们发现所有的晶体可分为 32 种晶体。一种晶类对应一种点群，它有特定的面法线关系。

（2）为了导出空间群，只要在点群中加入空间点阵的平移对称性即可。

（3）晶体物理性质的许多对称性都与点群有关。

3. 点群和符号

有两套得到广泛承认的通用符号——国际符号（Hermann-Mauguin）和熊夫利（Schoenflies）符号。国际符号能一目了然地表示出对称性，这里主要介绍它。为帮助读者看懂更多文献，也简单介绍熊夫利符号。

国际符号一般有三个符号，每一字符表示一个轴向的对称元素。对于不同的晶系，这三个字符位置所代表的轴向并不同，兹列于表 4.2 中。

表 4.2　点群国际符号中三个字符位置所代表的位置

晶级	晶系	位置 1	位置 2	位置 3	位置 1	位置 2	位置 3
高级	立方	a	$a+b+c$	$a+b$	[100]	[111]	[110]
中级	六方	c	a	$2a+b$	[001]	[100]	[110]
	四方	c	a		[001]	[100]	[210]
	菱（R 晶胞）	$a+b+c$	$a-b$				
	形（H 晶胞）	c	a				
低级	正交	a			[100]	[010]	
	单斜	b 或 c	b	c	[010] 或 [001]	[001]	
	三斜	a			[100]		

国际符号有全写和简写两种，如点群 $\frac{4}{m}\bar{3}\frac{2}{m}$ 可简写为 $m3m$。这是因为垂直于立方体三个晶轴和垂直于六个面对角线的各镜面组合，必然导致三个晶体为 4 次轴和六个面对角线方向为 2 次轴，而偶次轴和垂直于它的镜面组合又会产生对称中心，从而使 $3+\bar{1}\rightarrow\bar{3}$，因而简写符号更简洁概括。不过，由于简写符号省略了一些对称元素，增加了识别的困难。

最后，简要介绍一下熊夫利符号系统，它包括以下规定记号：

Cn　　　有一个 n 次轴，C 表示循环。

Cnh　　有一个 n 次轴及垂直于该轴的水平镜面。

Cnm　　有一个 n 次轴含有此轴的垂直镜面。

Dn　　　有一个 n 次旋转轴及 n 个垂直于该轴的二次轴，D 表示两面体。

d　　　有通过对角线的对称面，如 D_{3d}。

Sn　　　有一个 n 次旋转-反映对称轴，S 表示反映。在熊夫利方案中用旋转-反映取代国际方案中旋转-反演。

T　　　有四个 3 次轴及三个 2 次轴，T 表示四面体。

O　　　有三个 4 次轴、四个 3 次轴及六个 2 次轴，O 代表八面体。

此外，还有 E 表示恒等，i 表示对称中心，σ 表示镜面等。

4.1.5　230 种空间群

点式空间群由 32 种点群和 14 种布拉菲点阵直接组合而成。为了不破坏晶体对称性，组合时每一种点群必须同该种晶类可能有的布拉菲点阵直接组合，这样可得到 73 种点式空间群。非点式空间群则含有非点式操作的对称元素螺旋轴和滑动面，它们有 157 种，加起来共有 230 种空间群。有关空间群和符号可查阅《X 射线结晶学国际表》（简称国际表）第一卷。

需要指出的是，常用的空间群只有几十个。对我们来说，重要的是会识别空间群符号及了解其所表达的对称性；能根据国际表提供的对称元素及等效点的排列情况去处理实际问题。

空间群的国际符号由两部分组成：前面大写英文字母表示布拉菲点阵类型——P（简单），A、B 或 C（底心），I（体心），F（面心），R（三方）；后面是一个或者几个表示对称性的符号。符号位置所代表的轴向对不同的晶系并不相同，其规定和点群符号相似。例如，$Pnma$ 和 $P2_1/c$ 是属于不同晶系的两种空间群，点阵均为初基。很容易写出的点群分别为 mmm 和 $2/m$。由点群符号很容易看出前者属正交晶系、后者属于单斜晶系。

$Pnma$ 是国际符号的简写，表示垂直于三个正交晶轴分别有 n 滑移面、m 镜面和 a 滑动面。根据这些对称元素的组合，在三个正交方向上必产生三个 2_1 螺旋轴，因此它的完全符号为 $P\dfrac{2_1}{n}\dfrac{2_1}{m}\dfrac{2_1}{a}$，即第 62 号空间群。

$P2_1/c$ 也是国际符号的简写，表示有一个 c 滑移面垂直于 2_1 轴，完全符号为 $P_1\dfrac{2_1}{c}$（第二种定向）。这个空间群如果用单斜的第一种定向，则写成 $P2_1/b$，完全符号为 $P_1\dfrac{2_1}{b}$，可见空间群的国际符号写法和晶胞的定向有关。但是，如果用熊夫利符号，不论何种定向，这个空间群都是 C_{2h}^5（即第 14 号空间群）。因此这两套符号是各有优点的。

在《X 射线结晶学国际表》第一卷里给出了空间群的两种图示描述，即：①等效点系图：从某个一般位置起，经过该空间群的全部对称操作，引出其他的等效点；②对称元素排布图：把晶胞中各对称元素分布用图示记号画出，使对称性一目了然。

国际表中在给出上述两种图示的同时，还列出了等效点的位置数、它的对称性高低记号（Wyckoff 记号，用 a、b、c、⋯表示。a 的对称性最高，以下按顺序降低）、点对称性、等效点位置坐标和出现衍射的条件等。

4.2　实验室 X 射线源[5,6]

实验室 X 射线源一般是用高能电子束激发金属靶发出的 X 射线。X 射线源发生器的核心部件是 X 射线管，它有一个从可折式、封闭式到旋转阳极可折式 X 射线管的发展过程。前者已很少使用，后两者现在常用。封闭式 X 射线管的功率已从几百瓦发展到 $2\sim4\text{kW}$，旋转阳极可折式 X 射线管的功率从几千瓦到几十千瓦。当高速电子束轰击金属靶面时，由于电子束与靶元素原子中的电子的能量交换便激发出 X 射线。从靶元素发出的 X 射线分为连续谱和特征谱两部分，如图 4.4 所示。当电子束的加速电压达到一定值后，特征辐射就被激发，并叠加在连续谱上。连续谱由高速电子撞击到阳极上减速的轫致辐射组成，并存在短波极限 $\lambda_{\min}$，它由电子一次碰撞损失全部动能引起：

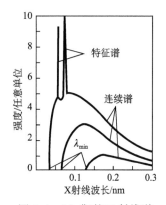

图 4.4　Mo 靶的 X 射线谱

$$\lambda_{\min} = \frac{hc}{eV} = \frac{12398}{V}(\text{Å}) \qquad (4.1)$$

式中，V 为加速电压，单位为伏特。

特征 X 射线分若干种，分别用 K、L、M 等表示。常规的 X 射线衍射工作中，只能观察到 K 系谱线中最强的 $K_{\alpha 1}$，$K_{\alpha 2}$ 和 $K_{\beta 1}$ 三条，$K_{\beta 1}$ 常称为 K_β 线。当分辨率比较低时，$K_{\alpha 1}$，$K_{\alpha 2}$ 往往分不开，就用 K_α 表示。习惯上用下式计算 λ_{K_α} 的平均波长：

$$\lambda_{K_\alpha} = \frac{2}{3}\lambda_{K_{\alpha 1}} + \frac{1}{3}\lambda_{K_{\alpha 2}} \qquad (4.2)$$

以 Cu 靶为例，$\lambda_{K_{\alpha 1}} = 1.540562$ Å，$\lambda_{K_{\alpha 2}} = 1.54439$ Å，$\lambda_{K_\alpha} = 1.541838$ Å，$I_{K_{\alpha 1}}$：$I_{K_{\alpha 2}} \approx 2:1$，$I_{K_{\alpha 1}}:I_{K_\beta} = 5:1$。$\lambda_{K_\beta} = 1.39222$ Å。

根据玻尔原子模型，核外电子分布在不同的壳层上，并对应于不同的能级，

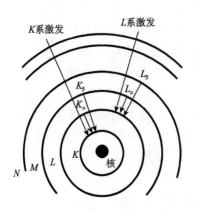

图 4.5　特征 X 射线激发时原子中的
电子跃迁示意图

常用 K、L、M、…来表示各壳层。高速电子束使内层电子电离，外层电子跃迁至内层填充，使原子系统的能量减少而发出 X 射线光子。电子由 L 层→至 K 层产生 K_α 系射线，由 M 层→K 层产生 K_β 线，M 层→L 层产生 L_α 线。图 4.5 给出特征 X 射线激发时原子中的电子跃迁示意图。K 系谱线的激发电压与 K 壳层电子的电离能 W_K 有如下关系：

$$V_K = W_K/e \qquad (4.3)$$

表 4.3 给出常用靶金属激发 X 射线的有关数据，以供查用。

表 4.3　常用靶金属激发 X 射线的有关数据

靶元素 Z		Cr $Z=24$	Cu $Z=29$	Mo $Z=42$	Ag $Z=47$	W $Z=74$
波长/Å	K_α	2.29100	1.54184	0.71073	0.56087	0.21061
	$K_{\alpha1}$	2.28970	1.54056	0.70930	0.55941	0.20901
	$K_{\alpha2}$	2.29361	1.54439	0.71359	0.56380	0.21833
	K_β	2.08487	1.39222	0.63229	0.49707	0.19437
K 系吸收限/Å		2.07020	1.38059	0.61978	0.48689	0.17837
K 系激发电压/kV		5.98	3.86	20.0	25.5	69.2
最佳工作电压/kV		30~40	35~60	40~50	48~55	
$K_{\alpha1}$ 波长范围	$\Delta\lambda/(\times10^{-4})$	1.1	0.58	0.29	0.28	0.15
	$\Delta\lambda/\lambda/(\times10^4)$	4.72	3.67	4.09	5.01	7.18

　　X 射线波长的国际单位用纳米（nm），结晶学中仍常用 Å，有时也常用能量单位，其关系如下：

$$E(\text{keV}) = 12.3985/\lambda \ (\text{Å}) \qquad (4.4)$$

　　X 射线发生器是提供 X 射线源的机械、电器、电子装置系统，它由 X 射线管、高压发生器、稳压稳流系统、控制操作系统、水冷系统等部分组成。其中 X 射线管是 X 射线发生器的核心部件，实质是一只特殊的高真空二极管，由发射电子的热阴极、使电子束聚焦的聚焦套、阳极靶三部分组成。经高压加速的电子束轰击阳极时，电子的大部分能量转变成热能，仅 1% 的能量转化为 X 射线，因此阳极靶必须用水冷却。阳极一般接地，为负高压状态。从靶面射出的 X 射线在空间有一个分布，大约在 6° 角的方向射线最强，所以在相应方向开两个或四个窗口让 X 射线射出。靶面上的焦点形状与灯丝的形状直接有关，通常为 1mm×

12mm，1mm×10mm 和 0.4mm×8mm。有效焦点是它在 6°方向的投影，有线状和点状两种。

特征辐射的强度的经验表达式为

$$\begin{cases} I = Ai(V - V_K)^n \\ \text{当 } V \leqslant 2.3V_K \text{ 时，} n = 2 \\ \text{当 } V > 2.3V_K \text{ 时，} n \text{ 下降，} n = 1.5 \sim 0.5 \end{cases} \tag{4.5}$$

其中，V_K 为 K 系特征辐射的激发电压（kV）；i 为管流（mA）。一般书籍中推荐 Mo 和 Ag 靶的适宜工作电压分别为 50～55kV 和 50～60kV 是不尽合理的，而应选择 $V \approx 2.3V_K$，即 $V_{Mo} = 46kV$，$V_{Ag} = 58kV$ 为最合理，而管流则越高越有利。这表明使用特征辐射的 X 射线源，取 $V_{max} = 60kV$，发展高密度束流（提高管流）的发展方向是完全正确的。

4.3　同步辐射 X 射线源[2,3]

在人类文明和科学技术发展史上，已有三种光源：电光源、X 射线源、激光光源。第四种光源就是同步辐射光源（synchrotron radiation light source），1947年在美国通用电气公司实验室的 70MeV 电子同步加速器上首次观察到，人们将会看到，除激光武器、激光雷达和遥测不及之外，其他方面，同步辐射光源对科学技术、国民经济和人类生活的影响和作用将超过 X 射线光源和激光光源的总和。

4.3.1　同步辐射光源的原理

同步辐射是电子在做高速曲线运动时沿轨道切线方向产生的电磁波，因是在电子同步加速度器上首次观察到，人们称这种由接近光速的带电粒子在磁场中运动时产生的电磁辐射为同步辐射，由于电子在圆形轨道上运行时能量损失，故发出能量是连续分布的同步辐射光。

至今，同步辐射光源的建造经历了三代，并向第四代发展。

第一代（first generation）同步辐射光源是在为高能物理研究建造与电子加速器和储存环上"寄生地"运行，第二代同步辐射光是专门为同步辐射的应用而设计建造的，美国的 Brokhaven 国家实验室（BNL）两位加速器物理学家 Chasman 和 Green 把加速器上使电子弯转、散热等作用磁铁按特殊的序列组装成 Chasman-Green 阵列（lattice），这种阵列在电子储存环中的采用标志着第二代同步辐射的建造成功。

第三代同步辐射光源的特征是大量使用插入件（insertion devices）：扭摆磁

体（wiggler）和波荡磁体（undulator）而设计的低发散度的电子储存环。表 4.4 是三代同步辐射光源重要参数的比较。

表 4.4　三代同步辐射光源主要性能指标的比较

	第一代	第二代	第三代
电子储存环的工作模式	兼用	专用	专用
电子能量	<1～30GeV 由高能物理决定	1～3GeV，产生真空紫外及 X 射线	低能 1GeV 左右 中能 1～3.5GeV 高能 6～8GeV
电子束发散度/（nm·rad）	几百	40～150	5～20
同步辐射亮度光子/ (s·mrad·mm² · (0.1BW))	$10^{13}～10^{14}$	$10^{15}～10^{16}$	$10^{17}～10^{20}$
发光元件	二极弯曲磁铁	以二极弯曲磁铁为主，少量插入件：扭摆磁体、波荡磁体	波荡磁体为主
光的相干性	无	少数	部分空间相干
技术开发年代	20 世纪 60 年代	20 世纪 70 年代	20 世纪 90 年代

目前，世界上已使用的第一代光源 19 台，第二代 24 台，第三代 11 台，正在建设或设计中的第三代 14 台，等等，遍及美国、英国、德国、俄罗斯、日本、中国、印度、韩国、瑞典、西班牙、巴西等国家。

这些同步辐射光源大概可分为三类：

第一类，建立以 VUV（真空紫外）为主的光源，借助储存环直线部分的扭摆磁体把光谱扩展到硬 X 射线范围，台湾新竹 SRRC 和合肥 NSRC 光源属于此类。

第二类，利用同步电子加速器能在高能和中能两种能模式下操作，可在同一台电子同步加速器（增强器）下建立 VUV 和 X 射线两个电子储存环，位于美国长岛 Brookhaven 国家实验室（BNL）的国家同步辐射光源（NSLS）属于此类。

第三类，建立以 X 射线环为主同时兼顾 VUV 的储存环看来是可行的，因为 X 射线环能提供硬 X 射线、软 X 射线或/和紫外及可见光到红外的光谱分布，但长波部分的亮度较 VUV 环低一些，当然也可用长波段进行工作，上海同步辐射装置（SSRF）就属于此类。图 4.6 示出上海同步辐射装置结构的平面示意图，增强器能分别采用高能、中能两种模式工作。在中能模式下操作，注入储存环提供光子通量较高，主要进行 VUV 环的工作；在高能模式下操作，既能进行硬 X 射线、软 X 射线方面的工作，也能进行很多 VUV 方面的工作，只要对光束线和实验站作合理布置。

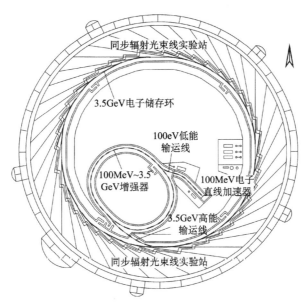

图 4.6　上海同步辐射装置结构的平面示意图

　　上述三代同步辐射光源的主要性能指标的比较参见表 4.4。其中表征性能的指标是同步辐射亮度、发散度以及相干性。

　　近些年来，由于自由电子激光（FEL）技术的发展和成功，以及在电子储存环中的应用，从自由电子激光中引出同步辐射已经实现，这就是第四代同步辐射光源。第四代同步辐射光源的标志性参数如下。

　　（1）亮度要比第三代大两个量级以上。第三代光源最高亮度已达 10^{20} 光子/ $[\text{s} \cdot \text{mrad} \cdot \text{mm}^2 \cdot (0.1\text{BW})]$，目前第四代光源的亮度达 10^{22} 光子/ $[\text{s} \cdot \text{mrad} \cdot \text{mm}^2 \cdot (0.1\text{BW})]$。

　　（2）相干性：要求空间全相干，即横向全相干。

　　（3）光脉冲长度要求到皮秒（ps），甚至小于 ps。

　　（4）多用户和高稳定性：同步辐射光源的一大特点是多用户和高稳定性，可同时有数百人进行试验。

　　因此有人认为，同步辐射光源就像能量广泛分布的一台超大型激光光源，特别是光的相干性大大改善的第三代和第四代同步辐射光源更是如此。

4.3.2　同步辐射光源的主要特征

与一般 X 射线源相比较，同步辐射光源有如下特征：

1. 高强度，更确切地讲是高亮度

若用实用单位，总的辐射功率 W 能写为

$$W(\text{kW}) = 88.47E^4 I/\rho = 2.654E^3 IB \tag{4.6}$$

其中，E 为运动电子的能量（GeV）；I 为储存环的束流（A）；ρ 为弯曲半径（m）；B 为磁场强度（KG）。对于英国 Daresbury 同步辐射光源，$E=2\mathrm{GeV}$，$\rho=5.5\mathrm{m}$，最大电流为 370mA，因此在 2π 弧度内的总功率 $W=95.2\mathrm{kW}$ 或 15W/mrad，但由于它分布在很小角范围，$r=mc^2/E$（这里 m 是电子静止质量 $10^{-30}\mathrm{kg}$，c 是光速），当 $E=2\mathrm{GeV}$ 时，$r^{-1}=0.25\mathrm{mrad}$ 或 0.016°，因此同步辐射 X 射线亮度比 60kW 旋转阳极 X 射线源所发出的特征辐射的亮度分别高出 3～6 个量级。

当使用扭摆磁体或波荡磁体时，对于给定长度 L 的磁场，总功率写为

$$W(\mathrm{kW})=1.267\times10^{-2}E^2(\mathrm{GeV})\langle B^2(\mathrm{KG})\rangle I(\mathrm{A})L(\mathrm{m}) \qquad (4.7)$$

这里 $\langle B^2 \rangle$ 是遍及整个 L 的平均。

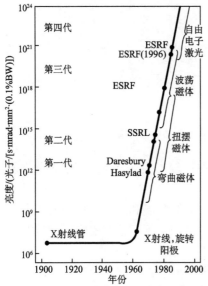

图 4.7　同步辐射光源光子亮度进展

描述高亮度的另一个参量是光子通量，即单位为光子/［s·mrad·mm²·(0.1%BW)］。前面提到，第二代同步辐射光源的光通量达 $10^{15}\sim10^{16}$，第三代光源达 $10^{18}\sim10^{20}$，到了第四代，光子能量可达 10^{22} 以上，已超过高功率的激光器。从这个意义上讲，一台同步辐射光源相当于无数台激光器。同步辐射光源光子亮度的进展展示于图 4.7 中。

2. 宽而连续分布的谱范围

图 4.8 给出日本光子工厂（PF）同步辐射光源的光谱分布。可见其波谱的分布跨越了从红外-可见光-紫外-软 X 射线到硬 X 射线整个范围。扭摆磁体和波荡磁体的作用也显然可见。实验所用的波长能方便地使用光栅单色器或晶体单色器从连续谱中选出。谱分布的一个重要特点是临界波长（又称特征波长）λ_c，由下式给出：

$$\lambda_c(\text{Å})=5.59\rho E^{-3}=18.64B^{-1}E^{-2} \qquad (4.8)$$

有时也用特征能量 E_c 表达

$$E_c=2.218E^3\rho^{-1}(\mathrm{keV})$$
$$=0.665BE^2(\mathrm{keV}) \qquad (4.9)$$

其中，ρ，E 的单位同前，B 的单位为 T。

所谓特征波长是指这个波长具有表征同步辐射谱的特征，即大于 λ_c 和小于

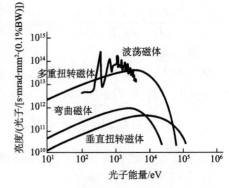

图 4.8　日本光子工厂（PF）同步辐射光源的光谱分布

λ_c 的光子总辐射能量相等，$0.2\lambda_c \sim 10\lambda_c$ 占总辐射功率的 95％左右，故选 $0.2\lambda_c \sim$ $10\lambda_c$ 为同步辐射装置的可用波长是有充分理由的。

当 $\lambda = \lambda_c$ 时，10％带宽内的光子能量 $N_{0.1}(\lambda_c)$ 为

$$N_{0.1}(\lambda_c) = 1.601 \times 10^{12} E \quad [光子数 /(s \cdot mA \cdot mrad)] \qquad (4.10)$$

当 $\lambda \gg \lambda_c$ 时，

$$N(\lambda) = 9.35 \times 10^{16} I \left[\frac{\rho}{\lambda_c}\right]^{1/3} \quad [光子数 /(s \cdot mA \cdot mrad)] \qquad (4.11)$$

当 $\lambda \ll \lambda_c$ 时，

$$N(\lambda) = 3.08 \times 10^{16} IE \left[\frac{\lambda}{\lambda_c}\right]^{1/2} e^{-\left(\frac{\lambda_c}{\lambda}\right)} \cdot \frac{\Delta\lambda}{\lambda} \quad [光子数 /(s \cdot mA \cdot mrad)]$$

$$(4.12)$$

最大光通量处辐射波长定义为 λ_ρ，与 λ_c 的关系如下：

$$\lambda_\rho = 0.75\lambda_c \qquad (4.13)$$

3. 高度偏振

同步辐射在运动电子方向的瞬时轨道平面内电场矢量具有 100％偏振，遍及所有角度和波长积分约 75％偏振，在中平面以外呈椭圆偏振。图 4.9概括了不同波长的单个电子的偏振的平行分量、偏振垂直分量强度与发射角的关系。由图可知，当 $\lambda \approx \lambda_c$ 时，即曲线 1，张角近似为 r^{-1}；在较短波长时，张角变得较小；较长波长时，张角变得较大，当 $\lambda = 100\lambda_c$ 时，张角达 $4r^{-1}$。

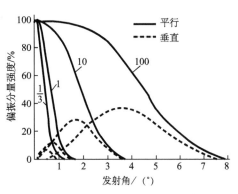

图 4.9 偏振的平行分量、偏振垂直分量强度与发散角的关系

4. 脉冲时间结构

脉冲时间结构由储存环的机构引起，即由辐射阻尼现象引起，当电子从增强器注入储存环，且当注入的束团几乎充满储存环真空不能再注入电子时，由于自由振荡和同步辐射以及不断地由高频腔给电子提供能量补充，其自由振荡的振幅越来越小，这种现象称辐射阻尼。当经过 2～3 倍阻尼时间后，振幅已变得小得多了，这就意味着束团尺寸已由注入末了时的满真空室变得只占真空的 1/10 空间了。因此，可进行注入 2～3 倍阻尼时间的重复过程，这样不仅积累了电子数，而且束团的横向尺寸变小，长度也短。具体脉冲时间间隔与储存环的参数和使用模式有关，已获得 2.8～780ns。第三代同步辐射光源的最小光脉冲时间约达 30ps。同步辐射源的脉冲时间结构能用来作时间分辨光谱和时间分辨衍射研究，已在晶体学、化学和生物学方面获得应用。

5. 准直性好

由于天然的准直性和低的发散度，有小的源尺寸。同步辐射光束的平行性可以同激光束相媲美。能量越高的光束，其平行性越好。由于在轨道平面的垂直方向上的辐射张角为

$$\langle \phi^2 \rangle^{1/2} \approx \frac{1}{r} \tag{4.14}$$

其中，$r = E/mc = E/E_0$。由此可知，能量越高，光的发散角越小。如电子能量 $E = 800\mathrm{MeV}$，则 $r \approx 1600$，使辐射张角 $\langle \phi^2 \rangle^{1/2} \approx 0.625\mathrm{mrad}$。

6. 同步辐射的相干性不断提高

第一代和第二代同步辐射光源的相干性较差，到了第三代，光的相干性已相当好，预计第四代同步辐射光源的相干性将更好，且具有空间全相干性。

7. 同步辐射实验站的设备庞大

试样周围空间大，适宜于安装如高低温、高压、高磁场以及反应器等附件，能进行特殊条件下的动态研究；还特别有利于安装联合实验设备，用各种方法对试样进行综合测量分析和研究。

8. 具有精确的可预算的特性

可以用作各种波长的标准光源。

9. 绝对洁净

因为它在超高真空产生，而没有带来任何（如阳极、阴极和窗口）的干扰。潜在的实验问题是强度的稳定性不好，这与同步辐射光源的短暂性能有关，如储存环中电子流的变化和轨道漂移明显影响入射线的强度。所谓储存环的工作寿命是指，当已注入的电子流达到最大设计之后，能在储存环中循环运动中电子流损失至允许值的时间。

4.4　射线与物质的交互作用[1,5,6]

4.4.1　X射线的吸收

高速电子可以与阳极靶原子相互作用，使阳极靶原子内不同壳层的电子跃迁，产生特征 X 射线。而 X 射线亦可与撞击物的原子相互作用，被撞击物质吸收。当 X 射线遇到任何物质时，一部分 X 射线透过物质，另一部分则被物质吸收，称为吸收现象，这是第一类效应。实验证实，当 X 射线通过任何均匀物质时，它的强度衰减的程度与经过的距离 x 成正比，其微分形式是

$$-\frac{\mathrm{d}I}{I} = \mu_L \mathrm{d}x \tag{4.15}$$

式中，比例常数 μ_L 称为线性吸收系数，它与物质种类、密度以及 X 射线的波长

有关。将式（4.15）积分得

$$I_x = I_0 e^{-\mu_L x} \tag{4.16}$$

式中，I_0 是入射 X 射线束的强度；I_x 则是透过厚度为 x 后 X 射线束强度。由于线性吸收系数与密度 ρ 成正比，对于一定物质来说，就意味着 $\dfrac{\mu_L}{\rho}$ 的量是一个常数，它与物质存在的状态无关。$\dfrac{\mu_L}{\rho}$ 用 μ_m 表示，称为质量吸收系数。方程（4.16）可以改写成更为合适的形式：

$$I_x = I_0 e^{-\mu_m \rho x} \tag{4.17}$$

这就是比尔定律。

在实际工作中经常遇到的吸收体物质是含有多于一种元素的物质，如机械混合物、化合物和合金，它们的质量吸收系数如何确定呢？设 W_1、W_2、W_3、$\cdots$、W_n 是吸收休中各组分元素的质量分数，μ_{m1}、μ_{m2}、μ_{m3}、$\cdots$、μ_{mn} 为相应元素对特定 X 射线的质量吸收系数，μ_m 的单位是 cm^2/g，则吸收体的质量吸收系数为

$$\mu_m = W_1 \mu_{m1} + W_2 \mu_{m2} + W_3 \mu_{m3} + \cdots + W_n \mu_{mn} \tag{4.18}$$

4.4.2　激发效应

第二类是激发效应。X 射线光子把能量交给被轰击的原子，使原子内层电子被电离成为光电子，产生一个空穴，原子处于激发状态而发射次级（又称荧光）X 射线或俄歇电子。前者的强度随入射 X 射线的强度和试样中元素的含量增加而增加，这是荧光 X 射线定性定量元素化学分析的基础。X 射线激发的光电子和 Auger 电子是 X 射线光电子能谱（XPS）和俄歇电子能谱（AES）分析的基础。

电子束也能激发试样产生 X 射线和 Auger 电子，同样能作为试样的元素分析。此外，试样还产生二次电子、透射电子和背散射电子，接收这些电子可对试样进行形态学观察，这是扫描电镜（SEM）的工作原理。

4.4.3　X 射线的折射

由于 X 射线的波长很短，在 1919 年以前未能证明 X 射线由一个介质进入另一个介质时可以产生折射，但用经典物理学方法可以推算出 X 射线由真空进入另一介质中的折射率 μ 为

$$\mu = 1 - \frac{ne^2}{2\pi m v^2} = 1 - \frac{ne^2 \lambda^2}{2\pi m c^2} = 1 - \delta \tag{4.19}$$

式中，n 为每立方厘米介质中的总电子数；λ 为 X 射线的波长；m 为电子质量；v 为 X 射线频率；e 为电子电荷；c 为 X 射线速度。而 δ 很小，$\delta = \dfrac{ne^2 \lambda^2}{2\pi m c^2} \approx 10^{-6}$ 数量级，故由此计算出 X 射线的折射率非常接近于 1，在 0.99999～0.999999。因

此，不能像可见光那样用透镜来会聚或发散 X 射线，也无法利用普通透镜的成像原理直接得到发出 X 射线的原子的像。在一般的衍射实验中可以忽略折射的影响，但在某些精度要求很高的测量工作（如点阵参数的精确测定），则需要对折射进行修正。当 X 射线进入完整和近完整晶体并产生衍射时，由于衍射动力学效应，折射率有更细微的变化，会出现色散现象。对这种色散现象的深入研究将获得晶体的许多重要信息。

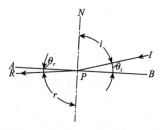

图 4.10　　X 射线的全反射临界角

4.4.4　X 射线的反射

在图 4.10 中，AB 为一光滑的固体表面，X 射线由右上方穿过此表面进入固体介质时，折射至 PR 方向。当入射角 i 接近于 90°（即掠射角 θ_i 接近于 0°）时，可以产生全反射，此时反射角 $r=90°$。当 θ_i 接近于临界掠射角 θ_c 时，i 接近于临界入射角 i_c，$r=r_c=90°$。由于

$$\mu = \frac{\sin i}{\sin r} \tag{4.20}$$

$$\cos\theta_c = \sin i_c = \mu\sin 90° = \mu = 1 - \delta \tag{4.21}$$

因此

$$\delta = 1 - \cos\theta_c \tag{4.22}$$

由三角函数公式 $1 - \cos 2x = 2\sin^2 x$，得到

$$1 - \cos\theta_c = 2\sin^2\left(\frac{1}{2}\theta_c\right) = \delta \tag{4.23}$$

因为 δ 极小，故 $\sin\frac{1}{2}\theta_c$ 可近似等于 $\frac{1}{2}\theta_c$，所以

$$\delta = 2\left(\frac{1}{2}\theta_c\right)^2 = \frac{1}{2}\theta_c^2 \quad 或 \quad \theta_c = \sqrt{2\delta} \tag{4.24}$$

4.4.5　物质对 X 射线的散射和衍射

散射效应属于第三类效应散射，分为弹性散射和非弹性散射。弹性散射是一种几乎无能量损失的散射，换言之，被 X 射线照射的物质将发出与入射线波长相同的次级 X 射线，并向各个方向传播。如果散射体是理想无序分布的电子、原子或分子，由于向各个方向传播的次级 X 射线没有确定的相差，不能探测到散射 X 射线。如果原子或分子排列具有长程周期性或短程周期性，就会发生相互加强的干涉现象，产生相干散射波，这就是 X 射线衍射现象。如果散射体是短程有序的或散射体存在某些杂质原子或缺陷，那么相干散射的 X 射线很弱，且叠加在背景上，这种相干散射称为漫散射。如果散射体中原子呈长程有

序排列，则在许多特定方向上会产生大大加强的衍射线束，这就是劳厄-布拉格衍射现象。

非弹性散射是 X 射线冲击散射体中束缚不大的电子或自由电子后产生的，这种新的辐射波长比入射线波长大一些，但比由散射体产生的荧光 X 射线的波长短，且随方向不同而改变，这就是著名的康普顿-吴有训散射。非弹性散射是非相干且损失能量的散射。在这种散射过程中，入射 X 射线光子将电子冲至另一个方向形成反冲电子，因而使散射 X 射线光子能量有所减少，波长变长，波长的这种变化 $\Delta\lambda$ 为

$$\Delta\lambda = \frac{h}{mc}(1-\cos2\theta) \approx 0.024(1-\cos2\theta) \text{ Å} \tag{4.25}$$

可见波长的变化与入射线波长无关，但与散射角 2θ 有关。当 $2\theta=\pi$ 时，$\Delta\lambda$ 值最大；当 $\theta=0$ 时，$\Delta\lambda=0$。

4.5　射线衍射线束方位——劳厄方程和布拉格公式[5,6]

当一束射线照射到晶体上时，首先被原子散射，每个原子都是一个新的辐射波源，向空间中辐射出与入射波同频率的散射波。因此，可以把晶体中每个原子都看成是一个散射波源。由于这些散射波的干涉作用，空间某方向上的波始终保持互相叠加，在这些方向上可以观测到衍射线，而在另外一些方向上的波始终是互相抵消的，没有出现衍射线。那么在什么方向出现衍射线呢？下面来讨论这个问题。

4.5.1　劳厄方程

一个等间距为 a 的一列原子组成一个一维点阵，如图 4.11 （a）所示。当一束波长为 λ 的平行射线束与一维点阵成 α 角入射时，则一维点阵上的每个原子都成为入射射线的散射中心，并在一定的方向产生衍射束，如图中的 OS 和 RT 分别为由原子 O 和原子 R 产生的衍射束，它们与一维点阵成 ε 角，OS 和 RT 的光程差是

$$\delta = OQ - PR = H\lambda \tag{4.26}$$

式中，H 为整数（0，±1，±2，…），即衍射级。

$$\begin{cases} OQ = OR\cos\varepsilon = a\cos\varepsilon, & PR = a\cos\alpha \\ \delta = a(\cos\varepsilon - \cos\alpha) = H\lambda \end{cases} \tag{4.27}$$

因此，当掠射角 α 一定时，在符合下列条件的方向都能找到衍射线束：

$$\cos\varepsilon = \cos\alpha + \frac{H}{a}\lambda \tag{4.28a}$$

该衍射线束的轨迹是以一维点阵为轴、以 ε 为半圆锥角的圆锥面。图 4.11 （b）和 （c）分别给出其衍射束圆锥和衍射花样的分布。

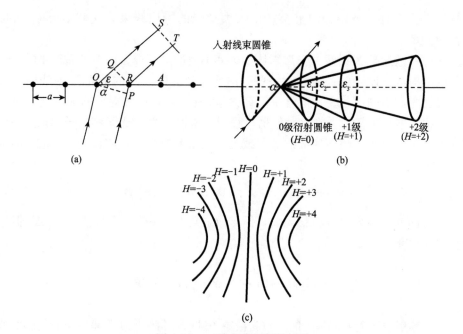

图 4.11　一维点阵衍射的情况

(a) 射线受原子列衍射的条件；(b) 衍射束圆锥；(c) 衍射花样

上述推导可推广到二维

$$
\begin{cases}
a(\cos\varepsilon_1 - \cos\alpha_1) = H\lambda, & \cos\varepsilon_1 = \cos\alpha_1 + \dfrac{H}{a}\lambda \\[2mm]
b(\cos\varepsilon_2 - \cos\alpha) = K\lambda, & \cos\varepsilon_2 = \cos\alpha_2 + \dfrac{K}{b}\lambda
\end{cases}
\tag{4.28b}
$$

推广到三维是

$$
\begin{cases}
a(\cos\varepsilon_1 - \cos\alpha_1) = H\lambda, & \cos\varepsilon_1 = \cos\alpha_1 + \dfrac{H}{a}\lambda \\[2mm]
b(\cos\varepsilon_2 - \cos\alpha_2) = K\lambda, & \cos\varepsilon_2 = \cos\alpha_2 + \dfrac{K}{b}\lambda \\[2mm]
c(\cos\varepsilon_3 - \cos\alpha_3) = L\lambda, & \cos\varepsilon_3 = \cos\alpha_3 + \dfrac{L}{c}\lambda
\end{cases}
\tag{4.28c}
$$

式 (4.28a)、式 (4.28b)、式 (4.28c) 分别对应于一维、二维和三维晶体衍射的劳厄方程。三维晶体点阵衍射线的轨迹及三组圆锥面和底片的交线形状如图 4.12 所示。

在一般情况下，不能同时满足式 (4.28c) 中的 3 个方程，因此不会发生衍射现象。但如果改变入射线和晶轴间的夹角（或改变入射线的波长），就能同时满足式 (4.28c) 中的 3 个方程，即图 4.12 中对应于 H、K、L 的三组曲线相交于一点，按这些交点方向发生衍射，在照片上就可得到一系列衍射斑点（三维衍射花样）。

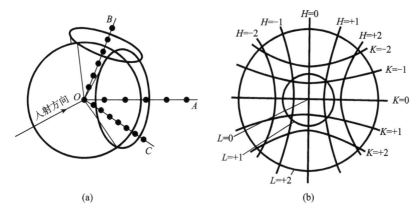

图 4.12　三维晶体点阵衍射线的轨迹及三组圆锥面和底片的交线形状

(a) 衍射束圆锥；(b) 三组圆锥面与底片的交线

如果 3 个晶轴正交（互成 $90°$ 夹角），式（4.28c）中的 $\cos\alpha$ 和 $\cos\varepsilon$ 分别为入射线束和衍射线束的方向余弦。用 2θ 代表入射线的延长线与衍射线的夹角，根据立体几何学的关系有

$$\cos2\theta = \cos\varepsilon_1\cos\alpha_1 + \cos\varepsilon_2\cos\alpha_2 + \cos\varepsilon_3\cos\alpha_3 \qquad (4.29)$$

如果为立方晶体，$a=b=c$，将式（4.28c）的左边的 3 个方程平方后相加，并注意

$$\cos\alpha_1^2 + \cos\alpha_2^2 + \cos\alpha_3^2 = 1$$

即得

$$4a^2\sin^2\theta = \lambda^2(H^2 + K^2 + L^2) \qquad (4.30)$$

如果 H、K、L 中有公约数 n（n 为整数），则 $H=nh$，$K=nk$，$L=nl$，于是有

$$\frac{2a}{\sqrt{h^2+k^2+l^2}} \cdot \sin\theta = n\lambda \qquad (4.31)$$

式（4.31）给出了射线波长 λ 与晶体点阵 a、半衍射角 θ 及衍射晶面指数 h、k、l 间的关系。

4.5.2　布拉格公式

晶体可看成由平行的原子面所组成，晶体衍射线则是原子面的衍射叠加效应，也可视为原子面对射线的反射，这是导出布拉格方程（公式）的基础。

射线具有穿透性，不仅可以照射到晶体表面，而且可以照射到晶体内部的原子面，这些原子面都要参与对射线的散射。假设图 4.13 中入射线 L_1 和 L_2 分别照射到 BB 层的 M_1 和 AA 层的 M_2 位置，经两层原子反射后分别到达 R_1 和 R_2 位置。可以证明，路程 $L_2M_2R_2$ 与 $L_1M_1R_1$ 之差为

$$\Delta s = L_1M_1R_1 - L_2M_2R_2 = aM_1 + M_1b \qquad (4.32)$$

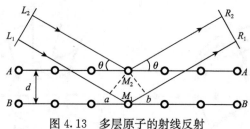

图 4.13　多层原子的射线反射

当路程差 $\Delta s=2d\sin\theta$ 等于射线的半个波长时，两晶面散射波的相位差为 π，两散射波互相抵消为零。当路程差 $\Delta s=2d\sin\theta$ 等于射线波长 λ 的整倍数 n 时，两晶面散射波的相位差为 $2n\pi$，两散射波叠加后互相加强。因此，在反射方向上两晶面的散射线互相加强的条件为

$$2d\sin\theta=n\lambda \tag{4.33}$$

式（4.33）就是著名的布拉格方程（公式）。式中，d 为晶面间距；θ 为入射线（或反射线）与晶面的夹角，即布拉格角；n 为整数，即反射的级；λ 为辐射线波长。入射线与衍射线之间的夹角则为 2θ。

将衍射看成反射是布拉格方程的基础，但反射仅是为了简化描述衍射的方式。射线的晶面反射与可见光的镜面反射有所不同，镜面可以任意角度反射可见光，但射线只有在满足布拉格方程的 θ 角时才能发生反射，因此这种反射也称选择反射。

布拉格方程在解决衍射方向时是极其简单而明确的。波长为 λ 的射线，以 θ 角投射到晶面间距为 d 的晶面系列时，有可能在晶面的反射方向上产生反射（衍射）线，其条件是相邻晶面反射线的光程差为波长的整数倍。

推导布拉格方程时，默认的假设包括：①原子不做热振动，并按理想的有序空间方式排列；②原子中的电子都集中在原子核中心，简化为一个几何点；③晶体中包含无穷多个晶面，即晶体尺寸为无限大；④入射射线严格平行，且为严格的单一波长。还要注意，布拉格方程只是获得射线衍射的必要条件，而并非是充分条件，后面的讨论中将会涉及这些问题。

4.6　多晶体衍射强度的运动学理论[1~6]

4.6.1　单个电子散射强度

电子在入射 X 射线电场矢量的作用下产生受迫振动而被加速，同时作为新的波源向四周辐射与入射线频率相同并且具有确定周相关系的电磁波。汤姆孙（Thomson）根据经典电动力学导出，一个电荷为 e、质量为 m 的自由电子，在

强度为 I_0 的偏振 X 射线作用下，距其 R 处的散射波强度为

$$I_e = I_0 \left[e^2 / (4\pi\varepsilon_0 mRc^2) \right]^2 \cos^2\phi \qquad (4.34)$$

式中，c 为光速；ε_0 为真空介电常数；ϕ 为散射方向与入射 X 射线电场矢量之间的夹角。

事实上，入射到晶体上的 X 射线并非是偏振光。在垂直于传播方向的平面上，电场矢量可以指向任意方向，在此平面内可把任意电场矢量分解为两个互相垂直的分量，各方向概率相等且互相独立，将它们分别按偏振光来处理，求得单个电子的散射强度，最后再将它们叠加。由此得到非偏振 X 射线的散射强度为

$$I_e = I_0 \left[e^2 / (4\pi\varepsilon_0 mRc^2) \right]^2 \left[(1 + \cos^2 2\theta) / 2 \right] = I_0 \cdot \left(\frac{r_e}{R} \right)^2 \cdot \frac{1 + \cos^2\theta}{2}$$

$$(4.35)$$

式中，$e^2 / (4\pi\varepsilon_0 mRc^2)$ 具有长度的量纲，称为电子的经典半径 r_e，约为 3.8×10^{-6} nm；$2\theta = 90° - \varphi$ 为散射线与入射线之间夹角；$(1 + \cos^2 2\theta)/2$ 为偏振因子或极化因子。该式表明，X 射线受到电子散射后，其强度在空间是有方向性的。式（4.35）即为 X 射线被自由电子散射的汤姆孙公式。

4.6.2　单个原子散射强度

原子是由原子核和核外电子组成的。原子核带有电荷，对 X 射线也有散射作用，只是由于原子核的质量较大，其散射效应比电子小得多。在计算原子的散射时，可忽略原子核的作用，只考虑电子散射对 X 射线的贡献。

如果原子中的电子都集中在一个点上，则各个电子散射波之间将不存在周相差，但实际原子中电子是按电子云状态分布在其核外空间的，不同位置的电子散射波必然存在周相差。由于用于衍射分析的 X 射线波长与原子尺寸为同一数量级，这种周相差的影响不可忽略。

图 4.14 表示原子中电子对 X 射线的散射情况，一束 X 射线由 L_1L_2 沿水平方向入射到原子内部，分别与 A 及 B 两个电子作用，如果两电子散射波沿水平传播至 R_1R_2 点，此时两电子散射波周相完全相同，合成波的振幅等于各散射波的振幅之和，这是一个 $2\theta = 0°$ 的特殊方向。如果两电子散射波以一定角度 $2\theta > 0°$ 分别散射至 R_3R_4 点，散射线路程 L_1AR_3 与 L_2BR_4 有所不同，两电子散射波之间存在一定周相差，必然要发生干涉。原子中电子间距通常小于射线半波长 $\lambda/2$，即电子散射波之间周相差小于 π，因此任何位置都不会出现散射波振幅完全抵消的现象。

这与布拉格反射不同。当然在此情况下，任何位置也不会出现振幅成倍加强的现象（$2\theta = 0°$ 除外），即合成波振幅永远小于各电子散射波振幅的代数和。

原子中全部电子相干散射合成波振幅 A_a 与一个电子相干散射波振幅 A_e 之比

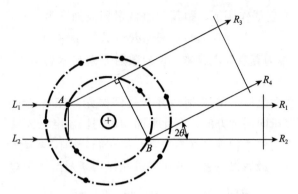

图 4.14　原子中电子对 X 射线的散射

值 f 称为原子散射因子，如

$$f = A_a / A_e \tag{4.36}$$

原子散射因子 f 不是被散射能量的函数，且由原子的电子密度 ρ_j 的 Fourier 变换给出

$$f_j = 4\pi \int_0^\infty \rho_{j(R)} R^2 \, \mathrm{d}R \tag{4.37}$$

因假定电子密度分布 $\rho_{j(R)}$ 是球形对称的，球的体积为 $\int R^2 \, \mathrm{d}R$，故式（4.37）积分后表示原子中电子的数目 Z_j，即原子序数 Z_j。若入射 X 射线近原子的吸收限，由非弹性散射引起的原子散射因子相应变化称为异常散射。总的原子散射因子 $f_{(s,\lambda)}$ 写为

$$f_{(s,\lambda)} = f_{0(s,\lambda)} + f'_{(s,\lambda)} + \mathrm{i}f''_{(s,\lambda)} \tag{4.38}$$

式（4.38）中后面两项表明异常散射对原子散射因子的贡献，f' 的相位与 f_0 相反，f'' 显示相位有 90° 位移。f 的大小为

$$f = \sqrt{(f_0 + f')^2 + (f'')^2} \tag{4.39a}$$

并可近似地写成

$$f = f_0 + f' + \frac{1}{2} \frac{(f'')^2}{f_0 + f'} \tag{4.39b}$$

理论分析表明，随着 θ 角即 $\sin\theta$ 值的增大，原子中电子散射波之间的相位差增大，即原子散射因子减小。当 θ 角固定时，X 射线波长 λ 愈短，则电子散射波之间的相位差愈大，即原子散射因子愈小。因此，原子散射因子随着 $\sin\theta/\lambda$ 值的增大而减小。各种元素原子的散射因子可通过理论计算或查表获得。

4.6.3　单个晶胞散射强度

简单点阵中每个晶胞中只有一个原子，原子的散射强度就是晶胞散射强度。复杂点阵中每个晶胞中包含多个原子，原子散射波之间的周相差必然引起波的干

涉效应，合成波被加强或减弱，甚至布拉格衍射也会消失。为了描述复杂点阵晶胞结构对散射强度的影响，在分析散射强度的基础上将引入晶胞结构因子的概念，以研究系统消光规律。

设复杂点阵晶胞中有 n 个原子，f_j 是晶胞中第 j 个原子的散射因子，φ_j 是该原子与位于晶胞原点位置上原子散射波的相位差，则该原子的散射振幅为 $f_j A_e e^{i\varphi_j}$。

一个晶胞的散射振幅 A_c 可表示为

$$A_c = \sum_{j=1}^{n} A_a e^{i\phi_j} = \sum_{j=1}^{n} f_j A_e e^{i\phi_j} = A_e \sum_{j=1}^{n} f_j e^{i\phi_j} \tag{4.40}$$

一个晶胞的散射振幅 A_c，实际是晶胞中全部电子相干散射的合成波振幅，它与一个电子散射波振幅 A_e 的比值称为结构振幅 F，如下：

$$F = A_c / A_e = \sum_{j=1}^{n} f_j e^{i\phi_j} \tag{4.41}$$

如图 4.15 所示，O 为晶胞的原点，A 为晶胞中的任一原子，它与 O 原子之间散射波的光程差为 $\delta_j = r_j \cdot (S - S_0)$，其相位差为

$$\phi_j = (2\pi/\lambda)\delta_j = 2\pi r_j \cdot (S - S_0)/\lambda \tag{4.42}$$

根据布拉格方程以及倒易点阵的知识，(hkl) 晶面衍射条件为 $(S - S_0)/\lambda = g_{hkl}$，倒易矢量为 $g_{hkl} = h a^* + k b^* + l c^*$，$g_{hkl} = ha^* + kb^* + lc^*$，坐标矢量为 $r_j = x_j a + y_j b$

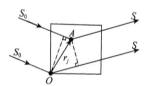

图 4.15　复杂点阵晶胞
原子间的相干散射

$+ z_j c$，其中 a、b 及 c 为点阵基本平移矢量，简称基矢。因此，式（4.42）变为

$$\phi_j = 2\pi(hx_j + ky_j + lz_j) \tag{4.43}$$

式中的 x_j、y_j 及 z_j 代表晶胞内的原子位置，它们都是小于 1 的非整数；h、k 及 l 则代表这些原子所组成晶面的晶面指数，它们都被描述为整数形式。

由式（4.41）及式（4.43），得到如下结构振幅的表达式：

$$F_{hkl} = \sum_{j=1}^{n} f_j e^{2\pi i(hx_j + ky_j + lz_j)} \tag{4.44}$$

写成三角函数的形式为

$$F_{hkl} = \sum_{j=1}^{n} f_j \left[\cos 2\pi(hx_j + ky_j + lz_j) + i \sin 2\pi(hx_j + ky_j + lz_j)\right] \tag{4.45}$$

结构振幅的平方为

$$|F_{hkl}|^2 = F_{hkl} \cdot F_{hkl}^* = \left[\sum_{j=1}^{n} f_j \cos 2\pi(hx_j + ky_j + lz_j)\right]^2$$
$$+ \left[\sum_{j=1}^{n} f_j \sin 2\pi(hx_j + ky_j + lz_j)\right]^2 \tag{4.46}$$

式中，F_{hkl}^* 为 F_{hkl} 的共轭复数；$j = 1, 2, \cdots, n$ 为整数。

因强度正比于振幅的平方，故一个晶胞散射强度 I_c 与一个电子散射强度 I_e 之间的关系为

$$I_c = |F_{hkl}|^2 I_e \tag{4.47}$$

上式表明，结构振幅平方 $|F_{hkl}|^2$ 决定了晶胞的散射强度，故被定义为晶胞结构因子或简称结构因子，它表征了晶胞内原子种类、原子个数、原子位置对（hkl）晶面衍射强度的影响。某些晶面（hkl）对应的结构因子 $|F_{hkl}|^2 = 0$，即散射强度为零，称为消光。

下面分析面心立方结构的消光规律。面心立方晶胞中原子数 $n = 4$，坐标为（000）、（1/2，1/2，0）、（0，1/2，1/2）及（1/2，0，1/2），由式（4.41）得到：当 hkl 全为奇数或全为偶数时，$|F|^2 = 16f^2$；当 hkl 为奇偶混合时，$|F|^2 = 0$。这说明面心点阵只有当晶面指数为全奇数或全偶数时才会出现衍射现象，例如，发生衍射的晶面包括（111）、（200）、（220）、（311）、（222）、…。当晶面指数为奇偶混合时则不发生衍射。这就是面心立方结构的系统消光规律。

4.6.4　实际小晶粒积分衍射强度

实际多晶中包括无数个均匀分布的小晶粒，通过分析小晶粒的衍射，充分考虑各种因素的影响，最终将得到实际多晶体的衍射强度公式，其中相对衍射强度公式更具有实际意义。

多晶材料由无数个小晶粒构成，每个晶粒相当于一个小晶体，但它并非是理想完整的晶体，小晶粒内部包含有许多方位差很小（<1°）的亚晶块结构，如图 4.16 所示。这类晶粒的衍射畴肯定比理想晶体的大，即衍射畴与反射球相交的面积扩大，在偏离布拉格角时仍有衍射线存在。另外，对于实际的测量条件而言，X 射线通常具有一定的发散角度，这相当于反射球围绕倒易原点摇摆，使处于衍射条件下的衍射畴中各点都能与反射球相交而对衍射强度有贡献。因此，实际小晶粒发生衍射的概率要比理想小晶体大得多。

实际小晶体与理想小晶体的不同之处在于，实际小晶体衍射畴中任何部位都可能发生衍射，而理想小晶体只是在衍射畴与反射球相交的面上才会发生衍射。为表征实际小晶粒的这种衍射本领，在此引入积分衍射强度的概念，就是假定衍射畴区域分别与反射球相交而发生衍射，并能获得总的衍射强度。

图 4.17 示出小晶体的反射球与衍射畴示意图，以求解实际小晶粒的积分衍射强度衍射畴与反射球中心形成 $\Delta\Omega$ 夹角，与倒易空间原点形成 $\Delta\alpha$ 夹角。对于理想小晶体，其（hkl）晶面衍射总强度只是式（4.35）在衍射畴与反射球面相交的面积上进行积分，即仅在 $\Delta\Omega$ 区间积分，而不必考虑 $\Delta\alpha$ 区间。但对于实际小晶粒，晶粒中（hkl）晶面衍射总强度则为式（4.35）在整个衍射畴体积内积分，即同时在 $\Delta\alpha$ 及 $\Delta\Omega$ 区间积分。如果被测实际小晶粒与射线探测器的距离为

R，则该晶粒在 $\Delta\alpha$ 及 $\Delta\Omega$ 角度区间的衍射线总能量，即积分衍射强度可表示为

$$I_g = I_e R^2 \mid F_{hkl} \mid^2 \int_{\Delta\alpha} \int_{\Delta\Omega} \mid G(g_{hkl}) \mid^2 \mathrm{d}\alpha \mathrm{d}\Omega \qquad (4.48)$$

图 4.16 实际晶粒中的亚晶块

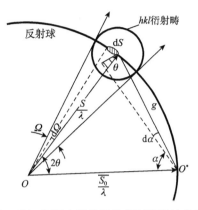

图 4.17 实际小晶粒积分衍射强度的求解

4.6.5 实际多晶体衍射强度

实际多晶体的衍射强度还与参加衍射的晶粒数、多重因子、单位弧长的衍射强度、吸收因子及温度因子等有关。

1. 参加衍射晶粒数

在 n 个小晶粒组成的多晶体中，符合衍射条件的晶粒数为 Δn，它们的倒易点落在图 4.18 所示倒易球面的一个环带内，环带半径为

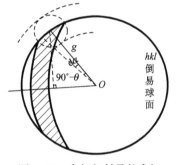

图 4.18 参加衍射晶粒求解

$g_{hkl} \sin(90° - \theta)$，$g_{hkl}$ 为 (hkl) 衍射面的倒易矢量长度，环带宽度为 $g_{hkl} \Delta\alpha$，参加衍射的晶粒比例 $\Delta n/n$ 为环带面积（图中阴影区）与倒易球面积之比，即

$$\Delta n/n = [2\pi g_{hkl} \sin(90° - \theta) g_{hkl} \Delta\alpha] / [4\pi (g_{hkl})^2] = (\cos\theta/2)\Delta\alpha \qquad (4.49)$$

参加衍射的晶粒数为

$$\Delta n = n(\cos\theta/2)\Delta\alpha \qquad (4.50)$$

式中，$\Delta\alpha$ 为衍射畴与倒易原点所形成的夹角，受晶粒尺寸及晶粒中亚晶块方位角的影响。该式表明，布拉格角 θ 越小，则参加衍射的晶粒数越多。

式（4.48）与式（4.50）相乘，得到

$$I_s = I_e R^2 \mid F_{hkl} \mid^2 n(\cos\theta/2)\Delta\alpha \int_{\Delta\alpha} \int_{\Delta\Omega} \mid G(g_{hkl}) \mid^2 \mathrm{d}\Omega \mathrm{d}\alpha \qquad (4.51)$$

对上式进行积分，得到实际小晶粒 (hkl) 晶面的积分衍射强度，即为

$$I_s = I_e R^2 \lambda^3 \mid F_{hkl} \mid^2 [(\cos\theta/2)/\sin 2\theta](V/V_c^2) \qquad (4.52)$$

式中，V 为被照射多晶体的体积；V_c 为晶胞的体积。

2. 多重因子

前面已经做过论述，某族（hkl）晶面中等同晶面的数量，即为该晶面的多重性因子 P_{hkl}，这又是一个重要概念。由于多晶体物质中某晶面族 $\{hkl\}$ 的各等同晶面之倒易球面互相重叠，它们的衍射强度必然也发生叠加。因此，在计算多晶体物质衍射强度时必须乘以多重因子。

通过晶体几何学计算或查表，可获得各类晶系的多重因子。

考虑多重因子 P_{hkl} 的影响，式（4.52）变为

$$I_s = I_e R^2 \lambda^3 \mid F_{hkl} \mid^2 P_{hkl} \left[(\cos\theta/2) / \sin2\theta \right] (V/V_c^2) \tag{4.53}$$

3. 单位弧长的衍射强度

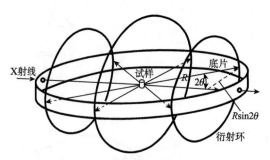

在多晶衍射分析中，测量的并不是整个衍射圆环的总积分强度，而是衍射环上单位弧长上的积分强度。在图 4.19 中，衍射环距试样的距离为 R，衍射花样的圆环半径为 $R\sin2\theta$，周长为 $2\pi R\sin2\theta$，单位弧长积分衍射强度 I_u 与整个衍射环积分强度 I_s 的关系为

图 4.19　单位弧长积分衍射强度的计算

$$I_u = I_s / (2\pi R\sin2\theta) \tag{4.54}$$

结合式（4.47）、式（4.53）及式（4.54），得到单位弧长的衍射强度为

$$I = I_0 \frac{\lambda^3}{32\pi R} \left(\frac{e^2}{4\pi\varepsilon_0 mc^2} \right)^2 \frac{V}{V_c^2} P_{hkl} \mid F_{hkl} \mid^2 L_p \tag{4.55}$$

式中，$L_p = (1+\cos^2 2\theta) / (\sin^2\theta \cos\theta)$ 称为角因子或洛伦兹-偏振因子。

4. 吸收因子

在上述衍射强度公式的导出过程中，均未考虑试样本身对 X 射线的吸收效应。实际上，由于试样形状及衍射方向的不同，衍射线在试样中穿行路径也不同，衍射强度实测值与计算值存在差异，而且这种差异随着射线吸收系数的增大而增大。为了校正吸收效应的影响，需要在衍射强度公式中乘以吸收因子 A 值。

5. 温度因子

晶体中原子总是在平衡位置附近做热振动，并随着温度的升高，原子振动被加强。由于原子振动频率比 X 射线（电磁波）频率小得多，所以可把原子看成总是处在偏离平衡位置的某个地方，偏离平衡位置的方向和距离是随机的。原子热振动，使晶体点阵排列的周期性受到破坏，在原来严格满足布拉格条件的相干散射波之间产生附加的周相差，但这个周相差较小，只是造成一定程度的衍射强度减弱。

为了考虑实验温度给衍射强度带来的影响，须在衍射强度公式中乘上温度因子 e^{-2M}，显然这是一个小于 1 的系数。温度因子的物理意义是，一个在温度 T 下热振动的原子，其散射振幅等于该原子在绝对零度下原子散射振幅的 e^{-M} 倍。由于强度是振幅的平方，故原子散射强度是绝对零度下的 e^{-2M} 倍。根据固体物理的理论，可以得到如下 M 的表达式：

$$M = [6h^2 T/(m_a k \Theta^2)] [\varphi(\chi) + \chi/4] (\sin\theta/\lambda)^2 \qquad (4.56)$$

式中，h 为普朗克常数；m_a 为原子的质量；k 为玻尔兹曼常数；T 为绝对温度；$\Theta = h\nu_m/k$ 为德拜特征温度，ν_m 为原子热振动最大频率；$\varphi(\chi)$ 为德拜函数；$\chi = \Theta/T$；θ 为布拉格角；λ 为射线波长。各种材料的德拜温度 Θ 和函数 $\varphi(\chi)$ 均可通过查表获得，其他参数均已知，利用该式即可计算出 M 及温度因子 e^{-2M} 值。

式（4.56）表明，温度 T 越高，则 M 越大，即 e^{-2M} 越小，说明原子振动越剧烈，衍射强度的减弱越严重。当温度 T 一定时，$\sin\theta/\lambda$ 越大，则 M 越大，即 e^{-2M} 越小，说明在同一衍射花样中，θ 越大，衍射强度减弱越明显。

晶体中原子的热振动，在减弱布拉格方向上衍射强度的同时，却增强了非布拉格角方向的散射强度，其结果必然是造成衍射花样背底增高，并且随 θ 增加而愈趋严重，这对正常的衍射分析是不利的。

需要说明的是，对于圆柱形状的试样，布拉格角 θ 对温度因子与吸收因子的影响相反，二者可以近似抵消，因此在一些对强度要求不很精确的工作中，可以把 e^{-2M} 和 A 同时略去。

4.6.6 实际多晶体的衍射强度公式

前面已讨论了影响多晶材料 X 射线衍射强度的全部因素，将吸收因子 A 与温度因子 e^{-2M} 计入式（4.55），衍射强度的理论公式为

$$I = I_0 \frac{\lambda^3}{32\pi R} \left(\frac{e^2}{4\pi\varepsilon_0 mc^2}\right)^2 \frac{V}{V_c^2} P_{hkl} |F_{hkl}|^2 L_p A e^{-2M} \qquad (4.57)$$

式中，V 为被照射多晶材料体积；V_c 为晶胞体积；P_{hkl} 为 (hkl) 晶面多重因子；$|F_{hkl}|^2$ 为 (hkl) 晶面结构因子；$L_p = (1+\cos^2 2\theta)/(\sin^2\theta\cos\theta)$，为角因子或洛伦兹-偏振因子；$A$ 为吸收因子；e^{-2M} 为温度因子；其他的参数已在前面作过介绍。

在实际工作中，通常只需要了解各衍射线的相对强度。在同一条衍射谱线中，I_0、λ 及 R 等均为常数，故可将式（4.57）简化为

$$I = (V/V_c^2) P_{hkl} |F_{hkl}|^2 L_p A e^{-2M} \qquad (4.58)$$

至此，我们得到了多晶体材料 X 射线衍射相对强度的通用表达式，它是诸如物相含量测定等定量 X 射线衍射分析的理论基础。

4.7　喷丸强化表层结构的衍射效应

经过 20、30 年对喷丸表层 X 射线研究，可总结喷丸表面材料的衍射效应如下：

（1）虽然经过喷丸处理，但其基体相结构一般不会变化，比如基体为铁素体钢，喷丸及继后的处理，可能产生残余奥氏体；奥氏体钢因剧烈变形可诱发马氏体相变。其他的复相材料或复合材料，在喷丸材料后，也可能发生各相相对含量在表层的变化。这样在 X 射线衍射花样中，除基体的衍射线条外，会出现新相的衍射线条，各相线条的相对强度还会随喷丸工艺及后面的处理而变化，因此需进行物相的鉴定和/或定量相分析；因为基体的相结构是已知的，新相的鉴定是容易的，但定量相分析却比较复杂费时。

（2）衍射线条或向大角方向或小角度方向位移，进而使基体相的点阵参数增大或缩小，这对应于宏观内应力的存在，因此测定喷丸表层的宏观应力及其分布是十分重要的工作内容。

（3）衍射线条的宽化效应，换言之，经喷丸处理的表面衍射线积分宽度、半高宽明显比未处理时大得多。衍射线条的宽化效应对应于晶粒细化（纳米化）、微观应力、层错和位错，可能为单一的宽化效应，也可能为二重、三重（四重）宽化效应，因此研究这种微结构问题是比较复杂的。

（4）某相的各条的相对衍射强度可能明显不同于晶粒完全随机取向时的强度，而且这种相对强度的变化还与喷丸及继后处理工艺有关。这说明喷丸材料表面晶粒的择尤取向（织构）发生变化，这就涉及多晶材料的择尤取向测定和分析。

以上四种衍射效应都是在基体的相结构不变的情况下，在喷丸材料/零部件表层发生的，因此衍射分析被称为喷丸表层结构 X 射线衍射表征。

参 考 文 献

[1] 姜传海，杨传铮. 材料射线衍射散射分析. 北京：高等教育出版社，2010.

[2] 程国峰，黄月鸿，杨传铮. 同步辐射 X 射线应用技术基础. 上海：上海科学技术出版社，2009.

[3] 杨传铮，程国峰，黄月鸿. 同步辐射基础知识讲座第一讲：同步辐射光源的原理、构造和特征. 理化检验-物理分册，2008，47（1）：28～32；47（2）：103～106.

[4] 姜传海，杨传铮. 中子衍射技术及其应用. 北京：科学出版社，2012.

[5] 张建中，杨传铮. 晶体的射线衍射基础. 南京：南京大学出版社，1992.

[6] 许顺生. 金属 X 射线学. 上海：上海科学技术出版社，1962.

第5章　多晶物相的定量分析方法

喷丸表层的衍射效应中，涉及 X 射线衍射强度分析的内容有：两（多）相衍射强度的相对变化，这就是物相定量分析；一种相各衍射线相对强度的变化，这就是织构分析。

X 射线物相定量分析，一般是指用 X 射线衍射方法来测定混合物中各种物相的含量。最初这一工作是使用照相法，采用测微光度计测量强度，不仅麻烦费时，且精度较差，故定量分析的应用受到很大限制。直到 20 世纪 40 年代出现了带盖革计数管的衍射仪，使强度测量精度大大提高，而后在 1948 年亚历山大（Alexander）等提出了混合物样品中多晶物相的 X 射线定量分析公式，这就奠定了定量相分析的理论基础，此后定量相分析有了迅速的发展，尤其是随着 70 年代以来计算机辅助 X 射线分析的兴起，给定量相分析工作带来了新的生机，使定量相分析的应用越来越广泛。

在定量相分析方法中的强度都是积分强度，即扣除衍射线背景、设定所用线条的角度范围后得到的积分强度。因此在实验中要注意以下几点：

（1）合理选择所用的衍射线条；

（2）合理选择衍射线条的扫描范围和起始、终止角度；

（3）如果使用标样法，要注意标样测量和待测样测量的可比性。

5.1　多晶物相定量分析的原理[1-3]

未知混合物的多晶 X 射线衍射花样是混合物中各相物质衍射花样的总和；每种相的各衍射线条的 d 值不变、相对强度也不变，即每种相的特征衍射花样不变；但混合物中各物相之间的相对强度则随各相在混合物中的百分比含量而变化。因此，我们可以通过测量和分析各物相之间的相对强度来测定混合物中各相的百分含量。要解决这个问题，首先必须知道各相的强度与百分含量之间的关系。定量相分析主要使用 X 射线衍射仪方法。

多晶试样的衍射强度问题只能用运动学衍射理论来处理。一般从一个自由电子对 X 射线散射强度开始，讨论一个多电子的原子对 X 射线的散射强度，进而研究一个晶胞和小晶体对 X 射线的散射强度，最后导出多晶试样的衍射积分强度的表达式。这里只从单相试样某衍射线的积分强度的表达式开始。

5.1.1　单相试样衍射强度的表达式

在用 X 射线衍射仪进行实验工作时，如果试样为单相物质，则 hkl 衍射线条的积分强度 I_{hkl} 为

$$I_{hkl} = \left(\frac{I_0}{32\pi r} \cdot \frac{e^4 \lambda^3}{m^2 c^4} \right) \cdot \left(N^2 \cdot P_{hkl} \cdot F_{hkl}^2 \cdot \frac{1+\cos^2 2\theta_{hkl}}{\sin^2 \theta_{hkl} \cdot \cos \theta_{hkl}} \cdot e^{-2M} \right) \cdot A \cdot V \qquad (5.1)$$

其中有关符号已在第 4 章说明。式（5.1）中第一个括号与所研究的物质无关，而第二个括号与所研究的物相及选用的衍射线有关。令

$$R = \left(\frac{I_0}{32\pi r} \cdot \frac{e^4 \lambda^3}{m^2 c^4} \right) \qquad (5.2)$$

$$K_{hkl} = \left(N^2 \cdot P_{hkl} \cdot F_{hkl}^2 \cdot \frac{1+\cos^2 2\theta_{hkl}}{\sin^2 \theta_{hkl} \cdot \cos \theta_{hkl}} \cdot e^{-2M} \right) \qquad (5.3)$$

R 和 K_{hkl} 分别称为物理-仪器常数和物相-实验参数。式（5.1）可简写为

$$I_{hkl} = R K_{hkl} A V \qquad (5.4)$$

5.1.2　多重性因数

在多晶物质中，凡属同一晶型的 $\{hkl\}$ 内的各个晶面都以某些对称运用相联系，它们的晶面间距 d_{hkl} 都相等，其衍射角 $2\theta_{hkl}$ 也相等。因此，在多晶物质的衍射花样中，由同一晶型各晶面族 $\{hkl\}$ 衍射强度互相重叠，也就是说，在多晶试样中，如果 $\{hkl\}$ 晶面族的晶面越多，则参与衍射的概率越大。所以式（5.1）中衍射束的强度与多重性因数 P_{hkl} 成正比。各晶系中各种晶型的多重性因数可查相关表格而得。

5.1.3　结构因数

当 X 射线受一个晶胞散射时，由于晶胞内各个原子所散射的波具有不同的位相和振幅，其组合波由各散射波的矢量相加。而晶体中各个晶胞的散射线都是相干、振幅相等、位相相同的，其总的散射强度为

$$I_{晶体} = N^2 F^2 I_{电子} \qquad (5.5)$$

式中，$I_{电子}$ 为一个电子的散射 X 射线的强度，其表达式为

$$I_{电子} = I_0 \left(\frac{e^2}{mrc^2} \right)^2 \frac{1+\cos^2 2\theta}{2} \qquad (5.6)$$

r 为电子到散射中心的距离。当考虑一个晶胞的散射时，其散射强度 $I_{晶胞}$ 为

$$I_{晶胞} = F^2 I_{电子} \qquad (5.7)$$

$$F^2 = I_{晶胞} / I_{电子} \qquad (5.8)$$

$$|F| = \frac{受一个晶胞内所有原子散射的相干散射波的振幅}{受一个电子散射的相干散射波的振幅} \qquad (5.9)$$

这就是结构因数的物理意义，其表达式为

$$F_{hkl} = \sum_{1}^{n} f_i e^{2\pi i (\boldsymbol{r}_j \cdot \boldsymbol{H}_{hkl})} \tag{5.10}$$

其中，$\boldsymbol{r}_j$ 为晶胞中第 j 个原子的坐标位置矢量；$\boldsymbol{H}_{hkl}$ 为衍射晶面（hkl）的倒易矢量：

$$\boldsymbol{r}_j = (x_j a + y_j b + z_j c) \tag{5.11}$$

$$\boldsymbol{H}_{hkl} = (ha^* + kb^* + lc^*) \tag{5.12}$$

所以

$$F_{hkl} = \sum_{i=1}^{n} f_j e^{2\pi i (hx_j + ky_j + lz_j)} \tag{5.13}$$

或

$$F_{hkl} = \sum_{i=1}^{n} f_j \left[\cos 2\pi (hx_j + ky_j + lz_j) + i \sin 2\pi (hx_j + ky_j + lz_j) \right] \tag{5.14}$$

其中，f_j 为第 j 个原子的原子散射因数；求和是对晶胞中所有原子进行。

5.1.4　温度因数

晶胞中的原子在其平衡位置不停地振动，温度愈高，振动的幅度愈大。当 X 射线射入晶体中而又满足布拉格条件时，由于相邻原子所散射的 X 射线光程差并不刚好等于 $n\lambda$，因而造成衍射强度减弱，且随温度升高愈多减弱愈多，因此在式（5.1）中引入温度修正因数 e^{-2M}，其中

$$M = B \sin^2 \theta / \lambda^2 \tag{5.15}$$

$$B = \frac{6h^2 T}{m_a k \Theta^2} \left[\phi(x) + \frac{x}{4} \right] \tag{5.16}$$

$$M = \frac{6h^2 T}{m_a k \Theta^2} \left[\phi(x) + \frac{x}{4} \right] \frac{\sin^2 \theta}{\lambda^2} \tag{5.17}$$

其中，h 为普朗克常数；k 为玻尔兹曼常数；m_a 为原子的质量；Θ 为特征温度，也称德拜温度：

$$x = \frac{\Theta}{T} \tag{5.18}$$

$\phi(x)$ 称为德拜函数。$e^{-2B\frac{\sin^2 \theta}{\lambda^2}}$ 之值可查《国际 X 射线结晶学表》第二卷的表 5.22 获得。

5.1.5　吸收因数

在多晶的情况下，只考虑光电吸收作用，在透射的情况下

$$I = I_0 e^{-\mu_l t} \tag{5.19}$$

其中，μ_l 为线吸收系数。但在衍射仪法中，入射线和衍射线都被吸收，且入射线束对试样表面和衍射线对试样表面的掠射角相等，等于布拉格角 θ。当试样为无穷厚时，有

$$A = \frac{1}{2\mu_l} \tag{5.20}$$

$$\mu_l = \rho\mu_m \tag{5.21}$$

其中，μ_m 为质量吸收系数；ρ 为密度。若试样由 m 种元素组成，则

$$\mu_m = \sum_{p=1}^{m} \omega_p \mu_{pm} \tag{5.22}$$

其中，ω_p 为第 p 种元素的质量百分数；μ_{pm} 为第 p 种元素的质量吸收系数。

在定量相分析中，一般将 $\dfrac{I_D}{I_0} = \dfrac{1}{100}$ 所对应的穿透深度 t_{100} 定义为无穷厚，有时将 $\dfrac{I_D}{I_0} = \dfrac{1}{1000}$ 之 t_{1000} 定义为无穷厚，它们可用下式计算：

$$\left.\begin{array}{l} t_{100} = \dfrac{2.3\sin\theta}{\overline{\mu}_l} \\[3mm] t_{1000} = \dfrac{3.45\sin\theta}{\overline{\mu}_l} \end{array}\right\} \tag{5.23}$$

5.1.6　衍射体积

衍射体积显然与发散光阑 DS 的宽度有关，还与试样的吸收系数 μ_l 有关。对于衍射仪，衍射体积 V 为

$$V = \frac{T}{2} lL \tag{5.24}$$

其中，l 为入射线束照射试样表面的宽度，它与入射线的发散度、衍射仪半径 r 有关，并与 $\sin\theta$ 值成反比；L 为光阑狭缝的长度，是一个常数。$l = \dfrac{W_0}{\sin\theta} = \dfrac{2\pi r}{360} \times \dfrac{\phi}{\sin\theta}$，代入式（5.24）得

$$V = \frac{2.30\sin\theta}{2\overline{\mu}_l} \times \frac{W_0}{\sin\theta} = \frac{2.30}{360} \frac{\pi r \phi}{\overline{\mu}_l} \times L \tag{5.25}$$

其中，W_0 为入射线束的宽度，它与 $DS = SS$ 的角宽度有关，在同一实验中也为一常数。可见对同一试样，衍射体积不随 θ 而变化，而仅与试样的线吸收系数 $\overline{\mu}_l$ 成反比。

对于粉末多晶试样，不同的制样方法，其装置密度有一定差别，一般仅为块状试样密度的 $70\% \sim 80\%$，因此试样的线吸收系数、衍射体积也与该物质的大块试样不同，在定量相分析中应予以适当考虑。不过在实际工作中，只要保持制样方法的一致性，装置密度问题可以不予考虑。

5.1.7 多相试样的衍射强度

综合上述几小节的讨论，得单相物质的衍射强度公式：

$$I_{hkl} = RK_{hkl} \cdot V \cdot \frac{1}{2\mu_l} \qquad (5.26)$$

相对强度公式为

$$I_{hkl相对} = P_{hkl}F^2{}_{hkl} \frac{1+\cos^2 2\theta_{hkl}}{\sin^2\theta_{hkl} \cdot \cos\theta_{hkl}} \cdot e^{-2M} \cdot A \qquad (5.27)$$

如果试样为多相物质的混合物，那么其中第 i 相的衍射强度受整个混合物吸收的影响，该相的衍射体积 V_i 是总的衍射体积 $\overline{V}$ 的一部分。设混合物试样的线吸收系数为 $\overline{\mu}_l$，第 i 相的体积分数为 f_i，则第 i 相某 hkl 的衍射强度（略去下标 hkl）则为

$$I_i - \frac{RK_i\overline{V}}{2\overline{\mu}_l} \cdot f_i = \frac{RK_i\overline{V}}{2\overline{\mu}_m\overline{\rho}} \cdot f_i \qquad (5.28)$$

如果第 i 相的密度和质量分数分别为 ρ_i、x_i，则 $x_i = \dfrac{W_i}{W} = \dfrac{\overline{V}f_i\rho_i}{\overline{V}\overline{\rho}} = \dfrac{f_i\rho_i}{\overline{\rho}}$，代入式（5.28）得

$$I_i = \frac{RK_i\overline{V}\overline{\rho}}{2\overline{\mu}_l\rho_i}x_i = \frac{RK_i\overline{V}}{2\overline{\mu}_m\rho_i}x_i \qquad (5.29)$$

其中，$\overline{\rho}$ 为混合试样的密度；式（5.28）和式（5.29）就是与 i 相含量（体积分数 f_i、质量分数 x_i）直接相关的衍射强度公式，它们是定量相分析工作的出发点。在介绍 X 射线衍射定量分析方法时，常把式（5.29）写成

$$I_i = K'_i x_i/\overline{\mu}_m \qquad (5.29a)$$

这意味着

$$K'_i = RK_i\overline{V}/2\rho_i \qquad (5.29b)$$

对于纯相 i 样品

$$I_i^0 = \frac{RK_i\overline{V}_i^0}{2\mu_{im}\rho_i} = K'_{i0}/\mu_{im} \qquad (5.29c)$$

可见

$$K'_i \neq K'_{i0} \qquad (5.29d)$$

如果已知混合物试样的元素组元 p 及其含量 ω_p，则混合物试样的吸收系数按下式求得：

$$\overline{\mu}_l = \overline{\rho}\overline{\mu}_m = \overline{\rho}\sum_{p=1}^{m}\omega_p\mu_{pm} \qquad (5.30)$$

类似可由混合物试样的物相组元 i 及其含量 x_i 求得混合物试样的吸收系数为

$$\bar{\mu}_l = \bar{\rho}\,\bar{\mu}_m = \bar{\rho}\sum_{i=1}^{m} x_i \mu_{im} \tag{5.31}$$

其中，μ_{im} 为 i 相的质量吸收系数。若已知该相的化学成分或化学式，即可按式（5.30）求 μ_{im}。

$$f_i = \frac{V_i}{V} = V_i / \left(\sum_{i=1}^{n} V_i\right) \tag{5.32}$$

　　值得注意的是，乍看起来，式（5.28）和式（5.29）表明衍射强度与物相的含量（f_i 或 x_i）呈线性关系，但实际上常常不一定如此（图 5.1）。这是因为衍射强度还与总的衍射体积和试样的吸收系数有关，而衍射体积和吸收系数（$\bar{\mu}_l$ 或 $\bar{\mu}_m$）又与相的含量有关。由图 5.1 可见，石英-方石英的那条线为直线，这是因为两者都是 SiO_2 的同分异构体，混合试样的衍射体积和质量吸收系数不随二者相对含量变化，$\bar{\rho}$ 的变化甚小。而另外两条则因衍射体积和吸收系数随两相的相对含量而变化，呈非线性关系。

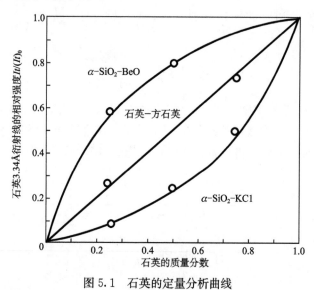

图 5.1　石英的定量分析曲线

5.2　采用标样的定量相分析方法及其比较[1~3]

　　X 射线定量相分析自 1948 年 Alexander[4] 提出内标法的正确理论，奠定了定量相分析基础以来，已有近 70 年的历史。近 40 年来，随着 X 射线衍射仪的综合稳定度的大大提高，以及在衍射仪中阶梯扫描装置和由电子计算机控制的衍射峰积分强度测量的应用，使定量相分析方法和实验技术迅速发展，应用也更为广泛。

在实际工作中，K_i、$\bar{\mu}_l$、$\bar{\mu}_m$、$\bar{V}$ 在许多情况下都难以进行理论计算，因此许多 X 射线分析者采用不同的实验技术和数据处理方法，或是避免繁杂的计算，或是使计算简单化，这样就出现了各种各样的定量相分析方法。

5.2.1　标样法的特点比较

各种标样法的工作方程和方法特点以对比的方式列入表 5.1 中。

表 5.1　各种标样法的工作方程和方法特点的对比

方法		工作方程	方法特点
内标法	Alexander 方法[4]	$\dfrac{I_i'}{I_s'}=\dfrac{K_i}{K_s}\cdot\dfrac{\rho_s}{\rho_i}\cdot\dfrac{1-x_s}{x_s}\cdot x_i$	用样品中不存在的纯相 s 以相同的 x_s 加入一组 x_i 不同的参考样品中，作 $I_i'/I_s'\sim x_i$ 的工作曲线
	Z-Y 法[5]	$\displaystyle\sum_{i=1}^{n}\left(\dfrac{I_{sK}}{I_{iK}}\cdot\dfrac{I_{iJ}}{I_{sK}}X_{iK}\right)=1$ $\displaystyle\sum_{i=1}^{n}X_{iK}=1$ $J=1,2,3,\cdots,K,\cdots,N$	待测样 n 个，每个样品中有 n 个相，用样品中不存在的纯相 s 以相同的 x_s 加入每个样品中
	Copeland[6]	$\dfrac{I_i'}{I_j'}=\dfrac{K_i}{K_j}\cdot\dfrac{\rho_i}{\rho_j}\cdot\dfrac{x_i+x_{is}}{x_j}$	如果增加的 x_{is} 为一系列数值，则可把 $I_i'/I_j'\sim x_{is}$ 作图，为直线关系。根据它与 x_{is} 轴的截距和斜率联合求解 x_i。为了提高测量的准确度，可用多根衍射线条求解
增量法	Bezjak[7] 一次增量	$x_i=\dfrac{x_{is}}{\left(I_i'/I_i\right)/\left(I_j'/I_j\right)-1}$	对未增量的原样和一次增量后新样进行测量
	两次增量	$x_i=\dfrac{x_{is}'-\left(\dfrac{I_i''}{I_j''}\Big/\dfrac{I_i'}{I_j'}\right)x_i}{\left(\dfrac{I_i''}{I_j''}\Big/\dfrac{I_i'}{I_j'}\right)-1}$	对于多元物相系的任何一个相，也可以通过该相两个增量试样、两个衍射花样求解
	Popovic 增量法[8]	$x_i=\dfrac{x_{is}R_{ji}}{P(1-R_{ji})}$ $P=1-\sum x_{is}$ $R_{ji}=\dfrac{I_j'}{I_i'}\cdot\dfrac{I_i}{I_j}$	以 $(n-1)$ 个纯相一起加入原样，分别对原样和增量样品测定 I_i/I_j 和 I_j'/I_i'
	李文灿增量法[9]	$x_i=\dfrac{I_i}{I_s}\cdot\dfrac{W_i}{\left(\dfrac{I_i'}{I_s'}-\dfrac{I_i}{I_s}\right)W}$ $i=1,2,\cdots,n,$ 但 $i\neq s$	以重量为 W 的原样与 W_i 的 i 相混合组成一新样品。①只需对原样和增量样进行测量；②可分别测定一种相的含量，也可同时测定所有相的含量

续表

方法		工作方程	方法特点
增量法	杨淑珍增量法[10]	$x_{iJ} = \dfrac{I_{iJ}}{I_i^0} \cdot \dfrac{I_i^0 - I_{i(J+i)}}{I_{i(J+i)} - I_{iJ}} \cdot \dfrac{x_{iS}}{1 - x_{iS}}$	在测量待测原样质量吸收系数的同时，不需再作任何其他测量就可根据该式方便地计算出待测原样中 i 相含量。如果需要测量待测原样中其他各相的含量，只需测量其他相及其纯相强度并用已测质量吸收系数求出各项含量
	郭常霖增量法[11]	提出用非纯相进行增量而能直接测定未知样品中各相含量的方法	(1) 求主相含量的非纯物相分别增量法 (2) 求主相含量的非纯物相连续增量法 (3) 求全部含量的非纯物相分别增量法
外标法	Leroux 外标法[12]	$\chi_i = \dfrac{I_i}{(I_i)_0} \cdot \left(\dfrac{\overline{\mu_l}}{\mu_{li}}\right)^2 \cdot \dfrac{\rho_i}{\overline{\rho}}$	两元物相系的外标法，也可推广到多元物相系
	陈济舟外标法[13]	$x_i = \dfrac{I_i \left[(I_i)_0 \mu_{im}\right]^{-1}}{\displaystyle\sum_{i=1}^{n} I_i \left[(I_i)_0 \mu_{im}\right]^{-1}}$	(1) 计算各相的 μ_{im} $(i=1,2,3,\cdots,n)$；在相同的实验条件下测得各纯相衍射线强度 $(I_i)_0$，计算各相的 $\left[(I_i)_0 \mu_{mi}\right]$；(2) 将待测样各相的测量强度 I_i 和 $(I_i)_0 \mu_{mi}$ 相乘，并求和得 $\displaystyle\sum_{i=1}^{n} I_i \left[(I_i)_0 \mu_{mi}\right]^{-1}$；(3) 按公式计算各相含量 x_i
	Karlak-Burnett 法[14]	解决有重叠线的问题	需测定 n 个纯相，$1:1:1:\cdots:1$ 混合样和原样的 $n+2$ 个样品的强度
	杨-钟-郭单标样外标法[15,16]	$x_i = \dfrac{\dfrac{I_i}{I_j}\left(\dfrac{I_{jS}}{I_{iS}}\right)}{\displaystyle\sum_{i=1}^{n}\left[\dfrac{I_i}{I_j}\cdot\left(\dfrac{I_{jS}}{I_{iS}}\right)\right]}$	外标样按设定质量分数配置，当然按 $1:1:1:\cdots:1$ 配置更为方便，分别对原样和外标样进行测定
	杨传铮和钟福民单标样外标法[17]	$x_i = \dfrac{\dfrac{I_i}{I_{iS}}\cdot x_{iS}}{\displaystyle\sum_{i=1}^{n}\left(\dfrac{I_i}{I_{iS}}\cdot x_{iS}\right)}$	外标样按设定质量分数配置，当然按 $1:1:\cdots:1$ 配置更为方便，分别对原样和外标样进行测定
	储刚单标样外标法[18]	$x_{iJ} = \dfrac{I_{iJ} K_i^{-1}}{\mu_{nm}\displaystyle\sum_{i=1}^{n-1} I_{iJ} K_i^{-1} + 1 - \displaystyle\sum_{i=1}^{n-1}\mu_{im} I_{iJ} K_i^{-1}}$ $K_i^{-1} = \dfrac{x_{iS} I_{iS}}{\displaystyle\sum_{i=1}^{n-1} x_{iS}\mu_{im}}, \quad i=1,2,\cdots,n-1$	现将 $(n-1)$ 个晶相按设定分数配置外标样 S，I_{iS}，μ_{Sm} 分别为外标样品 S 中 i 相的衍射强度和平均质量吸收系数

续表

方法	工作方程	方法特点
Chung K 值法[19~21]	$x_i = \left(\dfrac{I_f}{I_i}\right)_{1:1}\left(\dfrac{I_i}{I_f}\right)\dfrac{x_f}{1-x_f}$	以待测样中不存在的 f 相作消除剂加入待测样中，并把待测纯相与消除剂按 1:1 配成参考样，故测定 n 个相，需对 $(n+2)$ 个样进行测量，$(n+1)$ 个样品需制备
用增量相作消除剂的 K 值法[22]	$x_i = \dfrac{1-x_f}{\sum\limits_{\substack{i=1\\j\neq f}}^{n}\left(\dfrac{K_i}{K_j}\dfrac{I_i^a}{I_i}\right)}$ $x_i = \dfrac{K_f}{K_i}\dfrac{I_i^a}{I_f^a}(x_f^a+x_j)$ $x_i = \dfrac{1-x_f}{\sum\limits_{\substack{i=1\\j\neq f}}^{n}\left(\dfrac{K_i}{K_j}\dfrac{I_i}{I_i}\right)}$ $x_i = \dfrac{K_f}{K_i}\cdot\dfrac{I_i}{I_f}\cdot x_f,\ i=1,2,\cdots,n$	实验测量原样、增量样和按 1:1:…:1 配比的参考样进行测量，I_f^a/I_i^a 是增量样中第 f、i 相的强度；I_f/I_i 为原样中第 f、i 相的强度；用按 1:1:…:1 配比的参考样进行测量，求得 K 值比。特别适用于少含量相的测定
沈春玉和储刚 K 值法[23]	$x_i = \left(\dfrac{I_f}{I_i}\right)_{1:1}\left(\dfrac{I_i}{I_f}\right)\dfrac{x_f}{1-x_f}$	清洗剂与预测的所有物相的纯相按给定比例混合，一次性测定在拟真实条件下测定需要的所有 K 之值

（基体效应消除法）

5.2.2　标样法的实验比较研究[26]

表 5.2 给出一组试样利用不同方法进行测定的结果，比较表 5.1 中这些标样法的各项内容和表 5.2 的数据可得如下结论：

表 5.2　一组样品不同标样法的测定结果　　　　　（单位:%）

测定方法	待测试号	1			2			3		
	待测样中的相	Cu	Ni	Si	Cu	Ni	Si	Cu	Ni	Si
	配比	30	20	50	20	50	30	50	30	20
Popovic 增量法	增量相及质量分数	15	10		10			15	15	10
	测量结果	31.6	20.9	47.5	18.9	50.8	30.3	55.9	27.9	18.2
Kalak 的外标法		29.65	20.36	50.00	18.87	51.78	29.35	51.47	30.94	17.6
简化外标法		29.65	20.37	50.00	18.89	51.76	29.37	51.47	30.93	17.6
基体效应 消除法	$x_f=25\%\,SiO_2$	25.9	17.1	45.5	20.0	50.4	35.9	47.2	25.4	17.6
	$x_f=25\%\,W$	15.3	15.8	50.9	8.4	39.9	27.9	25.0	25.9	15.6

（1）当求复相待测样中一个相的质量分数时，以 Bezjek 的增量法最为简单，基体效应消除法次之。前者只需测量原样和增量后新样的两个试样；而后者虽也测量两个试样，但两个试样都需制作，且需用原样中不存在的相作消除剂。

（2）当求解复相系中各相的质量分数，且所选各衍射线无重叠时，以单标样外标法最为简单，Popovic 次之，基体效应消除法工作量最大。前两者只需测量两个试样，最后一种方法需要测量 $n+1$ 种试样，但样品中可包含非晶相，且能测量非晶相的总量。求解复相系中各相的质量分数使用单个参考样品的外标法及春玉和储刚的 K 值法。

(3) 当复相中有衍射线重叠时，一般采用 Karlak 的外标法，其实验工作量和计算工作量都较大。

(4) 由表 5.2 两种消除剂测量结果可知，如果消除剂选择不当，其结果是不可信的。我们认为消除剂的吸收系数 μ_m、密度 ρ、粒度以及 X_f 对测量结果都有重要的影响，故发展了以增量相为消除剂的方法，它特别适用于微量相的测定，当然还应注意做消除剂的增量相的选择[26]。

5.3　无标样的定量相分析方法及其比较

5.3.1　无标样法特征的比较

上述各种无标样法的工作方程和主要特点归纳于表 5.3 中。

表 5.3　各种无标样法的工作方程和主要特点的比较

无标样法	工作方程	方法特点
直接比较法	$I_i = \dfrac{RK_i}{2\overline{\mu_l}} \cdot \overline{V} f_i$ $I_i = \dfrac{RK_i}{2\overline{\mu_m}} \cdot \dfrac{\overline{V}}{\rho_i} \cdot x_i$ $(i=1,2,\cdots,m,\cdots,n)$	K_i 需理论计算， $K_i = N_i^2 P_i F_i^2 \dfrac{1+\cos_i{}^2 2\theta}{\sin^2\theta_i\cos\theta_i} \cdot e^{-2M_i}$ 无特殊要求，一个样品就能给出结果，求 x_i 还需要密度
绝热法	$x_i = \left(\dfrac{K_i\rho_i^{-1}}{I_i} \sum\limits_{i=1}^{n} \dfrac{I_i}{K_i\rho_i^{-1}} \right)^{-1}$	$K_i\rho_i$ 需理论计算 $K_i\rho_i$ 需实验求得
Zevin 无标样法[31]	(1) 已知各相的质量吸收系数 $\begin{cases} \sum\limits_{i=1}^{n}\left[\left(1-\dfrac{I_{iJ}}{I_{iK}}\right) x_{iK}\mu_{im}\right] = 0,\ 表示第\,i\,相 \\ \qquad\qquad\qquad 的质量吸收系数 \\ \sum\limits_{i=1}^{n} x_{iK} = 1 \end{cases}$ (2) 已知各样品的质量吸收系数 $\begin{cases} \sum\limits_{i=1}^{n}\left(\dfrac{I_{iJ}}{I_{iK}} \cdot \dfrac{\overline{\mu}_{mJ}}{\overline{\mu}_{mK}} x_{iK}\right) = 1 \\ \sum\limits_{i=1}^{n} x_{iK} = 1 \end{cases}$ (3) 未知吸收系数 $\begin{cases} \sum\limits_{i=1}^{n}\left[\dfrac{I_{iJ}}{I_{iK}} \cdot \dfrac{I_{iK}-I_{i(K+J)}}{I_{i(K+J)}-I_{iJ}} x_{iK}\right] = 1 \\ \sum\limits_{i=1}^{n} x_{iK} = 1 \end{cases}$	μ_{im} 可根据各个相的化学式进行计算，n 个样品中均含 n 个且含量不同的相 μ_{mJ} 可根据各个样品的化学成分计算，n 个样品中均含 n 个且含量不同的相 $\dfrac{I_{iK}-I_{i(K+J)}}{I_{i(K+J)}-I_{iJ}} = \dfrac{\overline{\mu}_{Jm}}{\overline{\mu}_{Km}}$ $K+J$（即两两）样按 1∶1 混合 n 个样品中均含 n 个且含量不同的相

无标样法	工作方程	方法特点
郭常霖无标样法[32~34]	(1) 吸收系数已知时参考试样缺相的无标样法； (2) 吸收系数已知时参考试样不纯的无标样法； (3) 吸收系数未知时参考试样缺相的无标样分别混样法； (4) 吸收系数未知时参考试样缺相的无标样连续混样法	μ_{im} 和 $\bar{\mu}_{mJ}$ 需计算，n 个相 N 个样品 $n \leqslant N$，参考样品为多相
林树智无标样法[35~37]		(1) 每个物相最少在两个样品中存在； (2) 所有试样中都有 i 相； (3) 只对 n 个相中的 m 个进行定量分析； (4) 在含有 n 个相的样品中，如果有 m 个相的质量分数，可用其他的方法测得或已知
陈名浩无标样法[38]		(1) 具有联立方程法的特点和只适用于无非晶物质的粉末样品； (2) 减少了联立方程法中的误差传递，提高精度； (3) 使用 m 个（$m>n$）试样求 n 个相含量，可防止方程简并的危险
陆金生无标样法[39]		(1) 在已知各物相的质量吸收系数 μ 时； (2) 在已知样品的质量吸收系数时； (3) 样品和物相的质量吸收系数都不知道
单个标样外标法	$$x_i = \frac{\dfrac{I_i}{I_j}\left(\dfrac{I_{jS}}{I_{iS}}\right)}{\sum\limits_{i=1}^{n}\left[\dfrac{I_i}{I_j}\cdot\left(\dfrac{I_{jS}}{I_{iS}}\right)\right]}$$	(1) 求主相含量的非纯物相分别增量法； (2) 求主相含量的非纯物相连续增量法； (3) 求全部含量的非纯物相分别增量法

5.3.2　无标样法的实验比较 [40]

当 K 值比用计算或实验求得后，简化外标法只需对待测样进行实验，测量强度即可求得待测样中的各相质量分数，因此在这种情况下简化外标法也属无标样法。直接比较法、绝热法和 Zevin 三种无标样法及简化外标法的测量结果如表 5.4 所示。仔细比较表 5.4 中各项和数据可得如下结论：

（1）直接比较法最为方便，只要一个试样就能给出结果，但 K 值需要理论计算，要求知道物相单晶胞中原子的数目及其坐标位置才能计算结构因数，要求知道德拜温度 Θ 才能计算温度因数 e^{-2M}，这在很多情况下是难以办到的，故多用于结构简单的体系中，如铁基或铁-镍基合金中 α 相和 γ 相的测定，钛合金中 α 相和 β 相的测定等。

表 5.4　一组样品三种无标样法及简化外标法的测量结果

样　品　号			1			2			3		
物　　相			Cu	Ni	GaAs	Cu	Ni	GaAs	Cu	Ni	GaAs
原配比/%			20.0	50.0	30.0	15.7	35.3	50.0	50.0	15.7	35.3
测量结果/%	绝热法	直接比较法	20.6	55.3	25.1	18.2	39.2	45.6	55.5	17.6	25.9
		K 值理论计算	20.6	55.3	25.1	18.2	39.2	45.6	55.5	17.6	25.9
		K 值实验测定	19.7	51.5	28.8	15.3	35.7	49.9	55.8	15.7	31.5
	Zevin 法	已知 μ_{mi}	25.8	45.4	29.9	19.3	29.9	50.8	57.8	15.6	29.6
		已知 $\bar{\mu}_{mJ}$	25.2	45.7	30.1	18.8	30.0	51.1	55.8	15.0	30.2
	单个标样外标法		19.7	51.5	28.8	15.3	35.7	49.9	55.8	15.7	31.5

　　（2）Zevin 法是一种很好的无标样法，仅涉及物相或样品质量吸收系数的计算，只需知道物相或样品的化学成分，查阅吸收系数就可计算。显然，这是不难办到的，因此其具有较广泛的应用前景。但它要求 n 个样品均含不同质量分数的 n 个物相。这一点与郭常霖等[32]的改进方法不同，后者所用样品可以缺相或多相。但二者解工作方程都比较烦杂。值得注意的是，从原理上讲，Zevin 的第三种方法虽然可行，但当 $[I_{iK} - I_{i(K+J)}]/[I_{i(K+J)} - I_{iJ}]$ 之值在积分强度测量的统计误差范围内时，便可能出现

$$[I_{iK} - I_{i(K+J)}]/[I_{i(K+J)} - I_{iJ}] < 0 \tag{5.33}$$

的情况而无解。普适法[35~37]、回归求解法[38]和陆金生[39]优化计算法是很好的改进方法，可望得到广泛应用。

　　（3）单个标样外标法虽属标样法，当 K 值比由实验测得后，就是一种简便易行的无标样法，也可以从一个试样的强度测量获得各相的质量分数。当 K 值采用理论计算时，绝热法与直接比较法一致；而当 K 值由实验求得时，绝热法与单个标样外标法一致。在后一种情况下，单个标样外标法实际上是一种无标样法，且只要求出一相质量分数后，其他各相均与该相成倍率关系，故计算简单。

　　（4）由表 5.4 可知，实验测定的准确度以单个标样外标法与 K 值实验测定的绝热法最高，Zevin 法次之，直接比较法与 K 值理论计算的绝热法最差。由此可知，由实验求出 $K\rho^{-1}$ 值的方法准确度高，这涉及外标样的采用；由理论计算常数的方法的准确度差，计算中采用理论数据（即有关书籍中给出的数据）越多，造成的误差越大，因此在完全无标样法中以 Zevin 法最好，即无标样，使用的理论数据也最少。

　　比较上述三类无标样定量方法可知，理论参数计算法和全谱图拟合法同属计算法范畴，联立方程则属实验法。

　　理论参数计算法需要知道待定量相的精确晶体结构，各种校正难以实行，也

不够完善，定量结果受结构与织构影响很大，特别是单线方法，定量精度很差，基本上已不采用。即使是多线平均法，也仅可在含物相数少及晶体结构简单的样品体系应用。

由于计算机的普及，程序也逐渐完善，并可获得，晶体结构数据库也逐步建立，而且 Rietveld 全图拟合法只需粗略的晶体结构，各种校正方法通过不断拟合迭代容易实行，可以得到比较精确的定量结果，因而实际上已取代了理论参数计算法。其问题是择尤取向校正和吸收校正还需要改进，特别是择尤取向校正过于简化，还不适合强择尤取向和多种择尤取向的情形。若样品中含有非晶态物质，Rietveld 全图拟合法需用添加内标物质来定量，这已不属无标样法。

由于属于实验法的联立方程法已可在参考试样缺相或多相以及待测试样含非晶态物质等较普遍条件下进行，并通过稳定性因子判别法、抛弃平均法和多样品最小二乘方法获得较好的结果，对于结构未知或易变或者含非晶态的样品情形，可以作为无标样法选用。

5.4　多峰定量法[41,42]

5.4.1　多衍射峰强度的权因子定量分析法[42]

某物相衍射强度权重因子与该物相在样品中的含量有如下关系：

$$x_a = \frac{W_f}{W_a} Q_1 \tag{5.34}$$

式中，x_a 为待测样 a 相的百分含量；W_f 为加入消除剂的质量；W_a 为加入消除剂时原样的质量；Q_1 为强度权重因子，其值为

$$Q_1 = \frac{1}{n} \sum_{i=1}^{n} \frac{I_{ai}}{I_{fi}} \cdot \frac{K_{fi}}{K_{ai}} = \frac{1}{n} \sum_{i=1}^{n} \frac{I_{ai}}{I_{fi}} \frac{1}{K_{fi}^{ai}} \tag{5.35}$$

式中

$$K_{fi}^{ai} = \frac{W_f^r}{W_a^r} \cdot \frac{I_{ai}^r}{I_{fi}^r} \tag{5.36}$$

n 为测量衍射线的数目；I_{ai} 和 I_{fi} 分别为加入消除剂后新样中 a 相第 i 条欲测线的强度和 f 相第 i 条欲测线的强度；K_{ai} 和 K_{fi} 分别为 a 相第 i 条线的参数和 f 相第 i 条的参数；W_f^r 和 W_a^r 是配置二元参考样时 f 相和 a 相的质量；I_{ai}^r 和 I_{fi}^r 分别是二元参考样中 a 相第 i 条线的强度和 f 相第 i 条线的强度。

下面给出一个例子，有关数据及测定结果如表 5.5（a）～（b）所示。由表 5.5（a）可知，$W_0 = 1.0513 + 1.3134 + 2.6489 = 5.0136$，$W_f = 1.2125\mathrm{g}$，每种相测三条衍射线。

表 5.5 （a）　原样中加入消除剂

待测相	质量/g	质量百分数/%	拟测定衍射线		
			1	2	3
CaCO₃	1.0513	20.97	104	113	116
Fe₂O₃	1.3134	22.20	104	110	116
CaF₂	2.6489	52.83	111	220	311
消除剂 ZnO	1.2125		110		

表 5.5 （b）　消除剂与待测相按 1：1 配置的参考样品测得的强度比和 K 值比

待测相：消除剂	质量比	三条线测得的强度数据			三条线测得 K 值比 Kᵢ/K_f		
		1	2	3	1	2	3
CaCO₃：ZnO	1：1	16910：7268	707：7268	1147：7268	2.33	0.097	0.158
Fe₂O₃：ZnO	1：1	2001：3395	1778：3395	1172：3395	0.766	0.524	0.345
CaF₂：ZnO	1：1	45230：8041	7806：8041	1237：8041	5.625	0.970	0.150

表 5.5 （c）　最后的测定结果

待测相	测量线 hkl			测量线的强度（记数）			三条测量线测定的结果/%			平均/%	配比/%	误差/%
	1	2	3	1	2	3	1	2	3			
CaCO₃	104	113	116	3488	228	264	19.42	30.49	21.68	23.86	20.97	2.047
Fe₂O₃	104	110	311	1461	826	578	24.75	20.45	21.74	22.31	22.20	2.748
CaF₂	111	220	311	21987	4069	707	50.71	54.41	61.14	55.42	52.83	1.813
消除剂 ZnO	101											

　　由表 5.5 （b）得知，三条线的 K 值比明显不同；三条线的测定结果明显不同，由平均值求得的误差是令人满意的，单条线的结果误差很大，CaCO₃、Fe₂O₃、CaF₂三种相的最大误差分别为 9.52、−1.45、8.31，可见多峰测量大大提高了实验测量准确度，见表 5.5 （c）。

5.4.2　黄旭鸥、陈名浩多峰定量法[41]

1. 多峰定量法的原理

　　前述的定量相分析都是基于一对多对衍射峰的积分强度测量，然而，择尤取向对于粉末衍射是普遍存在的。只要晶粒在三维空间是不完全对称或有一定取向的，择尤取向就存在。对于粉末样品 X 射线衍射定量相分析来说，虽然完全无序样品不会带来取向不同造成的误差，如果所有分析样品中各相的取向完全相同，也不会给定量分析带来误差。

　　择尤取向是复杂多相体系 X 射线衍射定量相分析亟待解决的问题，它是造成定量相分析误差的重要原因。择尤取向问题很早就引起了学者们的广泛重视，并提出多种校正方法。随着 X 射线衍射仪与计算机联机的实现，大量数据的采集和处理成为可能，用多个衍射峰来校正择尤取向的方法有了较好的应用前景。这里介绍一种实用性强、分析误差小的校正择尤取向的定量相分析方法——多峰定量法，并开发了相应的多峰定量相分析软件。

　　对于理想不完整的混合多晶粉末样品，其衍射强度符合以下公式：

$$I = CI_0 N^2 L_P A e^{-2B} F^2 P \tag{5.37}$$

式中，C 为对应于一定试样的常数，其他符号同式（5.28）。

　　如果多晶粉末样品中晶体 a 存在着 A 取向，则

$$I_A = C_A I_0 N^2 L_P A_A e^{-2m} F^2 P = CI_0 N^2 L_P A e^{-2m} F^2 P W_A = I'_a W_A \tag{5.38}$$

式中，I_A 为晶体 a 有取向 A 时的强度；I'_a 为晶体无序时的强度；W_A 为取向 A 时的轴密度。

　　同样，晶体 a 也可以存在取向 B 方式，则

$$I_B = I'_a W_B \tag{5.39}$$

如果把 A 取向方式看成比较适中的取向方式，将晶体 a 的 A 取向向 B 取向校正，则将式（5.38）与式（5.39）相比得到

$$\frac{I_A}{I_B} = \frac{I'_a}{I'_a} \cdot \frac{W_A}{W_B} = \frac{W_A}{W_B} = M_A \tag{5.40}$$

比值 M_A 为取向 A 对 B 的择尤取向校正因子。对于（hkl）衍射峰，A 取向时的强度为

$$I_A(hkl) = I_B(hkl) M_A \tag{5.41}$$

　　由式（5.41）将所有晶面衍射峰强度比加和得到

$$\sum_{i=1}^{n} \frac{I_{A(h_i k_i l_i)}}{I_{B(h_i k_i l_i)}} = \sum_{i=1}^{n} M_{A(h_i k_i l_i)} \tag{5.42}$$

式中，n 为衍射峰个数。式（5.41）和式（5.42）比较得到

$$M_{A(hkl)} = \frac{I_{A(hkl)}/I_{B(hkl)}}{\sum \left[I_{A(h_i k_i l_i)}/I_{B(h_i k_i l_i)} \right]} \times \sum M_{A(h_i k_i l_i)} \tag{5.43}$$

式中 $\sum M_{A(h_i k_i l_i)}$ 是未知的，需采用归一化方法才能得到。假设 n 足够大，$M_{A(h_i k_i l_i)}$ 的平均值为 1，则有

$$\overline{M}_{A(hkl)} = \frac{\sum M_{A(h_i k_i l_i)}}{n} = 1 \tag{5.44}$$

将式（5.44）代入式（5.43）得到

$$M_{A(hkl)} = \frac{I_{A(hkl)}/I_{B(hkl)}}{\sum I_{A(h_i k_i l_i)}/I_{B(h_i k_i l_i)}} \times n \tag{5.45}$$

由于不同（hkl）晶面与试样表面平行方位的概率受到多重因子 P（hkl）的影响，则将式（5.45）改成考虑了多重因子在内的 $M_{A(hkl)}$，用 $\sum P/P$ 代替 n 得到

$$M_{A(hkl)} = \frac{\left[(I_{A(hkl)}/I_{B(hkl)}) \sum P_{(h_i k_i l_i)} \right]}{\sum \left[(I_{A(h_i k_i l_i)}/I_{B(h_i k_i l_i)})(P_{h_i k_i l_i}) \right]} \qquad (5.46)$$

式中，$I_{A(hkl)}$ 为实际测得的强度；$I_{B(hkl)}$ 为所有试样的（hkl）晶面相对衍射强度的平均值；$P_{(h_i k_i l_i)}$ 均为已知，$M_{A(hkl)}$ 就可由式（5.46）计算出，再由式（5.45）便可得到校正成 B 取向后的各衍射峰强度。

以上推导的关键在于假设了 $\overline{M}_{(hkl)} = 1$，此假设的前提是 n 足够大。如果样品的取向与将要校正的取向相比差得较远，则 n 要求比较大；如果取向 A 与取向 B 相差较小，则用较少的 n 就能基本满足以上假设。所以选择的取向方式是将所要分析测定的所有样品的（hkl）衍射峰的相对强度平均值作为目的取向方式 B 的（hkl）衍射峰的相对强度 $I_{B(hkl)}$，以使所有样品的取向方式都比较接近于目的的取向方式，使实际可检测到的有限衍射峰个数能基本满足以上假设的要求。

2. 多峰定量相分析软件

用多峰定量法进行衍射定量需要大量数据采集和处理，所以，将射线衍射仪与计算机联机，并开发了相应的多峰定量相分析软件，使此方法更具有实用性。该软件采用 True Basic 语言编写，共包括 12 个功能模块，其结构如图 5.2 所示。该定量相分析软件是以主管理模块为核心，每个功能都由独立的功能模块来执行，用户可以通过人机对话的形式，经主管理模块对各功能模块进行控制，以实现各种功能要求。其中几个主要模块的功能如下：

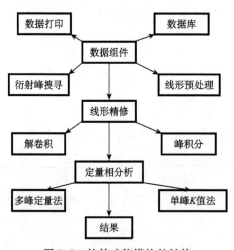

图 5.2　软件功能模块的结构

1) 数据管理模块

本软件所需数据处理量相当大，为了对原始数据中间数据、计算结果进行统一管理，以使各种数据运用灵活、存取方便，设计了数据管理模块。

2) 分峰预处理模块

由于 X 射线衍射仪与计算机联机后，直接由探测器传入计算机的电信号波动比较大，直接进行寻峰峰形模拟等会有比较大的偏差，所以该软件配置了用于峰形光滑化和背景校正的峰形预处理模块。

3）峰形函数模拟模块与重叠峰解卷模块

本软件选择了 3 种不同的钟罩形函数：

$$\begin{cases} \text{(a)} \ f_1(x) = I_0 / \{1 + [\pi(X - X_0)/B_0]^2\} \\ \text{(b)} \ f_2(x) = I_0 / [1 + (\pi/4B_0^2)(X - X_0)^2]^2 \\ \text{(c)} \ f_3(x) = I_0 e^{-n(X-X_0)^2/B_0^2} \end{cases} \qquad (5.47)$$

来进行峰形模拟；本软件可根据各个单峰的形状自动模拟选择最合适的峰形函数，重叠峰解卷模块是在峰形模拟的基础上，采用最小二乘方法将两个以上 X 射线衍射重叠峰进行分离，以解决多峰重叠问题。

4）定量相分析模块

该模块是本软件最重要的功能模块，其他模块都是为了服务它而设计了多种衍射定量相分析方法，有单峰 K 值法、反极图法、多峰定量法等，用户可根据自己的需要选用不同的方法。

由此可见，多峰定量法是现有粉末衍射定量相分析方法中较优的方法，其主要特点是：实用性强、分析误差小，能减小择尤取向带来的误差。因此，结合 K 值法，可使多峰定量相分析方法更充分地发挥作用。

5.5　物相定量多峰匹配强度比方法[42]

从 5.2～5.5 节介绍的各种定量相分析方法可知，它们都是基于一对和多对（两相）或一组和多组（多相）衍射线的积分强度的测量，即

$$\frac{I_i}{I_j} = \frac{K_i \rho_i^{-1}}{K_j \rho_j^{-1}} \cdot \frac{x_i}{x_j} = \left(\frac{I_i}{I_j}\right)_{1:1} \cdot \frac{x_i}{x_j} \qquad (5.48)$$

沈春玉、储刚[23]提出用匹配强度比 $\dfrac{S_i}{S_j}$ 代替强度比 $\dfrac{I_i}{I_j}$ 的全新的方法。对于有 m 条衍射线的 n 相混合物的谱图，每一条衍射线 p 的强度可以用相对强度分布函数 $Y_p(2\theta)$ 表示为

$$Y_p(2\theta) = \sum_{i=1}^{n} S_i P_{ip}(2\theta) \quad (i = 1, 2, \cdots, n) \qquad (5.49)$$

其中，$Y_p(2\theta)$ 是混合物样品中第 p 条衍射线相对于谱中最强线的相对强度；S_i 是混合物样品中第 i 相的匹配强度；$P_{ip}(2\theta)$ 是混合物样品中第 i 相对第 p 条衍射线的相对强度分布函数。令

$$Q^* = \sum_{p=1}^{m} \left[Y_p(2\theta) - \sum_{i=1}^{n} S_i P_{ip}(2\theta) \right]^2 \qquad (5.50)$$

当 $Q^* = Q_{\min}$ 时，可得到总误差最小的强度匹配系数 S_i 的值。令 $\dfrac{\partial Q^*}{\partial S_i} = 0$ （$i=1$，2，$\cdots$，n）

$$\sum_{p=1}^{m} P_{1p}P_{1p}S_1 + \sum_{p=1}^{m} P_{1p}P_{2p}S_2 + \cdots + \sum_{p=1}^{m} P_{1p}P_{np}S_n = \sum_{p=1}^{m} P_{1p}Y_p$$

$$\sum_{p=1}^{m} p_{2p}P_{1p}S_1 + \sum_{p=1}^{m} P_{2p}P_{2p}S_2 + \cdots + \sum_{p=1}^{m} P_{2p}P_{np}S_n = \sum_{p=1}^{m} P_{2p}Y_p \qquad (5.51)$$

$$\vdots$$

$$\sum_{p=1}^{m} p_{np}P_{1p}S_1 + \sum_{p=1}^{m} P_{np}P_{2p}S_2 + \cdots + \sum_{p=1}^{m} P_{np}P_{np}S_n = \sum_{p=1}^{m} P_{np}Y_p$$

解此联立方程可得到较为准确的匹配强度值 S_i（$i=1$，2，$\cdots$，n）。对于混合物样品中的任何两相 i、j 而言，有

$$\frac{S_i}{S_j} = A\frac{I_i}{I_j}$$

其中，A 为比例系数。如有

$$\frac{S_i}{S_j} = A\frac{K_i\rho_i^{-1}}{K_j\rho_j^{-1}} \cdot \frac{x_i}{x_j} = A\left(\frac{S_i}{S_j}\right)_{1:1} \cdot \frac{x_i}{x_j} \qquad (5.52)$$

就能用准确的 $\dfrac{S_i}{S_j}$ 值来代替 $\dfrac{I_i}{I_j}$ 值，获得较准确的测定结果。

式（5.50）中的权重因子 S_i 可用下式表示：

$$S_i = I_0\frac{\lambda^3 e^4}{32\pi r m^2 c^4} \cdot \frac{V_i}{V_{iu}^2} = R \cdot \frac{V_i}{V_{iu}^2} \qquad (5.53)$$

其中，V_i、V_{iu} 分别为第 i 相在混合样中的体积和第 i 相的晶胞体积。另外，m_i，x_i，M_i，Z_i，ρ_i 分别为 i 相在样品中的质量、质量分数、化学式质量、晶胞中用化学式表达的数量及密度。

由于

$$V_i = \frac{m_i}{\rho_i}, \qquad V_{iu} = \frac{Z_iM_i}{\rho_i} \qquad (5.54)$$

$$S_i = R \cdot \frac{m_i}{Z_iM_iV_{iu}}, \qquad m_i = \frac{S_iZ_iM_iV_{iu}}{R}$$

$$x_i = \frac{m_i}{\sum_i m_i} = \frac{S_iZ_iM_iV_{iu}}{\sum_i S_iZ_iM_iV_{iu}} \qquad (5.55)$$

式中，$\sum_i$ 表示对样品中各相求合。对于一定的相，M_i、Z_i、V_{iu} 是一定的，故在拟合中求得各相的 S 后，就可按式（5.55）算得各相的质量分数。

表 5.6 给出一个例子，并与 K 值法和外标法作了比较。从结果可知，匹配强度法和 K 值法的测定结果相近，但比外标法的精度高。

表 5.6　用匹配强度法测定的一个例子，并与 K 值法和外标法作了比较

样号	物相	$x_{理论}/\%$	匹配强度		K 值法		外标法	
			$x_{实验}/\%$	误差/%	$x_{实验}/\%$	误差/%	$x_{实验}/\%$	误差/%
1.	$\alpha\text{-}Al_2O_3$	39.40	39.40	0.00	40.37	2.46	40.41	2.56
	TiO_2	21.60	21.34	−1.23	20.18	−2.57	21.02	−2.96
	Mo_2O_3	28.50	29.06	1.96	29.96	5.21	29.26	2.67
	$CaCO_3$	10.50	10.20	−2.86	9.49	−9.61	9.31	−11.30
2.	$\alpha\text{-}Al_2O_3$	28.90	28.90	0.00	28.02	−3.04	29.88	3.39
	TiO_2	27.60	22.66	−3.41	20.13	5.54	28.87	4.60
	Mo_2O_3	23.00	22.47	−2.30	21.28	−7.48	22.65	−1.52
	$CaCO_3$	20.50	21.97	7.17	21.57	5.22	18.60	−9.27

Taylor 认为，在定量分析中基体的吸收是不能忽略的，因此引入吸收校正因子 τ_i，式（5.55）变为

$$x_i = \frac{m_i}{\sum_i m_i} = \frac{S_i Z_i M_i V_{iu}/\tau_i}{\sum_i S_i Z_i M_i V_{iu}/\tau_i} \tag{5.56}$$

近年来，Hill 等提出通过多相混合物中相含量和 Rietveld 结构精修中求得的各相标度因子之间的联系来进行相含量的定量分析，即利用多相混合物的中子衍射数据和 Rietveld 方法来解决各相含量的定量分析方法。

Tsusaka El-Sayerd 和 Heiba 提出基于上述方法的两步法，但他们的两步法是不同的。Toraya 的两步法是：第一步，对单相材料的全谱分别进行分解，将精修后得到的参数，如积分强度、晶胞、峰形参数存入计算机；第二步，对混合样品的全谱进行分解。表 5.7 为实例。

表 5.7　Toraya 两步法的测定实例 x_i

样品	组分	$R_{wp}/\%$	S_i	$x_{i已知}/\%$	$x_{i测得}/\%$	误差/%
两相系	$\alpha\text{-}SiO_2$	9.16	0.736	48.97	50.22	1.25
	ZnO		1.002	51.03	49.78	−1.25
	$\alpha\text{-}SiO_2$	15.14	0.249	55.07	55.13	0.06
	TiO_2		0.701	45.93	45.87	−0.06
三相系	ZnO	7.74	0.296	35.27	31.55	−3.72
	TiO_2		0.826	35.82	35.00	−0.82
	Y_2O_3		0.643	35.90	35.45	−0.45
四相系	$\alpha\text{-}SiO_2$	8.33	0.201	25.01	25.47	0.46
	ZnO		0.280	25.60	25.82	0.22
	TiO_2		0.791	25.92	27.86	1.94
	Y_2O_3		0.528	25.47	25.84	0.37
五相系	$\alpha\text{-}SiO_2$	9.22	0.177	20.34	25.01	4.67
	ZnO		0.222	21.16	20.17	−0.99
	TiO_2		0.652	25.05	25.52	0.47
	Y_2O_3		0.424	19.22	18.76	−0.46
	$CaCO_3$		0.255	17.23	15.94	−1.29

El-Sayerd 的两步法是：第一步，经拟合将混合样品的全谱分解得到精确的积分强度、峰位和峰高；第二步，将前步得到的各积分强度作最小二乘方结构精修，得到各相的权重（又称标度）因子 S_i，进而求得各相的质量分数。

5.6　大块样品的定量分析技术[1]

对于金属及其合金材料，大块材料的定量相分析是经常遇到的，所以 1989 年由北京冶金工业出版社出版的《物相衍射分析》第 4 章介绍了"大块样品定量相分析方法"。纳米粉体材料的定量相分析可能不会遇到大块材料问题，所以《纳米材料的 X 射线分析》第一版的第 5 章没有介绍这方面的内容。然而，随着材料和机械部件表面喷丸强化的广泛使用，喷丸表层的 X 射线分析又遇到大块样品的定量相分析问题。比如，复相材料在表面处理前后相含量的变化，即使是单相材料，也因表面喷丸处理会诱发相变，如奥氏体不锈钢表面喷丸可诱发马氏体相变，铁素体钢也会发生残余奥氏体的变化，等等。这些都涉及大块样品的定量相分析，特别是需要研究喷丸强化处理前后相含量的变化时。

既然是大块样品，就不可能把标样加入，一般也不可能从样品中提取纯相，因此不能使用内标法、增量法和 K 值法，只能根据分析对象的具体情况参考表 5.3 选择合适的方法。如果样品中各相结构度比较简单，且各相的结构因子和温度因子能通过计算求得，即已知各相单胞中各原子数目及坐标位置和德拜温度（有时可以忽略温度因子的影响，即 $e^{-2M} \approx 1$），K 值可用计算求得，这时选用直接比较法最为方便，因为对试样无特殊要求，即使一个样品也可测得各相的体积分数或质量分数。直接比较法不仅可用于同素异构型材料，也适用于其他材料。此外，也可选用简化外标法和绝热法。Ziven 等无标样法因要求 n 个样品必须有 m 个相，$n \leqslant m$，有时难以满足，故大块样品的定量相分析中应用很少。

先看 0Cr18Ni9Ti 不锈钢的气动喷丸表面的微结构物相含量的变化的例子，见表 5.8。0Cr18Ni9Ti 不锈钢是一种奥氏体不锈钢，初始为热轧态，经固溶处理后，其组织由 γ 相和少量孪晶组成，晶粒尺寸约为 $10\mu m$。经过 1100℃ 退火 1h 后，组织基本不变，晶粒尺寸长大为 $20 \sim 25\mu m$。退火的主要目的是消除机械加工的影响，得到粗大的等轴晶粒，以便对其实施表面自纳米化的试验研究。0Cr18Ni9Ti 不锈钢属 fcc 结构，层错能为 $21mJ/m^2$，属于低层错能的立方系金属。通过气动喷丸的方式使 0Crl8Ni9Ti 不锈钢表面产生了一层具有纳米结构的表层，实现了 0Cr18Ni9Ti 不锈钢的表面自纳米化。将 X 射线衍射分析结果列入表 5.8。结果表明，①气动喷丸能实现表面纳米化；②由定量相分析的结果显示喷丸引起的应变能诱发马氏体相变，马氏体量随喷丸处理时间的增加而增加，γ 相含量则减少。

表 5.8　0Cr18Ni9Ti 不锈钢的气动喷丸表面、纳米化表面的 X 射线衍射分析结果

气动喷丸表面处理时间/min	剧烈塑性变形层深度/μm	D/nm	ε/（×10^{-3}）	γ 相含量/%	M 相含量/%
0	金相法测得的结果	～20000		100	0
1	131.5	63.6	1.6	2.43	73.57
5	221.5				
9	241.5				
13	242.5	52	1.7	5.38	94.62
60	250.0				
13min 剥去 30μm		70.0	1.5	28.36	71.64

在钢铁材料中测量奥氏体（γ 相）的含量是很重要的。测量奥氏体含量最常用的是直接比较法。

$$\begin{cases} f_\alpha = \dfrac{\dfrac{I_\alpha}{I_\gamma}/\dfrac{K_\alpha}{K_\gamma}}{\left(\dfrac{I_\alpha}{I_\gamma}/\dfrac{K_\alpha}{K_\gamma}\right)+1} \end{cases} \tag{5.57}$$

令

$$\frac{I_\alpha}{I_\gamma}=P, \qquad \frac{K_\alpha}{K_\gamma}=G \tag{5.58}$$

则有

$$\begin{cases} f_\gamma = \dfrac{1}{1+PG} \\ f_\alpha = 1-f_\gamma = \dfrac{PG}{1+PG} \end{cases} \tag{5.59}$$

如果合金中含有碳化物，则需用金相等其他方法测得碳化物的体积分数 f_c，则

$$f_\alpha = \frac{PG(1-f_c)}{1+PG} \tag{5.60}$$

大块样品定量相分析的主要问题是择尤取向对衍射强度的重大影响。为了克服这种影响，已发展了许多方法，现简介如下。

1. 两相合金中利用两相有共格关系的衍射线对

在许多两相合金中，相变存在着某种共格关系，这种共格关系的晶面在多晶样品中的择尤取向分布是基本一致的。换言之，择尤取向对衍射强度的影响对于有共格关系的晶面是一致的。在钢铁以及其他铁基合金残余奥氏体的定量相分析中常用 $(111)_\gamma$-$(110)_\alpha$、$(222)_\gamma$-$(220)_\alpha$ 等衍射线对的直接比较法。（$\alpha+\beta$）两相钛合金定量相分析中常用 $(0002)_\alpha$-$(110)_\beta$ 线对。

2. 多线对组合方法

在存在择尤取向的块状样品中，各类 $\{hkl\}$ 晶面相对于试样衍射平面的分

布大不相同，采用多线对强度比组合求解可以大大减弱或部分消除织构对定量相分析的影响。但对于板材、棒材样品，应避免采用与板面平行或与棒轴垂直的晶面的衍射线。

作者使用多线对组合法测量 Fe-Ni 基高温合金中的回火奥氏体的质量分数与回火时间、回火温度的关系，其结果示于图 5.3 中。由图可见，奥氏体的质量分数随回火时间的延长而增加，当回火时间大于 100h 时，含量变化较缓慢；奥氏体的质量分数随回火温度变化出现一个极大值，峰值在 600℃，奥氏体逐渐溶解。从图上还可看到，在回火过程中钛有抑制奥氏体析出的作用。

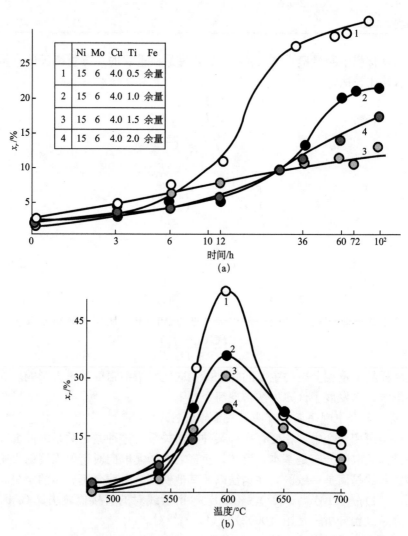

图 5.3　Fe-Ni 基合金回火奥氏体含量随回火时间（a）和温度（b）的变化

3. 多面体-多线对组合法

把大块材料制成多个平面，且各个平面互不平行，有些部件能基本满足这种要求，热后用共格线对或多线对法测定相的含量。表 5.9 给出了作者对 Ti-6Al-4V 合金热轧棒材的 β 相的测量结果。由表可见，就一个测量面或一线对来说，结果是分散的，采用多面体多线对复合方法克服了织构的影响，β 相含量的测量结果与机械性能 σ_b、δ 和 ψ 有良好的对应关系。

表 5.9　Ti-6Al-4V 合金热轧棒材的 β 相的测量结果（体积%数）

	1030~1040℃热轧棒				1000℃热轧棒				920℃热轧棒		
	A面	B面	C面	D面	A面	B面	C面	D面	A面	B面	C面
$(10\bar{1}0)_\alpha \sim (110)_\beta$	11.0		13.0	13.0	11.6	9.0	7.3	8.2	8.5	8.2	8.2
$(0002)_\alpha \sim (110)_\beta$	11.0	9.4	8.8	2.5	14.5	7.5	2.0	4.5	13.2	2.5	2.4
$(10\bar{1}0)_\alpha \sim (110)_\beta$	12.7	9.7	11.5	9.8	2.0	7.4	5.5	5.6	2.0	4.2	4.1
各测量面的平均/%	11.3	9.5	11.1	9.7	10.7	7.9	4.9	8.1	9.2	5.0	5.0
总平均/%	10.7				7.4				2.4		
σ_b/ (kg/mm²)	90.0（882.0MPa）				96.0（941.4MPa）				112.0（1098.4MPa）		
δ/%	13				15.5				15.5		
ψ/%	40				44				46		

4. 利用极图的方法求平均的无取向强度

极图是表示多晶材料中晶粒取向的一种方法。多晶材料中任何一个晶面在三维空间的分布可用一张有等衍射强度线的极射赤面投影图表示。图 5.4（a）中 β 角绕试样平面法线旋转，α 角绕实验平面内的轴旋转。图中画有阴影的平面面积为 $dS = r^2 \sin\alpha d\alpha d\beta$，所以无序取向强度 I 为

$$\bar{I} = \frac{\int I dS}{\int dS} = \frac{r^2 \int_0^{2\pi} \int_0^{\pi/2} I \sin\alpha d\alpha d\beta}{2\pi r^2} = \frac{1}{2\pi} \int_0^{\pi/2} \int_0^{2\pi} I \sin\alpha d\beta d\alpha \tag{5.61}$$

如果在测量强度时 β 角高速旋转，则

$$\bar{I} = \int_0^{\pi/2} I \sin\alpha d\alpha \tag{5.62}$$

此外，还可对织构样品作强度修正。对于反极图法，其修正方法如下：

$$I_{修正} = \frac{I_{测量}}{P_{hkl}} \tag{5.63}$$

P_{hkl} 称为极密度，即表示具有（hkl）晶面平行于试样表面的晶粒百分数。其可分别按 Mueller 和 Horta 公式计算：

$$P_{hkl} = \frac{I_{hkl} / I_{hkl}^0}{\dfrac{1}{n} \displaystyle\sum_{i=1}^{n} \dfrac{I_{hkl}}{I_{hkl}^0}} \tag{5.64}$$

$$P_{hkl} = \frac{\left(\displaystyle\sum_{i=1}^{n} N_{hkl} \right) \cdot \dfrac{I_{hkl}}{I_{hkl}^0}}{\displaystyle\sum_{i=1}^{n} \left(N_{hkl} \cdot \dfrac{I_{hkl}}{I_{hkl}^0} \right)} \tag{5.65}$$

式中，n 表示衍射线的数目；N_{hkl} 为 hkl 晶面的多重性因数；I 和 I^0 分别为有织构和无织构时的衍射强度。

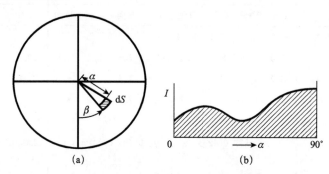

图 5.4　由织构样品求平均无取向强度

5. 求最佳平均的方法

这种方法是利用全部衍射线（包括重叠线）求出最佳的平均值，最后计算物相的体积分数。乍看起来，这种方法精确可靠些，但由于要测量全部衍射线条的强度，实验工作量大，数据处理十分繁杂，故仅在两相系偶尔应用。

6. 一组相同织构样品的定量相分析

在有 n 个织构情况相同的试样中，每个样品包括 n 个物相，每个相至少在两个以上的试样中含量不同，可采用这种方法。由于各试样织构情况相同，所以各试样中对应相有相同的择尤取向程度，于是有

$$\begin{cases} I_{iJ} = Q_i x_{iJ} P_i / \displaystyle\sum_{i=1}^{n} \mu_{im} x_{iJ} \\ I_{iK} = Q_i x_{iK} P_i / \displaystyle\sum \mu_{im} x_{iK} \end{cases} \tag{5.66}$$

$$\begin{cases} I_{jJ} = Q_j x_{jJ} P_j / \displaystyle\sum_{i=1}^{n} \mu_{im} x_{jJ} \\ I_{jK} = Q_i x_{jK} P_j / \displaystyle\sum_{i=1}^{n} \mu_{im} x_{jK} \end{cases} \tag{5.67}$$

式中，P_i、P_j 为第 i 相和第 j 相的择尤取向因数。也就是说，只要知道各相的质量吸收系数 $\mu_{im}(i=1,2,\cdots,n)$ 或各个样品的质量吸收系数 $\overline{\mu}_{Jm}$（$J=1,2,\cdots,n$）即可

求解。可见，这是 Ziven 无标样法在具有织构样品中的应用。

5.7　实例——304 奥氏体钢喷丸过程中马氏体相变[43]

图 5.5 为喷丸后 304 钢表面的 XRD 图谱。从图 5.5 可知，在 0.16mmA 较低强度喷丸后，有少量 α'-马氏体衍射峰出现，在 XRD 检测精度范围内没有发现六方 ε-马氏体衍射峰，陶瓷弹丸介质的喷丸强度低，应变诱发马氏体转变较少。随着喷丸强度（次数）的增加，当喷丸强度在 0.25mmA 和（0.52＋0.25）mmA 之间时，喷丸后 304 奥氏体钢表面除了明显的 α'-马氏体衍射峰外，还有明显的 ε-马氏体衍射峰，但在（0.52＋0.25＋0.16）mmA 强度喷丸后的 304 钢表面没有发现 ε-马氏体衍射峰，这说明在复合喷丸中马氏体相变过程中生成了 ε-马氏体，随着喷丸强度的进一步提高，三次喷丸过程中进一步的塑性变形能使得 ε-马氏体向 α'-马氏体转变，最终导致 ε-马氏体的消失以及 α'-马氏体含量的增加。

图 5.6 为喷丸后 304 奥氏体不锈钢奥氏体含量随层深的变化曲线。从图中可看出，304 奥氏体不锈钢喷丸后奥氏体含量随层深的增加是先减少后增大，在次表层产生最多含量的马氏体，马氏体含量随着喷丸强度（次数）的增加也是依次减少的。此现象主要由喷丸过程中在赫兹力的作用下次表层产生最大剪切应力，并且由于 304 奥氏体不锈钢屈服强度较小，内部三相应力的作用有限，喷丸过程中在具有最大剪切应力的次表层发生马氏体相变相对容易。通过以上分析可知，高强钢和低强度 304 奥氏体不锈钢在喷丸诱发马氏体相变中的过程是不同的，除各自奥氏体成分不同外，还与奥氏体所处的环境有关，对于基体强度较低的材料来说，材料内部三向应力的作用效果较低，而马氏体含量占多数的高强钢强度高，内部三向应力对相变的影响更大，更容易形成表面马氏体。

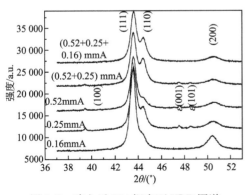

图 5.5　喷丸后 304 钢表面 XRD 图谱

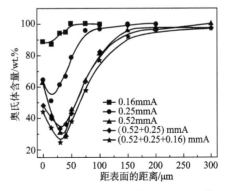

图 5.6　喷丸后 304 奥氏体不锈钢奥氏体含量随层深的变化曲线

参 考 文 献

[1] 杨传铮，谢达材，陈癸尊，等．物相衍射分析．北京：冶金工业出版，1989：175，174.

[2] 程国峰，杨传铮，阮音捷，等．纳米材料的 X 射线分析．第二版．北京：化学工业出版社，2018；程国峰，杨传铮，黄月鸿．纳米材料的 X 射线分析（第一版）．北京：化学工业出版社，2010.

[3] Klug H P，Alexander L E. X-ray Diffraction Procedures：For Polycrystalline and Amorphous Materials ，2nd ed. John Wiley & Son，1974.

[4] Alexander L，Klug H P. Basic aspects of X-ray absorption in quantitative diffraction analysis of powder mixtures. Analytical Chemistry，1948，20 (10)：886~889.

[5] 钟福民，杨传铮．复相 X 射线定量分析中一种内标法．物理，1986，15 (3)：301.

[6] Copeland L E，Bragg R H. Quantitative X-ray diffraction analysis. Anal. Chem. ，Acta，1958，30：196.

[7] Bezjak A，Jelenic I. Application of doping method in quantitative X-ray diffraction analysis. Croatica Chemica Acta，1971，43 (3)：193.

[8] Popović S，Gržeta-Plenković B. The doping method in quantitative X-ray diffraction phase analysis. Journal of Applied Crystallography， 1979， 12 (2)：205~208.

[9] 李文灿．X-射线衍射定量相分析添加法．冶金分析，1982，(2)：17~19.

[10] 杨淑珍．X 射线定量相分析新法．物理测试，1989，(1)：36~39.

[11] 姚公达，郭常霖．用非纯物相增量的 X 射线定量测定方法．物理学报，1985，34 (11)：1461~1468.

[12] Leroux J，Lennox D H，Kay K. Direct quantitative X-ray analysis by diffraction-absorption technique. Analytical Chemistry， 1953， 25 (5)：740~743.

[13] 陈济舟，王俊桥．X 射线衍射定量相分析的检测限．分析化学，1986，(9)：33，34.

[14] Karlak R F，Burnett D S. Quantitative Phase Analysis by X-Ray Diffraction. Analytical Chemistry，1966，38 (12)：1741~1745.

[15] 杨传铮，钟福民．复相 X 射线定量分析中一种改进的 K 值法．物理，1986，15 (3)：175.

[16] 郭常霖. 材料研究中系列试样的单标样法 X 射线定量分析. 无机材料学报，1992，7（4）：477～481.

[17] 钟福民，杨传铮. 复相 X 射线定量分析中一种改进的外标法. 物理，1986，11：010.

[18] 储刚. X 射线衍射外标样定量相分析方法. 分析仪器，1997，（2）：18～20.

[19] Chung F H. Avd. X-ray Anal. New York：Plenum Press，1973：106.

[20] Chung F H. Quantitative interpretation of X-ray diffraction patterns of mixtures. I. Matrix-flushing method for quantitative multicomponent analysis. Journal of Applied Crystallography，1974，7（6）：519～525.

[21] Chung F H. Quantitative interpretation of X-ray diffraction patterns of mixtures. II. Adiabatic principle of X-ray diffraction analysis of mixtures. Journal of Applied Crystallography，1974，7（6）：526～531.

[22] 钟福民，杨传铮，李润身. 用增量相作消除剂的 X 射线定量相分析方法. 理化检验（物理分册），1984，20：29.

[23] 沈春玉，储刚. 一种改进的 X 射线衍射定量相分析方法. 理化检验（物理分册），2002，38（10）：434～437.

[24] 中华人民共和国国家标准 GB5225-85. 金属材料定量相分析 X 射线衍射 K 值法. 北京：中国标准出版社，1986.

[25] 中华人民共和国国家标准. 835987GB 高速钢中碳化物的定量分析 X 射线衍射仪法. 北京：中国标准出版社，1988.

[26] 杨传铮，陈癸尊，王兆祥. X 射线物相定量分析中无标样法的比较. 上海金属（有色分册），1983，4（4）：67.

[27] 陆金生，邸秀宣. 修正理论计算参考强度比值的 X 射线定量相分析. 金属学报，1983，19（4）：B161～166.

[28] Gullberg R，Lagneborg R. X-ray determination of the volume fraction of phases in textured materials. Aime Met Soc Trans，1966，236（10）：1482～1485.

[29] Chung F H. Quantitative interpretation of X-ray diffraction patterns of mixtures. III. Simultaneous determination of a set of reference intensities. Journal of Applied Crystallography，1975，8（1）：17～19.

[30] 刘沃恒，不用纯试样 X 射线多相定量分析. 物理，1979，86：224.

[31] Zevin L S. A method of quantitative phase analysis without standards. Journal of Applied Crystallography，1977，10（3）：147～150.

[32] 郭常霖，姚公达. 通用无标样 X 射线衍射定量相分析的新方法. 物理学报，1985，34（11）：14511459.

[33] 郭常霖，黄月鸿．无标样 X 射线定量分析联立方程组稳定性的统计判据．物理学报，1992，41（8）：1289～1295.

[34] 郭常霖，黄月鸿．无标样 X 射线定量分析最小二乘方法方程的稳定解．物理学报，1993，42（7）：1106～1111.

[35] 林树智，张喜章．普适 X 射线无标样定量相分析方法．金属学报，1988，24（1）：B55～57.

[36] 林树智，张喜章．普适 X 射线无标样定量相分析的数据处理．金属学报，1989，25（2）：B125～130.

[37] 林树智，张喜章．X 射线无标样定量相分析新的表达式．金属学报，1985，21（2）：B100～104.

[38] 陈名浩，无标样 X 射线衍射定量相分析的回归求解．金属学报，1988，24（3）：280～285.

[39] Lu J S, et al. Adv. X-ray Anak. New York：Plenum Press，1989：515.

[40] 杨传铮，陈癸尊，王兆祥．X 射线物相定量分析中标样法的比较．上海金属（有色金属分册），1983，4（4）：67.

[41] 黄旭鸥，陈名浩．X 射线衍射定量相分析新方法——多峰定量法．钢铁研究学报，1995，7（5）：61～67.

[42] 陈今农，秦力川．X 射线强度权重因子定量相分析．重庆建筑大学学报，1999，21（1）：56～59.

[43] 付鹏．高强双相钢喷丸强化及其 XRD 表征．上海交通大学博士学位论文，2015.

第6章 多晶材料织构衍射分析方法

多晶材料由无数小晶粒（单晶体）组成，材料性能则与各晶粒的性能及其取向有关。晶粒取向可能是无规则的，但在很多场合下其晶面或晶向会按某种趋势有规则排列，这种现象称为择尤取向或织构。材料中各向性能的差异往往与晶粒择尤取向有关，因此，织构测量是材料研究的一个重要课题。测量多晶织构的方法，以 X 射线衍射法最为普遍，其理论基础仍然是衍射方向和衍射强度的问题。

无论是织构测量还是单晶定向，均包括两方面的工作，一是进行 X 射线衍射实验，二是利用晶体学投影米描述织构。实验测定可用 X 射线衍射方法，也可用中子衍射方法[5,6,12]。

6.1 晶粒取向和织构及其分类[1,2,4]

6.1.1 晶体取向的表达式

人们通常用晶面的法线方向在坐标系中的排布方式来表达晶粒取向。例如，立方晶系的晶体在 $Oxyz$ 参考坐标系中，用 $(hkl)[uvw]$ 来表达某一晶粒的取向。这种晶粒的取向特征为其 (hkl) 晶面平行于 xoy 面，$[uvw]$ 平行于 x 方向。另外，也可以用 $[rst]=[hkl]\times[uvw]$ 表示平行于 y 方向，这样就构成了一个标准的正交矩阵。若在上述参考坐标系中用 g 代表某一取向，则有

$$g=\begin{bmatrix} u & r & h \\ v & s & k \\ w & t & l \end{bmatrix} \tag{6.1}$$

显然，按上述设定，其初始取向矩阵 g_0 为

$$g_0=\begin{bmatrix} 1 & 0 & 0 \\ 0 & 1 & 0 \\ 0 & 0 & 1 \end{bmatrix} \tag{6.2}$$

由于从初始取向出发经欧拉（Euler）角 (ψ, θ, ϕ) 转动可把晶体的 $Oxyz$ 坐标系转动到任何取向的晶体坐标系上，因此晶粒的取向 g 可表示为

$$g=(\psi, \theta, \phi) \tag{6.3}$$

显然其初始取向矩阵 $g_0 = (0, 0, 0)$。

若用矩阵表示任意 (φ, θ, ϕ) 转动所获得的取向，则可推导出如下关系：

$$g = \begin{bmatrix} \cos\phi & \sin\phi & 0 \\ -\sin\phi & \cos\phi & 0 \\ 0 & 0 & 1 \end{bmatrix} \begin{bmatrix} 1 & 0 & 0 \\ 0 & \cos\theta & \sin\theta \\ 0 & -\sin\theta & \cos\theta \end{bmatrix} \begin{bmatrix} \cos\psi & \sin\psi & 0 \\ -\sin\psi & \cos\psi & 0 \\ 0 & 0 & 1 \end{bmatrix} \quad (6.4)$$

各矩阵相乘后得总的转置矩阵，且可以证明有下述关系：

$$g = \begin{bmatrix} \cos\psi\cos\phi - \sin\psi\sin\phi\cos\theta & \sin\psi\cos\phi + \cos\psi\sin\phi\cos\theta & \sin\phi\sin\theta \\ -\cos\psi\sin\phi - \sin\psi\cos\phi\cos\theta & -\sin\psi\sin\phi + \cos\psi\cos\phi\cos\theta & \cos\phi\sin\theta \\ \sin\psi\sin\theta & -\cos\psi\sin\theta & \cos\theta \end{bmatrix}$$

$$= \begin{bmatrix} u & r & h \\ v & s & k \\ w & t & l \end{bmatrix} \quad (6.5)$$

此时 Ox、Oy 和 Oz 分别平行于 $[uvw]$、$[rst]$ 和 $[hkl]$，这样就建立了两种取向表达式的换算关系。

6.1.2　晶体学织构及分类

多晶材料中的晶粒取向形成某种有规律排列的现象，通常称为"择尤取向"或"织构"，其物理含义是：多晶材料中的晶粒取向分布明显偏离完全随机分布的取向分布。这时多晶材料的在力学、磁性等许多性能上表现出各向异性[1,8]。

"织构"按生成方式基本上可分为：液态凝固织构、气态凝聚织构、电解沉积织构、加工织构（冷加工、热加工）、再结晶及二次再结晶织构、相变织构等。按晶粒的晶体学取向分布状况可分为纤维织构和板织构两种。前者是某种（或几种）晶面法线择尤地与纤维轴一致，常用平行于纤维轴的指数 $\langle hkl \rangle$ 及其分散度来表示；在板织构的情况下，某些指数的晶面 (hkl) 择尤地平行于板平面，(hkl) 平面内的某些方向 $\langle uvw \rangle$ 择尤地平行于轧向，故用 $\{hkl\} \langle uvw \rangle$ 的符号来表示，称为理想取向。

虽然有多种方法来测定织构，但以 X 射线衍射[2,3]和中子衍射[6,7,10]最为直接和方便，其衍射原理和方法相通。除一些简单的表示方法外，还用下面三种不同的方法来描述织构，即：

(1) 极图 (pole figure)；

(2) 反极图 (inverse pole figure)；

(3) 三维取向分布函数 (three dimensional orientation distribution function, ODF)。

下面几节分别对其进行介绍。

6.2　极 图 测 定[3,5,12]

6.2.1　极图测定的衍射几何和方法

极图就是多晶材料中各个晶粒的某类 $\{hkl\}$ 晶面族法线的极射赤面投影，也就是多晶材料中各个晶粒的某些 $\{hkl\}$ 晶面在试样坐标系中概率分布的极射赤面投影。对于板织构，令投影基面平行于板平面，板平面的法线极点与极图中心重合，其向上的直径与板的轧向（RD）平行，水平直径与板的横向（TD）平行。在完全无序的情况下，所有晶面的极点都以同一强度遍布整个极图；在有织构的情况下，极图的图案随反射晶面指数和样品的织构状况不同而异。

在多晶衍射仪的对称反射几何的情况下，只有平行于表面的晶面参与衍射，即只能测量极图中心（$\alpha = 90°$）的强度，欲测得与表面成各种角度的晶面的衍射强度，需绕试样平面内的轴旋转，称为 α 旋转，$\alpha = 0° \sim 90°$；此外，还需要绕试样表面法线旋转，称为 β 旋转，$\beta = 0° \sim 360°$。因此需要专用的织构测角头。

1. 反射法

图 6.1 给出极图反射测量方法的衍射几何，其中 2θ 为衍射角，α 和 β 分别为描述试样位置的两个空间角。当 $\alpha = 0°$ 时，试样为水平放置，当 $\alpha = 90°$ 时，试样为垂直放置，并规定从左往右看时 α 逆时针转向为正。对于丝织构材料，若测试面与丝轴平行，则 $\beta = 0°$ 时丝轴与测角仪转轴平行；板织构材料的测试面通常取其轧面，即 $\beta = 0°$ 时轧向与测角仪转轴平行；规定面对试样表面 β 顺时针转向为正。反射法是一种对称的衍射方式，从理论上讲，该方式的测量范围为 $0° < |\alpha| \leqslant 90°$，但当 α 太小时，由于衍射强度过低而无法进行测量。反射法的测量范围通常为 $30° \leqslant |\alpha| \leqslant 90°$，即适合于高 α 角区的测量。

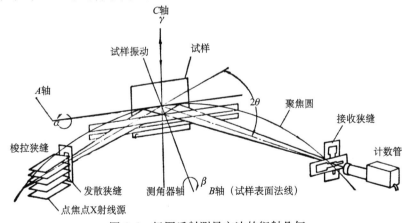

图 6.1　极图反射测量方法的衍射几何

　　实验之前，首先根据待测晶面 $\{hkl\}$，选择衍射角 $2\theta_{hkl}$。在实验过程中，始终确保该衍射角不变，即测角仪中计数管固定不动。依次设定不同的 α 角，在每一 α 角下试样沿 β 角连续旋转 $360°$，同时测量衍射强度。

　　对于有限厚度试样的反射法，$\alpha=90°$时的射线吸收效应最小，即衍射强度 $I_{90°}$ 最大。可以证明，$\alpha<90°$时的衍射强度 I_{α} 吸收校正公式为

$$R = I_{\alpha}/I_{90°} = (1 - e^{-2\mu t/\sin\theta}) / \left[1 - e^{-2\mu t/(\sin\theta\sin\alpha)} \right] \tag{6.6}$$

式中，μ 为 X 射线的线吸收系数；t 为试样的厚度。该式表明，如果试样厚度远大于射线有效穿透深度，则 $I_{\alpha}/I_{90°}\approx1$，此时可以不考虑吸收校正问题。

　　对于较薄的试样，必须进行吸收校正，在校正前要扣除衍射背底，背底强度由计数管在 $2\theta_{hkl}$ 附近背底区获得。

　　经过一系列测量及数据处理后，最终获得试样中某族晶面的一系列衍射强度 $I_{\alpha,\beta}$ 的变化曲线，如图 6.2 所示。图中每条曲线仅对应一个 α 角，α 由 $30°$ 每隔一定角度变化至 $90°$，而角度 β 则由 $0°$ 连续变化至 $360°$，即转动一周。

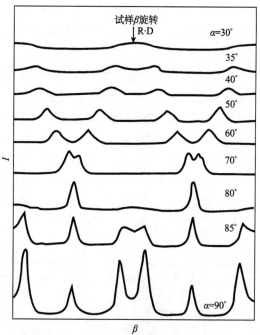

图 6.2　铝板 $\{111\}$ 极图测量中的一系列 $I_{\alpha,\beta}$ 曲线

　　将图 6.2 所示数据按衍射强度进行分级，其基准可采用任意单位，记录下各级强度的 β 角度，标在极网坐标的相应位置上，连接相同强度等级的各点成光滑曲线，这些等级密度线就构成极图。目前，绘制极图的工作大都由计算机程序来完成。

2. 透射法

在对称透射几何情况下，即入射线与衍射线的夹角被样品表面平分的对称几何情况下，只能测量与样品表面垂直的晶面的衍射。欲测量所有垂直于样品表面的晶面，样品也需绕其表面法线作 β 旋转；欲测量与样品表面夹角小于 90°的晶面，也需作 α 旋转，透射几何一般只能测量 $\alpha=0\sim（90-\theta_B）$ 范围。图 6.3 给出极图透射测定法的衍射几何及 α、β 旋转与投影极网上 α、β 角的关系。不过现在 α、β 旋转方式已从分开运动发展到螺旋式联动，并用计算机联合控制 α、β 旋转，那么 α、β 旋转的轨迹在极网上则为螺旋线。记录或打印给出 α、β 连续扫描的衍射强度曲线或选定角度的强度数据。

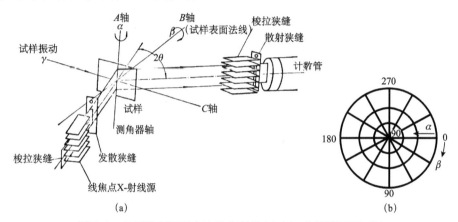

图 6.3　极图透射测量方法的衍射几何（a）和投影极网（b）

6.2.2　数据处理和极图的描绘

所测量得到的强度数据一般需作如下处理：

（1）扣除背景；

（2）透射法测定时，必须考虑 $\alpha\neq0$，由于透射厚度的增加而要做吸收校正，其公式如下：

$$(I_{\pm\alpha})_{校正}=(I_{\pm\alpha})_{实测}\times(I_0/I_{\pm\alpha}) \tag{6.7}$$

式中

$$I_0/I_{\pm\alpha}=\frac{\mu t\,e^{-\mu t/\cos\theta}}{\cos\theta}\times\frac{[\cos(\theta\pm\alpha)/\cos(\theta\mp\alpha)]-1}{e^{-\mu t/\cos(\theta\pm\alpha)}-e^{-\mu t/\cos(\theta\mp\alpha)}} \tag{6.8}$$

$I_0/I_{\pm\alpha}$ 为无序排列的样品在 0°与 $\pm\alpha$°时的衍射强度；μt 可通过实验求得，即通过 $I_1=I_0e^{-\mu t}$ 关系由实验求得 μt。

（3）对于反射几何，由于 α 角旋转会改变衍射体积，特别是使用线焦点源时，因此一般使用点光源；

（4）当用综合（透射＋反法）法时，还要注意透射和反射强度的统一。一般用透反射法都测量的重叠部分来校正。

（5）最后对强度进行分级，并把各分级线与强度分布曲线相交处的 α，β 数据连同强度等级描绘于投影图中；

（6）用光滑曲线连接各同强度级各点，绘制强度等高线极图。

由于需进行人工数据处理和描绘极图，故属半自动测绘极图。现已发展到由计算机和织构衍射仪组成的全自动极图测绘装置，数据收集、数据处理和极图描绘都能按设定程序自动完成。

图 6.4 给出了 X 射线衍射测得的冷轧铝板的 {111} 极图，可见联合使用了透射和反射两种方法。

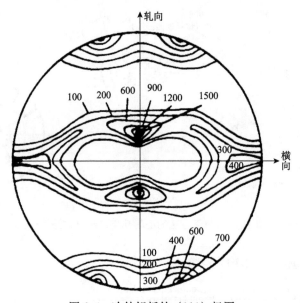

图 6.4　冷轧铝板的 {111} 极图

6.3　反极图的测定

反极图就是把多晶材料中轧面法线 ND（或轧向 RD、横向 TD）所有晶面的极点全部投影在同一基本三角形中，也就是某一试样的参考轴方向（ND 、RD、TD）在晶体坐标系概率分布的极射赤面投影。与极图比较，反极图比较直观、全面地表达了织构的情况。其优点是便于定量处理，可直接将织构与物理量的变化联系起来，而且测绘手续简单，无须专用的测角头。缺点是一张反极图上不能反映出轧面与轧向的关系。

由于普通衍射仪都采用对称反射几何，这时只有与样品表面平行的晶面才参与衍射，因此，某晶面的衍射强度的变化就反映了该晶面平行于样品表面分数的变化。由此可知，获得反极图的办法是分别测量相同材料的无织构试样和有织构试样的各条衍射线的强度 I_i^0 和 I_i，将它们的强度比 I_i/I_i^0 标到标准投影三角形的相应位置上，最好用光滑的曲线连接各等强度点，就能获得反极图。图 6.5 和图 6.6 分别给出挤压铝棒和 2S 铝冷轧板织构的反极图，由法向图可知，强度最高为 011，轧向图是 112，横向为 111，故该织构理想取向为 $\{110\}\ \langle 112\rangle$。

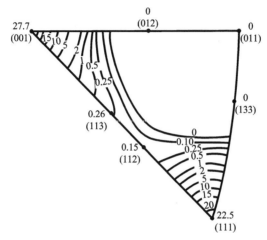

图 6.5　挤压铝棒的反极图

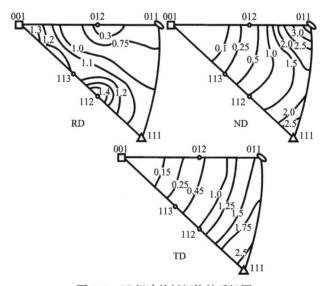

图 6.6　2S 铝冷轧板织构的反极图

6.4　三维取向分布函数[9]

6.4.1　一般介绍

多晶材料中晶粒取向是三维空间分布的。完全描述晶粒取向需三个自变参数，其中两个参数用来描述一个特定的晶轴取向，第三个参数用来描述这个晶轴的转动。因此晶粒的取向分布函数是三个自变量的函数，称为三维取向分布函数，简称 ODF。

三维取向分布函数是基于试样的宏观坐标系和晶体坐标系之间的关系建立起来的。现令 $O\text{-}XYZ$ 为试样的直角坐标系，对于板材，OX—轧向，OY—横向，OZ—轧面法向；$O\text{-}ABC$ 为晶体直角坐标系，对于立方晶系，OA、OB 和 OC 分别为 [100]、[010] 和 [001]。$O\text{-}XYZ$ 和 $O\text{-}ABC$ 之间的关系用一组角度旋转来表示，见图 6.7 （a） 和 （b）。先绕 OZ 轴旋转 ψ 角度，OY 转至 OY'，OX 转至 OX'，再绕 OY' 旋转 θ 角度，OX' 转至 OX''，OZ 转至 OC，最后绕 OC 轴旋转 ϕ 角度，OY' 转至 OB，OX'' 转至 OA，这时两个坐标系统重合。这样 $O\text{-}XYZ$ 和 $O\text{-}ABC$ 之间的转换由 ψ、θ、ϕ 三个角度表示，这种角度称为 Euler 角。

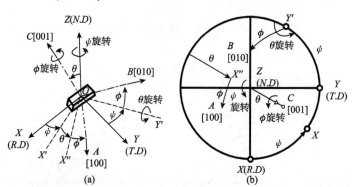

图 6.7　（a）试样坐标系 $O\text{-}XYZ$ 与晶体坐标系 $O\text{-}ABC$ 之间的按 ψ, θ, ϕ 顺序旋转的关系；
（b）用极射赤面投影表示的一组坐标 $\psi=60°$, $\theta=66°$, $\phi=45°$晶体取向

被测多晶材料中每个晶粒取向均可用一组 ψ、θ、ϕ 表示，即在 $O\text{-}\psi\theta\phi$ 直角坐标系中有一个对应点。将所有晶粒的 ψ、θ、ϕ 都标在 $O\text{-}\psi\theta\phi$ 中得到该样品的晶粒取向分布图。与极图的极密度和反极图中的轴向密度相似，引入三维取向密度 $f(\psi, \theta, \phi)$，其定义为

$$f(\psi, \theta, \phi) = K\frac{\Delta V}{V}/(\sin\theta \cdot \Delta\theta\Delta\psi\Delta\phi) \tag{6.9}$$

式中，K 为比例系数，令其为 1；$\sin\theta \cdot \Delta\theta\Delta\psi\Delta\phi$ 为取向元；$\dfrac{\Delta V}{V}$ 是取向落在该取向元内晶粒的体积 ΔV 与试样的总体积之比。对 $f(\psi, \theta, \phi)$ 在整个取向范围内积分有

$$\int_0^{2\pi} \int_0^{2\pi} \int_0^{\pi} f(\psi, \theta, \phi)\sin\theta \mathrm{d}\psi\mathrm{d}\theta\mathrm{d}\phi = 1 \qquad (6.10)$$

目前取向分布函数 $f(\psi, \theta, \phi)$ 不能直接测定，通常利用调和分析方法，在测定组合试样的一组（立方晶系一般为三个）极图数据 $P_i(\alpha, \beta)$ 之后，把极图数据 $P_i(\alpha, \beta)$ 和取向分布函数 $f(\theta, \psi, \phi)$ 分布展开为球谐函数的级数，再根据两级数之系数关系，从 $P_i(\alpha, \beta)$ 级数之系数求 $f(\theta, \psi, \phi)$ 级数之系数，进而求得 $f(\psi, \theta, \phi)$。

6.4.2　极密度分布函数

用衍射方法测得的极图密度 $P_{HKL}(\alpha, \beta)$ 可由下式表示：

$$P_{HKL}(\alpha, \beta) = \sum_{l=0}^{\infty} \sum_{n=-l}^{l} F_{l(HKL)}^n K_l^n(\alpha, \beta)_l \quad (0 \leqslant \alpha \leqslant \frac{\pi}{2}, 0 \leqslant \beta \leqslant 2\pi)$$

$$(6.11)$$

其中，$K_l^n(\alpha, \beta)$ 称为球函数，$F_{l(HKL)}^n$ 是二维线性展开系数，它们是一组常数。球函数可表达式为

$$K_l^n(\alpha, \beta) = \sqrt{\frac{(l-n)!}{(1+N)!} \frac{2l+1}{4\pi}} P_l^n(\cos\alpha)\mathrm{e}^{\mathrm{i}n\beta} \qquad (6.12)$$

$$(n=-l, -l+1, -l+2, \cdots, 1; l=0, 1, 2, 3, \cdots)$$

式中，$P_l^n(\cos\alpha)$ 称为 Hobson-Legendre 函数。令 $x=\cos\alpha$，则有

$$P_l^n(x) = (-1)^l \frac{(1+n)!}{(l-n)!} \frac{(1-x^2)}{2^l l!} \frac{\mathrm{d}^{l-n}}{\mathrm{d}x^{l-n}}(1-x^2)^l \qquad (6.13)$$

极密度表达式中球函数 $K_l^n(\alpha, \beta)$，即式（6.12）中的 $P_l^n(\cos\alpha)$ 和 $\mathrm{e}^{\mathrm{i}n\beta}$ 都是已知的标准函数。给定 α, β 的值即可求出 $P_l^n(\cos\alpha)$ 和 $\mathrm{e}^{\mathrm{i}n\beta}$ 的值。显然易见，多晶样品的织构信息全部储存于展开系数组 $F_{l(HKL)}^n$ 之中。

根据球函数的正交关系，可求得函数 $K_l^n(\alpha, \beta)$ 的共轭复数表达式 $K_l^{*n}(\alpha, \beta)$ 为

$$K_l^{*n}(\alpha, \beta) = (-1)^n K_l^{-n}(\alpha, \beta) = \sqrt{\frac{(l-n)!}{(l+n)!} \frac{2l+1}{4\pi}} P_l^n(\cos\alpha)\mathrm{e}^{\mathrm{i}n\beta} \quad (6.14)$$

6.4.3　三维取向分布函数的表达式

与极密度分布函数的球函数级数表达相似，根据旋转群的一些概念和新性

质，可将取向分布函数以级数的形式展开成广义球函数的线性组合，其形式如下：

$$f(\psi, \theta, \phi) = \sum_{l=0}^{n} \sum_{m=-l}^{l} \sum_{n=-l}^{l} C_l^{mn} T_l^{mn}(\psi, \theta, \phi) \tag{6.15}$$

式中，C_l^{mn} 是三维展开系数，它们是一组常数；$T_l^{mn}(\psi, \theta, \phi)$ 是广义球函数，它的定义是

$$T_l^{mn}(\psi, \theta, \phi) = e^{im\phi} P_l^{mn}(\cos\theta) e^{in\psi} \tag{6.16}$$

式中，$P_l^{mn}(\cos\theta) = P_l^{mn}(x)$ 是广义勒让德函数，它的定义是

$$P_l^{mn}(\cos\theta) = P_l^{mn}(x) = \frac{(-1)^{l-n} i^{n-m}}{2^l (l-m)!} \sqrt{\frac{(l-m)! \ (l+n)!}{(l+m)! \ (l-n)!}} (1-x)^{-\frac{n-m}{2}}$$

$$\times (1+x)^{-\frac{n+m}{2}} \frac{d^{l-n}}{dx^{l-n}} [(1-x)^{l-m}(1+x)^{l-m}] \tag{6.17}$$

由式（6.16）和式（6.17）可知，广义球函数是一个完全已知的标准函数。给定 ψ、θ 和 ϕ 值，即可求出 $T_l^{mn}(\psi, \theta, \phi)$ 的值。取向分布函数 $f(\psi, \theta, \phi)$ 中全部的织构信息储存在式（6.15）所示的系数 C_l^{mn} 之中。

6.4.4　三维取向分布函数的计算

虽然能用三维衍射技术逐点扫描检测多晶材料某一三维区域内各点的取向，以计算取向分布函数，但目前还是通过测量多晶样品的极图数据间接地计算取向分布函数。

取向分布函数 $f(\psi, \theta, \phi)$ 中全部的织构信息储存于式（6.15）所示的系数 C_l^{mn} 之中，而多晶样品的织构信息同时也全部储存于式（6.11）所示的极密度分布函数的展开系数组 $F_{l(HKL)}^n$ 之中。只要建立了极密度函数 $P_{HKL}(\alpha, \beta)$ 的球函数的展开系数 $F_{l(HKL)}^n$ 与取向分布函数 $f(\psi, \theta, \phi)$ 的广义球函数展开系数 C_l^{mn} 的关系，就可以借助测量样品的极图而获得其取向分布函数。$F_{l(HKL)}^n$ 和 C_l^{mn} 之间的关系如下：

$$F_{l(HKL)}^n = \frac{4\pi}{2l+1} \sum_{m=-1}^{l} C_l^{mn} K_l^{*m}(\delta_{HKL}, \omega_{HKL}) \tag{6.18}$$

由式（6.18）可知，$K_l^{*m}(\delta_{HKL}, \omega_{HKL})$ 是已知的球函数，其中 $K_l^{*m}(\delta_{HKL}, \omega_{HKL})$ 表示 [HKL] 晶向在晶体坐标系内的方向。

通过实际测量多晶样品的极密度分布，即从极图获得 $P_{HKL}(\alpha, \beta)$；再根据已知的球函数 $K_l^n(\alpha, \beta)$ 借助式（6.11）求出各 $F_{l(HKL)}^n$ 值；然后利用关系式（6.18）求出 C_l^{mn}；最后把 C_l^{mn} 代入式（6.15）即可计算出取向分布函数 $f(\psi, \theta, \phi)$。

由式（6.18）可以看出，对于每一个确定的 $F_{l(HKL)}^n$ 都有 $2n+1$ 个 C_l^{mn} 系数相对应，即 C_l^{mn} 系数中的 m 可取 $-l$, $-l+1$, $\cdots$, l。所以若想求得 $2l+1$ 个 C_l^{mn}

系数，需有 $2l+1$ 个不同 HKL 值的式（6.18），组成一个线性方程组求解。实际上不可能测得这么多数据。由于实际晶体和样品总有一定的对称性，所以计算取向分布函数所需测量的极密度分布可以大大减少。对于立方晶系，通常需测量三组以上的极密度分布，六方晶系通常需测量四个以上的极图数据。

从极图测定原理可知，只有综合使用透射法和反射法进行极图测定才能获得完整的极图，如果仅其中一种方法，无论是透射法还是反射法，都只能获得不完整的极图数据。对于完整的极图和不完整的极图，其三维取向分布函数的计算方法和过程不同，这里不再介绍，可参阅文献 [9]。所有计算都由计算机完成。

6.4.5　三维取向分布函数的截面图和取向线

三维取向分布函数图是一种三维空间分布图，一般只能描绘一些等 ϕ 或等 ψ 的截面图。图 6.8 给出 X 射线衍射测试的钢板织构的不同 ψ 角时 ODF 函数织构的三维取向分布函数截面。X 射线只能测量某些表面和近表面的织构，而中子衍射则是整个样品尺度的平均，故与宏观性能有很好的对应关系，这是 X 射线衍射办不到的。

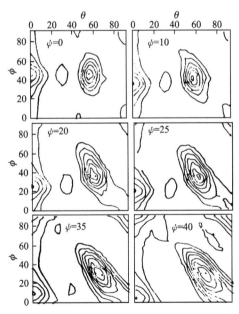

图 6.8　钢板织构的 ODF 函数

所谓取向线是固定 ψ，θ，ϕ 三个参数中的两个，仅一个参数变化的取向分布函数。针对所研究材料的制备、加工、使用等过程，分析观察和直接对比取向空间内某一特定取向线上取向密度的变化规律就显得重要而方便。

6.5　　材料织构实验测定结果的综合分析[3,10]

在有织构材料中，衍射分析技术除实验测定极图、反极图和计算三维取向分布函数外，还包括：

（1）对极图、反极图和三维取向分布函数图进行诠释，求得织构的理想取向及分散度；

（2）进行某些定量织构的计算，进而与材料的各向异性参数联系起来，研究它们之间的关系；

（3）对加工织构到退火再结晶织构的织构演变进行分析；

（4）对材料加工织构、再结晶织构的形成机理及材料加工变形机理和再结晶过程的研究。

6.5.1　理想取向的分析

1. 轴向对称织构的理想取向

一般垂直于丝（棒）取样，或直接用沉积片，用对称布拉格反射测试，其花样中异常增强的衍射线（最强或其他）的晶面指数为轴向对称织构的理想取向。按图 6.9 右上角的插图，即固定探测器于异常增强线的 2θ 位置，样品从 $\theta-\phi$ 到 $\theta+\phi$ 扫描，即得到如图 6.9 所示的一维极密度分布图。当 $P(\phi)/P(\phi=0)=0.5$ 时所对应的 ϕ 角定义为分散角，可见退火能大大减少轴向对称织构的分散度。

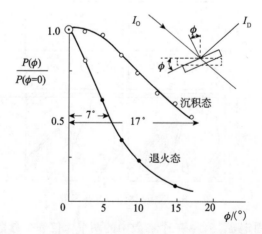

图 6.9　坡莫合金薄膜退火前后一维极密度分布取向

表 6.1 和表 6.2 分别为金属的一些轴向对称织构和沉积织构。

表 6.1 金属的一些轴向对称织构

金属	晶体结构	拉伸织构		压缩织构	
		加工	再结晶	加工	再结晶
Ag	fcc	⟨111⟩ + ⟨100⟩	⟨111⟩ + ⟨100⟩	⟨110⟩ + ⟨100⟩	⟨110⟩
Al	fcc	⟨111⟩	⟨112⟩	⟨110⟩ + ⟨100⟩ + ⟨113⟩	⟨110⟩ + ⟨113⟩
Au	fcc	⟨111⟩ + ⟨100⟩			
Cu	fcc	⟨111⟩ + ⟨100⟩	⟨112⟩	⟨110⟩ + ⟨100⟩	⟨100⟩ + <100⟩；⟨111⟩
Ni	fcc	⟨111⟩ + ⟨100⟩		⟨110⟩ + ⟨100⟩	
Pb	fcc	⟨111⟩	⟨111⟩		
Pd	fcc	⟨111⟩			
Fe	bcc	⟨110⟩	⟨110⟩	⟨111⟩ + ⟨100⟩	《110》
Mo	bcc	⟨110⟩	⟨110⟩；⟨100⟩	⟨110⟩	
W	bcc	⟨110⟩			
Zn	cph	⟨0001⟩*			
Mg	cph	⟨11$\bar{2}$0⟩			
Zr	cph	⟨10$\bar{1}$0⟩	⟨11$\bar{2}$0⟩**		
Ti	cph	⟨10$\bar{1}$0⟩	⟨11$\bar{2}$0⟩**	⟨0001⟩***	⟨0001⟩***

* ⟨0001⟩ 与丝轴成 70°；** ⟨11$\bar{2}$0⟩ 与丝轴成 11°；*** ⟨0001⟩ 与压缩轴成 17.2°~30°。

表 6.2 金属的一些沉积织构

金属	晶体结构	固体凝固	电沉积	气相外延
		平行于柱状晶的晶向	垂直于表面的晶向	垂直于基底的晶向
Ag	fcc	⟨100⟩	⟨111⟩ + ⟨100⟩；⟨111⟩ + ⟨110⟩	⟨111⟩；⟨100⟩；⟨110⟩
Al	fcc	⟨100⟩		⟨111⟩；⟨100⟩；⟨110⟩
Au	fcc	⟨100⟩	⟨110⟩	⟨110⟩；⟨111⟩
Co	fcc		⟨100⟩	
Cr	fcc		⟨110⟩ + ⟨111⟩	⟨111⟩
Cu	fcc	⟨100⟩	⟨110⟩；⟨100⟩	
Ni	fcc		⟨100⟩；⟨112⟩	⟨111⟩
			⟨100⟩ + ⟨110⟩ + ⟨111⟩	
Pb	fcc	⟨100⟩	⟨112⟩	
Pd	fcc			
Fe	bcc	⟨100⟩	⟨111⟩；⟨112⟩	⟨111⟩
Cr	bcc		⟨111⟩；⟨112⟩	⟨111⟩
Mo	bcc			⟨110⟩
Cd	cph	⟨0001⟩	⟨11$\bar{2}$2⟩	⟨0001⟩
Zn	cph	⟨0001⟩	⟨0001⟩	⟨0001⟩
Mg	cph	⟨11$\bar{2}$0⟩		
β-Sn	四方	⟨110⟩	⟨111⟩；⟨001⟩	

2. 板织构的理想取向

图 6.10 给出超坡莫合金轧制织构的 {111} 极图，以此为例，借助于标准晶体投影图，可确定板织构的理想取向指数 {hkl} ⟨uvw⟩。超坡莫合金属立方晶系，应选立方晶系的标准投影图与之对照（基圆半径与极图相同），将二图圆心重合，转动其中之一，使极图上 {111} 极点高密度区与标准投影图上的 {111} 面族极点位置重合，不能重合则换标准极图再对。最后，发现此图与 (110) 标

准投影图的 111 极点对上，则轧面指数为（110），与轧向重合点的指数为 $1\bar{1}2$，故此织构指数为 $\{110\}\langle1\bar{1}2\rangle$。

如果从反极图出发来分析织构的理想取向，则需综合 ND、TD、RD 三个方向的反极图才能做出判定，如从图 6.6 所示的 2S 铝冷轧板织构的反极图可得，法向是（011）最强，轧向是（112）最强，TD 方向是（111）最强，故得出其理想取向为 $\{110\}\langle1\bar{1}2\rangle$，这和超坡莫合金轧制织构的理想取向相同，因为两者都属于面心立方结构。表 6.3 列出一些金属的重要轧制织构。

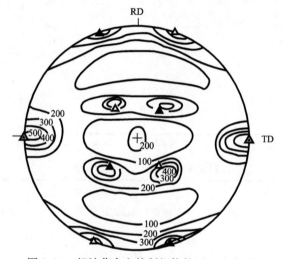

图 6.10　超坡莫合金轧制织构的 $\{111\}$ 极图

△，▲示出 $\{110\}\langle1\bar{1}2\rangle$

表 6.3　金属的轧制织构

金属	晶体结构	冷轧织构	再结晶织构
Ag	fcc	$\{110\}\langle112\rangle + \{112\}\langle111\rangle$	$\{113\}\langle112\rangle$
Al	fcc	$\{110\}\langle112\rangle + \{112\}\langle111\rangle$	$\{100\}\langle001\rangle$
Cu	fcc	$\{110\}\langle112\rangle + \{112\}\langle111\rangle$	$\{100\}\langle001\rangle$
Ni	fcc	$\{110\}\langle112\rangle + \{112\}\langle111\rangle$	$\{100\}\langle001\rangle$
Pb	fcc	$\{110\}\langle112\rangle + \{112\}\langle111\rangle$	
Fe	bcc	$\{100\}\langle011\rangle + \{112\}\langle110\rangle + \{111\}\langle112\rangle$	$\{100\}\langle011\rangle$*
Mo	bcc	$\{100\}\langle011\rangle$	$\{100\}\langle011\rangle$
W	bcc	$\{100\}\langle011\rangle$	
Cd	cph	$\{0001\}\langle11\bar{2}0\rangle$**	$\{0001\}\langle11\bar{2}0\rangle$**
Zn	cph	$\{0001\}\langle11\bar{2}0\rangle$**	$\{0001\}\langle11\bar{2}0\rangle$**
Mg	cph	$\{0001\}\langle11\bar{2}0\rangle$	$\{0001\}\langle11\bar{2}0\rangle$
Zr	cph	$\{0001\}\langle10\bar{1}0\rangle$***	$\{0001\}\langle11\bar{2}0\rangle$***
Ti	cph	$\{0001\}\langle10\bar{1}0\rangle$***	$\{0001\}\langle11\bar{2}0\rangle$***

* 〈011〉与轧向成 15°；

** 〈0001〉沿轧向倾斜 20°～25°；

*** 〈0001〉沿轧向倾斜 25°～30°。

6.5.2 多重织构组分分析

1. 轴向对称织构定量分析

轴向对称织构定量分析是按图 6.9 中右上角的插图测定各织构组分的极密度分布曲线，即固定探测器的 2θ 位置，样品作 $0\sim\pm90°$ 的 ϕ 扫描，得 $I\sim\phi$ 分布曲线，然后转换成 $I\sin\phi\sim\phi$ 曲线，可看到极密度分布曲线的峰位和峰形，该峰形的面积表征该织构组分。比如，Ag 丝具有 $\langle111\rangle+\langle100\rangle$ 双重织构，它们的 $I\sin\phi\sim\phi$ 曲线分别在 $-70°\sim+70°$ 和 $-54°\sim+54°$ 有峰，则两者织构组分比可由下式计算：

$$\frac{V_{111}}{V_{100}}=\frac{\int_{-70°}^{+70°} I_{111}\sin\phi\mathrm{d}\phi}{\int_{-54°}^{+54°} I_{100}\sin\phi\mathrm{d}\phi} \tag{6.19}$$

2. 板织构的定量分析

板织构组分的定量分析不能直接从极图计算，而由取向分布函数入手。图 6.11 为某多晶材料的取向分布函数 $f(g)\sim g$ 的分布图，由图可以看出，在 g_1 和 g_2 处有取向聚集现象；g_1 和 g_2 处附近的聚集不仅有量多少的差别，还有分散情况的差别。一般认为分散成正态分布规律。这样可以认为取向分布函数 $f(g)$ 由 3 个组分叠加而成，分别用 $f_1(g)$，$f_2(g)$ 和 $f_r(g)$ 表示，其中 $f_r(g)$ 是除了在 g_1 和 g_2 附近聚集的取向分布之外的随机取向分布密度。叠加后的 $f(g)$ 形式为

$$f(g)=f_r(g)+\sum_{j=1}^{n} f_j(g) \tag{6.20}$$

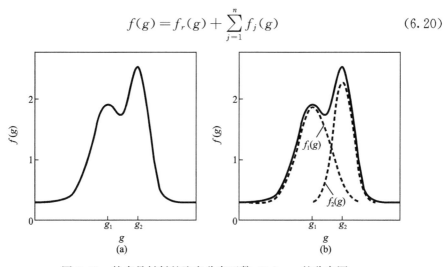

图 6.11 某多晶材料的取向分布函数 $f(g)\sim g$ 的分布图

（a）取向分布函数；（b）正态分布函数

这里 $n=2$。对某一正态分布的织构组分，可推导出其体积含量应为

$$V_j = Z_j S_0^j \int_0^\infty \exp\left[-\frac{\varphi^2}{\varphi_j^2}\right] (1-\cos\varphi)\mathrm{d}\varphi = \frac{1}{2\sqrt{\pi}} Z_j S_0^j \varphi_j \left[1-\exp\left(-\frac{\varphi_j^2}{4}\right)\right]$$

(6.21)

式中，j 表示第 j 种织构组分；Z 为织构组分的重复次数；S_0 为正态分布织构组分中心的取向密度值；φ 为取向密度中心的 S_0 降至 $S_0\mathrm{e}^{-1}$ 时偏离中心的角度。由此可计算出各织构组分的体积。通常，获得 n 种织构组分的条件后，还需要对各织构组分按照 $V_r + \sum_{j=1}^n V_j = 1$ 作归一化处理，其中 V_r 为取向随机分布组分的分数。

6.5.3　织构的形成和演变

关于织构的形成和演变的详细讨论似乎已超出本书的范围，但作为衍射专业的测试分析人员似乎也应该具备这方面的知识，故这里仅作简单介绍，更多内容可参阅文献 [1]，[2]，[10]。表 6.4 给出一些重要织构的特征和形成，以供参考。

织构演变分析的内容十分广泛，如织构在加工过程中随加工量（压下量等）的变化，此后随退火温度和时间的不同，变化也不同，不同类型材料以及晶体结构不同，织构演变也不同，因此不可能做系统讨论，这里仅举两个例子。

表 6.4　一些重要织构的特征和形成

织构类别	织构名称	织构特征	织构形成
冷加工织构	冷轧织构	轧制织构 $\{hkl\}\langle uvw \rangle$	各晶粒某些晶面择尤平行于轧面，其中某些方向择尤平行于轧向
	冷拉拔织构	轴向对称织构，$\langle uvw \rangle$	各晶粒某些晶向择尤平行于拉拔单轴应力
	冷墩压织构	轴向对称织构，$\langle uvw \rangle$	各晶粒某些晶面倾向于压应力方向
再结晶织构	再结晶织构	与原织构组分有一定关系	择尤成核和/或择尤长大
	二次再结晶织构	原加工织构消除，再结晶织构降低，产生新的织构	择尤成核和/或择尤长大
热加工织构	铸造织构	具有轴向织构的柱状晶	金属快速生长方向与铸造温度梯度方向平行
	热轧织构	轧制织构 $\{hkl\}\langle uvw \rangle$	由于变形和再结晶交替作用，变形织构降低
	热拔织构	轴向对称织构，$\langle uvw \rangle$	
	粉末烧结织构		烧结时的颗粒的定向偏转造成明显的择尤取向

续表

织构类别	织构名称	织构特征	织构形成
表面膜织构	电镀织构	轴向对称织构，$\langle uvw \rangle$	电镀物的某些晶面择尤垂直于电场方向
	沉积织构	轴向对称织构，$\langle uvw \rangle$	沉积物的某些晶面择尤平行于衬底表面
	外延织构	轴向对称织构，$\langle uvw \rangle$	外延物的某些晶面择尤平行于衬底表面
	金刚石薄膜	{100} {111} 双重织构	{100} {111} 的表面能最低
特殊再结晶织构	立方织构	{100} $\langle 001 \rangle$	定向形核和/或选择生长
体织构	相变织构	母相与新相有固有的取向关系	母相与新相有固有的取向关系，特别是马氏体相变

1. 冷轧织构随真变形量的变化

图 6.12 给出冷轧金属板材织构组分的体积分数 V 和分散度 ψ 随冷轧真变形量的变化情况。由图可以看出，随变形量的增加，两织构组分的体积分数 V 也增加，而随机取向组分随之降低，无论是工业纯铝还是工业纯铁都是如此；两种织构成分的分散程度都随变形量增加而降低，表明随变形量增加两织构组分都更强更集中。

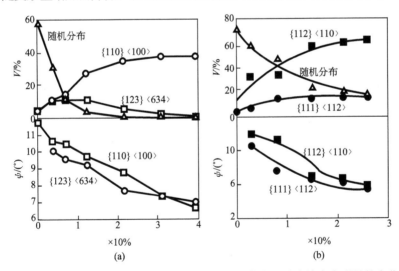

图 6.12　冷轧金属板材织构组分的体积分数 V 和分散度 ψ 随冷轧真变形量的变化情况

(a) 工业纯铝；(b) 工业纯铁

2. 再结晶织构的变化

图 6.13 展示了用织构组分分析法观察与分析再结晶和二次再结晶织构演变的过程。从图 6.13（a）可知，800℃加热初期，95％冷轧 Cu-30％Zn 合金板中冷轧织构组分 {110}〈112〉减少，而再结晶织构组分 {236}〈358〉增加，表明

合金板内发生了再结晶。随加热时间的延长，再结晶组分 {236} 〈358〉减少，而新生的织构组分 {179} 〈112〉增强，说明合金板内发生了二次再结晶，{179} 〈112〉取向的晶粒大量吞噬 {236} 〈358〉取向的晶粒。

　　图 6.13（b）示出，95％冷轧 Al-1％Mn 合金板再结晶后得到了很强的 {100} 〈001〉织构。对该合金板做 620℃加热时，{100} 〈001〉织构减弱，而 {110} 〈133〉织构增强，同时有少量的 {100} 〈023〉织构出现，也说明合金板内发生了二次再结晶。继后，随时间继续延长，{110} 〈133〉逐渐减弱，同时 {100} 〈023〉织构明显增强，说明合金板内发生了第二轮再结晶，因而造成织构组分的再次转换。

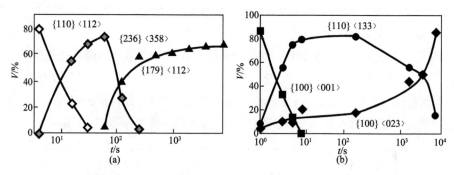

图 6.13　95％冷轧合金板再结晶织构组分的变化

（a）冷轧 Cu-30％Zn 合金板 800℃加热；（b）冷轧 Al-1％Mn 合金板再结晶后 620℃加热

6.6　实例——喷丸对 S30432 奥氏体不锈钢原始织构的影响[11]

　　织构对材料的性能影响十分明显，主要原因是引起了材料各向异性。因此，研究表面喷丸强化对 S30432 奥氏体不锈钢织构的影响具有十分重要的意义。本节主要采用 X 射线衍射分析方法研究 S30432 奥氏体不锈钢在喷丸前后表层织构的变化。在样品坐标系中，RD 为试样长度方向，TD 为试样宽度方向。采用 Schultz 织构测量方法，测量 γ-Fe {111}，{200} 和 {220} 三组衍射晶面极图，α 角范围为 $25°\sim85°$，聚集不仅有量大量少的差别，还有分散情况的差别。一般认为分散呈正态分布规律。这样其测定结果如图 6.14 所示。从图 6.14 中可以看出，喷丸处理后织构明显弱化，表层织构基本消失。喷丸过程中，S30432 奥氏体不锈钢表面变形方向随机，反复的塑性变形后，亚晶粒细化、位错密度提高，大量位错集中在晶界处，并最终形成大角度晶界，使得晶粒之间的取向逐渐变为随机，最终达到弱化表层原始织构的目的。

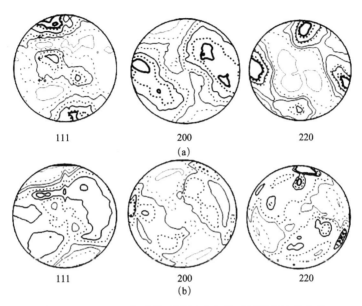

图 6.14 S30432 奥氏体不锈钢喷丸前后原始织构的变化

(a) 喷丸前；(b) 喷丸后

参 考 文 献

[1] 毛卫民. 金属材料的晶体学织构与各向异性. 北京：科学出版社，2002.

[2] 毛卫民，杨平，陈冷. 材料织构分析原理与测试技术. 北京：冶金工业出版社，2008.

[3] 毛卫民，张新民. 晶体材料织构定量分析. 北京：冶金工业出版社，1993；毛卫民. 板织构的定量分析. 物理测试，1992，3：44～49.

[4] Mitin B S, Serov M M, Yakovlev V B. The Crystallographic texture and properties of metal materials. Moscow Aviation Technology Institute，2006.

[5] Maja D, Ladislav K, Alexander G. Quantitative texture analysis of metal sheets and polymer foils by neutron diffraction. Physica B Condensed Matter，2006，part 1 (15)：611～613.

[6] Bunge H J, Tobish J. Texture transition in β-brasses determined by neutron diffraction. Appl. Cryst.，1972，5：27～40.

[7] Szpunar J. Texture and neutron diffraction. Atomic Energy Rev.，1976，14：199～261.

[8] Kocks U F, Tome C N, Wenk H R. Texture and Anisotropy. Cambridge：Cambridge University Press，1998.

[9] 梁志德，徐家桢，王福．织构材料的三维取向分析技术——ODF 分析．沈阳：东北工学院出版社，1986；梁志德．织构的三维取向分析．X 射线衍射学进展．北京：科学出版社，1986；305～338.

[10] 张信钰．金属与合金的织构．北京：科学出版社，1976.

[11] 詹科．S30432 奥氏体不锈钢喷丸强化及其表征研究．上海交通大学博士学位论文，2013.

[12] 姜传海，杨传铮．中子衍射技术及其应用．北京：科学出版社，2012.

第7章 宏观应力的 X 射线衍射测定方法

内应力（internal stress）是指产生应力的各种因素不存在时（如外力去除、温度已均匀、相变结束等），由于不均匀的塑性变形（包括由温度及相变等引起的不均匀体积变化），材料内部依然存在并且自身保持平衡的弹性应力，又称为残余应力（residual stress）。由于内应力的存在，对材料的疲劳强度及尺寸稳定性等均造成不利的影响。另外，出于改善材料性能的目的（如提高疲劳强度），人为地在材料表面喷丸引入压应力。总之，内应力是一个广泛而重要的问题，已在《内应力衍射分析》[1]一书中有详细介绍，还有一些书籍可供参考[2~8]。

7.1 应力状态分类和应力-应变间的基本关系式[1,3,4]

根据应力和应变在材料内的分布状态，可把内应力分为：三轴（维）应力、双轴（二维或平面）应力和单轴（一维）应力，现分述如下：

7.1.1 三轴应力

为了示意和定义三维应力分量，让我们考虑均匀应力立方体内具有平面面积为 A 的小立方体。坐标轴为 S_1、S_2 和 S_3，如图 7.1 所示。每一个面用单位矢量 $\boldsymbol{X}^1$、$\boldsymbol{X}^2$ 和 $\boldsymbol{X}^3$ 或 $-\boldsymbol{X}^1$、$-\boldsymbol{X}^2$ 和 $-\boldsymbol{X}^3$ 来表征。我们把向前的面作为正方向。材料周围在立方体的 i 面上产生力 $\boldsymbol{f}^i$，它们正比于面积 A。每一个力 $\boldsymbol{f}^i$ 能用平行于三个轴的分量，即

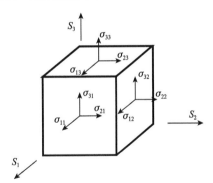

图 7.1 应力分量的定义示意图

f_1^i、f_2^i 和 f_3^i 求解。应力 σ_{ij} 被定义为 i 平面上 j 方向单位面积的力：

$$\sigma_{ij} = f^i \cdot S^j/A \tag{7.1}$$

例如，σ_{11} 是作用于 1-平面 1-方向的应力，σ_{23} 是作用于 2-平面 3-方向的应力；σ_{ii} 称为法向分量，所示的力垂直作用于 i 平面；σ_{ij}（$i \neq j$）称为切向分量，所示的力平行作用于平面。假定小立方体是均匀受应力的，反面的力也是相同的，但方向相反，面的法线也相反，因此式（7.1）产生同样的应力。

如果立方体承受应力，立方体内的每一点 x 都经受一位移 u，并且假定是很小的，具有原长度 L_0 的一维应变已知是

$$\varepsilon = \frac{L - L_0}{L_0} = \Delta L / L_0, \quad u(x) = \varepsilon \cdot x \tag{7.2}$$

ε_{ii} 称为法向应变，ε_{ij}（$i \neq j$）称为切应变。受应力元是对称的，$\varepsilon_{ij} = \varepsilon_{ji}$。$\varepsilon_{ij}$ 形成对称应变张量，有 9 个分量。

因此，应力和应变都形成对称张量，都有 9 个分量，能用矩阵符号写出：

$$\sigma^{3D} = \begin{pmatrix} \sigma_{11} & \sigma_{12} & \sigma_{13} \\ \sigma_{12} & \sigma_{22} & \sigma_{23} \\ \sigma_{13} & \sigma_{23} & \sigma_{33} \end{pmatrix} \tag{7.3}$$

$$\varepsilon^{3D} = \begin{pmatrix} \varepsilon_{11} & \varepsilon_{12} & \varepsilon_{13} \\ \varepsilon_{12} & \varepsilon_{22} & \varepsilon_{23} \\ \varepsilon_{13} & \varepsilon_{23} & \varepsilon_{33} \end{pmatrix} \tag{7.4}$$

由于对称性，$\sigma_{ij} = \sigma_{ji}$，$\varepsilon_{ij} = \varepsilon_{ji}$，9 个分量中的 6 个分量是独立的。这 6 个分量足以描述材料中一点上的应力状态和应变状态。

当物体承受确定的应力时，应变响应取决于材料的弹性性能，应变可能是弹性和塑性的，故

$$\varepsilon = \varepsilon^{el.} + \varepsilon^{pl.} \tag{7.5}$$

当应力被弛豫时，弹性应变将消失，塑性部分将保留。当应力不超过材料的屈服极限时，应变响应仅是弹性的。如果弹性应变足够小，应变与所用应力呈线性关系。这对大多实际情况是现实有效的。

在一维情况下，杨氏模量 E 把应力和应变联系起来：

$$\sigma = E\varepsilon \tag{7.6}$$

这是最简单的胡克（Hooke）定律。

当每个应力分量与 9 个应变分量都为线性相关时，应力与应变张量之间给出最一般线性关系，就存在有 9 个独立分量的 9 个方程。

$$\sigma_{ij} = s_{ijkl}\varepsilon_{kl} \tag{7.7}$$

这个关系定义出弹性刚度 s（stiffness）的四阶列张量，它有 $3^4 = 81$ 个分量 s_{ijkl}。

四阶列张量（s）与二阶列张量（ε）的乘积：

$$(s\varepsilon)_{ij} = s_{ijmn}\varepsilon_{mn} \tag{7.8}$$

与式（7.6）相似，应力张量是弹性刚度张量和应变张量的乘积：

$$\sigma = s\varepsilon \tag{7.9}$$

式（7.7）和式（7.9）被称为一般化的胡克定律。

应力张量及应变张量是对称的，所以刚度张量 s 也是对称的：

$$s_{ijkl} = s_{jikl} = s_{ijlk} \qquad (7.10)$$

因此，刚度张量的 81 个分量减少至 36 个分量。类似于式（7.6），三维应力状态能用 6 个方程表示：

$$\begin{cases} \sigma_{11} = s_{11}\epsilon_{11} + s_{12}\epsilon_{22} + s_{13}\epsilon_{33} + s_{14}\epsilon_{23} + s_{15}\epsilon_{13} + s_{16}\epsilon_{12} \\ \sigma_{22} = s_{21}\epsilon_{11} + s_{22}\epsilon_{22} + s_{23}\epsilon_{33} + s_{24}\epsilon_{23} + s_{25}\epsilon_{13} + s_{26}\epsilon_{12} \\ \sigma_{33} = s_{31}\epsilon_{11} + s_{32}\epsilon_{22} + s_{33}\epsilon_{33} + s_{34}\epsilon_{23} + s_{35}\epsilon_{13} + s_{36}\epsilon_{12} \\ \sigma_{23} = s_{41}\epsilon_{11} + s_{42}\epsilon_{22} + s_{43}\epsilon_{33} + s_{44}\epsilon_{23} + s_{45}\epsilon_{13} + s_{46}\epsilon_{12} \\ \sigma_{13} = s_{51}\epsilon_{11} + s_{52}\epsilon_{22} + s_{53}\epsilon_{33} + s_{54}\epsilon_{23} + s_{55}\epsilon_{13} + s_{56}\epsilon_{12} \\ \sigma_{12} = s_{61}\epsilon_{11} + s_{62}\epsilon_{22} + s_{63}\epsilon_{33} + s_{64}\epsilon_{23} + s_{65}\epsilon_{13} + s_{66}\epsilon_{12} \end{cases} \qquad (7.11)$$

写成 6×6 的矩阵形式为

$$\begin{bmatrix} \sigma_{11} \\ \sigma_{22} \\ \sigma_{33} \\ \sigma_{23} \\ \sigma_{13} \\ \sigma_{12} \end{bmatrix} = \begin{bmatrix} s_{11} & s_{12} & s_{13} & s_{14} & s_{15} & s_{16} \\ s_{21} & s_{22} & s_{23} & s_{24} & s_{25} & s_{26} \\ s_{31} & s_{32} & s_{33} & s_{34} & s_{35} & s_{36} \\ s_{41} & s_{42} & s_{43} & s_{44} & s_{45} & s_{46} \\ s_{51} & s_{52} & s_{53} & s_{54} & s_{55} & s_{56} \\ s_{61} & s_{62} & s_{63} & s_{64} & s_{65} & s_{66} \end{bmatrix} \cdot \begin{bmatrix} \epsilon_{11} \\ \epsilon_{22} \\ \epsilon_{33} \\ \epsilon_{23} \\ \epsilon_{13} \\ \epsilon_{12} \end{bmatrix} \qquad (7.12)$$

但必须注意，s_{mn} 不是张量，如果进行包含张量多重化或张量转换计算，分量必须用四阶列张量符号处理。应该把仅有 2 个指数的 Voigt 符号看成是一简便的缩写。

弹性性能的研究显示，式（7.10）关系的附加对称性：在 Voigt 符号中，$s_{ijkl} = s_{klij}$，及 $s_{mn} = s_{nm}$。这使得 s_{mn} 矩阵对称，独立的分量降低至 21 个。

式（7.9）的倒转产生一般化的胡克定律：

$$\epsilon = c\sigma \text{ 和 } \epsilon_{ij} = c_{ijmn}\sigma_{mn}, \quad s = c^{-1} \qquad (7.13)$$

这些弹性柔度（compliance）张量 c_{ijmn} 是刚度张量 s 的倒转张量。Voigt 符号也可以应用，但有下面的约定：

$$\begin{cases} c_{mn} = c_{ijkl} & (m \geqslant 3 \text{ 和 } n \geqslant 3) \\ c_{mn} = 2 \cdot c_{ijkl} & (m \leqslant 3 \text{ 和 } n > 3) \text{ 或反之亦然} \\ c_{mn} = 4 \cdot c_{ijkl} & (m > 3 \text{ 和 } n > 3) \end{cases} \qquad (7.14)$$

这些约定仅适用于张量 s。

由于晶体点阵的对称元素，独立分量的数目进一步减少。例如，正交晶体的 s_{mn} 和 c_{mn} 显示有 9 个独立分量的下述排列：

$$
c = \begin{bmatrix}
c_{11} & c_{12} & c_{13} & 0 & 0 & 0 \\
\bullet & c_{22} & c_{23} & 0 & 0 & 0 \\
\bullet & \bullet & c_{33} & 0 & 0 & 0 \\
\bullet & \bullet & \bullet & c_{44} & 0 & 0 \\
\bullet & \bullet & \bullet & \bullet & c_{55} & 0 \\
\bullet & \bullet & \bullet & \bullet & \bullet & c_{66}
\end{bmatrix}
\tag{7.15}
$$

矩阵是对称的，作为应用，仅写出上半个三角形。随着晶体点阵对称性的增加，人们获得进一步的简化，如六方对称有：

$$
s_{11} = s_{22}, \quad s_{13} = s_{23}; \qquad c_{11} = c_{22}, \quad c_{13} = c_{23} \tag{7.16a}
$$

$$
s_{44} = s_{55}, \quad s_{66} = 2(s_{11} - s_{12}); \qquad c_{44} = c_{55}, \quad c_{66} = \frac{1}{2}(c_{11} - c_{12}) \tag{7.16b}
$$

对于立方对称

$$
\begin{cases}
s_{11} = s_{22} = s_{33}, & c_{11} = c_{22} = c_{33} \\
s_{44} = s_{55} = s_{66}, & c_{44} = c_{55} = c_{66} \\
s_{12} = s_{13} = s_{23}, & c_{12} = c_{13} = c_{23}
\end{cases}
\tag{7.17}
$$

对于联系各向同性弹性物体，还附加关系：

$$
s_{44} = 2(s_{11} - s_{12}); \qquad c_{44} = \frac{1}{2}(c_{11} - c_{12}) \tag{7.18}
$$

对于最后的情况，仅保留两个独立分量：

$$
s_{11} = 1/E; \qquad s_{12} = -\nu/E \tag{7.19}
$$

用杨氏模量 E 和泊松比 ν 就能全面描述各向同性的物体的同性行为。其他几个参量也是有用的，如压缩模量 K 和切变模量 G，但是这两个值足以描述各向同性行为。

不同晶系张量 c_{mn} 和 s_{mn} 的排列见表 7.1。已知单晶数据 s_{mn} 和 c_{mn} 综合收集在文献（Landoly-Burnstein, Zahlenwerte und Funkionen aus Naturwissenschaften und Technik, Groppe III, 1976, vol.11 ; 1984, vol.18, Springer Verlag Berlin, Heideberh, New York）中。

分量 s_{ijkl} 称为刚度（stiffness），分量 c_{ijkl} 称为柔度（compliance）。s_{ijkl} 用 MPa 或 N/mm² 单位写出，c_{ijkl} 用 MPa⁻¹或 mm²/N 单位写出。c 和 s 两者描述了晶体的弹性性质，人们就把它们说成弹性数据。有些英国作者把 c_{ijkl} 称为弹性模量，而把 s_{ijkl} 称为弹性常数。宏观杨氏模量（单位 MPa）应该是弹性常数，而不是弹性模量。

表 7.1　不同晶系的弹性刚度和弹性柔度矩阵形式（在三角形左下部的分量没有画出，矩阵相对于三角形是对称的。晶类用国际和熊氏符号表示）

晶系	晶类	刚度和柔度在矩阵符号中的排列；独立分量的数目	晶系	晶类	刚度和柔度在矩阵符号中的排列；独立分量的数目
三斜	所有类型	21	四方	4 (C_4) $\bar{4}$ (S_4) $4/m$ (C_{4h})	7
单斜	所有类型	13	四方	$4mm$ (C_{4v}) $\bar{4}2m$ (D_{2d}) 422 (D_4) $\dfrac{4}{m}mm$ (D_{4h})	6
正交	所有类型	9	六方	所有类型	5
菱形	3 (C_3) $\bar{3}$ (C_{3i})	7	立方	所有类型	3
菱形	32 (D_3) $3m$ (C_{3v}) $\bar{3}m$ (D_{3d})	6	各向同性		2

$S_{ij}=0$　　$S_{ij}\neq0$　　$S_{ij}=S_{kl}$　　$S_{kl}=S_{ij}$　　$S_{ij}=2(S_{11}-S_{22})$　　$S_{kl}=2S_{ij}$
$C_j=0$　　$C_{ij}\neq0$　　$C_{ij}=C_{kl}$　　$C_{kl}=-C_{ij}$　　$C_{ij}=\dfrac{1}{2}(C_{11}-C_{22})$　　$C_{kl}=C_{ij}$

7.1.2　平面应力（双轴应力）

当式（7.3）中的 σ_{11}，$\sigma_{22}\neq0$，而 $\sigma_{33}=0$ 时，工件表面为自由表面，但垂直于表面的应变 ε_{33} 并非为零，这种应力状态称为平面（双轴）应力状态。因此式（7.3）和式（7.4）变为

$$\sigma^{2D}=\begin{pmatrix}\sigma_{11} & \sigma_{12}\\ \sigma_{21} & \sigma_{22}\end{pmatrix} \tag{7.20}$$

$$\varepsilon^{2D}=\begin{pmatrix}\varepsilon_{11} & \varepsilon_{12} & 0\\ \varepsilon_{21} & \varepsilon_{22} & 0\\ 0 & 0 & \varepsilon_{33}\end{pmatrix} \tag{7.21}$$

ε 与 σ 之间的关系为

$$\begin{cases} \varepsilon_{11} = \dfrac{\sigma_{11} - \nu\sigma_{22}}{E} \\[2mm] \varepsilon_{22} = \dfrac{\sigma_{22} - \nu\sigma_{11}}{E} \\[2mm] \varepsilon_{33} = \dfrac{-\nu(\sigma_{11} + \sigma_{22})}{E} \end{cases} \tag{7.22}$$

$$\begin{cases} \sigma_{11} = \varepsilon_{11}E + \dfrac{\nu E(\nu\varepsilon_{11} + \varepsilon_{22})}{1 - \nu^2} \\[2mm] \sigma_{22} = \dfrac{E(\varepsilon_{11} + \varepsilon_{22})}{1 - \nu^2} \end{cases} \tag{7.23}$$

7.1.3 单轴应力

若试样处于 S_3 方向的纯拉力状态，则在 S_3 方向承受单轴应力 σ_{33}，在与 S_3 垂直的平面内没有应力，即 σ_{11}，$\sigma_{22} = 0$，但存在应变，即 $\varepsilon_{11} = \varepsilon_{22} \neq 0$。故有

$$\sigma^{1D} = \sigma_{33}, \qquad \varepsilon^{1D} = \begin{bmatrix} \varepsilon_{11} & \varepsilon_{12} & 0 \\ \varepsilon_{21} & \varepsilon_{22} & 0 \\ 0 & 0 & \varepsilon_{33} \end{bmatrix} \tag{7.24}$$

$$\sigma_{33} = E\varepsilon_{33} \tag{7.25}$$

$$\begin{cases} \varepsilon_{33} = \dfrac{1}{E}\sigma_{33} \\[2mm] \varepsilon_{22} = \varepsilon_{11} = -\nu\varepsilon_{33} = \dfrac{-\nu}{E}\sigma_{33} \end{cases} \tag{7.26}$$

7.1.4 主应力状态

无论是三轴应力状态还是二轴应力状态，当所有的切应力分量等于零或被忽略时，样品或工件不存在切应变，这种情况称为主应力状态。对于三维应力状态，式（7.3）、式（7.4）和式（7.11）变为

$$\sigma^{3D} = \begin{bmatrix} \sigma_{11} & 0 & 0 \\ 0 & \sigma_{22} & 0 \\ 0 & 0 & \sigma_{33} \end{bmatrix}, \qquad \varepsilon^{3D} = \begin{bmatrix} \varepsilon_{11} & 0 & 0 \\ 0 & \varepsilon_{22} & 0 \\ 0 & 0 & \varepsilon_{33} \end{bmatrix} \tag{7.27}$$

$$\begin{cases} \sigma_{11} = s_{11}\varepsilon_{11} + s_{12}\varepsilon_{22} + s_{13}\varepsilon_{33} \\ \sigma_{22} = s_{21}\varepsilon_{11} + s_{22}\varepsilon_{22} + s_{23}\varepsilon_{33} \\ \sigma_{33} = s_{31}\varepsilon_{11} + s_{32}\varepsilon_{22} + s_{33}\varepsilon_{33} \end{cases} \tag{7.28}$$

双轴主应力状态则有

$$\sigma^{2D} = \begin{bmatrix} \sigma_{11} & 0 \\ 0 & \sigma_{22} \end{bmatrix}; \qquad \varepsilon^{2D} = \begin{bmatrix} \varepsilon_{11} & 0 & 0 \\ 0 & \varepsilon_{22} & 0 \\ 0 & 0 & \varepsilon_{33} \end{bmatrix} \tag{7.29}$$

可见求解主应力要简单得多。

对于单轴应力有

$$\sigma^{1D}=\sigma_{33}, \quad \varepsilon^{1D}=\begin{bmatrix} \varepsilon_{11} & 0 & 0 \\ 0 & \varepsilon_{22} & 0 \\ 0 & 0 & \varepsilon_{33} \end{bmatrix} \tag{7.30}$$

7.2　宏观应力 X 射线测定的衍射几何[1~5]

7.2.1　测定宏观应力的一般 X 射线衍射方法

一般衍射几何用确定的入射角 α 和/或出射角 β 控制 X 射线的穿透深度，使用仪器的旋转仅是为了把 $\{hkl\}$ 晶面带到衍射位置，即准直 $\{hkl\}$ 晶面的法线平行于衍射矢量（实验室系统 L 的 L_3 轴）。

为了描述衍射几何，定义不同的角度是必要的，如角度 φ 和 ψ，仪器的旋转角 ϕ，ω 和 χ 都必须加以区别。各角度的含义如下所示。

2θ 为衍射角，放置探测器的位置。下面，角度 θ 严格地用作布拉格角（衍射角的一半，即入射束和处于衍射条件的晶面间的夹角，不是入射束与试样表面间的夹角）。

ϕ 为绕试样台平面法线的旋转角。一般来讲，试样安装在样品台上，使 ϕ 轴和 φ 轴平行，两旋转角以不变的偏移简单联系。

ω 为样品绕垂直于衍射面的轴的旋转角，即平行于 2θ 轴，垂直于 χ，对于对称衍射条件，$\chi=\theta$；对于 $\chi=0$，$\alpha=\omega$。

χ 为试样绕用衍射面与样品表面（试样台平面）交线定义的轴的旋转角，即垂直于 ω 轴和 2θ 轴。

如果角度 ω 和 χ 不分别与 θ 和 ψ 相混淆，那么就不会混淆（注意，$2\theta/\theta$ 扫描项需要用 $2\theta/\omega$ 扫描项代替）。

用设置仪器角度 2θ，ϕ，ω 和 χ 能选择试样系统 S 具有特殊取向的衍射面 $\{hkl\}$，用 ω 或 χ（或两者结合）来设置 ψ 角，就可能导致应力测量中 ω 模式和 χ 模式间的差别（在这两种情况下，越过固定 ψ 角的衍射峰扫描是用 $2\theta/\omega$ 扫描进行的）。

取平行于双轴（二维）应力平面作测试面，图 7.2 描述了平面应变测量时的坐标选择和坐标轴的关系，其试样坐标系是 S_3 垂直于试样表面，S_1 和 S_2 在试样平面内（未画出）；实验坐标系是 L_3 为衍射矢量（衍射面的法线）方向。ψ 是衍射矢量 L_3 与试样表面法线 S_3 间的夹角，改变 ψ 角有两种方法，如下：

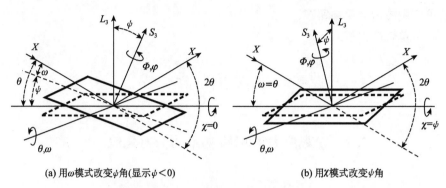

(a) 用 ω 模式改变 ψ 角(显示 $\psi<0$)　　　　(b) 用 χ 模式改变 ψ 角

图 7.2　描述衍射几何所需各种角度的定义

L_3 为衍射矢量；S_3 为表面法线

1.ω 模式，$\chi=0$（图 7.2 (a)）

改变 ω，［固定 $\theta=\theta^{hkl}$，参考方程（7.1）］提供按照 $\psi=\omega-\theta$ 样品表面法线测量 $\{hkl\}$ 面的倾角 ψ（相反，$\psi=\theta-\omega$ 也能在文献中找到）。值得注意的是，如果极角 φ 和 ψ 被定义为样品坐标系中特殊测量方向，则 ψ 总是正的）。因为 $\chi=0$，入射角 α 直接由 ω 角给出，出射角是 $\beta=2\theta-\omega=\theta-\psi$。

把 $\alpha=\theta+\psi$ 和 $\beta=\theta-\psi$ 代入 $1/e$ 穿透深度定义式：

$$\tau=\frac{\sin\alpha\sin\beta}{\mu(\sin\alpha+\sin\beta)}\tag{7.31}$$

就能获得与 θ 和 ψ 两角度相关的穿透深度，即

$$\tau_\omega=\frac{\sin^2\theta-\sin^2\psi}{2\mu\sin\theta\cos\psi}\quad(\psi=\omega-\theta)\tag{7.32}$$

2.χ 模式（ψ 模式），$\omega=\theta$（图 7.2 (b)）

对于 χ 模式，χ 角与 ψ 相同（因此经常称为 ψ 模式，也可称为侧倾法）。改变 χ，（固定 $\theta=\theta^{hkl}$）提供改变测量 $\{hkl\}$ 面的倾角 ψ。真实的入射角 α（等于出射角 β）由下式给出：

$$\sin\alpha(=\sin\beta)=\sin\omega\cos\chi\tag{7.33}$$

从式（7.31）和式（7.33），与 θ 和 ψ 两角相关的穿透深度由下式获得：

$$\tau_\chi=\frac{\sin\theta}{2\mu}\cos\psi\quad(\psi=\chi)\tag{7.34}$$

注意，描述样品平面内测量方向，旋转角 ϕ 时，对 χ 模式和 ω 模式有 90° 的差。由于非理想的束光和准直不良，测量峰位置 $2\theta^{hkl}$ 的误差对于 χ 模式和 ω 模式是不同的。实际上，用 ω 模式，非聚焦误差对于样品的正（$\omega>\theta$）和负（$\omega<\theta$）倾斜是不同的。

3.ω/χ 结合模式

为了使样品同时绕 ω 和 χ 两轴倾斜，各种角度的值是不明显的，但能在 S 系

统中确定入射线束、衍射束和衍射矢量的方向，采用适当的旋转矩阵来计算. S 系统中的测定方向 (φ, ψ) 则可由下式给出：

$$\varphi = \phi + \arctan\left[\frac{-\sin\chi}{\tan(\omega - \theta)}\right] \tag{7.35}$$

和

$$\psi = \frac{\omega - \theta}{|\omega - \theta|} \arccos[\cos\chi \cos(\omega - \theta)] \tag{7.36}$$

入射角 α 由式（7.33）给出，相对于样品表面衍射束的出射角 β 由下式给出：

$$\sin\beta = \sin(2\theta - \omega)\cos\chi \tag{7.37}$$

用一般的 X 射线衍射，无论考虑哪一种模式，仪器的角度 ϕ，ω，χ 和 θ 之间的所有结合都是可能的，因为试样的取向和衍射角 θ 能独立的选择（掠入射则相反）。然而，样品的参考位置（也就是 ψ 轴取向的选择，ω 或 χ 模式和相当于样品几何学的方向 $\varphi = 0$），定义对于张量分量 $\langle \varepsilon_{ij}^{S} \rangle$ 和 $\langle \sigma_{ij}^{S} \rangle$ 的参考坐标系。

7.2.2　测定宏观应力的掠入射 X 射线衍射方法

对于非常薄的表面-邻近层，试样性能的 X 射线测量（如残余应力、微晶取向分布），用小的入射角是可能的。掠入射 X 射线衍射（grazing-incidence X-ray diffraction，GIXD）方法，用所谓面内（in plane）衍射几何，衍射矢量平行于样品表面。用小的入射角，有效的取样体积限制邻近样品表面相对小的体积，来自该体积的衍射强度比一般的 X 射线衍射方法高。对于向外全反射，入射角接近临界角（十分之几度），穿透深度仅几纳米量级，入射角为几度，穿透深度为几微米量级。例子如图 7.3 所示。

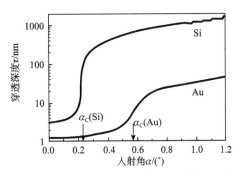

图 7.3　穿透深度 τ（$1/e$ 定义）随入射角 α 的变化，CuKα 辐射，α_c 为临界角

应力分析 GIXD 方法在两种情况下有用。

（1）当应力方向必须对非常薄的薄膜进行（其衬底峰发生重叠）时，限制有效穿透深度定义小的值。

（2）改变入射角 α 或改变波长，从衍射测量不同有效穿透深度来测定应力梯度。如果入射角 α 不太接近全反射的临界角，与出射角 β 相比较是小的（在 ω 模式的情况下，对于 θ 不在 $0°$ 或 $90°$），有效穿透深度用 $\tau = \sin\alpha/\mu$ 近似［参考式（7.34）］。在邻近临界角的情况下，式（7.34）不再适用，τ 更强烈地随 α 而变化

（图 7.3）。注意，在改变入射角 α 时，X 射线穿透深度也在变化，ψ 近乎保持常数。

　　GIXD 应力测量的任务是限制在小的和固定穿透深度 τ 下以不同的 ψ 角测量应变 $\varepsilon^{hkl}_{\phi,\psi}$，由于必须用仪器的 ω 角设定固定的入射角 α，不能用来改变 ψ 角，所以与一般的 XRD 相比，就损失了一个自由度。这特殊的衍射几何限制了能达到的 ψ 范围。在有织构薄膜的情况下，有利的角度不可能覆盖试样衍射峰的 ψ 范围。为了旋转 φ 角，不能限制因掠入射存在的条件。

　　1. 改变 ψ 的方法

　　在 GIXD 中，原理上改变 ψ 角的三种方法是可能的，其中两种情况如图 7.4 所示。

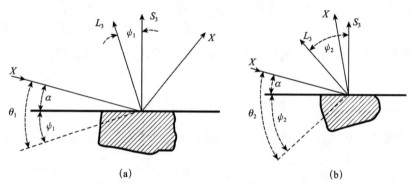

(a)　　　　　　　　　　　　　　　　　　　(b)

图 7.4　掠入射衍射，多重 hkl 和多种波长

显示在不同布拉格角 θ^{hkl} 测量时，$\psi=\left|\theta^{hkl}-\alpha\right|$ 的变化，

θ_1（a）和 θ_2（b），或用两个不同的 hkl，或两种不同的波长

　　（1）多重 χ。对于一族 $\{hkl\}$ 平面，用一般的 χ 模式以相同的方式在不同的 χ 角进行测量，也就是说，用 χ 角来改变 ψ 角的方法。另外，用 ω（$=\alpha$，在 $\chi=0$）来选择入射角 α。因此，这种方法是 χ 模式和 ω 模式的结合（因为非对称的设置，$\omega\neq\theta$；$\psi\neq\chi$），为了保持 α 角为常数，对于 $\chi\neq0$，ω 角必须按照式（7.37）调节（注意为了保持 φ 固定（为了测量非旋转对称应力状态），仪器的 ϕ 角也必须适当改变）。多重-χGIXD 已用于 Si（100）上 ZrN 薄膜和钢上的 TiN 薄膜（Thin Solid. Film，2002，418：73～78）。

　　（2）多重 $\{hkl\}$。在测量过程中（在 $\chi=0$ 时，$\alpha=\omega$）固定入射角，用 2θ 扫描（图 7.4）记录几个 hkl 衍射线。对于设定的 $\{hkl\}$ 平面倾角 ψ 由下式给出：

$$\psi=\theta^{hkl}-\alpha \tag{7.38}$$

式中，θ^{hkl} 是布拉格角，对于小和不变的 α，反射束在样品中的路径比进入束的路径相对较小。因此，对于不同的 $2\theta^{hkl}$ 值，即对不同 $\{hkl\}$ 衍射面，穿透深度近乎保持常数；相反，对于一般的 X 射线衍射，ψ 和 θ 都是独立选择。用 GIXD，

对于给定的 α 角，角度 ψ 和 θ^{hkl} 间的关系为式（7.38），这限制了可能测量方法的结合（仅保留一个自由度）。多重 GIXD 方法已用于钢上的 TiN 和 WC 上的 TiN 覆盖物（Thin Solid. Film，2002，418：73~78）。

（3）多重波长法。用不同的波长对一族 $\{hkl\}$ 测量，即不同的布拉格角 θ^{hkl}，对应不同的 ψ（式（7.37）和图 7.4）。对不同的波长，入射角 α 必须调整，并以波长穿透深度为常数（与吸收系数 μ 有关）。用这种方法获得的点阵应变~$\sin^2\psi$ 作图与一般的 $\sin^2\psi$ 法相同。多重波长已用于测定 Si 上的 Al 膜中的残余应变。

　　2. 散射矢量法

　　一种特殊的方法致力于应力深度轮廓 $\langle\sigma_{ij}^S(\tau)\rangle$ 的测量，所谓散射矢量法（Phys. Stat. Solid，1997，A159：283~296），就是用一个角度 η 绕衍射矢量旋转试样（图 7.5 中 L_3 轴）。相对于试样的测量方向用角度 φ 和 ψ 来定义，且保持不变，同时用仪器角度 ϕ，ω 和 χ 的适当变化来改变 η 角是可能的。因此，散射矢量法由 ω 法和 χ 法结合组成。改变入射角和出射角，即 α 和 β（如果 $\psi > 0$），允许对不同深度 τ（式（7.34））作为 η 函数的衍射测量。$1/e$ 穿透深度 τ 一般公式由下式给出：

$$\tau = \frac{\sin^2\theta - \sin^2\psi + \cos^2\theta\,\sin^2\psi\,\sin^2\eta}{2\mu\sin\theta\cos\psi} \tag{7.39}$$

对于 $\psi \leqslant \theta^{hkl}$，包括 η 从 $0°\sim90°$ 扫描所涵盖的 τ 范围被 ω 模式和 χ 模式的穿透深度值所限制：$\tau(\eta=0°)=\tau_\omega$（式（7.32））和 $\tau(\eta=90°)=\tau_\chi$（式（7.34））；对于 $\psi>\theta^{hkl}$，η 从 $\eta_{\min}$ 到 $90°$ 是可能的，这里 $\eta_{\min}$ 由式（7.34）对应于 $0°$ 入射角 $\tau=0$ 给出。

　　用固定（φ，ψ）扫描 η 进行深度轮廓测定，在不同的（φ，ψ）下重复深度轮廓测定，产生一组 $d_{\varphi\psi}^{hkl}(\tau(\eta))$ 轮廓），从上面单个分量能用一种应力分析方法推得宏观应力张量的分量 $\sigma_{ij}(\tau)$。用扫描散射矢量方法计算应力深度轮廓的实际例子见（Mater. Sci. Eng.，2000，A284：264~267）。

　　3. 深度轮廓描绘

　　从原理上讲，上面所描述的 GIXD 方法都用于沿 $z=S_3$（垂直于样品表面）方向应力轮廓的测定。应力张量的有关分量 $\sigma_{ij}(\tau)$ 必须在相关 X 射线穿透深度 τ 内测定，这要求对作为穿透深度 τ 函数的不同 ψ（和 φ）角作 $\varepsilon_{\varphi\psi}^{hkl}$ 测定。从测量获得的轮廓 $\sigma_{ij}(\tau)$ 对应于式（7.40）中轮廓 $\sigma_{ij}(z)$。

$$\sigma_{ij}(z) = \frac{\int_0^t \sigma_{ij}(z)\exp(-z/\tau)\mathrm{d}z}{\int_0^t \exp(-z/\tau)\mathrm{d}\tau} \tag{7.40}$$

式中，t 是样品的厚度。对于式（7.30）转换的不同手续，即从 $\sigma_{ij}(z)$ 计算

$\sigma_{ij}(\tau)$，如用反 Laplace 变换（Hauk V，et al. J. Appl. Cryst.，2000，32：779～787）。

7.3　宏观应力测定的基本方法[1,3,5]

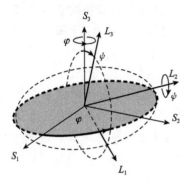

图 7.5　样品坐标系和实验室坐标系间的定义和关系

7.3.1　衍射应力分析的参考坐标系

图 7.5 给出了样品坐标系和实验室坐标系间的定义和关系。

（1）样品参考坐标系（S）。S_3 轴是垂直于试样表面的取向，S_1 和 S_2 轴在试样表面的平面内。如果表面的晶面存在择尤取向，即在轧制样品情况下，S_1 方向沿轧制方向取向。特殊样品的参考坐标系是应力的参考（应力张量）坐标系（P）。在这种参考坐标系情况下，张量 σ_{11}、σ_{22}、σ_{33} 不为零。

（2）实验室参考坐标系（L）。这种坐标如此选择，L_3 与衍射矢量一致。对于 $\varphi = \psi = 0$，实验室坐标系与样品参考坐标系一致。

（3）晶体参考坐标系（C）。对于正交的晶系，参考轴选择与晶体点阵的 a、b、c 轴一致。

应变测量的方向（衍射矢量的方向）一般由 φ 和 ψ 决定，ψ 是衍射矢量相对于试样表面法线的倾角，φ 表示试样绕试样表面法线的转动，如图 7.5 所示。

7.3.2　一般情况下 $\varepsilon_{\varphi\psi}$ 的表达式

图 7.5 中 L_3 方向上的应变 $\varepsilon_{\varphi\psi}$ 为

$$\varepsilon_{\varphi\psi} = \frac{d_{\varphi\psi} - d_{\varphi\psi,\,0}}{d_{\varphi\psi,\,0}} = \varepsilon_{11}\cos^2\varphi\sin^2\psi + \varepsilon_{22}\sin^2\varphi\sin^2\psi + \varepsilon_{33}\cos^2\psi$$

$$+\,\varepsilon_{12}\sin(2\varphi)\sin^2\psi + \varepsilon_{13}\cos\varphi\sin(2\psi) + \varepsilon_{23}\sin\varphi\sin(2\psi) \quad (7.41)$$

对于弹性各向同性试样，把各应变张量分量与应力张量分量关系代入，得与其对应的应力 $\sigma_{\varphi\psi}$ 的表达式，即

$$\varepsilon_{\varphi\psi} = \frac{1}{2}S_2\sin^2\psi\left[\sigma_{11}\cos^2\varphi + \sigma_{12}\sin(2\varphi) + \sigma_{22}\sin^2\varphi\right]$$

$$+\,\frac{1}{2}S_2\left[\sigma_{13}\cos\varphi\sin(2\psi) + \sigma_{23}\sin\varphi\sin(2\psi) + \sigma_{33}\cos^2\psi\right]$$

$$+\,S_1(\sigma_{11} + \sigma_{22} + \sigma_{33}) \quad (7.42)$$

式中

$$S_1 = -\frac{\nu}{E}, \qquad \frac{1}{2}S_2 = \frac{1+\nu}{E} \tag{7.43}$$

并应用了如下关系式：

$$\frac{1+\nu}{E}\sigma_{33} = \frac{1+\nu}{E}\sigma_{33}(\sin^2\psi + \cos^2\psi)$$

$$\frac{1+\nu}{E}\left[\sigma_{33}(\sin^2\psi + \cos^2\psi) - \sigma_{33}\sin^2\psi\right] = \frac{1+\nu}{E}\sigma_{33}\cos^2\psi$$

故得

$$\varepsilon_{\varphi\psi} = \frac{1+\nu}{E}\{\sigma_{11}\cos^2\varphi + \sigma_{12}\sin 2\varphi + \sigma_{22}\sin^2\varphi - \sigma_{33}\}\sin^2\psi$$

$$+ \frac{1+\nu}{E}\sigma_{33} - \frac{\nu}{E}(\sigma_{11} + \sigma_{22} + \sigma_{33}) + \frac{1+\nu}{E}\{\sigma_{13}\cos\varphi + \sigma_{23}\sin\varphi\}\cdot\sin 2\psi \tag{7.44}$$

应力测量方法属于精度要求很高的测试技术。测量方式、试样要求以及测量参数选择等，都会对测量结果产生较大影响。

7.3.3　宏观内应力测量的同倾法（ω 模式）

根据 ψ 平面与测角仪 2θ 扫描平面的几何关系，可分为同倾法与侧倾法两种测量方式，即 ω 模式和 χ 模式。在条件许可的情况下，建议采用侧倾法。

同倾法的衍射几何特点是 ψ 平面与测角仪 2θ 扫描平面重合，因 ω 轴与 θ 轴平行，所以同倾法就是 ω 模式。最常用的有固定 ψ 角法和改变 ψ 角法。

1. 固定 ψ 角法——$0°\sim 45°$法

此方法要点是，在每次扫描过程中衍射面法线固定在特定 ψ 角方向上，即保持 ψ 不变，故称为固定 ψ 角法。测量时 X 光管与探测器等速相向（或相反）而行，接收每个反射 X 光时，相当于固定晶面法线的入射角与反射角相等，图 7.6 给出了 ψ 角分别固定在 $0°$ 和 $45°$ 的情况。

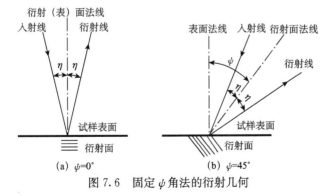

(a) $\psi=0°$ 　　　　　(b) $\psi=45°$

图 7.6　固定 ψ 角法的衍射几何

同倾固定 ψ 角法同样适合于 θ/θ 衍射仪和应力仪，其 ψ 角设置受到下列条件限制：

$$\psi + \eta < 90° \rightarrow \psi < \theta \tag{7.45}$$

式中，η 为入射线（衍射线）与衍射面法线的夹角。

2. 改变 ψ 角法——$\sin^2\psi$ 法

从式（7.42）和式（7.44）可知，在一些条件确定之后，测定应力的问题就是求 $\varepsilon_{\varphi\psi} \sim \sin^2\psi$ 直线的斜率 M 和截距 I 的问题。通过选择一系列衍射晶面法线与试样表面法线之间夹角 ψ，来进行应力测量工作，即多选几个 ψ（一般不少于 4个）值进行测量，然后用 Origin 程序作线性拟合，求得直线的斜率和截距，从而计算应力值，这种方法称为 $\sin^2\psi$ 法。

7.3.4　宏观内应力测量的侧倾法

侧倾法与同倾法不同，其衍射几何特点是 ψ 平面与测角仪 2θ 扫描平面垂直，即 χ 模式，如图 7.7 所示。由于 2θ 扫描平面不再占据 ψ 角转动空间，二者互不影响，ψ 角的设置不受任何限制。

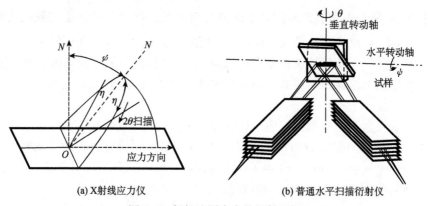

(a) X射线应力仪　　　　　　　　　　(b) 普通水平扫描衍射仪

图 7.7　侧倾法测应力的衍射几何

1. 有倾角的侧倾法

前述的同倾法的特点是入射线 BO 和探测器扫描平面与试样表面法线 On、衍射面法线 OC 及应力测定方向 Ox 所组成的平面重合，如图 7.8（a）所示。

侧倾法分为有侧倾角的侧倾法和无侧倾角的侧倾法，下面分别对其进行简单介绍。

有侧倾角的侧倾法中的入射线 BO 对 nOx 平面有一个负 η 的倾角，衍射面的法线 OC 也落在 nOx 平面上，即 $LMPQ$ 平面和 nOx 平面相交，如图 7.8（b）所示。

因为有倾角的侧倾法中的试样表面法线与衍射面的法线都落在同一平面 nOx 上，如图 7.8（b）所示，待测应力的方向和应变方向（衍射面的法线方向）也落在同一平面上，因此此法计算应力公式与常规方法中的衍射仪法相同，也就是 ψ 与 η 无关。$\eta=90°-\theta$ 在常规方法中试样表面法线和衍射面法线所组成的平面 nOx 上，即在扫描平面上，如图 7.8（b）所示。虽然有这种区别，但计算应力公式与 η 无关。

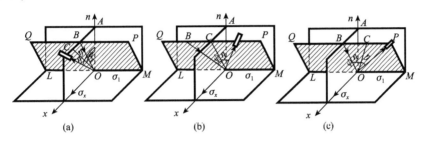

图 7.8　同倾法、有倾角的侧倾法及无倾角的侧倾法的比较

BO 为入射线，OC 为衍射面的法线；nOx 为铅垂面，并垂直于 ψ 旋转轴；

$LMPQ$ 面是垂直于 nOx 的铅垂面

2. 无倾角的侧倾法

对于无倾角的侧倾法，其入射线 BO 处在 nOx 平面上，因而衍射面的法线 OC 不落在 nOx 平面上，而落在与 nOx 平面垂直的 $LMPQ$ 平面上，它们之间成 η 角，见图 7.8（c）。为了更清楚地描述无倾角的侧倾法的几何关系，兹将其绘于图 7.9 中。$OHFG$ 是试样表面，$OGKB$ 是探测器扫描平面，入射线 BO、衍射晶面的法线 On 和衍射线 OC 都在此平面上。$ABDO$ 面是试样表面法线 Oz、入射线 BO 和待测应力法线 OH 共存的面。α 为试样表面法线和入射线之间的夹角，ψ 为试样表面法线与衍射面法线 On 之间的夹角，ψ 和 α 不在同一平面上，OE 是 ON（衍射面法线）在试样表面 $OHFG$ 上的投影。

取 ABN 面平行于试样表面，在直角 OAB 中（$\angle OAB=90°$），$OA=OB\cos\alpha$，$AB=OB\sin\alpha$；在直角三角形 OBN 中（$\angle OBN=90°$），$BN=OB\tan\eta$，$ON=OB\sec\eta$；在直角三角形 OAN 中（$\angle OAN=90°$），

$$\cos\alpha=\frac{OA}{ON}=\cos\alpha\cos\eta \tag{7.46}$$

在直角三角形 ABN 中（$\angle ABN=90°$），

$$\tan\beta=\frac{BN}{AB}=\frac{\tan\eta}{\sin\alpha} \tag{7.47}$$

由式（7.45）和式（7.47）换算得

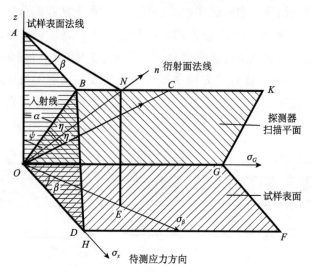

图 7.9　无倾角的侧倾法的几何关系

$$\begin{cases} \cos^2\beta = \dfrac{\sin^2\alpha\,\cos^2\eta}{1-\cos^2\alpha\,\cos^2\eta} \\[2mm] \sin^2\beta = \dfrac{\tan^2\eta\,\cos^2\eta}{1-\cos^2\alpha\,\cos^2\eta} \\[2mm] \sin^2\psi = 1-\cos^2\alpha\cos^2\eta \\[2mm] \sin\beta\cos\beta = \dfrac{\sin\alpha\,\tan\eta\,\cos^2\eta}{1-\cos^2\alpha\,\cos^2\eta} \end{cases} \tag{7.48}$$

在通常情况下，侧倾法选择为 ψ 扫描方式，即不同 ψ 法或 $\sin^2\psi$ 法。

侧倾法主要具备以下优点：①由于扫描平面与 ψ 角转动平面垂直，在各个 ψ 角衍射线经过的试样路程近乎相等，因此不必考虑吸收因子对不同 ψ 角衍射线强度的影响；②由于 ψ 角与 2θ 扫描角互不限制，因而增大了这两个角度的应用范围；③由于几何对称性好，可有效地减小散焦的影响，改善衍射谱线的对称性，从而提高应力测量精度。

7.3.5　φ 旋转和 ψ 旋转的实质

在应变的实验测量的原理和方法中都反复提到 φ 旋转和 ψ 旋转，特别是 ψ 旋转十分重要，这种 φ 旋转和 ψ 旋转的物理意义是什么？实质是什么？需要作进一步探讨。图 7.10 给出同倾法（ω 模式）和侧倾法（χ（$\varphi=0$）模式）测试中试样坐标系 $S_1S_2S_3$ 和实验坐标系 $L_1L_2L_3$ 之间的关系。

从普通多晶衍射仪的对称反射衍射几何可知，参与衍射的晶面平行于试样表面。那么无论是在 ω 模式（同倾法）中，还是在 χ 模式（侧倾法）中，如果 $\psi=0$，则参与衍射的晶面都平行于试样表面。在 ω 模式中，改变 ψ 角，就是绕 ω 旋转沿

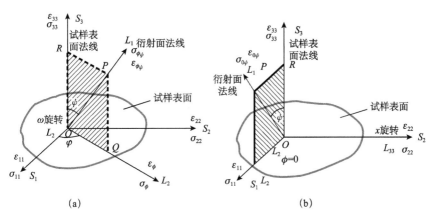

图 7.10 在同倾法（ω 模式）（a）和侧倾法（χ（φ＝0）模式）（b）测试中试样
坐标系 $S_1 S_2 S_3$ 和实验坐标系 $L_1 L_2 L_3$ 之间的关系

S_2 轴改变参与衍射面与试样表面的夹角，就是与试样表面成 ψ 角的那些晶面参与衍射。改变 φ 角就是改变倾斜方向；在 χ 模式中，当 $\varphi=0$ 时，S_1 轴和 L_2 轴重合，同样绕 χ 轴旋转沿 S_1 轴改变 ψ 角，就是沿 S_1 轴倾斜改变参与衍射晶面与试样表面的夹角。如果绕试样表面法线旋转改变 φ，就是改变衍射晶面在试样中的倾斜方位。因此，这种 ψ 旋转和 ω 旋转就相当于样品织构测量中的 α 旋转和 β 旋转，表征织构的极图测定是测量选定 hkl 晶面在试样的三维空间中衍射强度和分布概率，而在应变测量中的 ψ 旋转和 φ 旋转是为了测量选定 hkl 晶面在试样的三维空间中给定方位上该晶面间距或晶面间距的变化。因此，多晶织构极图测量反射法附件是进行宏观残余应力测定的有力工具或附件，并且既能作同倾法测量，也能作侧倾法测量。但应注意的是 $\alpha=0°$ 对应于 $\psi=90°$。

7.4 宏观应力测定主要实验装备[1]

7.4.1 一般多晶 X 射线衍射仪中的应力附件

普通的粉末有两种扫描模式，即 $\theta \sim 2\theta$ 和 $\theta \sim \theta$ 扫描，并且多为对称反射，即对试样表面的入射角和出射角都等于 θ 角。在宏观应力测量中，只有 $\psi=0°$ 才是对称反射，其他均为非对称衍射，这里的 φ 是绕试样表面法线旋转，标准的试样架没有这种功能；再说 ψ 的旋转，如果采用 ω（同倾）模式，其 ψ 旋转轴可与 $\theta \sim \theta$（或 $\theta \sim 2\theta$）重合，但彼此必须独立；若采用 χ（侧倾）模式，其 ψ 旋转轴必须保持与 ω 轴垂直，并保持在试样平面内。因此，在用普通多晶衍射仪时，必须有机械上完全满足上述 φ 旋转和 ψ 旋转的应力测量附件以及与应力附件相关的计算机控制软件和数据处理软件。

7.4.2　X射线应力测定仪

前面已提到，用一般的二圆衍射仪进行内应力的测定，必须取样到 X 射线实验室进行，并且多半只能用同倾法进行测量，除非备有应力附件。但许多实际情况是工件大、形状复杂，不能把部件拿到实验室进行衍射测定。为了既能用同倾法也能用侧倾法进行测量，既能在实验室进行测量，又能到现场进行在线或现场测量，设计并生产了 X 射线应力测定仪。

1. 应力测定仪的设计要求

（1）由于应力测定仪既要适应各种工作部件的测量，又能到现场对使用件进行测量，所以应力测定仪几乎都为背反射几何，而且在较高角度下进行，并有较高的分辨率。由微分布拉格公式得

$$\Delta d/d = -\cot\theta \cdot \Delta\theta \tag{7.49}$$

可以看出，$\theta \to 90°$时 $\cot\theta \to 0$，这就是说，$\theta \to 90°$时，测量误差 Δd 最小，但由于机械装置和衍射条件的限制，2θ 不可能达到 $180°$，只能要求 2θ 尽可能大。

仪器分辨率的定义为

$$\alpha = \Delta l/(\Delta d/d) \tag{7.50}$$

式中，Δl 表示相邻两个衍射峰的分辨距离，将式（7.49）代入式（7.50）得

$$\alpha = \frac{\Delta l}{\Delta\theta} \cdot \tan\theta = \frac{KR}{\Delta\theta} \cdot \tan\theta \tag{7.51}$$

式中，K 为比例系数，R 是试样上的测量点到探测器的距离，即衍射仪半径。由式（7.51）可知，仪器的角分辨率越高（$\Delta\theta$ 越小）、R 越大，应力测定仪的分辨率越高。由此可见，加大 R，分辨率会有所提高，但强度将下降，所以 R 变化不能太大，因此应力仪上用的 X 射线管直径要小一些。

（2）工程技术上需要应力测定的对象很广，如大型容器、管道、各种形状的工件和焊接件等，其中许多是不能搬动的，被测定点的条件也很苛刻，这就要求整机搬动，测角仪要灵活，并要求在被测对象不动的情况下进行测量。

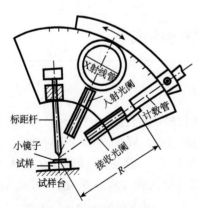

图 7.11　X 射线应力测定仪
测角仪的示意图

（3）普通衍射仪采用的聚焦法对试样位置的要求很高，试样台可以保证试样一定放在中心位置。应力测定仪的试样一般较大，形状复杂，无法做一个符合要求的试样台，因此许多 X 射线应力仪都采用平行光束法，即在入射和衍射光路中安装平行光阑，把发散的光束变为平行光束入射到试样上，并以平行光束衍射出去，如图 7.11 所示。实验研究表明，用平行光束，试样位置在 ± 3mm 的

偏差以内可以忽略 2θ 的变化。

2. 应力测定仪的结构和特点

X 射线应力测定仪一般分实验室型、现场测定型和两者兼用，也就是说后者既可在实验室使用，也可搬到现场对大型部件进行测量。另外，可分为同倾型、侧倾型和两者兼用型。

现代的 X 射线应力测定仪包括 X 射线源、入射线和衍射线光阑系统、测角仪、试样台、探测器和记录系统、应力测定仪操作软件和数据处理软件等部分。其主要特点如下：

(1) 探测器一般对称分布在入射线两侧，并同处于一个平面上，当然仍有只在一侧用探测器的。现代 X 射线应力测定仪一般使用位敏探测器或阵列探测器，这样能使探测器在很大角范围探测到衍射线，并能同时探测和记录分布在入射光束两侧的衍射线，即入射线垂直于试样表面时，可同时作 $+\psi$ 和 $-\psi$，绝对值相等 $(\left|+\psi\right|=\left|-\psi\right|)$ 的测量，见图 7.12 (a) 中 ψ_1 和 ψ_2。

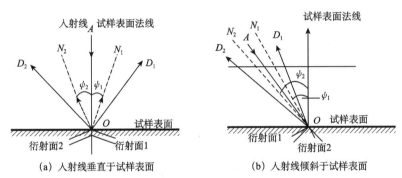

(a) 入射线垂直于试样表面　　　　　(b) 入射线倾斜于试样表面

图 7.12　X 射线应力测定仪中同倾法的衍射几何

AO 为入射线，OD_1 和 OD_2 为衍射线，ON_1 和 ON_2 分别为对应衍射面的法线

由于被测定的部件不动，用同倾法测量时，只能依赖于入射线对试样表面法线的偏离角的改变来改变 ψ 角，图 7.12 (b) 给出一个例子。由此可见，由于使用了对称分布的探测器，入射线的一次倾斜可测得两个 ψ 角下的结果。如果 ON_1 与试样表面法线重合，即 $\psi_1=0$，同样也获得两个 ψ 角下的结果。

(2) 当用侧倾法进行测量时，因为被测定的部件不能动，只能借助于 X 射线源和探测器所在的平面对试样表面相对位置从垂直到倾斜来改变 ψ 角。若实现真正的侧倾测定，必须使图 7.12 (a) 中衍射面法线 N_1 或 N_2 与试样表面法线重合，或图 7.12 (b) 中的 N_1 与试样表面法线重合的情况下，再作探测器扫描平面的倾斜才能实现；如果在入射线与试样表面法线重合的情况下倾斜，得到的是类似于图 7.12 (a) 的双衍射面的衍射。

(3) 关于 φ 旋转，如果是在实验室进行测量，可以通过试样用试样台的铅垂轴绕试样表面法线旋转来改变 φ 角；如果是在现场测量，只能让衍射仪平面绕试样表面法线旋转来改变 φ 角。如果能真正实现这样的 φ 角旋转，就无所谓侧倾法了。不过这样的整机有时难以实现。

（4）X 射线应力测定仪的操作软件必须满足实现上述各种功能的要求，设定各种操作参数，按指令进行工作；数据处理软件既要精确读出设定参数、接收实验测得的数据，并对原始数据进行预处理（如对衍射峰进行平滑处理和精确定峰位等）、备有被测材料的弹性常数（如杨氏模量 E 和泊松比 ν）的数据库，最后给出所测得的应变（应力）的数据。

3. 国产 X 射线应力测定仪

中国邯郸爱斯特公司生产的 X 射线应力测定仪有从 BX85 型→X-300 型→X350A 型的发展过程，图 7.13 给出了 X-350A 型 X 射线应力测定仪的实物照片。

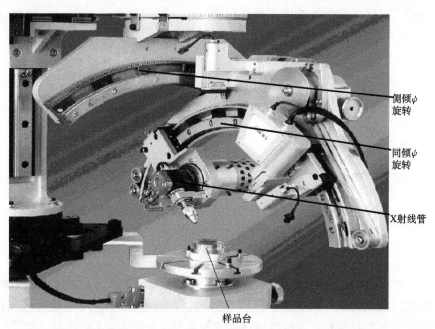

图 7.13　中国邯郸爱斯特 X-350A 型 X 射线应力测定仪实物照片

其主要性能指标如下：

定峰方法：交相关法、半高宽法、抛物线法、重心法。

2θ 扫描范围：X-350 型为 θ-θ 扫描，侧倾固定 ψ 角法，120°～170°；

　　　　　　　　X-350A45170 型 θ-θ 扫描，侧倾固定 ψ 角法，45°～170°；

　　　　　　　　X-359AL 型同倾非对称测角仪，固定 ψ 角法，140°～170°。

2θ 步长：0.01°；每步计数时间：0.12～20s；

ψ 角范围：0°～65°；ψ 摆动角范围：0°～±6°；

辐射靶：Cr、Co、Cu；X 射线管工作条件：15～30kV；3～10mA。

中国邯郸爱斯特 X-350A 型 X 射线应力测定仪依据中华人民共和国标准 GB7704—87《X 射线应力测定方法》，能够在短时间内无损地测定材料表面指定点、指定方向的残余应力（用＋、－号分别表示拉、压应力），并具备测定主应力大小和方向的功能。

在构件承载的情况下测得的是残余应力与载荷应力的代数和，即实际存在的应力，适用于各种金属材料经过各种工艺过程（如铸造、锻压、焊接、磨削、车削、喷丸、热处理及各种表面热处理）制成的构件。本系统因功能齐全而适于实验室的研究工作，又因轻便灵活，可以借助于支架到现场对形状复杂的构件进行现场测量。

该仪器的独创性和先进性在于以 $\theta\text{-}\theta$ 扫描 Ψ 测角仪为主要特征，实现理想的测量方法，同时具备结构简单、轻便、灵活的特点，既适于实验研究工作，又适于大型工件的现场测试。专家们一致认为，整机采用 PC 微电脑控制，Windows 环境，界面友好，操作方便。

4. 国外 X 射线应力测定仪

国外 X 射线应力测定仪产品很多，涉及很多国家。

关于加拿大 Proto 公司的应力测定仪介绍如下。

Proto 公司有 iXRD 便携式残余应力分析仪、iXRD 组合式残余应力分析仪和 LXRD 大功率残余应力分析仪。它的测角仪指标如下。

2θ 角范围：$110°\sim170°$，约 $60°$ 范围连续可调。

ψ 角范围：$-56°\sim+56°$，用户可任意编程设置。

2ψ 摇摆角范围：$0°\sim\pm8°$。

φ 角范围：$0°\sim\pm180°$。

iXRD 组合式残余应力分析仪具有便于携带、适应性广的特点，同时可以在实验室用，特别适合于需要对部件制造或大构件支持的实验室；LXRD 大功率残余应力分析仪所具有的特色是独立模块式的一系列测角仪系统可供选择，可在更多领域和更多的部件上进行残余应力测定。

日本 Regaku 公司 X 射线应力分析仪 MSF-3M/PSF-3M 系统，包括实验室使用状态 MSF-3M 以及便携式状态 MSF-PSF-3M，其主要技术指标是：X 射线发生器最大功率为 300W，30kV 10mA Cr 靶 X 光管；测角仪 2θ 测量角范围为 $140°\sim170°$；残留奥氏体测量附件，2θ 测量角范围为 $120°\sim150°$；Windows XP 操作系统，软件齐全。新型的还配有微聚焦系统，可进行微区的残余应力测定。

此外，还有欧洲的 Felles 公司的 PRECIX、意大利的 GNR 和芬兰的 Stresstech Oy 等 X 射线应力分析仪。

7.5　双轴应力的测定原理和方法[1,5]

在平面（二维）应力的情况下，$\sigma_{33}=0$，σ_{13} 和 $\sigma_{23}=0$。由式（7.44）得

$$\varepsilon_{\varphi,\psi}^{hkl}=\frac{1+\nu}{E}\left[\sigma_{11}\cos^2\varphi+\sigma_{12}\sin(2\varphi)+\sigma_{22}\sin^2\varphi\right]\sin^2\psi$$

$$-\frac{\nu}{E}(\sigma_{11}+\sigma_{22}) \tag{7.52}$$

二维主应力状态

$$\varepsilon_{\varphi,\psi}^{hkl}=\frac{1+\nu}{E}(\sigma_{11}\cos^2\varphi+\sigma_{22}\sin^2\varphi)\sin^2\psi-\frac{\nu}{E}(\sigma_{11}+\sigma_{22}) \tag{7.53}$$

下面介绍二维应力测定的具体方法。

7.5.1　0°- 45°法

对于主应力状态，当 $\psi=0$ 和 45°时，式（7.53）变为

$$\varepsilon_{\varphi 0}^{hkl}=\frac{d_{\varphi 0}^{hkl}-d_0^{hkl}}{d_0^{hkl}}=-\frac{\nu}{E}(\sigma_{11}+\sigma_{22}) \tag{7.54a}$$

$$\varepsilon_{\varphi 45}^{hkl}=\frac{d_{\varphi 45}^{hkl}-d_0^{hkl}}{d_0^{hkl}}=\frac{1+\nu}{2E}(\sigma_{11}\cos^2\varphi+\sigma_{22}\sin^2\varphi)-\frac{\nu}{E}(\sigma_{11}+\sigma_{22}) \tag{7.54b}$$

因 φ 已知，联立求得 σ_{11} 和 σ_{22}。

7.5.2　$\sin^2\psi$ 法

在已知 φ 的情况下，改变 ψ 角，至少要求 4 个点。然后将 $\varepsilon_{\varphi\psi}\sim\sin^2\psi$ 作图，其斜率 M 为

$$M=\frac{1+\nu}{E}(\sigma_{11}\cos^2\varphi+\sigma_{22}\sin^2\varphi) \tag{7.55a}$$

截距 I 为

$$I=\frac{\nu}{E}(\sigma_{11}+\sigma_{22}) \tag{7.55b}$$

因 φ 已知，联立求得 σ_{11} 和 σ_{22}。令

$$\sigma_\varphi=\sigma_{11}\cos^2\varphi+\sigma_{22}\sin^2\varphi \tag{7.55c}$$

令 $\varepsilon_{\varphi\psi}=0$，则有

$$\frac{1+\nu}{E}(\sigma_{11}\cos^2\varphi+\sigma_{22}\sin^2\varphi)=\frac{\nu}{E}(\sigma_{11}+\sigma_{22}) \tag{7.56}$$

因 φ 已知，σ_{11} 和 σ_{22} 已求得，便可求得泊松比 ν。

在张应力的情况下，设 $\varphi=0$，则 $\sigma_{11}=\sigma$，$\sigma_{22}=0$，则有

$$\varepsilon_{0\psi}=\frac{1+\nu}{E}\sigma\cdot\sin^2\psi-\frac{\nu}{E}\sigma \tag{7.57}$$

当 $\varepsilon_{0,\psi}=0$ 时，则有

$$\sin^2\psi=\frac{\nu}{1+\nu}$$

$$\frac{\partial}{\partial\sigma}\left[\frac{\partial\varepsilon_{\varphi,\psi}}{\partial\sin^2\psi}\right]=\frac{1+\nu}{E} \tag{7.58}$$

于是联立式 (7.58) 可求得弹性常数 E 和 ν。

在一些专业文献和实际测量中，常把式 (7.52) 和式 (7.53) 写成

$$\varepsilon_{\varphi,\psi}^{hkl} = \frac{1+\nu}{E}\sigma_\varphi \sin^2\psi - \frac{\nu}{E}(\sigma_{11}+\sigma_{22}) \qquad (7.59)$$

式中

$$\sigma_\varphi = \sigma_{11}\cos^2\varphi + \sigma_{22}\sin^2\varphi \qquad \text{（二维主应力状态）} \qquad (7.60\text{a})$$

$$\sigma_\varphi = \sigma_{11}\cos^2\varphi + \sigma_{12}\sin(2\varphi) + \sigma_{22}\sin^2\psi \qquad \text{（一般二维应力状态）} \qquad (7.60\text{b})$$

那么上述的 $0°$-$45°$ 法测定和 $\sin^2\psi$ 法的测定就更为简单些。

7.6　喷丸表层力学特性研究

7.6.1　原位 X 射线屈服强度测定原理

材料疲劳性能与材料表层屈服特性有着密切关系，对于喷丸以后的材料表层，由于其组织结构与内部不一样，无法利用传统拉伸方法得到喷丸层的屈服强度。而利用预应力喷丸的显微硬度可以得到表层屈服强度变化，Tabor[9] 对完全加工硬化材料的屈服强度与其显微硬度之间的关系进行了研究，发现加工硬化材料的屈服强度可以用其显微硬度变化值来体现。而喷丸过程实际就是加工硬化过程，Nobre[10,11] 通过研究发现了材料显微硬度与其屈服强度之间的关系式：

$$\sigma_y = \sigma_0\left(1 + \gamma\frac{\Delta HV}{HV_0}\right) \qquad (7.61)$$

其中，σ_0、HV_0 分别为材料原始屈服强度及原始显微硬度值；ΔHV 为显微硬度的变化值；γ 是与材料相关的常数。对于喷丸后的金属材料，γ 值一般取 2.8。利用上述关系，结合钛合金 TC4 预应力喷丸后的显微硬度变化，分析 TC4 预应力喷丸表层屈服强度与原始屈服强度随层深变化，结果如图 7.14 所示。

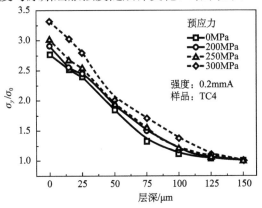

图 7.14　TC4 预应力喷丸表层屈服强度与原始屈服强度随层深变化关系

从图中可知，经过预应力喷丸强化处理后，喷丸层屈服强度明显提高，在不同预应力加载下，随着层深的增加，其屈服强度逐渐降低。在相同层深下，加载预应力越大，得到的屈服强度值也越大。在 300MPa 预应力加载条件下，喷丸表层屈服强度值提高约 7.3 倍。从所得结果可知，喷丸变形层内屈服强度的变化规律与喷丸后残余应力随层深变化一致，与微结构的变化也吻合。

利用显微硬度得到的屈服强度变化，不能体现其应力-应变关系。同时表层的屈服强度也是材料喷丸后的重要力学性质，因此为了获得喷丸后金属表层的屈服强度变化，可以利用 X 射线原位应力分析技术，测量金属表面薄层在外加载荷条件下的实际应力变化，通过计算获得材料表面等效应力-应变曲线，以此来研究金属材料的表层屈服行为[11,12]。由于 X 射线对金属材料表面的穿透深度一般在几微米到数十微米，在测量过程中，表面一般为二维残余应力，表面法线方向可视为主应力为零。

基于 Von Mises 屈服准则和塑性力学中增量理论，利用 X 射线衍射分析应力方法对钛合金喷丸前后的样品分别进行原位拉伸 X 射线应力测定，得到应力-应变关系[13,14]。横向和纵向（拉伸方向）为测量表面的两个主要方向，外加载荷沿纵向逐级加载，测量方向都不改变，表面法向应力保持为 0。

基于 Von Mises 屈服准则，材料的力学性能可以用等效应力-应变曲线表示，加载是逐级的，每一级加载后等效应力可以表示为[15]

$$\overline{\sigma} = \sqrt{(\sigma_1^2 - \sigma_1\sigma_2 + \sigma_2^2)} \tag{7.62}$$

其中，σ_1 为纵向应力，σ_2 为横向应力。对于等效单轴弹性应变，$\overline{\varepsilon}_e$ 可表示为

$$\overline{\varepsilon}_e = \overline{\sigma}/E \tag{7.63}$$

其中，E 为杨氏模量。而在塑性应变阶段，相邻两测量点之间的等效塑性应变增量为

$$\Delta\overline{\varepsilon}_p = \frac{\overline{\sigma}' + \overline{\sigma}''}{|\sigma_1' + \sigma_1'' - (\sigma_2' + \sigma_2'')/2|} \left| \Delta\varepsilon_a - \frac{\Delta\sigma_1 - \nu\Delta\sigma_2}{E} \right| \tag{7.64}$$

其中，E 为杨氏模量；σ_1'，σ_1''，σ_2'，σ_2''，ε_a'，ε_a'' 分别表示相邻两测量点两主应力值，相邻两测量点外载应变的测量值；$\overline{\sigma}'$ 和 $\overline{\sigma}''$ 表示相邻两测量点应力计算值。式（7.64）中，$\Delta\sigma_1 = \sigma_1'' - \sigma_1'$，$\Delta\sigma_2 = \sigma_2'' - \sigma_2'$，$\Delta\varepsilon = \varepsilon_a'' - \varepsilon_a'$，采用依次求和法得到各测量点的等效塑性应变总量，对于塑性阶段，其总等效应变可表示为

$$\overline{\varepsilon} = \overline{\varepsilon}_e - \overline{\varepsilon}_p \tag{7.65}$$

式中，$\overline{\varepsilon}_e$ 为弹性应变；$\overline{\varepsilon}_p$ 为塑性应变。利用上述关系式，首先测量出两个主方向应力值，并计算出其相应应变量，从而得到材料的等效应力-应变曲线，即 $\overline{\sigma}\sim\overline{\varepsilon}$ 关系曲线，体现材料表层在外载下的屈服行为。

7.6.2　TC4 钛合金拉伸力学行为[16]

为研究喷丸对 TC4 表层力学性能的强化效果，首先分别测试了未喷丸试样表面

中沿纵向和横向应力与外载应变的关系，如图 7.15 所示。随着外加载荷的增加，纵向应力逐渐增大，而横向应力几乎保持不变。通过式（7.63）～式（7.66）可计算得出试样单轴等效应力-应变拉伸曲线，如图 7.16 所示，实际拉伸应力-应变曲线也如图 7.16所示，结果显示该方法测得的试样表面拉伸曲线与整体拉伸曲线基本吻合。通过等效拉伸曲线求得 TC4 屈服强度 $\sigma_{0.2}$ 为 850MPa，弹性模量为 112GPa。

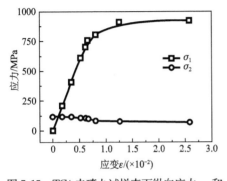 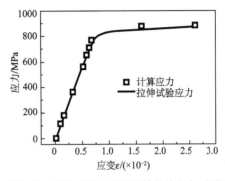

图 7.15　TC4 未喷丸试样表面纵向应力 σ_1 和　　　图 7.16　TC4 未喷丸试样单轴等效应力-应变
横向应力 σ_2 与外载应变 ε 之间的关系　　　　　　关系与实测拉伸曲线

　　图 7.17 为在喷丸条件下钛合金表面两主方向应力和外载应变之间的关系。在未拉伸时其喷丸表面残余应力为 -632 MPa，随外加载荷的增加，纵向应力明显逐渐增大，横向应力变化相对缓慢。通过上述方法，图 7.18 显示出计算的 TC4 喷丸处理后表面等效应力-应变曲线，可近似得到表层屈服强度 $\sigma_{0.2}$ 为 1080MPa，相对于喷丸前（850MPa），材料表层屈服强度显著提高，提高幅度达到 27%。主要因为喷丸过程使得材料表层基体的组织结构得到优化，表层基体晶块细化并产生大量位错，从而使得材料表层屈服强度提高。

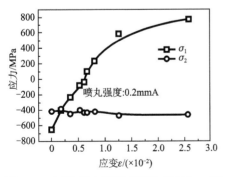 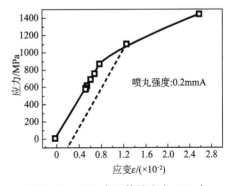

图 7.17　TC4 喷丸试样表面纵向应力 σ_1 和　　　图 7.18　TC4 表面等效应力（σ）与
横向应力 σ_2 与外载应变 ε 之间的关系　　　　　　等效应变（ε）之间的关系

7.7　残余应力测定实例——18CrNiMo7-6 钢喷丸残余应力[17]

18CrNiMo7-6 钢渗碳后采用淬火和低温回火处理，具有较高的强度和硬度，被广泛应用于核电、风力发电、汽车、石油和高铁等工业中，但在渗碳过程中经常产生网状或角块状碳化物造成应力集中，并在淬火或机械加工过程中产生裂纹，同时存在硬度不够和表面脱碳软点等缺点，这些因素都会大大降低其疲劳强度和使用寿命[13~15]。因此，常用后期表面处理对其进行加工处理，喷丸强化技术是常用的有效方法之一。本节采用一次和复合喷丸工艺对 18CrNiMo7-6 钢进行加工处理，结合 XRD 应力测试方法对喷丸层残余应力场的分布进行了研究。

7.7.1　残余应力计算公式

XRD 测试残余应力方法为 $\sin^2\psi$ 法，其二维平面应力可表示为

$$\sigma_\varphi = \{[1/(1/2)S_2](-1/2)\cot\theta_0(\pi/180)\}\partial 2\theta_{\varphi,\psi}/\partial \sin^2\psi \qquad (7.66)$$

定义：$K = \{[1/(1/2)S_2](-1/2)\cot\theta_0(\pi/180)\}$ 为应力常数；$M = \partial 2\theta_{\varphi,\psi}/\partial \sin^2\psi$，为不同 ψ 角度下测定的以 $2\theta_{\varphi,\psi}$ 为横轴、以 $\sin^2\psi$ 为纵轴直线的斜率。则式（7.66）可以简写成

$$\sigma_\varphi = K \cdot M \qquad (7.67)$$

7.7.2　喷丸残余应力沿层深的分布

图 7.19 和图 7.20 分别为喷丸后 18CrNiMo7-6 钢中马氏体（M）和奥氏体（A）残余应力随层深的变化，表 7.2 详细列出了两相喷丸残余应力的分布参数。从图 7.19 和图 7.20 可以看出，不同参数喷丸后喷丸层马氏体和奥氏体都具有明显的残余压应力，喷丸时表层和内部材料塑性变形程度不均衡，当层深增加到一定程度时，材料只会发生弹性变形，当喷丸过程结束时，弹性变形区域会有恢复到原来状态的趋势，因此会使得材料内部材料对表层产生约束，从而产生残余压应力，而无数凹陷或压痕的重叠形成了较均匀的残余压应力层。另外，残余奥氏体向马氏体的转变会引起体积的膨胀，也会对残余压应力的形成和分布有所贡献。在材料服役过程中外加载荷和残余应力会互相叠加，当外力和残余应力方向相反时，会阻碍零部件的破坏。同时，残余压应力的存在会使疲劳裂纹的成核和扩展得到抑制，并使得疲劳源从表面转移到内部，能有效地改善材料的疲劳强度，延长零部件的安全工作寿命，应力强化是喷丸强化主要的影响因素之一。

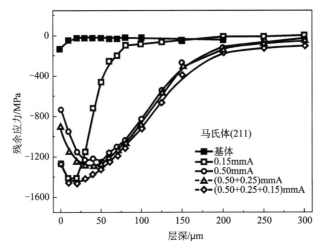

图 7.19　不同强度喷丸后 18CrNiMo7-6 钢中马氏体残余应力随层深的变化

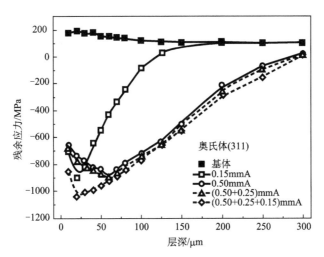

图 7.20　不同强度喷丸后 18CrNiMo7-6 钢中奥氏体残余应力随层深的变化

表 7.2　喷丸后 18CrNiMo7-6 钢中马氏体 (M) 和奥氏体 (A) 残余应力的分布参数

喷丸强度 /mmA	表面残余应力 /MPa		最大残余应力 /MPa		最大残余应力 距表面的距离 /μm		残余应力的 深度 /μm	
	M	A	M	A	M	A	M	A
0.15	−1275	−591	−1420	−889	10	20	75	100
0.50	−731	−634	−1232	−897	30	60	200	250
0.50+0.25	−902	−656	−1280	−906	50	60	300	300
0.50+0.25+0.15	−1256	−766	−1430	−1039	20	20	300	300

同时从图 7.19 还可以看出，未喷丸 18CrNiMo7-6 钢表面具有较大的压应力，这是由于 18CrNiMo7-6 钢经渗碳处理，表层含碳量高于心部，造成表面马氏体比容比心部大，且心部中碳奥氏体的相变点 Ms 高于表面，心部先于表面产生相变而强化，因此心部会对后来表层马氏体相变产生的体积膨胀产生压制作用，从而会在表层产生压应力，为保持应力平衡，奥氏体则出现残余拉应力。

7.7.3　喷丸表面残余应力的均匀性

喷丸表面残余应力的均匀性会影响金属材料使用中的稳定性，但相关的研究较少，本节利用不同喷丸条件下高强双相钢表面残余应力分布云图表征了残余应力分布的均匀性。图 7.21 为 18CrNiMo7-6 钢喷丸后表面残余应力分布云图。

为了量化残余应力的分布均匀性，统计的喷丸后 18CrNiMo7-6 钢表面残余应力分布云图中残余应力值的范围、应力平均值、标准方差以及应力平均值的绝对值和标准方差的比值 H 如表 7.3 所示。

表 7.3　喷丸后 18CrNiMo7-6 钢表面残余应力分布参数

喷丸强度/mmA	残余应力值的范围/MPa	平均应力值/MPa	标准方差	H
0.50	−672～−894	−790	45.8	17.2
0.50+0.30	−935～−1125	−1026	42.3	24.3
0.50+0.30+0.15	−1109～−1357	−1204	41.5	29

从图 7.21 可以看出，随喷丸次数的增多，喷丸表面的残余应力分布云图越来越平坦，说明残余应力的分布更均匀。从表 7.3 可知，一次、两次和三次喷丸后，18CrNiMo7-6 钢表面平均应力值逐渐增大，标准方差逐渐减小，应力方差的减小也说明喷丸后残余应力的分布更均匀。另外，一次、两次和三次喷丸后，18CrNiMo7-6 钢的 H 值逐渐增大，通常认为 H 值的增大说明喷丸后残余应力的分布更均匀，喷丸效果更好。

通过以上分析可知，随着喷丸次数的增多，喷丸表面残余压应力增大并且分布更加均匀，残余应力的均匀分布可减小单位变形力和表面变形的风险，并提高喷丸表面性能的稳定性。复合喷丸强化后高强双相钢表面残余应力的分布更为均匀，能更有效地提高材料的表面质量，说明复合喷丸工艺参数更为合理、效果良好。

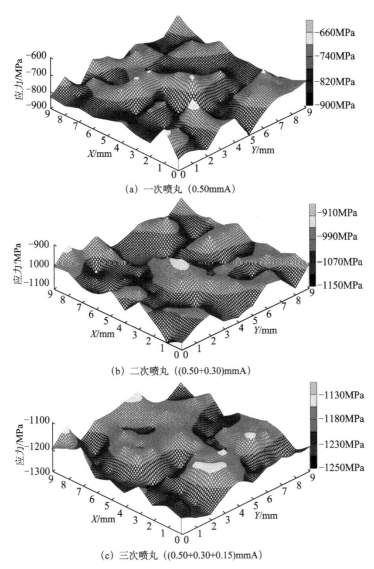

(a) 一次喷丸 (0.50mmA)

(b) 二次喷丸 ((0.50+0.30)mmA)

(c) 三次喷丸 ((0.50+0.30+0.15)mmA)

图 7.21　18CrNiMo7-6 钢喷丸后表面残余应力分布云图

参 考 文 献

[1] 姜传海，杨传铮. 内应力衍射分析. 北京：科学出版社，2013.

[2] 姜传海，杨传铮. 中子衍射技术及其应用. 北京：科学出版社，2012.

[3] Noyan I C，Cohen J B. Residual Stress Measurement by Diffraction and Interpretation. Springer-Verlag，World Publishing Corporation，1987.

［4］Hauk V. Structural and Residual Stress Analysis by Non-destructive Methods. Amsterdam：Ejsevier，1997.

［5］Welzel U，Ligot J，Lamparter P，et al. Stress analysis of polycrystalline thin films and surface regions by X-ray diffraction. J. Appl. Cryst.，2005，38：1～29.

［6］Hutchings M T，Withiers P J，Holden T M，et al. Introduction to the Characterization of Residual Stress by Neutron Diffraction. Taylor & Francis. New York：CRC Press，2005.

［7］安正植，王文宇. X 射线应力测定方法. 长春：吉林大学出版社，1990.

［8］张定铨，何家文. 材料中残余应力的 X 射线衍射分析和作用. 西安：西安交通大学出版社，1999.

［9］Tabor D. A simple theory of static and dynamic hardness. Proceedings of the Royal Society of London. Series A. Mathematical and Physical Sciences，1948，192（1029）：247～274.

［10］Nobre J，Dias A，Kornmeier M. An empirical methodlogy to estimate a local yield stress in work-hardened surface layers. Experimental Mechanics，2004，44（1）：76～84.

［11］Nobre J，Batista A，Coelho L. Two experimental methods to determining stress – strain behavior of work-hardened surface layers of metallic components. Journal of Materials Processing Technology，2010，210（15）：2285～2291.

［12］Coelho L，Batista A，Nobre J. Evaluation of stress-strain behavior of surface treated steels by X-ray diffraction. Central European Journal of Engineering，2011，（2）：1～5.

［13］Flour L. Contact fatigue of automotive gears：evolution and effects of residual stresses introduced by surface treatments. Fatigue & Fracture of Engineering Materials & Structures，2000，23（3）：217～228.

［14］Li J，Gai X，Kang Z. Effect of shot peening on superficial yield strength of annealed medium carbon alloy steel. Materials Science and Technology，1996，12（1）：59～63.

［15］李家宝. 利用 X 射线衍射方法确定金属工艺表面的应力-应变关系. 材料研究学报，1998，12（3）：4～8.

［16］谢乐春. TC4 钛合金与钛基复合材料喷丸强化及其 XRD 表征. 上海交通大学博士学位论文，2015.

［17］付鹏. 高强双相钢喷丸强化及其 XRD 表征. 上海交通大学博士学位论文，2015.

第8章　多晶材料中微结构和层错的衍射线形分析

在纳米材料 X 射线衍射分析中，由于样品的晶粒很小，存在微应力或/和堆垛层错（stacking faults，简称层错）和/或位错时，都会引起衍射线的宽化。如果这些效应分别单独存在，分别求解微晶大小、微应变（应力）是相当方便的；当微晶和微应力同时存在时，目前可采用近似函数、Fourier 分析和方差分析三种方法分离[1~3]。由于后两者计算分析烦杂，很少实际应用，因此，基于近似函数的作图法成为常用的方法。美国的 Jade 程序中也仅如此[4]。但由于测量误差和宽化各向异性，有时难以手工作直线图，即使用 Origin 程序作图，也会产生较大的误差。为此，本章介绍作者及合作者近年来提出和建立分离微晶-微应力、微晶-层错、微应力-层错二重宽化效应和分离微晶-微应力-层错三重宽化效应的最小二乘方法，同时编制了有关的求解程序系列，并提供一些应用实例[5]。关于微晶-位错等将在第 9 章讨论。

8.1　谱线线形的卷积关系

由于求解微结构参数是从待测样品的真实线形分析出发的，因此从待测样品的实测线形中求解待测样品的真实线形是理论和实验分析的第一步。

待测样品实测线形 $h(x)$、标样线形 $g(x)$ 和待测样的真实线形 $f(x)$ 三者之间有卷积关系：

$$h(x) = \int_{-\infty}^{+\infty} g(y) f(x-y) \mathrm{d}y \tag{8.1}$$

见图 8.1。因为 $h(x)$ 和 $g(x)$ 可通过实验测得，故可通过去卷积处理求得待测样的真实线形 $f(x)$。

分别定义这三个函数的积分宽度：积分宽度等于衍射峰形面积除以曲线的最大值，积分宽度虽不等于谱线强度的半高宽度，但与半高宽度成正比。实测线形函数 $h(x)$ 积分宽度（综合宽度）表示为 B，标样线形函数 $g(x)$ 积分宽度（仪器宽度）为 b，真实线形函数 $f(x)$ 积分宽度（真实宽度）为 β，同样可以证明，三个积分宽度的卷积关系为

$$B = b\beta / \int_{-\infty}^{+\infty} g(x) f(x) \mathrm{d}x \tag{8.2}$$

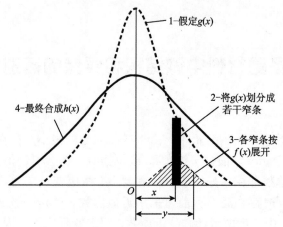

图 8.1　衍射线形的卷积合成

8.2　晶粒度宽化和微应变宽化

8.2.1　X 射线衍射晶粒度宽化效应——Scherrer 公式

图 8.2 示意地给出某微晶的（hkl）晶面，共 p 层，晶面间距为 d，两相邻晶面的光程差 Δl 等于波长倍数时，即

$$\Delta l = 2d\sin\theta = \lambda \tag{8.3}$$

时衍射线的振幅将有极大值。当入射角 θ 有一个小的偏离量 ε 时，光程差可写为

$$\Delta l = 2d\sin(\theta + \varepsilon) = 2d(\sin\theta\cos\varepsilon + \cos\theta\sin\varepsilon) \tag{8.4}$$

由于 ε 很小，$\cos\varepsilon \approx 1$，$\sin\varepsilon \approx \varepsilon$，故得

$$\Delta l = \lambda + 2\varepsilon d\cos\theta \tag{8.5}$$

故相应的相位差为

$$\Delta\phi = \frac{2\pi}{\lambda}\Delta l = 2\pi n + \frac{4\pi}{\lambda}\varepsilon d\cos\theta = \frac{4\pi\varepsilon d\cos\theta}{\lambda} \tag{8.6}$$

因此，共 p 层（hkl）晶面总的散射振幅为

$$E = E_0 \sum_{k=0}^{p} e^{ik\Delta\phi} \tag{8.7}$$

得相干函数

$$E = E_0 \frac{\sin\dfrac{p}{2}\Delta\phi}{\sin\dfrac{1}{2}\Delta\phi} \tag{8.8}$$

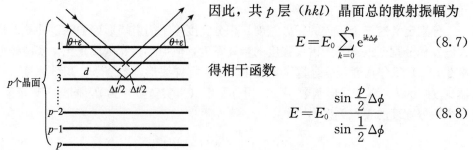

图 8.2　某微晶（hkl）晶面的衍射几何

由于 ε 极小，$\sin\dfrac{1}{2}\Delta\phi \approx \dfrac{\Delta\phi}{2}$，故有

$$E = E_0 \frac{p \sin \frac{p}{2} \Delta\phi}{\frac{1}{2}\Delta\phi} \tag{8.9}$$

衍射强度为

$$I = I_0 \frac{p^2 \sin^2 \frac{p}{2}\Delta\phi}{\left(\frac{p}{2}\Delta\phi\right)} \tag{8.10}$$

当 $\varepsilon = 0$ 时，衍射强度有极大值为

$$I_{\max} = I_0 p^2 \tag{8.11}$$

衍射线的半高强度与极大强度之比为

$$\frac{I_{1/2}}{I_{\max}} = \frac{1}{2} = \frac{\sin^2\left(\frac{4\pi p\varepsilon_{1/2}d\cos\theta}{2\lambda}\right)}{\left(\frac{4\pi p\varepsilon_{1/2}d\cos\theta}{2\lambda}\right)^2} - \frac{\sin^2\frac{\varphi}{2}}{\left(\frac{\varphi}{2}\right)^2} \tag{8.12}$$

根据 $\dfrac{\sin^2\frac{\varphi}{2}}{\left(\frac{\varphi}{2}\right)^2}$ 与 $\dfrac{\varphi}{2}$ 之间的函数关系，可以求得当 $\dfrac{\varphi}{2}=1.40$ 时方程才成立，

因此

$$\frac{4\pi p\varepsilon_{1/2}d\cos\theta}{2\lambda} = 1.40 \tag{8.13}$$

并且，在衍射线形半极大强度处所对应的全角宽度（FWHM），$\beta_{hkl} = 4\varepsilon_{1/2}$，$\dfrac{2\times1.40}{\pi}=0.89$，$N_d$ 就是有限晶面（hkl）数目 p 的尺度，令 $pd = D_{hkl}$，故有

$$\begin{cases} \beta_{hkl} = \dfrac{0.89\lambda}{D_{hkl}\cos\theta_{hkl}} \\ D_{hkl} = \dfrac{0.89\lambda}{\beta_{hkl}\cos\theta_{hkl}} \end{cases} \tag{8.14}$$

这就是著名的谢乐（Scherrer）公式，值得注意的是，由上述推导可知，D_{hkl} 指的是（hkl）晶面法线方向的晶粒尺度。

8.2.2　微应变引起的宽化

样品中某晶面间距为 d_0，由于微应力的作用，该晶面间距对 d_0 有所偏离，设试样衍射线形半高宽相应处的衍射角为 $2\theta_+$ 和 $2\theta_-$，则平均的微观应变 ε_{hkl} 为

$$\varepsilon_{hkl} = \left(\frac{\Delta d}{d}\right)_{hkl} \tag{8.15}$$

而 $\Delta 2\theta = 2\theta_+ - 2\theta_0 = 2\theta_0 - 2\theta_-$，于是，$\beta_{hkl} = 4\Delta\theta$，利用 $\Delta d/d = -\cot\theta \cdot \Delta\theta$，则有

$$\begin{cases} \left(\dfrac{\Delta d}{d}\right)_{hkl} = \varepsilon_{hkl} = \dfrac{\beta_{hkl}}{4}\cot\theta_{hkl} \\ \beta_{hkl} = 4\varepsilon_{hkl}\tan\theta_{hkl} \end{cases} \tag{8.16}$$

式中，β_{hkl} 单位为弧度。若单位 β_{hkl} 为度，则有

$$\begin{cases} \sigma_{hkl} = E\varepsilon_{hkl} = E\dfrac{\pi\beta_{hkl}\cot\theta_{hkl}}{180° \times 4} \\ \beta_{hkl}（度） = \dfrac{180° \times 4}{E\pi}\sigma_{hkl}\tan\theta_{hkl} \end{cases} \tag{8.17}$$

式 (8.16) 就把平均的应变（ε_{hkl}）或应力（σ_{hkl}）与衍射线形的半高宽（β_{hkl}）联系起来。

8.3　分离微晶和微应力宽化效应的各种方法[1~3]

8.3.1　Fourier 级数法

经过推导，衍射线的强度分布可写为 Fourier 级数形式

$$I_{(2\theta)} = \frac{KPMF^2}{\sin^2\theta}\sum_{n=-\infty}^{+\infty}(A_n\cos 2\pi nS_3 + B_n\sin 2\pi nS_3) \tag{8.18}$$

其中系数

$$\begin{cases} A_n = \dfrac{N_n}{N_3}\langle\cos 2\pi lZ_n\rangle \\ B_n = \dfrac{N_n}{N_3}\langle\sin 2\pi lZ_n\rangle \end{cases} \tag{8.19}$$

其中，K 为常数；P 和 F 为多重性因子和结构振幅；n 为级数的阶数；S_3 为变量。如果不考虑层错，则 Z_n 的正负值大致相等，所以 $B_n = 0$，因此只考虑余弦系数 A_n。在系数 A_n 中，N_n/N_3 与晶胞柱的长度相关，是微晶大小的系数，记为 A_n^c；$\langle\cos 2\pi lZ_n\rangle$ 与晶胞位置的偏移相关，是微应变的系数，记为 A_n^s，于是有

$$A_n = A_n^c A_n^s \tag{8.20}$$

其中，A_n^c 与衍射级 l 无关；A_n^s 是 l 的函数，即

$$A_n(l) = A_n^c A_n^s(l) \tag{8.21}$$

可以证明

$$\langle\cos 2\pi lZ_n\rangle = \frac{a}{\sqrt{\pi}}\int_{-\infty}^{+\infty}\cos 2\pi lZ_n[\exp(-a^2 Z_n^2)]\mathrm{d}Z_n = \exp[-2\pi^2 l^2\langle Z_n^2\rangle]$$

$$\tag{8.22}$$

其中，Z_n 为晶柱内间隔为 n 的晶胞之间在 a_3 方向的偏移量。

$$A_n(l) = A_n^c A_n^s = A_n^c \exp[-2\pi^2 l^2 \langle Z_n^2 \rangle] \tag{8.23}$$

作自然对数

$$\ln A_n(l) = \ln A_n^c - 2\pi^2 l^2 \langle Z_n^2 \rangle \tag{8.24}$$

$\ln A_n(l) \sim l^2$ 作图得系列直线，分别对应于 $n=0$，1，2，3，4 等，见图 8.3（a），斜率对应 Z_n，而

$$\varepsilon_L = \frac{Z_n}{n}$$

于是

$$\langle \varepsilon_L^2 \rangle = \langle Z_n^2 \rangle / n^2 \tag{8.25}$$

这样求得 $\langle \varepsilon_L^2 \rangle$，它为各 a_3 方向上微应变的方均值。图 8.3（a）中各 n 值的直线与纵坐标的交点为 $\ln A_n^c$，将 $\ln A_n^c \sim n$ 作图，见图 8.3（b），当 $n \to 0$ 时

$$\left(\frac{\mathrm{d}A_n^c}{\mathrm{d}n}\right)_{n \to 0} = -\frac{1}{N_3} \tag{8.26}$$

因此，在 $\ln A_n^c \sim n$ 曲线上，在 $n \to 0$ 时的切线与横坐标交点就是 N_3，于是在垂直于（00l）晶面方向的平均晶粒尺度 $\langle D_{00l} \rangle$ 为

$$\langle D_{00l} \rangle = N a_3 \tag{8.27}$$

虽然上面的推导是基于正交系的（00l）反射，但不难推广到一般情况。即使所测的是任意指数 hkl 衍射线，都可认为它是 ool' 的衍射，对于立方晶系，$l'^2 = h^2 + k^2 + l^2$，就可利用上述方法求得 $\langle \varepsilon_L^2 \rangle$ 和 N_3，只不过 $\langle \varepsilon_L^2 \rangle$ 和 Na_3 是指与（hkl）晶面的垂直方向，因此微晶的尺度为

$$\langle D_{hkl} \rangle = N_3 d_{hkl} \tag{8.28}$$

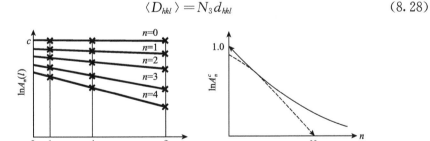

图 8.3　余弦系数 $\ln A_n(l) \sim l^2$ 作图（a），$\ln A_n^c \sim n$ 作图（b）

8.3.2　方差分解法

由于卷积的方差之间有加和性，因此可用方差法把微晶宽化和微应力宽化两种效应分离。设 $f(x)$、$C(x)$ 和 $S(x)$ 的方差分别为 W、W_C、W_S，于是有

$$W = W_C + W_S \tag{8.29}$$

微晶线形方差和微应变线形的方差分别为

$$\begin{cases} W_C = \dfrac{k\lambda\,\Delta 2\theta}{2\pi^2 D\cos\theta} \\[2mm] W_S = 4\tan^2\theta\langle\varepsilon^2\rangle \end{cases} \tag{8.30}$$

其中，k 为谢乐公式中的常数；$\Delta 2\theta$ 为衍射线的角宽度；$\langle\varepsilon^2\rangle$ 为微应变 ε_{hkl} 方均值。于是，待测试样的方差为

$$W = \dfrac{k\lambda\,\Delta 2\theta}{2\pi^2 D\cos\theta} + 4\tan^2\theta\langle\varepsilon^2\rangle \tag{8.31}$$

也可改写为

$$\dfrac{W}{\Delta 2\theta}\cdot\dfrac{\cos\theta}{\lambda} = \dfrac{1}{2\pi^2 D} + \dfrac{4\sin\theta\tan\theta}{\lambda\,\Delta 2\theta}\langle\varepsilon^2\rangle \tag{8.32}$$

利用同一辐射不同级的衍射，以 $\dfrac{W\cos\theta}{\Delta 2\theta\cdot\lambda} \sim \dfrac{4\sin\theta\tan\theta}{\Delta 2\theta\cdot\lambda}$ 作图，直线的斜率为 $\langle\varepsilon^2\rangle$，由直线与纵坐标上的截距可获得微晶大小 D。

8.3.3　近似函数法

在待测样品中同时存在微晶和微应力两重宽化效应时，其真实线形 $f(x)$ 应为微晶线形 $C(x)$ 与微观应变线形 $S(x)$ 的卷积，即

$$f(x) = \int C(y)S(x-y)\mathrm{d}y \tag{8.33}$$

假定能用下列：

柯西（Cauchy）函数

$$\begin{cases} C(x) = \mathrm{e}^{-a_1^2 x^2} \\[1mm] S(x) = \mathrm{e}^{-a_2^2 x^2} \end{cases} \tag{8.34}$$

或高斯（Gaussian）函数

$$\begin{cases} C(x) = \dfrac{1}{1 + a_1^2 x^2} \\[2mm] S(x) = \dfrac{1}{1 + a_2^2 x^2} \end{cases} \tag{8.35}$$

来描述线形的分布，则 $\beta_{总}$ 与 $\beta_{微晶}$、$\beta_{微应变}$ 间有几种关系。

（1）若晶粒宽化线形和微应变宽化线形都能用柯西或高斯函数表示，则线形总的物理宽度分别为

$$\beta_{总} = \beta_{微晶} + \beta_{微应变} \tag{8.36}$$

$$\beta_{总}^2 = \beta_{微晶}^2 + \beta_{微应变}^2 \tag{8.37}$$

将式（8.14）、式（8.16）代入并乘以 $\cos\theta/\lambda$（或 $\cos^2\theta/\lambda^2$）后得

$$\frac{\beta_{总} \cos\theta}{\lambda} = \frac{K}{D} + \bar{\varepsilon} \cdot \frac{4\sin\theta}{\lambda} \tag{8.38}$$

$$\frac{\beta_{总}^2 \cos^2\theta}{\lambda^2} = \frac{K^2}{D^2} + \bar{\varepsilon}^2 \cdot \frac{16\sin^2\theta}{\lambda^2} \tag{8.39}$$

于是按 $\dfrac{\beta_{总}\cos\theta}{\lambda} \sim \dfrac{4\sin\theta}{\lambda}$ 或 $\dfrac{\beta_{总}^2\cos^2\theta}{\lambda^2} \sim \dfrac{16\sin^2\theta}{\lambda^2}$ 作图，由直线的斜率和截距分别求得微应变和微晶大小。

（2）如果用柯西函数 $C(x)$ 作为晶粒细化加宽函数，用高斯函数 $S(x)$ 作为微应变加宽线形的分布函数，则线形总的物理宽度为

$$\frac{\beta_{微晶}}{\beta_{总}} = 1 - \left(\frac{\beta_{微应变}}{\beta_{总}}\right)^2 \tag{8.40}$$

把式（8.14）、式（8.16）代入式（8.40）得

$$\frac{K\lambda}{\beta_{总}\cos\theta} \cdot \frac{1}{D} = 1 - \frac{16\tan^2\theta}{\beta_{总}^2} \cdot \varepsilon^2 \tag{8.41}$$

经移项可得

$$1 = \frac{\lambda}{\beta_{总}\cos\theta} \cdot \frac{K}{D} + \frac{16\tan^2\theta}{\beta_{总}^2} \cdot \varepsilon^2 \tag{8.42}$$

然后等式两边乘以 $\dfrac{\beta_{总}\cos\theta}{\lambda}$，则式（8.41）变为

$$\frac{\beta_{总}\cos\theta}{\lambda} = \frac{K}{D} + \frac{\cos\theta\tan^2\theta}{\beta_{总}\lambda} \cdot 16\varepsilon^2 \tag{8.43}$$

利用试样各个衍射面的数据，作 $\dfrac{\beta_{总}\cos\theta}{\lambda} \sim \dfrac{\cos\theta\tan^2\theta}{\beta_{总}\lambda}$ 曲线的线性拟合，分别由斜率和截距可求得微应变和平均晶粒大小。

式（8.42）的两边乘以 $\beta_{总}^2/\tan^2\theta$，则得

$$\frac{\beta_{总}^2}{\tan^2\theta} = \frac{\beta_{总}\lambda}{\cos\theta\tan^2\theta} \cdot \frac{K}{D} + 16\varepsilon^2 \tag{8.44}$$

利用试样各个衍射面的数据，作 $\dfrac{\beta_{总}^2}{\tan^2\theta} \sim \dfrac{\beta_{总}\lambda}{\cos\theta\tan^2\theta}$ 曲线的线性拟合，分别由斜率和截距可求得平均晶粒大小和微应变。

8.3.4　最小二乘方法

实际经验告诉我们，用式（8.38）、式（8.39）、式（8.43）及式（8.44）作图，由于宽化的各向异性以及测量误差，人工作直线图有一定困难，即使用 Origin 程序作线性拟合，也会产生较大误差。因此设

$$
\begin{cases}
Y_i = \dfrac{\beta_i \cos\theta_i}{\lambda}, \ \ 或 \dfrac{\beta_i^2 \cos^2\theta_i}{\lambda^2}, \ \ 或 \dfrac{\beta_i \cos\theta_i}{\lambda} \\[2mm]
a = \dfrac{K}{D}, \ \ 或 \dfrac{K^2}{D^2}, \ \ 或 \dfrac{K}{D} \\[2mm]
X_i = \dfrac{4\sin\theta_i}{\lambda}, \ \ 或 \dfrac{16\sin^2\theta_i}{\lambda^2}, \ \ 或 \dfrac{\cos\theta_i \ \tan^2\theta_i}{\beta_i\lambda} \\[2mm]
m = \varepsilon, \ \ 或 \varepsilon^2, \ \ 或 16\varepsilon^2
\end{cases}
\tag{8.45}
$$

于是式（8.38）、式（8.39）、式（8.43）可重写为

$$
Y = a + mX \tag{8.46}
$$

其最小二乘方法的正则方程组为

$$
\begin{cases}
\displaystyle\sum_{}^{n} Y_i = an + m\sum_{}^{n} X_i \\[3mm]
\displaystyle\sum_{}^{n} X_i Y_i = a\sum_{}^{n} X_i + m\sum_{}^{n} X_i^2
\end{cases}
\tag{8.47}
$$

这是典型的二元一次方程组，写成矩阵形式（略去下标）为

$$
\begin{bmatrix} n & \sum X \\ \sum X & \sum X^2 \end{bmatrix}
\begin{pmatrix} a \\ m \end{pmatrix}
=
\begin{bmatrix} \sum Y \\ \sum XY \end{bmatrix}
\tag{8.48}
$$

其判别式为

$$
\Delta = \begin{vmatrix} n & \sum X \\ \sum X & \sum X^2 \end{vmatrix}
\tag{8.49}
$$

当 $\Delta \neq 0$ 时，才能有唯一解

$$
\begin{cases}
a = \dfrac{\Delta_a}{\Delta} = \dfrac{\begin{vmatrix} \sum Y & \sum X \\ \sum XY & \sum X^2 \end{vmatrix}}{\Delta} = \dfrac{\sum Y \sum X^2 - \sum X \sum XY}{n\sum X^2 - \left(\sum X\right)^2} \\[6mm]
m = \dfrac{\Delta_m}{\Delta} = \dfrac{\begin{vmatrix} n & \sum Y \\ \sum X & \sum XY \end{vmatrix}}{\Delta} = \dfrac{n\sum XY - \sum X \sum Y}{n\sum X^2 - \left(\sum X\right)^2}
\end{cases}
\tag{8.50}
$$

此式对于不同晶系、不同结构均适用。从下述可知，对于存在层错的密堆六方，只有与层错无关（即 $h-k=3n$ 或 $hk0$）的线条才能计算。

8.3.5　前述几种方法的比较

上述三种分离方法在某些材料应用的例子如表 8.1 所示，可见基于不同物理模型方法的差异是不小的，因此任何一种方法仅能作相对测定。

表 8.1　几种材料晶粒大小 D 和微应变 ε 三种方法的测定结果的比较

研究的材料	测定参数	Fourier 级数法	方差法	特殊函数法	
				柯西-高斯	高斯-高斯
钨	D/nm	21.0	17.0	47.0	
	$\varepsilon/(\times10^{-3})$	7.0	7.3	7.7	
铝	D/nm	40.0	50.0		67.0
	$\varepsilon/(\times10^{-3})$	0.7	2.2		1.0
氧化镉	D/nm	17.0	17.0	18.0	
	$\varepsilon/(\times10^{-3})$	7.4	7.0	7.6	
	D/nm	47.0	57.0	57.0	
	$\varepsilon/(\times10^{-3})$	2.9	1.9	1.2	
	D/nm	110.0	130.0	98.0	
	$\varepsilon/(\times10^{-3})$	1.2	0.8	0.6	
Ag-7.15%Zn	D/nm	19.5	11.6		
	$\varepsilon/(\times10^{-3})$	2.54	7.37		
Ag-7.012Pd	D/nm	27.0	17.2		
	$\varepsilon/(\times10^{-3})$	2.18	7.22		
Cu-7.79%Sb	D/nm	11.2	7.3		
	$\varepsilon/(\times10^{-3})$	7.67	7.00		

8.3.6　作图法与最小二乘方法的比较

第 8.3.2 节和第 8.3.3 节所介绍的各种方法都是通过作图来求解的，Jade 程序也是用作图法来求解晶粒大小和微应变的，这与用最小二乘方法数值求解是否有本质差别？让我们先看一个具体例子。

MmB_5 合金在球磨 30min 前、后的 X 射线衍射（XRD）花样如图 8.4 所示，其属六方结构，$P6/mmm$（No.191）空间群，各衍射线指标化结果示于图中。球磨后各线条明显宽化，200 和 111 条线已无法分开，有关数据列入表 8.2 中。首先，按式（8.14）和式（8.16）分别求得 D_{hkl} 和 ε_{hkl}，由表 8.2 中的 D_{hkl} 和 ε_{hkl}，求得 $\overline{D}_{hkl}=(77.19\pm13.91)$ Å，$\varepsilon=(1.15\pm0.23)\times10^{-2}$。其次，利用表 8.2 后两列的数据，借助 Origin 程序作 $\frac{\beta\cos\theta}{\lambda}\sim\frac{4\sin\theta}{\lambda}$ 关系图，如图 8.5 所示，得

$$D=\frac{0.89}{5.88439\times10^{-3}}=151\text{Å},\quad \bar{\varepsilon}=5.466\times10^{-3}$$

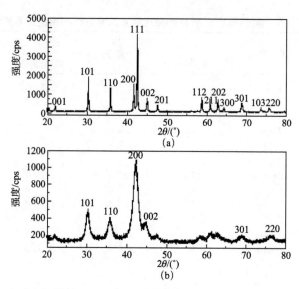

图 8.4　Ni-MH 电池负极材料 MmB₅ 合金在球磨 30 min 前、后的 XRD 花样，CuKα 辐射

表 8.2　MmB₅ 球磨 30min 后衍射数据 (λ＝1.5418Å)

hkl	2θ / (°)	$B_{1/2}$ / (°)	$\beta^0_{1/2}$ / (°)	β /rad	D_{hkl} /nm	ε_{hkl} /（×10⁻³）	$\dfrac{\beta\cos\theta}{\lambda}$ /Å⁻¹	$\dfrac{4\sin\theta}{\lambda}$ /Å⁻¹
101	30.46	1.014	0.10	17.952×10^{-3}	8.92	14.6	9.983×10^{-3}	0.6815
110	37.82	1.081	0.11	17.947×10^{-3}	8.71	13.1	10.459×10^{-3}	0.7978
200	41.60	1.081	0.12	17.773×10^{-3}	8.75	11.0	10.170×10^{-3}	0.9213
301	69.02	1.689	0.20	27.988×10^{-3}	6.71	9.4	17.889×10^{-3}	1.4698
220	77.90	1.858	0.20	28.938×10^{-3}	6.01	9.3	17.800×10^{-3}	1.5955

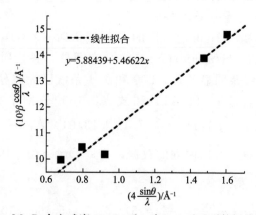

图 8.5　MmB₅ 合金球磨 30min 后，表 8.2 后两列数据线性拟合

最后，把有关数据代入式（8.50）用最小二乘方法求得

$$a = \frac{0.0593014 \times 6.6557156 - 5.4659430 \times 0.0685457}{5 \times 6.6557156 - 5.4659430^2} = 5.8866 \times 10^{-3}$$

$$D = \frac{0.89}{a} = \frac{0.89}{5.8866 \times 10^{-3}} = 151(\text{Å}) = 15.1(\text{nm})$$

$$m = \varepsilon = \frac{5 \times 0.0685457 - 5.4659430 \times 0.0593014}{5 \times 6.6557156 - 5.4659430^2} = 5.4645 \times 10^{-3}$$

综合三种方法的结果见表 8.3。

表 8.3　三种方法的结果

计算方法	D/nm	$\varepsilon/(\times 10^{-3})$
单线计算平均法	7.7 ± 1.4	11.5 ± 2.3
作图法	17.1	7.466
最小二乘方法	17.1	7.465

可见，球磨 30min 已实现纳米化，作图法与最小二乘方法惊人的一致，这是因为 Origin 线性拟合就是基于最小二乘方原理；至于 $D = (7.7 \pm 1.4)$ nm 和 17.1nm 的差别是可以理解的，这是因为真实宽化是微晶和微应力两种效应的贡献。同理，$\varepsilon = (11.5 \pm 2.3) \times 10^{-3}$ 是不可信的。

作图法与最小二乘方法比较，可得如下结论：①建立在特殊函数基础上的作图法和最小二乘方法分析结果完全一致，因为两者都基于线性拟合；②作图法只能解决二重宽化效应，而最小二乘方法既能解决二重宽化效应，也能解决三重和四重宽化效应分离问题。

8.4　层错引起的 X 射线衍射效应

微晶和微应力无论是单独存在还是同时存在，8.3 节讨论的方法适用于各种晶系的不同结构的材料。然而，涉及层错则与结构相关。

8.4.1　密堆六方的层错效应

Warren[6]指出，密堆六方（cph）的滑移为（001）〈110〉，孪生系为 {102} 〈101〉，把实验线形 $F(x)$ 展开为 Fourier 级数，将其余弦系数 A_L^S 对 L 作图，从曲线起始点的斜率求得微晶尺度 D，变形层错概率 f_D 和孪生层错概率 f_T 之间有三种组合，即

$$
当\begin{cases}
h-k=3n \text{ 或 } hk0, & -\left(\dfrac{\mathrm{d}A_L^S}{\mathrm{d}L}\right)_0 = \dfrac{1}{D} \\[3mm]
h-k=3n\pm1,\ l=\text{偶数}, & -\left(\dfrac{\mathrm{d}A_L^S}{\mathrm{d}L}\right)_0 = \dfrac{1}{D} + \dfrac{|l_0|\,d}{c^2}(3f_D+3f_T) \\[3mm]
h-k=3n\pm1,\ l=\text{奇数}, & -\left(\dfrac{\mathrm{d}A_L^S}{\mathrm{d}L}\right)_0 = \dfrac{1}{D} + \dfrac{|l_0|\,d}{c^2}(3f_D+f_T)
\end{cases}
$$

$$(8.51)$$

可见，当 $h-k=3n$ 或 $hk0$ 时，无层错效应；若 $h-k=3n\pm1$，当 l 为偶数时，衍射线严重宽化，当 l 为奇数时，衍射线宽化较小。另外，还能从半高宽计算 f_D 和 f_T，即

$$
h-k=3n\pm1\begin{cases}
l=\text{偶数}, & \beta_f = \dfrac{2l}{\pi}\tan\theta\left(\dfrac{d}{c}\right)^2(3f_D+3f_T) \\[3mm]
l=\text{奇数}, & \beta_f = \dfrac{2l}{\pi}\tan\theta\left(\dfrac{d}{c}\right)^2(3f_D+f_T)
\end{cases}
$$

$$(8.52)$$

β 以弧度为单位，d 为晶面间距，c 为六方 c 轴的点阵参数。

8.4.2　面心立方的层错效应

对面心立方（FCC），Warren[6] 把总的衍射贡献看成是宽化（b）和未宽化（u）组分之和，并展开为 Fourier 级数，得出结论：余弦系数表征线形宽化；正弦系数表征线形的不对称性，这种不对称性只表现在线形底部附近，对取半宽度的计算无影响；常数项与变形层错概率 f_D 成正比，使峰巅位移[6]。其中峰位移 $\Delta(2\theta)°$ 的表达式为

$$
\Delta(2\theta)° = \frac{90}{\pi^2}\frac{\sum(\pm)L_0}{h_0^2(u+b)}\tan\theta\sqrt{3}\,f_D
$$

$$(8.53)$$

其中，$\dfrac{\sum(\pm)L_0}{h_0^2(u+b)} = \sum\dfrac{(\pm)L_0}{h_0^2(u+b)}$，$h_0=(h^2+k^2+l^2)^{1/2}$。将有关数据列入表 8.4 中。从表 8.4 可见，由于变形层错的存在，111 线峰 $2\theta_{111}$ 向高角度方向位移，而 $2\theta_{200}$ 向低角度方向位移，它们的二级衍射正好相反。由于 f_D 引起峰位移很小，用单线法测量会引起较大误差，故常用线对法，即

$$
\begin{cases}
(\Delta 2\theta_{200} - \Delta 2\theta_{111})° = \dfrac{-90}{\pi^2}\sqrt{3}\,f_D\left(\dfrac{\tan\theta_{200}}{2}+\dfrac{\tan\theta_{111}}{4}\right) \\[3mm]
(\Delta 2\theta_{400} - \Delta 2\theta_{222})° = \dfrac{90}{\pi^2}\sqrt{3}\,f_D\left(\dfrac{\tan\theta_{400}}{4}+\dfrac{\tan\theta_{222}}{8}\right)
\end{cases}
$$

$$(8.54)$$

可见用线对峰位移法能求得变形层错概率 f_D。

表 8.4　具有层错的 FCC 结构粉末衍射线形的几个有关数据

hkl	$\sum \dfrac{(\pm)L_0}{h_0^2(u+b)}$	$\sum \dfrac{\lvert L_0 \rvert}{h_0(u+b)}$	$\Delta(2\theta)^\circ$ 式(8.53)
111	$\dfrac{1}{4}$	$\sqrt{\dfrac{3}{4}}$	$\dfrac{90}{\pi^2}\sqrt{3}f_{\mathrm{D}}\tan\theta_{111}\left(\dfrac{1}{4}\right)$
200	$-\dfrac{1}{2}$	1	$\dfrac{90}{\pi^2}\sqrt{3}f_{\mathrm{D}}\tan\theta_{200}\left(-\dfrac{1}{2}\right)$
220	$\dfrac{1}{4}$	$\dfrac{1}{\sqrt{2}}$	
311	$-\dfrac{1}{11}$	$\dfrac{3}{2}\sqrt{11}$	
222	$-\dfrac{1}{8}$	$\dfrac{\sqrt{3}}{4}$	$\dfrac{90}{\pi^2}\sqrt{3}f_{\mathrm{D}}\tan\theta_{222}\left(-\dfrac{1}{8}\right)$
400	$\dfrac{1}{4}$	1	$\dfrac{90}{\pi^2}\sqrt{3}f_{\mathrm{D}}\tan\theta_{400}\left(\dfrac{1}{4}\right)$

当忽略微应力的影响时，衍射线形 Fourier 级数展开的余弦系数可写为

$$A_L^S = 1 - L\left\{\frac{1}{D} + \frac{(1.5f_{\mathrm{D}}+f_{\mathrm{T}})}{ah_0(u+b)}\sum |L_0|\right\} \tag{8.55}$$

其对 L 微分得

$$-\frac{\mathrm{d}A_L^S}{\mathrm{d}L} = \frac{1}{D} + \frac{(1.5f_{\mathrm{D}}+f_{\mathrm{T}})}{ah_0(u+b)}\sum |L_0| \tag{8.56}$$

将式 (8.56) 与式 (8.51) 比较，并结合式 (8.52) 得

$$\beta_f = \frac{2}{\pi a}\sum \frac{|L_0|}{h_0(u+b)}\tan\theta(1.5f_{\mathrm{D}}+f_{\mathrm{T}}) \tag{8.57}$$

β_f 的单位为弧度，$\sum \dfrac{|L_0|}{h_0(u+b)}$ 对各 hkl 衍射线之值列入表 8.4 中。

8.4.3　体心立方的层错效应

对体心立方（bcc）金属，Warren[6] 也把总的衍射看成宽化（b）和未宽化（u）之和，并展开为 Fourier 级数，其余弦系数可写为

$$A_L^S = 1 - L\left\{\frac{1}{D} + \frac{1.5f_{\mathrm{D}}+f_{\mathrm{T}}}{ah_0(u+b)}\sum |L|\right\} \tag{8.58}$$

其对 L 微分得

$$-\frac{\mathrm{d}A_L^S}{\mathrm{d}L} = \frac{1}{D} + \frac{1.5f_{\mathrm{D}}+f_{\mathrm{T}}}{ah_0(u+b)}\sum |L| \tag{8.59}$$

将式 (8.59) 与式 (8.51)、式 (8.56) 比较，并结合式 (8.52) 和式 (8.57) 得

$$\beta_f = \frac{2}{\pi a} \frac{\sum |L|}{h_0(u+b)} \tan\theta (1.5 f_D + f_T) \qquad (8.60)$$

β_f 的单位同样为弧度，对 bcc 结构各 hkl 衍射线的 $\dfrac{\sum |L|}{h_0(u+b)}$ 之值列入表 8.5 中。

表 8.5　含有层错的 bcc 结构粉末衍射各衍射线的 $\dfrac{\sum |L|}{h_0(u+b)}$ 值

hkl	110	200	211	220	310	222	321	400
$\dfrac{\sum |L|}{h_0(u+b)}$	$\dfrac{2}{3}\sqrt{2}$	$\dfrac{4}{3}$	$\dfrac{2}{\sqrt{6}}$	$\dfrac{2}{3}\sqrt{2}$	$4\sqrt{10}$	$2\sqrt{3}$	$\dfrac{5}{2}\sqrt{14}$	$\dfrac{4}{3}$

由本节可知，式（8.52）、式（8.57）和式（8.60）分别表示层错对密堆六方（cph）、面心立方（fcc）和体心立方（bcc）粉末衍射线条宽化的贡献。

8.4.4　分离密堆六方 ZnO 中微晶-层错宽化效应的 Langford 方法[7]

Langford、Boultif[7]把花样分解用于 ZnO 微晶尺度和层错复合衍射效应的研究，对于 hkl 衍射，其积分宽度 β_{In} 与层错宽化 β_f 有

$$\beta_{In} = \beta_f c / \cos\varphi_Z \qquad (8.61)$$

$$当 \begin{cases} h-k=3n \ \text{或} \ hk0, & \beta_f = 0 \\ h-k=3n\pm 1, \ l=偶数, & \beta_f = 3f/\cos\varphi_Z \\ h-k=3n\pm 1, \ l=奇数, & \beta_f = f/\cos\varphi_Z \end{cases} \qquad (8.62)$$

其中，φ_Z 为衍射面与六方基面（001）间的夹角；f 为层错概率；c 为 c 轴的点阵参数。

当微晶和层错两种效应同时存在时，为了获得 β_f，可分别采用 Lorentzian 近似或 Lorentzian-Gaussian 近似，这里仅介绍前者。

总的线宽 β_a 与 β_c、β_f 有如下关系：

$$\beta_a = \beta_c + \beta_f \qquad (8.63)$$

对于各向同性的球形微晶：

$$当 \begin{cases} h-k=3n \ \text{或} \ hk0, & \beta_a = \beta_c \\ h-k=3n\pm 1, \ l=偶数, & \beta_a = \beta_c + 3f/\cos\varphi_Z \\ h-k=3n\pm 1, \ l=奇数, & \beta_a = \beta_c + f/\cos\varphi_Z \end{cases} \qquad (8.64)$$

对于各向异性的圆柱体微晶，先从（100）和（001）的真实半高宽 $\beta_{\frac{1}{2}}$ 经 Scherrer 公式计算得 $D_{100}=D$，$D_{001}=H$，再按下式计算 D_{101} 和 D_{102}。

$$\beta_z = \frac{D}{\pi} \frac{1}{\sin\varphi_2} \left[\frac{8}{3} + 2q \arccos q - \frac{1}{2q} \arcsin q - \frac{5}{2}(1-q^2)^{1/2} + \frac{1}{3}(1-q^2)^{3/2} \right]$$

$$0 \leqslant \varphi_z \leqslant \varphi \tag{8.65}$$

$$\beta_z = D \frac{1}{\sin\varphi_Z} \left(\frac{8}{3\pi} - \frac{1}{4q} \right), \quad \varphi \leqslant \varphi_Z \leqslant \frac{\pi}{2} \tag{8.66}$$

这里

$$\varphi = \arctan\left(\frac{D}{H}\right) \tag{8.67}$$

$$q = H(\tan\varphi_Z)/D \tag{8.68}$$

β_z 分别为扣除仪器宽化后的 101 和 102 的本征宽度，然后再用所得的 D_{101} 和 D_{102} 及 Scherrer 公式反算出它们的微晶宽化 β_c (β_{101}，β_{102})，最后按式 (8.62) 求得 f。显然，这种方法十分麻烦，如果再考虑包括微应变的三重效应，就几乎不可能进行计算了。而且公式的物理意义也不明确，量纲分析难以理解，不过这种思路提示我们，用 (101) 和 (102) 求解 f 时，必须考虑 D_{101}、D_{102} 和 D_{001}、D_{100} 的差别。

8.5　分离多重宽化效应的最小二乘方法[5,8]

8.5.1　分离微晶-层错二重宽化效应的最小二乘方法

采用 Lorentzian 近似，同时受微晶和层错影响，总的半高宽 β 为微晶宽化 β_c 和层错宽化 β_f 之和，即

$$\beta = \beta_c + \beta_f \tag{8.69}$$

先讨论 cph 结构，把式 (8.14) 和式 (8.52) 代入式 (8.69)，并乘以 $\frac{\cos\theta}{\lambda}$ 得

$$h - k = 3n \pm 1 \begin{cases} l = \text{偶数}, & \frac{\beta\cos\theta}{\lambda} = \frac{2l}{\pi}\left(\frac{d}{c}\right)^2 \frac{\sin\theta}{\lambda}(3f_D + 3f_T) + \frac{0.89}{D} \\ l = \text{奇数}, & \frac{\beta\cos\theta}{\lambda} = \frac{2l}{\pi}\left(\frac{d}{c}\right)^2 \frac{\sin\theta}{\lambda}(3f_D + f_T) + \frac{0.89}{D} \end{cases} \tag{8.70}$$

令

$$\begin{cases} Y = \frac{\beta\cos\theta}{\lambda}, & f = 3f_D + 3f_T \text{ (当 } l = \text{偶数)} \\ & f = 3f_D + f_T \text{ (当 } l = \text{奇数)} \\ X = \frac{2l}{\pi}\left(\frac{d}{c}\right)^2 \frac{\sin\theta}{\lambda}, & A = \frac{0.89}{D} \end{cases} \tag{8.71}$$

式（8.70）重写为

$$Y = fX + A \tag{8.72}$$

类似式（8.46）～式（8.50）的推导得

$$\begin{cases} A = \dfrac{\Delta_A}{\Delta} = \dfrac{\begin{vmatrix} \sum Y & \sum X \\ \sum XY & \sum X^2 \end{vmatrix}}{\Delta} = \dfrac{\sum Y \sum X^2 - \sum X \sum XY}{n \sum X^2 - \left(\sum X\right)^2} \\[4mm] f = \dfrac{\Delta_f}{\Delta} = \dfrac{\begin{vmatrix} n & \sum Y \\ \sum X & \sum XY \end{vmatrix}}{\Delta} = \dfrac{n \sum XY - \sum X \sum Y}{n \sum X^2 - \left(\sum X\right)^2} \end{cases} \tag{8.73}$$

求出 D_{even}、f_{even}、D_{odd}、f_{odd} 后，再用

$$\begin{cases} f_{even} = 3f_D + 3f_T \\ f_{odd} = 3f_D + f_T \end{cases} \tag{8.74}$$

联立求得 f_D 和 f_T。

8.5.2　分离微应变-层错二重宽化效应的最小二乘方法

对于 cph，$h - k = 3n \pm 1$，采用 Lorentzian 近似，则有

$$\beta = \beta_f + \beta_s \tag{8.75}$$

1. 方法 1

将式（8.16）和式（8.52）代入式（8.75），并乘以 $\dfrac{\cos\theta}{\lambda}$ 得

$$\begin{cases} l = \text{偶数}, \quad \dfrac{\beta\cos\theta}{\lambda} = \dfrac{2l}{\pi}\left(\dfrac{d}{c}\right)^2 \dfrac{\sin\theta}{\lambda}(3f_D + 3f_T) + \varepsilon\dfrac{4\sin\theta}{\lambda} \\[4mm] l = \text{奇数}, \quad \dfrac{\beta\cos\theta}{\lambda} = \dfrac{2l}{\pi}\left(\dfrac{d}{c}\right)^2 \dfrac{\sin\theta}{\lambda}(3f_D + f_T) + \varepsilon\dfrac{4\sin\theta}{\lambda} \end{cases} \tag{8.76}$$

令

$$\begin{cases} Y = \dfrac{\beta\cos\theta}{\lambda}, \quad f = 3f_D + 3f_T\,(\text{当 } l = \text{偶数}) \\[3mm] X = \dfrac{2l}{\pi}\left(\dfrac{d}{c}\right)^2 \dfrac{\sin\theta}{\lambda}, \quad f = 3f_D + f_T\,(\text{当 } l = \text{奇数}) \\[3mm] Z = \dfrac{4\sin\theta}{\lambda}, \quad A = \varepsilon \end{cases} \tag{8.77}$$

则得

$$Y = fX + AZ \tag{8.78}$$

类似式（8.46）～式（8.50）的推导得

$$
\begin{cases}
f = \dfrac{\Delta_f}{\Delta} = \dfrac{\begin{vmatrix} \sum YZ & \sum Z^2 \\ \sum XY & \sum XZ \end{vmatrix}}{\Delta} = \dfrac{\sum YZ \sum XZ - \sum Z^2 \sum XY}{\left(\sum XZ\right)^2 - \sum X^2 \sum Z^2} \\[8mm]
A = \dfrac{\Delta_A}{\Delta} = \dfrac{\begin{vmatrix} \sum XZ & \sum YZ \\ \sum X^2 & \sum XY \end{vmatrix}}{\Delta} = \dfrac{\sum XZ \sum XY - \sum X^2 \sum YZ}{\left(\sum XZ\right)^2 - \sum X^2 \sum Z^2}
\end{cases}
\tag{8.79}
$$

2. 方法 2

将式 (8.16) 和式 (8.52) 代入式 (8.75) 并除以 $4\tan\theta$ 得

$$
\begin{cases}
l = \text{偶数}, \quad \dfrac{\beta\cot\theta}{4} = \dfrac{l}{2\pi}\left(\dfrac{d}{c}\right)^2 (3f_{\mathrm{D}} + 3f_{\mathrm{T}}) + \varepsilon \\[4mm]
l = \text{奇数}, \quad \dfrac{\beta\cot\theta}{4} = \dfrac{l}{2\pi}\left(\dfrac{d}{c}\right)^2 (3f_{\mathrm{D}} + f_{\mathrm{T}}) + \varepsilon
\end{cases}
\tag{8.80}
$$

令

$$
\begin{cases}
Y = \dfrac{\beta\cot\theta}{4}, \quad f = 3f_{\mathrm{D}} + 3f_{\mathrm{T}} \ (\text{当 } l = \text{偶数}) \\[2mm]
\qquad\qquad\quad\ f = 3f_{\mathrm{D}} + f_{\mathrm{T}} \ (\text{当 } l = \text{奇数}) \\[2mm]
X = \dfrac{l}{2\pi}\left(\dfrac{d}{c}\right)^2, \quad A = \varepsilon
\end{cases}
\tag{8.81}
$$

则得

$$
Y = fX + A \tag{8.82}
$$

类似式 (8.46) ~ 式 (8.50) 的推导得

$$
\begin{cases}
A = \dfrac{\Delta_A}{\Delta} = \dfrac{\begin{vmatrix} \sum Y & \sum X \\ \sum XY & \sum X^2 \end{vmatrix}}{\Delta} = \dfrac{\sum Y \sum X^2 - \sum X \sum XY}{n \sum X^2 - \left(\sum X\right)^2} \\[8mm]
f = \dfrac{\Delta_f}{\Delta} = \dfrac{\begin{vmatrix} n & \sum Y \\ \sum X & \sum XY \end{vmatrix}}{\Delta} = \dfrac{n \sum XY - \sum X \sum Y}{n \sum X^2 - \left(\sum X\right)^2}
\end{cases}
\tag{8.83}
$$

比较可知，式 (8.38)、式 (8.52)、式 (8.57) 和式 (8.80)，式 (8.50)、式 (8.73)、式 (8.79) 和式 (8.83)，其形式是对应一致的，这给编制计算程序带来方便，但必须注意其符号的物理意义。

8.5.3　微晶-微应变-层错三重宽化效应的最小二乘方法

对于密堆六方结构的样品，当 $h - k = 3n \pm 1$ 时，仍采用 Lorentzian 近似，衍射线总的半高宽 β 为

$$\beta = \beta_f + \beta_c + \beta_s \tag{8.84}$$

把式 (8.14)、式 (8.16) 和式 (8.52) 代入式 (8.76) 并乘以 $\dfrac{\cos\theta}{\lambda}$ 得

$$h - k = 3n \pm 1 \begin{cases} l = 偶数, & \dfrac{\beta\cos\theta}{\lambda} = \dfrac{2l}{\pi}\left(\dfrac{d}{c}\right)^2 \dfrac{\sin\theta}{\lambda}(3f_D + 3f_T) + \dfrac{0.89}{D} + \varepsilon\dfrac{4\sin\theta}{\lambda} \\[4mm] l = 奇数, & \dfrac{\beta\cos\theta}{\lambda} = \dfrac{2l}{\pi}\left(\dfrac{d}{c}\right)^2 \dfrac{\sin\theta}{\lambda}(3f_D + f_T) + \dfrac{0.89}{D} + \varepsilon\dfrac{4\sin\theta}{\lambda} \end{cases} \tag{8.85}$$

令

$$\begin{cases} Y = \dfrac{\beta\cos\theta}{\lambda}, & f = 3f_D + 3f_T \text{ （当 } l = 偶数\text{）} \\ & f = 3f_D + f_T \text{ （当 } l = 奇数\text{）} \\[2mm] X = \dfrac{2l}{\pi}\left(\dfrac{d}{c}\right)^2 \dfrac{\sin\theta}{\lambda}, & A = \dfrac{0.89}{D} \\[2mm] Z = \dfrac{4\sin\theta}{\lambda}, & B = \varepsilon \end{cases} \tag{8.86}$$

式 (8.85) 重写为

$$Y = fX + A + BZ \tag{8.87}$$

最小二乘方的正则方程为

$$\begin{cases} \sum XY = f\sum X^2 + A\sum X + B\sum XZ \\ \sum Y = f\sum X + An + B\sum Z \\ \sum YZ = f\sum XZ + A\sum Z + B\sum Z^2 \end{cases} \tag{8.88}$$

写成矩阵形式

$$\begin{pmatrix} \sum X^2 & \sum X & \sum XZ \\ \sum X & n & \sum Z \\ \sum XZ & \sum Z & \sum Z^2 \end{pmatrix} \begin{pmatrix} f \\ A \\ B \end{pmatrix} = \begin{pmatrix} \sum XY \\ \sum Y \\ \sum YZ \end{pmatrix} \tag{8.89}$$

当该三元一次方程组的判别式为

$$\Delta = \begin{vmatrix} \sum X^2 & \sum X & \sum XZ \\ \sum X & n & \sum Z \\ \sum XZ & \sum Z & \sum Z^2 \end{vmatrix} \neq 0 \tag{8.90}$$

才有唯一解：

$$
\begin{cases}
f = \dfrac{\Delta_f}{\Delta} = \dfrac{\begin{vmatrix} \sum XY & \sum X & \sum XZ \\ \sum Y & n & \sum Z \\ \sum YZ & \sum Z & \sum Z^2 \end{vmatrix}}{\Delta} \\[30pt]
A = \dfrac{\Delta_A}{\Delta} = \dfrac{\begin{vmatrix} \sum X^2 & \sum XY & \sum XZ \\ \sum X & \sum Y & \sum Z \\ \sum XZ & \sum YZ & \sum Z^2 \end{vmatrix}}{\Delta} \\[30pt]
B = \dfrac{\Delta_B}{\Delta} = \dfrac{\begin{vmatrix} \sum X^2 & \sum X & \sum XY \\ \sum X & n & \sum Y \\ \sum XZ & \sum Z & \sum YZ \end{vmatrix}}{\Delta}
\end{cases}
\tag{8.91}
$$

从上述公式推导可知,只有当 $h-k=3n\pm1$,$l=$偶数和 $l=$奇数的衍射线条数目 m_{even} 和 m_{odd} 均满足 $\geqslant2$(两重效应)和 $\geqslant3$(三重效应)时才能求解。

以上关于分离微晶-层错、微应变-层错二重宽化效应和微晶-微应变-层错三重宽化效应的方法,虽然仅对密堆六方结构推导,但推导方法和结果也适用于面心立方或体心立方结构,不过应注意所存在的重要差别,特别是层错项及其系数的重要差别。

8.5.4　计算程序系列的结构

1. 密堆六方、面心立方和体心立方层错宽化效应比较

为了比较,现把三种结构的三重宽化效应有关公式集中重写如下:

对于 cph,$h-k=3n\pm1$,

$$
\begin{cases}
l=\text{偶数}, & \dfrac{\beta\cos\theta}{\lambda} = \dfrac{2l}{\pi}\left(\dfrac{d}{c}\right)^2 \dfrac{\sin\theta}{\lambda}(3f_{\text{D}}+3f_{\text{T}}) + \dfrac{0.89}{D} + \varepsilon\dfrac{4\sin\theta}{\lambda} \\[12pt]
l=\text{奇数}, & \dfrac{\beta\cos\theta}{\lambda} = \dfrac{2l}{\pi}\left(\dfrac{d}{c}\right)^2 \dfrac{\sin\theta}{\lambda}(3f_{\text{D}}+f_{\text{T}}) + \dfrac{0.89}{D} + \varepsilon\dfrac{4\sin\theta}{\lambda}
\end{cases}
\tag{8.92}
$$

对于 fcc,

$$
\dfrac{\beta\cos\theta}{\lambda} = \dfrac{1}{2\pi a}\sum\dfrac{|L_0|}{h_0(u+b)}\dfrac{\sin\theta}{\lambda}(1.5f_{\text{D}}+f_{\text{T}}) + \dfrac{0.89}{D} + \varepsilon\dfrac{4\sin\theta}{\lambda}
\tag{8.93}
$$

对于 bcc,

$$
\dfrac{\beta\cos\theta}{\lambda} = \dfrac{1}{2\pi a}\dfrac{\sum|L|}{h_0(u+b)}\dfrac{\sin\theta}{\lambda}(1.5f_{\text{D}}+f_{\text{T}}) + \dfrac{0.89}{D} + \varepsilon\dfrac{4\sin\theta}{\lambda}
\tag{8.94}
$$

可见三种结构的层错引起宽化效应的表达式有相似之处，其重要差是：①层错概率的关系上，对于 cph，$h-k=3n$ 和 $hk0$ 与层错无关，当 $h-k=3n\pm1$，$l=$ 偶数时 $f=3f_D+3f_T$，而 $l=$ 奇数时 $f=3f_D+f_T$；对于 fcc 和 bcc 则都是 $f=1.5f_D+f_T$。②层错项的系数的差异，对于 cph，$l=$ 偶数和 $l=$ 奇数时，形式相同，但取值不同。但对于 fcc 和 bcc 形式相同，取值也不同，分别来源于表 8.4 和表 8.5。③另外，对于 cph，可以求得 f_D 和 f_T；对 fcc，在求得 f 后，可据式 (8.53) 求出 f_D，进而求得 f_T；而对 bcc，只能求得 $1.5f_D+f_T$。

2. 计算程序系列结构[8]

计算程序系列的结构见图 8.6。

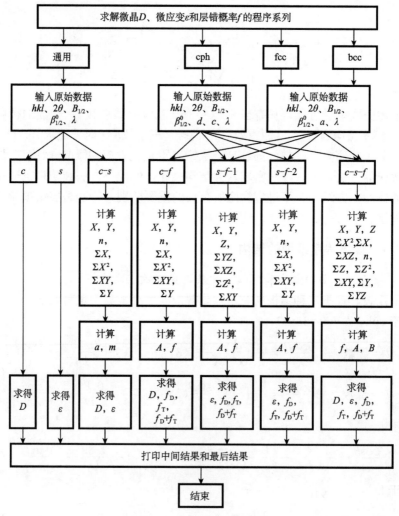

图 8.6　计算程序系列结构

8.6　微晶-微应变-层错的测定实例

8.6.1　MH/Ni 电池活化前后对比研究[9,10]

两种样品活化前（.raw）后（.HH.raw）的正极活性材料 β-Ni（OH）$_2$ X 射线衍射花样如图 8.7 所示，其衍射数据列于表 8.6（a）中。无论是从衍射花样，还是从表 8.6（a）的数据均可看出，活化的作用是巨大的，衍射线条明显宽化了。按 2.8.2 节的方法处理数据后的结果列于表 8.6（b）。由这些结果可知：

（1）活化使晶粒明显细化，特别是垂直 c 晶轴方向的尺度大大减小，从而使微晶形状由矮胖的柱状体转化为近乎等轴晶或多面体。

（2）由于电池的充放电，发生 β-Ni（OH）$_2$ $\underset{\text{放电}}{\overset{\text{充电}}{\rightleftharpoons}}$ NiOOH 的可逆相变，使活化后的 β-Ni（OH）$_2$ 正极材料存在微应变（微应力）。

（3）活化后层错结构发生变化，总层错概率变小。

以上三点是活化前后 β-Ni（OH）$_2$ 的 X 射线衍射（XRD）花样发生巨大变化的原因。

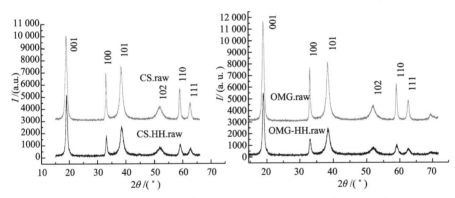

图 8.7　两种样品活化前（.raw）后（.HH.raw）的正极活性
材料 β-Ni（OH）$_2$ X 射线衍射花样

表 8.6（a）　三个 β-Ni（OH）$_2$ X 射线衍射原始数据

	hkl	001	100	101	102	110	111
	2θ/（°）	19.16	33.20	38.67	52.25	59.16	62.55
CS-PTX	活化前	0.783	0.357	1.394	2.507	0.467	0.752
	活化后	0.672	0.514	1.605	2.536	0.833	1.046
OMG	活化前	0.667	0.322	1.288	2.310	0.379	0.592
	活化后	0.628	0.561	1.569	2.658	0.924	1.147
KL	活化前	0.644	0.342	1.336	2.326	0.409	0.656
	活化后	0.560	0.594	1.319	2.305	1.061	1.143

表 8.6 (b)　　　三个 β-Ni (OH)₂ 衍射数据的分析结果

		D_{001} /nm	D_{100} /nm	$\dfrac{D_{100}}{D_{001}}$	D_{101} /nm	D_{102} /nm	$\overline{D}$ /nm	$\overline{\varepsilon}$ /($\times 10^{-3}$)	f_D /%	f_T /%	$(f_D + f_T)$ /%
CS-PTX	活化前	12.4	33.6	2.792	37.8	28.6	27.2	3.284	9.35	3.09	13.44
	活化后	17.0	21.3	1.425					8.31	2.73	11.04
OMG	活化前	17.1	42.7	2.823	48.9	38.1	37.3	3.703	8.79	3.73	12.52
	活化后	17.3	19.0	1.165					7.11	3.27	11.38
KL	活化前	17.8	38.6	2.446	47.9	23.5	57.37	7.961	9.87	2.24	12.11
	活化后	19.98	17.67	0.931					3.28	3.66	8.94

8.6.2　实际应用小结[5]

经过多年来多方面的实际应用，可总结如下，可供参考：

（1）作者及合作者发展并建立了分离微晶-微应变、微晶-层错、微应变-层错二重和微晶-微应变-层错三重 X 射线衍射宽化效应的一般理论和求解的最小二乘方法及计算程序。此方法还可推广到分离更多（四）重宽化效应。

（2）把分离微晶-微应变的最小二乘方法成功地应用于储氢合金 MmB₅。

（3）把分离微晶-微应变和微晶-层错衍射宽化效应的一般理论和方法用于 fcc 结构纳米 NiO 和纳米镍粉的分析，获得微结构参数与热分解（和还原）温度的关系。

（4）把分离微应变-层错衍射宽化效应的一般理论和方法用于 bcc 结构 V-Ti 储氢合金在吸放氢过程的微结构研究。

（5）把分离微晶-层错二重和分离微晶-微应变-层错三重 X 射线衍射宽化效应的一般理论和方法分别用来研究镍氢电池活化前后正极 β-Ni (OH)₂ 的微结构时，对一般方法作了简化，从而了解了 β-Ni (OH)₂ 在镍氢电池中充放电过程和电池循环过程中的行为。

（6）把分离微晶-层错二重宽化效应的方法改进后用于六方结构纳米 ZnO 的微结构研究和添加 Ca、Sr、混合稀土的 Mg-Al 合金中的微结构研究。

（7）把经简化后的一般方法用于六方 2H-石墨堆垛无序测定。

（8）一般方法和简化方法在上述应用中获得很有意义的结果。实际应用发现，由于不同的纳米材料的结构不同，制备的方法不同，微结构的存在状态也不同，数据分析和处理方法也不尽相同，故对不同情况，合理应用分离微晶-微应变、微晶-层错、微应变-层错二重和微晶-微应变-层错三重 X 射线衍射宽化效应的一般理论和方法显得十分重要。

实际应用还发现，所提出的分离多重宽化效应的方法能用于评价和研究纳米材料及其在使用过程中微结构的变化，从而把材料性能与微结构参数联系起来，建立性能与结构之间的关系，并已获得很多有益结果。

　　此外，本章所讨论的方法未涉及位错问题；所列举的应用例子属于粉体材料。关于涉及位错问题及变形金属、表面纳米化的微结构研究，将在第 9 章介绍。

参 考 文 献

［1］ Klug H P，Alexander L E. X-ray Diffraction Procedure for Polycrystalline and Amorphous Materials. John Wiley & Sons，1974：618～708.

［2］ 王英华 . X 光衍射技术基础 . 北京：原子能出版社，1984：258～274.

［3］ 邱利，胡王和 . X 射线衍射技术及设备 . 北京：冶金工业出版社，1998：121～187.

［4］ Materials Data Inc. Jade 7. 0 XRD Pattern Processing. USA：Materials Data Inc. ，2004.

［5］ 杨传铮，张建 . X 射线衍射研究纳米材料微结构的一些进展 . 物理学进展，2008，28（3）：280～313.

［6］ Warren B E. X-Ray Diffraction Reading，Massachusetts，Menlo Park，California London：Addison-Wesley，1969：275～313.

［7］ Langford J I，Boultif A，et al. The use of pattern decomposition to study the combined X-ray diffraction effects of crystallite size and stacking faults in Ex-oxalate zinc oxide. J. Appl. Cryst. ，1993，26（1）：22～32.

［8］ 钦佩，娄豫皖 ，杨传铮，等 . 分离 X 射线衍射线多重宽化效应的新方法和计算程序 . 物理学报，2006，55（3）：1325～1335.

［9］ Lou Y W，Yang C Z，Ma L P，et al. Comparative study on microstructure of β-Ni（OH）$_2$ as cathode material for Ni-MH battery. Science in China，2006，ser. E：Technological Science，2006，49（3）：297～312.

［10］ 娄豫皖，杨传铮，马丽萍，等 . MH-Ni 电池中正极材料 β-Ni(OH)$_2$ 微结构的对比研究 . 中国科学 E 辑·技术科学，2006，36（5）：467～482.

第9章 喷丸表面微结构和位错的衍射线形分析

在第 8 章已提及和所讨论的方法未涉及位错问题，本章介绍涉及位错的微结构研究方法，其适用于变形金属、表面喷丸材料和部件，以及粉体材料的微结构研究。

多晶体（或嵌镶结构十分严重的单晶）所包含的位错密度 ρ 可以从 X 射线衍射数据估算。当这种多晶材料的衍射呈斑点状不连续时，位错密度处于下述二者之间：

$$\rho_1 = \frac{\alpha}{bD} \tag{9.1}$$

$$\rho_2 = \frac{\alpha}{3bd} \tag{9.2}$$

式中，D 为晶粒大小；d 为晶粒内嵌镶块的大小；α 为晶粒内嵌镶块的总错角；b 为伯氏矢量的模。当这种多晶材料呈现连续衍射环时，可根据衍射的真实宽度 β 估计位错密度 ρ：

$$\rho = 15 \times \frac{\beta^2}{b^2} \tag{9.3}$$

衍射线的宽化效应引起的原因有：微（纳米）晶宽化、微应力宽化、层错（孪生）和位错宽化等。50 多年前 Warren-Averbach 处理晶粒-微应变宽化二重宽化问题，把衍射线展开为 Fourier 级数，通过余弦系数分析把两种效应分开，但直至今天还存在许多困难。1976 年，Wilkens 改进了基于 Krivoglaz 和 Ryaboshapka 的理论和方法，处理了"制约无序"位错分布效应，成功地测量了变形铜单晶中的位错密度和位错分布参数。王煜明等从单晶 Wilkens 曲线导出一组多晶标准曲线，能研究多晶固体中的位错。随着变形金属每个晶粒小角度边界的复杂化，经常会存在胞结构（cell structure），不能用 Wilkens 理论来处理。因此，有理由用 Warren-Averbach（WA）分析在德拜衍射线形中从应变宽化中分离出晶粒宽化，即小角度边界的位错对晶粒宽化的贡献（因为它们的长程应变场相互抵消）。现在，Wilkens 理论可用于胞内位错引起的应变宽化。弹性储存能容易地由位错的密度和分布的参数来计算。下面介绍 Fourier 方法、Williamson 公式和改进的 Williamson-Hall 方法、Voigt 单线方法，以及作者发展的最小二乘方法。

9.1　位错等多重宽化的线形分析[1~3]

9.1.1　晶体缺陷引起的衍射效应

按照晶体缺陷的应变场，点阵缺陷分为：①点缺陷的应变场，按 $1/r^2$ 关系衰减，这里 r 是测量点离缺陷的距离；②一维缺陷的应变场，按 $1/r$ 衰减；③面缺陷的应变场是空间独立的，换言之，是均匀的。这种独特关系的三种不同类型是短程的、长程有序的和均匀的。这种类型对衍射轮廓的形状有强烈的影响。

由于晶体和倒易空间的倒易关系与点缺陷或/和点缺陷团有关的散射扩展到基本布拉格反射很远处，散射强度按 q^{-2} 衰减，这里 q 是散射矢量的绝对值，这种散射常称为黄（Huang）散射。

线缺陷的应变场是长程的特征，因此它们的衍射效应集聚在基本的布拉格反射周围。这是一种被称为衍射峰宽化的效应，是与峰轮廓分析有关的问题，在文献中常称为"线宽化"或"线形分析"。不过在实际中还观察到位错引起衍射线峰位移和非对称性。在进行塑性变形单晶、多晶或镍基 γ/γ' 超合金的高分辨衍射线形实验时，已显示衍射线形的特征不对称性。

面缺陷，如层错的应变场是空间无关的，或均匀的。它们引起点阵参数的变化，或布拉格峰的漂移，以及峰宽化和非对称性。这已在第 8 章讨论过。

9.1.2　运动学散射理论框架中衍射峰宽化

运动学散射理论框架内衍射峰线形是所谓晶粒尺度和微应变线形的卷积，即

$$I^F = I^D \times I^S \tag{9.4}$$

上标 F、D 和 S 分别表示物理线形、晶粒尺度线形和微应变线形，这里都未考虑仪器宽化效应。这个方程的 Fourier 变换是

$$A_L = A_L^D A_L^S = A_L^S \exp[-2\pi^2 L^2 g^2 \langle \varepsilon_g \cdot L^2 \rangle] \tag{9.5}$$

这里，D 和 S 表示晶粒尺度和微应变；L 是 Fourier 变量，$L = na_3$，n 是整数；a_3 是衍射矢量 g 方向 Fourier 长度的单位：$a_3 = \lambda/[2(\sin\theta_2 - \sin\theta_1)]$。衍射线形是在 $\theta_1 - \theta_2$ 角度范围测定的。λ 是入射线的波长。方程（9.5）常称为 Warren-Averbach 方法。该方程具有极其广泛的普遍性（generality）。与这个方程有关的主要任务是获得晶粒尺度 Fourier 系数 A_L^D 的途径，以及解释均方应变，$\langle \varepsilon_g \cdot L^2 \rangle$。晶粒尺度 Fourier 系数的解释需要假定微晶尺度分布和微晶形状，或相干散射的附加知识。解这个方程的方法有了明显进展。然而，比较困难的是解均方应变 $\langle \varepsilon_g \cdot L^2 \rangle$。Warren 作简单的假定，原子的位移是随机的。在这种情况下，$\langle \varepsilon_g \cdot L^2 \rangle$ 是常数。然而，所有的实验事实表明，① $\langle \varepsilon_g \cdot L^2 \rangle$ 是与衍射级有关的；②是与 L 有关的。为了解释 $\langle \varepsilon_g \cdot L^2 \rangle$ 的衍射级关

系，已基于各向异性弹性常数发展了大量现象学模型。

$\langle \varepsilon_g \cdot L^2 \rangle$ 的衍射级和 L 两种关系已被 Krivoglaz 基于均方应变的位错模型作了解释。许多作者发展 $\langle \varepsilon_g \cdot L^2 \rangle$ 的位错模型已存在。Wilkens[10]介绍了有效外切半径 R_e 和位错的排列参数，即 R_e 和 $M = R_e \sqrt{\rho}$，这里 ρ 是位错密度。Wilkens 指出，M 值给出位错偶极的特征，如果 M 是小的或大的，位错的偶极特征和位移场的分类分别是强的或弱的。同时，强或弱的分类和 M 值小或大意味着位错分布中的强或弱的关系，以及衍射线形的长或短的尾巴。衍射线形的长或短的尾巴意味着线形的尾部接近 Lorenzian 或 Gaussian 型函数，然而不会是两个单一的函数。Gaal 已指出，当位错偶极子被极化时，均方应变将有虚部，线形也变得不对称。Groma 与合作者用统计物理的方法指出，$\langle \varepsilon_g \cdot L^2 \rangle$ 的虚部是位错密度涨落引起的；$\langle \varepsilon_g \cdot L^2 \rangle$ 的 L 关系用计算机模拟研究。

9.1.3　均方应变的位错模型

假定直的平行的螺位错，其混乱地交叉平面垂直于位错线矢量。Krivoglaz 和 Ryboshapka 导出以下近似表达式：

$$\langle \varepsilon_g \cdot L^2 \rangle \cong \frac{\rho C b^2}{4\pi} \ln\left(\frac{R}{L}\right) \tag{9.6}$$

这里，R 是晶体的尺度，如果 $L/R < 1$，方程（9.6）是成立的；C 是位错的比对因子；b 是 Burgers 矢量。Wilkens 认为，方程中晶体的对称特殊性决定位错的弹性储存能的性质。用紧密混乱位错分布，晶体尺度能用位错的有效外切半径 R_e 代替。有文献给出

$$\langle \varepsilon_g \cdot L^2 \rangle = -\left(\frac{b}{2\pi}\right)^2 \pi \rho f(\eta) \tag{9.7}$$

这里 $\eta = L/R_e$，如果 $\eta < 1$，函数 $f(\eta)$ 是 $\log \eta$；如果 $\eta > 1$，函数 $f(\eta)$ 是 $1/\eta$。

9.1.4　在特征非对称线形情况下 $\langle \varepsilon_g \cdot L^2 \rangle$ 的形式

Groma 与合作者用统计物理方法导出当 $L < R_e$ 时畸变 Fourier 系数的下述表达式：

$$A^S(L) \cong 1 - \rho Q L^2 \ln\left(\frac{R_e}{L}\right) + \left(\frac{1}{2}\right) \Delta \rho^2 Q^2 L^4 \ln\left(\frac{R_2}{L}\right) \ln\left(\frac{R_3}{L}\right)$$
$$- iP_0 Q L^2 \ln\left(\frac{R_1}{L}\right) - \left(\frac{i}{2}\right) P_1 Q^2 L^5 \ln\left(\frac{R_4}{L}\right) \ln\left(\frac{R_5}{L}\right) \tag{9.8}$$

这里，ρ 是准确的位错密度；$\Delta \rho^2$ 是位错密度的涨落；P_0 是位错排列极化的偶极矩；P_1 是 P_0 的涨落。准确的位错密度与形式位错密度用如下关系式联系起来：

$$\rho = \frac{\rho^*}{Q} = \frac{2}{\pi} \frac{\rho^*}{g^2 b^2 C^2} \tag{9.9}$$

ρ^* 称为形式位错密度。

　　如前所述，真实材料中的微结构是非均匀的，弹性变形材料中的位错分布、多晶体中晶界、合金中第二相粒子、或钢中共存相的变化都是非均匀的微结构。在非均匀位错胞结构情况下，硬的胞壁和软的胞内被考虑为成分的两个部分。根据这种成分模型，方程（9.8）中的参数能写为

$$\begin{cases} \rho = f\rho_W + (1-f)\rho_C \\ \Delta\rho^2 = f(1-f)(\rho_W - \rho_C)^2 \\ P_0 = fS_W\rho_W + (1-f)S_C\rho_C \\ P_1 = fS_W\rho_W^2 + (1-f)S_C\rho_C^2 - 2\rho P_0 \end{cases} \tag{9.10}$$

这里，f 是胞壁材料的体积分数；$S_W\rho_W$ 和 $S_C\rho_C$ 分别是胞壁偶极化和胞内成分。这表明，特征非对称线形能分解为两个对称亚线形之和，它们分别是相对于所测得线形重心的漂移 S_W 和 S_C。S_W 和 S_C 有下述关系：

$$fS_W + (1-f)S_C = 0 \tag{9.11}$$

9.2　改进的 Williamson-Hall 方法和 Fourier 方法[5~8]

9.2.1　Williamson 公式和改进的 Williamson-Hall 方法

　　基本方法是衍射线形的 Fourier 展开，为了计算 Fourier 转换系数，每个线形被分为 60 个间隔。事实上，为了进行 Warren-Averbach 分析，仅需要物理宽化线形 6 个最大的系数 $A(n)$（$n=0$，1，2，3，4，5），而不用真实线形。物理宽化线形 $f(x)$ 可展开为

$$f(x) = \sum_n [A(n)\cos2\pi nx + B(n)\sin2\pi nx] \tag{9.12}$$

$$A(n) = A^D(n) \cdot A^S(n) \tag{9.13}$$

$$\ln|A(n)| = \ln|A^D(n)| + \ln|A^S(n)| \tag{9.14}$$

式中，上标 D 和 S 分别表示晶粒尺度和微应变。按 8.3.1 节介绍的方法可求得晶粒尺度 D 和均方应变 $\langle\varepsilon^2\rangle^{1/2}$，于是位错密度 ρ 的表达式为

$$\rho = \frac{2\sqrt{3}}{b} \cdot \frac{\langle\varepsilon^2\rangle^{1/2}}{D} \tag{9.15}$$

这就是 Williamson 公式。其中，b 为柏氏矢量；D 为特定方向的晶粒尺度；$\langle\varepsilon^2\rangle^{1/2}$ 为该方向上的均方应变。

　　当假定晶粒宽化可以忽略时，平均位错密度 ρ 能从 X 射线衍射线形的 Fourier 展开的余弦系数获得：

$$\ln|A(n)| \cong -\rho n^2 Q\ln(R_e/n) \tag{9.16}$$

式中，$|A(n)|$ 是衍射线形作 Fourier 展开参数 n 的余弦函数的 Fourier 系数；

R_e 是位错的外切半径；Q 是与所谓"形式"位错密度 ρ^* 和真实位错密度 ρ 相关的常数，这里 $\rho^* = \rho Q$，ρ^* 为从 X 射线测量直接获得的位错密度，因子 Q 是由衍射实验中位错引起的比对因子（contrast factor），表示如下：

$$Q = \frac{\pi g^2 b^2 \overline{G}}{2} \tag{9.17}$$

式中，g、b 分别是衍射矢量和 Burgers 矢量的绝对值；$\overline{G}$ 是位错线的 Burgers 矢量 b 和位错线矢量 l 间的相对位置与衍射矢量 g 决定的几何因子的平均值。

用 $\Delta K = 2\cos\theta_B \cdot \Delta\theta/\lambda$ 表示线形的半高宽（FWHM），这里 $2\Delta\theta$ 是用弧度表示的 FWHM，θ_B 是布拉格角。当微晶宽化和位错宽化同时存在时，有

$$\Delta K = \Delta K^D + \Delta K^d \tag{9.18}$$

式中，ΔK^D 和 ΔK^d 分别为晶粒大小和位错的贡献，晶粒的贡献与反射级无关。

$$\Delta K^D = 0.89/D \tag{9.19}$$

这里的 D 是平均晶粒大小。由位错引起线宽化的理论有

$$\rho^* = A (\Delta K^d)^2 \tag{9.20}$$

这里的 A 与线形的尾部形状有关，是位错外切半径 R_e 的函数。对于特定混乱位错分布，Wilkens 认为是线形尾部形状的函数，对于宽范围分布的位错，$A=10$。由式（9.17）和式（9.20），用 $\rho^* = \rho Q$，可得如下关系：

$$\Delta K^d = (\pi b^2/2A)^{1/2} \rho^{1/2} (g \overline{C}^{1/2}) \tag{9.21}$$

式中，$\overline{C}$ 为比对因子。对于 $\theta = \theta_B$，$g = K$，把式（9.19）和式（9.21）代入式（9.18）得

$$\Delta K = 0.89/D + (\pi b^2/2A)^{1/2} \rho^{1/2} (g \overline{C}^{1/2}) \tag{9.22}$$

式（9.22）表明，对于 Williamson-Hall 线性作图，使用适当的尺度参数 $g \overline{C}^{1/2}$，而不是 g。但若用抛物线线形作图，适当的尺度参数为 $g^2 \overline{C}$。这种尺度参数考虑到由位错引起的对比度。基于这样的理由，式（9.22）是改进的 Williamson-Hall 作图。

把 $\Delta K = 2\cos\theta_B \cdot \Delta\theta/\lambda$ 代入式（9.22），并用 $2/\lambda$ 除两边得

$$\cos\theta_B \cdot \Delta\theta = 0.89\lambda/2D + (\pi b^2/2A)^{1/2} \rho^{1/2} (\sin\theta_B \overline{C}^{1/2}) \tag{9.23}$$

于是从 $\cos\theta_B \cdot \Delta\theta \sim \sin\theta_B \overline{C}^{1/2}$ 作图的截距和斜率可得到晶粒大小 D 和位错密度 ρ。

9.2.2　用 Fourier 方法测定位错密度

线形 Fourier 展开的余弦系数由两项组成，即

$$\ln|A(n)| = \ln|A^D(n)| + \ln|A^d(n)| \tag{9.24}$$

式中，上标 D 和 d 分别表示晶粒"大小"和"微应变"。把式（9.16）和式（9.17）代入式（9.24）得

$$\ln|A(n)| = \ln|A^D(n)| - \rho n^2 (\pi b^2/2)(g^2 \overline{C})\ln(R_e/n) \tag{9.25}$$

$\ln|A(n)|$ 对 $g^2 \overline{C}$ 作图，每个 n 都是直线，因此其斜率 $M(n)$ 能给出

$$M(n) = \rho^2 n^2 (\pi b^2 / 2) \ln(R_e/n) \qquad\qquad (9.26)$$

$M(n)$对 $\ln(n)$作图，ρ 和 R_e 能用标准的线性回归获得。

9.2.3　球磨 α-铁粉中的晶粒大小和位错密度测定[9]

高纯铁粉原始的晶粒大小约为 $45\,\mu m$，用硬钢球对其进行球磨，球磨时间分别为 24h、50h、1 周和 1 个月，为了避免氧化，真空密封。经球磨 1 个月的试样在氮气氛下加热至 575℃进行三次退火。未球磨和球磨 1 周的两种铁粉的 X 射线衍射原始花样示于图 9.1 中，从图中可见，由于晶粒细化和位错的作用，线条明显宽化。图 9.2 为典型试样 200 和 220 高分辨双晶衍射谱，可见球磨一个月的样品的衍射线严重宽化。不同球磨时间样品的 $\cos\theta_B$（$\Delta\theta$）值（单位：$\times 10^{-3}\,\mathrm{rad}$）列入表 9.1（a）中。表 9.1（b）给出不同布拉格反射的各向异性 C-因子的平均值$\overline{C}$，位错密度 ρ 和位错的外切半径 R_e。在球磨 1 个月情况下，对不同布拉格峰进行 Fourier 计算，如表 9.1（c）所示，求得平均晶粒大小 D、位错密度 ρ，以及用$A=10$改进的 Williamson-Hall 作图求得位错间距 L_C，用 $A=3.3$ 的 Fourier 方法求得平均位错密度 ρ^F、平均位错间距 L_C^F。

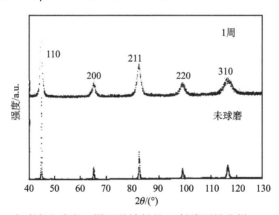

图 9.1　未球磨和球磨 1 周两种铁粉的 X 射线原始花样，CuKα 辐射

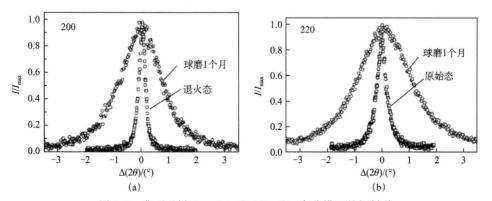

图 9.2　典型试样 200（a）和 220（b）高分辨双晶衍射谱

表 9.1（a）　　不同球磨时间样品的 $\cos\theta_B$（$\Delta\theta$）值

（单位：$\times 10^{-3}$ rad）

hkl	初始态	24h	50h	1 周	1 个月	退火
110	1.01	5.07	5.93	6.48	6.62	1.51
200	1.68	6.21	9.95	11.06	11.07	1.75
211	1.82	7.51	9.25	9.75	8.19	1.66
220	1.55	8.86	8.99	9.74	9.09	1.69

表 9.1（b）　　不同布拉格反射的各向异性 C-因子的平均值 $\overline{C}$、位错密度 ρ 和位错的外切半径 R_e（在球磨 1 个月情况下，对不同布拉格峰进行 Fourier 计算）

hkl	$\overline{C}$ 因子	$\rho/$（$\times 10^{12}$ cm^{-2}）	R_e/nm
110	0.061	1.59	129
200	0.285	1.52	131
211	0.118	1.48	132
220	0.061	—	

表 9.1（c）　　求得的平均晶粒大小 D、位错密度 ρ、位错间距 L_C 以及平均位错密度 ρ^F 和平均位错间距 L_C^F

球磨状态	平均晶粒大小 D/nm	位错密度 $\rho/$（$\times 10^{16}$ m^{-2}）	位错间距 L_C/nm	平均位错密度 $\rho^F/$（$\times 10^{12}$ cm^{-2}）	平均位错间距 L_C^F/nm
未球磨	$\geqslant$160	0.27	19	0.08	35
24h	75±10	—	—	—	—
50h	54±10	—	—	—	—
1 周	19±2	5.4	4.3	1.65	7.8
1 个月	18±2	5.0	4.4	1.53	8.1
退火	59±2	0.015	81	0.005	141

注：L_C 是用 $A=10$ 改进的 Williamson-Hall 作图法求得；ρ^F 和 L_C^F 是用 $A=3.3$ 的 Fourier 方法求得。

　　由表 9.1（c）所示的测定结果可知，虽然两种方法测量结果的变化趋势是类似的，晶粒大小随球磨时间增长而减小，位错密度随球磨时间增长而增加，近邻位错间的平均距离随球磨时间增长而减小，但具体数值则有数倍的差别。

9.3　位错宽化的确定[3,12]

　　衍射线 $f(s)$ 的形状和宽度表征材料试样的微观状态。存在三种宽化机理，即层错/孪生（f/t）、微晶尺度（size）和位错（disl）的贡献，它们一般被卷积在一起，即

$$f(s, d_{hkl}^*) = \int f^{ft}(s, -s', d_{hkl}^*) \int f^{size}(s-s'') f^{disl}(s'', d_{hkl}^*) \mathrm{d}s'' \mathrm{d}s' \quad (9.27)$$

衍射线形 $f(s)$ 的积分宽度为

$$\beta(d_{hkl}^*) = \frac{1}{f_{\max}} \int_{-\infty}^{+\infty} f(s, d_{hkl}^*) \mathrm{d}s \qquad (9.28)$$

式中，$f_{\max}$ 是给定 hkl 线形 f（s, d_{hkl}^*）的最大强度。Fourier 系数表示线形 $f(s)$ 的 Fourier 变换。

在 Fourier 空间，式（9.27）中的卷积可表示为

$$A(t, d_{hkl}^*) = A^{ft}(t, D_{hkl}^*) \cdot A^{\mathrm{size}}(t) \cdot A^{\mathrm{disl}}(t, d_{hkl}^*) \qquad (9.29)$$

由位错引起的积分宽度能表示为

$$\beta(d_{hkl}^*) = K b d_{hkl}^* \sqrt{C_{hkl}\rho} \qquad (9.30)$$

与式（9.21）即 $\Delta K^{\mathrm{d}} = (\pi b^2/2A)^{1/2} \rho^{1/2} (g\overline{C}^{1/2})$ 相比较，这里的 $K = (\pi/2A)^{1/2}$，$g = d_{hkl}^*$。$\overline{C}_{hkl}$ 是位错的比对因子（contrast factor），$b = |b|$ 是 Burgers 矢量的模；ρ 为总的位错密度。于是有

$$\begin{cases} \beta_{hkl} = (\pi/2A)^{1/2} b d_{hkl} \sqrt{\overline{C}_{hkl}} \sqrt{\rho} \\ \overline{\rho} = \dfrac{\beta_{hkl}^2}{(\pi/2A) b^2 d_{hkl}^2 \overline{C}_{hkl}} \end{cases} \qquad (9.31)$$

我们注意到，式（9.31）中的比例项存在不同的定义。位错的 Fourier 系数，$A^{\mathrm{disl}}(t, d_{hkl}^*)$，对于单滑移系能表示为

$$A^{\mathrm{disl}}(t, d_{hkl}^*) = \exp\left[-\frac{\pi}{2} \cdot d_{hkl}^{*2} \cdot b^2 \cdot C_{hkl} \cdot \rho_j \cdot t^2 \cdot f^*(\eta) \right] \qquad (9.32)$$

式中，t 为平行于衍射矢量 $\boldsymbol{g}$ 的 Fourier 长度；ρ_j 为第 j 种位错的密度。这样，总的位错密度 ρ 被定义为

$$\rho = \sum_{j=1}^{N} \rho_j \qquad (9.33)$$

式（9.32）中的 $f^*(\eta)$ 项赋予 Fourier 系数，能对所有 t 进行计算。关于 $f^*(\eta)$ 函数的所有讨论和推导都由 Wilkens 给出，η 也由 Wilkens 定义。由式（9.31）可以看出，确定 ρ 项中位错宽化的主要项是位错的比对因子 C_{hkl}。该项描述位错的可见性，它与位移场 u、位错的滑移坐标系以及衍射矢量 $\boldsymbol{g}$ 有关。对 C_{hkl} 的估算需要了解位移场 u、位错类型和在它们给定点阵中的滑移系。下面考察这些项中的每一项，并显示如何进行计算的例子。

9.4　位错的比对因子 C_{hkl} 的意义[4,12]

9.4.1　位错的比对因子 C_{hkl} 的评定

在各向同性材料中，对于螺型位错和刃型位错比对因子 C_{hkl} 能以分析方法评定（evaluating），并能表示为 Miller 指数 hkl、泊松比 ν（对于刃型位错）。在这

种情况下，刃型位错和螺型位错的标准解已被 Hirth 和 Lothe（1982）所应用。然而，对于弹性各向异性材料，比对因子必须作数值计算。这种估算可分为两个分量：几何学分量，$G \equiv [G_{HK}]$，其定义为该位错的滑移系中 g 的取向；弹性分量，$E \equiv [E_{HK}]$，其定义为由位错引起的畸变。考虑这两个分量，对于单个滑移系，比对因子定义为

$$C_{hkl} = \sum_{K,L=1}^{6} G_{KL} E_{KL} \tag{9.34}$$

单个滑移系由 e_1、e_2 和 e_3 三个单位矢量定义，它们的取向与 Burgers 矢量 b、位错的线方向 l 和滑移面的法线有关。图 9.3 示意地说明了单滑移系。

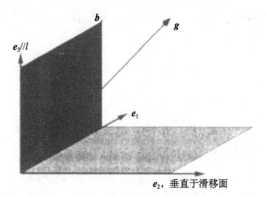

图 9.3　由单位矢量 e_1、e_2 和 e_3 定义的一个滑移系，散射矢量的取向 g，
e_3 平行于位错线 l，矢量 e_2 是垂直于滑移面的单位矢量。Burgers
矢量 b 定义在由 e_2 和 e_1 形成的平面内

重要的定量资料用式（9.34）所表示的比对因子获得。例如，我们考虑含有纯螺型位错给定的立方点阵的弹性各向同性材料，几何学分量占统治地位，弹性分量将等于 1，这样 $E_{33} = E_{66} = 1$。相反，对于同样的点阵和各向异性的同样材料，几何学分量保持不变，而弹性分量导致各向异性，继而比对因子也各向异性。把这个转化成积分宽度和线形的 Fourier 系数弹性各向异性，引起这些量随 d_{hkl}^* 增加而混乱；而对各向同性的情况，积分宽度和 Fourier 系数将遍及相同的 d_{hkl}^* 范围对称的变化。

在考虑单滑移系的晶体点阵的情况下，如 fcc 材料，比对因子能对所有滑移系求平均。

$$\langle C_{hkl} \rangle = \frac{1}{N} \sum_{K,L=1}^{6} \sum_{i=1}^{N} G_{KL}^i E_{KL} \tag{9.35a}$$

$$= \sum_{K,L=1}^{6} \langle G_{KL} \rangle E_{KL} \tag{9.35b}$$

式中，G_{KL}^i 是第 i 个滑移系的几何学分量，也是 N 个滑移系的平均。式（9.35b）

也表示为 hkl 的函数。在立方点阵情况下，它是一个线性方程

$$\langle C_{hkl} \rangle = A + B\Gamma(h,k,l) \tag{9.36}$$

式中，$\Gamma(h,k,l) = (h^2k^2 + h^2l^2 + k^2l^2)/(h^2 + k^2 + l^2)^2$。在式（9.36）中，$A$ 和 B 是常数，并与比对因子的弹性分量和几何学分量有关。在 $\Gamma(h,0,0) = 0$ 的情况下，$\langle C_{h,0,0} \rangle = A$。

$$A = \frac{2c_{44}}{c_{11} - c_{12}} \tag{9.37}$$

例如，在 fcc 点阵的滑移系的数目是 12（4 个滑移面×每个面上 3 个方向）。图 9.4 显示嵌入立方点阵中的四面体。四面体的每个面表示位错的滑移面，而它的棱表示可能的滑移方向。式（9.35）也定义了遍及所选择对应于特殊滑移系的数目，如 $\{\bar{1}\bar{1}\bar{1}\}$ 滑移面，这里存在 $[\bar{1}10]$，$[0\bar{1}1]$ 和 $[10\bar{1}]$ 滑移方向，该滑移面已绘于图 9.4 中。式（9.35）中，对于特殊的位错类型，对所有 N 个滑移系，弹性分量 E 是不变的。

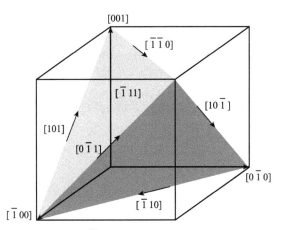

图 9.4　fcc 点阵中的 $\{1\bar{1}1\} \langle 110 \rangle$ 滑移系嵌入立方点阵中的四面体

对于比对因子，最一般的情况包括具有多重滑移系的点阵，如体心立方（bcc）或六方密堆（hcp）点阵，在这种情况下，比对因子值是对每个滑移系位错密度的权重

$$\langle C_{hkl} \rangle = \sum_{j=1}^{M} \sum_{L=1}^{6} \frac{\rho_j}{\rho} \langle G_{KL} \rangle^j E_{KL}^j \tag{9.38}$$

式中，ρ_j 为第 j 个滑移系的位错密度；ρ 为总的位错密度；$\langle G_{KL} \rangle^j$ 和 E_{KL}^j 分别为第 j 个滑移系的平均几何分量和弹性分量。图 9.5 给出 bcc 点阵多重滑移系的示意图，图 9.5（a）和（b）分别给出 $\{211\} \langle \bar{1}11 \rangle$ 和 $\{321\} \langle \bar{1}11 \rangle$ 滑移系。图 9.5（c）示出 $\{110\} \langle \bar{1}11 \rangle$ 滑移系，这里总共有 12 个滑移系（6 个面×每个面 2 个方向）。

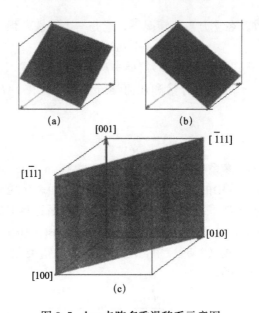

图 9.5　bcc 点阵多重滑移系示意图

(a) {211}⟨$\bar{1}11$⟩滑移系；(b) {321}⟨$\bar{1}11$⟩滑移系；(c) {110}⟨$\bar{1}11$⟩滑移系，
这些都是 bcc 点阵经常观察到的滑移系

　　比对因子的上述讨论是假定位错或是纯刃型或是纯螺型，不考虑混合型位错。这种情况一般用刃型位错的比对因子和螺型位错比对因子的权重和来处理，并给予

$$C_{hkl} = \xi C_{hkl}^{\text{edge}} + (1-\xi)C_{hkl}^{\text{scew}} \tag{9.39}$$

式中，$\xi \in [0, 1]$ 定义为位错的"相对总数"（relative population）。这种处理假定螺型位错和刃型位错是独立的，无交互作用。

　　对于有混合位错的情况，存在刃型位错和螺型位错成分交互作用的比对因子，一般来说，这与 Burgers 矢量 b 和位错线 l 之间的夹角有关。式（9.34）中 C_{hkl} 的公式能扩展到混合位错，因为它与 Burgers 矢量 b 的刃型位错成分和螺型位错成分有关，必须引进测定 E 的成分。

　　式（9.34）～式（9.39）中给出的比对因子的结果覆盖全部可能的范围。这里的计算概括了 fcc 点阵（111）滑移面和它的 3 个滑移方向的平均比对因子；计算也表述了 bcc 点阵中（110）滑移面和它的 2 个滑移方向。这些计算将与对应情况中全部滑移系的平均比对因子相比较。

　　1. 几何分量 $[G_{KL}]$

　　几何分量描述衍射矢量 g 相对于 Burgers 矢量 b、位错的滑移面和位错线的方向 l 的取向，换言之，衍射矢量转换到基本矢量 $\{e_i, i=1, 2, 3\}$ 定义的滑移坐标系，位错的类型定义坐标系的特殊轴。在所描述的计算中，假定位错是纯刃型的和纯螺型的。

对于螺型位错滑移坐标系，可写为

$$e_1 = e_2 \times e_3, \quad e_2 \perp 滑移面, e_3 /\!/ l /\!/ b \tag{9.40}$$

对于刃型位错，可写为

$$e_1 /\!/ b, \quad e_2 \perp 滑移面, e_3 = e_1 \times e_2, 这样 e_3 /\!/ l \tag{9.41}$$

比对因子的几何分量 $[G_{KL}]$ 被定义为衍射矢量 g 相对于在滑移系中定义轴的方向余弦。为了测定单个滑移系的 G_{KL}，我们必须计算四阶张量 $\hat{G}_{ijkl}$，即

$$\hat{G}_{ijkl} = \gamma_i \gamma_j \gamma_k \gamma_l, \quad i, k = 1, 2, 3 \text{ 和 } j, l = 1, 2 \tag{9.42}$$

其中，张量 γ_i 都是方向余弦。四阶张量能表示为 $[6 \times 6]$ 矩阵，G_{KL}，也就是 $G_{ijkl} \rightarrow G_{KL}$，用下面算法：对 $j = 1$，$K = i$；对 $j = 2$，$K = i + 3$；对 $l = 1$，$L = k$；对 $l = 2$，$L = k + 3$。基本上，散射矢量 g 就转换到用式 (9.40) 定义的螺型位错的滑移坐标系，用式 (9.41) 定义的刃型位错的坐标滑移系。几何分量能表示为对称的 $[6 \times 6]$ 矩阵，$\boldsymbol{G} = [G_{KL}]$。

2. 弹性分量 $[E_{KL}]$

比对因子的弹性项 $[E_{KL}]$ 也需要四阶张量明确地计算位错位移场，$\boldsymbol{u} = [u_i(x_1, x_2); i = 1, 2, 3]$。假定 $u_i(x_1, x_2)$ 已知，我们能定义由位错引起的弹性畸变为

$$D_{ij}(x_1, x_2) = \frac{2\pi r}{b} \partial_j u_i(x_1, x_2), \quad i = 1, 2, 3 \text{ 和 } j = 1, 2 \tag{9.43}$$

把 (x_1, x_2) 转换到极坐标 (r, φ)，$r^2 = x_1^2 + x_2^2$，$x_1 = r\cos\varphi$ 和 $x_2 = r\sin\varphi$。这种转换导致 $D_{ij}(x_1, x_2) \rightarrow \hat{D}_{ij}(\varphi)$，也就是 $\hat{D}_{ij}$ 独立地变成 φ 的函数。用 $\hat{D}_{ij}(\varphi)$ 这个结果，比对因子的四阶弹性分量，由式 (9.44) 给出

$$\hat{E}_{ijkl} = \frac{1}{\pi} \int_0^{2\pi} \hat{D}_{ij}(\varphi) \, \hat{D}_{kl}(\varphi) \mathrm{d}\varphi \tag{9.44}$$

其中，积分能在各向异性情况下作数值计算。利用式 (9.42)，我们能把 $\hat{E}_{ijkl}$ 转换到 $\boldsymbol{E}$，它是对称 $[6 \times 6]$ 矩阵。基本上，式 (9.44) 表达畸变的平均。

9.4.2　测定位错的位移场

1. 各向异性材料中的位错

这里我们讨论给定位错类型的位移场的数值计算，而且无位错类型、取向及材料弹性性质的限制。弹性各向异性材料中的位错分析提出了定性和定量不同的两种结果，并与弹性各向同性材料作比较。在该分析中，假定位错在弹性各向异性连续体中是直的和无限的。定义位错的笛卡儿坐标系 $\{x_1, x_2, x_3\}$，x_3 轴平行于位错线 l，这表明位错的滑移矢量 $\boldsymbol{u}$ 只与 x_1 和 x_2 有关。不考虑位错核心，位

移矢量用复杂的势函数 $f_\alpha(z_\alpha)$ 表示为

$$u_k(x_1,\ x_2) = 2R_e \sum_{\alpha=1}^{3} A_{k\alpha} f_\alpha(z_\alpha)$$

$$= \frac{1}{\pi} I_m \sum_{\alpha=1}^{3} A_{k\alpha} D_\alpha \cdot \ln z_\alpha,\ k=1,\ 2,\ 3 \tag{9.45a}$$

$$f_\alpha(z_\alpha) = \frac{D_\alpha}{2\pi l} \ln z_\alpha \tag{9.45b}$$

$$z_\alpha = x_1 + p_\alpha x_2 \tag{9.45c}$$

式中，p_α，$A_{k\alpha}$，l 和 D_α 是与材料的弹性常数有关的量，且一般情况下是复杂的。

2. 弹性各向异性 fcc 材料中的位错

特征根 P_α 合并到滑移系的对称性，它们是解六项多项式，由于应变能一定是正的事实，这些根总是复杂的。在 fcc 材料中主要的滑移系是 $\{1\bar{1}1\}$ $\langle 110 \rangle$。

对于螺型位错，位错线方向和 Burgers 矢量都平行于 $\langle 110 \rangle$，取 e_2 垂直于滑移面，e_1 轴固定为 $\langle \bar{1}12 \rangle$，则 $e_3 /\!/ b /\!/ l$，$\langle 110 \rangle$ 有二次旋转对称，而 $e_2 /\!/ \langle 1\bar{1}1 \rangle$ 为三次对称轴。

对于螺型位错，用这些基本矢量，弹性常数能从晶体学轴转换到滑移坐标系，转换弹性常数的矩阵的一般结构由下式给出：

$$C' = \begin{pmatrix} c'_{11} & c'_{12} & c'_{13} & c'_{14} & 0 & c'_{16} \\ & c'_{22} & c'_{12} & 0 & 0 & 0 \\ & & c'_{11} & -c'_{13} & 0 & c'_{16} \\ & & & c'_{13} & -c'_{16} & 0 \\ & & & & \frac{1}{2}(c'_{11}-c'_{13}) & c'_{14} \\ & & & & & c'_{44} \end{pmatrix} \tag{9.46}$$

位错线 l 平行于二次对称轴。

对于纯螺型位错具有 Burgers 矢量 $b = [0,\ 0,\ b]$，位移矢量具有的成分为

$$u = \left[0,\ 0,\ \frac{1}{\pi} \mathrm{Im} A_{33} D_3 \ln z_3 \right] = \left[0,\ 0,\ \frac{-b}{2\pi} \arctan\left(\frac{c_3 x_2}{x_1 + a_3 x_2}\right) \right] \tag{9.47}$$

式中，$a_3 = \mathrm{Re}\ \{p_3\}$，$c_3 = \mathrm{Im}\ \{p_3\}$，$z_3 = x_1 + p_3 x_2$ 和 $\ln z_3 = \ln r_3 + \mathrm{i}\theta_3$。这样 $r_3 = \sqrt{(x_1 + a_3 x_2)^2 + (c_3 x_3)^2}$ 和 $\tan\theta_3 = c_3 x_3 / (x_1 + a_3 x_2)$。对于螺型位错的一般位移是 $[0,\ 0,\ -b/2\pi \arctan(x_2/x_1)]$。

然而在各向异性和各向同性的 fcc 材料中，螺型位错的结果是相似的，差别也是明显的。在式（9.47）中，弹性各向异性可用与 x_1 有关的下坐标的"延伸"（stretching）表示，而在各向同性的结果不能延伸。

对于真实的 fcc 材料中的刃型位错 e_3，能用式（9.41）测定，导致 $l /\!/ e_3 /\!/ \langle\bar{1}12\rangle$；$e_2$ 垂直于有三次对称的 $\{1\bar{1}1\}$，而 $e_1 /\!/ b$ 平行于具有两次对称的 $\langle 110\rangle$。这些基本矢量能用于在刃型位错的滑移系中转换弹性常数，并具有如式（9.46）所示的同样的结构，但在该坐标系的弹性常数矩阵用式（9.46）所示形式的全 $[9\times9]$ 矩阵，并绕 e_2 轴顺时针方向旋转 $\pi/2$。位错线 l 将垂直七次对称轴。

3. 弹性各向异性 bcc 材料中的位错

如图 9.7 所示，bcc 点阵能形成几个滑移系，观测到的最一般的滑移系是 $\{110\}\langle\bar{1}11\rangle$，其他滑移系也能观测到，如 $\{110\}\langle 112\rangle$，但这里不考虑。对于 $\{110\}\langle\bar{1}11\rangle$，滑移系总共存在 12 个滑移系（6 个滑移面×2 个滑移方向）。

一般而言，对于 bcc 材料中的位错位移场的计算，包括与 fcc 情况相同的步骤，fcc 和 bcc 之间的主要差别包括滑移系的定义和特征根的顺序。

对于 $\{110\}\langle\bar{1}11\rangle$ 滑移系中的螺型位错，位错线矢量 l 由 $\langle\bar{1}11\rangle$ 给出，并将平行于 e_3，而 $e_2 /\!/ \langle 110\rangle$，$e_1 /\!/ \langle\bar{1}\bar{1}2\rangle$，$e_3$ 轴有一个三重系转换的 $[6\times6]$ 弹性常数，有如下结构：

$$C^{\text{螺}} = \begin{pmatrix} c'_{11} & c'_{12} & c'_{13} & c'_{14} & c'_{15} & 0 \\ & c'_{11} & c'_{13} & -c'_{14} & -c'_{15} & 0 \\ & & c'_{33} & 0 & 0 & 0 \\ & & & c'_{14} & 0 & -c'_{15} \\ & & & & c'_{44} & c'_{14} \\ & & & & & \frac{1}{2}(c'_{11}-c'_{12}) \end{pmatrix} \qquad (9.48)$$

对于 bcc 材料中的刃型位错，Burgers 矢量 $b /\!/ \langle\bar{1}11\rangle$，设置 e_1 的方向；位错线的矢量 l 有方向 $e_3 /\!/ \langle\bar{1}12\rangle$。在这个坐标系中，$e_1$ 轴有三次对称性；转换的弹性常数由式（9.47）给出：

$$C^{\text{刃}} = \begin{pmatrix} c'_{11} & c'_{12} & c'_{12} & 0 & 0 & 0 \\ & c'_{22} & c'_{13} & 0 & c'_{25} & c'_{26} \\ & & c'_{22} & 0 & -c'_{25} & -c'_{26} \\ & & & \frac{1}{2}(c'_{22}-c'_{23}) & -c'_{26} & c'_{25} \\ & & & & c'_{55} & 0 \\ & & & & & c'_{55} \end{pmatrix} \qquad (9.49)$$

在这个系统中刃型位错的滑移方向被限制为 $b = [b, 0, 0]$。

9.5　位错比对因子 C_{hkl} 的计算[4,12,13]

本节用 fcc 和 bcc 材料单滑移系中计算（computing）比对因子的例子来说明 9.4 节已描述的理论讨论。这种计算能够推广和对每种点阵的所有滑移系求平均。

9.5.1　fcc 材料的 C_{hkl} 值

这个例子集中于金（Au）的 $(\bar{1}1\bar{1})$ 滑移面 $[\bar{1}10]$ 滑移方向位错比对因子的评估上。对 $(\bar{1}1\bar{1})$ 滑移面，$[0\,\bar{1}1]$ 和 $[\bar{1}01]$ 滑移方向的比对因子的评估允许用同样的方法，不过这些计算能进一步推广到 fcc 点阵的所有 12 个滑移系。对于 Au 所用的弹性常数 $c_{11}=192.9\text{GPa}$，$c_{12}=163.9\text{GPa}$，$c_{44}=41.5\text{GPa}$，见表 9.2 和表 9.3。

1. Au 的 $(\bar{1}\bar{1}\bar{1})$ $[\bar{1}10]$ 滑移系中螺型位错 C_{hkl} 值

$(\bar{1}\bar{1}\bar{1})$ $[\bar{1}10]$ 滑移系中的螺型位错必须的基本矢量是 $\{e_2, e_2, e_3\}$，由式 (6.40) 和图 9.3、图 9.4，基本矢量是：$e_1=\dfrac{1}{\sqrt{6}}[1,1,-2]$，$e_2=\dfrac{1}{\sqrt{3}}[-1,-1,-1]$ 和 $e_3=\dfrac{1}{\sqrt{2}}[-1,1,0]$，导出 $[6\times6]$ 转换为 Au 的弹性常数，单位为 GPa。

$$s'=\begin{bmatrix} 219.1 & 145.8 & 154.8 & 0 & 0 & -12.7 \\ & 228.8 & 145.8 & 0 & 0 & 0 \\ & & 219.9 & 0 & 0 & 12.7 \\ & & & 13.5 & 12.7 & 0 \\ & & & & 32.5 & 0 \\ & & & & & 23.5 \end{bmatrix} \quad (9.50)$$

导出的柔度 c 有如下值，单位为 GPa：

$$c=\begin{bmatrix} 0.0083 & -0.0053 & 0 & 0 & 0 & 0.0045 \\ & 0.0078 & 0 & 0 & 0 & -0.0029 \\ & & 0 & 0 & 0 & 0 \\ & & & 0.5385 & -0.0210 & 0 \\ & & & & 0.0390 & 0 \\ & & & & & 0.04492 \end{bmatrix} \quad (9.51)$$

Au 中螺型位错的比对因子的弹性分量为

$$E = \begin{bmatrix} 0 & 0 & 0 & 0 & 0 & 0 \\ & 0 & 0 & 0 & 0 & 0 \\ & & 0.9577 & 0 & 0 & -0.5170 \\ & & & 0 & 0 & 0 \\ & & & & 0 & 0 \\ & & & & & 1.3233 \end{bmatrix} \qquad (9.52)$$

比对因子的第二个分量是几何项，其定义为散射矢量 $\boldsymbol{g}$ 在滑移坐标系 $\{\boldsymbol{e}_1, \boldsymbol{e}_2, \boldsymbol{e}_3\}$ 方向余弦。在螺型位错的例子中，$\{\gamma_i, \ i = 1, \ 2, \ 3\}$ 项是

$$\left\{ \frac{h+k+l}{\sqrt{6}\sqrt{h^2+k^2+l^2}}, \ -\frac{h+k+l}{\sqrt{3}\sqrt{h^2+k^2+l^2}}, \ \frac{-h+k}{\sqrt{2}\sqrt{h^2+k^2+l^2}} \right\}$$

γ_i 基元定义四阶张量（见式（9.42）），能表示为 $[6 \times 6]$ $\boldsymbol{G}$ 矩阵式（9.34）。

　　用该方法，能处理 $(\bar{1}\bar{1}\bar{1})$ 滑移面上三个滑移方向的比对因子，进而能测定 Au 中螺型位错（全部 12 个滑移系）平均比对因子，并能表示为一个线性方程 $\langle C_{hkl}^{\text{螺}} \rangle = 0.2815 - 0.6471 \, \Gamma(hkl)$。

　　对于 Au，螺型位错的比对因子的值表示在图 9.6（a）和表 9.2 中。图 9.6 中的值把 $(\bar{1}\bar{1}\bar{1})$ 滑移面 $[\bar{1}10]$、$[0\bar{1}1]$ 和 $[10\bar{1}]$ 滑移方向的 $C_{hkl}^{\text{螺}}$ 与真实（各向异性）Au 平均螺型位错的比对因子 $\langle C_{hkl}^{\text{螺}} \rangle$ 作比较。从图 9.6（a）可以看到，对于 $\langle C_{hkl}^{\text{螺}} \rangle$，各向异性和各向同性之间的差别能从线性方程的斜率

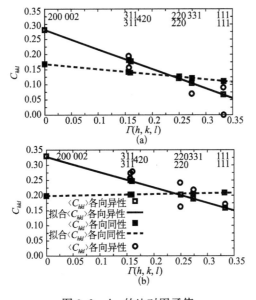

图 9.6　Au 的比对因子值

（a）对于 $(\bar{1}\bar{1}\bar{1})$ 滑移面的螺型位错，对"各向异性"Au 所有滑移系的平均值和真实 Au 的平均值（表 9.2）；（b）类似于（a），但是为 Au 中刃型位错（表 9.3）

和 y-截距看出，也就是说，对于 $\langle C_{hkl}^{螺} \rangle$ Au 中的弹性各向异性，能从增加的 y-截距值看出，$\langle C_{200}^{螺} \rangle^{\text{aniso}} = 0.2815$，$\langle C_{200}^{螺} \rangle^{\text{iso}} \sim 0.175$。此外，从图 9.6（a）还能看出，与 $\langle C_{hkl}^{螺} \rangle^{\text{iso}}$ 的斜率相比较而言，$\langle C_{hkl}^{螺} \rangle^{\text{aniso}}$ 的斜率有负的增加。

图 9.6（a）和表 9.2 所示的是具有相同 d 间距的不同 hkl 的 $\langle C_{hkl}^{螺} \rangle$ 的变化，当位错仅分布在几个滑移面时，对于单个 hkl 的 C_{hkl} 值是重要的，如在单晶中或高度择尤取向的样品。对于 Au 的 $\langle C_{hkl}^{螺} \rangle$ 和不同 hkl $C_{hkl}^{螺}$ 值之间的比较证明，当遍及 12 个滑移系平均时，$C_{hkl}^{螺}$ 的变化是怎样"损失"的。$C_{hkl}^{螺}$ 值对不同 hkl 的变化是由比对因子的几何成分引起的。这样，弹性分量是随滑移系变化的，也不明显与 hkl 有关，而几何分量与 hkl 有关，因为它定义为散射矢量相对于滑移系轴的方向余弦。

表 9.2 和表 9.3 中也显示出 Ag 和 Pt 的比对因子，从这些值发现，Ag 的平均螺型位错的比对因子是 $\langle C_{hkl}^{螺} \rangle = 0.2830 - 0.6526\Gamma(hkl)$。Pt 的平均螺型位错的比对因子是 $\langle C_{hkl}^{螺} \rangle = 0.2104 - 0.3672\Gamma(hkl)$。

对于 Ag 和 Pt，在 $C_{hkl}^{螺}$ 和 $\langle C_{hkl}^{螺} \rangle$ 值中的类似性是显而易见的。Au 和 Ag 两者的各向异性因子为 ~ 2.9，而 c_{12}/c_{44} 分别为 3.95 和 2.00。而 Pt 的 $C_{hkl}^{螺}$ 和 $\langle C_{hkl}^{螺} \rangle$ 明显不同于 Au 和 Ag，Pt 的各向异性因子为 ~ 1.59，而 c_{12}/c_{44} 的比值为 3.28。

表 9.2　各向异性 Au，Ag，Pt ($\bar{1}\bar{1}\bar{1}$) 滑移面三个不同滑移方向螺型位错的比对因子 C_{hkl}

材料	衍射矢量 hkl	滑移方向			$C_{hkl}^{螺}$	$\langle C_{hkl}^{螺} \rangle$
		$[\bar{1}10]$	$[0\bar{1}1]$	$[10\bar{1}]$		
Au	111	0		0	0	0.0658
$A=2.850$	$11\bar{1}$	0	0.1316	0.1316	0.0877	
$\nu=0.412$	200	04222	0	0.4222	0.2815	0.2815
	002	0	0.4222	0.4222	0.2815	
$c_{11}=192.9\text{GPa}$	220	0	0.1796	0.1796	0.1197	0.1197
	220	0	0.1796	0.1796	0.1197	
$c_{12}=163.8\text{GPa}$	311	0.2331	0	0.2331	0.1554	0.1799
	$31\bar{1}$	0.2331	0.0881	0.2331	0.1946	
$c_{44}=41.5\text{GPa}$	331	0	0.1044	0.1044	0.0696	0.1040
	420	0.1520	0.0643	0.3176	0.1779	0.1779
Ag	111	0	0	0		0.0654
$A=2.882$	$11\bar{1}$	0	0.1309	0.1309	0.08726	
$\nu=0.354$	200	0.4244	0	0.4244	0.2830	0.2830
	002	0	0.4244	0.4244	0.2830	
$c_{11}=122.2\text{GPa}$	220	0	0.1797	0.1797	0.1198	0.1198
	220	0	0.1797	0.1797	0.1198	
$c_{12}=90.7\text{GPa}$	311	0.2342	0	0.2342	0.1562	0.1805
	$31\bar{1}$	0.2342	0.0876	0.2634	0.1951	
$c_{44}=45.4\text{GPa}$	331	0	0.1046	0.1046	0.0697	0.1040
	420	0.1528	0.0641	0.3188	0.1786	0.1786

续表

材料	衍射矢量 hkl	滑移方向 [1̄10]	[01̄1]	[101̄]	$C_{hkl}^{螺}$	$\langle C_{hkl}^{螺}\rangle$
Pt	111	0	0	0	0	0.0880
$A=1.593$	11$\bar1$	0	0.1760	0.1760	0	
$\nu=0.393$	200	0.3156	0	0.3156	0.2105	0.2104
	002	0	0.3156	0.3156	0.2105	
$c_{11}=347.0\text{GPa}$	220	0	0.1779	0.1779	0.1186	0.1186
	220	0	0.1179	0.1779	0.1186	
$c_{12}=251.0\text{GPa}$	311	0.1800	0	0.1800	0.1210	0.1528
	31$\bar1$	0.1800	0.1179	0.2193	0.1724	
$c_{44}=76.5\text{GPa}$	331	0	0.0954	0.0954	0.0636	0.1097
	420	0.1136	0.0760	0.2654	0.1517	0.1517

注：各向异性因子 $A=2c_{44}/(c_{11}-c_{12})$，这里 c_{11}、c_{12} 和 c_{44} 是材料的弹性常数，ν 为材料的泊松比。

表 9.3　各向异性 Au, Ag, Pt ($\bar1\bar1\bar1$) 滑移面三个不同滑移方向刃型位错的比对因子 C_{hkl}

材料	hkl	[1̄10]	[01̄1]	[101̄]	$C_{hkl}^{刃}$	$\langle C_{hkl}^{刃}\rangle$
Au	111	0.1701	0.1701	0.1701	0.1701	0.01598
$A=2.850$	11$\bar1$	0.0061	0.2315	0.2314	0.1563	
$\nu=0.412$	200	0.4568	0.0778	0.4568	0.3305	0.3305
	002	0.0778	0.4568	0.4568	0.3305	
$c_{11}=192.9\text{GPa}$	220	0.0346	0.3452	0.3452	0.2416	0.2025
	220	0.4129	0.0385	0.0385	0.1633	
$c_{12}=163.8\text{GPa}$	311	0.3182	0.1876	0.3182	0.2746	0.2501
	31$\bar1$	0.1559	0.0921	0.5264	0.2581	
$c_{44}=41.5\text{GPa}$	331	0.0763	0.2863	0.2863	0.2163	0.1900
	420	0.1563	0.1986	0.4847	0.2799	0.2486
Ag	111	0.0963	0.0963	0.0963	0.0963	0.1434
$A=2.882$	11$\bar1$	0.0059	0.2358	0.2358	0.1591	
$\nu=0.354$	200	0.4178	0.0629	0.4178	0.2994	0.2995
	002	0.0629	0.4178	0.4178	0.2995	
$c_{11}=122.2\text{GPa}$	220	0.0117	0.2852	0.2852	0.1940	0.1824
	220	0.4372	0.0377	0.0377	0.1709	
$c_{12}=90.7\text{GPa}$	311	0.2554	0.1328	0.2554	0.2146	0.2260
	31$\bar1$	0.1384	0.0796	0.5007	0.2395	
$c_{44}=45.4\text{GPa}$	331	0.0317	0.2130	0.2130	0.1526	0.1711
	420	0.1239	0.1557	0.4219	0.4219	0.2246
Pt	111	0.1777	0.1777	0.1777	0.1777	0.1746
$A=1.593$	11$\bar1$	0.0007	0.2600	0.2600	0.1736	
$\nu=0.393$	200	0.3421	0.0406	0.3421	0.2416	0.2416
	002	0.0406	0.3421	0.3421	0.2416	
$c_{11}=347.0\text{GPa}$	220	0.0517	0.2831	0.2831	0.2060	0.1914
	220	0.4673	0.03144	0.0314	0.1767	
$c_{12}=251.0\text{GPa}$	311	0.2588	0.1391	0.2588	0.2189	0.2100
	31$\bar1$	0.0959	0.0746	0.4691	0.2132	
$c_{44}=76.5\text{GPa}$	331	0.1034	0.2421	0.2421	0.2421	0.1865
	420	0.1230	0.1491	0.3913	0.2212	0.2094

2. Au 的 $(\bar{1}\bar{1}\bar{1})$ $[\bar{1}10]$ 滑移系中刃型位错 C_{hkl} 值

$(\bar{1}\bar{1}\bar{1})$ $[\bar{1}10]$ 滑移系的刃型位错，$e_1=\dfrac{1}{\sqrt{2}}$ $[\bar{1},\ 1,\ 0]$，$e_2=\dfrac{1}{\sqrt{3}}$ $[\bar{1},\ \bar{1},\ \bar{1}]$，

$e_3=\dfrac{1}{\sqrt{6}}$ $[\bar{1},\ \bar{1},\ 2]$。这些基本矢量从它们的晶体学坐标转换到刃型位错滑移系的弹性常数 s（刚度）（GPa）为

$$s=\begin{bmatrix} 219.9 & 145.8 & 154.8 & -12.7 & 0 & 0 \\ & 2298.8 & 145.8 & 0 & 0 & 0 \\ & & 219.9 & 12.7 & 0 & 0 \\ & & & 23.5 & 0 & 0 \\ & & & & 32.5 & -12.7 \\ & & & & & 23.5 \end{bmatrix}$$

还原为柔度 c（$\times 10^{-9}\mathrm{Pa}^{-1}$）为

$$c=\begin{bmatrix} 0.0083 & -0.0053 & 0 & 0.0045 & 0 & 0 \\ & 0.0078 & 0 & -0.0029 & 0 & 0 \\ & & 0 & 0 & 0 & 0 \\ & & & 0.0449 & 0 & 0 \\ & & & & 0.0390 & 0.0210 \\ & & & & & 0.0539 \end{bmatrix}$$

表 9.3 给出各向异性（真实）的 Au、Ag 和 Pt $(\bar{1}\bar{1}\bar{1})$ 滑移面三个不同滑移方向刃型位错的比对因子 C_{hkl}。

对于 Au，$\langle C_{hkl}^{刃}\rangle = 0.3305-0.5121\varGamma$ $(h,\ k,\ l)$；

对于 Ag，$\langle C_{hkl}^{刃}\rangle = 0.2995-0.4681\varGamma$ $(h,\ k,\ l)$；

对于 Pt，$\langle C_{hkl}^{刃}\rangle = 0.2416-0.2416\varGamma$ $(h,\ k,\ l)$。

9.5.2　bcc 材料的 C_{hkl} 值

在这个例子中，我们描述了 α-Fe (110) 滑移面 $[\bar{1}11]$ 滑移方向的螺型位错和刃型位错的位移场和比对因子的计算。在这些计算中，α-Fe 的弹性常数 $c_{11}=230.1\mathrm{GPa}$，$c_{12}=134.6\mathrm{GPa}$，$c_{44}=116.6\mathrm{GPa}$（表 9.4）。

1. α-Fe $\{110\}$ $\langle\bar{1}11\rangle$ 上螺型位错的 C_{hkl} 值

在这个系统中，基本矢量是 $e_1\mathbin{/\!/}\dfrac{1}{\sqrt{6}}$ $[-1,\ 1,\ -2]$，$e_2\mathbin{/\!/}\dfrac{1}{\sqrt{2}}$ $[1,\ 1,\ 0]$ 和

$e_3\mathbin{/\!/}\dfrac{1}{\sqrt{3}}$ $[-1,\ 1,\ 3]$。对 α-Fe 螺型位错转换的弹性常数有由式（9.46）给出的

矩阵结构。对于 α-Fe（110）滑移面 $[\bar{1}11]$ 和 $[1\bar{1}1]$ 滑移方向螺型位错的比对因子表示在图 9.7 和表 9.4 中。这些结果也显示单个滑移系 C_{hkl} 的变化和具有同样 d-间距的 $\{hkl\}$ 不同方向的变化。可以发现，α-Fe 螺型位错的平均比对因子为 $\langle C_{hkl}^{螺} \rangle = 0.3055 - 0.8060\, \Gamma(h, k, l)$。

表 9.4　各向异性材料 α-Fe、Mo、Nb 中（110）滑移面两个不同滑移方向的螺型位错比对因子 C_{hkl}

材料	hkl	$[\bar{1}11]$	$[1\bar{1}1]$	$C_{hkl}^{螺}$	$\langle C^{螺} \rangle$
α-Fe	110	0.0201	0.0201	0.0201	0.1040
$A = 2.442$	$10\bar{1}$	0.1879	0.0201	0.1040	
$\nu = 0.273$	200	0.3055	0.3055	0.3055	0.3055
	002	0.3055	0.3055	0.3055	
$c_{11} = 230.1\text{GPa}$	220	0.0201	0.0201	0.0201	0.01040
	202	0.0201	0.1879	0.1040	
$c_{12} = 134.6\text{GPa}$	211	0.0201	0.1443	0.0822	0.1044
	310	0.1826	0.1826	0.1826	0.2330
$c_{44} = 116.6\text{GPa}$	222	0.0491	0.0491	0.0491	0.03684
	$22\bar{2}$	0.0491	0.0491	0.0491	
Mo	110	0.0041	0.0041	0.0041	0.1216
$A = 0.722$	$10\bar{1}$	0.2391	0.0041	0.1216	
$\nu = 0.273$	200	0.1912	0.1912	0.1912	0.1912
	002	0.1912	0.1912	0.1912	
$c_{11} = 463.0\text{GPa}$	220	0.0041	0.0041	0.0041	0.1216
	202	0.0041	0.2391	0.1216	
$c_{12} = 161.0\text{GPa}$	211	0.0041	0.1936	0.0988	0.1216
	310	0.0956	0.0956	0.0956	0.1662
$c_{44} = 109.0\text{GPa}$	222	0.1312	0.1312	0.1312	0.0984
	$22\bar{2}$	0.1312	0.1312	0.1312	
Nb	110	0.0163	0.0163	0.0163	0.1364
$A = 0.513$	$10\bar{1}$	0.2565	0.0163	0.1364	
$\nu = 0.392$	200	0.1651	0.1651	0.1651	0.1651
	002	0.1651	0.1651	0.1651	
$c_{11} = 246.5\text{GPa}$	220	0.0163	0.0163	0.0163	0.1364
	202	0.0163	0.2565	0.1364	
$c_{12} = 134.5\text{GPa}$	211	0.0163	0.2187	0.1175	0.1364
	310	0.0827	0.0827	0.0827	0.1548
$c_{44} = 28.7\text{GPa}$	222	0.1692	0.1692	0.1692	0.1269
	$22\bar{2}$	0.1692	0.1692	0.1692	

表 9.4 还给出钼（Mo）和铌（Nb）的 $C_{hkl}^{螺}$ 和 $\langle C_{hkl}^{螺} \rangle$。这种情况下的各向异性因子如下：Nb 约为 0.51，Mo 约为 0.72，α-Fe 约为 2.44。经线性拟合发现：

对于 Mo，$\langle C_{hkl}^{螺} \rangle = 0.1912 - 0.2786\, \Gamma(h, k, l)$；

对于 Nb，$\langle C_{hkl}^{螺} \rangle = 0.1651 - 0.1146\, \Gamma(h, k, l)$。

从这些结果清楚看出，各向异性因子强烈影响 bcc 材料 $\langle C_{hkl}^{螺} \rangle$ 的斜率。因为各向影响因子从 Nb 到 α-Fe 增加，$\langle C^{螺} \rangle$ 的斜率变成负的增加。

2. α-Fe {110} ⟨$\bar{1}$11⟩ 上刃型位错的 C_{hkl} 值

对于 α-Fe (110) [$\bar{1}$11] 上的刃型位错，基本矢量：$e_1 /\!/ \dfrac{1}{\sqrt{3}}$ [−1，1，1]，

$e_2 /\!/ \dfrac{1}{\sqrt{2}}$ [1，1，0] 和 $e_3 /\!/ \dfrac{1}{\sqrt{6}}$ [1，−1，2]。α-Fe、Mo 和 Nb {110} ⟨$\bar{1}$11⟩ 上刃型位错的 $C_{hkl}^{刃}$ 和 ⟨$C_{hkl}^{刃}$⟩ 表示在表 9.5 和图 9.7 (b) 中，可发现：

对于 α-Fe，⟨$C_{hkl}^{刃}$⟩ = 0.2648 − 0.3468 $\varGamma$ (h，k，l)；

对于 Mo，⟨$C_{hkl}^{刃}$⟩ = 0.1326 + 0.2412 $\varGamma$ (h，k，l)；

对于 Nb，⟨$C_{hkl}^{刃}$⟩ = 0.1188 + 0.4475 $\varGamma$ (h，k，l)。

Ungae、Dragomir、Revesz 和 Borbely 在"立方晶体位错比对因子：实际中应变各向异性的位错模型"（*The contrast factors of dislocations in cubic crystals：the dislocation model of strain anisotropy in practice*）中详细讨论了 fcc 和 bcc 立方晶体的位错比对因子，其结果分别列入他们论文的附录 3 和附录 4 的各表中，供读者查用。

表 9.5　各向异性材料 α-Fe、Mo、Nb 中 (110) 滑移面两个不同滑移方向的刃型位错比对因子 C_{hkl}

材料	hkl	[$\bar{1}$11]	[1$\bar{1}$1]	$C_{hkl}^{刃}$	⟨$C_{hkl}^{刃}$⟩
α-Fe	110	0.0752	0.0752	0.0752	0.1781
A=2.442	10$\bar{1}$	0.3947	0.0225	0.2086	
ν=0.273	200	0.3596	0.3596	0.3596	0.2648
	002	0.0751	0.0751	0.0751	
c_{11}=230.1GPa	220	0.0752	0.0752	0.0752	0.1781
	202	0.0225	0.0947	0.2086	
c_{12}=134.6GPa	211	0.0601	0.2415	0.1508	0.1781
	310	0.2472	0.2472	0.2472	0.2335
c_{44}=116.6GPa	222	0.0797	0.0797	0.0797	0.1492
	22$\bar{2}$	0.0797	0.0797	0.0797	
Mo	110	0.1531	0.1531	0.1531	0.1929
A=0.722	10$\bar{1}$	0.3519	0.0114	0.1817	
ν=0.273	200	0.1705	0.1705	0.1705	0.1326
	002	0.0567	0.0567	0.0567	
c_{11}=463.0GPa	220	0.1531	0.1531	0.1531	0.1929
	202	0.0114	0.3519	0.1817	
c_{12}=161.0GPa	211	0.0879	0.2058	0.1469	0.1929
	310	0.1493	0.1493	0.1543	0.1543
c_{44}=109.0GPa	222	0.1297	0.1297	0.1297	0.2130
	22$\bar{2}$	0.1297	0.1297	0.1297	

续表

材料	hkl	$[\bar{1}11]$	$[1\bar{1}1]$	$C_{hkl}^{刃}$	$\langle C_{hkl}^{刃}\rangle$
Nb	110	0.3054	0.3054	0.3054	0.2307
$A=0.513$	$10\bar{1}$	0.3509	0.0305	0.1907	
$\nu=0.392$	200	0.1532	0.1532	0.1532	0.1188
	002	0.0500	0.0500	0.0500	
$c_{11}=246.5\text{GPa}$	220	0.3054	0.3054	0.3054	0.2307
	202	0.0305	0.3509	0.1907	
$c_{12}=134.5\text{GPa}$	211	0.1832	0.2838	0.2335	0.2307
	310	0.2067	0.2067	0.2067	0.1591
$c_{44}=28.7\text{GPa}$	222	0.2275	0.2275	0.2275	0.2680
	$22\bar{2}$	0.2275	0.2275	0.2275	

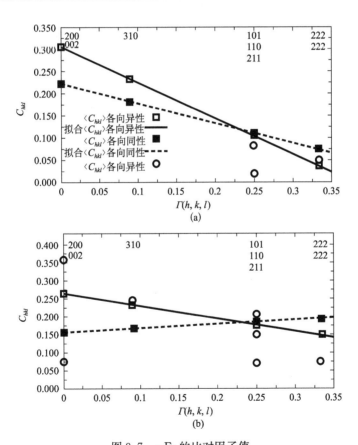

图 9.7　α-Fe 的比对因子值

(a)（110）滑移面上的螺型位错，各向同性 α-Fe 的所有滑移系的平均值和真实 α-Fe 平均值；

(b) 类似于（a），但为刃型位错

9.6　由半高宽求解晶粒大小和位错密度[1,2,11,15]

第 8 章已提到实测线形 $h(x)$、标样线形 $g(x)$ 和待测样的真实线形 $f(x)$ 三者之间有卷积关系。当样品中存在微晶、层错/孪生和位错宽化时，其卷积关系为

$$h(x) = \int_{-\infty}^{+\infty} g(y) f(x - y) \mathrm{d}y$$

$$f(s,\ d_{hkl}^*) = \int f^{ft}(s - s',\ d_{hkl}^*) \int f^{\mathrm{size}}(s' - s'') f^{\mathrm{disl.}}(s'',\ d_{dkl}^*) \mathrm{d}s' \mathrm{d}s'' \quad (9.53)$$

由晶粒大小引起的宽化和位错宽化的半高宽为

$$\beta_{hkl}^{\mathrm{c}} = \frac{0.89\lambda}{D_{hkl} \cos\theta_{hkl}} \quad\quad\quad\quad (9.54)$$

$$\beta_{hkl}^{\mathrm{disl.}} = (\pi/2A)^{1/2}\ bd_{hkl}\sqrt{C_{hkl}\bar{\rho}} \quad\quad\quad (9.55)$$

采用 Lorentzian 近似，同时受微晶和位错影响，总的半高宽 β 为微晶宽化 β^{c} 和位错宽化 $\beta^{\mathrm{disl.}}$ 之和，即

$$\beta_{hkl} = \beta_{hkl}^{\mathrm{c}} + \beta_{hkl}^{\mathrm{disl.}} \quad\quad\quad\quad (9.56)$$

把式（9.54）和式（9.55）代入式（9.56）并乘以 $\cos\theta_{hkl}/\lambda$，得

$$\frac{\beta_i \cos\theta_i}{\lambda} = \frac{0.89}{D} + \frac{(\pi/2A)^{1/2}\ bd_i \sqrt{C} \cdot \sqrt{\rho} \cdot \cos\theta_i}{\lambda} \quad (9.57)$$

令

$$\begin{cases} Y_i = \dfrac{\beta_i \cos\theta_i}{\lambda},\ \ a = \dfrac{0.89}{D} \\[3mm] X_i = \dfrac{(\pi/2A)^{1/2}\ bd_i \cos\theta_i \sqrt{C_i}}{\lambda},\ \ m = \sqrt{\rho} \end{cases} \quad (9.58)$$

重写式（9.57）为

$$Y_i = a + mX_i$$

其最小二乘方的正则方程为

$$\begin{cases} \displaystyle\sum_{}^{n} Y_i = an + m\sum_{}^{n} X_i \\[3mm] \displaystyle\sum_{}^{n} X_i Y_i = a\sum_{}^{n} X_i + m\sum_{}^{n} X_i^2 \end{cases} \quad (9.59)$$

这是典型的二元一次方程组，写成矩阵形式（略去下标）为

$$\begin{bmatrix} n & \sum X \\ \sum X & \sum X^2 \end{bmatrix} \begin{bmatrix} a \\ m \end{bmatrix} = \begin{bmatrix} \sum Y \\ \sum XY \end{bmatrix} \tag{9.60}$$

其判别式为

$$\Delta = \begin{vmatrix} n & \sum X \\ \sum X & \sum X^2 \end{vmatrix} \tag{9.61}$$

当 $\Delta \neq 0$ 时，才能有唯一解：

$$\begin{cases} a = \dfrac{\Delta_a}{\Delta} = \dfrac{\begin{vmatrix} \sum Y & \sum X \\ \sum XY & \sum X^2 \end{vmatrix}}{\Delta} = \dfrac{\sum Y \sum X^2 - \sum X \sum XY}{n \sum X^2 - \left(\sum X\right)^2} \\[4mm] m = \dfrac{\Delta_m}{\Delta} = \dfrac{\begin{vmatrix} n & \sum Y \\ \sum X & \sum XY \end{vmatrix}}{\Delta} = \dfrac{n \sum XY - \sum X \sum Y}{n \sum X^2 - \left(\sum X\right)^2} \end{cases} \tag{9.62}$$

9.7　求解晶粒大小-微应变-位错的 Voigt 单线法和最小二乘方法

9.7.1　Voigt 单线法的原理[3]

柯西函数 $CC(x)$ 和高斯函数 $GS(x)$ 卷积后所得出的函数叫沃格特（Voigt）函数 $V(x)$，即

$$V(x) = \int CC(x) GS(x-U) \, dU \tag{9.63}$$

定义柯西函数曲线的形状因子为

$$\frac{\beta_{半高宽}}{\beta_{积分宽}} = \frac{2/a}{\pi/a} = \frac{2}{\pi} = 0.63662 \tag{9.64}$$

定义高斯函数曲线的形状因子为

$$\frac{\beta_{半高宽}}{\beta_{积分宽}} = \frac{2\sqrt{\ln 2}/b}{\sqrt{\pi}/b} = 0.93949 \tag{9.65}$$

沃格特函数曲线的形状因子处于上述两数值之间，即

$$\frac{\beta_{半高宽}}{\beta_{积分宽}} = 0.63662 \sim 0.93949 \tag{9.66}$$

若实测衍射曲线的形状因子 $\beta_{\text{半高宽}}/\beta_{\text{积分宽}}$ 处于上述数值范围之内，则该衍射曲线属于沃格特函数，其中 $\beta_{\text{积分宽}}$ 为积分宽度，$\beta_{\text{半高宽}}$ 为半高宽。

对沃格特函数，有以下经验公式：

$$\frac{\beta_{CC}}{\beta_V} = a_0 + a_1 \frac{\beta_{V\text{半高宽}}}{\beta_{V\text{积分宽}}} + a_2 \left(\frac{\beta_{V\text{半高宽}}}{\beta_{V\text{积分宽}}}\right)^2 \tag{9.67}$$

$$\frac{\beta_{GS}}{\beta_V} = b_0 + b_{0.5} \sqrt{\left(\frac{\beta_{V\text{半高宽}}}{\beta_{V\text{积分宽}}} - \frac{2}{\pi}\right)} + b_1 \frac{\beta_{V\text{半高宽}}}{\beta_{V\text{积分宽}}} + b_2 \left(\frac{\beta_{V\text{半高宽}}}{\beta_{V\text{积分宽}}}\right)^2 \tag{9.68}$$

式中

$$a_0 = 2.0207, \quad a_1 = -0.4803, \quad a_2 = -1.7756$$

$$b_0 = 0.6402, \quad b_{0.5} = 1.4187, \quad b_1 = -2.2043, \quad b_2 = 1.8706$$

由实测衍射曲线可以得出 $\beta_{\text{半高宽}}/\beta_{\text{积分宽}}$ 的值，然后即可以求出 β_{CC} 和 β_{GS}。

$$\beta_{\text{微晶}} = \beta_{hCC} - \beta_{gCC}$$
$$\beta_{\text{微应变}} = \sqrt{\beta_{hGS}^2 - \beta_{gGS}^2} \tag{9.69}$$

于是可用

$$\varepsilon = \frac{\beta_{\text{微应变}}}{4\tan\theta}, \quad D = \frac{K\lambda}{\beta_{\text{微晶}}\cos\theta}, \quad \rho_{\text{位错}} = \frac{2\sqrt{3}}{b} \frac{\langle\varepsilon^2\rangle^{1/2}}{L} \tag{9.70}$$

式（9.70）中的第三式就是 Williamson 公式。其中，$\langle\varepsilon^2\rangle^{1/2}$ 为均方根应变，L 是特定方向的晶粒尺度，与 D 的物理意义相同；b 是位错的 Burgers 矢量的大小。于是可用上面求得的晶粒尺度 D 和微观应变 ε 计算位错密度 $\rho_{\text{位错}}$。

9.7.2　Voigt 单线法的测量实例——Ti6Al4V 晶粒尺度和位错效应[14]

能用三个不同的衍射峰和式（9.70）计算晶粒尺度、微应变和位错密度。晶粒尺度和微应变的计算结果如图 9.8 所示。虽然晶粒尺度是从三个不同衍射峰获得的，但其变化趋势非常相似，其值在同样水平。喷丸后，顶表面晶粒尺度最小，在相同的喷丸条件下，在相同的深度处，基体材料的晶粒尺度比混合物的晶粒尺度小。图 9.8 还给出，微应变也有与晶粒尺度类似的情况。顶表面微应变达最大值。

图 9.9 给出位错密度的计算结果，所有样品的位错密度的变化趋势是类似的。在顶表面，从 (100)、(002)、(101) 三条线计算得基体的位错密度达 $6.4 \times 10^{14}\,\text{m}^{-2}$、$5.0 \times 10^{14}\,\text{m}^{-2}$、$9.2 \times 10^{14}\,\text{m}^{-2}$，喷丸前 Ti 基体的平均位错密度为 $10^{10} \sim 10^{11}\,\text{m}^{-2}$，喷丸后达 $10^{13} \sim 10^{14}\,\text{m}^{-2}$。

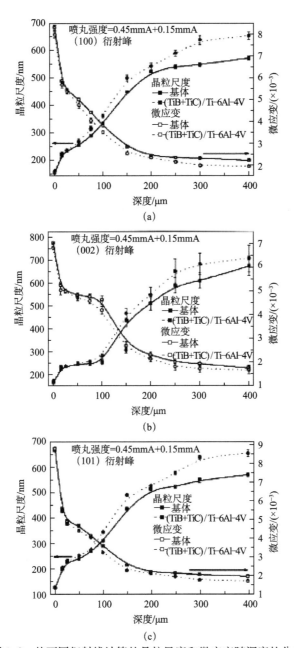

图 9.8 从不同衍射线计算的晶粒尺度和微应变随深度的分布

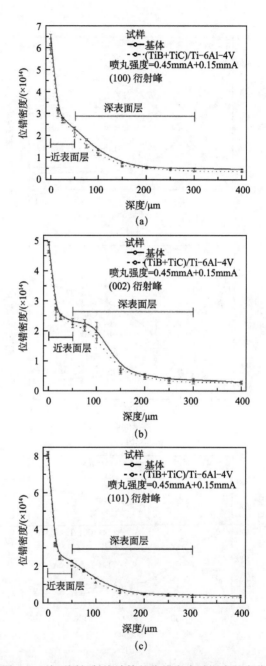

图 9.9　从不同衍射线计算的位错密度随深度的变化

9.7.3　求解微晶大小-微应变-位错的最小二乘方法

由 9.2 节的介绍可知，位错密度是由同一 hkl 晶面求得的微晶大小和微应变推算得到的，并非三重宽化效应。如果微晶-微应变和位错效应共存，则有

$$\beta = \beta_c + \beta_s + \beta_{dis} \tag{9.71}$$

将有关表达式代入式（9.71）并乘以 $\cos\theta_{hkl}/\lambda$ 得

$$\frac{\beta_i \cos\theta_i}{\lambda} = +\frac{4\sin\theta}{\lambda} \cdot \varepsilon + \frac{0.89}{D} + \frac{(\pi/2A)^{1/2} \, bd_i\sqrt{C} \cdot \sqrt{\rho} \cdot \cos\theta_i}{\lambda} \tag{9.72}$$

令

$$
\begin{cases}
Y = \dfrac{\beta\cos\theta}{\lambda}, \quad A = \varepsilon \\[2mm]
X = \dfrac{4\sin\theta}{\lambda}, \quad B = \dfrac{0.89}{D} \\[2mm]
Z = \dfrac{(\pi/2A)^{1/2} \, bd_i\sqrt{C} \cdot \cos\theta_i}{\lambda}, \quad C = \sqrt{\rho}
\end{cases}
\tag{9.73}
$$

则式（9.72）改写为

$$Y = AX + B + CZ \tag{9.74}$$

最小二乘方的正则方程为

$$
\begin{cases}
\sum XY = A\sum X^2 + B\sum X + C\sum XZ \\[2mm]
\sum Y = A\sum X + Bn + C\sum Z \\[2mm]
\sum YZ = A\sum XZ + B\sum Z + C\sum Z^2
\end{cases}
\tag{9.75}
$$

写成矩阵形式

$$
\begin{pmatrix}
\sum X^2 & \sum X & \sum XZ \\
\sum X & n & \sum Z \\
\sum XZ & \sum Z & \sum Z^2
\end{pmatrix}
\begin{pmatrix}
A \\ B \\ C
\end{pmatrix}
=
\begin{pmatrix}
\sum XY \\ \sum Y \\ \sum YZ
\end{pmatrix}
\tag{9.76}
$$

当该三元一次方程组的判别式为

$$
\Delta =
\begin{vmatrix}
\sum X^2 & \sum X & \sum XZ \\
\sum X & n & \sum Z \\
\sum XZ & \sum Z & \sum Z^2
\end{vmatrix}
\neq 0
\tag{9.77}
$$

才有唯一解：

$$A=\frac{\Delta_A}{\Delta}=\frac{\begin{vmatrix} \sum XY & \sum X & \sum XZ \\ \sum Y & n & \sum Z \\ \sum YZ & \sum Z & \sum Z^2 \end{vmatrix}}{\Delta}$$

$$B=\frac{\Delta_B}{\Delta}=\frac{\begin{vmatrix} \sum X^2 & \sum XY & \sum XZ \\ \sum X & \sum Y & \sum Z \\ \sum XZ & \sum YZ & \sum Z^2 \end{vmatrix}}{\Delta}$$

$$C=\frac{\Delta_C}{\Delta}=\frac{\begin{vmatrix} \sum X^2 & \sum X & \sum XY \\ \sum X & n & \sum Y \\ \sum XZ & \sum Z & \sum YZ \end{vmatrix}}{\Delta} \tag{9.78}$$

根据求得的 A、B、C，便能求得微应变 ε、微晶大小 D 和位错密度 ρ。

9.8　由半高宽求解晶粒大小-位错密度-层错概率的最小二乘方法[1,3,5]

采用 Lorentzian 近似，同时受微晶和位错影响，总的半高宽 β 为微晶宽化 β_c、位错宽化 β_{dis} 和层错宽化 β_f 之和，即

$$\beta=\beta_c+\beta_{dis}+\beta_f \tag{9.79}$$

以面心立方为例，把有关式代入式（9.79）并乘以 $\cos\theta/\lambda$ 得

$$\frac{\beta_i\cos\theta_i}{\lambda}=\frac{2}{\pi a}\sum\frac{|L_0|}{ah_0(u+b)}\tan\theta_i(1.5f_D+f_T)$$
$$+\frac{0.89}{D}+\frac{(\pi/2A)^{1/2}\,bd_i\sqrt{C}\cdot\sqrt{\rho}\cdot\cos\theta_i}{\lambda} \tag{9.80}$$

令

$$\begin{cases} Y_i=\dfrac{\beta_i\cos\theta_i}{\lambda},\ A=\dfrac{0.89}{D} \\[2mm] X_i=\dfrac{2}{a\pi}\sum\dfrac{|L_0|}{ah}\tan\theta_i,\ f=1.5f_D+f_T \\[2mm] Z_i=\dfrac{(\pi/2A)^{1/2}\,bd_i\cos\theta_i\sqrt{C_i}}{\lambda},\ B=\sqrt{\rho} \end{cases} \tag{9.81}$$

重写式（9.80）为

$$Y=fX+A+BZ \tag{9.82}$$

最小二乘方的正则方程的矩阵形式为

$$\begin{pmatrix} \sum X^2 & \sum X & \sum XZ \\ \sum X & n & \sum Z \\ \sum XZ & \sum Z & \sum Z^2 \end{pmatrix} \begin{pmatrix} f \\ A \\ B \end{pmatrix} = \begin{pmatrix} \sum XY \\ \sum Y \\ \sum YZ \end{pmatrix} \qquad (9.83)$$

当该三元一次方程组的判别式为

$$\Delta = \begin{vmatrix} \sum X^2 & \sum X & \sum XZ \\ \sum X & n & \sum Z \\ \sum XZ & \sum Z & \sum Z^2 \end{vmatrix} \neq 0 \qquad (9.84)$$

时，才有唯一解

$$f = \frac{\Delta_f}{\Delta} = \frac{\begin{vmatrix} \sum XY & \sum X & \sum XZ \\ \sum Y & n & \sum Z \\ \sum YZ & \sum Z & \sum Z^2 \end{vmatrix}}{\Delta}$$

$$A = \frac{\Delta_A}{\Delta} = \frac{\begin{vmatrix} \sum X^2 & \sum XY & \sum XZ \\ \sum X & \sum Y & \sum Z \\ \sum XZ & \sum YZ & \sum Z^2 \end{vmatrix}}{\Delta} \qquad (9.85)$$

$$B = \frac{\Delta_B}{\Delta} = \frac{\begin{vmatrix} \sum X^2 & \sum X & \sum XY \\ \sum X & n & \sum Y \\ \sum XZ & \sum Z & \sum YZ \end{vmatrix}}{\Delta}$$

根据求得的 f、B、C，便能求得层错概率 $f = 1.5f_D + f_T$、微晶大小 D 和位错密度 ρ。

9.9　用最小二乘方法测定位错密度实例
——球磨铁粉末的晶粒大小和位错密度

α-纯铁属体心立方结构的晶体，点阵常参数 $a = 0.2867$nm，其中螺型位错的柏氏矢量和位错线方向为 $[\bar{1}11]$ 和 $[\bar{1}11]$，而刃型位错为 $[\bar{1}11]$ 和 $[1\bar{1}2]$。所以，柏氏矢量的绝对值均为 $\dfrac{111}{2} = 0.0828$nm，$\lambda = 0.154056$nm，$X = \dfrac{(\pi/2A)^{1/2}bd\cos\theta\sqrt{C}}{\lambda}$，$Y = \dfrac{\beta\cos\theta}{\lambda}$。$\alpha$-纯铁有关参数见表 9.6（a）。表 9.6（b）给

出计算分析结果，并与 Williamson-Hall 法的结果作了比较。

表 9.6（a）　　α-纯铁的有关参数

hkl	d/nm	$\cos\theta$	$\overline{C}$	$\sqrt{C}$	b/nm	A	$(\pi/2A)^{1/2}bd\cos\theta\sqrt{C}$
110	0.20273	0.9250	0.061	0.2470	0.0828	1	0.0048067
200	0.14335	0.8434	0.285	0.5338	0.0828	1	0.0066972
211	0.11704	0.7529	0.118	0.3435	0.0828	1	0.0031411
220	0.10136	0.6506	0.061	0.2470	0.0828	1	0.0016887

表 9.6（b）　　球磨 α-纯铁原始宽化数据、晶粒大小和位错密度的分析结果

	hkl	未球磨	24h	50h	168h	720h	退火
$\beta \cdot \cos\theta_B$ / $(\times 10^{-3}\text{rad})$	110	1.01	5.07	5.93	6.48	6.62	1.51
	200	1.68	6.21	9.95	11.06	11.07	1.75
	211	1.81	7.51	9.25	9.75	10.19	1.66
	220	1.55	8.86	8.99	9.74	9.09	1.69
最小二乘方法	$\overline{D}/\text{nm}$	37.2	12.2	16.1	15.3	16.0	83.9
	$\overline{\rho}/$ $(\times 10^{16}\text{m}^{-2})$	0.282	49.25	74.9	60.0	28.3	0.0152
Williamson-Hall	$\overline{D}/\text{nm}$	$\geqslant 160$	75 ± 10	75 ± 10	54 ± 10	19 ± 2	18 ± 2
	$2\overline{\rho}/$ $(\times 10^{16}\text{m}^{-2})$	0.27			5.4	5.0	0.015

　　从表 9.6 中的数据可知：①尽管初始态的晶粒大小（37.2nm 或 $\geqslant$160nm）不太合理，因初始态的晶粒大小在微米量级，但球磨使晶粒细化的趋势是明显的，且球磨 50h 后，晶粒大小已变化不大，退火使晶粒长大。②球磨使位错密度增加，但在 168h 后反而有所降低，这可能与长期在真空中球磨、球磨罐和铁粉的温度也相当高、有一定退火效应有关。三次升温退火使位错密度大大降低。③最小二乘方法的测定结果与 Williamson-Hall 法测定结果在绝对数值上有较大差异，但上述两种变化趋势是相同的。

9.10　线形宽化分析相关的重要实验技术简介[16]

　　前面的介绍是在获得正确峰位和/或正确的由微晶大小、微应变、层错和位错引起的结构（物理）宽化数据后的数据分析方法，以求解宏观残余弹性应力（变）、纳米晶大小、微应变（力）、层错概率和位错密度等，并未涉及如何获得正确的峰位、正确的结构宽化数据，特别是在一系列比较性实验研究中要特别注意的问题。作者与合作者在这方面作过系统的研究，兹将最重要的技术介绍如下，并以 Jade 程序的实际应用为基础。

9.10.1　不同寻峰方法对衍射线峰位和 FWHM 的影响

　　为了避免扫描速度对衍射结果精度的影响，又能在较短的时间完成实验工作，我们选定用 AB_5 储氢合金和 β-Ni（OH）$_2$ 为试样，4°/min 的 2θ 扫描速度，所得的衍射花样示于图 9.10 中。用 Jade6.5 程序中的峰顶（summit）法、质心（centroid）法和抛物线（parabolic）法作自动寻峰和 refine 寻峰，其结果如表 9.7 所示。由表 9.7 数据可知：①四种寻峰法对峰位有一定影响，这是因为不同方法的物理模型不同。最强线（111）的衍射峰位绝对误差小于 0.01°，一般在 0.02～0.03 范围，这与仪器的角度的重现性一致；②衍射线的 FWHM 不受自动寻峰方法的影响，换言之，不同自动寻峰方法所获得半高宽完全相等，但与 Refine 的结果明显不同，特别是严重宽化线条，如 β-Ni（OH）$_2$ 中的（101）和（102）。值得注意，在这种情况下，用三种自动寻峰方法所得的 FWHM 虽然相同，但很不可信，这在纳米材料或微晶材料、表面纳米化、表面喷丸强化，以及由微晶、微应变、层错、位错引起的衍射线宽化的 XRD 分析时要特别注意。

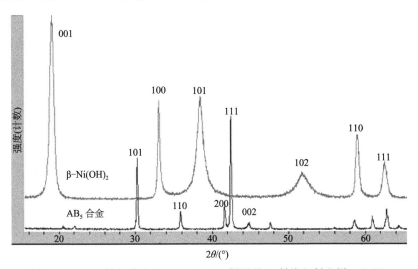

图 9.10　AB_5 储氢合金和 β-Ni（OH）$_2$ 样品的 X 射线衍射花样，CuKα

表 9.7　不同寻峰方法对衍射线峰位和 FWHM 的影响

影响的参数 (hkl)	峰位 2θ/ (°)					FWHM/ (°)				
	AB_5 储氢合金									
	101	110	200	111	002	101	110	200	111	002
顶峰法	30.258	35.984	41.764	42.558	44.779	0.219	0.187	0.186	0.212	0.297
质心法	30.244	36.000	41.792	42.561	44.777	0.219	0.187	0.186	0.212	0.297
抛物线法	30.241	36.001	41.799	42.561	44.774	0.219	0.187	0.186	0.212	0.297
Refine	30.234	35.998	41.778	42.545	44.766	0.183	0.117	0.122	0.143	0.201

续表

影响的参数 （hkl）	峰位 2θ/（°）					FWHM/（°）				
	AB₅储氢合金									
	101	110	200	111	002	101	110	200	111	002
	β-Ni（OH)₂									
hkl	001	100	101	102	110	001	100	101	102	110
顶峰法	19.000	33.020	38.420	51.837	58.960	0.564	0.338	0.693	0.672	0.368
质心法	18.995	33.031	38.410	51.835	58.971	0.564	0.338	0.693	0.672	0.368
抛物线法	18.992	33.029	38.401	51.812	58.972	0.564	0.338	0.693	0.672	0.368
Refine	19.030	32.970	38.374	51.894	58.949	0.638	0.312	1.091	2.220	0.407

注：2θ 扫描速度为 4°/min。

9.10.2　阶宽对峰位、FWHM 的影响

阶宽（step size），又称步长或取样宽度，是指计数管 2θ 扫描时每步跳过的角度值。可以直观地想象，如果取样点不落在衍射峰形上，将会漏计这个峰；如取样点落在线形上的点太少，也会产生失真。为了研究步长的影响，用 Si 标样，AB₅ 储氢合金和 β-Ni（OH)₂ 三种样品进行对比实验，其结果分别列入表9.8（a）、（b）、（c）中。

表 9.8　(a)　　阶宽对 Si 标样衍射峰位、FWHM 的影响

Si 标样		DS=1/4°　　SS=1/4°　　RS=0.15mm　　2θ 扫描速度为 2°/min			
		峰位 2θ/（°）		FWHM/（°）	
阶宽/（°）		111	220	111	220
0.01	抛 物 线 法	28.374	47.255	0.083	0.074
0.03		28.376	47.257	0.089	0.084
0.05		不能处理	47.257	不能处理	0.092
0.10		不能用抛物线法处理数据			
0.15		不能用抛物线法处理数据			

表 9.8　(b)　　阶宽对 AB₅储氢合金衍射峰位、FWHM 的影响

AB₅储氢合金		DS=1°　　SS=1°　　RS=0.30mm　　2θ 扫描速度为 4°/min							
影响的参数		峰位 2θ/（°）				FWHM/（°）			
阶宽/（°）	hkl	101	110	200	111	101	110	200	111
0.01	抛 物 线 法	30.268	36.010	41.819	42.568	0.153	0.139	0.137	0.150
0.03		30.270	36.008	41.906	42.567	0.158	0.139	0.173	0.136
0.05		30.293	36.016	41.800	42.497	0.197	0.189	0.207	0.214
0.10		30.278	35.984	数据不能处理		0.192	0.151	数据不能处理	
0.15		30.521	35.988			0.539	0.300		

表 9.8 (c)   阶宽对 β-Ni (OH)₂ 衍射峰位、FWHM 的影响

β-Ni (OH)₂   DS=1°   SS=1°   RS=0.30mm 2θ 扫描速度为 4°/min

阶宽/ (°)	hkl	峰位 2θ/ (°)				FWHM/ (°)			
		001	100	101	102	001	100	101	102
0.01		18.964	32.966	38.351	51.777	0.544	0.275	0.642	0.272
0.03	抛物线法	18.955	32.974	38.344	51.771	0.546	0.353	0.698	0.795
0.05		18.947	32.999	38.339	51.768	0.560	0.343	0.701	0.803
0.10		18.970	33.088	38.342	51.860	0.561	0.371	0.739	0.896
0.15		18.913	33.203	38.384	51.797	0.586	0.368	0.777	0.883

仔细比较表 9.8 数据可知：①对于 Si 标样，当阶宽≥0.05 时，线形的数据不能处理；有一定宽化效应的 AB₅ 储氢合金，当阶宽≥0.10 时，数据也不能处理；而严重宽化的 β-Ni (OH)₂ 样品，阶宽达 0.15°，数据仍然能够很好处理。②对于 Si 标样，在能处理的数据阶宽范围，对峰位和 FWHM 无明显影响，但对于 AB₅ 和 β-Ni (OH)₂ 样品，阶宽对峰位和半高宽的影响是明显的。

表 9.9 给出 2θ 扫描速度为 1°/min 时阶宽与阶数/度、计数时间/步的关系。由表 9.9 数据可知，阶宽的倒数就是扫描时每度的取样点数，每度的取样点越少，则每步计数的时间越长，从计数统计学误差来讲，每步计数时间越长，误差就越小，故仅仅是由于阶宽大或过大，扫过衍射峰线形的取样点就少或过少，而造成衍射线形的失真或探测不到衍射峰。

表 9.9   阶宽与阶数/度、计数时间/阶的关系

阶宽/ (°)	阶数/ (°)	计数时间/阶
0.01	100	0.60
0.02	50	1.20
0.05	20	3.00
0.10	10	6.00
0.20	5	12.00

在同样的计数时间/步情况下，阶宽过小，比如 0.010°、0.005°，会花费过长的数据收集时间，阶宽过大，会产生衍射峰的漏记，或衍射线形的失真或过度失真，因此可按式 (9.86) 判据选择。简言之，对于几乎无宽化或宽化效应较小的试样，则应用较小步长，0.010°~0.02°，

$$\frac{FWHM}{步长} \geqslant 5 \sim 10 \tag{9.86}$$

对于存在严重宽化的样品，如微晶、纳米晶样品，可用较大的步长，如 0.050°→0.100°。

9.10.3　影响衍射线峰位和 FWHM 的因素

影响衍射线峰位的因素有：

（1）因 2θ 扫描速度过快，扫过衍射线形时的取样点越少，衍射线形的失真度就越大，对峰位的影响就越大。

（2）步长的效应与扫描速度效应相似，步长过大，有可能在明锐狭窄衍射线形上无取样点而漏记这个衍射峰；也可能在扫过衍射线时的取样点过少，使衍射线形失真而影响衍射峰位。

（3）寻峰的方法的影响，众所周知，不同的寻峰方法对衍射线形的物理模型不同[7]，比如：峰顶法是把各数据点连接起来后峰的最高点定为峰位；抛物线法是把衍射线的半高度以上，或至少是把衍射峰高 2/3 或 3/4 以上的线形假定为抛物线，并把抛物线的顶点定为峰位，这个抛物线的形状还受取样点数的影响，是三点抛物线、五点抛物线，还是八点、十点的抛物线，其顶点也是有差别。质心法，又称重心法，是把衍射线的质心位置 $2\theta_c$ 定为衍射线的峰位。$2\theta_c$ 的定义：

$$2\theta_c = \frac{\int_{-\infty}^{+\infty} 2\theta I(2\theta)\, \mathrm{d}2\theta}{\int_{-\infty}^{+\infty} I(2\theta)\, \mathrm{d}2\theta} \approx \frac{\sum_{\lambda=1}^{n} I_i 2\theta_i}{\sum_{i=1}^{n} I_i} = \frac{\sum_{\lambda=1}^{n} (I_i^0 2\theta_i - I_i^b 2\theta)}{\sum_{i=1}^{n} (I_i^0 - I_i^b)} \tag{9.87}$$

$$2\theta_{i+1} = 2\theta_i + \delta \tag{9.88}$$

这里，I_i^0 和 I_i^b 分别为 $2\theta_i$ 角位置时线形实际测量强度和背景强度；δ 为分阶扫描阶宽。拟合或精修（fit all peaks or refine）方法是在连线各数据之后经过拟合或精修后自动定出峰位的。可见不同的寻峰方法所得结果应该不同。

（4）对于掠入射及非对称几何的情况，平行入射光束的峰位误差不会小，发散光束入射的峰位的误差将会较大。

影响衍射线 FWHM 的因素有：

（1）三种（顶峰法、质心法、抛物线法）自动寻峰法获得的 FWHM 几乎完全一致，表明三种自动寻峰方法对 FWHM 无影响，但与 refine 法所得结果不同，分三种情况：（a）无宽化效应的硅标样，自动寻峰与精修结果相差甚小；（b）存在一定（或较小）宽化效应的 AB_5 合金，自动寻峰给出的 FWHM 明显大于精修结果；（c）存在严重宽化或存在严重选择宽化效应的 $\beta\text{-Ni (OH)}_2$ 样品，自动寻峰给出 FWHM 数值明显小于精修的结果，特别是有层错宽化效应的 101 和 102 面衍射峰。

（2）步长的效应也比较明显，这取决于衍射线形的失真度，特别是大的步长时。

（3）K_α 效应是十分明显的，不去除 $K_{\alpha 2}$ 成分，所得 FWHM 都大于去除 $K_{\alpha 2}$

成分后所得的半宽度，这完全合理。

（4）光阑的效应也十分明显，在同样的 DS、SS 情况下，RS 狭缝越小，FWHM 值越小；在同样 RS 尺度情况下，DS、SS 愈大，FWHM 愈大，总地来说，光阑的尺度越大，FWHM 越宽。

因此，在测定 FWHM 时，①用 Jade 程序先去除 $K_{\alpha 2}$ 成分；②选定测定线，用 refine 程序作拟合，才能给出可信的 FWHM 数据，或用 fit all peaks 才可获得所有衍射峰可信的 FWHM。绝对不能用自动寻峰法去获得 FWHM。因此，注意以下影响准确测定峰位和 FWHM 因素的研究结论。

9.10.4　关于仪器宽化的扣除

某些实验研究者对如何扣除仪器宽化不太注意，甚至有人不扣除仪器宽化而直接用样品测得半高宽进行数据处理和计算，所以会得出错误的结果和结论。这里涉及两个问题：①用什么标准样品，怎样求得标准样品的半高宽；②怎样扣除。

关于第一个问题，一般多以 Si 标准样在同样实验参数、实验条件下扫描，获得标准样品衍射花样，同样去除 $K_{\alpha 2}$ 成分，用 fit all peaks 方法获得各衍射线的 FWHM，然后用 Origin 程序作 FWHM$\sim 2\theta$ 图，便能读出任何 2θ 位置所对应的 FWHM 值，以此值为 β_{g} 或 β_{0}。

然而，在同类的对比实验中，如表面纳米化、表面喷丸强化材料，建议用未作表面纳米化、未作表面喷丸处理前的原样作标准样品，用与此后经表面纳米化、表面喷丸后进行衍射的参数条件获得衍射花样，去除 $K_{\alpha 2}$ 成分，将对应衍射峰的 refine 所得的 FWHM 作 β_{0} 使用，这样更为合理。

关于第二个问题，则看采用何种线形近似，如果把线形视为柯西函数分布，则用

$$\beta_{总} = \beta_{实际样品} - \beta_{0} \tag{9.89}$$

扣除。如果把线形视为高斯函数分布，则用

$$\beta_{总} = \sqrt{\beta_{实际样品}^{2} - \beta_{0}^{2}} \tag{9.90}$$

扣除。此外，表面纳米化和表面喷丸强化的表面的 X 射线衍射中可用这种标样的晶面间距 d 值做无应力状态的 d_{0} 使用。

最后，值得强调的是，在一系列的对比实验中，要保持所有实验参数和条件、所有数据处理方法的一致性，其结果才有可比性。

参 考 文 献 *

［1］ 姜传海，杨传铮．内应力衍射分析．北京：科学出版社，2013.

［2］ 杨传铮，姜传海．衍射线宽化的线形分析和微结构研究．理化检验（物理分册），2014，50（9）：1～11；50（10）：1～7.

［3］ Ungar T. Dislocation densities, arrangement and character from X-ray diffraction experiments. Mater. Science Eng. , 2001, A309～310：14～22.

［4］ Armstrong N, Lynch P. Determining the dislocation contrast factor for X-ray line profile analysis//In Diffraction analysis of the microstructure of materials. Soringer-Verlag Berlin Heidelberg, 2004：249～413.

［5］ Williamson J L, Smallman R E. Dislocation densities in some annealed and cold-worked metals from measurements on the X-ray Debye-Scherrer spectrum. Philosophical Mag. , 1956, 1：34～36.

［6］ Revesz A, Ungar T, Porbely A, et al. Dislocations and grain size in ball milled in Iron powder. Nano-structure, 1996, 7（7）：779～788.

［7］ Ungar T, Tichy G. The effect of dislocation contrast on X-ray line profiles in untextured polycrystals. Phys. Stat. Sol. , 1999, A171：425～434.

［8］ Ungae T, Dragomir I, Revesz A, et al. The contrast factors of dislocations in cubic crystals：The dislocation model of strain anisotropy practice. J. Appl. Cryst. , 1999, 32：992～1002.

［9］ Xie L C, Jiang C H, Lu W J, et al. Investigation on the surface layer characteristics of shot peened titanium matrix composite utilizing X-ray diffraction. Surface & Coatings Technology, 2011, 206：511～516.

［10］ 杨传铮．表面纳米化和喷丸强化微结构的表征与研究．理学中国用户论文集，2015，2016.

［11］ 杨传铮，程利芳，汪保国，等．XRD 实验参数和数据处理方法对衍射结果的影响．理学中国用户论文集，X 射线衍射专利，2008：70～81.

第 10 章　Rietveld 全谱拟合及其在喷丸表层结构表征中的应用

1969 年，Rietveld[1]发表了用拟合多晶衍射花样的整个线形（包括峰位、强度和线形轮廓全部数据）来精修晶体结构的方法，但一直到 1977 年 Malmros 和 Thomas[2]的论文发表才被用固定波长和固定衍射角的中子和 X 射线粉末衍射所接受。Albinati Willis[3]评论了 1982 年以前的方法状况，称之为花样拟合-结构精修（pattern fitting-structure refinement）。

开始阶段主要用于中子粉末衍射。1979 年 Young[4]指出，从尤机物、有机物、矿物到人的齿釉，分属 15 种空间群的近 30 种材料，都成功地用于 Rietveld 方法对 X 射线衍射数据进行结构精修，其剩余指数为 0.12～0.28，平均为 0.20，比中子衍射的数据（其剩余指数为 0.05～0.17，平均为 0.10）高。Rietveld 精修已成为中子和 X 射线（包括普通 X 射线和同步辐射 X 射线）粉末衍射结构测定和磁结构测定的常用方法。

多晶体衍射全谱拟合法初始多用于晶体结构大致已知的结构精修，逐渐发展到未知结构的从头计算解出晶体结构。已经知道，依据衍射线的位置和强度是可以测定出晶体结构的，也就是晶体结构的周期性、对称性以及原子在晶胞中的排列、位置。正确地说，得到的是不包括各种缺陷的结构，是晶体的理想结构。但经过深入的研究发现，在实际的晶体中，这种周期性并不完美，存在着杂质、位错、晶界、点阵畸变等各种各样的缺陷，即所谓的微结构。各种缺陷对 X 射线衍射是有影响的，但并不在衍射线的位置和积分强度上显示，而是影响衍射线的线形（或说峰形），也即强度的分布。这种影响不是很大，粗糙的衍射技术是测不出的。随着高强度 X 光源的出现，高分辨、高准确衍射技术的发展，这种影响才变得是可探测到的。而对于喷丸表层，由于大量高速弹丸连续轰击材料表面，表层晶粒细化，微应变增大，位错增加，上述微观结构的变化体现在 X 射线衍射谱线线形的变化。分析其衍射线形的变化，可以表征喷丸前后表层微观结构的变化。

对于单个或者多个衍射峰的峰形分析方法，其要求被处理的衍射峰分辨较好，不与邻近的峰重叠，因此无法处理重叠的或者非常弱的峰。同时，在扣除背底上也存在很大的任意性。全谱拟合分析方法有一定的处理重叠峰和弱峰的能力，而且背底也是通过拟合得到的。克服了个别峰分析的弱点，由于其理论比较严密，研究得就更深入、更细致，所得结果经常比传统法更准确，而且其做法也比较简单。

10.1　Rietveld 全谱拟合理论模型

X射线衍射是人类用来研究物质微观结构的第一种方法。自 Debye-Sherrer 发明粉末衍射以来，已有 80 多年的历史。在这漫长的岁月中，他在研究多晶聚集态的结构（相结构、晶粒大小、择尤取向和点阵畸变等）方面做出了巨大贡献，成为当今材料研究中不可缺少的工具[5~7]。有关的理论、实验方法及数据处理都有过许多的发展。X射线粉末衍射全谱拟合法是 Rietveld 在 1967 年首先提出的。这一数据处理的新思想与计算机技术相结合，经过近五十年的发展，不仅提高了传统的各种数据的质量，而且使一些原来不可能进行的工作成为可能。例如，利用粉末衍射数据作从头晶体结构测定等。其内容越来越丰富，应用面越来越广，几乎渗入粉末衍射应用的所有领域，使粉末衍射的数据处理方法有了革命性的变化。这里首先介绍一下其基本理论以及利用其求解金属材料喷丸表层微观结构的具体流程。

对于已知初始结构模型：空间群、点阵参数、单胞中原子数目及坐标位置，可采用 Rietveld 方法对整个结构（包括点阵参数、原子坐标及占位概率等）进行精修。Rietveld 全谱拟合需要两个模型，一个是结构模型，另一个是峰形函数。结构模型决定了各衍射峰的位置和它们的强度，也即结构振幅$|F|$。峰形函数是由样品本身的微结构参数和各种仪器因素所决定的。已知晶粒尺度细小造成的宽化峰形比较接近洛伦兹（L）线形，而微观应变的宽化比较接近高斯（G）线形，因此由 G 和 L 卷积而成的 Vogit 线形被认为是拟合微晶-微应变引起宽化合理的线形函数。

10.1.1　Rietveld 结构精修的原理

对于已知初始结构模型：空间群、点阵参数、单胞中原子数目及坐标位置，可采用 Rietveld 方法对整个结构（包括点阵参数、原子坐标及占位概率等）进行精修。

Rietveld 方法是在已知晶体结构主要情节的基础上，计算多参数在重叠作用下数千个测量点的强度，使之与测量值最佳符合。采用最小二乘方法进行精修，即使观测值与计算值之差平方达到最小，它是使用对函数

$$\Delta = \sum_i W_i \left[Y_{i观测} - \frac{1}{k} Y_{i计算} \right]^2 \tag{10.1}$$

求极小值来实现的。式中,加和是对衍射花样上的所有测量点进行;k 为总体标度因子;$Y_{i观测}$ 需扣除背景;W_i 为对每个观测值 $Y_{i观测}$ 的加权因子。Rietveld 的加权方式为

$$W_i = \begin{cases} \dfrac{1}{Y_{i观测}}, & 当\ Y_{i观测} > Y_{极限} \\ \dfrac{1}{Y_{极限}}, & 当\ Y_{i观测} \leqslant Y_{极限} \end{cases} \tag{10.2}$$

$Y_{极限}$ 为最低强度值的 4 倍。

1. 峰型函数和强度公式

就数据收集方式而言,有固定波长的中子法、X 射线衍射法、中子飞行时间(TOF)法和 X 射线的能量色散技术(EDT)等四种方法,它们的基本强度公式和具体精修计算方法不同。这里仅介绍固定波长的情况。

Albinati 用卷积方法推导得到单个布拉格反射 k(表示 hkl 反射)对 $2\theta_i$ 位置上测量强度的贡献为

$$Y_{计算} = \frac{cP_k L_k F_k^2}{H_k} \exp\left\{-4\ln2\left[(2\theta_i - 2\theta_k)/H_k\right]^2\right\} \tag{10.3}$$

式中,c 为常数;P_k、L_k、F_k 分别为 k 晶面的多重性因子、Lorentz 因子和结构因子;H_k 为峰半高宽(FWHM)。高斯型峰扩展到 $\pm 1.5 H_k$ 处的强度仅为峰值的 0.2%。但就一般而言,可能会有几个不同的布拉格峰对 i 点的 Y_i 有贡献,故强度的一般表达式为

$$Y_{计算} = \sum_k I_k A(2\theta_i,\ 2\theta_k) f(2\theta_i,\ 2\theta_k) \tag{10.4}$$

式中,$A(2\theta_i,\ 2\theta_k)$ 为引入的非对称修正项因子:

$$A(2\theta_i,\ 2\theta_k) = 1 - sp\,(2\theta_i - 2\theta_k)^2/\tan\theta_k \tag{10.5}$$

p 为非对称性参数;$s=1$,0 或 -1,与 $(2\theta_i - 2\theta_k)$ 为正、零或负对应;I_k 为 k 反射的积分强度,即

$$I_k = \frac{cP_k L_k}{H_k} \times F_k^2 \tag{10.6}$$

$f(2\theta_i,\ 2\theta_k)$ 称为峰型特征函数,一般采用下列几种:

高斯型峰形函数(G 函数)

$$f(2\theta_i,\ 2\theta_k) = \exp\left[-\frac{4\ln2}{H_k^2}(2\theta_i - 2\theta_k)^2\right] \tag{10.7}$$

Lorentz 型(L 函数)

$$f(2\theta_i,\ 2\theta_k) = \frac{1}{1 + \dfrac{4}{H_k^2}(2\theta_i - 2\theta_k)} \tag{10.8}$$

改进 Lorentz（ML 函数）

$$f(2\theta_i,\ 2\theta_k) = \cfrac{1}{\left[1 + \cfrac{4(\sqrt{2}-1)}{H_k^2}\ (2\theta_i - 2\theta_k)^2\right]^2} \tag{10.9}$$

中间 Lorentz（IL 函数）

$$f(2\theta_i,\ 2\theta_k) = \cfrac{1}{\left[1 + \cfrac{4(2^{2/3}-1)}{H_k^2}\ (2\theta_i - 2\theta_k)^2\right]^{1.5}} \tag{10.10}$$

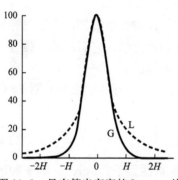

图 10.1　具有等半高宽的 Lorentz 峰
和高斯峰形

实验研究表明，固定波长的中子衍射线形与高斯型符合较好，Lorentz 峰尾部扩展太长，同步辐射 X 射线衍射线型与准 Voigt 函数符合良好，它是 G 和 L（图 10.1）函数的简单组合，即 75%G＋25%L。

2. 峰宽函数

表征 H_k 与衍射角之间关系的函数称为峰宽函数。在中子衍射的情况下，

$$H_k^2 = U\tan^2\theta_k + V\tan\theta_k + W \tag{10.11}$$

式中，U、V 和 W 为半高宽参数，通常由测量到的若干个单反射峰的 H_k 值，利用最小二乘方法拟合求得。

对于 X 射线衍射，采用高斯宽化

$$H_{kG}^2 = U\tan^2\theta_k + V\tan\theta_k + W + P/\cos^2\theta_k \tag{10.12}$$

和 Lorentz 成分

$$H_{kL} = (X + X_e\cos\phi)/\cos\theta_k + (Y + Y_e\cos\phi)/\tan\theta_k + Z \tag{10.13}$$

的组合。式（10.12）中的 P 为高斯宽化的 Scherrer 系数。式（10.13）第一项为 Lorentz-Scherrer 宽化，第二项描述应变宽化，两项都分别包括各向异性系数 X_e 和 Y_e。

3. 剩余指数和标准偏离

Rietveld 方法中剩余指数（也称可靠性指数）定义为

$$R_P \equiv \frac{\sum\left|Y_{i观测} - \dfrac{1}{k}Y_{i计算}\right|}{\sum Y_{i观测}} \tag{10.14}$$

$$R_{WP} \equiv \left(\frac{\sum W_i\left[Y_{i观测} - \dfrac{1}{k}Y_{i计算}\right]^2}{\sum W_i\left[Y_{i观测}\right]^2}\right)^{\frac{1}{2}} \tag{10.15}$$

R_P 的优点是基于实际的观测值,不过 R_{wp} 更为重要些,因为它的分子是最小二乘方修正过程中的极小量,能较客观地反映结构精修的优劣。

参数 j 的标准差 σ_j 按下式计算:

$$\sigma_j = \left\{ A_{jj}^{-1} \sum W_i \left[Y_{i观测} - Y_{i计算} \right]^2 / (N - \alpha + \beta) \right\}^{\frac{1}{2}} \tag{10.16}$$

10.1.2　Rietveld 结构精修的步骤

Rietveld 精修都是由计算机处理完成的,常用的程序很多:

(1) GSAS—General Structure Analysis System,Larson A. J.,Robert B.,Dreele Von,Los Alamos National Laboratory,NM87545,USA;

(2) DBWS-9006,Wiles D. B.,Young R. A.,School of Physis,Georgia Institute of Technology,Atlanta,GA30332,USA;

(3) RIETAN,Izumi,National Institute for Research in Inorganic Materials,1-1 Namiki,Tsukulashi,Ibariki305,Japan;

(4) XRS-82,The X-ray Rietveld System,Baerlocher Ch.,Institute fuer Kristallographie and Petrographie,ETH,Zurich,Switzerland。

其中,GSAS 集多种程序之优点,适用于中子、X 射线的单晶、多晶数据的精修,但不能解决磁结构问题,图 10.2 给出 GSAS 程序框图。有关多晶和单晶样品解结构的程序可从:http://ccp14. sims. nrc. ca、ftp://eps. unm. edu/pub/XRD 和 http://www. crystalstar. org 网站下载。不过要用好下载的软件不是一件易事,需要付出一定的努力,最好在学习使用程序阶段有人作一定的指导。

需输入的数据和参数包括:

(1) 程序能接受的原始衍射花样数据和仪器参数;

(2) 原子参数:晶胞中各原子的坐标、占位概率和温度因子(各向同性或各向导性的);

(3) 点阵参数、波长、探测器零位、偏振因子、标度因子;

(4) 线形宽化参数;包括 GU、GV、GW、GP、LX、LY、LZ、Xe、Ye、Z(见式(10.11)～式(10.13))和非对称参数 A,及试样漂移参数 S;

(5) 特别目的的参数:吸收系数、背景系数、消光系数、择尤取向参数等。

参与计算的参数由少到多,逐渐增加,计算结果逐渐和实验花样逼近,直至基本符合为止。经精修后的原子参数合理,画出原始花样、拟合花样及二者之差,随后,调用所需程序,计算该结构中链长、链角;计算和绘出 Fourier 图;最后可调用 ORTEP 程序绘出结构的空间模型。

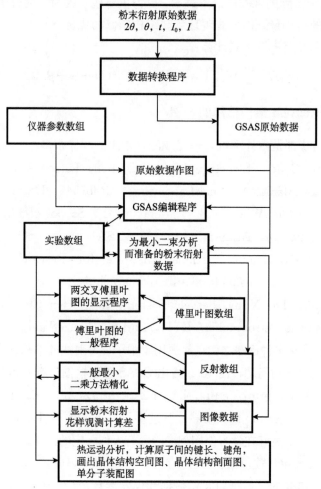

图 10.2　粉末衍射的花样拟合结构精化（GSAS）程序框图

10.2　全谱拟合定量相分析[8~11]

近 20 年来，Rietveld 方法开始用于 X 射线物相定量分析，由于它不需要标样，同样属无标样。随着标准粉末衍射数据库（PDF）和晶体学结构数据库的不断完善以及衍射技术和计算机技术的不断提高，一种新发展的 Rietveld 法全谱图拟合定量分析技术正在材料科学领域获得越来越广泛的应用。我国用 Rietveld 法进行矿物定量分析的研究报道较少[7,8,9~11]。

10.2.1　Rietveld 全谱图拟合定量相分析的原理

对粉末试样进行 X 射线衍射时，每一种物质因其成分不同、晶体结构不同，都具有唯一的一组衍射峰和衍射强度；不同物质的某些衍射峰有可能重叠，但不互相干涉。同时每一物相的衍射峰的强度是其含量的函数。当试样含有几种物质时，试样的 X 射线粉末衍射图谱就是这几种物质的衍射图谱的权重叠加。根据 X 射线衍射理论，含有某相试样的衍射图谱在 $2\theta_j$ 位置时的计算强度由下述公式得到：

$$Y_{j\text{计算}} = S\sum_H L_H |F_H|^2 Q(2\theta_j - 2\theta_H)(PO)_H A(\theta) + Y_{bj} \tag{10.17}$$

式中，$Y_{j\text{计算}}$ 是在 $2\theta_j$ 位置的计算强度；S 是比例（标度）因子；H 代表面指数为 (hkl) 的布拉格衍射；L_H 为面指数 H 衍射的洛伦兹因子、偏正因子和多重性因子三者的乘积；$Q(2\theta_j - 2\theta_H)$ 是衍射峰形函数；$(PO)_H$ 是择尤取向函数；$A(\theta)$ 是试样吸收系数的倒数；F_H 是 H 面指数布拉格衍射的结构因子（包括温度因子在内）；Y_{bj} 是背底强度。

由式（6.17）可知，各物相在混合物中的体积分数或质量分数与比例因子 S 有关，因而可以通过比例因子 S 与质量分数的关系，求得该物相在混合物中的含量。

用 Rietveld 法进行定量分析时，首先要了解样品中的物相组成和各物相的晶体结构，输入数据包括空间群、原子坐标、占位因子以及晶胞参数等。每个物相的比例因子及峰形参数根据背景和晶胞参数而变化，混合物中各物相的质量分数（x_i）根据修正计算获得的比例因子计算而得，即

$$x_i = \frac{S_i(Z_iM_iV_i)}{\sum\limits_{i=1}^{n} S_i(Z_iM_iV_i)_T} \tag{10.18}$$

式中，S_i、Z_i、M_i、V_i 分别代表第 i 相的比例（标度）因子、单胞中的分子数、分子量及晶胞体积。全谱图拟合定量分析的精修结果，通过判别可信度因子 R 的数值来判断。常用的判别因子 R 有如下几种：

图形剩余方差因子：

$$R_P = \frac{\sum\limits_j |Y_{j\text{观测}} - Y_{j\text{计算}}|}{\sum\limits_j Y_{j\text{观测}}} \tag{10.19}$$

权重图形剩余方差因子：

$$R_{WP} = \left[\frac{\sum\limits_j W_j(Y_{j\text{观测}} - Y_{j\text{计算}})^2}{\sum\limits_j W_j(Y_{j\text{观测}})^2}\right]^{1/2} \tag{10.20}$$

拟合优值：

$$\frac{\sum_{j} W_{j}(Y_{j观测} - Y_{j计算})^{2}}{N - P} \tag{10.21}$$

式中，$Y_{j观测}$ 是在 $2\theta_i$ 位置观察的衍射强度；$Y_{j计算}$ 是在 $2\theta_i$ 位置计算的强度；W_j 是权重因子；N 是实验观察的数目；P 是修正参数的数目。

10.2.2　Rietveld 全谱图拟合定量相分析实例[9]

在定量相分析前，先进行定性相分析。图 10.3（a）是收集得到的铁矿石的 X 射线衍射图谱，为了方便观察，2θ 的范围选取 $10° \sim 60°$。采用的分析软件为 Jade5.0，标准粉末衍射数据库为 PDF-2（2004 版本）作了物相鉴定分析。结果表明，该铁矿石主要由 4 种矿物组成：赤铁矿 Fe_2O_3（PDF 卡片号 89-598）、针铁矿 $FeOOH$（PDF 卡片号 29-713）、石英 SiO_2（PDF 卡片号 85-798）和高岭石 $Al_2(Si_2O_5)(OH)_4$（PDF 卡片号 71-823）。对数据库 ICSD（2008 年版），并结合本实验获得这 4 个矿物质的晶体结构数据（表 10.1）。

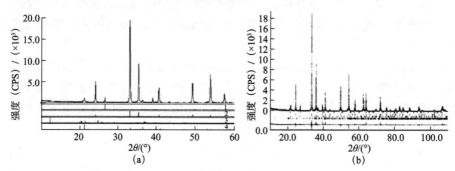

图 10.3　（a）样品定性相分析结果：$1 - SiO_2$，$2 - Fe_2O_3$，$3 - Al_2(Si_2O_5)(OH)_4$，$4 - FeOOH$；（b）Rietveld 全谱图拟合的结果

Rietveld 法全谱图拟合采用 DBWS9807a 软件。对每个物相进行指标化，并用最小二乘方法获得的每个相的点阵常数和 4 个矿物质的空间群、原子坐标作为初始值，峰型函数采用 Pseudo-Voigt，总共精修了比例因子、背底参数、峰型函数、点阵常数、原子位置参数、择尤取向和各向同性温度因子等 65 个参数，精修过程中用 DMPLOT 绘图软件跟踪精修结果。当 $R_P = 9.32\%$，$R_{WP} = 12.08\%$ 时得到的定量相分析结果见表 10.1（a），Rietveld 全谱图拟合的结果见图 10.3（b），由表 10.1（b）可以看出，精修得到的各物相结构参数与文献报道的数据相当接近，图 10.3（b）中实验值和计算值拟合残差很小。而根据文献报道，当权重图形剩余方差因子 R_{WP} 在 $10\% \sim 20\%$ 时拟合结果是可信的。每个物相进行指标化并用最小二乘方法获得每个物相的点阵参数（表 10.1（a））。通过

查阅国际无机晶体结构数据和各物相的原子坐标，分别见表 10.1（a）、（b）。

表 10.1（a）　铁矿石样品中各物相的晶体结构数据

物相	晶系	空间群	点阵参数/nm			
			a	b	c	β
Fe_2O_3	菱形	$R\text{-}3C$	0.50380	0.50380	1.37585	
FeOOH	正交	$Pbnm$	0.46066	0.46066	0.30212	
SiO_2	菱形	$P3_221$	0.49161	0.49161	0.54090	
$Al_2(Si_2O_5)(OH)_4$	单斜	$C1c1$	0.8953	0.5159	1.44299	96.67

表 10.1（b）　铁矿石样品中各物相的原子坐标数据

物相	化学式数目	原子	晶体学位置	原子坐标			占位概率
				x	y	z	
Fe_2O_3	6	Fe	12c	0	0	0.35530	1.0
		O	18e	0.3052	0	0.25	1.0
FeOOH	4	Fe	4c	0.0514	0.8599	0.25	1.0
		O1	4c	0.642	0.205	0.25	1.0
		O2	4c	0.221	0.05298	0.25	1.0
SiO_2	3	Si	3a	0.466	0	0.6667	1.0
		O	6c	0.414	0.265	0.774	1.0
$Al_2(Si_2O_5)(OH)_4$	2	Al	4a	0.145	0.327	0.228	1.0
		Si	4a	0.199	0.493	0.047	1.0
		O1	4a	0.243	0.778	0.007	1.0
		O2	4a	0.248	0.268	0.004	1.0
		O3	4a	0.013	0.451	0.009	1.0
		O4	4a	0.272	0.436	0.157	1.0
		O5	4a	0.428	0.031	0.155	0.5

最后结果为

分析物相	Fe_2O_3	FeOOH	SiO_2	$Al_2(Si_2O_5)(OH)_4$
分析结果/%	86.20	9.59	3.58	0.64

10.2.3　不涉及结构的全谱拟合定量分析方法[11]

苗伟和陶琨[11]介绍了三种不涉及结构的全谱拟合定量分析法（程序）：PDF2 组合全谱拟合定量分析法、自定义卡片组合全谱拟合定量分析法和自测各单相谱组合法。现分别介绍如下。

1. PDF2 组合全谱拟合定量分析法

PDF2 组合全谱拟合定量分析法选定存在的物相或选定可能存在的物相范围，然后对全谱进行峰分离，分离中考虑线形规律（衍射峰的半高宽随衍射角的变化规律）来自动调整各峰线形。

对于多物相共存情况，根据绝热法原理，设非晶态不存在，各物相上述衍射谱的叠加即为各物相含量相等的样品的衍射谱。若存在非晶态，各物相上述衍射谱的叠加即为去除非晶态本底后的各物相含量相等的样品的衍射谱（绝对强度与此无关）。考虑物相数为 N，即用 N 个谱去拟合样品谱，上述合成谱为

$$\begin{cases} 合成谱 = \Sigma P(i) \times W(i) \\ 初始值：W(i) = 100/N \end{cases} \tag{10.22}$$

其中，i 为物相序号；$W(i)$ 是第 i 相的含量。用此合成谱去拟合样品实验谱，拟合时调整各 $W(i)$，将计算谱与实验谱相比，用最小二乘方法求解，使所有测量点的差值的平方和为最小，则求得各 $W(i)$。不存在的物相的 $W(i)$ 在绝大多数情况下是 $\leqslant 0$ 的很小的数值。如 $W(i) < 0$，则令 $W(i) = 0$。在某不存在的物相的结构（含元素和点参）和存在的某物相十分相近时，（如白云石和铁白云石）其 $W(i)$ 也可能是很小的正数，这取决于结构的相近程度及样品谱测量的精确程度。

归一化 $W(i)$，使 $\Sigma W(i) = 100\%$，得到各物相的 $W(i)$。实际的算法中，还可以加入（或需要加入）测量谱的各峰的位置的自动微调等参数以提高拟合精度。在上述过程中，仅有两个部分需要人为干预：一是物相检索后，要人为选定存在的物相或选定可能存在的物相范围；二是当样品谱的峰数很大时，需要根据样品衍射谱的具体情况人为给定一个参数，以减小全谱的峰分离的时间，其他均自动进行。

2. 自定义卡片组合全谱拟合定量分析法

事先做好可能存在的物相的自定义卡片组。程序中可定义 3 组（定义、修改、存储），供使用者在不同工作中使用，其中含有各峰的晶面间距、相对强度及 K 值。选定自定义卡片组，调入其基本数据，即相当于 PDF2 组合法中的物相检索，选定存在的物相或选定可能存在的物相范围。其他方面完全与 PDF2 组合全谱拟合定量分析法相同，自动进行定性、定量分析。由于需要事先做好可能存在的物相的自定义卡片组，所以此方法适用于同类批量样品的分析。

3. 自测各单相谱组合法

事先做好可能存在的物相的自测单相谱，可定义 3 组。选定自定义卡片组，调入其基本数据，即相当于选定存在的物相或选定可能存在的物相范围。其他方面与 PDF2 组合全谱拟合定量分析法相同，自动进行定性、定量分析，适用于同类批量样品的分析。

不涉及结构的全谱拟合定量分析方法特点：

（1）使用积分强度。不涉及结构的全谱拟合定量分析方法计算中使用的是积分强度，从而排除了峰高法的本征弱点。

（2）是全谱拟合，所以具有自动排除不存在物相的本征特性。这对于批量样品的分析十分方便。

（3）全谱拟合有自动排除重叠峰影响的本征特性。

（4）全谱拟合的目标是所有测量点的误差的和为最小，而有织构状态是各峰有强有弱，则拟合时的自动平衡有自动压制织构影响的本征特性。

（5）全谱拟合的目标是所有测量点的误差的和为最小，因而对于样品晶粒度偏大而造成的个别峰偏强、偏弱不敏感，具有自动压制晶粒度偏大的影响的本征特性。

10.2.4　全谱图拟合定量相分析的优点

用全谱图拟合的 Rietveld 方法进行无标样多相定量的优点是：

（1）用整个衍射图谱，包括各级反射，从而减少了仪器因素择尤取向消光等系统误差，而且可以引入修正参数，部分地校正每一个相的择尤取向、显微吸收、表面粗糙度、消光等的影响。

（2）有效地处理和分解所有重叠峰，使各种复杂的和含宽化峰等特殊峰形的衍射图谱均可进行定量分析。

（3）可对混合物中每个相修正晶体结构、峰形参数，因此，只需粗略的晶体结构数据即可在定量过程中同时提供晶体结构、峰形参数、择尤取向的修正结果和各相的这些性质的相互影响。

（4）用一个连续函数拟合全图的背景强度，可以更好地确定背景，从而比起一般仅根据峰周围个别背景强度定出峰位处背景的方法能更正确地确定峰的强度。

（5）通过各相标度因子由常数 Z、M、V 即可简单地计算含量，减少误差传递，可得到较精确结果，并可估计标准偏差。

郭常霖[12]对三类无标样定量方法进行比较研究得知，理论参数计算法、全谱图拟合法同属计算法范畴，联立方程则属实验法。理论参数计算法需要知道待定量相的精确晶体结构，各种校正较难实行，也不够完善，定量结果受结构与织构影响很大，特别是单线方法，定量精度很差，基本上已不采用，即使是多线平均法，也仅可在含物相数少及晶体结构简单的样品体系应用。由于计算机已普及，程序也逐渐完善，并可获得，晶体结构数据库也逐步建立，而且 Rietveld 全图拟合法只需粗略的晶体结构。各种校正方法通过不断拟合迭代容易实行，可以得到比较精确的定量结果，因而实际上已取代了理论参数计算法，其问题是择尤取向校正和吸收校正还需要改进，特别是择尤取向校正过于简化，还不适合强择尤取向和多种择尤取向的情形，若样品中含有非晶态物质，Rietveld 全图拟合法需用添加内标物质来定量，这已不属于无标样法。由于属于实验法的联立方程法已可在参考试样缺相或多相以及待测试样含非晶态物质等较普遍条件下进行，并通过稳定性因子判别法、抛弃平均法和多样品最小二乘方法获得较好的结果，对于结构未知或易变或者含非晶态的样品情形，可以作为无标样法选用。

10.3　通过全谱拟合求解晶粒尺度、均方应变和位错密度[6,7]

10.3.1　通过全谱拟合求解晶粒尺度和均方应变的原理

Rietveld 全谱拟合包含两个模型，一个是结构模型，另一个是峰形函数。结构模型决定了各衍射峰的位置和强度。峰形函数是由各种仪器因素和样品本身微结构因素决定的。因此，峰宽函数分析是用全谱拟合法求解晶粒大小和微应变的出发点。

峰宽函数的高斯组分为

$$H_G = \sqrt{U\tan^2\theta + V\tan\theta + W} \tag{10.23}$$

这就是式（10.11）。式中，U、V、W 为全谱拟合的精修参数，V、W 与仪器因素有关，U 与微应变有关。当不存在晶粒宽化和微应变宽化时，对应的精修参数为 U_1、V_1、W_1，在对未知样品作全谱拟合时，因仪器条件不变，可将峰宽函数中与仪器有关的 V、W 固定为 V_1、W_1，可变的仅是 U，设最佳的拟合时得 U_2，则均方根微应变可用下式计算：

$$\langle \varepsilon^2 \rangle = \pi \sqrt{\frac{U_2 - U_1}{720 \times 21\ \ln 2}} \tag{10.24}$$

峰宽的洛伦兹组分与 Bragg 角 θ 的关系为

$$H_L = \gamma\sec\theta = \frac{\gamma}{\cos\theta} \tag{10.25}$$

系数 γ 与晶粒尺度 D 相关，对参考样品求得 γ_1，对未知样品求得 γ_2，则

$$D = \frac{180}{\pi} \frac{\lambda}{\gamma_2 - \gamma_1} \tag{10.26}$$

在 Wiles 和 Young 编写的 Rietveld 全谱精修程序 DBWS9006 和 Larson、Von Dreele 编写的 GSAS 程序中接受和发展了 PV 模型，其峰宽函数的洛伦兹部分和高斯部分取如下形式：

$$H_L = \frac{X}{\cos\theta} + Y\tan\theta + Z \tag{10.27}$$

$$H_G = \left(\frac{P}{\cos^2\theta} + U\tan^2\theta + V\tan\theta + W\right)^{1/2} \tag{10.28}$$

式（10.26）和式（10.27）分别与式（10.12）和式（10.13）相对应，形式相同。上两式中的前两项是由微晶和微应变贡献的，系数 X、Y、P、U 可用来计算晶粒尺度和微应变值，而其他各项与仪器因素有关。

10.3.2　通过全谱拟合求解晶粒尺度和均方应变的步骤

（1）通过全谱拟合得出衍射谱各衍射峰的峰宽函数 H 和半宽度 β。

（2）从各衍射峰的 H 和宽度 β 计算出各峰的 L 和 G 组分的峰宽 β_L 和 β_G。

（3）对各峰的 β_L 和 β_G 作仪器宽化校正。

（4）可用下面公式：

$$D = \frac{0.89\lambda}{\beta_L\cos\theta}, \quad \varepsilon = \frac{\beta_G}{4\tan\theta} \tag{10.29}$$

求出微结构参数微晶尺度 D 和微应变 ε。当然也可用式（10.25）和式（10.23）求解。

10.3.3　通过全谱拟合求解晶粒尺度及其分布

在一个多晶系统中，众多的晶粒的尺寸是不一样的，存在着尺寸分布。其衍射峰形与只有一种晶粒尺寸的多晶系统是不同的。对于晶粒尺寸较均匀的体系，其峰形一般较宽，尾部延伸得较短。因此，从峰形分析不但可求取晶粒的平均尺寸，还能求得晶粒尺度的分布情况。对于尺寸分布测定的研究，提出过许多不同的方法，如二次导数法、Fourier 变换法等。在 Rietveld 全谱拟合中，在对晶粒形状和分布函数做一定假设的前提下，作峰形函数计算去拟合实验峰形，从而可以得到晶粒尺寸的分布函数。一般一个多晶在 Rietveld 全谱拟合中，可假定晶粒均呈球形，平均大小为 $\overline{D}$，方差为 σ，其晶粒的对数正态分布为

$$f(D) = D^{-1}\left[2\pi\ln(1+c)\right]^{-1/2}\exp\{-\ln D\,\overline{D}^{-1}\,(1+c)^{1/2}/[2\ln(1+c)]\} \tag{10.30}$$

式中，无量纲比值 $c = \sigma_R^2/\overline{R}^2$，$\sigma_R^2$ 为离差，由球形晶粒尺度对数正态分布引起的线形宽化函数可表示为

$$\overline{P}(s) = (3\overline{D}/2)\,(1+c)^3\,\overline{\phi}(2\pi s\overline{D}) \tag{10.31}$$

式中，$\overline{\phi}$ 为干涉因子，拟合中通过调节线形宽化参数，使实验值与拟合值残差最小，求出晶粒尺寸的分布。

10.3.4　通过全谱拟合求解位错密度

造成微应变的原因有很多，可以是各种位错、各种层错、孪晶等按照加和规律，高斯宽化和洛伦兹宽化可以看成是各构成因素造成峰宽的简单加和或者平方加和，进而可以进一步求出位错密度、位错分布等。喷丸强化后表层位错密度出现明显的变化，在求出微观晶粒尺度以及微应变之后，根据 Williamson 方法公式，利用晶粒尺度和微应变可得出位错密度为

$$\rho = \frac{2\sqrt{3}}{|\boldsymbol{b}|} \cdot \frac{\langle\varepsilon^2\rangle^{1/2}}{D} \tag{10.32}$$

式中，ρ 为位错密度；$\langle \varepsilon^2 \rangle^{1/2}$ 为微应变方均根；b 为伯格斯矢量。

10.4　喷丸层微结构参数的全谱拟合法

喷丸过程中，金属材料表层在高速弹丸的轰击下，导致表面出现剧烈的塑性变形，表层晶粒细化，微应变增加。表层微观结构的变化体现在 X 射线衍射谱线中，即衍射峰宽度出现变化。求出衍射谱线上各个衍射峰的宽度和 2θ（衍射方向 hkl）的关系，把此关系作为峰宽函数，用于全谱拟合中，求解出喷丸层表层微观结构。

Rietveld 全谱拟合需要有两个模型，一个是结构模型，另一个是峰形函数。结构模型决定了各个衍射峰的位置和相对强度，即结构振幅。峰型函数是由各种仪器因素和样品本身的结构因素决定的。合适的峰形函数应能拟合不对称的峰形、数学上简单，如可以对所有变量进行微分、反卷积计算。已知由晶粒细小造成的宽化峰形比较接近洛伦兹函数，而由微应变造成的宽化峰形比较接近高斯函数，因此由高斯和洛伦兹函数卷积而成的 Viogt 函数被认为是拟合由晶粒结构引起的峰形最合适的函数。

从 XRD 谱线中提取组织结构的信息并通过 Rietveld 全谱拟合进行表征。在早期的版本程序中，可通过点阵常数、物相分数含量、晶粒尺度、残余微应变以及择尤参数等对物相结构和材料组织结构同时进行拟合。Rietveld 全谱拟合还可以得出层错、孪晶和反相畴界等缺陷参数，事实上，在结构对称的基础上，依据 XRD 衍射线形可精确拟合每个相的拟合参数。

10.4.1　S 32205 双相钢喷丸层微观结构[13]

1. S 32205 双相钢喷丸层的宽化效应

以 S 32205 双相钢喷丸层微观结构表征为例，图 10.4 为双相不锈钢不同喷丸强度下喷丸表层 X 射线衍射谱线。喷丸处理前后 X 射线衍射谱线出现了宽化现象。

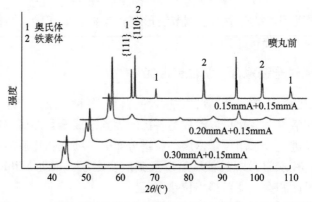

图 10.4　双相不锈钢不同喷丸强度下喷丸表层 X 射线衍射谱线

利用 Rietveld 全谱拟合分析方法对复合喷丸（喷丸强度为 0.30mmA＋0.15mmA）后的 S 32205 双相不锈钢表层组织结构进行分析，其 XRD 的 Rietveld 全谱拟合如图 10.5 所示。

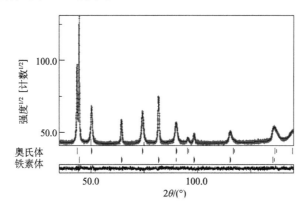

图 10.5　Rietveld 对复合喷丸 S 32205 双相不锈钢表层
（层深 15μm）的全谱拟合

2. S 32205 双相钢喷丸强化表层微观晶粒尺度

S 32205 双相钢经强度为 0.30mmA＋0.15mmA 的复合喷丸强化后，根据各向异性拟合出铁素体晶面 {110}、{200}、{211} 和奥氏体晶面 {111}、{200}、{220} 的晶粒尺度，如图 10.6 所示。分别从三强峰拟合得出喷丸层铁素体和奥氏体晶粒尺度具有相同的变化趋势，可认为是金属材料具有多晶的现象。两相的最小晶块均分布在喷丸表面，且奥氏体晶块小于铁素体，分别从喷丸表面沿层深的增加迅速增大，铁素体在距表层约 150μm 后开始保持稳定，而奥氏体晶块细化层深则约为 100μm。

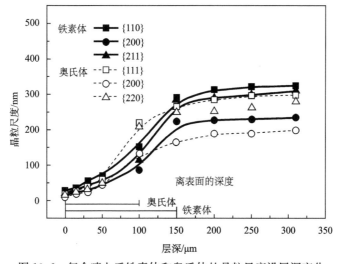

图 10.6　复合喷丸后铁素体和奥氏体的晶粒尺度沿层深变化

3. S 32205 双相钢喷丸强化表层微应变

图 10.7 为利用 Rietveld 全谱拟合方法获得的 S 32205 双相钢喷丸后表层微应变沿层深的变化。在相同的喷丸条件下，喷丸表面及附近奥氏体的微应变高于铁素体，沿着层深方向，两相的微应变均减小，且奥氏体比铁素体减小得更快。

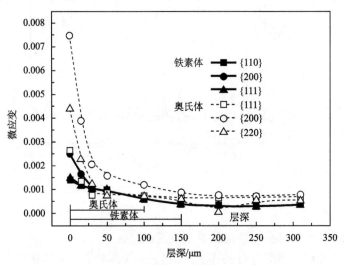

图 10.7　复合喷丸后微应变沿层深的变化

4. S 32205 双相钢喷丸强化表层晶粒尺度分布

图 10.8 和图 10.9 分别为利用 Rietveld 全谱拟合的方法比较一次传统喷丸（0.30mmA）与二次复合喷丸（0.30mmA＋0.15mmA）后表面铁素体和奥氏体晶粒尺度对数正态分布以及层深 100 μm 处晶粒尺度分布。在相同的层深处，复合喷丸中第二次喷丸有利于铁素体和奥氏体晶块的细化。

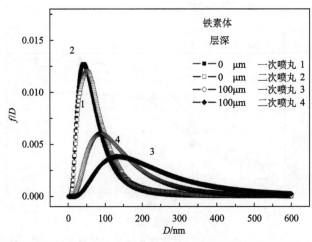

图 10.8　传统喷丸与二次复合喷丸后铁素体晶粒尺度分布：层深分别为 0 μm 和 100 μm

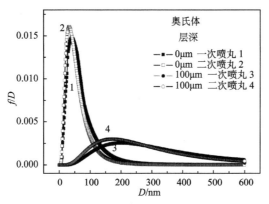

图 10.9　传统喷丸与二次复合喷丸后奥氏体晶粒尺度分布：层深分别为 0μm 和 100μm

5.S 32205 双相钢喷丸强化表层位错密度

利用图 10.6 和图 10.7 数据结合式（10.31）计算出复合喷丸强化后的位错密度，如图 10.10 所示，各晶面的位错密度呈相同的变化趋势，最大位错密度均分布在表面层，然后沿着层深的增加而减少，随后趋于稳态。在喷丸表层铁素体中 {110}、{200} 和 {211} 各晶面所对应的位错密度分别为 $6.52 \times 10^{14} \mathrm{m}^{-2}$、$1.91 \times 10^{15} \mathrm{m}^{-2}$ 和 $8.76 \times 10^{14} \mathrm{m}^{-2}$，而奥氏体中 {111}、{200} 和 {220} 晶面所对应的位错密度分别为 $2.45 \times 10^{15} \mathrm{m}^{-2}$，$1.02 \times 10^{16} \mathrm{m}^{-2}$ 和 $3.32 \times 10^{15} \mathrm{m}^{-2}$。在同一喷丸条件下，由于奥氏体具有更高的硬化率，喷丸表面及附近（约 25μm）奥氏体的位错密度高于铁素体，并沿着层深迅速减小。喷丸强化层中，虽然铁素体和奥氏体的位错密度均沿层深迅速减小，但奥氏体衰减更为明显。

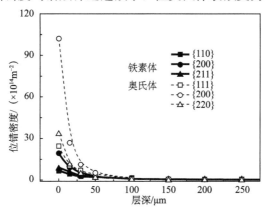

图 10.10　复合喷丸强化后铁素体和奥氏体的位错密度沿层深的变化

10.4.2　DD3 镍基合金喷丸层微观结构[14]

采用 Rietveld 全谱拟合方法对 DD3 镍基合金喷丸后表面微观结构进行表征。

图 10.11 为 DD3 喷丸试样通过 Rietveld 全谱拟合所得结果，从图中可以看出，拟合线形与实测衍射线形吻合较好，残差 R_w 为 1.78%。

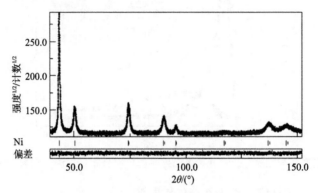

图 10.11　DD3 喷丸试样的实测衍射线形及 Rietveld 全谱
拟合线形，喷丸强度 0.5mmA＋0.1mmA

根据拟合获取的衍射线形参数，可获得材料的晶粒尺度及微应变。表 10.2 为利用全谱拟合获得的 DD3 镍基合金喷丸表面不同晶向上的晶粒尺度以及微应变。

表 10.2　采用 Rietveld 全谱拟合获得不同晶向的晶粒尺度和微应变值

晶向	111	200	220	311	222	400	331	420
D/nm	17.4	8.3	9	6.8	17.4	8.3	9.1	7.5
$\varepsilon/(\times 10^{-3})$	1.8	3.1	2.2	2.6	1.8	3.1	2.1	2.5

根据式（10.30）可以得到 DD3 喷丸表面晶粒尺度的对数正态分布，如图 10.12 所示。从图中可以看出，喷丸处理后 DD3 表面平均晶粒尺度主要分布在 0～60nm，且 16nm 附近概率较大，这与 Rietveld 全谱拟合所得晶粒尺度结果吻合。

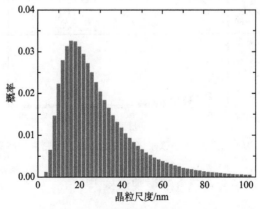

图 10.12　DD3 喷丸表面晶粒尺度的对数正态分布

10.4.3　S 30432 奥氏体不锈钢喷丸层微观结构[15]

利用 Rietveld 全谱拟合分析方法时，结合 PoPa 模型可获取材料不同晶向组织结构信息。S 30432 奥氏体不锈钢为面心立方结构，其衍射线形宽化模型计算，在全谱拟合过程中通过调节线形函数参数，使实测衍射线形与拟合线形相吻合。图 10.13 为 S 30432 奥氏体不锈钢喷丸试样采用 Rietveld 全谱拟合结果，从图中可以看出，实测衍射线形与拟合线形吻合，残差达到全谱拟合要求，R_w 为 0.82%。

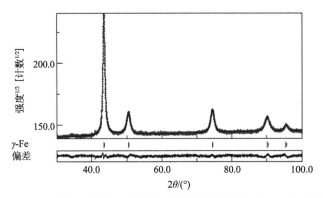

图 10.13　S 30432 奥氏体不锈钢喷丸试样实测衍射线形以及 Rietveld 全谱拟合线形

利用拟合获取衍射线形参数，通过 PoPa 模型计算出材料微观晶粒尺度以及微应变。表 10.3 为采用 Rietveld 全谱拟合分析方法获得的不同晶向晶粒尺度和微应变值。

表 10.3　采用 Rietveld 全谱拟合获得不同晶向的晶粒尺度和微应变值

$\langle hkl \rangle$	$\langle 111 \rangle$	$\langle 200 \rangle$	$\langle 220 \rangle$	$\langle 311 \rangle$
D/nm	16.2	9.1	13.6	13.1
$\varepsilon/(\times 10^{-3})$	1.1	6.7	3.2	4.8

从表中可以看出，S 30432 奥氏体不锈钢经过喷丸处理之后表面沿各个衍射晶向晶粒尺度相差不大，其中最大在 $\langle 111 \rangle$ 方向，这主要是原子在 $\langle 111 \rangle$ 晶向上较其他方向难以发生滑移。

采用 Rietveld 全谱拟合方法对 S 30432 奥氏体不锈钢喷丸层微观晶粒尺度分布进行分析，结果如图 10.14 所示。随着层深增加，最大概率时的晶粒尺度逐渐增加，当层深为 300μm 时其值为 238nm，同时经过喷丸后，晶粒尺度变化范围变小，晶粒尺度趋于均匀。

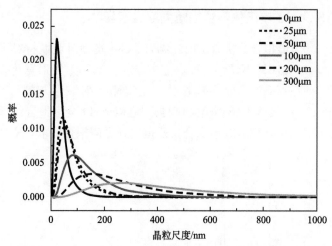

图 10.14　S 30432 奥氏体不锈钢晶粒尺度的对数正态分布

参考文献

[1] Rietveld H M. A profile refinement method for nuclear and magnetic structures. J. Appl. Cryst. , 1969, 2 (1): 65~71.

[2] Malmros G, Thomas J O. Last — squares structure refinement based on profile analysis of powder film intensity data measured on an automatic microdensitometer. J. Appl. Cryst. , 1977, 10 (1): 7~11.

[3] Albinati A, Willis R T M. The Rietveld method in neutron and X — ray powder diffraction. J. Appl. Cryst. , 1982, 15 (5): 361~365.

[4] Young R A, Trice E, Sparks R A. Suggested guidelines for the publication of rietveld analyses and pattern decomposition studies. J. Appl. Cryst. , 1982, 15 (3): 357 ~ 359; Young R A. The Rietveld Method. Oxford: Oxford University Press, 1993.

[5] 杨传铮, 谢达材, Newsam M. 同步辐射 X 射线和中子粉末衍射及 Rietveld 精化. 物理, 1992, 21(11): 659~665; 21(12): 732~740.

[6] 马礼敦. X 射线粉末衍射的新起点-Rietveld 全谱拟合. 物理学进展, 1996, 16 (2): 251~265.

[7] 马礼敦. 近代 X 射线多晶衍射-实验技术与数据处理. 北京: 化学工业出版社, 2004.

[8] Smith D K, Johnson G G, Schieble A, et al. Quantitative X-ray powder diffraction methocl using the full diffraction pattern. Powder Diffraction, 1987,

2 (2)：73～77.

[9] 曾令民，汪万林，陆美文. X 射线全谱图拟合定量相分析铁矿石. 广西科学院学报，2010，26(3)：291～294.

[10] 王佩玲，贾迎新，王大志，等. 氧化锆粉体的 Rietveld 方法 X 射线衍射定量相分析. 无机材料学报，1997，12 (4)：551～555.

[11] 苗伟，陶琨. 不涉及结构的多晶 X 射线衍射全谱拟合及相关定量分析方法. 实验技术与管理，2007，24(10)：40～44.

[12] 郭常霖. 多晶材料 X 射线衍射无标样定量方法. 无机材料学报，1996，11 (1)：1～8.

[13] 冯强. S 32205 双相不锈钢喷丸强化及其组织结构 XRD 研究. 上海交通大学博士学位论文，2014.

[14] 陈艳华. 镍基单晶高温合金喷丸层塑性变形行为及其表征研究. 上海交通大学博士学位论义，2014.

[15] 詹科. S30432 奥氏体不锈钢喷丸强化及其表征研究. 上海交通大学博士学位论文，2013.

第 11 章　喷丸应力的模型数值模拟

11.1　喷丸应力的模型数值模拟一般介绍[1~7]

11.1.1　有限元法综述

有限元法在数学家冯康首次发现时被称为基于变分原理的差分方法，是一种求解微积分方程组数值解的数值技术，在稳定情形下将微分方程组转化为代数方程组，或者将偏微分方程改写为常微分方程的逼近，就可使用标准的数值技术进行求解。

有限元法最早起源于土木工程与航空工程中弹性与结构分析问题的研究，其发展可追溯到 Hrennikoff（1941）与 Courant（1942）的工作。Hrennikoff 于 1941 年率先提出求解弹性力学问题的离散元素法，只是缺陷在于构造离散模型的对象仅限于利用杆系结构。尽管如此，这一次可贵的尝试也很好地说明了有限元的思想。有限元法的先驱者们所使用的方法存在很大差异，然而它们具备相同的本质特征，即利用网格离散化的思想，将一个连续区域设法转化为一族离散的子区域，这种子区域通常称为"元"[3]。Hrennikoff 的工作离散用类似于格子的网格离散区域；而 Courant 则将区域分解为具有有限三角形的子区域，以用于求解自圆柱体转矩问题萌生的二阶椭圆偏微分方程。Courant 的贡献极大地推动了有限元法的发展，并绘制了早期偏微分方程的研究结果。

由前述内容可知，有限元法的基本思想就是将一个连续的求解域离散化，即将其分割成彼此用节点或离散点联系的有限个单元，进而在单元体内通过假设近似解的模式，用有限节点上的未知参数来表征单元特征，并利用适当方法将各单元的关系式组合成含有这些未知参数的方程组，通过求解方程组得出各节点未知参数，再利用插值函数求出近似解。在网格划分过程中，将每一个小块称为单元。数值模拟方法中的节点是指确定单元形状与单元之间联结的点。其中，节点力为单元上节点处的结构内力，外力则为节点载荷。

"有限元"术语是在 1960 年由美国加利福尼亚大学伯克利分校土木与环境工程系的 Clough 教授提出的。学术界公认的有限元（finite element）这一术语是 Clough 教授的论文《平面分析的有限元法》最先引入的[5]。此方法的提出在当时是为了解决"如何将结构力学中的杆件位移推广到连续体介质的力学求解"这一问题的。由于有限元法的提出，计算方法和数值模拟迎来了大发展，从而引发了计算机辅助工程的广泛应用，并因此吸引了众多数学、力学、计算机科学等交叉学科的专家学者开展更深入的研究[8]。

20 世纪 60 年代以后，电子计算机技术的迅猛发展有效地带动了有限元法的工程应用，可以说，有限元法的发展始终与计算机计算速度的提高及其大型化的发展趋势息息相关，其应用领域不断扩展。现今，有限元法已能较为完美地解决三维问题等线性或非线性问题、与时间有关的问题和其他多领域的问题。

11.1.2　ANSYS 简介[9～11]

有限元法具有概念浅显易懂且容易掌握的特点，不仅能从直观物理模型的角度来理解，也能从探究数学逻辑的角度来研究，一般多适用于应用范围较广的工程实际问题。目前国际通用的主流有限元分析软件有 SAP、NASTRAN、ASKA、ADINA、ANSYS、ABAQUS、MARC、COSMOS 等[1]，这些软件经过多年的研究和发展日益成熟，多种条件下的有限元分析程序齐全，且前后处理程序功能强大易用，借助于计算机技术和计算方法的结合，有限元分析正获得越来越广泛的应用，已经成为工程与科学研究的得力工具。著名的有限元分析软件 ANSYS 可用于流体、结构、电磁场、热、声场和耦合场等分析，用户涵盖了机械、航空航天、能源、交通运输、土木建筑、水利、电子、生物、医学、教学科研等众多领域。ANSYS 软件是由美国著名力学专家、匹兹堡大学力学系教授 John Swanson 博士于 1970 年开发出来的，可独立运行，模块主要包括以下几种[10]。

（1）ANSYS/Multi-physics：这是一款多物理场耦合的分析程序包，可以进行结构、热、流体流动、电磁等独立分析，也可以进行这 4 大物理场耦合分析，模拟它们工作时的相互作用，以逼近真实世界的行为。

（2）ANSYS/Mechanical：该模块提供完整的结构、热、压电及声学分析功能。

（3）ANSYS/Structure ：该模块提供完整的结构分析功能，包括几何非线性、材料非线性、各种动力学分析等计算能力。

（4）ANSYS/Emag：该模块提供电磁分析功能，可模拟电磁场、静电学、电路及电流传导分析。

（5）ANSYS/LS-DYNA：该模块提供显式计算功能，用于解决高度非线性结构动力问题，主要提供模拟板料成形、碰撞、爆炸、大变形冲击、材料非线性等计算能力。

（6）ANSYS/Thermal：该模块系从 ANSYS/Mechanical 中派生出来，提供独立的热分析功能。

(7) ANSYS/Ed：提供 ANSYS/Multi-physics 全部功能，但规模限制在很小的级别，多为教学所用[7]。

ANSYS 有限元软件的主要特点包括以下几点：

(1) 单元库有数十种之多，几乎可以用于模拟任何复杂的几何形状；借助辅助工具还可以开展建模，如选择和定义组件元件、拾取工作平面等，为建立有限元模型提供了极大方便。

(2) 建模工具实现了参数化，这可以使用户只需修改部分参数的设置，就可轻松完成系列产品的设计分析。

(3) 软件提供的强大的布尔运算功能，有助于实现模拟的精细划分，提高模拟精度。

11.1.3　ANSYS/LS-DYNA 简介

LS-DYNA 是世界上最著名的通用显式动力分析程序，能够模拟各种复杂的物理问题，特别适合求解各种二维、三维非线性结构的高速碰撞、爆炸和金属成型等非线性动力冲击问题，同时可以求解传热、流体及流固耦合问题。与实验的无数次对比证实了其计算的可靠性，在工程应用领域被广泛认可为最佳的分析软件包[11]。

LS-DYNA 起源于 1976 年，由 Hallquist 主持发展完成，主要作为设计武器的分析工具。经过 1979 版、1981 版、1982 版、1986 版、1987 版、1988 版的不断发展完善和改进，LS-DYNA 已经成为国际著名的非线性动力学分析软件。1988 年 Hallquist 创建了 LSTC 公司，并正式将软件改名为 LS-DYNA。此后，ANSYS 将 LS-DYNA 求解器完全集成到 ANSYS 中，可以使用 ANSYS 的前后处理对仿真模型及结果数据进行处理，求解过程使用 LS-DYNA 的自身求解器。LS-DYNA 与 ANSYS 的结合进一步扩展了其应用范围。LS-DYNA 是以拉格朗日算法为主的可以求解材料非线性、几何非线性及接触非线性的程序，同时也集成了 ALE 算法、Euler 算法及 SPH 算法等；以显式求解为主，兼有隐式求解功能；可以进行二维、三维结构的非线性动力学、多体动力学、热分析、流固耦合及多物理场耦合分析等；包含 160 种金属和非金属材料模型，同时支持对材料模式的二次开发。现在，LS-DYNA 广泛应用于汽车工业、航天航空、制造业、建筑业、国防、电子等领域及其他相关领域。

LS-DYNA 在处理非线性显式动力学问题上具有独特的优势，但是在前处理功能上却有所欠缺。ANSYS/LS-DYNA 虽然集成了 LS-DYNA 的相关功能，却仍有不足，如 SPH 算法、多种材料模型以及某些单元类型无法使用。ANSYS/LS-DYNA 将显式有限元程序 LS-DYNA 和 ANSYS 程序强大的前后处理结合起来，借助 ANSYS 平台有效地开展显式动力有限元分析。用户使用 ANSYS/LS-

DYNA 时，一般先采用 ANSYS 的前处理模块进行建模，再用 LS-DYNA 做显式求解，最后使用标准的 ANSYS 后处理程序来观看结果。

11.1.4　ANSYS 一般求解步骤[11]

一个典型的 ANSYS 分析过程为：创建有限元模型、施加载荷进行求解和查看分析结果。对应软件结构的三个程序模块：前处理模块（PREP7）、分析求解模块（SOLUTION）和后处理模块（POST1 和 POST26）。

1. 前处理

前处理模块是一个强大的实体建模和网格划分的工具，通过这个模块可以建立工程有限元模型。前处理模块包含了创建有限元模型所需的命令。

（1）定义单元类型和选项。

（2）选择单元类型、定义单元的实常数（某些单元需要）。

（3）定义材料属性。在材料性质的定义方面，必须定义的参数主要包括刚度系数 E、弹性剪切模量 G 以及泊松比 ν 等，而对于各向异性材料而言，每个方向的材料参数都不同，因此必须定义材料的时间曲线。

（4）建立几何模型。有限元分析的目的是用数学方法重构实际物体的功能和特性，因此必须从物理模型抽象出一个精确的数学模型，这个数学模型必须包含所有的节点和单元，并且利用实际参数、边界条件、外加载荷等特征来代表实际物体。

（5）定义网格控制：确定采用自由网格划分还是映射网格划分，控制划分网格的大小和密度等。

（6）利用网格划分创建的模型，生成有限元模型。

2. 分析求解

分析求解模块就是已建立好的模型在一定的载荷和边界条件下进行有限元计算，求解平衡微分方程。定义分析类型、分析选项、载荷数据和载荷步选项，然后开始有限元求解并获得分析结果。分析类型主要包括以下 9 种：①结构静力分析；②结构动力学分析；③结构非线性分析；④动力学分析；⑤热分析；⑥电磁场分析；⑦流体动力学分析；⑧声场分析；⑨压电分析。

3. 后处理

后处理模块是对计算结果加以处理，将结果以等值线、梯度、矢量、粒子流及云图等图形方式显示出来。后处理过程包括两个部分：通用后处理模块 POST1 和时间历程后处理模块 POST26。ANSYS 的后处理用户界面方便易用，对获得求解过程中的计算结果且进行显示有很大帮助。在这些结果中，可能包括应力、应变、位移、温度、速度和热流等，其输出形式包括图形显示与数据列表两种。

11.2　喷丸工艺的有限元模拟模型

喷丸强化广泛应用于航空、军工、汽车等领域,用于提高齿轮、轴承、焊接件、弹簧、涡轮盘、叶片等重要零件的抗疲劳强度、耐磨性和防腐能力,延长其使用寿命。喷丸强化具有实施方便、效果显著、适应面广、消耗低等特点。

在传统喷丸过程中,成千上万颗高强度弹丸高速撞击工件表面,使得工件表层发生塑性变形,工件内残余应力场发生变化,从而使材料的抗疲劳和耐腐蚀性等性能得到提高。但是工件表面喷丸强化过程复杂,相关参数众多,难以建立喷丸强化加工工艺参数与加工性能之间的定量联系。喷丸加工参数的选择只能依靠实验或经验,严重制约了喷丸强化技术的发展。比如,一组工艺参数常被用来综合反映 Almen 弧高度试片法测得的喷丸强度。但是相同的喷丸强度也许是由相异的工艺参数组合而成的,因此这种方法仍存在相当大的局限性。考虑到不同喷丸工艺参数在材料的强化效果上的影响各异,并且这些参数之间彼此制约,所以很难通过实验的方法单独研究其各自的影响。

由于喷丸强化的影响因素众多,用数值仿真方法可以实现模型的参数化,对模型进行参数化研究;同时将计算机仿真结果与实验结果进行对比,验证仿真模型的正确性,为进一步深入研究喷丸强化机理提供一种新的高效手段。采用有限元法对喷丸工艺进行数值模拟,可以克服实际喷丸实验所面临的困难,为揭示喷丸强化机理提供了一个很好的工具,因此国内外学者在喷丸强化数值模拟方面做了大量的研究工作,也取得了十分积极的进展。

Majzoobi 等[12]使用 LS-DYNA 代码对喷丸工艺进行了数值模拟,并深入研究了弹丸速度和覆盖率对喷丸后材料残余应力的影响,发现残余应力分布和弹丸速度与弹丸分布密切相关。

Schiffner 等[13]通过建立轴对称 2D 模型,将其转变成 3D 模型,对残余应力的分布进行了深入的理论研究,然后讨论了弹丸的相关参数对残余应力场分布及演变的影响。

Hong 等[14]对多弹丸模型中入射弹丸和反弹弹丸进行了统计分析,建立了更加贴近实际的模型,对喷丸进行了研究。

胡凯征等[15]提出了利用喷丸处理的数值模拟方法对喷丸工艺进行优化的方案,该方案在等效静态载荷温度场中进行喷丸处理过程的模拟,然后通过优化程序来寻找满足特定要求的喷丸工艺参数。

Rouquette[16]通过模拟喷丸过程中发生的热力学效应研究了温度对残余应力场的影响,并探讨了在喷丸产生热效应时喷丸参数的影响,发现弹丸的速度较大时产生的热效应将显著影响残余应力的分布。

Meo 和 Vignjevic[17] 通过建立有限元模型模拟了喷丸处理对飞行器结构部件焊接应力的影响，发现喷丸可以显著地减小焊接应力，提高焊接部件的性能，使得焊接部件更加广泛地应用于飞行器。

H-Gangaraj[18] 通过一系列的喷丸数值模拟研究了喷丸对磨蚀疲劳过程中正应力、切应力、体积应力以及位移幅度的影响，发现喷丸能使材料表面产生应变强化，并且能起到表面抛光的作用，同时在材料表层形成残余应力，提高了材料的抗磨蚀疲劳性能。

Guagliano[19] 通过建立有限元喷丸模型研究了 Almen 强度和喷丸残余应力的函数关系，建立了 Almen 强度和弹丸速度的最佳拟合曲线，并且和实验测得的结果非常符合，通过这种方法可以预测喷丸残余应力，指导设计者使用最佳的工艺参数进行喷丸处理。

喷丸过程的数值模拟起源于 20 世纪 90 年代，MeguidS、Khabou、Li 等分别于 1985 年、1990 年、1991 年建立准静态模型，对喷丸过程进行数值模拟，这是最早的有限元法应用于喷丸强化过程研究。随着喷丸强化工艺研究的逐步深入、计算机硬件和软件技术的飞速发展，喷丸强化几何模型大致经历了从二维模型到三维模型、从单弹丸模型到多弹丸模型、从部分对称工件模型到完整工件模型、从弹丸有规律阵列分布到弹丸无规律随机分布的发展过程。现有的有限元模型丸粒多为刚性，不考虑丸粒的塑性对应力分布的影响，同时对模型进行一定的假设或简化，其结果从不同侧面反映喷丸强化残余应力的分布规律。

德国 Schiffner 等[20]、英国 Meo 等[21]、加拿大 Miao 等[22]、韩国 Kim 等[23] 分别建立了二维对称单弹丸喷丸模型，见图 11.1，取弹丸和工件的 1/2 进行建模，研究了喷丸强化过程中的残余应力分布，以及不同参数对残余应力分布的影响。

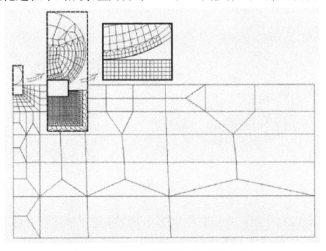

图 11.1　二维对称单弹丸喷丸模型

加拿大 Meguid 等[24]、美国 Shivpuri 等[25]建立了工件为圆柱体的三维 1/4 对称单弹丸喷丸模型,如图 11.2 (a) 所示。伊朗 Majzoobi 等[26]、北京石油化工学院张洪伟等[27]、北京航空航天大学代国宝等[28]、西安交通大学李雁淮等[29]、西北工业大学闫五柱等[30]、葡萄牙 Ribeiro 等[31]分别建立了工件为直四棱柱的三维 1/4 对称单弹丸喷丸模型。通过利用对称,只分析 1/4 工件的变形,1/4 圆柱体或立方体单元的其中两个相邻侧面为对称面,弹丸作用于工件的一个顶点上,如图 11.2 (b) 所示。

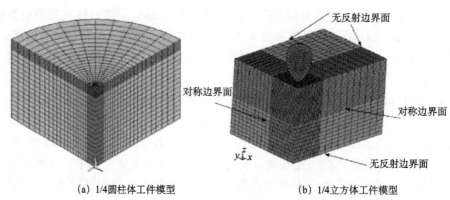

(a) 1/4 圆柱体工件模型　　　　　　　　(b) 1/4 立方体工件模型

图 11.2　三维 1/4 对称单弹丸喷丸模型

英国 Hong 等[14]、清华大学李源等[32]分别建立了三维 1/2 对称单弹丸喷丸模型,通过利用对称,只分析 1/2 工件的变形,弹丸沿工件的对称轴入射,过半圆柱体工件轴线的平面为对称面,如图 11.3 所示。

意大利 Bagherifarda 等[33]建立了三维完整单弹丸喷丸模型。工件由细化网格区(中心正四棱柱)和粗网格区(四周四个直四棱柱)组成,弹丸作用于工件的中心点,如图 11.4 所示。

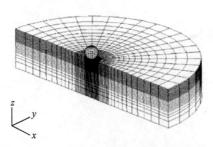　　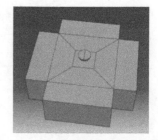

图 11.3　三维 1/2 对称单弹丸喷丸模型　　　　图 11.4　三维完整单弹丸喷丸模型

意大利 Guagliano[34]建立了工件为 1/4 圆柱的三维 1/4 对称多弹丸喷丸模型,过对称轴的两个侧面(平面)为对称面,如图 11.5 (a) 所示。加拿大 Meguid 等[35]、西安交通大学李雁淮等[29]、西北工业大学黄韬等[36]分别建立了工件为立方体的三维 1/4 对称多弹丸喷丸模型，弹丸沿模型的对称轴入射，过对称轴的两个侧面（平面）为对称面，如图 11.5（b）所示。

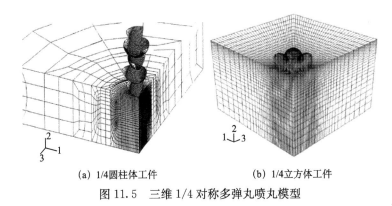

(a) 1/4 圆柱体工件　　　　　　　　(b) 1/4 立方体工件

图 11.5　三维 1/4 对称多弹丸喷丸模型

韩国 Kim 等[37]建立了三维多弹丸有序倾斜入射喷丸模型。其工件为圆柱体，四列弹丸分别沿 $+x$、$-x$、$+z$、$-z$ 方向分布在倾角为 α 的圆锥面上，如图 11.6（a）所示。通过模拟四列弹丸的不同入射顺序，如图 11.6（b）所示，得到了弹丸入射顺序对残余应力场的影响。

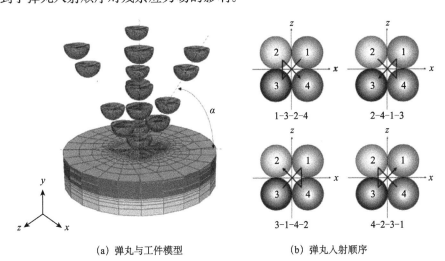

(a) 弹丸与工件模型　　　　　　　　(b) 弹丸入射顺序

图 11.6　三维多弹丸有序倾斜入射喷丸模型

德国 Schiffner 等[13]建立了基本单元为紧密排列的正三棱柱的三维阵列对称多弹丸喷丸模型，三棱柱单元的三个侧面均为对称面，弹丸分别作用于三棱柱单元顶面的三个顶点上，如图 11.7（a）所示。伊朗 Majzoobi 等[38]、伊朗 H-Gangaraj 等[39]、韩国 Kim 等[40]、北京航空航天大学张洪伟等[41]建立了基本单元为紧密排列的正四棱柱的三维阵列对称多弹丸喷丸模型，四棱柱单元的四个侧面均为对称面，弹丸分别作用于四棱柱单元顶面的顶点和中点上，如

图 11.7 （b） 所示。

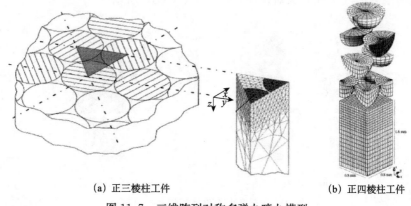

(a) 正三棱柱工件　　　　　　　　　　　　　　(b) 正四棱柱工件

图 11.7　三维阵列对称多弹丸喷丸模型

德国 Klemenza 等[42]建立了三维阵列多弹丸单层喷丸模型，受喷平面上分布有 11×11＝121 个弹丸，弹丸紧密排列以达到 100％覆盖率，如图 11.8 所示。

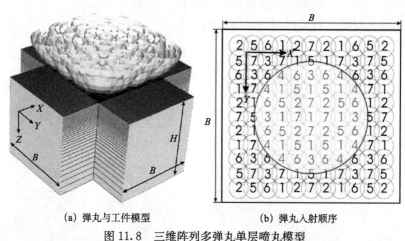

(a) 弹丸与工件模型　　　　　　　　　　　(b) 弹丸入射顺序

图 11.8　三维阵列多弹丸单层喷丸模型

英国 Han 等[43]建立了三维阵列多弹丸多层喷丸模型，在受强化表面以上的空间区域内分布有 64 个弹丸，分为 4 层，每层弹丸的纵横两个方向各阵列有 4 个弹丸，每一层中相同位置的弹丸在纵横两个方向上各错开一定距离，使得受强化表面的中心区域被 4 层弹丸碰撞之后达到 100％覆盖率，如图 11.9所示。山东大学王建明、刘飞宏等[44]将光滑粒子流体动力学（SPH）和有限元法（FEM）耦合起来，建立了三维阵列多弹丸连续喷丸模型，克服了传统限元法不能有效模拟出弹丸对工件重复碰撞和弹丸与弹丸之间碰撞的缺陷，如图 11.10 所示。

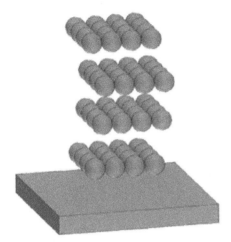
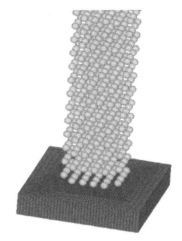

图 11.9　三维阵列多弹丸多层喷丸模型　　　图 11.10　三维阵列多弹丸连续喷丸模型

加拿大 Miao 等[45]建立了三维空间随机多弹丸喷丸模型，如图 11.11 所示，弹丸随机分布于受强化表面以上的空间中，并保证任意两个弹丸之间的距离不小于弹丸直径而满足弹丸之间不发生干涉的条件。弹丸喷射方向分为垂直于工件受强化表面（入射角为 90°）和倾斜于工件受强化表面（入射角为 60°）两种。清华大学李源等[32]亦建立了弹丸垂直于工件受强化表面入射的随机多弹丸喷丸模型。该种模型是目前已发表的文献中与实际喷丸过程吻合程度最高的一种模型。

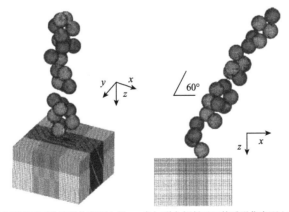

(a) 弹丸垂直于工件受强化表面入射　　　(b) 弹丸倾斜于工件受强化表面入射

图 11.11 三维空间随机多弹丸喷丸模型

综上所述，目前喷丸强化几何模型的发展已趋于成熟。三维空间随机多弹丸喷丸模型，以其更接近真实喷丸过程的优势将逐步取代旧有的阵列模型，成为喷丸强化有限元数值模拟的主流模型。然而，从已发表的文献来看，工件的受强化表面仍是平面，且弹丸碰撞的区域面积较小；针对具有复杂表面形貌工件的喷丸强化几何模型，目前仍是一片空白。

11.3　各向同性的各种强度钢喷丸应力的模型数值模拟[48]

11.3.1　喷丸模型的建立

1. SOLID164 单元

利用 ANSYS 进行模拟时，材料大致可分为各向异性材料和各向同性材料。各向同性材料只需设置杨氏模量和泊松比两个参数。而各向异性材料由于各方向的材料参数不同，其内部力学性质相对于各向同性材料来说更为复杂，比如正交各向异性材料单弹性模量就需设置 9 个独立变量，而非正交的各向异性材料更是需要设置 21 个独立变量。在喷丸处理下的残余应力场也受到影响。利用有限元法对这一问题进行数值模拟，分析不同方向不同角度的残余应力分布，成本低，可重复性强。但目前相关的研究报道甚少，究其原因主要是各向异性材料的模型建立过程比较复杂。

ANSYS/LS-DYNA 程序显式动态分析中提供了丰富的单元库，包括三维杆单元（LINK160）、三维梁单元（BEAM161）、薄壳单元（SHELL163）、实体单元（SOLID164）、弹簧阻尼单元（COMBI165）、质量单元（MASS166）、缆单元（Link167）和 10 节点四面体单元（Tet-Solid168），所有显式动力单元具有一个线性位移函数，缺省设置为单点积分（缩减积分的一种）。实践证明，线性位移函数和单元积分的显式单元能够很好地用于大变形和材料失效等非线性问题。

喷丸工艺数值模拟实验中所用单元为 SOLID164 实体单元，该单元是用于三维的显式结构实体单元，由 8 节点构成，节点具有在 x、y、z 方向的平移、速度和加速度的自由度。图 11.12 描述了 SOLID164 实体单元的几何特性、节点位置和坐标系。这个单元只用在动力显式分析中，它支持所有许可的非线性特性。在缺省情况下，SOLID164 是用单点积分加上黏性沙漏控制来加快单元的方程。

在现实动力分析中最耗 CPU 的是单元的处理，由于积分点的个数与 CPU 时间成正比，因此采用简化积分的单元可以极大地节省数据存储量和运算次数，例如 SOLID164 单元的单点积分，即一个单元只具有其中心的一个积分点。单点积分的使用可以节省大量计算时间，但有可能导致沙漏现象。

在采用缩减积分时，有可能导致系统总刚度矩阵的奇异性，使系统的应变能不能被精确计算，导致应变能为零而自身有别于刚体运动的位移变形模式，即零能模式，又称沙漏模式。在沙漏模式下，典型的特点是无刚度单元网格扭曲不规

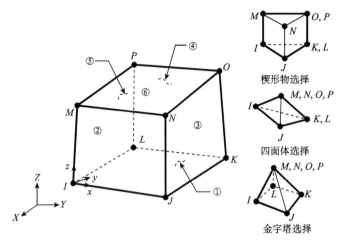

图 11.12　SOLID164 实体单元几何特性

则，导致一种在数学上是稳定的，但在物理上不可能的状态。沙漏的存在将使求解的结果失真，甚至使求解无法进行。因此，在采用缩减积分时要有沙漏控制。在 ANSYS/LS-DYNA 有限元分析过程中，如果模型计算结果中沙漏能量（hourglass energy）低于总能量的 10%，即可认为该模拟结果是可信的。

2. 分段线性塑性材料模型

所用的材料模型为分段线性塑性模型，可输入与应变率相关的应力-应变曲线，这是一个很常用的塑性准则，特别适用于钢。采用这个材料模型，可以根据塑性应变定义失效。该模型采用 Cowper-Symbols 模型，用与应变率有关的因数表示屈服应力，如下所示：

$$\sigma_y(\varepsilon_{\mathrm{eff}}^p,\ \dot{\varepsilon}_{\mathrm{eff}}^p)=\sigma_y(\varepsilon_{\mathrm{eff}}^p)\left[1+\left(\frac{\dot{\varepsilon}_{\mathrm{eff}}^p}{C}\right)^{\frac{1}{p}}\right] \tag{11.1}$$

式中，$\dot{\varepsilon}$ 代表有效应变率；C 和 p 代表应变率参数；$\sigma_y(\varepsilon_{\mathrm{eff}}^p)$ 代表没有考虑应变率时的屈服应力。

用 MP 命令输入弹性模量（Exx）、密度（DENS）和泊松比（NUXY），用 TB，PLAW···8 和 TBDATA 命令的 1～7 项输入屈服应力、切线模量、失效时的有效真实塑性应变、应变率参数 C、应变率参数 p、定义有效全应力相对于有效塑性真应变的载荷曲线 LCID1、定义关于应变率缩放的载荷曲线 LCID2，如下所示：

TB，PLAW···8

TBDATA，1，（屈服应力）

TBDATA，2，（切线模量）

TBDATA，3，（失效时的有效塑性真应变）

TBDATA，4，C（应变率参数）

TBDATA，5，p（应变率参数）

TBDATA，6，LCID1（定义有效全应力相对于有效塑性真应变的载荷曲线）

TBDATA，7，LCID2（关于应变率缩放的载荷曲线）

对于该模型，需要输入的数据包括：材料密度 ρ、弹性模量 E、泊松比 μ、屈服应力、切线模量、应变率参数 C、p，真实应力-应变曲线。如果采用载荷曲线，则屈服应力和切线模量将被忽略。如果 C 和 p 设为 0，则略去应变率影响。如果采用载荷曲线 LCID1，则用 TBDATA 命令输入的屈服应力和切线模量将被忽略。如果使用 LCID2，用 TBDATA 命令输入的应变率参数 C 和 P 将被覆盖。

3. 喷丸实体模型的建立

为了降低单元数量和计算时间，在建立模型时可以利用喷丸试样和弹丸的对称性建立 1/2 模型。模型单元选用 SOLID164 显式动力分析单元，受喷材料模型尺寸为 $12R \times 6R \times 2.1\text{mm}$，$R$ 为弹丸半径。碰撞区域的网格单元尺寸为 0.02mm，为了提高计算效率，在模型边界和下半部分网格单元尺寸逐渐增大。模型单元数量约为 120000 个。为了模拟无限大三维实体，在模型的侧面和底面均施加非反射边界条件，该边界条件可以防止应力波在边界处发生反射，以免影响喷丸区域应力场结果。XOZ 面为对称面，需施加对称边界条件。

在数值模拟过程中，为了降低单元数量，减少计算时间，材料模型尺寸只取了 $12R \times 6R \times 2.1\text{mm}$，小尺寸的模型会导致在模拟弹丸撞击过程中产生非真实的振荡。为了消除非真实的振荡对模拟结果的影响，在显式动力分析中，还需要对模型施加 α 阻尼约束。α 阻尼是一个与质量成比例的阻尼系数，对于低频率振荡十分有效。

弹丸和受喷材料均采用分段线性塑性模型，都可以发生弹塑性变形，这样可以更加真实地模拟实际的喷丸过程。弹丸和受喷材料的应力-应变曲线都是以数组的方式分段线性拟合的真实应力-应变曲线。实验测得的应力-应变曲线为工程应力-应变曲线，首先需要通过公式转化为真实应力-应变曲线，转化公式如下所示：

$$\sigma_t = \sigma_\varepsilon(1+\varepsilon_\varepsilon) \tag{11.2}$$

$$\varepsilon_t = \ln(1+\varepsilon_\varepsilon) \tag{11.3}$$

式中，σ_t 为真实应力；σ_ε 为工程测量应力；ε_t 为真实应变；ε_ε 为工程测量应变。

张广良[46] 对属于各向同性材料的低强度、中强度、高强度和超高强度 60Si2CrVA 弹簧钢的喷丸残余应力进行了有限元数值模拟，将四种强度钢的主要力学性能参数列入表 11.1，最明显的差别是屈服强度，其他无本质差别。

表 11.1　低强度 304 不锈钢、中强度钢、高强度钢和超高强度
60Si2CrVA 弹簧钢主要力学性能参数

钢种	杨氏模量/GPa	泊松比	密度/ (g/cm³)	屈服强度/MPa	切线模量/GPa
低强度 304 不锈钢	193	0.30	7.93	300	74.23
中强度钢	206	0.26	7.85	800	81.75
高强度钢	206	0.30	7.85	1500	81.75
超高强度 60Si2CrVA 弹簧钢	206	0.29	7.81	2000	81.75

由于篇幅所限，这里只摘编对低强度钢和超高强度钢的主要模拟结果，11.3.7 节将对四种强度钢喷丸残余应力模拟结果做小结，需详细了解的读者可查阅张广良的硕士学位论文[46]。

11.3.2　应力-应变曲线

不锈钢和弹丸均采用分段线性塑性模型，其应力-应变曲线是以数组的方式分段拟合成真实应力-应变曲线。实验测得的应力-应变曲线为工程应力-应变曲线，需要先转化为真实应力-应变曲线。低强度 304 不锈钢和弹丸的真实应力-应变曲线如图 11.13（a）所示，拟合点即分段拟合材料的真实应力-应变曲线数组，为有限元模型中所要提供的应力-应变参数。对于超高强度钢，为了使模拟更贴近实际，弹丸强度分别为 1600MPa、1900MPa、2000MPa、2100MPa、2400MPa。对屈服强度为 2000MPa 的超高强度钢进行喷丸处理，弹丸速度为 120m/s，弹丸半径为 0.6mm。超高强度 60Si2CrVA 弹簧钢和弹丸均采用分段线性塑性模型，其应力-应变曲线是以数组的方式分段拟合成真实的应力-应变曲线，如图 11.13（b）所示。拟合点即分段拟合材料的真实应力-应变曲线数组，为超高强度钢喷丸有限元模型中所要提供的应力-应变参数。

11.3.3　残余应力随层深和取向的变化

为了获得喷丸残余应力随层深的分布情况，首先选择模型的喷丸区域中 Z 方向上 XY 平面所有节点的应力值，然后分别对每一层深 XY 平面上所有节点的应力求平均值，就可以得到每一层深的平均应力，从而可以获得残余应力随层深的变化曲线。其中低强度钢和超高强度钢的模拟结果如图 11.14（a）和（b）所示。四种钢的对应弹丸性能的喷丸后的残余应力分布参数如表 11.2 所示。最明显的最大残余应力与材料的屈服强度有很好的对应关系，受喷钢的屈服强度越高，残余压应力越大，残余应力总体深层越小，也显示出弹丸半径和速度的影响。

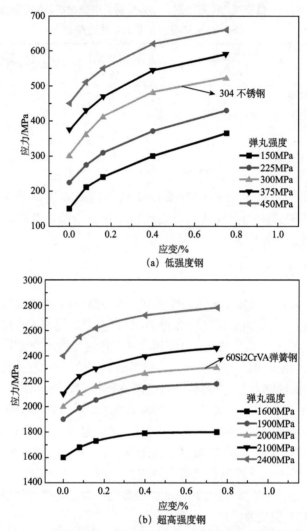

(a) 低强度钢

(b) 超高强度钢

图 11.13　不锈钢和弹丸的真实应力-应变曲线及数值模拟拟合点

表 11.2　四种钢的对应弹丸性能的喷丸后的残余应力分布参数

	弹丸		屈服强度 /MPa	表面残余 应力/MPa	最大残余应力 /MPa	深度 /mm	残余应力总体层深 /mm
	半径 /mm	速度 /(m/s)					
低强度钢	0.5	120	300	−390	−773	0.15	0.54
中强度钢	0.4	140	800	−514	−1044	0.12	0.40
高强度钢	0.6	120	1500	−442	−1158	0.16	0.42
超高强度钢	0.6	120	2000	−683	−1244	0.12	0.34

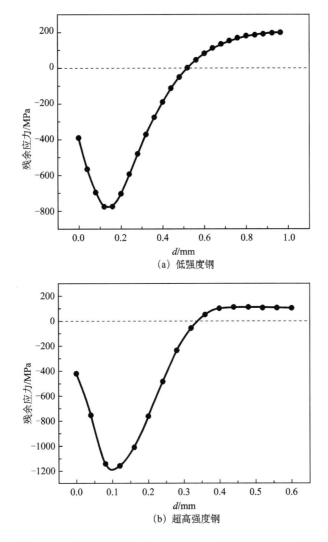

图 11.14　数值模拟喷丸处理后残余应力随层深的分布曲线

11.3.4　弹丸强度对喷丸残余应力场的影响

不同强度的弹丸喷丸之后低强度钢的残余应力分布曲线如图 11.15（a）所示，低强度钢的屈服强度是 300MPa。由图可以看出，随着弹丸强度的增大，材料的表面残余应力、最大残余应力、残余应力层深度都增大，数据见表 11.3，这主要是由于当弹丸的屈服强度较低时，弹丸发生较大的塑性变形，而受喷材料的塑性变形量较小，因此材料的残余应力较小；而当弹丸的屈服强度较高时，弹丸发生的塑性变形量相对较少，受喷材料发生较大的塑性变形，因此残余应力较大。

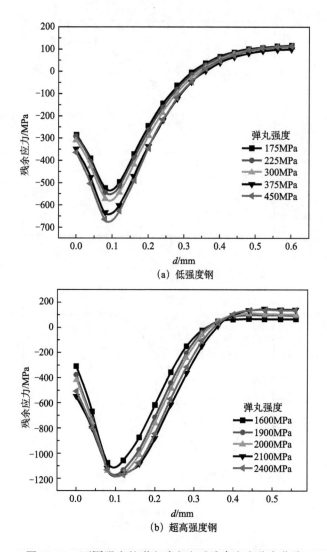

(a) 低强度钢

(b) 超高强度钢

图 11.15　不同强度的弹丸喷丸之后残余应力分布曲线

表 11.3　喷丸之后低强度钢的残余应力分布参数

弹丸强度 /MPa	表面残余应力 /MPa	最大残余应力 /MPa	残余应力层深 /mm
175	−288.58	−526.33	0.326
225	−291.67	−542.98	0.335
300	−309.41	−572.53	0.345
375	−348.21	−633.53	0.352
450	−365.66	−665.65	0.362

采用不同强度的弹丸对超高强度钢进行模拟喷丸之后，超高强度钢的残余应力分布曲线如图 11.15（b）所示，超高强度钢的屈服强度是 2000MPa，弹丸半径为 0.6mm，弹丸速度为 120m/s。从图中可以看出，随着弹丸强度的增大，表面残余应力和最大残余应力均呈现出增大的趋势，表面残余应力从－310MPa 增大到－508MPa，最大残余应力从－1078MPa 增大到－1175MPa，由于 60Si2CrVA 的屈服强度太高，发生塑性变形的能力很小，因此弹丸强度对最大残余应力的影响十分有限。弹丸强度增大时，残余应力总体层深和最大残余应力层深均稍微有所增大，残余应力总体层深由 0.32mm 增大到 0.35mm，最大残余应力层深增大的幅度也十分有限，由此可以看出弹丸强度对超高强度钢喷丸残余应力场的影响比较小。

11.3.5　弹丸半径对喷丸残余应力场的影响

弹丸速度为 80m/s 时，弹丸半径对低强度钢喷丸之后残余应力场的影响如图 11.16（a）所示。由图可以看出，随着弹丸半径的增大，弹丸的能量增大，使得材料表层的塑性变形量增加，残余应力层深由 0.35mm 增加到 0.75mm，同时最大残余应力层深由 0.08mm 增大到 0.25mm。但是随着弹丸半径的增大，表层残余应力和最大残余应力的变化规律却不明显，当弹丸半径由 0.3mm 增大到 0.4mm 时，最大残余应力由－573MPa 减小为－487MPa，半径为 0.5mm 时，最大残余应力又增大为－593MPa，之后随着半径增大到 0.7mm，最大残余应力减小为－395MPa。当弹丸半径大于 0.7mm 时，由于弹丸能量过大，材料表面发生严重的塑性变形，并形成拉应力，对喷丸强化的作用不利，因此对半径大于 0.7mm 的不作模拟。

钢弹丸速度为 90m/s 时，弹丸半径对超高强度钢喷丸之后残余应力场的影响如图 11.16（b）所示，由图可以看出，弹丸半径增大时，残余应力层深始终保持增大的趋势，由 0.15mm 增大到 0.4mm；而残余应力则是先增大，弹丸半径为 0.5mm 时残余应力达到最大值，之后又减小，弹丸半径在 0.6～0.8mm 范围内时残余应力又增大，但是半径为 0.8mm 时残余应力的最大值小于半径为 0.5mm 时残余应力的最大值。

由模拟结果可以看出，随着弹丸半径的增大，表层残余应力和最大残余应力并非简单的线性增大或减小。为了更好地了解弹丸半径对残余应力的影响，可以多取一些半径作进一步的模拟。取弹丸速度 $v=80$m/s，弹丸半径为从 0.3mm 到 0.7mm 的 18 个值，模拟低强度钢得到喷丸之后材料表面残余应力和最大残余应力随弹丸半径的变化曲线如图 11.17（a）所示。

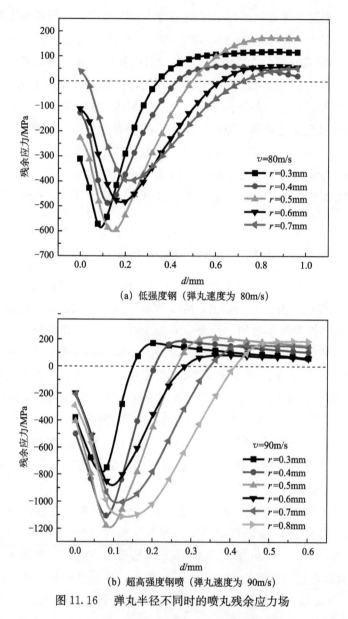

(a) 低强度钢（弹丸速度为 80m/s）

(b) 超高强度钢喷（弹丸速度为 90m/s）

图 11.16　弹丸半径不同时的喷丸残余应力场

由图 11.17（b）可以看出，对于超高强度钢，随着弹丸半径的增大，表面残余应力和最大残余应力先增大后减小。弹丸半径在 0.3～0.6mm 范围内时，表面残余应力在 −350～−500MPa 范围内变化，最大残余应力从 −750MPa 增大到 −1271MPa；弹丸半径大于 0.58mm 时残余应力急剧减小，半径大于 0.65mm 时残余应力大致保持稳定，表面残余应力在 −200MPa 左右，最大残余应力在 −1000MPa 左右。

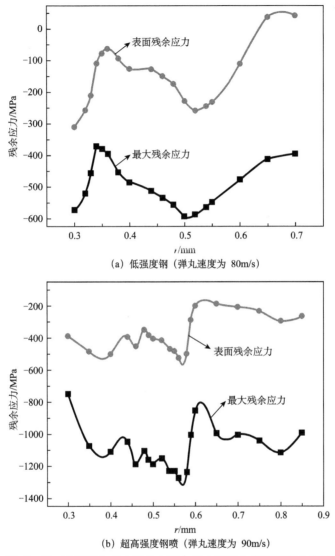

（a）低强度钢（弹丸速度为 80m/s）

（b）超高强度钢喷（弹丸速度为 90m/s）

图 11.17　表面残余应力和最大残余应力随弹丸半径的变化曲线

　　图 11.18 示出两种钢的喷丸残余应力总体层深和最大残余应力层深 t 随弹丸半径 d 的变化。从图 11.18（a）可以看出，随着弹丸半径的增大，残余应力总体层深和最大残余应力层深均呈现出增大的趋势，这主要是由于半径增大时弹丸的能量增大，塑性变形量增大，层深增大。然而弹丸半径从 0.3mm 增大到 0.35mm 时，残余应力总体层深减小，这与表面残余应力和最大残余应力随半径的增大而减小的趋势一致。而由图 11.18（b）可以看出，弹丸半径从 0.30mm 增大到 0.45mm，残余应力总体层深基本保持线性增大的趋势。

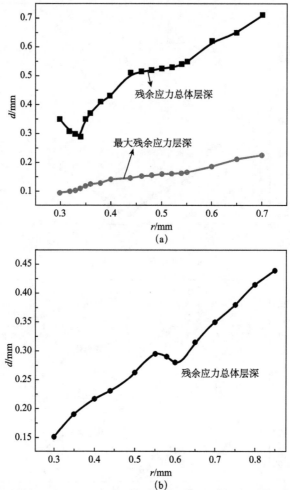

图 11.18　（a）低强度钢的喷丸残余应力总体层深和最大残余
应力层深随弹丸半径的变化曲线（弹丸速度为 80m/s）；
（b）超高强度钢的弹丸残余应力总体层深随弹丸半径的变化
曲线（弹丸速度为 120m/s）

11.3.6　弹丸速度对喷丸残余应力场的影响

图 11.19（a）为弹丸半径为 0.5mm 时弹丸速度对低强度钢残余应力场的影响。由图可以看出，速度增大时，表面残余应力和最大残余应力先减小后增大，弹丸速度为 80m/s 时最大残余应力为 −593MPa，速度为 100m/s 时最大残余应力减小为 −511MPa，速度为 120m/s 时最大残余应力又增大到 −773MPa，这与弹丸半径为 0.4mm 时的变化规律明显不一致，而最大残余应力层深和残余应力总体层深基本上保持不变。

　　弹丸半径为 0.5mm 时，选取三个不同的弹丸速度，模拟出弹丸速度对超高强度钢喷丸残余应力场的影响，如图 11.19（b）所示。由图可以看出，弹丸速度从 90m/s 增大到 150m/s 时，表面残余应力和最大残余应力均相应增大，最大残余应力层深和残余应力总体层深也相应增大。

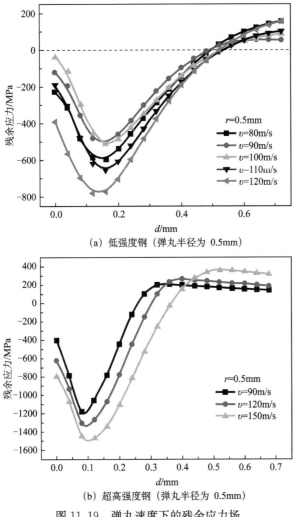

(a) 低强度钢（弹丸半径为 0.5mm）

(b) 超高强度钢（弹丸半径为 0.5mm）

图 11.19　弹丸速度下的残余应力场

　　作进一步的模拟试验，以了解弹丸速度对喷丸残余应力的影响。取弹丸半径为 0.5mm，速度为从 80m/s 到 120m/s 的 16 个值，模拟得到了低强度钢喷丸之后材料表面残余应力和最大残余应力随速度的变化曲线，如图 11.20（a）所示。由图可以看出，弹丸速度增大时，表面残余应力和最大残余应力均呈现波动性增大的趋势，且变化方向和趋势都很一致，但是当速度增大到 125m/s 以上时，残余应力反而减小，因此弹丸半径为 0.5mm 时，对低强度钢进行喷丸强化处理的最佳弹丸速度应该为 125m/s。

　　弹丸半径为 0.6mm，弹丸速度从 80m/s 增加到 260m/s 时，模拟得到了超高强度钢喷丸之后材料表面残余应力和最大残余应力随弹丸速度的变化曲线，如图 11.20（b）所示。由图可以看出，表面残余应力和最大残余应力均表现出波动变化，速度从 80m/s 增大到 160m/s 时，表面残余应力和最大残余应力波动性增大；速度大于 160m/s 时，残余应力又表现出波动减小的趋势；速度为 160m/s 时，残余应力达到最大值，表面残余应力为 −1161MPa，最大残余应力为 −1646MPa，残余应力层深为 0.5mm。随着弹丸速度的增大，残余应力层深也相应增大，从 0.28mm 增大到 0.64mm。

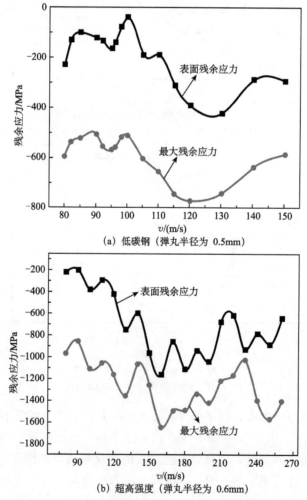

（a）低碳钢（弹丸半径为 0.5mm）

（b）超高强度（弹丸半径为 0.6mm）

图 11.20　表面残余应力和最大残余应力随弹丸速度的变化曲线

11.3.7　不同强度钢喷丸应力数值模拟小结

(1) 对低强度、中强度、高强度和超高强度四种不同强度的钢采用确定材料的弹丸进行喷丸时,影响残余应力场的喷丸工艺参数主要是弹丸速度和弹丸半径。弹丸速度固定时,会有一个最佳的弹丸半径;弹丸半径固定时,会有一个最佳的弹丸速度,结合弹丸半径和弹丸速度对残余应力场的影响,会得到一个最佳的速度-半径组合,分别如下:

低强度钢:$v=125\text{m/s}$, $r=0.5\text{mm}$;

中强度钢:$v=140\text{m/s}$, $r=0.4\text{mm}$;

高强度钢:$v=160\text{m/s}$, $r=0.6\text{mm}$;

超高强度钢:$v=160\text{m/s}$, $r=0.6\text{mm}$。

(2) 对这四种不同强度的钢进行喷丸模拟,在弹丸材料确定的情况下,增大弹丸速度或者增大弹丸半径时,材料的表面残余应力和最大残余应力并不是简单地线性增大或者线性减小,而是呈现出波动性变化,两者的变化步调和变化趋势基本保持一致,并且在最大残余应力的变化曲线上会出现一个极值,与实际喷丸中残余应力随喷丸强度的增大会达到一个强化极限值相一致。

(3) 通过比较弹丸强度对这四种不同强度钢的喷丸残余应力场的影响,发现材料的屈服强度较低时,增大弹丸强度能明显地提高喷丸之后材料的表面残余应力和最大残余应力,随着受喷材料屈服强度的增大,弹丸强度对材料残余应力场的影响越来越小,并且弹丸强度增大时,残余应力层深的变化并不明显。

(4) 通过比较弹丸半径对这四种不同强度钢的喷丸残余应力场的影响,发现弹丸半径对残余应力层深的影响较大,弹丸半径增大时残余应力层深近似呈线性增大,但是如果残余应力随半径的变化曲线上出现残余应力急剧减小的拐点,残余应力层深也会相应地稍微减小。

(5) 通过比较弹丸速度对这四种不同强度钢的喷丸残余应力场的影响,发现对于低强度钢,弹丸速度对残余应力层深的影响比较小,而受喷材料的屈服强度较高时,即对中、高及超高强度的钢,弹丸速度增大时,残余应力层表现出波动增大的趋势,在残余应力随速度的变化曲线上出现残余应力急剧减小的拐点时,残余应力层深的增大会变得平缓或者稍微减小。

(6) 通过比较弹丸强度、弹丸半径和弹丸速度对这四种不同强度钢的喷丸残余应力场的影响,发现弹丸能量相同时,残余应力层深的变化不明显,而当弹丸能量增大时,残余应力层深会相应增大,并且受喷材料的强度越高,弹丸能量对残余应力层深的影响越明显。

　　对于低强度钢和中强度钢，弹丸半径大于 0.6mm 时，材料表面会发生严重的塑性变形，并出现拉应力，因此不应该用半径过大的弹丸对其进行喷丸处理；而对于高强度钢和超高强度钢，即使选择弹丸半径为 1mm 的弹丸进行喷丸，其表面残余应力仍然很高，因此弹丸半径的选择范围较大。

11.4　SiC$_w$/Al 复合材料喷丸压力场的有限元模拟[47,48]

11.4.1　喷丸实体均质模型的建立

　　为了降低单元数量和计算时间，在建立模型时可以利用喷丸试样和弹丸的对称性建立 1/2 模型。本次实验建立的三维模型如图 11.21 所示，上方为 4 层弹丸，下方为受喷材料。模型单元选用 SOLID164 显式动力分析单元，受喷材料模型尺寸为 $12R \times 6R \times 2.1$mm，R 为弹丸半径，大小为 0.2mm。碰撞区域的网格单元尺寸为 0.02mm，为了提高计算效率，在模型边界和下半部分，网格单元尺寸逐渐增大。模型单元数量约为 120 000 个。

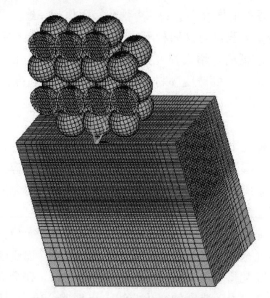

图 11.21　喷丸有限元均质模型

　　为了模拟无限大三维实体，在模型的侧面和底面均施加非反射边界条件，该边界条件可以防止应力波在边界处发生反射，以免影响喷丸区域应力场结果。XOZ 面为对称面，需施加对称边界条件。

　　模型上方为 4 层弹丸模型，由于陶瓷弹丸硬度和强度非常高，可以定义为刚体。在显式动力学分析过程中，刚体内所有节点的自由度都耦合到刚体的质量中心上，因而可以大大缩减显式分析的计算时间。四层弹丸的叠加方式如图 11.22 所示，利用该方法可以实现 100％喷丸覆盖率。

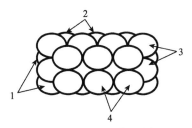

图 11.22 四层弹丸 100％覆盖率叠加方式

11.4.2 均质模型数值模拟结果

有限元模型建立了 4 层弹丸用来模拟 100％喷丸覆盖率下喷丸强化的效果，弹丸速度为 100m/s。选取 x 方向主应力的模拟结果如图 11.23 所示。从图中可以看出，喷丸残余应力的模拟结果与 X 射线测量得到的结果有相似的规律。经 4 层弹丸 100m/s 速度撞击后，材料表面弹丸正下方发生塑性变形，可以看出，覆盖率已经达到了 100％。经喷丸后，弹丸正下方塑性变形区内出现了具有一定深度的压应力场，塑性变形区内压应力的分布并不均匀，最大压应力为－513MPa，出现在弹丸正下方次表层。由于弹丸撞击的时间不同，材料表面的弹坑大小并不一致，最先形成的弹坑受到后续弹丸在其他位置的挤压，弹坑面积明显减少，而且这

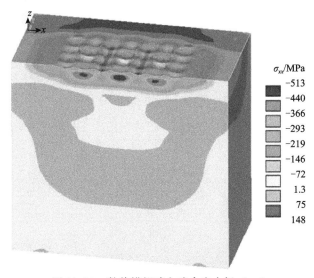

σ_{xx}/MPa

	−513
	−440
	−366
	−293
	−219
	−146
	−72
	1.3
	75
	148

图 11.23 数值模拟喷丸残余应力场（σ_{xx}）

些弹坑下方并未出现较大的压应力，说明经反复喷丸后，材料内的残余压应力逐渐趋于平均，部分较大的残余压应力是由于喷丸末期弹丸撞击形成的。

表面的材料由于受到弹丸的反复撞击和挤压，发生严重的塑性变形，形成许多弹坑，弹坑的形成使得表层面积增大，从而使材料表面出现拉应力状态，这也是喷丸残余应力场中最大残余压应力没有出现在表面的原因。材料表面的残余应力，既有塑性变形形成的压应力，也有弹坑表面积增大形成的拉应力，两者综合，使得材料表面的残余应力值反而降低。随着层深的增加，材料中由于弹坑形成的拉应力逐渐减小，因而在喷丸残余应力场中，残余压应力逐渐增大，至一定深度，出现最大压应力。随后，由于塑性变形量的减小，残余压应力也逐渐降低到未经喷丸时材料内的应力水平。

经喷丸后，材料内部较深区域出现了一定的残余拉应力，大小不超过75MPa，这也符合喷丸实验的一般认识。经喷丸后，材料表面形成具有一定层深的残余压应力场，随着层深的增加，残余压应力逐渐减小，最后在材料内部分布着一定的拉应力。

模型中材料表面 $y=6R$ 边界处在喷丸模拟结束后出现了明显的拉应力场，最大强度为148MPa。在喷丸过程中，表面材料在弹丸的撞击下发生塑性变形并向四周延展，在 $y=6R$ 边界处，材料受到塑性变形区材料的挤压，因而相对地就会在 x 方向产生一定的拉应力。同样，在材料表面 $x=6R$ 和 $x=-6R$ 的边界区域，材料受到 x 方向的挤压，因而在 y 方向的应力为拉应力，如图 11.24 所示。这样的拉应力场的形成主要是由于有限元模型尺寸的限制，只建立了长宽为 $12R \times 6R$ 的材料模型，而且为了使模型边界不影响数值模拟的结果，喷丸区域只有 $8R \times 4R$，并未 100% 覆盖材料表面，因而在未喷丸区域材料表面产生拉应力场。

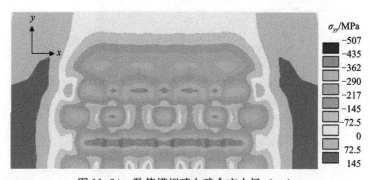

图 11.24　数值模拟喷丸残余应力场（σ_{yy}）

数值模拟结果中材料表面边界部位的拉应力场对于喷丸塑性变形区的残余应力场分布并没有影响，而且在实际喷丸实验中，喷丸覆盖率为 100%，整个材料表面均受到喷丸影响，发生塑性变形，从而获得均匀的残余压应力场。边界材料表面拉应力场也随之消失。

　　喷丸工艺对材料残余应力场的影响主要通过残余应力随层深的变化以及四个特征参数进行描述。试样在经过喷丸处理后，通过电化学腐蚀的方法进行剥层处理，然后利用 X 射线法测量不同层深的应力值，从而得到残余应力随层深的变化曲线。为了避免测量误差，X 射线测定应力的照射面积一般为 $1mm^2$ 左右，因而其测得的应力值为材料表面一定区域内的应力平均值，具有统计性。在数值模拟实验中，为了获得喷丸残余应力随层深的分布，可以选择喷丸区域 z 方向某一深度所有节点的应力值并作平均处理，就可以得到该层深的平均应力。利用这一方法对所有层深的节点应力值进行平均后，就可以获得残余应力随层深变化曲线，在 100m/s、100%覆盖率喷丸条件下 SiC_w/Al 复合材料中喷丸残余应力随层深变化曲线如图 11.25 所示。

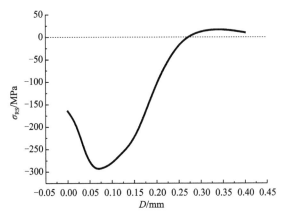

图 11.25　数值模拟喷丸处理后 SiC_w/Al 复合材料中喷丸残余应力随层深变化曲线

　　从图中可以看出，利用均质模型数值模拟得到的应力-层深分布曲线与实验曲线非常接近，在 100m/s、100%覆盖率喷丸条件下，材料表面残余应力约为 -160MPa，最大残余应力接近 -300MPa，最大残余应力层深和残余应力总体层深分别为 $70\mu m$ 和 $260\mu m$。随着层深的增加，残余压应力逐渐减小为 0，并出现一定的拉应力。

11.4.3　覆盖率对喷丸残余应力场的影响

　　喷丸后的表面覆盖率，是指被喷表面的规定部位上弹痕占据的面积与需要喷丸强化的面积之比的百分数。其计算公式如下：

$$C_n = 1 - (1 - C_1)^n \qquad (11.4)$$

式中，C_n 为喷丸 n 次的覆盖率；C_1 为喷丸一次的覆盖率；n 为喷丸次数（喷丸时间因数）。上式表明，覆盖率 C_n 随喷丸次数 n 的增加上升，并以 100%为极限值，通常以 98%覆盖率作为全覆盖率。图 11.26 为表面覆盖率与喷丸时间因数的关系，取 $C_1=43\%$，$T_1=2$。可以计算出，为了达到 98%全覆盖率，所需要的时间因数为 12.5。

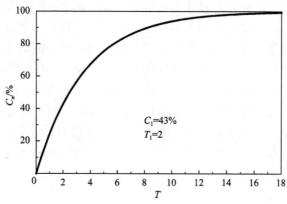

图 11.26　表面覆盖率与喷丸时间因数的关系

　　喷丸后的材料只有在达到预定的喷丸强度和表面覆盖率的条件下，才有提高疲劳强度和抗蚀能力的效益。受控喷丸的零件，都要求表面覆盖率达到或超过 100%。在实际喷丸实验中，超过全覆盖率时的喷丸覆盖率可用全覆盖率 98%所需时间的倍数表示，例如 150%覆盖率即指试件接受喷丸时间为 98%覆盖率所需时间的 1.5 倍。

　　在有限元模型中，弹丸之间没有考虑体积和碰撞问题，而且喷丸位置可以精确控制，因而可以利用多层弹丸模拟不同覆盖率对喷丸残余应力场的影响，覆盖率随层数的增加而呈线性提高。本实验利用喷丸模型分别模拟了 50%覆盖率（2 层弹丸）、75%覆盖率（3 层弹丸）、100%覆盖率（4 层弹丸）条件下喷丸残余应力场各项特征参数的变化，喷丸速度为 60m/s，结果如图 11.27 所示。随着喷丸覆盖率的提高，喷丸后残余应力场中最大残余压应力、最大残余应力层深及残余应力总体

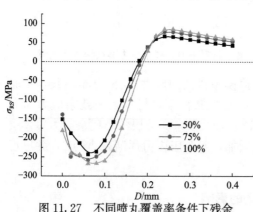

图 11.27　不同喷丸覆盖率条件下残余应力随层深变化曲线（喷丸速度为 60m/s）

层深均相应地提高。在 50%覆盖率喷丸条件下，材料内只发生部分变形，残余压应力并未完全形成，因而整体残余压应力数值及应力层深均比 100%覆盖率的结果小。

在 100m/s 喷丸速度下，喷丸覆盖率对残余应力场的影响如图 11.28 所示。随着喷丸覆盖率的提高，材料内最大残余压应力达到－300MPa，残余应力总体层深也达到 300μm。

提高喷丸覆盖率意味着更长的喷丸时间，使得喷丸对材料内残余应力影响层更深，从而提高了喷丸残余应力总体层深。由于常规喷丸强化效果受到材料自身力学性能的影响，喷丸强化效果存在一定的极限，在 60m/s 喷丸速度、不同覆盖率喷丸条件下，材料的残余应力最大值从－240MPa 增加到－267MPa，而在 100m/s 喷丸速度下，当喷丸覆盖率超过 75% 后，最大残余压应力保持在－300MPa 左右，并未有明显提高，这与实际实验得到的结果是一致的。从图 11.27 及图 11.28 的对比可以看出，随着层深的增加，残余压应力逐渐减小为零并转变为正应力。当喷丸速度较高时，正应力值相对较小，同时，随着喷丸覆盖率的提高，正应力值也会减小，在 100m/s 喷丸速度、300% 覆盖率条件下，材料内正应力值已经低于 10MPa。

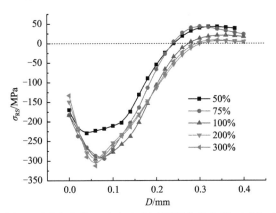

图 11.28　不同喷丸覆盖率条件下残余应力随层深变化曲线（喷丸速度为 100m/s）

11.4.4　不同弹丸材料对喷丸残余应力场的影响

用作喷丸的弹丸材料主要有铸钢弹丸、铸铁弹丸、陶瓷弹丸和玻璃弹丸，由于玻璃弹丸破碎率较高，基本已被陶瓷弹丸替代。铸钢弹丸、铸铁弹丸和陶瓷弹丸的主要力学性能列于表 11.4 中。

表 11.4　铸钢弹丸、铸铁弹丸和陶瓷弹丸的主要力学性能

	密度/（g/cm³）	杨氏模量/GPa	泊松比	表面硬度/HRC
铸钢弹丸	7.3～7.9	180～205	0.3	45～50
铸铁弹丸	6.5～7.2	120～160	0.25	58～65
陶瓷弹丸	3.6～3.9	320～370	0.26	

在 80m/s 喷丸速度、100％覆盖率条件下分别模拟了三种弹丸对 SiC_w/Al 复合材料均质模型的喷丸强化效果。其应力-层深曲线如图 11.29 所示。

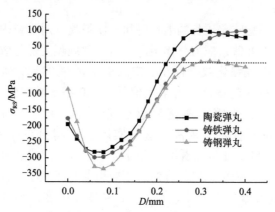

图 11.29　不同弹丸喷丸强化应力-层深曲线（80m/s，100％覆盖率）

数值模拟结果表明，用铸钢弹丸喷丸得到的最大残余压应力最大，达到 $-335MPa$，其残余压应力层深相比其他两种弹丸也更大。经陶瓷弹丸和铸铁弹丸喷丸后，材料内部较深部位均出现了拉应力，而在铸钢弹丸的喷丸结果中，材料内几乎没有拉应力，这说明铸钢弹丸影响的层深非常大。铸钢弹丸的密度在 $7.3\sim7.9g/cm^3$，是三种弹丸材料中密度最大的，几乎是陶瓷弹丸的 2 倍。较高的密度意味着相同体积下铸钢弹丸的质量更大；在相同速度下，铸钢弹丸的动能更大，因而在喷丸过程中，具有高动能的铸钢弹丸撞击材料表面，能够释放更多的能量，使材料内部发生塑性变形，并能影响到更深的材料内部。经铸钢弹丸喷丸处理后，材料表面残余压应力小于其他两种弹丸喷丸处理的表面残余应力，这主要是由于高动能的铸钢弹丸使材料表面发生严重的塑性变形，表面积扩张产生一定的拉应力，使得材料表面残余压应力降低。

11.4.5　弹丸大小对残余应力场的影响

根据公式 $m=\dfrac{4}{3}\pi\rho R^3$ 可知，弹丸的质量 m 不仅与弹丸的密度 ρ 线性相关，还和弹丸的半径 R 三次方成正比，工业生产中大多只是根据受喷面喷丸后粗糙度要求来确定弹丸的大小，大直径丸用于粗糙度要求不高的工作，小直径丸用于表面光洁的工件。但是，合理选择弹丸大小，除了粗糙度要求外，还应考虑弹丸大小对喷丸后残余应力分布的影响，这样才会充分发挥喷丸强化效果，充分利用金属材料的潜力。

本节利用喷丸有限元模型分别模拟了 $0.2\sim0.5mm$ 四种不同半径陶瓷弹丸在 80m/s 喷丸速度下对 SiC_w/Al 复合材料残余应力场的影响。残余应力随层深变化曲线如图 11.30 所示。不同弹丸尺寸下残余应力各项特征参数值列于表 11.5 中。

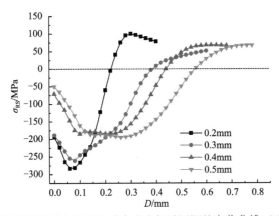

图 11.30　不同半径陶瓷弹丸的喷丸残余应力场随层深的变化曲线（喷丸速度 80m/s）

表 11.5　SiCw/Al 材料由不同尺寸陶瓷弹丸喷丸获得的残余应力场特征参数（喷丸速度 80m/s）

弹丸半径 /mm	表面残余应力 /MPa	最大残余应力 /MPa	最大残余应力层深 /μm	残余应力总体 层深/μm
0.2	−194	−283	60	220
0.3	−188	−261	80	380
0.4	−70	−184	180	450
0.5	−50	−194	230	550

　　整体而言，小直径弹丸喷丸后表面残余压应力较高，但是残余压应力总体层深较浅，残余压应力值随深度下降很快；弹丸直径较大时，表面残余压应力值和最大残余压应力值较低，而残余压应力层加深，残余压应力随深度下降缓慢。

　　有研究表明，当喷丸覆盖率为 100% 时，残余压应力层深与弹坑直径及弹丸半径存在以下关系：

$$Z_0 = aD - cR \tag{11.5}$$

式中，D 为弹坑直径；Z_0 为残余应力深度；R 为弹丸直径；a 和 c 为常系数。一般 a 的取值范围在 1～1.5，c 的取值范围在 0～0.1。为了得到 a 和 c 的值，实际实验中需要选定与受喷工件材料相同的试样，对表面作喷丸处理后，测量弹痕直径及残余压应力层深，利用线性拟合求出 a 和 c 的值，就可以对喷丸残余压应力深度进行估算。在相同喷丸速度下，弹坑直径随着弹丸尺寸的增大而增大，因而喷丸残余压应力层也随之加深，从表 11.5 中可以看出，残余压应力层深与弹丸尺寸之间具有线性相关性。

弧高度试片法是度量喷丸强度的通用方法，但求得的喷丸强度数值并不能正确反映受喷工件喷丸后残余应力分布状态。由于弹丸压痕直径与残余应力层深成正比，因此可以用作喷丸工艺的参量，更合理地反映喷丸效果。

11.4.6　喷丸速度对残余应力场的影响

喷丸时弹丸撞击工件表面的过程实际是消耗弹丸的动能做功，使工件表面发生弹塑性变形。而弹丸的质量和速度则直接影响弹丸动能的大小。当弹丸固定时，弹丸速度提高，弹丸动能增大。利用气动式喷丸机作喷丸实验时，可以通过调节空气压力得到不同的喷丸速度，从而获得相应的喷丸强度。图 11.31 反映了 SiC_w/Al 复合材料模型在不同喷丸速度下残余应力场的变化。

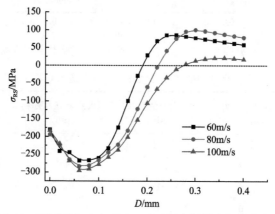

图 11.31　不同喷丸速度下 SiC_w/Al 复合材料中的残余应力场

实验结果显示，较高的弹丸速度喷丸可以获得更深的残余压应力场，在 100m/s 速度下，材料内残余压应力层深达到了 300μm。不同喷丸速度对材料表面残余压应力影响不大，三种弹丸速度下的表面残余压应力基本保持在 -175MPa 附近。弹丸速度对最大残余压应力影响也比较小，当弹丸速度从 60m/s 提高到 100m/s 时，最大残余压应力仅从 -270MPa 提高到 -295MPa，最大残余压应力层深也基本保持不变。

实际喷丸中，弹丸喷射的速度取决于喷丸机的动力调整，而在飞行过程中，弹丸的速度会受到弹丸之间的碰撞以及空气阻力的影响而发生衰减，衰减的程度与喷丸距离有关，尤其是小直径的弹丸，速度衰减更明显。图 11.32 列出了密度为 $\rho = 7g/cm^3$ 的不同直径铸铁弹丸在不同喷丸距离下的速度衰减率。当喷丸距离小于 2m 时，速度衰减率和喷丸距离成正比下降。

除了喷丸的速度随射程衰减外，它的有效性还受到喷丸角度的影响。当弹丸以一定角度射向工件表面时，撞击表面的速度分解为垂直于受喷面的法向分速度和平行于受喷面的切向分速度，前者使受喷面塑性变形，后者仅起摩擦作用。

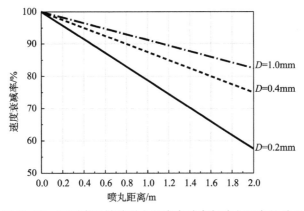

图 11.32　不同直径铸铁弹丸速度衰减率与喷丸距离的关系

11.4.7　SiC$_w$/Al 复合材料喷丸压力场的有限元模拟小结

喷丸强化是一个复杂的过程，其喷丸强化效果受到诸多喷丸工艺参数的影响。为了研究各种喷丸工艺参数对喷丸残余应力场的影响，本章利用 ANSYS 有限元分析软件中 LS/DYNA 分析模块建立 SiC$_w$/Al 复合材料喷丸强化的有限元模型，将复合材料简化为均质模型，利用多层弹丸模拟实际喷丸过程，得到了符合实验结论的模拟结果，并在此基础上分别研究了喷丸覆盖率、弹丸种类、大小、喷丸速度对该复合材料中残余应力场的影响。主要结论有以下几点：

（1）当喷丸覆盖率低于 100% 时，提高喷丸覆盖率可以提高材料内的最大残余压应力和压应力层深。在 100m/s 喷丸速度、100% 覆盖率喷丸条件下，最大残余压应力达到 −300MPa，残余压应力层深达到 300μm；覆盖率达到 100% 后，继续提高喷丸覆盖率对喷丸强化效果不明显。

（2）在 80m/s 喷丸速度、100% 覆盖率条件下分别模拟了铸钢弹丸、铸铁弹丸和陶瓷弹丸对 SiC$_w$/Al 复合材料均质模型的喷丸强化效果。数值模拟结果表明，用铸钢弹丸喷丸得到的最大残余压应力最大，达到 −335MPa，其残余压应力层深相比其他两种弹丸也更大。经陶瓷弹丸和铸铁弹丸喷丸后，材料内部较深部位均出现了拉应力，而在铸钢弹丸的喷丸结果中，材料内几乎没有拉应力，这说明铸钢弹丸影响的层深非常大。但是由于铸钢弹丸使材料表面发生了严重的塑性变形，提高材料的表面粗糙度，其表面残余压应力小于其他两种弹丸喷丸处理的表面残余压应力。

（3）利用喷丸有限元模型分别模拟了 0.2~0.5mm 四种不同半径陶瓷弹丸在 80m/s 喷丸速度下对 SiC$_w$/Al 复合材料残余应力场的影响。结果表明，小直径弹丸喷丸后残余压应力较高，但是残余压应力层深较浅，压应力值随深度下降很快；弹丸直径较大时，表面压应力值和最大压应力值较低，而压应力层加深，压应力随深度下降缓慢。在相同喷丸速度下，弹坑直径随着弹丸尺寸的增大而增大，因而喷丸残余应力层也随之加深，残余应力层深与弹丸尺寸之间具有线性相关性。

（4）对不同喷丸速度的数值模拟结果显示，较高的弹丸速度喷丸可以获得更深的残余应力场，在 100m/s 速度下，材料内残余压应力层深达到了 300μm，而且材料内残余拉应力也较低。材料表面残余应力受喷丸速度的影响较小，三种弹丸速度下的表面残余应力基本保持在 −175MPa 附近。弹丸速度对最大残余压应力影响也比较小，当弹丸速度从 60m/s 提高到 100m/s 时，最大残余压应力仅从 −270MPa 提高到 −295MPa。

11.5　各向异性材料喷丸应力的模型数值模拟[49,50]

11.5.1　喷丸模型的建立

针对喷丸处理过程的实际情形，数值模拟选用了 SOLID164 单元。SOLID164 单元是三维显式结构实体单元，它由 8 个节点组成。此单元只在显式动力分析中使用，且能支持所有许可的非线性特性。SOLID164 单元的几何特性如 11.3 节中图 11.12 所示。

SOLID164 单元可设置的选项有单元算法和单元连续特性，此单元没有实常数。在模拟过程中，压力载荷能施加在单元表面上（图 11.12 中的圆圈数字代表单元表面），正法线压力在单元上加载。x、y、z 方向的工作速度与加速度可以通过 EDLOAD 命令施加，为了施加这样的载荷，必须要选择节点并创建一个节点组，再将载荷施加到这个组上。此外，还可以通过 EDLOAD 命令施加刚体的载荷，如位移、面力等。该单元也同时支持几种类型温度载荷的施加。

单元的处理在 ANSYS 有限元模拟中非常消耗资源。ANSYS/LS-DYNA 应用单点积分的单元开展非线性动力分析，这可以极大地节省计算机资源，同时也有利于大变形分析。

Barlat 和 Lian 在 1989 年提出了三参数（即平面内两个主应力及一个剪应力）各向异性屈服准则，其屈服面和以晶体学为基础测得的结果相一致，所以将基于此准则的 LS-DYNA 有限元模型称为三参数 Barlat 模型。该模型采用 Lankford 系数定义受喷材料的各向异性行为，其屈服准则如式（11.6）所示。

$$2(\sigma_y)^m = a|K_1 + K_2|^m - a|K_1 - K_2|^m + c|2K_2|^m \qquad (11.6)$$

式中，σ_y 为屈服应力；a 和 c 为各向异性材料常数；m 为 Barlat 指数；K_1、K_2 为应力张量不变量。a、c、K_1、K_2 都可通过 Lankford 系数（宽度方向与厚度方向的应变比 R 值）求得。

DD3 镍基高温合金单晶的 Barlat 指数 $m = 0.02$，Lankford 系数可由参数手册提供的不同晶向的应变求得,其余各项参数如表 11.6 和表 11.7 所示。数值模拟中,弹丸设定为刚体,并在铸铁弹丸、铸钢弹丸、陶瓷弹丸等多种丸料种类与大小的情形下进行了模拟试验。

表 11.6　26℃下 DD3 镍基单晶合金的主要力学性能

弹性模量 E/GPa			剪切模量/GPa	泊松比	密度/ (g/cm³)
$E \langle 100 \rangle$	$E \langle 110 \rangle$	$E \langle 111 \rangle$			
131.5	223.0	304.5	137	0.300	8.20

表 11.7　不同温度、不同结晶取向下 DD3 镍基单晶合金的抗拉强度和屈服强度

结晶取向	抗拉强度/MPa			屈服强度/MPa		
	760℃	850℃	950℃	760℃	850℃	950℃
〈100〉	1150	1020	695	915		1030
〈110〉	905	865	605	870	840	830
〈111〉	1160	940	640	525	490	510

弹丸材料是影响喷丸强度的主要工艺参数之一,由于不同的弹丸材料影响到弹丸的动能,从而对转化为残余应力的能量构成影响,因此选择合适的弹丸材质在喷丸处理中非常重要。常用的喷丸材料主要包括铸铁弹丸、铸钢弹丸、陶瓷弹丸和玻璃弹丸等,但由于玻璃弹丸易碎,现今已很少使用,取而代之的多是陶瓷弹丸。由于弹丸材质的重要性,本章在有限元分析中分别模拟了选用不同材质弹丸进行喷丸处理的情形,考虑到工业中实际应用时弹丸材质的区别主要体现在密度上,所以有限元模型通过调节不同的弹丸密度实现了对弹丸材料影响的变量控制。

从图 11.33 可以看出,经过高速丸流的冲击,DD3 表面出现了弹坑,弹丸的正下方形成了塑性变形区,其应力分布以残余压应力为主,而在近表面出现了微

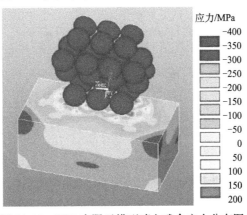

图 11.33　DD3 有限元模型喷丸残余应力分布图

弱的残余拉应力。在局部坐标系下，(001) 晶面最大残余压应力约为 -850MPa，出现在层深为 $10\mu\text{m}$ 处，与 X 射线衍射残余应力值相一致。

11.5.2　残余应力随层深和取向的变化

数值模拟分析均以 (001) 晶面取向的试样，残余应力随层深的变化及表面残余应力随测试角的变化关系，与实验结果的对照见图 11.34 和图 11.35，其中 φ 是测试方位相对于 X 轴（[100]）的夹角。

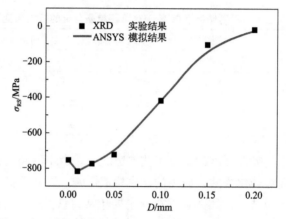

图 11.34　有限元模拟喷丸处理后 DD3 (100) 面残余应力
随层深分布曲线及与实验结果的对照

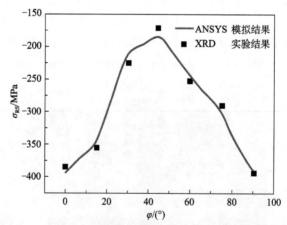

图 11.35　有限元模拟喷丸处理后 DD3 (100) 面表面残余
应力随测试角分布曲线及与实验结果的对照

由图 11.34 可以看出，利用有限元模拟得到的残余应力-层深曲线与实验数据点比照结果相一致，喷丸速度为 80m/s、覆盖率为 80％时，表面残余应力约为

−700MPa，最大残余应力约为−850MPa，最大应力层深为 12μm，总体层深为 200μm。伴随层深增加，材料中的残余压应力逐渐减小。由图 11.35 可以看出，经数值模拟得到的 DD3（001）面表面残余应力随测试角的分布曲线与实验数据点非常接近，模拟结果显示，在前述实验条件下，$\varphi=0°$ 和 90°时残余压应力最大，约为−400MPa；随着测试角的增大，残余压应力先减小后增大，峰值在$\varphi=$ 45°时出现，为−175MPa。

11.5.3　覆盖率对喷丸残余应力场的影响

数值模拟试验测试了多种覆盖率条件下的残余应力，利用层弹丸叠加，设定喷丸覆盖率分别为 50%、75%、100%，控制喷丸速度为 80m/s，模拟得到镍基高温合金单晶 DD3 的（001）面表面残余应力沿不同测试角的变化曲线，如图 11.36 所示；得到残余应力分布随层深的变化曲线，如图 11.37 所示。可以观察到，随着喷丸覆盖率的提高，（001）面喷丸后残余应力的极小值仍出现在$\varphi=$ 45°，但极小值相应增大，曲线整体变化类似平移，表面残余应力均有不同程度的增大，喷丸残余应力场中最大压应力、总体层深及最大应力层深均相应地提高。50%覆盖率时材料内只发生部分变形，整体残余压应力数值及应力层深均比 100%覆盖率的结果小，这是因为此时残余压应力并未完全形成。

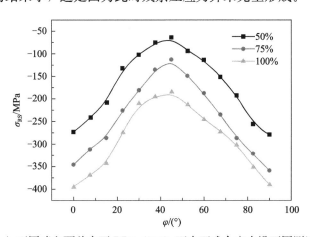

图 11.36　80m/s 不同喷丸覆盖率下 DD3（100）面表面残余应力沿不同测试角的变化曲线

11.5.4　弹丸材质对喷丸残余应力场的影响

所用弹丸材料如表 11.8 所示。

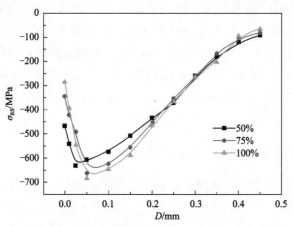

图 11.37　80m/s 不同喷丸覆盖率下 DD3（100）面残余应力-层深曲线

表 11.8　不同弹丸物理及力学参数表

弹丸材料	密度/（g/cm³）	杨氏模量/MPa	泊松比	表面硬度/HRC
铸钢弹丸	7.3~7.9	180~205	0.3	45~50
铸铁弹丸	6.5~7.2	120~160	0.25	58~65
陶瓷弹丸	3.6~3.9	320~370	0.26	

　　有限元分析时，设定喷丸速度为 80m/s，选择 4 层弹丸实现 100％覆盖率，分别按照不同弹丸的力学性能调节密度数据，在此条件下，模拟得到残余应力随测试角及层深的变化，如图 11.38 和图 11.39 所示。由有限元分析结果可知，在三种常用材质的弹丸中，陶瓷弹丸引发的残余应力最低，铸钢弹丸引发的残余应力最高，铸铁弹丸介于两者之间。由层深分布曲线可以观察到，铸钢弹丸对应的最大残余压应力在三种材质中也是最大的，且其残余应力的总体层深也相应更

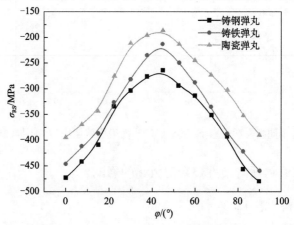

图 11.38　不同材质弹丸处理时 DD3（100）面表面残余应力随测试角变化曲线

大。这种分布规律与弹丸的密度密切相关，由于三种材质的弹丸中铸钢弹丸的密度最高，陶瓷弹丸密度最低，所以在其他参数（如弹丸直径等）相同的条件下，密度高的弹丸的动能大，喷丸过程中转化的能量就越多，引起的表面塑性变形越剧烈，因而引发的残余应力更大，相应的层深也更深。

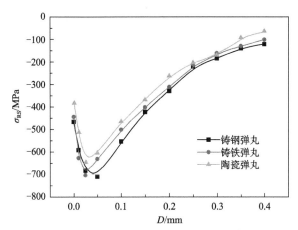

图 11.39　不同材质弹丸处理时 DD3（100）面残余应力-层深曲线

11.5.5　弹丸大小对残余应力场的影响

有限元分析试验选取了半径分别为 0.2mm、0.3mm、0.4mm 的三种 Al_2O_3 陶瓷弹丸作为喷丸处理的丸粒，设定喷丸速度为 80m/s，观察 DD3 试样残余应力场分布，总结弹丸大小对应力的影响。数值模拟得到的残余应力沿不同测试角的变化曲线和层深曲线分别如图 11.40 和图 11.41 所示。由图显而易见，半径小的丸粒引发的喷丸残余应力值较大，但相应层深较浅，且应力减小速度快；半径

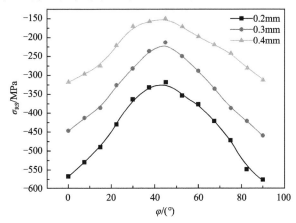

图 11.40　不同半径弹丸处理时 DD3（100）面表面残余应力-测试角曲线

大的丸粒体现出相反的特征。取向曲线方面，不同半径的丸粒引发的残余应力极
小值出现的角度基本一致，对于（100）面而言，测试角 φ 约为 45°；而不同半
径的弹丸引发的残余应力大小则遵循小半径丸粒应力值大、大半径丸粒应力小的规
律，与前述一致。另外，通过时间序列后处理器观察到的喷丸处理结果显示，就
模拟得到的喷丸整体情况而言，喷丸速度一定时，受喷 DD3 试样表面产生的弹
坑直径与弹丸大小呈线性关系，可以推测，这是半径大的弹丸能产生较深喷丸残
余应力层的原因之一。

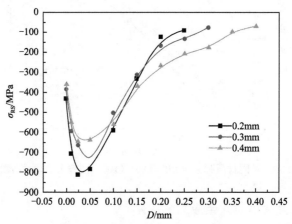

图 11.41　不同半径弹丸处理时 DD3（100）面残余应力-层深曲线

11.5.6　喷丸速度对残余应力场的影响

模拟试验设置陶瓷弹丸的喷丸速度分别为 60m/s、80m/s、100m/s 三种
典型数值，得到的结果显示于图 11.42 和图 11.43 中。由此可以观察到，在
较高的喷丸速度下，残余应力场更强，最大残余应力层深也更深；在取向方
面，大小遵循前述规律，而极值仍旧出现在相对同一的测试角度上。但若对
应力分布图进行仔细观察，也可以发现，不同喷丸速度下，材料表面的残余
应力区别不是很大，三种弹丸速度下的表面残余应力基本保持在－350MPa
附近，究其原因是表面的塑性变形使得单晶晶粒多晶化，在不同速度的弹丸
冲击下将动能传递到材料内部，而引起的表面变形相差不大。在不同喷丸速
度下，受喷 DD3 试样出现的最大压应力也区别不大，且其最大压应力对应的
层深也相应维持在同一量级上，可见喷丸速度对残余应力场的影响较前几种
参数而言相对较弱。

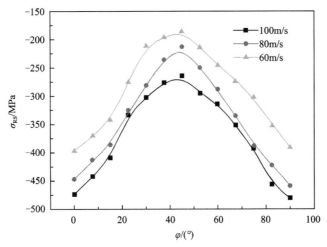

图 11.42 不同射速弹丸处理时 DD3（100）面残余应力-测试角曲线

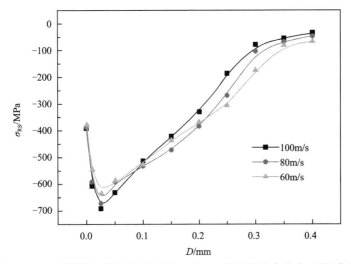

图 11.43 不同射速弹丸处理时 DD3（100）面表面残余应力-层深曲线

11.6 喷丸强化表面宏观应力模拟分析小结

本章除介绍喷丸宏观残余应力的模型数值模拟的有限元法及实例外，主要讨论了喷丸材料的宏观残余应力测定的若干例子。从理论模拟结果和喷丸实例测定结果可总结出残余应力大小和分布与喷丸工艺、材料等方面的关系及规律。现以对比方式将其列入表 11.9。

表 11.9　喷丸工艺、参数对宏观残余应力层深分布的影响

喷丸工艺条件		喷丸残余应力深度分布的四大参数			
		表面残余压应力	最大残余压应力值	最大应力对应层深	压应力总体层深
喷丸强度	越大	较大	越小	越深	越深
	越小	较小	较大	越浅	越浅
覆盖率	越高	越大	越大	无明显影响	无明显影响
	越低	越小	越小	无明显影响	无明显影响
弹丸大小	越大	越小	越小	无明显影响	无明显影响
	越小	越大	越大	无明显影响	无明显影响
弹丸材质	铸钢	较大	较大	较深	无明显影响
	铸铁	较小	较小	较浅	无明显影响
	陶瓷	最小	最小	与铸铁差不多	无明显影响
弹丸速度	越快	越大	越大	无明显影响	无明显影响
	越慢	越小	越小	无明显影响	无明显影响
预应力喷丸	力大	较大	较大	较深	较深
	力小	较小	较小	较浅	较浅
温度喷丸	高温	较大	大	深	无明显影响
	低温	较小	小	浅	无明显影响
被喷材质	低强度钢	小	小	深	深
	中强度钢	较小	较小	较深	较深
	高强度钢	大	大	浅	浅
	超高强度钢	最大	最大	最浅	最浅
	钛	大	较小	较浅	较浅
	铝	最小	最小	最深	最深

　　尽管国内外学者对喷丸强化数值模拟过程进行了大量深入的研究，但仍然存在许多有待进一步深入研究和完善的问题。当前迫切需要通过数值计算手段，建立能合理有效模拟喷丸强化过程的模型，寻求最佳强化效果所对应的残余应力场与喷丸参数、受喷材料力学性能的关系，使受控喷丸技术步入以仿真计算和少量典型试验相结合的更科学的阶段。

参 考 文 献

[1] 张洪信. 有限元基础理论与 ANSYS 应用. 北京：机械工业出版社，2006.

[2] 盛湘飞. 民用飞机结构件腐蚀损伤条件下喷丸强化机理研究. 华南理工大学博士学位论文，2014.

[3] Clough R W. The finite element method in plane stress analysis. Proc. Conf. on Electronic Computation，1960：345~378.

[4] Baragetti S. Three-dimension finite element procedures for shot-peening residual stress field prediction. International Journal of Computer Applications in Technology，2001，14：51~63.

[5] 裴信超. 基于 SPH 法的喷丸残余应力及表面形貌数值仿真研究. 山东大学硕士学位论文，2013.

[6] Ren Y F，Yau H T，Lee Y S. Clean-up tool path generation by contraction tool method for machining complex polyhedral models. Computers in Industry，2004，54 (1)：17~33.

[7] Kim D S，Jun C S，Park S. Tool path generation for clean-up machining by a curve-based approach. Computer-aided Design，2005，37 (9)：967~973.

[8] 江见鲸，何放龙，何益斌，等. 有限元法及其应用. 北京：机械工业出版社，2006.

[9] 侯占忠. 喷丸工艺的数值分析. 华中科技大学硕士学位论文，2006.

[10] 何涛，杨竞，金鑫，等. ANSYS 10.0/LS-DYNA 非线性有限元分析实例指导教程. 北京：机械工业出版社，2007.

[11] 李裕春. ANSYS 10.0/LS-DYNA 基础理论与工程实践. 北京：中国水利水电出版社，2006.

[12] Majzoobi G H，Azizi R，Alavi Nia A. A three-dimensional simulation of shot peening process using multiple shot impacts. Materials Processing Technology，2005，(164/165)：1226~1234.

[13] Schiffner K. Helling C D G. Simulation of residual stresses by shot peening. Computers and Structures，1999，72：329~340.

[14] Hong T，Ooi J Y，Shaw B. A numerical simulation to relate the shot peening parameters to the induced residual stresses. Engineering Failure Analysis，2008，15：1097~1110.

[15] 胡凯征，吴建军，王涛，等. 基于温度场的喷丸成形数值模拟及参数优化. 中国机械工程，2007，18 (3)：292~295.

[16] Rouquette S，Rouhaud E，Francois M，et al. Coupled thermo-mechanical simulations of shot impacts：Effects of the temperature on the residual stress field due to shot-peening. Materials Processing Technology，2009，209 (8)：3879~3886.

[17] Meo M，Vignjevic R. Finite element analysis of residual stress induced by shot peening process. Advances in Engineering Software，2003，34：569~575.

[18] H-Gangaraj S M，Alvandi-Tabrizi Y，Farrahi G H，et al. Finite element analysis of shot-peening effect on fretting fatigue parameters. Tribology International，2011，44：1583~1588.

[19] Guagliano M. Relating Almen intensity to residual stresses induced by shot peening：A numerical approach. Materials Processing Technology，2001，110：277~286.

[20] Schiffner K，Helling C D. Simulation of residual stresses by shot peening. Computers and Structures，1999，(72)：329~340.

[21] Meo M，Vignjevic R. Finite element analysis of residual stress induced by shot peening process. Advances in Engineering Software，2003，(34)：569~575.

[22] Miao H Y，Larose S，Perron C，et al. An analytical approach to relate shot peening parameters to Almen intensity. Surface&Coatings Technology，2010，(205)：2055~2066.

[23] Kim T，Lee H，Hong C H，et al. A simple but effective FE model with plastic shot for evaluation of peening residual stress and its experimental validation. Materials Science and Engineering，2011，(A 528)：5945~5954.

[24] Meguid S A，Shagal G，Stranart J C. Three-dimensional dynamic finite element analysis of shot-peening induced residual stresses. Finite Elements in Analysis and Design，1999，(31)：179~191.

[25] Shivpuri R，Cheng X M，Mao Y N. Elasto-plastic pseudo-dynamic numerical model for the design of shot peening process parameters. Materials and Design，2009，(30)：3112~3120.

[26] Majzoobi G H，Azizi R，Alavi N A. A three-dimensional simulation of shot peening process using multiple shot impacts. Journal of Materials Processing Technology，2005，(164/165)：1226~1234.

[27] 张洪伟，张以都，吴琼. 喷丸强化过程及冲击效应的数值模拟. 金属学报，2010，46 (1)：111~117.

[28] 代国宝，张以都. 基于有限元仿真的喷丸强化工艺参数对残余应力场的影响研究. 机械技术史及机械设计，2008：41~45.

[29] 李雁淮，王飞，吕坚. 单丸粒喷丸模型和多丸粒喷丸模型的有限元模拟. 西安交通大学学报，2007，41 (3)：348~352.

[30] 闫五柱，刘军，温世峰. 喷丸过程中的能量转化及残余应力分布研究. 振动与冲击，2011，30 (6)：139~191.

[31] Ribeiro J, Monteiro J, Lopes H, et al. Moire interferometry assessement of residual stress variation in depth on a shot peened surface. Strain, 2011, (47): 542~550.

[32] 李源, 雷丽萍, 曾攀. 基于静力等效的喷丸工艺数值模拟. 塑性工程学报, 2011, 18 (3): 70~74.

[33] Bagherifarda S, Guagliano M. Influence of mesh parameters on FE simulation of severe shot peening (SSP) aimed at generating nanocrystallized surface layer. Procedia Engineering, 2011, (10): 2923~2930.

[34] Guagliano M. Relating Almen intensity to residual stresses induced by shot peening: a numerical approach. Journal of Materials Processing Technology, 2001, (110): 277~286.

[35] Meguid S A, Shagal G, Stranart J C. Finite element modelling of shot-peening residual stresses. Journal of Materials Processing Technology, 1999, (92/93): 401~404.

[36] 黄韬, 张铁虎. 喷丸残余应力及工艺参数优化. 科学技术与工程, 2010, 10 (21): 5145~5150.

[37] Kim T, Lee H, Kim M, et al. A 3D FE model for evaluation of peening residual stress under angled multi-shot impacts. Surface&Coatings Technology, 2012, (206): 3981~3988.

[38] Majzoobi G H, Azizi R, Alavi R, et al. A three-dimensional simulation of shot peening process using multiple shot impacts. Journal of Materials Processing Technology, 2005, (164/165): 1226~1234.

[39] H-Gangaraj S M, Alvandi-Tabrizi Y, Farrahi G H, et al. Finite element analysis of shot-peening effect on fretting fatigue parameters. Tribology International, 2011, (44): 1583~1588.

[40] Kim T, Lee J H, Lee H, et al. An area-average approach to peening residual stress under multi-impacts using a three-dimensional symmetry-cell finite element model with plastic shots. Materials and Design, 2010, (31): 50~59.

[41] 张洪伟, 张以都, 吴琼. 喷丸强化残余应力场三维数值分析. 航空动力学报, 2010, 25 (3): 603~609.

[42] Klemenza M, Schulzea V, Rohr L, et al. Application of the FEM for the prediction of the surface layer characteristics after shot peening. Journal of Materials Processing Technology, 2009, (209): 4093~4102.

[43] Han K, Owen D R J, Peric D. Combined finite/discrete element and explicit/

　　　　implicit simulations of peen forming process. Engineering Computations，2002，
　　　　19 (1)：92～118.
[44] Wang J M，Liu F H，Yu F. Shot peening simulation based on SPH
　　　　method. International Journal of Advanced Manufacturing Technology，
　　　　2011，(56)：571～578.
[45] Miao H Y，Larose S，Perron C，et al. On the potential applications of a 3D
　　　　random finite element model for the simulation of shot peening. Advances in
　　　　Engineering Software，2009，(40)：1023～1038.
[46] 张广良.不同强度钢喷丸残余应力的有限元模拟.上海交通大学硕士学位
　　　　论文，2010.
[47] 卞凯.SiC$_w$/Al 复合材料的喷丸强化的数值模拟.上海交通大学硕士学位论
　　　　文，2012.
[48] 黄俊杰.SiC$_w$/Al 复合材料喷丸强化及其表征研究.上海交通大学博士学位
　　　　论文，2014.
[49] 须庆.各向异性材料喷丸残余应力的数值模拟.上海交通大学硕士学位论
　　　　文，2011.
[50] 须庆，姜传海，陈艳华.DD3 镍基单晶高温合金喷丸强化后残余应力的数值
　　　　模拟.机械工程材料，2012，36 (4)：80～83.

第 12 章　主要钢材喷丸强化表层结构的表征与研究

本章主要介绍钢材喷丸强化表层结构的表征与研究，包括 20CrNi2Mo 钢、S30432 不锈钢和 S32205 双相不锈钢，以及 18CrNiMo7-6 双相钢。

12.1　20CrNi2Mo 钢渗碳淬火硬齿面材料喷丸表层结构的表征和研究[1]

20CrNi2Mo 钢是一种优质低碳中合金结构钢，由于其合金元素含量低，各种合金元素协同配合效果较好，世界主要工业国家均将其列为标准牌号。20CrNi2Mo 钢可以作为表面强化型的渗碳钢应用于渗碳齿轮、渗碳轴承等零件上；也可以经淬火、低温回火后应用于诸如挖掘机斗齿（镐牙）、农用机械磨损件等要求耐磨损、耐冲击的零件上。本节主要采用不同的喷丸工艺（表 12.1）对 20CrNi2Mo 钢渗碳淬火硬齿面进行表面处理，利用 X 射线分析不同喷丸工艺处理后的残余应力场、半高宽、残余奥氏体含量、显微硬度随喷丸强度的变化规律。

表 12.1　喷丸工艺参数

工艺编号	喷丸工艺参数	备注
精加工面	未喷丸	
①	钢弹丸 0.30MPa	钢弹丸直径 0.6mm
②	钢弹丸 0.35MPa	
③	钢弹丸 0.40MPa	
④	钢弹丸 0.45MPa	
⑤	钢弹丸 0.50MPa	

12.1.1　喷丸层残余应力及其分布

表层残余压应力有效阻碍了微裂纹的产生及扩展。20CrNi2Mo 钢渗碳淬火硬齿面通过喷丸处理可在其表层形成残余压应力场。残余应力的存在导致材料 X 射线相应峰位发生偏移，利用 X 射线应力测定方法，结合电化学剥层技术，通过公式（12.1）测量出精加工未喷丸面及不同喷丸工艺的表层残余应力。20CrNi2Mo

$$\sigma_x = \frac{-E}{2(1+\nu)} \cot\theta \frac{\Delta 2\theta}{\sin^2\psi_2 - \sin^2\psi_1} \tag{12.1}$$

钢渗碳淬火硬齿原始精加工表面存在低水平的残余压应力，沿材料层深的分布比较浅，主要是由磨削加工以及原始渗碳淬火所致。由于机械加工残余应力水平较低，而且沿材料层深的分布很浅，故对材料的表面性能不会产生明显影响。残余应力分布趋势如图 12.1 所示。

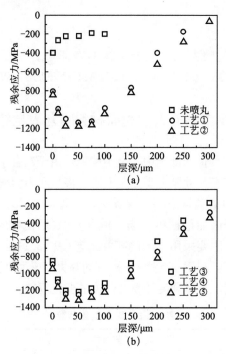

图 12.1　20CrNi2Mo 钢未喷丸面及喷丸工艺①～⑤的残余应力沿层深分布

从趋势分布图中可以看出，20CrNi2Mo 钢渗碳淬火硬齿在没有进行喷丸处理之前由机械加工所导致的表层残余应力为 −397MPa，压应力在 100 μm 处降为 −196MPa，压应力层深较浅。通过不同强度的喷丸处理之后，表层残余应力值、压应力层深均有大幅度提高。工艺①～⑤对应喷丸表层残余压应力由 −810MPa 增至 −937MPa，25 μm 处残余压应力由 −1102MPa 增至 −1294MPa，50 μm 处的残余压应力由 −1140MPa 增至 −1318MPa，100 μm 处残余应力由 −986MPa 增至 −1219MPa。可见随着喷丸强度的增加，弹丸打击材料力度增大，从而导致材料表层的变形程度增大，最终产生更大的残余压应力以及更深的残余压应力分布。

在五种喷丸工艺中，残余应力最大值达到 −1318MPa，此工艺下喷丸影响区在深度为 300 μm 时，残余应力值保持在 −330MPa。

12.1.2　喷丸层衍射半高宽及其分布

在喷丸过程中高速的弹丸反复击打金属材料表面，表面经过循环塑性变形后，造成了纳米尺度的细小亚晶粒和高水平微应变，即呈现出明显的表层加工硬化现象，导致材料表层硬度增高。喷丸强度和覆盖率越大，材料的表层加工硬化现象就越明显。衍射半高宽是衍射强度最大值一半处的宽度，衍射线形的宽化主要是由材料的微观结构引起的，衍射半高宽越宽则材料的喷丸变形组织结构越明显，晶块越细，同时微应变越大。材料经过喷丸处理后，表层微观结构的变化使得相应 X 射线衍射峰出现宽化。因此，可以利用材料衍射线的半高宽值来表征其微结构。借助 X 射线衍射方法并结合电化学剥层技术，测量精加工未喷丸面及不同喷丸工艺的表层衍射半高宽，分布趋势如图 12.2 所示。数据表明，原始精加工表面存在一定宽化的衍射半高宽，沿材料层深的分布很浅，主要是由渗碳淬火以及磨削加工过程导致表层塑性变形所致。考虑到机械加工引入衍射半高宽的宽化程度并不十分明显，而且沿材料层深的分布很浅，故对材料的表面性能不会产生明显影响。

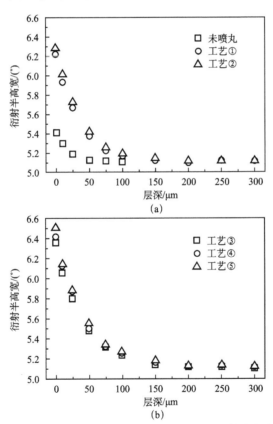

图 12.2　20CrNi2Mo 钢未喷丸面及喷丸工艺①～⑤的衍射半高宽沿层深分布

20CrNi2Mo 钢渗碳淬火硬齿面喷丸试样较未喷丸试样半高宽出现了明显宽化。在喷丸处理过程中，金属材料表面在高速弹丸的击打下出现循环塑性变形，从而导致变形层微观晶粒细化，使得表层出现加工硬化。对比喷丸前后半高宽，喷丸后半高宽最大提高了约 20%。工艺①～⑤对应的喷丸表面衍射半高宽由工艺①的 6.22°增加至工艺⑤的 6.51°，层深 25μm 处衍射半高宽由 5.67° 增至 5.89°，层深 50μm 处衍射半高宽由 5.38° 增至 5.55°，层深 100μm 处衍射半高宽由 5.17° 增至 5.26°，衍射宽化深度随着喷丸强度增大也逐渐增大。

12.1.3　喷丸层残余奥氏体含量及其分布

　　利用 X 射线衍射物相定量分析方法，并结合电化学剥层技术，测量精加工未喷丸面以及不同喷丸工艺的表层残余奥氏体含量，原始精加工表面附近的残余奥氏体含量略低于内部基体，沿材料层深的分布很浅，主要是磨削加工，奥氏体向马氏体转变所致。然而，由机械加工所导致的相变程度非常有限，而且沿材料层深的分布很浅，故对材料的表面性能不会产生明显影响。残余奥氏体属于不稳定相，在喷丸过程中材料表层发生塑性变形，必然导致残余奥氏体向更稳定的马氏体转变，这就是所谓的应力或应变诱发马氏体相变。

　　考虑到材料喷丸表面的塑性变形量最明显，发生马氏体相变最为充分，故残余奥氏体明显降低。经过喷丸处理后，材料表面大部分残余奥氏体转变为马氏体，从而提高了材料表面强度。残余奥氏体趋势如图 12.3 所示。

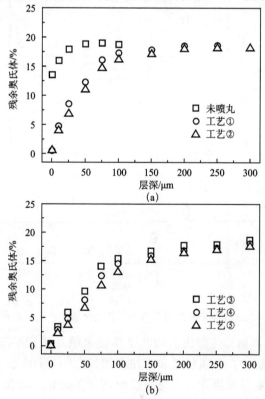

图 12.3　20CrNi2Mo 钢未喷丸面及喷丸工艺①～⑤的残余奥氏体沿层深分布

12.2　S30432 不锈钢喷丸表层结构的表征与研究[2~8]

S30432 奥氏体不锈钢是在 TP304H（18Cr‑8Ni）型不锈钢的基础上加入 Cu、Nb、N、B 等元素，形成固溶、弥散和晶界强化等多种强化效果后，获得的一种新型奥氏体不锈钢。这种材料在国内外超临界发电设备中获得了广泛的应用。其化学成分和力学性能见表 12.2。

表 12.2　S30432 奥氏体不锈钢化学成分和力学性能

C	Si	Mn	P	S	Ni	Cr	Nb	Cu	N
0.07~0.13	≤0.3	≤0.5	≤0.04	≤0.01	7.5~10.5	17~19.0	0.20~0.80	2.5~3.5	0.05~0.12

$\sigma_{0.2}$/MPa		σ_b/MPa		ε_b/%		E/GPa			
268		635		42.82		189			

12.2.1　S30432 不锈钢喷丸残余应力场优化[2,6]

喷丸设备为气动式喷丸机，喷丸工艺包含的主要参数有弹丸尺寸、弹丸速度、弹丸流量、喷射角度、喷嘴到受喷件之间的距离、喷射时间等。上述任何一个参数在喷丸过程中的变化均会不同程度地影响喷丸强度，即影响受喷件的强化效果。在试验中采用"弧高度"来确定喷丸强度。

在喷丸强化过程中，工件表面在大量高速的弹丸连续冲击下，使得表面与心部产生不均匀的弹塑性变形。材料表层的塑性变形较心部大，其受到内部的束缚，因此，在喷丸变形层内形成了残余压应力场。在无外加载荷作用下，喷丸残余应力在材料内部以平衡态存在，其属于弹性应力范围。金属材料表层由喷丸所造成的残余应力值主要与喷丸工艺参数、材料强度、外加载荷等密切相关。为了获得优异的残余应力场，结合模拟结果可以根据需要调整喷丸工艺参数。

1. S30432 不锈钢喷丸残余应力场

残余压应力是喷丸处理的重要强化因素之一，也是衡量喷丸强化效果的重要参数。X 射线衍射应力分析技术，主要通过测定不同方位角下衍射峰峰位的变化，进而计算出残余应力值。由于材料本身可能具有各向异性，因此将导致喷丸后材料表层残余应力分布具有各向异性。对于 S30432 奥氏体不锈钢，采用传统喷丸工艺分别测量残余应力平行于试样长度方向、垂直于试样长度方向以及与试样长度方向成 45°方向三个测量方向的残余应力值，结果如图 12.4 所示。

S30432 不锈钢喷丸残余应力在不同测量方向上沿层深分布规律均具有典型的喷丸强化残余应力随层深分布的 V 型特征，即随着层深增加，残余应力先增加达到最大值，然后逐渐变小。在喷丸残余应力分布图中表面残余压应力值

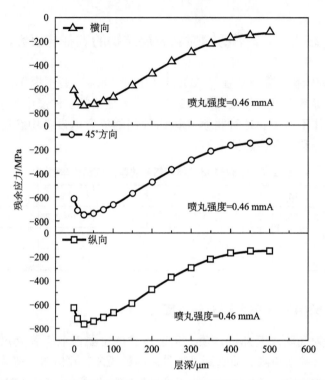

图 12.4　S30432 奥氏体不锈钢喷丸残余应力在不同测量方向上沿层深的分布曲线

（SCRS）、残余压应力层深（DCRS）、最大残余压应力值（MCRS）、最大残余压
应力深度（DMCRS）是主要的特征参数。对于不同测量方向上的残余应力分布
图，表面残余应力为 $-620\sim-630$MPa，最大残余应力为 $-750\sim-770$MPa，最
大残余应力深度为 $25\,\mu m$，残余压应力层深均大于 $500\,\mu m$。S30432 不锈钢喷丸
后表面残余应力呈现各向同性。

2. 复合喷丸及其残余应力场

喷丸工艺的优化主要通过改变喷丸参数，如喷丸强度、弹丸强度、弹丸尺寸
等获得最佳的表面性能。有限元喷丸模拟计算以及实验结果显示，随着喷丸强度
的增加，喷丸表面残余压应力值、最大残余压应力值、残余压应力层深均增大。
然而随着喷丸强度的增加，喷丸表面的粗糙度也随之增加，粗糙度的增大不利于
材料疲劳性能提高。在喷丸过程中，调整喷丸强度以及弹丸尺寸可增加残余压应
力值，降低表面粗糙度。

复合喷丸是在传统一次喷丸的基础上发展起来的喷丸工艺，其主要特征为多
步不同强度喷丸。在复合喷丸过程中，喷丸强度和弹丸尺寸逐渐减小。对于
S30432 奥氏体不锈钢，复合喷丸工艺中采用了直径为 0.6mm 的钢丝切丸以及直
径为 0.3mm 的 Al_2O_3 陶瓷弹丸。喷丸强度采用 A 型 Almen 试片测量。表 12.3

为 S30432 奥氏体不锈钢复合喷丸工艺参数。

表 12.3　S30432 奥氏体不锈钢复合喷丸工艺参数

喷丸强度/mmA	压强/MPa	喷丸时间/s	弹丸尺寸
0.46	0.5	30	0.6
0.46+0.23	0.5+0.2	30+30	0.6
0.46+0.23+0.17	0.5+0.2+0.55	30+30+15	0.6+0.3（硅酸盐）

喷丸强度的增加有助于提高喷丸残余压应力值，增加压应力层深。对于
S30432 奥氏体不锈钢复合喷丸工艺，在复合喷丸过程中第一次喷丸处理时结合
模拟结果采用直径为 0.6mm 的钢丝切丸，压强为 0.5MPa，喷丸强度达到
0.46mmA，较高的喷丸强度可以形成较大的塑性变形，从而产生较大的残余压应
力值以及较深的残余压应力场。二次喷丸强化是在一次喷丸的基础上降低喷丸强
度进行再次喷丸处理，主要是为了进一步优化喷丸残余应力场。三次喷丸是在二
次喷丸的基础上，选用小尺寸陶瓷弹丸，在喷丸强度较小的情况下，对受喷试样
进行处理，从而在增加喷丸残余应力的同时降低表面粗糙度。图 12.5 为不同喷
丸工艺处理后，残余应力随层深变化规律。对于一次喷丸、二次喷丸、三次喷
丸，表面残余应力值分别为：−629MPa，−699MPa，−778MPa，结果表明增
加喷丸次数可以有效提高表面残余压应力。随着层深增加，一次喷丸在 25μm
处，残余应力值达到最大为−759MPa，二次喷丸以及三次喷丸最大残余应力
值在 10μm 处，其值分别为：−805MPa，−865MPa。残余压应力在近表层
（<100μm）时，多步复合喷丸技术可以显著提高变形层内残余压应力值，随着
层深增加，复合喷丸反而使得残余压应力值有所下降。多次喷丸可认为是多个单
次喷丸的叠加，不同喷丸强度，对应残余压应力层深不一致，当相互叠加导致超
过一定层深时，多次复合喷丸残余应力值降低。

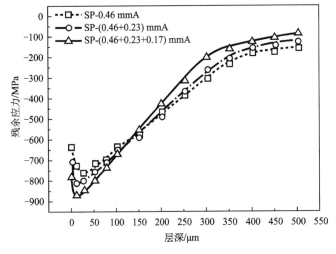

图 12.5　S30432 奥氏体不锈钢在不同喷丸工艺下残余应力随层深分布曲线

3. 应力喷丸及其残余应力场

喷丸残余应力大小及其分布与喷丸过程中试样的塑性变形量密切相关。传统喷丸可通过增加喷丸强度来提高残余应力值，然而，随着强度的不断增加，受喷试样表层可能出现微裂纹，降低其使用寿命。预应力喷丸通过在喷丸之前对试样预加一定的拉应力、喷丸结束后卸载预加载荷增加喷丸强度，由于整体弹性回复，达到了提高喷丸残余压应力的目的。

S30432 奥氏体不锈钢预应力喷丸之预应力载荷分别为 150MPa、250MPa、350MPa，喷丸采用直径为 0.3mm 的陶瓷弹丸，喷丸强度为 0.15mmA。预应力喷丸可以增加残余压应力值，然而外加载荷在卸载过程中可能导致材料沿不同方向产生弹性回复各向异性。因此，为了更好地表征预应力喷丸对 S30432 奥氏体不锈钢喷丸残余应力的影响，试验选取了三个不同的测量方向研究 S30432 奥氏体不锈钢预应力喷丸在不同测量方向上喷丸残余应力的分布规律。

图 12.6 为在不同预应力条件下不同测量方向的残余应力随层深分布曲线。结果显示，残余应力在三个不同测量方向上均表现一致的变化规律，即随着预应力的增加，表面残余应力、最大残余应力、残余压应力层深均相应提高，预应力为 350MPa，上述数值达到最大。已有研究结果认为，预应力临界值应低于材料屈服强度，当预应力超过材料屈服强度时，在预应力卸载过程中，在局部区域将发生反向塑性变形，从而导致喷丸残余压应力松弛。S30432 奥氏体不锈钢屈服强度为 268MPa，外加载荷为 350MPa 时，由于在喷丸过程中表层喷丸强化后表层屈服强度提高，350MPa 外力未能产生反向局部塑性变形，同时由外加载荷造成的弹性变形在预应力卸载后出现弹性回复，从而提高了残余压应力值。

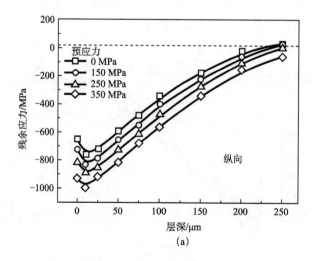

(a)

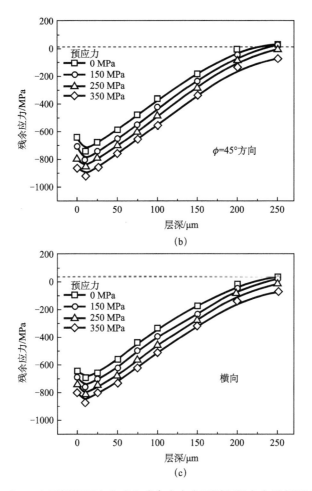

图 12.6　S30432 不锈钢预应力喷丸残余应力在不同测量方向随层深分布曲线

(a) 纵向；(b) $\phi=45°$方向；(c) 横向

表 12.4 和表 12.5 分别为不同预应力条件下的表面残余应力值以及最大残余应力值。在应力喷丸过程中，残余压应力值不仅与预应力有关，同时也受预应力方向的影响。从两表中可以看出，在三个测量方向中，表面残余应力、最大残余应力均在纵向（LD）最大。这主要是由于预应力加载方向与纵向（LD）重合，在此方向上产生的弹性回复大于其他测量方向。因此选择合适的外加载荷可以显著提高喷丸残余应力值。

表 12.4　不同预应力喷丸后沿三个不同测量方向的表面残余应力值

（单位：MPa）

测量方向	表面残余应力值			
	0MPa	150MPa	250MPa	350MPa
LD	−652	−723	−815	−926
$\phi=45°$	−642	−707	−796	−861
TD	−650	−687	−739	−799

表 12.5　不同预应力喷丸后沿三个不同测量方向的最大残余应力值（单位：MPa）

测量方向	最大残余应力值			
	0MPa	150MPa	250MPa	350MPa
LD	−759	−832	−895	−993
$\phi=45°$	−739	−808	−856	−907
TD	−689	−758	−815	−858

12.2.2　S30432 不锈钢喷丸残余应力的松弛行为[2,5,7,8]

通过喷丸在表层引入残余压应力，可以有效提高金属材料疲劳性能。表层残余应力的存在可以降低材料外在平均应力水平，达到提高裂纹扩展的临界应力强度因子的目的。然而在外加载荷以及高温条件下，喷丸残余应力将发生松弛现象。因而，喷丸残余应力的稳定性直接影响受喷材料的疲劳性能。导致残余应力松弛的外界因素主要为温度和载荷，以及两者的综合作用。残余应力的松弛与材料内部微结构的变化密切相关，其实质为喷丸产生的弹性应变能在高温或外加载荷的作用下通过形成局部塑性变形逐渐释放的过程。

1. 残余应力在外加载荷条件下的松弛行为

残余应力在外加载荷条件下的松弛行为主要分为外加静载荷和循环载荷两种情况。在外加静载荷条件下，主要研究了 S30432 奥氏体不锈钢喷丸后表面残余应力在加载方向（纵向）和垂直加载方向（横向）的应力松弛行为。外加静载荷为：0MPa，50MPa，100MPa，150MPa，200MPa，250MPa，300MPa，350MPa，循环载荷为：200MPa，250MPa，300MPa。

图 12.7 为 S30432 奥氏体不锈钢喷丸后表面残余应力在不同静载荷条件下沿加载方向以及垂直加载方向的松弛行为，表面残余应力在纵向（外加载荷加载方向）以及横向（垂直外加载荷加载方向）的残余应力基本相等，分别为−779MPa 和−770MPa。在静载荷条件下，在平行于外加载荷以及垂直于外加载荷的两个方向上均出现了松弛现象。随着外加应力的增加，其松弛行为愈加显著，特别当外加载荷接近或者超过材料屈服强度（200MPa）时，残余应力出现剧烈松弛，这主要是因为外加载荷使得材料发生塑性变形。在相同的外加载荷条件下，在加载方向松弛速率远高于垂直加载方向速率。

在研究喷丸残余应力在循环载荷条件下的松弛行为时，主要选择了加载方向残余应力在不同循环载荷下的松弛行为。S30432 奥氏体不锈钢喷丸后残余应力在不同循环载荷条件下沿加载方向的松弛行为如图 12.8 所示。从图中可以看出，在不同的外加循环载荷条件下，残余应力随着循环次数 N 的增加不断松弛。在不同的循环载荷条件下，残余应力均在初始阶段发生显著松弛，对于载荷为

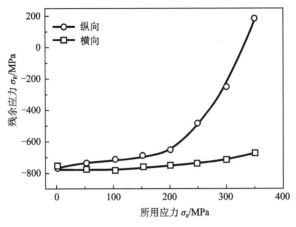

图 12.7　S30432 奥氏体不锈钢喷丸后表面残余应力在不同静载荷条件下沿加载
方向以及垂直加载方向的松弛行为

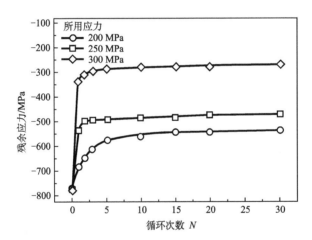

图 12.8　S30432 奥氏体不锈钢喷丸后残余应力在不同
循环条件下沿加载方向的松弛行为

200MPa，250MPa，300MPa 时，其剧烈松弛阶段分别在循环 5 次和 2 次之间，该阶段可认为是静载荷松弛阶段。随着循环次数的增加，残余应力松弛速率逐渐减小，最终达到稳定，外加载荷越大，稳定的残余应力值越小，经过 30 次循环之后，在外加载荷分别为 200MPa，250MPa，300MPa 时，最终喷丸残余应力分别松弛了约 30%，40%，65%。

残余应力的松弛行为与位错的运动密切相关，在外加载荷作用下，材料出现加工硬化现象，卸载后材料的屈服强度在沿相同方向加载时，其值提高；反之，如果反向加载，其值将降低。在循环加载过程中，材料屈服强度在每次加载后出现提高，由于强度提高，在后续的加载过程中，S30432 奥氏体不锈钢变形量降低，最终材料残余应力逐渐稳定。残余压应力可以提高材料的疲劳性能，当材料承受外加载荷时，残余压应力将出现松弛，对疲劳性能起作用的是最终经过循环后稳定下来的残余压应力值。依据 Kodama 的理论，喷丸残余应力与循环次数可以用如下关系式表示：

$$\sigma_N^{RS} = A + m\log N \tag{12.2}$$

其中，σ_N^{RS} 是 N 次循环后的表面残余应力；A 和 m 是与加载条件有关的参数，A 为松弛直线的截距，为加载首次松弛后的残余应力值，m 为残余应力的松弛指数。通过公式（12.2）以及图 12.9 中的数据，在外加载荷分别为 200MPa，250MPa，300MPa 下，S30432 奥氏体不锈钢喷丸表层残余应力随循环次数的变化规律分别为

$$\sigma_N^{RS} = -665 + 97\log N, \quad \sigma_N^{RS} = -508 + 19\log N, \quad \sigma_N^{RS} = -313 + 32\log N$$

外加载荷越高，最终残余应力稳定值越小。

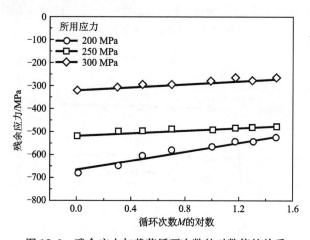

图 12.9　残余应力与载荷循环次数的对数值的关系

　　残余应力的松弛是材料微观塑性变形造成的，当外加载荷超过材料屈服强度时，由于塑性变形，残余应力出现明显松弛。对于 S30432 奥氏体不锈钢，其屈服强度为 268MPa，由于在喷丸过程中表层出现加工硬化，其强度有所提高，因此，即使在外加载荷为 300MPa 时，喷丸残余压应力依然没有完全松弛。通过对喷丸残余应力在循环载荷下的松弛研究，结合疲劳极限模型可估算材料疲劳寿命，为 S30432 奥氏体不锈钢实际应用提供参考。

　　2. 喷丸残余应力的热松弛行为

　　残余应力在高温环境下将随温度的升高以及保温时间的增加而逐渐降低。利用 X 射线衍射应力分析方法，结合电化学抛光可以研究 S30432 奥氏体不锈钢在高温环境下的松弛行为，试验中退火温度分别为 600℃、650℃、700℃、750℃。图 12.10 为 S30432 奥氏体不锈钢在不同温度下保温 15 min 后喷丸残余应力随层深分布曲线。结果表明，高温将导致残余应力出现明显的松弛，温度越高，松弛

越显著。

S30432 奥氏体不锈钢在不同温度下，最大残余压应力深度均在 100 μm 左右，而未退火之前，最大残余压应力深度在 10 μm 处，其原因主要是表层残余压应力松弛更加显著。对比四种不同温度残余应力分布结果，当温度为 750℃ 时，喷丸残余应力在 300 μm 时几乎完全松弛，其压应力层深最浅。图 12.11 为 S30432 奥氏体不锈钢喷丸试样的残余应力在不同温度下松弛行为。

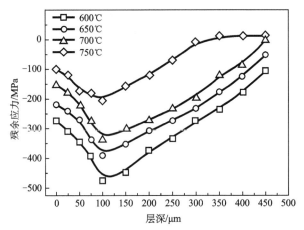

图 12.10　S30432 奥氏体不锈钢在不同
温度下保温退 15min 后喷丸残余应力随层深分布曲线

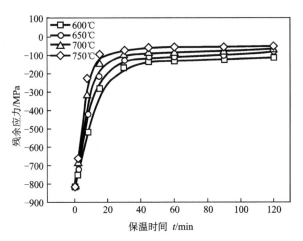

图 12.11　S30432 奥氏体不锈钢喷丸试样残余
应力在不同温度下的松弛行为

由图 12.11 可知，S30432 奥氏体不锈钢喷丸试样在未退火之前，表面残余应力值为 −808MPa，不同退火温度下，残余应力在初始阶段均出现明显的松弛，随着保温时间的增加，其值逐渐稳定；温度越高，残余应力最终稳定值越小。在

600℃、650℃、700℃、750℃经过 120 min 退火之后，表面残余应力分别降至：
−122MPa，−80MPa，−64MPa，−49MPa。在 600～750℃，2h 后残余应力松
弛十分明显。残余应力的热松弛过程通常认为是一个符合蠕变规律的过程。其热
松弛规律可以用 Zener-Wert-Avrami 方程表示为

$$\sigma_{T,\ t}^{RS} / \sigma_0^{RS} = \exp[-(At)^m]$$
$$A = B_{RS} \exp(-\Delta H_{RS}/kT)$$

(12.3)

式中，$\sigma_{T,\ t}^{RS}$ 为在温度为 T、保温时间为 t 时的残余应力值；σ_0^{RS} 为初始应力值；m
为与松弛有关的参数；A 为与材料及温度有关的参数；B_{RS} 为材料参数；k 为玻
尔兹曼常数；ΔH_{RS} 为材料残余应力激活焓。

利用公式（12.3）通过回归分析 m 为 0.49，S30432 奥氏体不锈钢残余应力
激活焓为 159 J/mol。喷丸造成材料表层位错密度增加，微应变增大。在高温条
件下，原子动能增大、位错运动能力提高导致了位错密度降低，喷丸残余应力
松弛。

12.2.3　S30432 不锈钢喷丸层微结构的 X 射线线形分析[2]

1. 复合喷丸的微结构

喷丸造成材料衍射线形宽化，是由材料组织结构变化引起的。对于 S30432
奥氏体不锈钢，其微结构与喷丸工艺密切相关。图 12.12 为 S30432 奥氏体不锈
钢不同喷丸处理后的表面 X 射线衍射谱线。通过 X 射线衍射谱线可以发现，经
过喷丸处理后 S30432 表层均没有出现相变，其性能较传统 304 奥氏体不锈钢稳
定，同时喷丸处理后 X 射线线形明显宽化。

从图 12.13 中可以看出，通过 Person Ⅶ 函数对 S30432 奥氏体不锈钢（311）
衍射峰拟合的结果与实测衍射线形基本重合，$K_{\alpha 1}$ 和 $K_{\alpha 2}$ 衍射线形分量实现分离。
采用 Person Ⅶ 拟合还可以给出衍射线形形状参数 M、峰位等信息，可为下一步
分析提供参考。当 M 为 1 时，衍射线形为 Cauchy；当 M 为 2 时，衍射线形为改
进的 Lorentzian；当 M 为无穷大时，衍射线形为 Gaussian。S30432 奥氏体不锈
钢基体（311）衍射线形 M 值为 1.62，表明该线形主要介于 Cauchy 和 Modified
Lorentzian 之间。

X 射线衍射线形分析方法利用已有的物理模型，通过对单个或者多个衍射峰
进行分析，可得到材料的组织结构信息。本章主要研究了不同线形分析方法对
S30432 奥氏体不锈钢喷丸微观结构的表征。这些方法中当不考虑材料各向异性
时，主要为丸层组织结构的 X 射线线形分析 Williamson-Hall Plot 方法[16]以及
Warren-Averbach 方法。Williamson-Hall Plot 方法主要假设各个组织结构所引
起的衍射线形同时为 Gaussian 或者 Cauchy 函数。Warren-Averbach 方法对衍射
线形不做任何假设，主要采用 Fourier 变换的方法，计算材料的微结构。

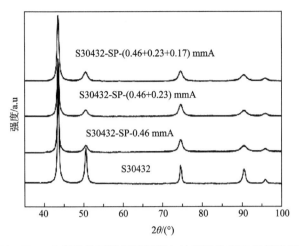

图 12.12　S30432 奥氏体不锈钢不同喷丸处理后的表面 X 射线衍射谱线

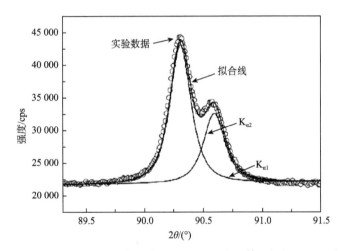

图 12.13　采用 Person Ⅶ 函数拟合未喷丸下 S30432 奥氏体不锈钢（311）衍射峰线形

对于存在各向异性的材料，利用 Voigt 函数方法可以简单直接地表征各个晶向上的组织结构变化。当材料中存在大量的位错时，考虑到位错产生的微应变各向异性，通过引入位错对比因子而形成 Modified-Williamson-Hall Plot 方法以及 Modified-Warren-Averbach 方法。上述两种方法由于考虑了微应变各向异性可以得到较为可靠的结果。此外，利用 Rietveld 全谱拟合分析方法，通过线形宽化模型，可以对 S30432 奥氏体不锈钢喷丸微结构进行表征。

图 12.14 和图 12.15 分别为不同喷丸工艺下的晶粒尺度和微应变随层深的变化规律。从图 12.14 中可以看出，在距离表层小于 100μm 时，三种不同喷丸工艺的晶粒尺度均小于 100nm，三种工艺之间的差异很小；随着层深增加，二次喷丸和三次喷丸处理后的样品，晶块更加细化，这主要是由于复合喷丸增加了表层塑性变形

程度；当层深超过 450μm 时，晶粒尺度均在 335nm 左右，与基体一致。

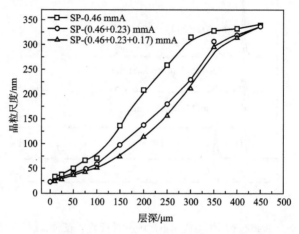

图 12.14　S30432 奥氏体不锈钢不同喷丸工艺下晶粒尺度随层深分布曲线

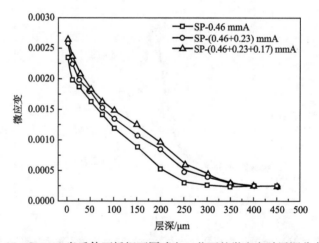

图 12.15　S30432 奥氏体不锈钢不同喷丸工艺下的微应变随层深分布曲线

　　喷丸后晶粒尺度细化、微应变显著增加，从图 12.15 中可以看出，微应变在表层获得最大值，随着层深增加，逐渐减小。对比三种不同喷丸工艺，在相同层深处，二次喷丸和三次喷丸微应变均高于一次喷丸；当层深超过 350μm 时，三种喷丸工艺的微应变值基本相等。

　　采用 Rietveld 全谱拟合方法对 S30432 奥氏体不锈钢喷丸层微观晶粒尺度分布进行分析，结果如图 12.16 所示。从图中可以看出，随着层深增加，最大概率时的晶粒尺度逐渐增加，当层深为 300μm 时其值为 238nm，同时经过喷丸后，晶粒尺度变化范围变小，趋于均匀。

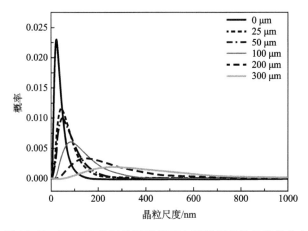

图 12.16 S30432 奥氏体不锈钢喷丸层微观晶粒尺度的分布

2. 预应力喷丸 S30432 不锈钢微结构

在相同的喷丸强度下，预应力喷丸可以提高材料喷丸后的残余应力值。对于预应力喷丸后其组织结构的变化，可利用 X 射线衍射线形分析方法进行分析。图 12.17 为不同预应力下喷丸处理下。晶粒尺度随层深分布曲线。从图中可以看出，随着外加预应力的增加，晶块细化效果越加明显。在相同的层深条件下，外加预应力越高，晶粒尺度越小，在表面晶粒尺度最小达到 55nm。

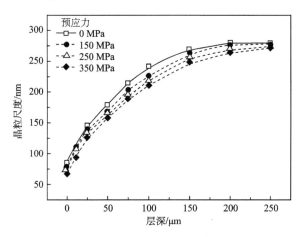

图 12.17 不同预应力下喷丸处理后晶粒尺度随层深分布曲线

微应变与喷丸工艺密切相关，对于预应力喷丸，图 12.18 为利用 X 射线衍射线形分析方法计算出的微应变。结果显示，预应力喷丸可以提高喷丸层内的微应变，在同一层深，随着预应力的增加，微应变也相应增加。当层深大于 150μm 时，预应力喷丸与传统喷丸微应变值基本一致，预应力喷丸对表层影响较为明显。这主要是由于在喷丸结束后，预应力释放，增强了表层塑性变形程度，从而提高了表层的微应变值。

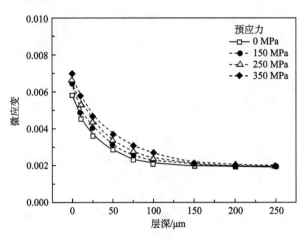

图 12.18　不同预应力喷丸处理后微应变随层深分布曲线

12.2.4　S30432 不锈钢喷丸变形微结构的回复与再结晶行为[2,5,7,8]

　　喷丸强化造成的受喷丸材料表面晶块细化、微应变增加是喷丸强化提高材料表面性能的重要原因之一。然而其喷丸组织结构在热力学上属于亚稳定状态，在高温条件下，喷丸变形组织将发生回复、再结晶以及长大等变化，同时微应变和位错密度也将随之减小。上述组织结构的变化将降低喷丸组织强化效果。S30432奥氏体不锈钢喷丸后表层细化的微观组织是提高其性能的重要原因，因此研究S30432 奥氏体不锈钢喷丸变形层组织结构的变化具有十分重要的意义。

　　在研究 S30432 奥氏体不锈钢喷丸层在等温条件下的组织结构变化时，退火温度选择为：600℃，650℃，700℃，750℃ 保温时间最大为 2h。利用 LXRD 应力分析仪 Mn‐Kα 测量 γ‐Fe（311）衍射峰，利用 Voigt 分析方法对不同退火条件下微观结构进行计算。图 12.19 为在不同退火温度下晶粒尺度随保温时间的变化规律。从图中可以看出，不同温度下，晶块长大基本具有相似的规律：在同一温度下，随着保温时间的增加，晶粒尺度逐渐增大；温度越高，晶块长大速度越大，最终晶粒尺度也相对较大。

　　等温加热过程中，晶粒尺度的变化规律可表示为

$$\frac{\mathrm{d}D}{\mathrm{d}t} = AD^{-1}\exp\left[-\frac{Q_a}{RT}\right] \tag{12.4}$$

式中，T 为退火温度；t 为保温时间；R 为气体常数（8.314 J·mol^{-1}·K^{-1}）；A 为材料常数；Q_a 为晶界迁移激活能。对上式进行积分则变为

$$D_t^2 = D_0^2 + 2At\exp\left(-\frac{Q_a}{RT}\right) \tag{12.5}$$

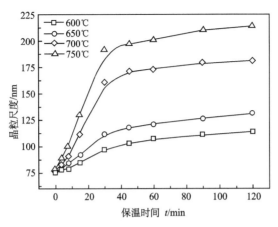

图 12.19　S30432 奥氏体不锈钢喷丸表面晶粒
尺度在不同退火温度下随保温时间的变化

利用上述公式以及图 12.20 中的数据进行回归分析，得到 S30432 奥氏体不锈钢的 Q_a 为 259 kJ/mol。S30432 奥氏体不锈钢发生回复、再结晶的驱动力主要为喷丸造成的材料表面晶块细化、微应变增加、位错增殖所引起的变形能。在高温条件下，首先发生的是回复阶段，在温度较低时，主要通过空位的消失来降低体系能量，因此对于晶体的形状以及大小影响不大。当温度较高时，通过位错的滑移以及攀移在多边化机理的作用下形成亚晶，随着温度提高，当达到材料的再结晶温度后，在高温回复阶段形成的亚晶在迁移过程中合并了其相邻亚晶界上的位错，亚晶尺寸增大，且与相邻亚晶取向差增大，最终形成大角度晶界，当其界面达到临界曲率半径时，稳定的再结晶核心便形成了。随着保温时间的增大，晶粒将进一步长大。因此，对于喷丸变形层的回复再结晶过程，喷丸变形程度以及材料中有可能阻碍位错运动的各种因素均能影响其回复再结晶过程。等温退火过程中，晶块长大，材料中位错密度降低，使得微应变发生松弛。微应变在不同退火温度下随保温时间的变化结果如图 12.20 所示，S30432 奥氏体不锈钢喷丸试样表面微应变随着保温时间的延长，在开始阶段显著减低，随后逐渐变缓，最终进入稳定阶段；退火温度越高，微应变松弛越明显。等温退火过程中，微应变的松弛规律可用下式表示：

$$\frac{\mathrm{d}\varepsilon}{\mathrm{d}t} = -C\varepsilon^m \exp\left[-\frac{Q_b}{RT}\right] \tag{12.6}$$

式中，Q_b 为松弛激活能；ε 为材料微应变；C 为材料常数；m 为松弛指数。对上式进行积分可得

$$\varepsilon^{-(m-1)} = \varepsilon_0^{-(m-1)} + Ct(m-1)\exp\left(-\frac{Q_b}{RT}\right) \tag{12.7}$$

ε_0 为初始微应变，利用式（12.7）和图 12.21 中数据，通过回归分析，得到 S30432

奥氏体不锈钢微应变激活能为 171 kJ/mol，小于 S30432 奥氏体不锈钢晶块长大激活能。微应变的松弛主要与位错的运动密切相关，而对于晶块长大激活能，其与大角度晶界的形成密切相关，因此晶块激活能高于微应变松弛激活能。

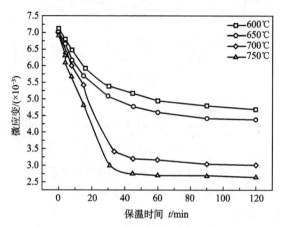

图 12.20　S30432 奥氏体不锈钢喷丸表面
微应变在不同退火温度下随保温时间的变化

喷丸强化表层组织结构，其处于热力学不稳定状态，组织结构的变化主要是通过位错的运动实现的。通过 X 射线衍射线形分析可以计算出喷丸层在退火过程中的位错密度变化。图 12.21 为 S30432 奥氏体不锈钢喷丸表面位错密度在不同温度下随保温时间的变化。从图中可以看出，在开始阶段，位错密度快速降低，随着保温时间增加，逐渐放缓，最后进入稳定阶段。对于不同的温度，温度越高，稳定阶段位错密度越小。

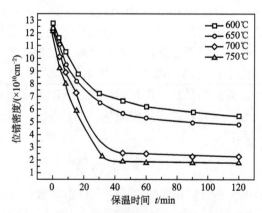

图 12.21　S30432 奥氏体不锈钢喷丸表面位错
密度在不同温度下随保温时间的变化

选择 S30432 奥氏体不锈钢退火 15 min 试样，利用电化学剥层以及 X 射线衍射线形分析方法，分别计算出不同温度下的晶粒尺度随层深变化规律。结果如图 12.22 所示，表明不同温度下，在开始阶段晶块长大速度较大，随着层深增加，速度逐渐变缓。S30432 奥氏体不锈钢经过喷丸处理后，表层晶块细化、微应变增大、位错增殖等将导致变形储存能增高。变形层组织结构处于热力学不稳定状态，变形储存能是其回复、再结晶的驱动力。同时其变形组织结构随层深呈现梯度分布，表层组织细化最为明显。在保温开始阶段，表层温度最高，因此导致了表层晶块长大速度较大，随着层深增加，速度逐渐变缓，最后基本稳定。

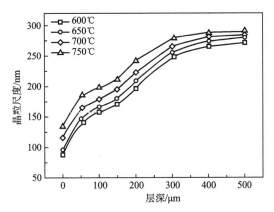

图 12.22　S30432 奥氏体不锈钢喷丸层不同温度下晶粒尺度在退火处理后随层深分布

12.2.5　喷丸对 S30432 不锈钢原始织构的影响[2]

织构主要是指在多晶体材料中当许多晶粒取向集中分布在某些特定取向位置时而形成的择尤取向。在铸造、电镀、热加工、轧制、深冲等过程中均可能产生织构，织构对材料的性能影响十分明显，主要原因是引起了材料各向异性。因此，研究表面喷丸强化对 S30432 奥氏体不锈钢织构的影响具有十分重要的意义。

S30432 奥氏体不锈钢在经过喷丸处理后，表面在高速弹丸的反复撞击下发生强烈的塑性变形，组织结构出现了亚晶粒细化、微应变增加。上述微观组织的变化直接影响着材料原始织构。本节主要采用 X 射线衍射分析方法研究 S30432 奥氏体不锈钢在喷丸前后表层织构的变化。在样品坐标系中，RD 为试样长度方向，TD 为试样宽度方向。采用 Schultz 织构测量方法，测量了 γ-Fe {111}，γ-Fe {200}，γ-Fe {220} 三组衍射晶面极图，α 角范围为 $25°\sim85°$。从图 12.23 可以看出，喷丸处理后织构明显弱化，表层织构基本消失。喷丸过程中，S30432 奥氏体不锈钢表面变形方向随机，经过反复的塑性变形后，亚晶粒细化、位错密度提高，大量位错集中在晶界处，并最终形成大角度晶界，使得晶粒之间的取向逐渐变为随机，最终达到了弱化表层原始织构的目的。

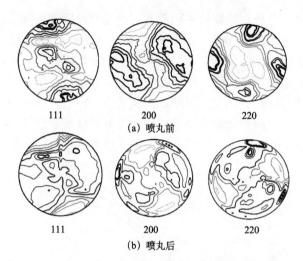

图 12.23　S30432 奥氏体不锈钢喷丸前后原始织构的变化

12.3　S32205 双相不锈钢喷丸表层结构的表征与研究[9~13]

12.3.1　喷丸工艺参数对双相不锈钢残余应力场的影响

S32205 双相不锈钢具有高强度且易于加工制造等诸多优异性。其化学成分和力学性能见表 12.6。为充分发挥其性能潜力，喷丸强化是提高材料疲劳性能的一种有效手段。较传统喷丸而言，复合喷丸不仅可以提高残余压应力的强化，还可降低表面粗糙度。由于卸载后的弹性回复，预应力喷丸可在较低的喷丸强度下产生更优化的残余压应力场。由于双相钢中铁素体和奥氏体组织的力学性能不同，所以有待于进一步研究各喷丸工艺分别对两相残余压应力强化的影响。

表 12.6　S32205 双相不锈钢化学成分和力学性能

C	Si	Mn	P	S	Cr	Ni	Mo	N	Fe
$\leqslant$0.03	$\leqslant$1.0	$\leqslant$2.0	$\leqslant$0.03	$\leqslant$0.02	21.0~23.0	4.5~6.5	2.5~3.5	0.08~0.20	余量
力学性能		$\sigma_{0.2}$/MPa		σ_b/MPa		ε_b/%		E/GPa	
		460		625		25		205	

1. 传统喷丸及其残余应力场

由图 12.24 可知，经过喷丸强度为 0.30mmA 的一次传统喷丸后，试样表层由于发生弹塑性变形，铁素体和奥氏体均呈现为残余压应力状态。在奥氏体中，残余应力随着层深的增加先增大后减小，其残余应力最大值为－936MPa 且位于层深约 25μm 处。然而，铁素体残余应力最大值是直接位于试样表面而不是出现在次表层，其大小为－822MPa，随层深的增加，其残余压应力逐渐减小。关于一次喷丸残余应力场的具体参数：①SCRS－表面残余压应力值；②MCRS－最大残余压应力值；③DCRS－残余压应力层深；④DMCRS－最大残余压应力深度，如表 12.7 所示。此外，从图中也可得知 S32205 双相不锈钢喷丸强化前，其铁素体与奥氏体的残余应力分别约为－90MPa，＋70MPa。在制备的热处理过程中，由于两相具有不同的热膨胀系数，两相间出现不同性质的残余应力，铁素体产生残余压应力，而奥氏体则产生与之平衡的残余张应力。

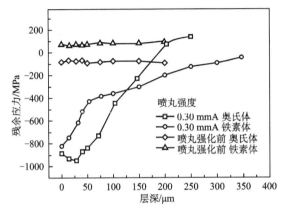

图 12.24　一次喷丸对 S32205 双相不锈钢残余应力分布的影响

表 12.7　S32205 双相不锈钢在喷丸强度为 0.30mmA 下的残余压应力场

物相	SCRS /MPa	MCRS /MPa	DCRS /μm	DMCRS /μm
铁素体	－822	－822	300	0
奥氏体	－890	－936	200	25

　　喷丸过程中，残余应力最大值的分布取决于两方面因素，一方面是在表面切向力的作用下，材料的塑性延展导致最大残余应力出现在材料表层及附近，主要出现在喷丸强化中的低强度材料；另一方面，赫兹力的作用致使材料在层深上产生塑性变形，主要体现为高强度材料的喷丸强化。因此，喷丸后最大残余应力的分布将取决于这两方面因素间的相互作用。在相同的喷丸条件下，铁素体的最大残余应力出现在喷丸表面而不是次表层，这是由于在喷丸过程中铁素体为相对的低强度组织结构，赫兹力没有起着主导作用。Foct 等发现双相钢中氮元素的含量对奥氏体硬度起着非常重要的作用，当双相钢中氮元素含量超过0.12 wt.％时，将大大增加奥氏体的显微硬度，并高于铁素体，因此，实验中 S32205 双相不锈钢铁素体和奥氏体最大残余应力分布层深的差异可认为双相钢氮含量大于 0.12 wt.％的影响。喷丸撞击是瞬间的绝热过程，撞击时将产生不同程度的塑性变形，由于两相显微硬度不同，铁素体因表层塑性压缩产生更多的热量致温度升高，由此可认为降低表面残余压应力值[13]致使铁素体的最大残余应力值小于奥氏体。

为了提高喷丸残余压应力强化效果，在传统的一次喷丸中常选择弹丸直径更大，喷丸强度更高的喷丸工艺。但该方法容易导致工件表面粗糙度提高甚至使表面出现微裂纹，这样不仅不利于疲劳性能的提高，反而加速破坏的作用。S32205 双相不锈钢经喷丸强度为 0.30mmA 的一次传统喷丸强化后，尚未发现明显的微裂纹。

2. 复合喷丸及其残余应力场

弹丸直径和喷丸强度增加，最大残余压应力、残余压应力层深都将随之增加。显然，这些特征参数值的提高更利于材料性能的改善。然而传统的一次喷丸仍达不到理想的效果，为此在传统喷丸的基础上复加第二次或多次喷丸的复合喷丸，以进一步优化表层残余压应力场及喷丸表面形貌，其后续的强化工艺通常是降低喷丸强度和减小弹丸直径。

为研究喷丸强度对 S32205 双相不锈钢残余应力场的影响，实验采用了三种不同强度的第一次喷丸，其强度分别为 0.30mmA、0.20mmA、0.15mmA，喷丸粒子是直径为 0.60mm 的钢丝切丸；为优化喷丸表面粗糙度，实验在第二次喷丸时分别采用了强度为 0.15mmA，喷丸粒子直径为 0.30mm 的陶瓷喷丸。

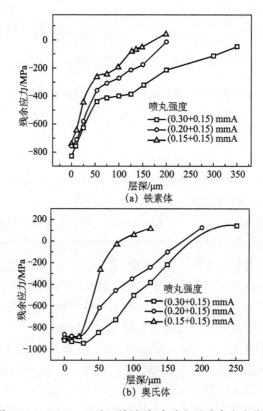

图 12.25　S32205 双相不锈钢复合喷丸后残余应力分布

为了进一步优化喷丸表面的粗糙度，降低第一次喷丸强度也是一种有效的方式，但降低喷丸强度不利于残余压应力及残余压应力层深的增加，如图 12.25（a）和（b）所示。铁素体残余压应力分布特征参数如表 12.8（a）所示，在各种不同复合喷丸强度下，铁素体最大残余压应力均分布在喷丸工件表面，第一次喷丸强度越大，表面残余压应力、残余压应力层深越大。而奥氏体最大残余压应力则位于层深约 25μm 处，残余压应力分布特征参数如表 12.8（b）所示。虽然在同一喷丸条件下，但奥氏体比铁素体具有相对较高的显微硬度和加工硬化率，因此奥氏体残余压应力层深明显小于铁素体。比较表 12.8（a）和表 12.8（b）中数据可知，相对于强度为 0.30 mmA 一次传统喷丸，强度为（0.30＋0.15）mmA 复合喷丸中铁素体和奥氏体的最大残余压应力均得到了提高。

表 12.8（a）　　S32205 双相不锈钢复合喷丸后残余压应力分布特征参数（铁素体）

喷丸条件	SCRS /MPa	MCRS /MPa	DCRS /μm	DMCRS /μm
（0.30＋0.15）mmA	−835	−835	300	0
（0.20＋0.15）mmA	−748	−748	200	0
（0.15＋0.15）mmA	−740	−740	150	0

表 12.8（b）　　S32205 双相不锈钢复合喷丸后残余压应力分布特征参数（奥氏体）

喷丸条件	SCRS /MPa	MCRS /MPa	DCRS /μm	DMCRS /μm
（0.30＋0.15）mmA	−913	−967	200	25
（0.20＋0.15）mmA	−871	−900	150	25
（0.15＋0.15）mmA	−869	−911	100	25

综上可知，铁素体和奥氏体喷丸残余应力的强化效果不仅与喷丸工艺有关，而且与各相材料组织结构、加工硬化率等因素密切相关。随着喷丸强度的提高，弹丸动能增大，两相最大残余压应力、残余压应力层深均增大。在相同的喷丸条件下，铁素体残余压应力变形层深大于奥氏体，其最大残余压应力分布的位置不同与两物相强度相关。

3. 预应力喷丸及其残余应力场

在喷丸强化前给被喷工件施加一定方向的拉应力，喷丸结束后即卸载拉应力，工件将产生弹性回复而使强化效果得到进一步提高，其强化工艺被称为预应力喷丸。这样可采用更小的喷丸强度获得更优化的残余应力分布，同时利于表面粗糙度的降低。S32205 双相不锈钢在预应力喷丸中使用了 350MPa、400MPa、450MPa三种外加载荷，喷丸强度为 0.18mmA，定义外载拉应力方向为纵向

（LD）、垂直于拉伸方向为横向（TD）。

铁素体和奥氏体在预应力喷丸时残余应力随层深的变化分别如图 12.26 和图 12.27所示。从图 12.26（a）和（b）可以看出，铁素体最大残余压应力位于试样表面，并沿着层深逐渐小，残余压应力层深约为 250μm，而由图 11.27（a）和（b）可见，奥氏体残余应力随层深先增大再减小，残余压应力层深约 150μm。此外，在相同的喷丸强度下，铁素体和奥氏体的最大残余压应力以及残余压应力层深均随预应力的增加而增大。

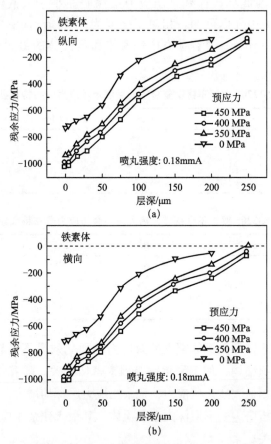

图 12.26 S32205 双相不锈钢铁素体在不同预应力喷丸时残余应力随层深的变化

铁素体的最大残余压应力位于喷丸表面，而奥氏体最大残余压应力位于次表层（层深约 15μm），两相最大残余压应力不同位置的分布应与两相组织结构不同有关。S32205 双相不锈钢中 N 含量超过 0.12 wt.%，奥氏体强度因固溶大量 N 原子而变得更高，因此在喷丸变形过程中，赫兹力在奥氏体中起着重要的作用。

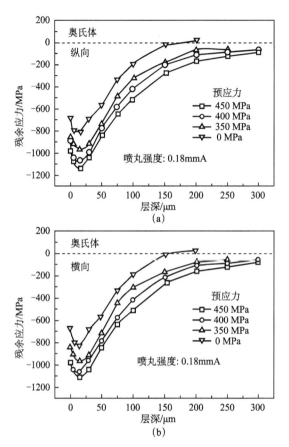

图 12.27　S32205 双相不锈钢奥氏体在不同预应力喷丸时残余应力随层深的变化

由表 12.9（a）和（b）可见，在预应力相同的喷丸条件下，奥氏体最大残余压应力均大于铁素体，可认为铁素体强度小于奥氏体而导致残余压应力下降。从纵向和横向相比较，无论铁素体还是奥氏体，在纵向的最大残余压应力值均大于横向，可归结于纵向的弹性回复将进一步提高残余压应力值。纵向预应力越大，由弹性回复提高的残余应力越明显。

表 12.9（a）　S32205 双相不锈钢铁素体在不同预应力喷丸时的最大残余压应力（横向和纵向）

（单位：MPa）

方向	最大残余压应力			
	0MPa	350MPa	400MPa	450MPa
纵向	719	935	990	1010
横向	720	910	980	1004

表 12.9（b）　S32205 钢奥氏体在不同预应力喷丸时的最大残余压应力（横向和纵向）

（单位：MPa）

方向	最大残余压应力			
	0MPa	350MPa	400MPa	450MPa
纵向	849	994	1084	1189
横向	848	980	1073	1137

铁素体、奥氏体在不同载荷下纵向的最大残余应力，如表 12.10 所示，预应力增加，相对于传统喷丸（预应力 0MPa）的最大残余应力的提高率逐渐增大。在同一预应力状态，铁素体最大残余应力的提高率都高于奥氏体，特别是当预应力强度较小时，铁素体最大残余应力的提高率明显高于奥氏体。由此表明在相同的预应力喷丸中，铁素体比奥氏体具有更强的弹性回复。

表 12.10　S32205 钢不同预应力喷丸相对于传统喷丸残余应力的提高率（铁素体和奥氏体）

（单位：%）

预应力	350MPa	400MPa	450MPa
奥氏体	17.08	27.68	40.04
铁素体	30.04	37.69	40.47

有研究认为，喷丸所预加拉应力低于材料屈服强度一半值时，残余压应力的增加将与预应力成正比，因此，材料屈服强度 0.5 倍值也被认为是预加拉应力临界值。在拉应力高于材料屈服强度 0.5 倍时，卸载中产生反向局部塑性变形，将导致残余应力有部分松弛，因此残余应力出现递减趋势。本实验选用 350MPa、400MPa、450MPa 预应力为 0.5～1.0 倍的屈服强度，实验证明，在此范围，两相残余应力的提高率与预应力仍成正向增长关系。

在传统喷丸中，铁素体最大残余压应力小于奥氏体，两相在纵向残余压应力相差 130MPa；但当预应力为 350MPa 时，两相最大残余压应力差缩减为59MPa，表明预应力喷丸可减小两相间残余压应力值的差距。由此可见，双相钢的预应力喷丸可同时提高铁素体和奥氏体残余压应力最大值、增加其残余压应力层深，尤其有利于提高铁素体残余压应力的强化。

12.3.2　S32205 双相不锈钢喷丸残余应力的松弛行为[9,12]

喷丸在材料表层引入残余压应力，可有效提高材料表面性能，体现为表层残余压应力可使裂纹萌生的位置从表面层下移至次表层，同时残余压应力还可降低已生裂纹扩展的速度。因此，材料的疲劳强度以及疲劳寿命必然与喷丸残余压应力的分布及其稳定性有关。在外界因素作用下，残余应力的松弛行为与喷丸材料内部组织结构的变化密切相关。从热力学来看，高能量的组织状态在外因作用下总趋向于更稳定的低能量状态，而残余应力的大小可视为系统偏离低能量稳定态的程度，因为残余应力松弛行为与材料内部储存的残余应力弹性应变能有关。残余应力松弛的实质是通过局部塑性变形将储存在材料中的弹性应变能逐渐释放，其释放过程是通过位错运动使弹性变形全部或部分转变为塑性变形。通常，残余应力松弛的主要方式有应力高温松弛、静载荷松弛、循环载荷松弛等。

1. S32205 双相不锈钢喷丸残余应力的高温松弛

双相钢喷丸表层中铁素体和奥氏体的残余压应力得到了强化，但残余压应力的稳定性将直接影响到材料性能的改善。本章利用原位 X 射线应力测量方法，选择加热温度分别为 600℃、650℃ 和 700℃ 研究了双相钢喷丸表层铁素体和奥氏体残余应力的高温松弛行为。

图 12.28 描述了 S32205 双相不锈钢经喷丸后，在温度 650℃ 中加热 2min、16min 喷丸残余应力沿层深的分布规律。由图可知，加热时间从 2min 到 16min，奥氏体层的残余压应力最大值从 −782MPa 减小为 −328MPa，而铁素体从 −773MPa 减小为 −499MPa，由此表明，奥氏体残余应力松弛比铁素体更明显。在相同的时间内，加热温度升高，整个应力变形层中铁素体和奥氏体残余应力均减小。最大残余应力随加热时间的延长而减小，同时最大残余应力的分布逐渐向更大层深推移，结果表明在高温环境下，变形层发生了热回复再结晶行为。

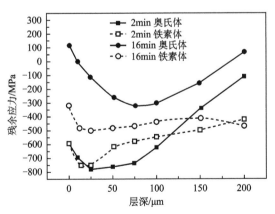

图 12.28　S32205 双相不锈钢在同一温度下加热 2min、16min 喷丸残余应力沿层深的分布

喷丸残余压应力与加热参数（如时间和温度）的关系，即残余应力松弛行为如图 12.29 所示。加热时间分别是 1min、2min、4min、8min、16min、32min、64min 和 128min，实验表明铁素体和奥氏体的松弛行为同时依赖于加热时间和加热温度。在等温加热中，各相残余应力松弛的最大松弛率发生在加热的起始阶

段（前几分钟）。加热前，铁素体和奥氏体表面的最大残余应力最大值分别约为－810MPa 和－960MPa，分别在 600℃、650℃和 700℃加热 128min 后，铁素体的残余应力分别减小为－365MPa、－288MPa 和－152MPa（64min），其残余应力松弛率分别为 54.9％、64.4％和 81.2％，铁素体在 700℃加热 128min 后基本消失；同一过程中，奥氏体残余应力分别减小为－113MPa、－35MPa 和＋100MPa（64min），其残余应力松弛率分别为 88.2％、96.4％和 89.6％。由此可得出，残余应力的松弛率随加热时间的延长和加热温度的升高而增加。在同一加热过程中，奥氏体的松弛率高于铁素体，可认为喷丸层中奥氏体因喷丸变形而储存有更高的应变能，有利于位错的移动和重组而提高奥氏体残余应力松弛率。

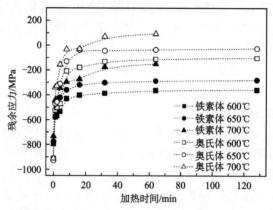

图 12.29　等温加热过程中 S32205 双相不锈钢喷丸残余应力的松弛行为

残余应力松弛与加热温度、时间以及材料性能有关，其应力热松弛的机理则可利用 Zener-Wert-Avrami 函数进行表征：

$$\sigma_{T,t}^{RS}/\sigma_0^{RS} = \exp[-(At)^m] \tag{12.8}$$

式中，σ_0^{RS} 为加热前的初始应力；$\sigma_{T,t}^{RS}$ 则表示加热温度 T、加热时间 t 时的残余应力；m 为与松弛机理有关的参数；A 则是依赖于材料和加热温度的函数：

$$A = B\exp(-\Delta H/kT) \tag{12.9}$$

式中，B 为材料常数；k 为玻尔兹曼常数；ΔH 为松弛过程的激活能。在公式（12.9）的基础上，可利用 $\log[\ln(\sigma_{T,t}^{RS}/\sigma^{RS})]$ 和 $\log(t)$ 在某一温度的关系进行线性回归，由其斜率即可得出参数值，如图 12.30 所示。

根据方程（12.8）和（12.9），利用线性回归得出铁素体和奥氏体激活能分别为 178 kJ/mol 和 116 kJ/mol。残余应力松弛激活能与材料状态有关，该激活能值与文献报道范围吻合。而 18CrNiMo7-8 双相钢中残余应力热松弛激活能为 108 kJ/mol，GCr15 钢表面马氏体残余应力松弛激活能为 115 kJ/mol[14]。GCr15 钢比 18CrNiMo7-6 双相钢的松弛激活能高，应力松弛速度较慢，也说明 GCr15 钢具有更高的热强性。

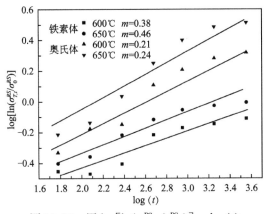

图 12.30　用 $\log[\ln(\sigma_{T,t}^{RS}/\sigma_0^{RS})] \sim \log(t)$
线性回归退火时间及温度对残余应力的影响

　　双相钢喷丸残余应力热松弛可认为与两方面有关，一是铁素体为 bcc 结构而奥氏体为 fcc 结构，因而铁素体在应力热松弛中具有更高的自扩散能力；但另一方面是喷丸表层中奥氏体比铁素体具有更高的位错密度和更大的残余压应力，其储存的变形能可为应力热松弛提供更有利的驱动力。双相钢喷丸残余应力在热松弛过程中，其奥氏体残余应力稳定性小于铁素体，由此表明，由喷丸变形能所提供的驱动力在奥氏体应力热松弛中起着重要的作用。

　　2. S32205 双相不锈钢喷丸残余应力在外加载荷条件下的松弛

　　加载前，S32205 双相不锈钢喷丸强化层内残余应力分别沿拉伸加载方向（纵向）和垂直拉伸加载方向（横向）的分布，如图 12.31 所示。从两方向残余应力分布来看，铁素体和奥氏体残余应力没有明显差异。在相同的喷丸条件下，奥氏体残余压应力最大值高于铁素体，但残余压应力分布层深小于铁素体。同一喷丸条件下，由于两相强度不同，奥氏体中与表层残余压应力相平衡的内层张应力值比铁素体高，且分布的层深更浅。在一次拉伸静载荷下，所外加静载荷大小范围为 0～550MPa，每加载一次后递增 50MPa，如图 12.32 (a) 和 (b) 所示。在外载拉应力方向，当外载小于 450MPa 时，铁素体和奥氏体残余应力松弛都不明显，而超过 450MPa 后，残余应力松弛加快，表明在材料局部区域，外加载荷应力与材料残余应力叠加值超过屈服强度而发生塑性变形，导致残余应力松弛。垂直于拉伸方向，两相的残余应力松弛在整个过程中均不明显，这是因为垂直于拉伸方向的弹塑性变形比拉伸方向小得多，因此在拉伸方向铁素体和奥氏体残余应力松弛最明显。

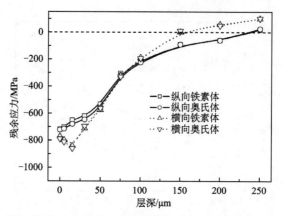

图 12.31　S32205 双相不锈钢喷丸强化层内沿拉伸加载方向和垂直拉伸加载方向残余应力场

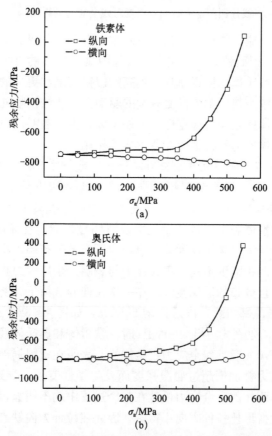

图 12.32　S32205 双相不锈钢喷丸表面残余应力在静载荷下的松弛行为

　　由于垂直拉伸方向的残余应力松弛不明显，因此循环载荷中只研究了沿拉伸方向残余应力的松弛，选取外加载荷分别为 400MPa、450MPa 和 500MPa，具体松弛行为如图 12.33 (a) 和 (b) 所示。循环加载前，铁素体和奥氏体残余应力分别为－740MPa 和－815MPa，经周次为 1、2、3、5、10、15、20 和 30 次循环后，两相残余应力均降低，结果表明，残余应力松弛不仅与外加载荷大小有关，而且依赖于循环周次。在 30 周次后，外加载荷 400MPa、450MPa 和 500MPa 作用下铁素体的残余应力分别减小为－548MPa、－455MPa 和－60MPa，松弛率为 25.9%、38.5 % 和 91.9 %，同时奥氏体残余应力分别减小为－562MPa、－393MPa 和－37MPa，对应松弛率为 31.0%、51.8% 和 95.5 %，由此表明在相同的外加载荷条件下，奥氏体的松弛率高于铁素体。

　　由图 12.33 可知，在不同强度的拉伸载荷下，残余应力最大松弛率发生在最初的循环周次。通常，喷丸引起的加工硬化在喷丸层表面最明显，并随着层深的增加而逐渐减小。由"包申格效应"(Bauschinger effect) 可知，通过外载拉伸的作用，在卸载后可提高拉伸方向的屈服强度。拉伸强度越大，拉伸屈服点越高，被提高后的屈服强度将使后续的拉伸循环变形量减小，因此经过最初周次的循环后，残余应力将逐渐趋于稳定。

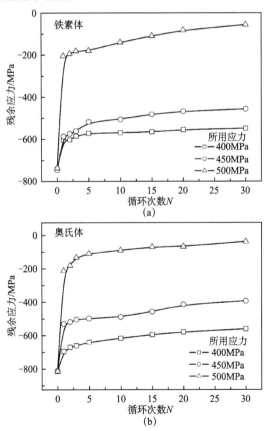

图 12.33　循环载荷下 S32205 双相不锈钢喷丸表面残余应力的松弛行为

　　根据 Kodama 理论，S32205 喷丸双相不锈钢在循环拉伸载荷下的残余应力与循环周次对数的线性关系可表示为

$$\sigma_N^{RS} = A + m\log N \qquad (12.10)$$

其中，σ_N^{RS} 为试样循环 N 周次后的残余应力；A 表示加载 1 周次后的残余应力值；m 表示残余应力的松弛速率。因此，A 和 m 都与外加载荷大小有关。利用公式（12.10）及图 12.34（a）数据得出 S32205 双相不锈钢铁素体在外加载荷 400MPa、450MPa 和 500MPa 时，应力松弛与循环周次对数关系分别为

$$\sigma_N^{RS} = -605.5 + 37.9\log N$$
$$\sigma_N^{RS} = -595.2 + 95.2\log N$$
$$\sigma_N^{RS} = -225.5 + 102.3\log N$$

在对应载荷下，奥氏体的应力松弛与拉伸循环周次对数关系分别为

$$\sigma_N^{RS} = -701.1 + 90.5\log N$$
$$\sigma_N^{RS} = -547.8 + 98.8\log N$$
$$\sigma_N^{RS} = -204.5 + 113.5\log N$$

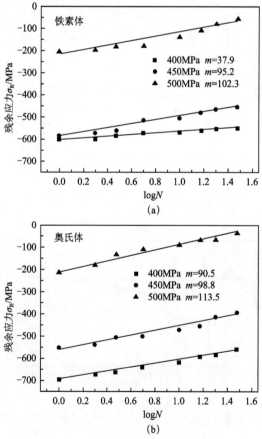

图 12.34　残余应力与循环周期对数关系

由此得出，铁素体和奥氏体中残余应力随着拉伸载荷增加而减小，而残余应力松弛速率 m 值的变化则相反（铁素体中 m 值由 37.9 增大到 102.3，奥氏体从 90.5 增大到 113.5）。在相同条件的循环拉伸载荷下，奥氏体的 m 值大于铁素体，表明奥氏体具有更高的应力松弛率。材料表层由喷丸引起残余压应力，在次表层将产生与之平衡而较大的残余张应力，循环加载中，次表层将先引起塑性变形而降低表层残余压应力。

对于 S32205 双相不锈钢，其屈服强度为 460MPa，在 400MPa 和 450MPa 拉伸载荷循环作用下，铁素体残余应力松弛均很明显。理论上，双相钢在外加载荷低于屈服强度时很难发生松弛行为，然而当外加载荷与残余应力积累时会在局部达到或超过屈服点产生塑性变形而促使残余应力松弛。综上所述，循环拉伸载荷促使残余应力松弛不仅与残余应力大小、应力分布梯度有关，还与载荷大小、循环周次、位错密度等因素有关。

双相钢喷丸残余应力松弛可归结为两方面原因：一方面，喷丸表面层奥氏体残余压应力高于铁素体，但压应力层深分布比铁素体浅，而相应次表层与之平衡的张应力比铁素体高，同时层深分布小于铁素体，同时 fcc 结构的位错易于滑移，因此，在相同外加载荷下，其次表层更容易发生塑性变形而导致表层残余应力松弛；另一方面，喷丸表层奥氏体因加工硬化率高而具有更多的位错，从而可更有效地阻止或影响位错的运动而减缓表层残余应力松弛。循环拉伸载荷残余应力松弛结果显示，喷丸表层奥氏体残余应力松弛率高于铁素体，由此表明奥氏体虽然位错密度高，但应力松弛过程中 fcc 结构相对 bcc 结构的位错易于滑动，次表层残余张应力大且分布层深比铁素体浅等因素对应力松弛也起着重要的影响。

12.3.3　S32205 双相不锈钢喷丸微结构的表征[9,11,13]

S32205 双相不锈钢喷丸强化导致表层微结构变化，衍射线形并逐渐宽化，如图 12.35 所示。从图中可以看出，奥氏体 {111} 与铁素体 {110} 两相邻两衍射峰因宽化而出现部分相互叠加。

分别采用单线法和全谱拟合方法对 S32205 双相不锈钢进行分析，其结果如下：

1. S32205 双相不锈钢喷丸微结构参数随深度的分布

利用 Voigt 近似函数研究预应力对喷丸变形组织结构的影响。采用350MPa、400MPa 以及 450MPa 的不同预拉应力，在喷丸强度（0.18mmA）相同的条件下进行喷丸，铁素体和奥氏体晶粒尺度沿层深的变化分别如图 12.36（a）和（b）所示。结果表明，铁素体和奥氏体晶粒尺度均沿着层深而逐渐增大，在相同的层深处，预应力增加，晶粒尺度减小。当预应力为 450MPa 时，喷丸表面铁素体和奥氏体的晶粒尺度均最小，由此可知，晶块细化程度与预应力大小有关。由于高速的弹丸直接撞击到喷丸表面，表面层变形最为明显，因此距离表面越近，晶粒尺度越小。比较两相喷丸

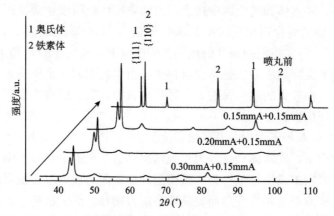

图 12.35　S32205 双相不锈钢不同喷丸强度下喷丸表层 X 射线衍射谱线

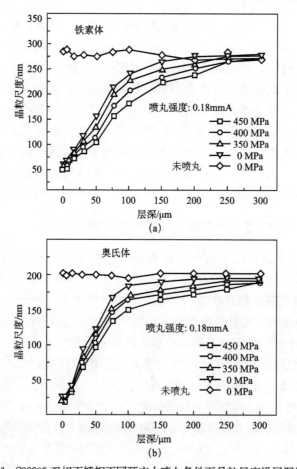

图 12.36　S32205 双相不锈钢不同预应力喷丸条件下晶粒尺度沿层深的变化

前、后晶粒尺度的变化，奥氏体从喷丸前的约 200nm 变为喷丸后约 22nm，这种细化程度明显高于铁素体从喷丸前约 300nm 变为喷丸后约 60nm，由此表明奥氏体更易于加工细化。奥氏体在加工硬化过程中，表层急剧产生大量位错，这种组织结构的变化阻碍了奥氏体变形层深延展，因此，在相同的预应力喷丸条件下，奥氏体的层深（约为 $100\,\mu m$）小于铁素体晶粒尺度的细化层深（约 $150\,\mu m$）。

　　喷丸表层铁素体和奥氏体微应变沿层深的变化规律恰好与晶粒尺度分布相反，如图 12.37 所示。在相同层深处，预应力增加，微应变增大，同时微应变分布层深变化不大。由此表明，喷丸后预应力的释放促进了表层塑性变形的增加，从而提高了微应变，并促成了组织结构的细化。

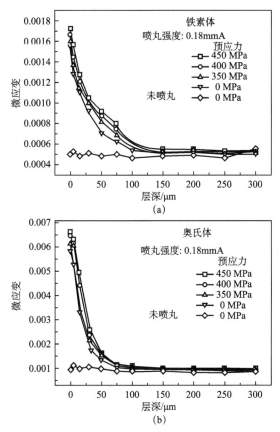

图 12.37　S32205 双相不锈钢不同预应力喷丸条件下微应变沿层深的变化

　　S32205 双相不锈钢经强度为（0.30＋0.15）mmA 的复合喷丸强化后，根据各向异性拟合出铁素体晶面 {110}、{200}、{211} 和奥氏体晶面 {111}、{200}、{220} 的晶粒尺度，如图 12.38 所示，分别从三强峰拟合得出喷丸层铁素体和奥氏体晶粒尺度具有相同的变化趋势，可认为是金属材料具有多晶的现象。由图可知，两相的最小晶粒均分布在喷丸表面，且奥氏体晶粒小于铁素体；两相晶粒尺度分别从喷丸表面沿层深的增加迅速增大，铁素体的晶粒尺度在距表层约 150 μm 后开始保持稳定，而奥氏体晶粒细化层深则约为 100 μm。如图 12.39 所示，微应变沿层深分布与晶粒尺度沿层深分布为相反趋势。在相同的喷丸条件下，喷丸表面及附近奥氏体的微应变高于铁素体，沿着层深方向，两相的微应变均减小，且奥氏体比铁素体减小得更快。

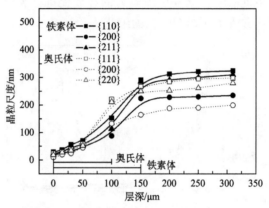

图 12.38　复合喷丸后铁素体和奥氏体的晶粒尺度沿层深变化

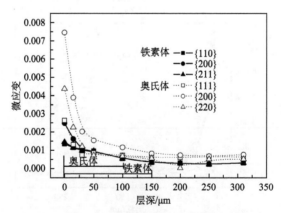

图 12.39　复合喷丸后微应变沿层深变化

根据 Williamson 方法，利用晶粒尺度和微应变可得出位错密度为

$$\rho = \frac{2\sqrt{2}}{|\bar{b}|} \cdot \frac{\langle \varepsilon^2 \rangle^{1/2}}{D} \tag{12.11}$$

式中，ρ 为位错密度；$\langle \varepsilon^2 \rangle^{1/2}$ 为微应变方均根；$\bar{b}$ 为伯格斯矢量。根据图 12.38 和

图 12.39数据得复合喷丸强化后的位错密度如图 12.40 所示，各晶面的位错密度呈相同的变化趋势，最大位错密度均分布在表面层，然后随着层深的增加而减小，随后趋于稳态。在喷丸表层铁素体中 {110}，{200} 和 {211} 各晶面所对应的位错密度分别为 $6.52 \times 10^{14}\,\mathrm{m}^{-2}$，$1.91 \times 10^{15}\,\mathrm{m}^{-2}$ 和 $8.76 \times 10^{14}\,\mathrm{m}^{-2}$，而奥氏体中 {111}、{200} 和 {220} 晶面所对应的位错密度分别为 $2.45 \times 10^{15}\,\mathrm{m}^{-2}$，$1.02 \times 10^{16}\,\mathrm{m}^{-2}$ 和 $3.32 \times 10^{15}\,\mathrm{m}^{-2}$。在同一喷丸条件下，由于奥氏体具有更高的硬化率，喷丸表面及附近（约 $25\,\mu\mathrm{m}$）奥氏体的位错密度高于铁素体，并沿着层深迅速减小。喷丸强化层中，虽然铁素体和奥氏体的位错密度沿层深均迅速减小，但奥氏体衰减更为明显。

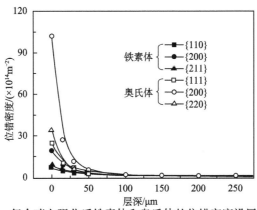

图 12.40　复合喷丸强化后铁素体和奥氏体的位错密度沿层深的变化

喷丸强化后变形层错和孪生层错的综合层错概率 $1.5(\alpha' + \alpha'') + \beta$ 沿层深的变化如图 12.41 所示，在同一喷丸条件下，铁素体和奥氏体的最大值均分布在喷丸表面。奥氏体因层错能低，喷丸强化层中得到奥氏体的综合层错概率高于铁素体。由此可知，喷丸强化导致喷丸表层综合层错概率显著增加，尤其对奥氏体组织结构变化起着明显的强化作用。

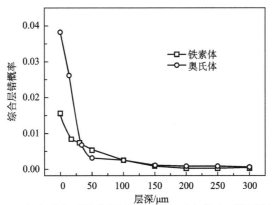

图 12.41　复合喷丸后综合层错概率 $1.5(\alpha' + \alpha'') + \beta$ 沿层深的变化

2. S32205 双相不锈钢喷丸微结构的回复与再结晶行为

喷丸强化促使表层组织结构细化，可有效地提高材料表面性能。然而在高温条件下，喷丸强化产生的变形组织将产生回复与再结晶。由此，本节研究了 S32205 双相不锈钢喷丸表层组织结构在高温条件下的热稳定性。

考虑到不同晶向晶粒尺度存在各向异性的差异，本书采用了 Rietveld 全谱拟合中的各向同性模型，得到变形组织在高温下再结晶的平均晶粒尺度。同时考虑到高温时喷丸双相钢沉积相可能对再结晶研究存在影响，实验选用了 500℃、525℃、550℃三种温度。喷丸铁素体和奥氏体再结晶行为如图 12.42 所示。由图可知，两相在不同温度的晶块增长具有相同的趋势，均随时间的延长和温度的升高而增大，在同一过程中，奥氏体晶块小于铁素体。等温过程中，晶粒尺度的增长满足

$$\frac{\mathrm{d}D}{\mathrm{d}t} = AD^{-1} \exp\left[-\frac{Q_a}{RT}\right] \tag{12.12}$$

式中，T 为加热温度；t 为保温时间；R 为气体常数；A 为材料常数；Q_a 为晶界迁移激活能。对式（12.12）积分后可得

$$D_t^{n+1} = D_0^{n+1} + 2At \exp\left[-\frac{Q_a}{RT}\right] \tag{12.13}$$

式中，D_0 为初始晶粒尺度；D_t 为保温时间 t 后的晶粒尺度。结合图 12.42 数据可得，铁素体和奥氏体晶界迁移激活能 Q_a 分别为 216kJ/mol 和 242kJ/mol。结果表明，尽管喷丸表层奥氏体具有更高的位错密度而储存更多的应变能，并可为回复与再结晶提供更大的驱动力，但回复与再结晶也是一种自扩散行为，bcc 结构的自扩散能力高于 fcc 结构。因此，铁素体的晶界迁移激活能小于奥氏体。

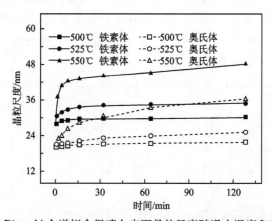

图 12.42　Rietveld 全谱拟合得喷丸表面晶粒尺度随退火温度和时间的变化

在回复与再结晶中，利用 Rietveld 全谱拟合中的各向同性模型得到喷丸铁素体和奥氏体的平均微应变的松弛行为如图 12.43 所示。由图可知，在退火的初始

阶段，微应变迅速减小，然后随着时间的延长而逐渐平缓。其松弛率 $\mathrm{d}\varepsilon/\mathrm{d}t$ 可表示为

$$\frac{\mathrm{d}\varepsilon}{\mathrm{d}t} = -C\varepsilon^{m}\exp\left[-\frac{Q_{\mathrm{b}}}{RT}\right] \tag{12.14}$$

式中，Q_{b} 为热松弛激活能；ε 为微应变；C 和 m 分别为材料常数和松弛指数。由式（12.14）积分可得

$$\varepsilon_{t}^{-(m-1)} = \varepsilon_{0}^{-(m-1)} + Ct(m-1)\exp\left(-\frac{Q_{\mathrm{b}}}{RT}\right) \tag{12.15}$$

式中，ε_{0} 为初始微应变；ε_{t} 为退火时间 t 后的微应变。结合图 12.43 数据可得，铁素体和奥氏体热松弛激活能 Q_{b} 分别为 189 kJ/mol 和 203 kJ/mol，即喷丸后铁素体微应变比奥氏体更容易松弛。铁素体和奥氏体晶界迁移激活能 Q_{a} 与微应变热松弛激活能 Q_{b} 相比可知，微应变松弛比再结晶更容易发生，这是因为再结晶有晶界迁移的过程。尽管奥氏体因喷丸而具有更高的位错密度可为回复再结晶提供更高的驱动力，但铁素体在微应变松弛和再结晶过程的激活能均小于奥氏体。已查得铁素体和奥氏体的晶界激活能分别为251 kJ/mol 和 280 kJ/mol，其值分别大于喷丸双相钢的热松弛和再结晶激活能，原因是喷丸表层铁素体和奥氏体因具有大量位错而储存变形能，可为热松弛与再结晶提供驱动力，进而减少激活能。

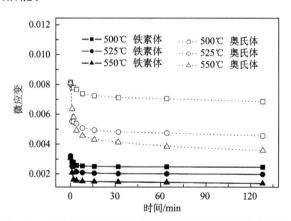

图 12.43　Rietveld 全谱拟合喷丸表面微应变随退火温度和时间的变化

喷丸强化后，双相钢中铁素体和奥氏体组织均得到了细化，其组织在高温条件下将产生回复再结晶。在回复再结晶过程中，铁素体的晶界迁移激活能和微应变热松弛激活能分别小于奥氏体，由此表明该过程中其自扩散作用起着重要作用。

12.3.4　S32205 双相不锈钢喷丸强化层的力学行为[9,11]

本节研究喷丸强化对双相钢表层显微硬度分布规律的影响。利用原位 X 射线应力分析技术分析喷丸前、后表层铁素体和奥氏体屈服强度，并探讨喷丸对双相钢的强化。

1. S32205 喷丸层显微硬度分布

不同强度复合喷丸对 S32205 双相不锈钢显微硬度的强化如图 12.44 所示。由图可见，最大显微硬度均分布在喷丸表面，且随着喷丸强度的增加而增大；随着强化层层深的增加，显微硬度逐渐降低并趋于稳定；在相同的层深处，喷丸强度提高，显微硬度增大。结果表明，喷丸强化使双相钢表层显微硬度得到提高。例如在强度为（0.30+0.15）mmA 的复合喷丸时，喷丸表面显微硬度可达内部显微硬度的 2 倍。预应力增加，晶粒尺度减小，位错密度越高，由此表明喷丸中预应力有利于双相钢显微硬度的进一步提高。

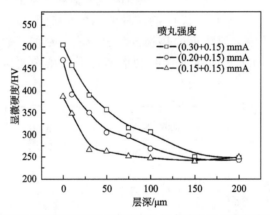

图 12.44　S32205 双相不锈钢经不同强度的复合喷丸后显微硬度随层深的变化

如图 12.45 所示，预应力喷丸强度为 0.18mmA，喷丸后显微硬度的最大值均分布在喷丸表面，并随层深的增加而逐渐衰减，在约 150μm 后保持相对稳定。预应力增加时，喷丸表层显微硬度则逐渐增大。结果表明，在相同的喷丸强度下，预应力喷丸的显微硬度比传统喷丸强化有着明显的提高。在相同的层深处，预应力提高，显微硬度增大。显微硬度的大小取决于组织结构和材料的应力状态。S32205 双相不锈钢喷丸中预应力增大，喷丸残余压应力也随之增大。

2. S32205 表面屈服强度

利用 X 射线衍射分析应力方法对喷丸强化表面的应力-应变关系进行测定。将 S32205 双相不锈钢喷丸前后的铁素体和奥氏体分别进行原位拉伸 X 射线测定，保持表面法向的应力为 0，再沿纵向逐级加载，所测试两个方向分别为纵向和横

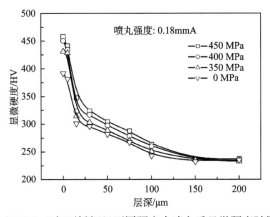

图 12.45　S32205 双相不锈钢经不同预应力喷丸后显微硬度随层深的变化

向，即试样的拉伸方向和垂直于试样的拉伸方向。

当外加载荷应变为 ε_a 时，其表面等效应力可表示为

$$\bar{\sigma}=\sqrt{\sigma_1^2+\sigma_2^2-\sigma_1\sigma_2} \tag{12.16}$$

式中，σ_1 和 σ_2 分别为纵向应力和横向应力。在单轴拉伸试验中，等效弹性应变 $\bar{\varepsilon}_t^e$ 为

$$\bar{\varepsilon}_t^e=\bar{\sigma}/E \quad （弹性阶段） \tag{12.17}$$

式中，E 为杨氏模量。

S32205 双相不锈钢经预应力喷丸后其屈服强度与原始屈服强度之间的关系，如图 12.46 所示。在不同的预应力条件下，屈服强度的最大值均分布在喷丸表面，沿着层深的增加，喷丸强化的影响减弱，屈服强度逐渐变小。由于喷丸后预应力的释放可提高喷丸材料表层的弹塑性变形量，同时提高位错密度，因而在相同的层深处，预应力增加，屈服强度提高。结果表明，喷丸中预应力能促使 S32205 双相不锈钢喷丸表面屈服强度的提高。

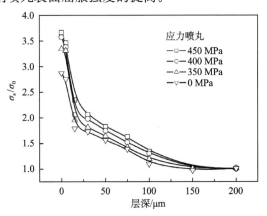

图 12.46　S32205 双相不锈钢预应力喷丸强化层屈服强度沿层深的变化

3. S32205 屈服应力与硬度之间的关系

Bailey-Hirsch 等表征了材料位错密度与屈服强度的关系。对于一般材料，根据 $\sigma = k\varepsilon^n$，σ 为强度，n 表示硬化指数，屈服强度与硬度之间的关系为

$$\sigma_{0.2}(\mathrm{MPa}) = 3.27HV(0.1)^n \tag{12.18}$$

式中，其屈服强度 $\sigma_{0.2}$ 与硬化指数 n 有关。Nobre 进一步提出了材料屈服强度 σ_y 与显微硬度之间的定量关系：

$$\sigma_y = \sigma_{y,0}\left(1 + \gamma\frac{\Delta HV}{H_{y,0}}\right) \tag{12.19}$$

式中，$H_{y,0}$ 为原始显微硬度；ΔHV 为显微硬度变化量，对于钢铁材料约为 2.8。

12.4　18CrNiMo7-6 双相钢喷丸表层结构的表征与研究[14~17]

18CrNiMo7-6 双相钢是一种表面渗碳硬化钢，具有高强度、高韧性和高淬透性等优点，广泛用于生产重型齿轮，特别是重型卡车、沿海机械传动齿轮和高速、重载火车的电力机车上的齿轮。所用 18CrNiMo7-6 双相钢的化学成分如表 12.11 所示。

表 12.11　18CrNiMo7-6 双相钢的化学成分　　　　　（单位：%）

C	Si	Mn	Ni	Cr	Mo	P	S	Al	Cu	Nb
0.17	0.19	0.56	1.52	1.65	0.32	0.006	0.003	0.0028	0.12	0.024

12.4.1　18CrNiMo7-6 双相钢喷丸层残余应力

1. 18CrNiMo7-6 双相钢喷丸层残余应力分布

图 12.47(a) 和（b）分别为喷丸后 18CrNiMo7-6 双相钢中马氏体（M）和奥氏体（A）残余应力随层深的变化，表 12.12 详细列出了两相喷丸残余应力的特征参数。从图 12.47(a) 和（b）可以看出，不同参数喷丸后喷丸层马氏体和奥氏体都具有明显的残余压应力，喷丸时表层和内部材料塑性变形程度不均衡，当层深增加到一定程度时，材料只会发生弹性变形，当喷丸过程结束时，弹性变形区域会有恢复到原来状态的趋势，因此会使得内部材料对表层产生约束从而产生残余压应力，而无数凹陷或压痕的重叠形成了较均匀的残余压应力层。另外，残余奥氏体向马氏体的转变会引起体积的膨胀，也会对残余压应力的形成和分布有所贡献。在材料服役过程中外加载荷和残余应力会互相叠加，当外力和残余应力方向相反时，会阻碍零部件的破坏。同时，残余压应力的存在会使疲劳裂纹的

成核和扩展得到抑制，并使得疲劳源从表面转移到内部，能有效地改善材料的疲劳强度，延长零部件的安全工作寿命，应力强化是喷丸强化主要的影响因素之一。

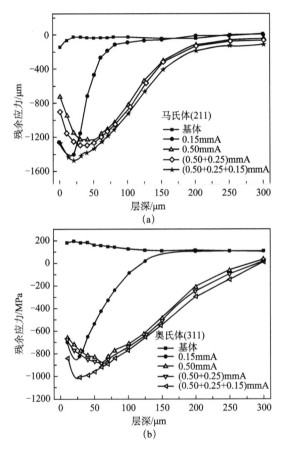

图 12.47　不同强度喷丸后 18CrNiMo7-6 双相钢中马氏体（a）
和奥氏体（b）残余应力随层深的变化[14]

从表 12.12 发现，三次喷丸后 18CrNiMo7-6 双相钢中马氏体和奥氏体的残余压应力增大效果都最为明显，马氏体最大残余压应力和表面残余压应力分别达到 −1430MPa 和 −1256MPa，奥氏体最大残余压应力和表面残余压应力分别达到 −1039MPa 和 −825MPa，两相最大应力都出现在层深 20 μm 处，喷丸影响深度主要受最后一次喷丸影响。从残余应力角度看，三次喷丸起到了最好的应力强化效果。

表 12.12　喷丸后 18CrNiMo7-6 双相钢中马氏体（M）和奥氏体（A）残余应力场的分布参数[14]

| 喷丸强度 | SCRS/MPa | | MCRS/MPa | | DMCRS/μm | | DCRS/μm | |
/mmA	M	A	M	A	M	A	M	A
0.15	−1275	−625	−1420	−889	10	20	75	100
0.50	−731	−634	−1232	−897	30	60	200	250
0.50+0.25	−902	−656	−1280	−906	50	60	300	300
0.50+0.25+0.15	−1256	−825	−1430	−1039	20	20	300	300

　　另外，比较表 12.12 中奥氏体和马氏体的残余应力来看，马氏体比奥氏体的残余压应力大，这是由马氏体和奥氏体的硬度不同造成的。由于弹丸和表面撞击瞬间，材料表面会发生很高的变形率，会造成绝热效应，许多文献中对喷丸中剪切绝热效应已有报道，此过程中塑性的变形功会转变为热量并使得温度在瞬间升高很多，此时较软的奥氏体相会更容易发生应力松弛，从而使得奥氏体的应力值下降较多，造成残余压应力更小。

　　2. 18CrNiMo7-6 双相钢喷丸层残余应力的均匀性

　　喷丸表面残余应力的均匀性会影响金属材料使用中的稳定性，但相关的研究较少，本节利用不同喷丸条件下高强双相钢表面残余应力分布云图表征了残余应力分布的均匀性。图 12.48 为 18CrNiMo7-6 双相钢喷丸后表面残余应力分布云图。

　　为了量化残余应力的分布均匀性，统计的 18CrNiMo7-6 双相钢表面残余应力分布云图中残余应力值范围、平均应力值、标准方差以及平均应力绝对值和标准方差的比值 H 如表 12.13 所示。从表中可以看出，随喷丸次数的增多，喷丸表面的残余应力分布云图越来越平坦，说明残余应力的分布更均匀。

表 12.13　喷丸后 18CrNiMo7-6 钢表面残余应力分布参数

喷丸强度/mmA	残余应力值范围/MPa	平均应力值/MPa	标准方差	H
0.50	−672～−894	−790	45.8	17.2
0.50+0.30	−935～−1125	−1026	42.3	24.3
0.50+0.30+0.15	−1109～−1357	−1204	41.5	29.0

　　3. 18CrNiMo7-6 双相钢喷丸层残余应力高温弛豫行为

　　图 12.49 为三次喷丸后 18CrNiMo7-6 双相钢表面残余应力在不同温度分别保温 5min 后的变化曲线。从图 12.49 可以看出，随着温度升高，残余压应力依次减小，在高温阶段减小幅度更大，到 650℃时基本达到基体的应力状态，说明变温退火过程中喷丸残余应力发生了松弛，且温度越高应力松弛程度越大。在变温退火过程中，喷丸残余压应力会引起材料局部蠕变，导致残余压应力发生松弛。

　　图 12.50 为不同温度下喷丸表面残余应力随退火时间的变化曲线。从图中可以看出，等温退火过程中，起始阶段残余压应力迅速降低，到一定退火时间后趋于稳定，并且温度越高残余压应力的松弛速率越快。加热时位错的滑移、攀移以

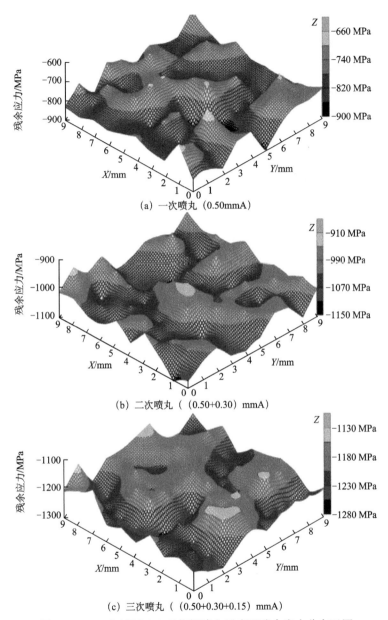

图 12.48　18CrNiMo7-6 双相钢喷丸后表面残余应力分布云图

及重排会使得与残余应力相关的弹性变形部分或全部转变为塑性变形，并释放储存的弹性应变能，使残余应力发生松弛。温度越高，位错的运动越剧烈，残余压应力的松弛更迅速。残余应力的松弛是和退火温度和时间相关的过程，即所谓的热激活过程。通过对图 12.50 的数据进行回归分析可得到 18CrNiMo7-6 双相钢残余应力松弛激活能为 108kJ/mol。

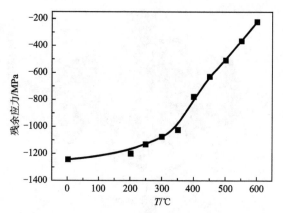

图 12.49　三次喷丸后 18CrNiMo7-6 双相钢表面残余应力随退火温度的变化

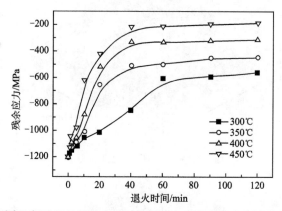

图 12.50　不同温度下 18CrNiMo7-6 双相钢喷丸表面残余应力随退火时间的变化

4. 18CrNiMo7-6 双相钢喷丸层残余应力在外加载荷下的弛豫行为

在静载荷作用下，喷丸后 18CrNiMo7-6 双相钢表面残余应力在加载方向（纵向）和垂直加载方向（横向）的变化过程如图 12.51 所示。从图中可以看出，随外加载荷的增加，加载方向的表面残余应力逐渐减小，且外加载荷越大残余应力松弛程度越大，在500MPa后减小幅度愈加明显。在静载荷作用下，当外加载荷和表面残余应力矢量和超过自身屈服强度时会导致表面的塑性变形，并使得表面残余压应力降低或消失，甚至出现较大的残余拉应力。另外，垂直加载方向的喷丸残余压应力随载荷增加基本不变，在后期还稍有增大，这是由于在加载方向上的弹塑性变形量比垂直方向更大，拉伸后期截面积会有小幅减小，因此在垂直加载方向上的残余压应力会有小幅增大。

图 12.52 为 18CrNiMo7-6 双相钢在拉-拉循环载荷作用下加载方向上喷丸表面马氏体残余应力随载荷大小和循环次数的变化，循环次数从 1 至 30 次变化。从图 12.52可以看出，经过不同循环载荷的作用后，表面马氏体残余压应力都会发生松弛，载荷越大松弛越快，当达到一定的拉-拉循环次数后，残余应力变化程度变

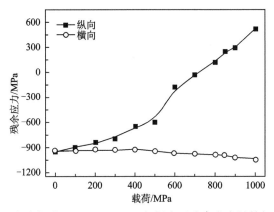

图 12.51　二次喷丸后 18CrNiMo7-6 双相钢表面残余应力随外加载荷的变化

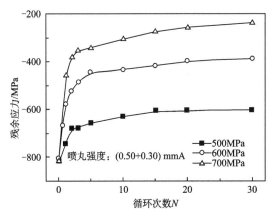

图 12.52　二次喷丸后 18CrNiMo7-6 双相钢在不同循环载荷下
沿加载方向喷丸表面马氏体残余应力随循环次数的变化

小，残余应力值也趋于稳定；同时，不同载荷下，残余压应力随循环次数的增加其松弛程度也不同，在 500MPa、600MPa 和 700MPa 拉-拉循环时，分别在循环 10、5 和 3 次后达到较稳定的值，残余应力的松弛率分别达到 26.3%、52.3% 和 71.2%。

在外加载荷为 500MPa、600MPa 和 700MPa 下，喷丸表层残余应力随循环次数的变化规律分别如下：

$$\sigma_N^{RS} = -724 + 93.6 \log N \qquad (12.20a)$$

$$\sigma_N^{RS} = -557 + 124.5 \log N \qquad (12.20b)$$

$$\sigma_N^{RS} = -436 + 138.4 \log N \qquad (12.20c)$$

12.4.2　18CrNiMo7-6 双相钢喷丸表层微结构的表征和研究

1. 18CrNiMo7-6 双相钢喷丸表层 X 射线衍射峰半高宽的变化

图 12.53 为不同参数喷丸处理后 18CrNiMo7-6 双相钢马氏体（M）在 $2\theta =$

81.2°处（211）面衍射峰半高宽（FWHM）随层深的变化曲线。从图 12.53 可以看出，不同喷丸强度（次数）对应的马氏体 FWHM 随着层深的增加都是先降低后增加，最后达到相对稳定的值。由于喷丸过程中弹丸的连续击打，喷丸应变可视为循环应变。可把图 12.53 中曲线分为 I 区、II 区和 III 区三个区域（以0.15mmA 样品曲线为例）：III 区为未影响区（基体），II 区为循环软化区，I 区为循环再硬化区，循环再硬化层深都小于 50μm。从图 12.53 还可以看出，随着喷丸强度（次数）的增加，FWHM 在 II 区的值更小，且在 I 区 FWHM 升高更明显，说明喷丸强度（次数）越大，循环软化和循环再硬化现象也更明显。

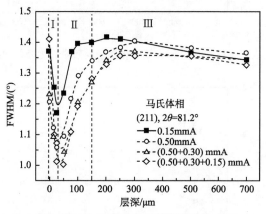

图 12.53　喷丸后 18CrNiMo7-6 双相钢马氏体在 $2\theta=81.2°$ 处
（211）面衍射峰半高宽随层深的变化

　　图 12.54 为不同强度喷丸加工后 18CrNiMo7-6 双相钢中奥氏体（A）在 $2\theta=50.5°$ 处（200）晶面衍射峰半高宽（FWHM）随层深的变化曲线，由于奥氏体含量在表面很小，因此奥氏体的研究从 25μm 处开始。从图 12.54 可以看出，奥氏体相的 FWHM

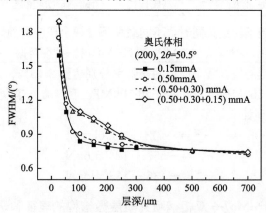

图 12.54　喷丸后 18CrNiMo7-6 双相钢奥氏体在 $2\theta=50.5°$ 处
（200）晶面衍射峰半高宽随层深的变化

随层深的增加依次减小，且随喷丸强度（次数）的增大近表面奥氏体 FWHM 增大更明显。按图 12.54 所述，奥氏体相发生了明显的循环硬化现象，且随着喷丸强度（次数）的增大对奥氏体相 FWHM 的影响增大。从图 12.53 和图 12.54 可以看出，马氏体和奥氏体两相 FWHM 随层深的演变规律有很大不同，这是由奥氏体和马氏体在喷丸中组织结构变化不同引起的，这在下面的组织结构分析中会有详细解释。

2. 单线分析结果

图 12.55(a) 为 18CrNiMo7-6 双相钢奥氏体 [200] 晶向晶粒尺度随层深的变化曲线，由于奥氏体在 50μm 处衍射峰才较为明显，因此奥氏体的研究从 50μm 层深处开始。从图 12.55(a) 可以看出，奥氏体晶粒尺度随层深的增加而依次增加。图 12.55(b) 为奥氏体 [200] 晶向微应变随层深的变化曲线。从图中可看出奥氏体微应变随层深的增加而递减，以上现象说明奥氏体相发生了明显的循环硬化现象，这与马氏体相的变化有明显的区别。奥氏体相比马氏体要软，具有较人的加工硬化指数，因此在喷丸中容易发生循环硬化。

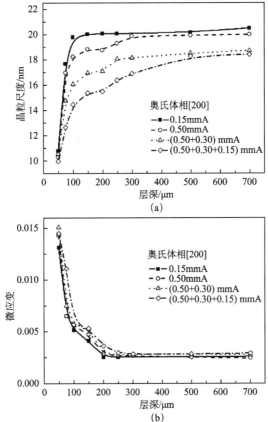

图 12.55　喷丸后 18CrNiMo7-6 双相钢奥氏体 [200] 晶向晶粒尺度（a）和微应变（b）随层深的变化

3. 18CrNiMo7-6 双相钢微结构在加热过程中的变化

在高温退火条件下，由于组织结构的改变会引起 XRD 线形的变化，通过对 XRD 线形的分析可以得到组织结构的演变规律，从而分析其回复与再结晶行为。实验选择的温度为：500℃、525℃和550℃，保温时间为1~120min。本节研究的为三次喷丸后 18CrNiMo7-6 双相钢表面，因此只对马氏体相进行研究。

图 12.56（a）为利用 Voigt 方法计算得到的三次喷丸后 18CrNiMo7-6 双相钢表面马氏体［211］晶向晶粒尺度在不同温度下随退火时间的变化曲线。从图 12.56（a）中可以看出，在不同温度下，晶粒尺度都随退火时间的增加而递增；同时随退火温度和时间的增大，晶粒尺度增大幅度更加明显，这是由于高的退火温度和较长的时间能提供晶块长大的更大驱动力。对数据进行回归分析，就可以得到喷丸后 18CrNiMo7-6 双相钢表面马氏体的晶界迁移激活能 $Q_a=153$kJ/mol。

图 12.56（b）为 18CrNiMo7-6 双相钢三次喷丸后［211］晶向微应变在不同温度下退火时随时间的变化曲线。从图 12.56（b）中可以看出，随着时间的增

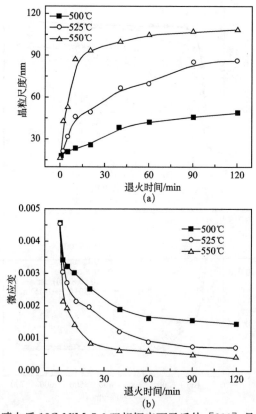

图 12.56　三次喷丸后 18CrNiMo7-6 双相钢表面马氏体［211］晶向晶粒尺度（a）和微应变（b）在不同温度下退火时随时间的变化

加，微应变开始迅速变小，到一定退火时间后达到较稳定的值，并且随温度的提高，微应变的减小程度愈大，这说明随温度的提高以及退火时间的增大，微应变的回复驱动力更大。对数据进行回归分析，可以得到 18CrNiMo7-6 双相钢喷丸后的微应变的松弛激活能 Q_b 为 131kJ/mol。

12.4.3　18CrNiMo7-6 双相钢喷丸后硬度的表征

1. 喷丸后硬度随层深的变化

图 12.57 是不同喷丸条件下 18CrNiMo7-6 双相钢显微硬度随层深的变化曲线。从图 12.57 可以看出，不同强度喷丸后 18CrNiMo7-6 双相钢显微硬度最大值都出现在表面，随层深的增加，硬度值是先减小后增大，最终在 500μm 后达到基体的硬度值（600HV 左右）。喷丸强度（次数）越大，硬度改变越明显，其中三次复合喷丸后表面加工硬化效果最为明显，表面硬度值高达 876 HV，和基体硬度相比增长 46%。从图 12.57 中还发现，用陶瓷弹丸在 0.15mmA 强度喷丸后的表面硬度也有很高的值，这与其表面具有较高的残余压应力以及细化的晶粒尺寸有关。但用陶瓷弹丸一次喷丸作用深度很小，一般仅作为复合喷丸的最后一步来改善材料表面粗糙度。

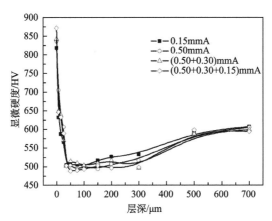

图 12.57　不同强度喷丸后 18CrNiMo7-6 双相钢显微硬度随层深的变化

图 12.58 为等温退火过程中三次喷丸后 18CrNiMo7-6 双相钢表面显微硬度随退火时间的变化曲线，由于喷丸表面为马氏体单相，因此表面硬度的变化实际上是马氏体硬度的变化规律。从图 12.58 可以看出，退火导致了三次喷丸后 18CrNiMo7-6 双相钢表面硬度的降低，这与退火过程中马氏体残余应力的降低和组织结构的改变有关。退火过程中残余压应力减小、晶粒尺寸变大以及微应变回复，因此造成相应的硬度降低。

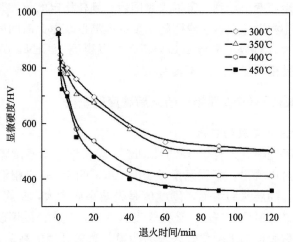

图 12.58   三次喷丸后 18CrNiMo7-6 双相钢退火过程中
表面显微硬度随退火时间的变化

2. 18CrNiMo7-6 双相钢喷丸表面硬度值均匀性[14]

图 12.59 为不同次数喷丸后 18CrNiMo7-6 双相钢表面硬度值的分布云图。从图中可以看出，在一次、两次和三次喷丸后，双相钢的硬度云图更加平坦，说明随着喷丸次数增加，表面硬度值的分布逐渐均匀化。

3. FWHM 与硬度间的关系[14,17]

图 12.60 为退火过程中三次喷丸后 18CrNiMo7-6 双相钢表面马氏体（211）衍射面 FWHM 在不同温度下随退火时间的变化曲线。从图中可以看出，马氏体（211）衍射面 FWHM 随退火时间增加依次减小，温度越高，降低越迅速。通常认为半高宽的变化主要与晶粒尺度和微应变有关，说明材料的组织结构在退火中发生了明显的改变。

通过图 12.58 所示的 18CrNiMo7-6 高强双相钢硬度变化曲线以及图 12.60 所示的退火过程中马氏体 FWHM 的变化曲线，得到了 18CrNiMo7-6 双相钢在不同温度退火过程中表面显微硬度和 FWHM 之间的关系曲线，如图 12.61 所示。

从图 12.61 可以看出，在 FWHM 存在较大值时，各温度下对应的显微硬度和 FWHM 都近似呈直线关系，这是由于残余应力在退火初期下降迅速，且基本呈线性变化，此时喷丸组织结构在退火初期对硬度的贡献占主导，同时残余应力的线性变化也决定了硬度变化不会偏离线性变化；同时在图 12.61 中还可以发现，在温度较高时，显微硬度和 FWHM 近似呈线性关系，但在低温下，较小 FWHM 对应的显微硬度值会明显偏离变化直线。喷丸后材料的硬度不但和组织结构有关，还和喷丸残余应力有关。经退火后喷丸层晶粒尺度增大、微

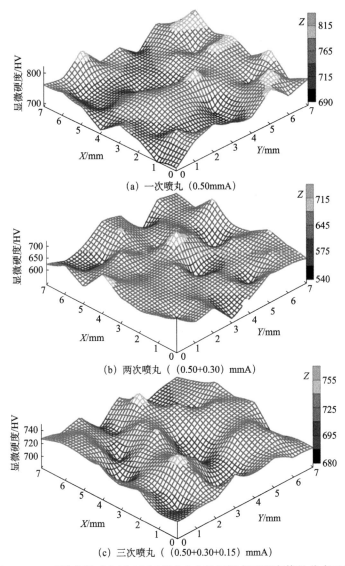

图 12.59　不同次数喷丸后 18CrNiMo7-6 双相钢表面硬度值的分布云图

应变减小，因此引起 FWHM 值的减小；同时低温退火一定时间后还存在较大且稳定的残余压应力，此时残余压应力对硬度的贡献变大，两者的共同作用依然会使显微硬度保持较大的值，因此较小 FWHM 对应的显微硬度值会因残余压应力对硬度的贡献加大而偏离原来的线性关系，且显微硬度值向较大值偏离，退火温度越小偏离越明显；而高温退火后残余压应力降到很小的值，对硬度的贡献很小，甚至可以忽略，故喷丸层组织结构对硬度的贡献占绝对主导地位，因此高温退火时硬度和 FWHM 值之间基本呈线性关系，显微硬度值偏离

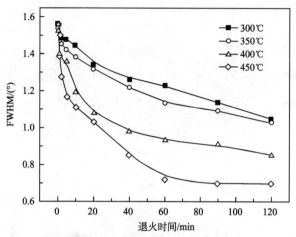

图 12.60　退火过程中三次喷丸后 18CrNiMo7-6 双相钢表面马氏体（211）
衍射面 FWHM 在不同温度下随退火时间的变化

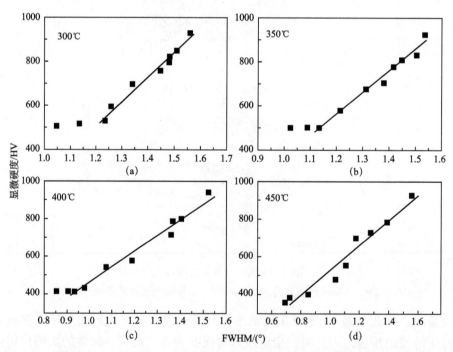

图 12.61　三次喷丸后 18CrNiMo7-6 双相钢不同温度退火时表面显微硬度随 FWHM 的变化

较小。对于较小 FWHM 值区域，所对应显微硬度值的偏离会随着退火温度的
增加偏离程度越来越小，这也进一步说明高温退火后组织结构对硬度的贡献占
主导地位。

通过对图 12.61 的分析说明，在单相材料中可以用其半高宽来近似描述硬度的变化趋势，但不能简单地用线性关系来精确表达其数值变化规律，尤其是对残余应力较大的喷丸层。准确描述喷丸层硬度的变化还要考虑喷丸残余应力的影响，根据这一特点以及图 12.61 的数据可以近似得到喷丸后单相（这里为马氏体相）材料硬度与其 FWHM 的关系模型，如下所示：

$$HV = a\,\text{FWHM} + b + 0.1RS \tag{12.21}$$

式中，a、b 为与温度有关的参数；RS 为残余应力值。此式计算中应力只取其数值，不考虑其单位。此式在低温和 FWHM 较小时表达更为准确。

12.4.4　18CrNiMo7-6 双相钢喷丸层屈服强度随层深的变化[14,17]

喷丸后金属材料的组织结构和应力状态都发生了变化，因此会引起材料力学性能的改变，研究发现硬度和其他力学性能之间也存在一定的关联性。但喷丸层和内部材料之间的组织结构有很大区别，通过一般方法很难测量出喷丸层如此小厚度范围内的屈服强度及变化趋势。为解决此问题，D. Tabor 研究了存在加工硬化的材料与硬度之间的关系，通过研究提出了可以用硬度相对变化值来表征具有加工硬化材料的硬化能力，这一现象非常适合描述喷丸中的加工硬化。在此基础上，J. Nobre 等提出了加工硬化材料的屈服强度和硬化层显微硬度之间的精确关系式，见式 (12.19)，其中 γ 为常数，与材料本身有关，对于金属材料来讲，其值通常取 2.8。通过式 (12.19) 和图 12.61 的显微硬度值，得到了不同强度喷丸后 18CrNiMo7-6 双相钢喷丸层屈服强度随层深的变化规律，结果如图 12.62 所示。

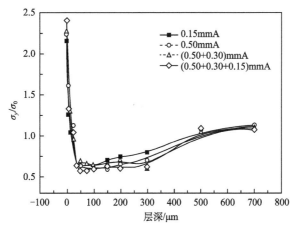

图 12.62　18CrNiMo7-6 双相钢喷丸层屈服强度随层深的变化

12.5 喷丸钢材表层诱发马氏体相变

12.5.1 0Cr18Ni9Ti 奥氏体不锈钢喷丸马氏体相变[1]

0Cr18Ni9Ti 不锈钢是一种面心立方结构的奥氏体不锈钢,初始为热轧态,经固溶处理后,其组织由 γ 相和少量孪晶组成,晶粒尺寸约为 10μm。经过 1100℃退火 1h 后,组织基本不变,晶粒尺寸长大为 20~25μm。退火的主要目的是消除机械加工的影响,以及得到粗大的等轴晶粒,以便对其实施表面自纳米化的试验研究。0Cr18Ni9Ti 不锈钢,层错能为 21 mJ/m²,属于低层错能的立方系金属。通过气动喷丸的方式使 0Cr18Ni9Ti 不锈钢表面产生了一层具有纳米结构的表层,实现了 0Cr18Ni9Ti 不锈钢的表面自纳米化。X 射线衍射分析结果见表 12.14。结果表明,①气动喷丸能实现表面纳米化;②由定量相分析的结果显示,喷丸引起的应变能诱发马氏体相变,奥氏体(γ)随处理时间增加而减少。

表 12.14　0Cr18Ni9Ti 不锈钢气动喷丸表面、纳米化表面的 X 射线衍射分析结果[8]

气动喷丸处理时间/min	剧烈塑性变形层深度/μm	D/nm	ε/($\times 10^{-3}$)	γ 相含量/%	M 相含量/%
0	金相法测得的结果	~20000		100.00	0.00
5	131.5	60.3	1.6	6.43	93.57
9	221.5				
13	242.5	52	1.7	5.38	94.62
60	250.0				
13min 剥去 30μm		70	1.5	28.36	71.64

12.5.2 S30432 和 304 奥氏体不锈钢喷丸表层诱发马氏体相变[2]

图 12.63 为 S30432 奥氏体不锈钢复合喷丸后表层与基体 X 射线衍射谱线。从图中可以看出,喷丸处理后 S30432 奥氏体不锈钢表层未发生马氏体相变。图 12.64 为喷丸后 304 奥氏体不锈钢表面 XRD 图谱,可见 304 奥氏体不锈钢喷丸后发生明显马氏体相变。这表明 S30432 奥氏体不锈钢较传统的 304 奥氏体不锈钢稳定得多。S30432 奥氏体不锈钢表面变形层温度高于其变形马氏体点 M_d 温度,由喷丸强化所引入的晶体缺陷破坏了母相与新相之间的共格关系,阻碍了马氏体转变时的原子运动,稳定了奥氏体相。

12.5.3 喷丸 S32205、18CrNiMo7-6 和 GCr15 双相钢表层诱发马氏体相变[9,14]

图 12.35 为 S32205 双相不锈钢不同喷丸强度下喷丸表层的 X 射线衍射谱线,可

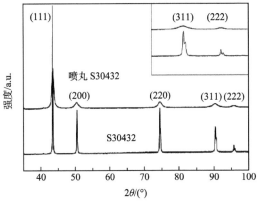

图 12.63　S30432 奥氏体不锈钢复合喷丸后表层与基体 X 射线
衍射谱线，喷丸强度为（0.46＋0.23＋0.17）mmA

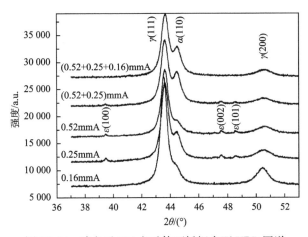

图 12.64　喷丸后 304 奥氏体不锈钢表面 XRD 图谱

见铁素体和奥氏体两相衍射强度比随喷丸强度的增加变化不大，说明两相都相当稳
定，未诱发马氏体相变。而 18CrNiMo7-6 和 GCr15 双相钢则明显不同，奥氏体被喷丸
诱发马氏体相变十分明显，特别是 18CrNiMo7-6 双相钢更为明显，仅 0.15mmA 的强
度喷丸后表层的残余奥氏体近乎为零，见图 12.65。从图 12.65（a）可以看出，喷丸
前 18CrNiMo7-6 双相钢表面同时具有立方马氏体（α）和奥氏体（γ）的衍射峰，但喷
丸后只有 α 马氏体的衍射峰，说明喷丸过程中残余奥氏体发生了马氏体相变，且相变
后的马氏体为 α′-马氏体，没有发现 ε-马氏体，也许是产生的 ε-马氏体量太少，X 射
线法无法检测到。奥氏体向 α′-马氏体的直接转变与喷丸过程中产生非常大的变形量
和变形率有关，这与其他文献报道的现象是一致的，γ 相向 α′-马氏体转变的驱动力是
γ 相中位错引起的弹性应变能。为研究奥氏体含量随层深的演变，测试了不同强度喷
丸后 18CrNiMo7-6 双相钢奥氏体含量随层深的变化。

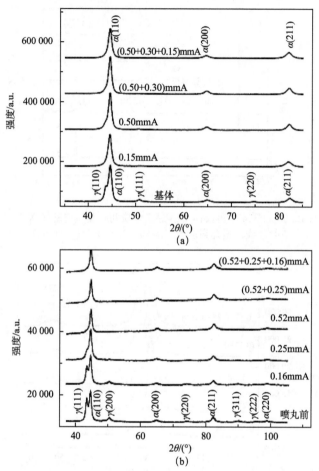

图 12.65　不同强度喷丸前后 18CrNiMo7-6 双相钢（a）和 GCr15 双相钢（b）表面的 XRD 图谱

　　图 12.66（a）和（b）分别为喷丸后 18CrNiMo7-6 和 GCr15 双相钢残余奥氏体含量随层深的变化。从图 12.66（a）可以看出，不同强度的喷丸加工后样品中的残余奥氏体含量都是随层深递增，残余奥氏体含量在表面达到最小值，几乎为 0；同时在相同深度下，随着喷丸强度（次数）的增加，残余奥氏体的含量递减，喷丸强度越高其变形量越大，马氏体相变驱动力越大，越有利于相变的进行，对应的残余奥氏体含量会越低。从图 12.66（b）可以看出，不同强度喷丸后残余奥氏体含量的变化规律基本相似，都是在表面达到最小值，喷丸强度较大时表面奥氏体含量几乎为 0；随着层深增加，残余奥氏体含量依次增加，到 300μm 后基本达到相对稳定的值，已和基体材料的残余奥氏体含量相当，达到 20% 左右。

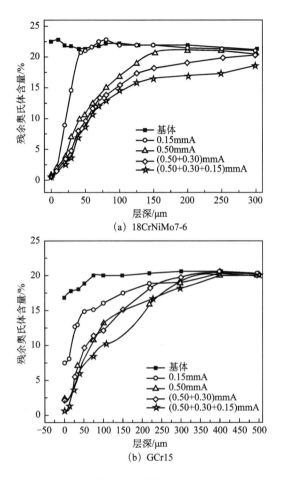

(a) 18CrNiMo7-6

(b) GCr15

图 12.66　喷丸后两种双相钢残余奥氏体含量随层深的变化

12.5.4　马氏体相变特征和晶体学关系[18,19]

马氏体相变是无扩散相变之一，相变时没有穿越界面的原子无规扩散或顺序跳跃，因而新相（马氏体）承袭了母相的化学成分、原子序态和晶体缺陷。马氏体相变时原子有规则地保持其相邻原子间的相对关系进行位移，这种位移是切变式的。原子位移的结果产生点阵应变（或变形）。这种切变位移不但使母相点阵结构改变，而且产生宏观的形状改变。

马氏体相变时在一定的母相面上形成新相马氏体，这个面称为惯习（析）面，它往往不是简单的指数面，如镍钢中马氏体在奥氏体（γ）的 {135} 上最先形成。马氏体形成时与母相马氏体形成时与母相马氏体相变的界面上存在大的应变。为了部分地降低这种应变能，会发生辅助的变形，使界面由 {135} 变为 {224}。

由于马氏体相变时原子规则地发生位移，新相（马氏体）和母相之间始终保持一定的位向关系。在铁基合金中由面心立方母相 γ 变为体心立方（正方）马氏体 M 时具有著名的 K-S 关系：$\{111\}_\gamma$ // $\{011\}_M$，$\langle 01\bar{1} \rangle_\gamma$ // $\langle \bar{1}11 \rangle_M$；西山关系：$\{111\}_\gamma$ // $\{011\}_M$，$\langle 112 \rangle_\gamma$ // $\langle 110 \rangle_M$。

由面心立方母相 γ 变为六方马氏体 ε 时，则有：$\{111\}_\gamma$ // $\{001\}_\varepsilon$，$\langle 110 \rangle_\gamma$ // $\langle 110 \rangle_\varepsilon$。

喷丸诱发马氏体相变形成的马氏体多为板条状、片状或条状，而同属体心立方结构的铁素体一般与奥氏体形状类同，这是区分结构相同的铁素体、马氏体的主要方法。

参 考 文 献

[1] 戴如勇. 重载机车牵引齿轮表面喷丸强化及其表征研究. 上海交通大学机械与动力工程院硕士学位论文，2012.

[2] 詹科. S30432 奥氏体不锈钢喷丸强化及其表征研究. 上海交通大学博士学位论文，1913.

[3] Zhan K, Jiang C H, Wu X Y, et al. Surface layer characteristic of S30432 austenitic stainless steel after shot peening. Materials Transactions，2012，53：1002~1006.

[4] Zhan K, Jiang C H, Ji V. Surface mechanical properties of S30432 austenitic steel after shot peening. Applied Surface Science，2012，258：9559~9563.

[5] Zhan K, Wu X Y, Jiang C H, et al. Thermal relaxation behavior of residual stress and microstructure in shot-peened S30432 steel at elevated temperatures. Materials Transactions，2012，53：1195~1198.

[6] Zhan K, Jiang C H, Ji V. Effect of pre-stress state on surface layer characteristic of S30432 austenitic stainless steel in shot-peening process. Materials & Design，2012，42：89~93.

[7] Zhan K, Jiang C H, Ji V. Residual stress relaxation of shot peened deformation surface layer on S30432 austenitic steel under applied loading. Materials Transactions，2012，53：1578~1581.

[8] Zhan K, Jiang C H, Ji V. Thermostability of S30432 shot-peened surface layer. Surface Engineering，2013，29：61~64.

[9] 冯强. S32205 双相不锈钢喷丸强化及其组织结构 XRD 研究. 上海交通大学材料与工程学院博士学位论文，2014.

[10] Feng Q, Jiang C H, et al. Surface layer investigation of duplex stainless steel s32205 after stress peening utilizing X-ray diffraction. Material and

Design，2013，47：68~73.

[11] Feng Q, Jiang C H, Xu Z, et al. Effect of shot peening on the residual stress and microstructure of duplex stainless steel. Surface & Coating Tech. , 2013, 226: 140~144.

[12] Feng Q, Wu X Y, Jiang C H, et al. Influence of annealing on the shot-peening surface of duplex stainless steel at elevated temperatures. Nuclear Engineering and Design，2013，255：146~152.

[13] Feng Q, Jiang C H, Xu Z, et al. Micro-structure thermostability of shot-peened duplex stainless steel surface layer. Surface Engineering，2013，29：351~355.

[14] 付鹏. 高强双相钢喷丸强化及其 XRD 表征. 上海交通大学材料与工程学院博士学位论文，2015.

[15] Fu P, Zhan K, Jiang C H. Micro-structure and surface layer properties of 18CrNiMo7-6 steel after multistep shot peening. Materials and Design，2013，51：309~314.

[16] Fu P, Jiang C H. Residual stress relaxation and micro-structural development of the surface layer of 18CrNiMo7-6 steel after shot peening during isothermal annealing. Materials and Design，2014，56：1034~1038.

[17] Fu P, Jiang C H, Ji V. Microstructural evolution and mechanical response of the surface of 18CrNiMo7-6 steel after multistep shot peening during annealing. Materials Transactions，2013，54 (11)：2180~2184.

[18] 刘宗昌. 马氏体相变. 北京：科学出版社，2012.

[19] 徐祖耀. 马氏体相变与马氏体. 北京：科学出版社，1980.

第 13 章　铝和铝基复合材料喷丸表层结构的表征与研究

13.1　新型 7055 - T7751 铝合金喷丸[1]

13.1.1　喷丸强化对 7055 - T7751 铝合金疲劳寿命的影响

表 13.1 给出了 7055 - T7751 铝合金喷丸工艺和结果。

表 13.1　7055 - T7751 铝合金喷丸工艺和结果

试样编号	喷丸强度/mmA	覆盖率/%	表面粗糙度/μm	疲劳寿命/万次
未喷			0.372	27.6
SP1	0.10	100	1.006	60.5
SP2	0.15	100	1.909	74.1
SP3	0.20	100	3.239	14.0
SP4	0.15	200	1.725	63.9

由表 13.1 还可以看到，与 7055 - T7751 铝合金基材相比，低强度喷丸处理 SP1 试样的疲劳寿命是原来的 2.19 倍，中等强度喷丸处理 SP2 试样的疲劳寿命是原来的 2.68 倍，而高强度喷丸处理 SP3 试样的疲劳寿命降低了约 50%。在最有效的中等强度喷丸条件下，提高喷丸覆盖率（SP4 试样），铝合金的疲劳寿命不仅未进一步提高，反而有所降低（SP4 试样的疲劳寿命比 SP2 试样的低 13.8%）。由此可见，无论喷丸强度过高，还是喷丸覆盖率过高，均不能达到最有效地改善 7055 - T7751 铝合金疲劳性能的目的，反而造成过喷丸的不利影响。原因是喷丸处理时，过高的喷丸强度或覆盖率条件下，铝合金不能获得良好的表面完整性，甚至出现表面脱层或开裂损伤，造成表面缺口效应和应力集中，导致疲劳性能变差。因此，较佳喷丸工艺参数为喷丸强度 0.15 mmA，覆盖率 100%。

7055 - T7751 铝合金经合适工艺参数喷丸强化后其疲劳性能可以得到明显的提高。而喷丸强化对 7055 - T7751 铝合金疲劳抗力的提高除了归因于残余压应力的产生，还要归因于表面完整性的改善。喷丸强化在 7055 - T7751 铝合金表面引入的残余压应力沿层深呈现出梯度变化规律，因而可以十分有效地抵消外加疲劳载荷，抑制和延缓表面疲劳裂纹的萌生及早期扩展，并使得材料表面裂纹源向次表层转移，而材料的内部疲劳极限高于表面疲劳极限，进而有效提高了 7055 – T7751 铝合金的疲劳抗力。喷丸后 7055 – T7751 铝合金表层硬度增大，这是因为喷丸强化使金属表层晶粒细化，位错密度增大，达到冷作硬化作用。喷丸强化层内的晶粒细化及晶格畸变程度的提高，将使金属在疲劳交变载荷作用下发生的滑移阻止大有差别，母材试样断裂部位有较明显的颈缩现象，断口呈延性，焊接试样均在母材处断裂。

13.1.2　7055 – T7751 铝合金喷丸强化表面残余应力

图 13.1 为不同喷丸 7055 – T7751 铝合金试样表层残余压应力分布。由图 13.1 可以看到，喷丸强化能够在 7055 – T7751 铝合金表面引入数值较高、呈梯度分布的残余压应力场。随着喷丸强度的提高，铝合金表面残余压应力有所减小，而次表层的最大残余压应力有所增大。原因在于随着喷丸强度的增加，弹丸对材料表面冲击能量增大，使铝合金表层塑性变形程度增加，而喷丸引入的残余压应力是表层塑性变形受内部弹性变形约束的结果，因此喷丸强度提高，次表层能够获得更大数值的残余压应力。但是喷丸强度过大会造成表面损伤（脱层或开裂）程度的提高，表面残余压应力会发生一定的松弛，故喷丸强度进一步增大会导致表面残余压应力数值有所减小。对比 SP2 与 SP4 试样可知，随喷丸处理覆盖率增大，铝合金表面残余压应力数值也增大。

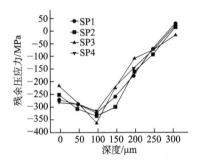

图 13.1　不同喷丸 7055 – T7751 铝合金试样表层残余压应力分布

13.1.3　7055 – T7751 铝合金喷丸表面硬度分布

图 13.2 为不同喷丸 7055 – T7751 铝合金试样表层显微硬度分布。由图 13.2 可以看到，喷丸处理使 7055 – T7751 铝合金试样表面硬度增大，硬度沿层深呈梯度变化，最大硬化层深度在 $100 \sim 140\,\mu m$。在覆盖率为 100% 的条件下，随着喷丸强度增加，表面硬度呈先增大后降低的变化规律。由于喷丸强度提高，陶瓷弹丸撞击铝合金表面的能量增大，陶瓷弹丸对铝合金表面撞击造成的加工硬化层深度会有所增大，故表面硬度及硬化层深度增大；然而，过高强度的喷丸处理导致加工硬化后又出现软化的现象，因此硬度降低。另外，硬度的降低与表面的损伤程度增大也有直接的关系，这对铝合金的疲劳性能显然是不利的。

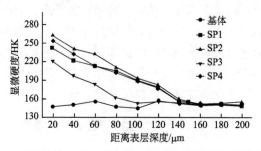

图 13.2　不同喷丸 7055 - T7751 铝合金试样表层显微硬度分布

13.2　TiB₂/Al 复合材料喷丸应力及其松弛的研究[2~5]

13.2.1　TiB₂/Al 复合材料喷丸应力的测定

　　TiB_2/Al 复合材料是以 6351Al 合金为基混有 TiB_2 的复合材料。喷丸前材料热处理制度：固溶处理，530℃ 110min 水淬，170℃ 退火 6h，晶粒尺度大于 30μm，杨氏模量和 $\sigma_{0.2}$ 分别为 80 GPa 和 300MPa；6351Al 合金，成分（质量分数，%）为 Al-Si 1.1、Mg 0.7、Mn 0.7、余量 Al。X 射线衍射谱图如图 13.3 所示，图中标注出各组成相衍射峰及其对应晶面指数。基体为面心立方结构。TiB_2 增强体对应的 PDF 卡片号为 35 - 0741，晶体参数 a = 3.030 Å，c = 3.229 Å，为简单六方结构。

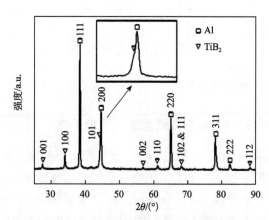

图 13.3　原位生成 TiB_2/Al 复合材料的 X 射线衍射谱图（CuKα 辐射）

　　分别采用应力喷丸、变温热喷丸和复合喷丸三种工艺对复合材料进行喷丸处理。在应力喷丸过程中，首先对复合材料分别预加拉应力 100MPa 和 200MPa，然后进行喷丸处理，喷丸温度为室温。在变温热喷丸过程中，首先将样品预热，然后进行喷丸处理，预热温度分别为 100℃和 200℃，喷丸结束时样品温度基本降至室温。在复合喷丸过程中，首先对材料进行预加拉应力 100MPa，并预热 150℃，然后进行喷丸处理。结合应力喷丸和变温热喷丸的复合喷丸是在预加拉应力的情况下对材料进行变温热喷丸，因而复合喷丸具有热喷丸残余应力稳定性较高和应力喷丸残余压应力较高的优点，而且强化效果更明显。

利用 X-350A 型 X 射线应力仪，测定复合材料喷丸层残余应力及其分布。应力测量参数为：管压 25 kV，管流 5 mA，CrKα 辐射，Al（311）衍射面，ψ 角 0°～45°，测量精度±1%，每点测量 5 次取平均值。利用电解抛光技术对喷丸样品进行剥层，测定残余压应力沿层深的变化，抛光液配方为 2.5 vol. %高氯酸酒精溶液，电流 1 A。

1. 喷丸残余压应力场及其特征

图 13.4 为不同喷丸强度下，经传统喷丸 TiB_2/Al 的残余压应力分布。从图中可以看出，实测结果符合喷丸残余压应力分布的一般特征。根据图 13.4 获得了残余压应力场分布特征参数如表 13.2 所示。结果表明，随着喷丸强度的提高，表面残余压应力和最大残余压应力提高，残余压应力层深和最大残余压应力深度也相应增大。

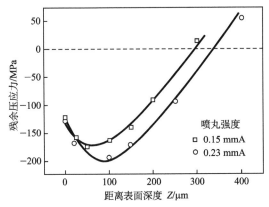

图 13.4 喷丸强度对 TiB_2/Al 残余压应力分布的影响

表 13.2 根据图 13.4 获得了残余压应力场分布特征参数

喷丸强度 /mmA	表面残余 压应力值/MPa	最大残余 压应力值/MPa	残余压应力 层深/μm	最大残余压应力 深度/μm
0.15	−123	−175	290	60
0.23	−127	−190	340	80

喷丸残余压应力的大小及分布与弹丸造成的塑性变形量密切相关。当喷丸强

度较高时，弹丸的动能较大，造成表层材料产生较大的塑性变形，且影响深度变大，因而在较高的喷丸强度下，残余压应力层深、最大残余压应力和表面残余压应力相应提高。此外，最大残余压应力深度也略有提高，但均在 $50\sim100\mu m$。在弹丸撞击下，材料表面产生压坑，并向材料内部传递弹性波，从而在内部产生弹性变形，这种弹性波随着弹丸能量的提高而增强。当弹丸反弹后，部分弹性回复，从而在次表层产生较大的残余压应力，其深度随着喷丸强度的提高而增大，总体影响深度较浅，最大残余压应力深度的变化也较小。

2. 变温热喷丸及其残余压应力场

TiB_2/Al 变温热喷丸残余压应力分布如图 13.5 所示。从图中可以看出，初始喷丸温度结果表明，随着初始喷丸温度的提高，残余压应力场的各特征参数相应提高，初始温度 $T_0=200℃$，喷丸样品的表面残余压应力和最大残余压应力值分别为 $-154MPa$ 和 $-255MPa$，且其残余压应力总体层深也大幅度提高。喷丸残余压应力场特征参数的变化，是由高温下材料的强度降低和弹丸的影响深度相对增大引起的。喷丸产生的残余压应力能够部分或全部抵消外加拉应力，因而较大的残余压应力总是有利于提高材料的疲劳性能，变温热喷丸优化了复合材料残余压应力场。TiB_2/Al 变温热喷丸样品残余压应力分布特征参数示于表 13.3。

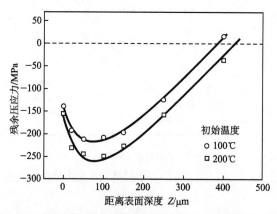

图 13.5　TiB_2/Al 变温热喷丸残余压应力分布，喷丸强度 0.23mmA

表 13.3　TiB_2/Al 变温热喷丸样品残余压应力分布特征参数，喷丸强度 0.23mmA

$T_0/℃$	表面残余 压应力/MPa	最大残余 压应力值/MPa	残余压应力 层深/μm	最大残余压应力 深度/μm
100	-140	-222	383	80
200	-154	-255	425	92

在高温下对材料进行喷丸，变形层内发生动态回复和再结晶过程，其最大优

点是在喷丸过程中形成了较为稳定的位错结构，在外加载荷条件下残余应力的稳定性较高，从而提高了材料的疲劳强度和疲劳寿命。但传统热喷丸残余压应力提高并不明显，仅能略微提高材料的 DCRS 和 DMCRS 值。这与喷丸过程中的加热温度和加热方式有关。在传统热喷丸方法中，喷丸过程中对材料进行持续加热，且由于试验条件的限制，加热温度远低于再结晶温度。加热温度过低，残余压应力场的特征参数难以得到有效提高，而喷丸过程中的持续加热，则会造成喷丸过程中发生残余压应力松弛。因而过低的加热温度和持续的加热方式，是造成传统热喷丸残余压应力场优化不明显的主要原因。

3. **应力喷丸及其残余压应力场**

应力喷丸对 TiB_2/Al 残余压应力分布的影响如图 13.6 所示，其特征参数如表 13.4 所示。结果表明，应力喷丸显著提高了复合材料的喷丸残余压应力，随着预应力的提高，残余压应力分布特征参数相应提高。当预应力为 200MPa 时，复合材料喷丸残余压应力的各特征参数值均较 100MPa 时大。与变温热喷丸相比，在应力喷丸条件下，材料的残余压应力总体深度也有较大幅度的提高。此外，预应力促进了弹丸引起的塑性变形，其影响层也相对较深，因而应力喷丸有效提高了复合材料的残余压应力总体深度和最大残余压应力深度值。

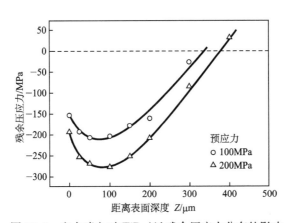

图 13.6　应力喷丸对 TiB_2/Al 残余压应力分布的影响

表 13.4　由图 13.6 所得应力的特征参数

预应力/MPa	表面残余压应力值/MPa	最大残余压应力值/MPa	残余压应力层深/μm	最大残余压应力深度/μm
100	−150	−214	328	78
200	−193	−275	370	96

4. 复合喷丸及其残余应力场

复合喷丸对 TiB_2/Al 残余应力分布的影响如图 13.7 所示，不同喷丸工艺下残余压应力分布特征参数如表 13.5 所示。结果表明，在喷丸强度 0.15mmA 条件下，传统喷丸残余应力分布特征参数均最小，而复合喷丸最大。应力喷丸和变温热喷丸样品的残余应力分布非常接近，均介于传统喷丸和复合喷丸样品之间，但变温热喷丸样品的最大残余压应力对应深度较大。此外，复合喷丸的表面残余压应力也得到较大幅度的提高。这表明复合喷丸有效地结合了应力喷丸和变温热喷丸的优点，有效地优化了复合材料的喷丸残余应力场。

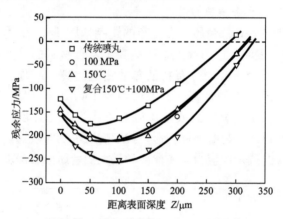

图 13.7　复合喷丸对 TiB_2/Al 残余应力分布的影响

预应力 100MPa，初始喷丸温度 150℃，喷丸强度 0.15mmA

表 13.5　由图 13.7 所得的不同喷丸工艺下残余压应力分布特征参数

喷丸条件	表面残余压应力值/MPa	最大残余压应力值/MPa	残余压应力层深/μm	最大残余压应力深度/μm
传统喷丸	−124	−176	286	58
100MPa 应力喷丸	−152	−210	320	73
150℃温度喷丸	−146	−208	320	96
复合 150℃＋100MPa	−191	−255	335	100

对比图 13.4~图 13.7 和表 13.2~表 13.5 发现，随着喷丸强度的提高，残余应力分布各特征参数相应提高。复合喷丸结合了变温喷丸和应力喷丸的优点，应力强化效果最明显。在所有的喷丸工艺中，最大残余压应力深度变化不大，均为 50~100μm，其总体变化趋势是，随着喷丸强度、初始喷丸温度和预应力的提高而增大。

13.2.2　TiB$_2$/Al 复合材料喷丸应力的松弛研究

1. 喷丸残余应力在外加载荷条件下的松弛

TiB$_2$/Al 喷丸表面加载方向（纵向）和垂直加载方向（横向）残余应力在静载荷和循环载荷下残余应力的变化，每一级静载荷下和每次循环加载的时间均为 5min，选择循环载荷的大小为 150MPa。图 13.8 为加载方向和垂直加载方向，复合材料喷丸层内残余应力沿层深的分布曲线。加载方向和垂直加载方向表面残余应力分别为 -140MPa 和 -119MPa。从图中可以看出，在残余压应力层内，加载方向残余压应力大于垂直加载方向残余压应力。本书所用的复合材料，经挤压处理，加载方向即为挤压方向。在挤压方向上材料的强度高于垂直挤压方向，是造成喷丸后加载方向残余压应力较大的主要原因。

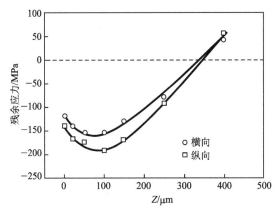

图 13.8　TiB$_2$/Al 喷丸层内加载方向和垂直加载方向残余应力沿层深的分布曲线，
喷丸强度为 0.23mmA

在静载荷下，复合材料表面加载方向（纵向）和垂直加载方向（横向）残余应力同时发生松弛现象，如图 13.9 所示。从图中可以看出，即使在较低的拉应力水平下，残余应力也发生了少量的松弛。随着外加载荷的提高，残余应力的松弛更加明显。在相同的静载荷下，加载方向残余应力的松弛速率高于垂直加载方向残余应力的松弛速率，当静载荷超过约 250MPa 时，加载方向残余压应力小于垂直加载方向残余压应力。

复合材料喷丸残余应力在循环载荷下的松弛行为如图 13.10 所示。随着循环周次 N 的增加，加载方向和垂直加载方向残余应力不断松弛。在相同加载循环周次下，加载方向残余应力松弛速率较大。在最初的几个循环中，喷丸残余应力发生快速松弛行为，该阶段可视为静载松弛阶段。对于加载方向和垂直加载方向的残余应力，静载松弛阶段对应的循环周次 N 分别为 10 和 2，此后残余应力进入动载松弛阶段，松弛速率逐渐变小。

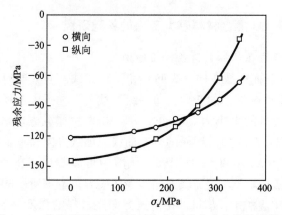

图 13.9　静载荷下 TiB$_2$/Al 喷丸表面残余应力的松弛行为

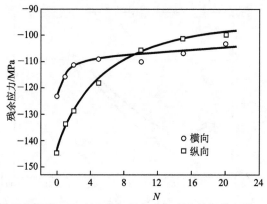

图 13.10　循环载荷下 TiB$_2$/Al 喷丸表面残余应力的松弛行为，σ_a＝150MPa

2. 喷丸残余应力在高温环境下的松弛

研究复合材料喷丸残余应力的高温松弛行为，选择加热温度分别为 150℃、200℃、250℃和 300℃。图 13.11 为 TiB$_2$/Al 喷丸样品在不同温度下等温退火 1h 后残余应力沿层深的分布，图中 As-peened 代表喷丸复合材料的初始残余应力分布状态。从图中可以看出，等温退火后喷丸残余应力发生明显的松弛行为，退火温度越高，残余应力松弛越明显，当退火温度为 300℃时，喷丸残余应力几乎完全松弛。不同温度下 TiB$_2$/Al 喷丸样品经 1h 退火后残余应力分布特征参数如表 13.6 所示。结果表明，随着退火温度的提高，最大残余压应力深度和残余压应力层深逐渐减小。

表 13.6　不同温度下 TiB$_2$/Al 喷丸样品经 1h 退火后残余应力分布特征参数

	刚喷丸	150℃	200℃	250℃	300℃
DMCRS/MPa	90	75	52	40	32
DCRS/MPa	325	262	205	165	91

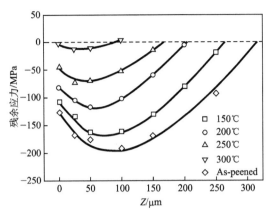

图 13.11 TiB$_2$/Al 喷丸样品在不同温度下等温退火 1h 残余应力沿层深的分布
As - peened 代表喷丸复合材料的初始残余应力分布状态，喷丸强度为 0.23mmA

利用电解抛光技术，将喷丸样品剥层至次表层（25μm）以获得较大残余压应力，研究喷丸残余应力在等温加热条件下的松弛行为。图 13.12 为 TiB$_2$/Al 复合材料喷丸残余应力在加热过程中的变化。结果表明，在等温加热条件下，随着退火时间的延长，复合材料喷丸残余应力按幂指数方式发生松弛。退火温度越高、加热时间越长，则残余应力的松弛越明显。与图 13.12 结果相对应，加热结束后，300℃ 等温退火样品的喷丸残余应力几乎完全松弛。喷丸残余应力高温下的松弛是一个热激活的过程。在残余应力的促进下，高温状态复合材料的局部区域发生蠕变现象，造成残余应力发生部分甚至全部松弛。

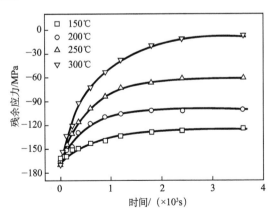

图 13.12 等温加热过程中 TiB$_2$/Al 残余应力的松弛行为

13.3　TiB$_2$/Al 复合材料喷丸的微结构[2~5]

13.3.1　衍射线形宽化效应

喷丸条件：喷丸气压 0.3MPa，陶瓷弹丸，平均直径为 0.25mm，喷管与样品间的距离为 100mm，喷丸强度为 0.24mmA，喷丸温度分室温、100℃ 和 200℃。用迭接电解剥层法测量残余应力深度分布。残余应力测定用 $\sin^2\psi$ 法，CrKα 辐射 Al（311）晶面；在每一层上用日本 Rigaku 公司 Dmax/rC 衍射仪作全谱扫描，阶宽为 0.01°，40 kV，100mmA，标准样品为铝粉。图 13.13 给出在不同深度获得的 X 射线衍射花样，图 13.14 给出用 PersonVII 型函数拟合（220）峰的线形结果。从图 13.13 和图 13.14 可明显看出，线宽度随深度增加明显变小，也就是说，越接近表面，衍射线形宽度越大。图 13.15 给出三种不同温度下喷丸后（220）衍射宽度随深度分布，可见喷丸温度越高宽度越大。

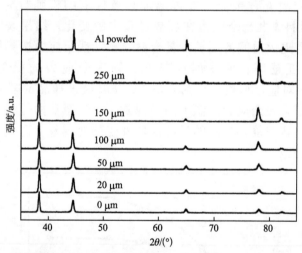

图 13.13　退火 Al 粉和喷丸试样在不同深度处的 X 射线衍射花样，初始喷丸温度为 200℃

13.3.2　喷丸宏观应力与晶粒细化及位错密度的关系

为了寻求喷丸宏观应力与晶粒细化及位错密度的关系，宏观残余应力测定用 $\sin^2\psi$ 法，CrKα 辐射（311）晶面，其测定结果如图 13.16 所示。由图可见，宏观应力随深度的分布与 13.2 节的情况完全相似，在试样的近表面层内存在压应力的极大值，三种喷丸的试样压应力极大值处离表面的距离几乎相同；无论是在试样任何深度位置，初始喷丸温度越低，残余压应力越小，初始喷丸温度越高，残余压应力越大。

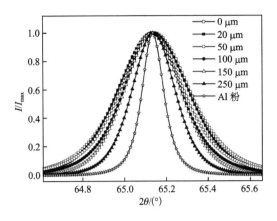

图 13.14　用 PersonVII 型函数拟合（220）峰的线形结果
初始喷丸温度为 200℃，$K\alpha_1$ 的线宽度随深度变小

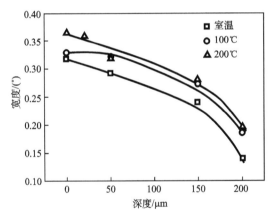

图 13.15　三种不同温度下喷丸后（220）衍射宽度随深度的分布

采用改进的 Warren-Averbach 方法测定晶粒尺度和位错密度，其基本方程是

$$\ln A(L) = \ln A^S(L) - \rho B L^2 \ln\left(\frac{R_e}{L}\right)(K^2\bar{C}) + o(K^4\bar{C}^2) \tag{13.1}$$

式中，$\ln A(L)$ 为 Fourier 系数的实部，能通过 Stokes 解卷积获得；$\ln A^S(L)$ 是尺度 Fourier 系数；$B = \pi b^2/2$，R_e 为位错的有效外切除半径；o 表示立足于较高次项 $K^2\bar{C}^2$；L 用 $L = na_3$ 定义，$a_3 = \lambda/2(\sin\theta_2 - \sin\theta_1)$，$n$ 是从 0 开始的整数，$\theta_2 - \theta_1$ 是衍射线形测量的范围；$K = 2\sin\theta/\lambda$，平均比对因子 $\bar{C}$ 能从第 9 章所引文献来计算；对应于 Fourier 系数的晶粒尺度参数用 L_0 来表示，它能用由王煜明提出的式（13.2）的最小二乘方法，从尺度 Fourier 系数 $S^S(L) \sim L$ 作图导出。

$$A^S(L) = a - \frac{L}{L_0} \tag{13.2}$$

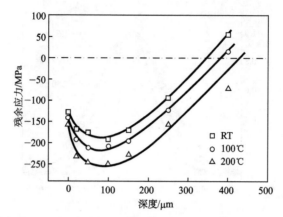

图 13.16　三种不同工艺喷丸后的残余应力随深度的分布

a 是定量表示的胡克效应，方程右边第二项用 X（L）来表示，平均位错密度 ρ 用如下关系测定：

$$\frac{X(L)}{L^2} = B\rho \ln R_e - B\rho \ln(L) \qquad (13.3)$$

用拟合线形的方法，通过改进的 Warren-Averbach 方法计算得到三种不同喷丸样品的晶粒尺度和位错密度分别如图 13.17 和图 13.18 所示。由此可见，晶粒尺度随离试样表面距离（深度）增加而增大，而位错密度则减小；无论是在试样任何深度位置，初始喷丸温度越低，晶粒尺度越大，位错密度越低，初始喷丸温度越高，晶粒尺度越小，位错密度越高。图 13.17 和图 13.18 与图 13.16 相比，晶粒尺度和位错密度随深度的分布与宏观应力随深度的分布没有对应关系，表现为：晶粒尺度和位错密度随深度的变化没有出现极大（极小）值，但较大的残余应力区存在较小的晶粒尺度和较高的位错密度；较小的残余应力区存在较大的晶粒尺度和较低的位错密度。喷丸的初始温度为 200℃时，顶表面的位错密度为 $4.82 \times 10^{15} \, \mathrm{m}^{-2}$，比室温和 100℃时高得多。

上述结果似乎表明，在喷丸过程中，喷丸宏观残余应力、晶粒细化和微观应力（微观应变）及位错产生机理是不同的，所以不可能有对应的深度分布关系。一般而言，宏观应力是由宏观尺度范围的变形或温度的不均匀性引起的，而微观应变是在晶粒尺度范围由不均匀变形引起的。晶粒细化随深度的增加而增加，位错密度随深度增加而降低。无论是宏观残余应力，还是微观结构（晶粒细化、微观应变和位错），对喷丸工艺是相当敏感的，因此喷丸初始温度越高，宏观应力压应力越大，晶粒尺度越小，位错密度越高。

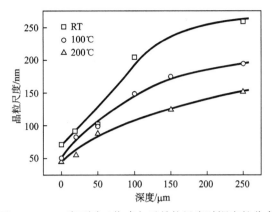

图 13.17　三种不同工艺喷丸后晶粒尺度随深度的分布

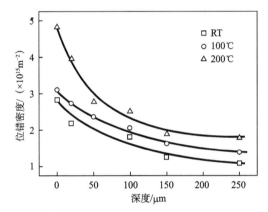

图 13.18　三种不同工艺喷丸后位错密度随深度的分布

13.4　SiC$_w$/Al 喷丸残余应力场的表征[6~8]

采用材料为 SiC$_w$/Al 铝基复合材料，其中以晶须状（whisker）的 SiC 作为增强体。图 13.19 为该材料的 X 射线衍射图谱，从图中可以得到其组成相主要为 Al 和 SiC 两种。图 13.19 中标注了 Al 的（111），（200），（220），（311）和（222）晶面衍射峰，SiC 的（111），（200），（220），（311），（222）晶面衍射峰。

为了获得不同材料的最优化的喷丸参数，需要研究不同喷丸工艺参数下材料中残余应力场的变化，利用 X 射线应力测定技术，研究了不同喷丸工艺参数下常规喷丸、变温热喷丸、应力喷丸和复合喷丸对 SiC$_w$/Al 复合材料中残余应力场的影响，分析了喷丸参数和残余应力场特征参数之间的关系，并探索了在高温环境中 SiC$_w$/Al 复合材料残余应力的松弛行为。本节对复合材料进行了常规喷丸、变

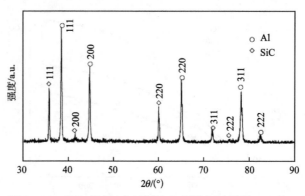

图 13.19　SiC$_w$/Al 复合材料的 X 射线衍射图谱（CuKα）

温热喷丸、应力喷丸及复合喷丸强化处理，利用 X 射线衍射（XRD）应力测定方法，研究了不同喷丸工艺处理方法对 SiC$_w$/Al 复合材料内残余应力场的影响；同时还对该复合材料在加热条件下的应力松弛行为做了一定的研究。最后利用 X 射线衍射极图和 ODF 函数等方法，研究了喷丸对晶须增强复合材料中原始织构的影响。

13.4.1　喷丸残余应力场的一般形式

残余应力测试采用 PROTO - LXRD 型应力仪，测量谱线 CrKα，管压 30 kV，管流 25 mA。选择 Al（311）峰采集衍射数据。ψ 角 0°～45°，测量精度 ±1%，每点测量 10 次取平均值。

图 13.20 为不同喷丸强度下 SiC$_w$/Al 残余应力场。从图中可以看出，无论哪种喷丸强度处理后的样品，残余压应力都随着深度的增加而增加，在达到最大值后随着深度的增加逐渐降低。不同喷丸强度对于表面残余应力值的影响非常有限，三种喷丸强度表面残余应力值几乎不变，大约在－50MPa。高的喷丸强度意味着大的动能冲击材料表面。在喷丸强度为 0.50mmA 时，残余压应力层深达到了约 820μm，最大残余压应力深度为 200μm，最大残余压应力为－294MPa 左右。对比 0.30mmA 和 0.50mmA 喷丸强度下的残余应力场分布可以看到，材料的最大残余压应力并没有增加，基本上保持在－290MPa 左右，但 0.50mmA 喷丸强度处理后最大残余应力值在深度为 200μm 到 300μm 之间几乎都保持在－294MPa 这个数值上，而 0.30mmA 喷丸强度处理后最大值只出现在深度为 150μm 处，之后迅速减小。通过图 13.20 还可以看出，在 0.30mmA 喷丸强度之后，基体中的最大残余压应力值不会再因为喷丸强度的增加而增大了，这种现象说明喷丸残余应力场最大残余应力不仅取决于喷丸强度，同时还受到材料本身性质的制约。表 13.7 为不同喷丸强度处理后 SiC$_w$/Al 材料中残余应力场的特征参数值。

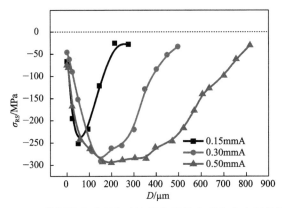

图 13.20　喷丸强度对 SiC$_w$/Al 复合材料中残余应力场的影响

表 13.7　不同喷丸强度下 SiC$_w$/Al 材料中残余应力场特征参数

喷丸强度 /mmA	表面残余应力 /MPa	最大残余应力 /MPa	最大残余应力深度 /μm	残余应力层深 /μm
0.15	-66 ± 20	-251 ± 20	50	250
0.30	-46 ± 20	-290 ± 20	150	500
0.50	-75 ± 20	-294 ± 20	200	820

塑性变形的不均匀性是造成喷丸表层残余应力的主要原因。当喷丸强度较高时，弹丸的撞击使得材料表层产生较大的塑性变形，材料最大残余压应力值会增大。由于弹丸所产生的塑性变形层深增加，残余压应力层深和最大残余压应力出现的深度也会增加。但当喷丸强度增大到一定数值后，由于所产生的最大残余压应力已经接近材料的抗拉极限值，因而不会再随着喷丸强度的增大而继续增加。继续增加喷丸强度，可以使得残余压应力层的深度继续增大，这主要是因为大的喷丸强度意味着有更大动能的弹丸冲击材料表面，使距离表面更远区域的材料也发生了塑性变形。

13.4.2　变温热喷丸残余应力场

传统的喷丸工艺由于喷丸机性能的限制，存在一定的喷丸强度极限，为了提高喷丸强化，就出现了热喷丸工艺。R. Menig 等研究了热喷丸对 AISI 4140 钢残余应力场的影响，认为在加热方式下，喷丸过程中发生了应变时效，钢中碳化物和碳原子对位错的钉扎作用使位错结构更加稳定，因而经热喷丸的样品，其疲劳强度有了大幅度的提高。

传统的热喷丸方法是在喷丸过程中对材料持续加热，这就造成了喷丸过程中材料内发生应力松弛，反而没有获得明显的应力场优化效果。对传统热喷丸工艺加以改进，采用变温热喷丸方法，即在喷丸前对材料进行整体预热，然后进行喷丸处理。喷丸过程中，材料的温度逐渐降低，如图 13.21 所示。初始预加热温度为 120℃和 170℃。

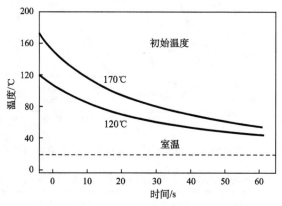

图 13.21　变温热喷丸材料温度随时间变化曲线

变温热喷丸过程中，在弹丸的不断撞击下，材料表层发生重复塑性变形，由于温度较高，易于产生大量的位错。金属基复合材料中，增强体对位错同样具有钉扎作用，因而在增强体周围，位错不断堆积。随着喷丸的不断进行，材料温度逐渐降低，在较高温度下形成的稳定位错结构在降至低温时仍能保持较高的稳定性，并且随着喷丸的进行继续产生新的位错，从而进一步优化材料内的组织结构，提高材料的疲劳强度。

在预加热温度为 120℃和 170℃的条件下，对 SiC_w/Al 复合材料进行喷丸处理，喷丸强度为 0.15mmA。复合材料经变温热喷丸后残余应力沿层深分布情况如图 13.22所示。从图中可以看出，相对于未加热喷丸处理，在相同的 0.15mmA 喷丸强度下，变温热喷丸的最大残余应力、最大残余应力层深和残余应力总体层深均有了明显的提高。表面残余应力基本保持不变。由于材料在制备过程中经历了轧制处理，材料内部存在一定的残余压应力，因而 0.15mmA 常规喷丸下 200μm 深处依然为残余压应力状态。在变温热喷丸处理下，材料初始温度较高，在喷丸作用下，喷丸变形层发生一定的动态回复和再结晶，位错不断产生、合并和重组，同时材料较深的地方发生应力松弛，材料原始残余压应力逐步消失。随着喷丸的继续进行，材料的温度逐渐降低，位错的热运动变得困难，在塑性变形过程中生成稳定的位错结构，因而变温热喷丸可以获得相对优化的残余应力场。

随着预热温度的提高，残余应力场的各个特征参数也相应提高。SiC_w/Al 复合材料经变温热喷丸处理后残余应力场特征参数如表 13.8 所示。经预热温度为 170℃的变温热喷丸处理后，材料最大残余应力达到 −278MPa，最大残余应力层深为 120μm。残余应力总体层深也有所提高，达到近 300μm。

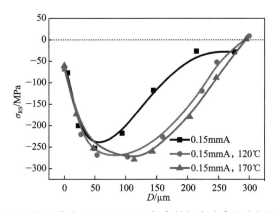

图 13.22　变温热喷丸对 SiC_w/Al 复合材料中残余应力场的影响

表 13.8　变温热喷丸处理后 SiC_w/Al 复合材料中残余应力场特征参数

喷丸处理 0.15mmA	表面残余应力 /MPa	最大残余应力 /MPa	最大残余应力 层深/μm	残余应力总体 层深/μm
传统	−66	−251	50	250
120℃	−67	−273	81	290
170℃	−60	−278	120	295

13.4.3　应力喷丸残余应力场

应力喷丸是在喷丸过程中对材料施加一定的力载荷，使材料内部呈拉应力状态。喷丸结束后，卸载这一载荷，材料发生弹性回复，可以大幅度提高喷丸残余应力。有研究认为，应力喷丸中预加拉应力载荷不应过大，以不超过材料屈服强度 0.5 倍为宜，否则，材料中会产生一定的塑性变形，造成残余应力松弛，降低材料的喷丸强化效果。本实验在 0.15mmA 喷丸强度下，分别对材料作 100MPa 和 150MPa 预加拉应力处理，经喷丸处理后卸载拉应力载荷，测定材料中残余应力场的分布以研究应力喷丸对该复合材料喷丸残余应力的影响。

从图 13.23 中可以看出，经应力喷丸处理后，该材料内残余应力场各特征参数均有了极大的提高，具体数值在表 13.9 中列出。经 100MPa 和 150MPa 应力条件下喷丸处理后，材料表面残余应力和最大残余应力比传统喷丸提高了 100MPa 以上，最大残余应力达到 −369MPa。在拉应力条件下进行喷丸处理，也能相对提高喷丸的影响层深，150MPa 应力喷丸处理后，材料的残余应力总体层深达 450μm，相比于同等喷丸强度下的传统喷丸残余应力总体层深提高约 80%。

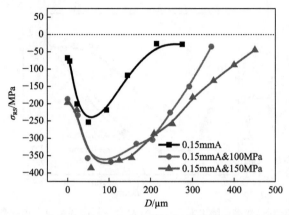

图 13.23　应力喷丸对 SiC$_w$/Al 复合材料中残余应力场的影响

表 13.9　应力喷丸处理后 SiC$_w$/Al 复合材料中残余应力场特征参数

喷丸处理 0.15mmA	表面残余应力 /MPa	最大残余应力 /MPa	最大残余应力 层深/μm	残余应力总体 层深/μm
传统	−66	−251	50	250
100MPa	−186	−359	79	345
150MPa	−196	−369	90	450

13.4.4　复合喷丸残余应力场

　　由上面的变温热喷丸和应力喷丸实验可以看出，这两种喷丸处理方法均能较好地优化喷丸残余应力场的分布。利用变温热喷丸方法可以有效地提高残余应力的总体层深以及热稳定性，但是并未有效提高压应力值，而且为了避免材料在加热状态下的回复和应力松弛行为，加热温度必须尽可能低于材料的再结晶温度；应力喷丸可以有效地提高残余应力场各项特征参数，但预应力载荷也有上限，不应超过材料屈服强度的 0.5 倍，而且在实际生产中，为了避免过大的预应力载荷使得样品发生塑性变形，预应力载荷也应该尽量减小。综上所述，尽管变温热喷丸和应力喷丸均能有效地提高残余应力场的各项特征参数，但是在实际生产中，加热温度和预应力载荷均受到一定的限制，也就使得喷丸强化效果存在极限。为了能够得到更好的喷丸强化效果，同时降低预处理对材料自身性能的影响，就必须利用复合喷丸工艺。

　　复合喷丸即结合变温热喷丸和应力喷丸于一体的喷丸处理方法，既对材料进行预加拉应力处理，又在喷丸前对材料进行预热处理，在喷丸结束后卸载拉应力载荷，因而复合喷丸的强化效果更加明显。

本实验在 100MPa 预应力载荷和 120℃ 预热温度下对材料进行喷丸处理，喷丸强度为 0.15mmA，测得喷丸后材料残余应力随层深分布曲线如图 13.24 所示，其他三条曲线分别为 0.15mmA 喷丸强度下的传统喷丸、120℃ 变温热喷丸和 100MPa 应力喷丸的残余应力-层深曲线。通过对比可以看出，在相同喷丸强度下，复合喷丸的最大残余应力达到近 −400MPa，残余应力总体层深最深，约为 450μm。各项特征参数列于表 13.10 中。从复合喷丸与应力喷丸的数据对比可以看出，表面残余应力几乎一样，这说明预热处理并不能提高材料的表面残余应力，与之前的变温热喷丸结论是一致的。在预加应力和预热处理的共同作用下，经复合喷丸处理后，材料的最大残余应力和总体应力层深均有了提高，表明复合喷丸可以有效地结合变温热喷丸和应力喷丸的优势，更好地优化残余应力场。

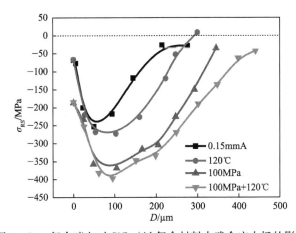

图 13.24　复合喷丸对 SiCw/Al 复合材料中残余应力场的影响

表 13.10　复合喷丸处理后 SiCw/Al 复合材料中残余应力场特征参数

喷丸处理 0.15mmA	表面残余 应力/MPa	最大残余 应力/MPa	最大残余应力 层深/μm	残余应力总体 层深/μm
传统喷丸	−66	−251	50	250
120℃热喷丸	−67	−273	81	290
100MPa 应力喷丸	−186	−359	79	345
100MPa+120℃复合喷丸	−185	−389	95	450

13.5　SiCw/Al 材料喷丸残余应力松弛行为[9,10]

喷丸过程中，高速弹丸不断撞击材料表面，碰撞过程中，弹丸的动能发生改变，绝大部分转化为热能，其余转化为材料的内应力能。因此，经喷丸处理后，材料内的能量提高，处于亚稳态，在高温环境下，必然会发生一定的蠕变现象以及回复再结晶行为，从而导致应力松弛，使得残余应力逐渐减小。

13.5.1　外加载荷条件下喷丸 SiC_w/Al 残余应力松弛

为了得到喷丸残余应力在外加载荷条件下的松弛，研究选定了喷丸表面两个相互垂直的方向进行残余应力测试，一个为应力加载方向（纵向），另外一个是垂直于应力加载方向（横向）。加载方式采用静载荷和循环载荷两种方式。静载荷选择 50MPa、100MPa、150MPa、200MPa、250MPa 和 300MPa 六组，循环加载选择循环载荷的大小统一为 100MPa。每级静载荷加载的时间和循环载荷加载时间都为 5min。

图 13.25 是在喷丸强度 0.15mmA，预加应力 100MPa 条件下，加载方向和垂直加载方向上残余应力分布。加载方向表面残余应力和最大残余应力分别为－186MPa 和－367MPa，最大残余压应力出现在深度为 100μm 处；垂直加载方向表面残余应力和最大残余应力分别为－167MPa 和－332MPa，最大残余压应力深度同样出现在 100μm 处。通过比较这两条曲线，得到在几乎整个塑性变形区深度范围内，加载方向残余压应力大于垂直加载方向残余压应力。造成这种现象的原因和 SiC_w/Al 的制备方式有关，SiC_w/Al 在制备过程中经历了一定方向的挤压，本实验中加载方向和制备时的挤压方向相同，由于材料在挤压方向上的强度较高，在相同喷丸条件下，喷丸后，加载方向的残余压应力较大。

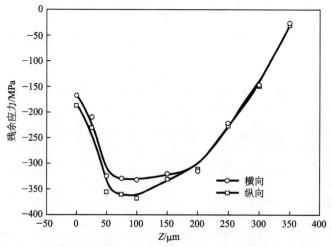

图 13.25　应力喷丸 SiC_w/Al 塑性变形层内残余应力分布，
喷丸强度 0.15mmA＋预加应力 100MPa

对喷丸强度为 0.15mmA＋100MPa 的 SiC_w/Al 施加不同强度静载荷，载荷从 0MPa 到 300MPa。图 13.26 为不同静载荷下 SiC_w/Al 喷丸表面残余应力松弛行为。无论是加载方向或是垂直加载方向，残余应力的松弛随着静载荷的升高而变得越来越大，在低静载荷区，加载方向残余压应力大于垂直加载方向残余压应力；而在高静载荷区，加载方向残余压应力小于垂直加载方向残余压应力。低静载荷区和高静载荷区的分界点在 150MPa 附近。

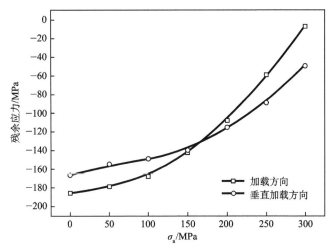

图 13.26　不同静载荷 SiC_w/Al 喷丸表面残余应力松弛行为

应力喷丸强度 0.15mmA＋100MPa 的 SiC_w/Al 在不同加载次数后，材料表面的残余应力如图 13.27 所示，载荷为 100MPa。从图中可以看到，加载次数对残余应力的影响非常明显，特别是在最初的加载当中残余应力下降得最为明显。随着加载次数的增加，加载方向和垂直加载方向的残余压应力逐渐减小。在相同加载次数条件下，加载方向上残余应力松弛较快，这一点在 Hanus 的文章中得到了相应证实。在加载方向上，最开始的 10 次加载后，残余压应力从－186MPa下降到－125MPa，下降了 32.8%；在垂直加载方向上，最开始的 5 次加载后，残余压应力从－167MPa 下降到－137MPa，下降了 18%。在最开始的几次加载中，残余压应力松弛情况最为显著，这个阶段可以被认为是静载松弛阶段。从图 13.27 可以看出，加载方向上的静载松弛对应加载次数大约为 10 次，而垂直加载方向上的静载松弛对应加载次数大约为 5 次。

喷丸材料中的位错在外加载荷大于某一临界值时会发生运动，是引起残余应力松弛最主要的原因。在考虑喷丸材料表面力学性能时，Bauschinger 效应的影响不能忽视。Bauschinger 效应是指金属在正向载荷加载引起的塑性强化导致在随后反向加载过程中成形的塑性应变软化现象。在喷丸材料中，由于每次加载的方向相同，因而会造成在加载方向上材料的强度在每次加载后变大，由于拉伸强度的增大，喷丸材料在经受相同载荷的加载后，其塑性变形量下降，图 13.27 直接反映的就是残余应力松弛曲线在加载几次后变得平缓。在 SiC_w/Al 增强体的作

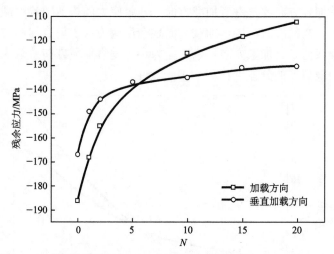

图 13.27　不同加载次数下 SiC$_w$/Al 喷丸表面残余应力，σ_a＝100MPa

用下 Bauschinger 效应在喷丸强化过程中表现得更为明显。在宏观上的表现就是加载方向上屈服强度不断升高，且由于增强体对位错运动的影响，能够更好地抑制残余应力的松弛，静载松弛阶段相对于普通材料要更长一些。

　　喷丸所产生的残余应力不可避免地会在循环载荷下发生松弛，因而研究其松弛规律和提出减缓松弛的方法对于材料表面性能的意义就显得非常重要。通常情况下，研究残余应力对表面力学性能的影响所用的残余应力并不是初始残余应力，而是能够稳定存在的残余应力值。Kodama 在其工作中提到了喷丸残余应力与加载次数之间的关系：

$$\sigma_N = A + B\log N \tag{13.4}$$

式中，σ_N 是 N 次加载后表面残余应力；A 和 B 为材料常数。其中 A 由松弛直线运用外推法得到，具体值相当于样品在加载瞬间产生松弛的残余应力，B 代表残余应力的松弛速率。根据式（13.4）和图 13.27 中实测数据拟合得到加载方向残余应力松弛规律为

$$\sigma_N^L = -168 + 43\log N \tag{13.5}$$

垂直加载方向残余应力松弛规律为

$$\sigma_N^T = -150 + 16\log N \tag{13.6}$$

通过比较式（13.5）和式（13.6）可以明显看出，在相同加载条件下，代表松弛速率的 B 在加载方向上为 43，而在垂直加载方向上为 16，在加载方向上的松弛速率要远大于垂直加载方向上的松弛速率。造成这种现象的主要因素是在加载方向上位错的运动和晶体的滑移相对于垂直加载方向上更剧烈，加载方向上的塑性变形远大于垂直加载方向上的塑性变形。

　　喷丸样品在经受机械循环载荷加载时，残余应力的松弛主要和载荷大小及次

数有关。由于喷丸能够将残余应力场引入样品表层，因而在计算样品实际经受的载荷时，往往要考虑外加应力场和样品本身的残余应力场综合作用的影响。一般认为，当外加载荷和残余应力之和大于材料屈服强度时，材料本身的残余应力会发生松弛。SiC_w/Al 复合材料由于存在 SiC 晶须，在经受外加载荷时会造成材料内部的不均匀塑性变形。本实验的外加载荷选定为 100MPa，小于 SiC_w/Al 复合材料的屈服强度为 241MPa，因而在宏观上不会发生塑性变形。但由于 SiC_w/Al 喷丸在材料表层引入了残余压应力，且增强体的存在造成了局部应力的不均匀，因而在 SiC_w/Al 复合材料的局部同样有发生塑性变形的可能。这种局部塑性变形在加载方向上更为突出，就导致在加载方向上的残余应力在外场的作用下的松弛更加容易。

从理论力学中可知，静载松弛和动载松弛是残余应力松弛的两种主要形式，残余应力的松弛主要发生在前一次或者几次的循环加载中，在随后的多次循环中的松弛现象称为动载松弛。无论是普通金属材料或是有增强体的金属基复合材料，其松弛都遵循这样的规律。在 Zhuang 和 Hanus 的工作中，所研究的复合材料增强体和本研究中的 SiC 晶须增强体比较起来，其尺寸较大，但增强体的数量却不如本研究的多。更多的增强体一方面造成了更多区域的局部不均匀塑性变形，但另一方面也提供了更多能阻止位错滑移的区域。在本实验中，残余应力的静载荷松弛并不是在第一个循环加载后就完成，而是在 5～10 个循环加载后完成的，这说明增强体阻止位错滑移这方面因素在应力松弛方面占主导地位，SiC 晶须增强体能够有效提高在机械载荷加载下残余应力的稳定性。

13.5.2　高温条件下喷丸 SiC_w/Al 残余应力松弛

和室温情况相比，残余应力在高温环境下更容易松弛。本节通过对不同温度和不同加温时间残余应力的观测，研究喷丸后 SiC_w/Al 残余应力的高温松弛行为。选择四个加热温度：150℃、200℃、250℃和 300℃。

图 13.28 为 SiC_w/Al 复合材料在喷丸强度为 0.15mmA＋100MPa 条件下，选择 150℃、200℃、250℃和 300℃四种温度等温退火 60min 后残余应力沿层深的分布。图中已喷丸表示 SiC_w/Al 复合材料在深度方向上初始残余应力曲线。随着退火温度的升高，塑性变形层残余应力松弛现象越明显，残余压应力的范围和强度就越低。300℃退火 60min 后，残余应力场几乎完全消失。喷丸强化工艺中的碰撞使得弹丸的动能转化为热能和材料的塑性变形能。大量聚集在材料内部的能量有向外释放的趋势，一定温度下会引起材料的蠕变和回复再结晶行为，导致残余应力发生松弛。

为了量化温度对 SiC_w/Al 残余应力松弛的影响，实验采用不同温度对喷丸样品进行退火处理，得到不同退火时间下 SiC_w/Al 残余应力值。退火温度选择 150℃、200℃、250℃和 300℃。为了避免喷丸表层微裂纹对残余应力松弛产生影响，实验通过电化学腐蚀方法腐蚀样品表面 $25\mu m$，再利用 X 射线应力仪得到其残余应力值。不同温度和退火时间残余应力结果如图 13.29 所示。从图 13.29 可以看出，采用相同的温度对喷丸样品进行退火，随着时间的增加，残余应力松弛速率由大逐渐减小。退火温度越高，残余应力松弛越明显。

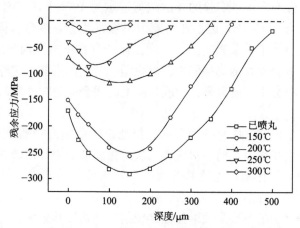

图 13.28 不同温度下 SiC_w/Al 喷丸样品残余应力沿层深分布，
喷丸强度为 $0.15mmA+100MPa$

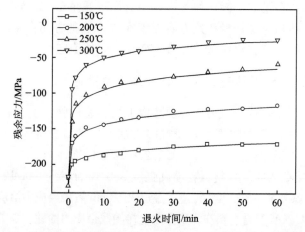

图 13.29 SiC_w/Al 复合材料等温退火时间 60min 表层残余应力受等温加热的影响

残余应力在高温下的松弛通常可以认为是一个符合蠕变规律的热激活过程。其残余应力的松弛过程符合 Zener-Wert-Avrami 函数规律：

$$\sigma^{RS}_{T,t}/\sigma^{RS}_0 = \exp[-(Ct)^m] \qquad (13.7)$$

式中，$\sigma^{RS}_{T,t}$ 为用温度 T 保温时间 t 时刻下的残余应力值；σ^{RS}_0 为残余应力初始值；m 是与松弛有关的参数，对于 Al 合金而言，m 一般在 $0.1 \sim 0.3$；C 为与材料和温度有关的参数，可通过公式（13.7）计算得到：

$$C = D\exp(-\Delta H/kT) \tag{13.8}$$

式中，D 是材料常数；k 是玻尔兹曼常数（1.38×10^{-23} J/K）；T 为保温温度；H 表示残余应力松弛激活焓，单位为电子伏特（eV，1eV＝96.486kJ/mol）。残余应力松弛激活能 Q 可通过松弛激活焓换算得到。

从式（13.7）可以看出，不同温度 T 下，$\log\left[\ln\left(\frac{\sigma_0^{RS}}{\sigma^{RS}}\right)\right]$ 和 $\log(t)$ 这两个值存在线性关系。根据图 13.29 中不同温度下的残余应力松弛的数据，可以得到不同温度下 $\log\left[\ln\left(\frac{\sigma_0^{RS}}{\sigma^{RS}}\right)\right]$ 随 $\log(t)$ 的变化关系，如图 13.30 所示。从图 13.30 可以看出，代表不同温度下残余应力松弛四条直线的斜率即为等式（13.7）中的 m，通过计算得到 $m=0.2$。

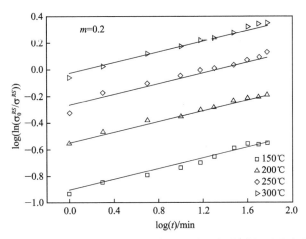

图 13.30　$\log(\ln(\sigma_0^{RS}/\sigma^{RS}))$-$\log(t)$ 图中加热温度和加热时间对残余应力值的影响

根据图 13.29 中不同温度下残余应力随时间的变化实测值，通过式（13.7）和式（13.8）进行拟合，得到 ΔH，Q，D，m 值，如表 13.11 所示，故得 SiC$_w$/Al 等温残余应力松弛规律为

$$\sigma_{T,t}^{RS}/\sigma_0^{RS} = \exp\left\{-\left[1.5\times10^{12}\exp\left(-\frac{1.40\mathrm{eV}}{kT}\right)t\right]^{0.2}\right\} \tag{13.9}$$

表 13.11　根据 Zener-Wert-Avrami 函数得到喷丸后 SiC$_w$/Al 残余应力松弛参数

ΔH/eV	Q/（kJ/mol）	D/min^{-1}	m
1.40	135.1	1.5×10^{12}	0.2

弹丸在撞击材料表面时会使材料表面产生反复塑性变形，在金属基复合材料中，由于增强体的存在，位错在其周围聚集，增强体周围的位错密度要远高于其他位置的位错密度。位错密度的提高必然导致周围位错处于亚稳状态，同时使得材料

内部的变形能增大，这种能量的聚集会使得材料在一定条件下发生回复和再结晶现象。通过升温，位错运动能力增强，通过相应的滑移和攀移等位错的运动最终使得残余应力发生松弛。但另一方面，增强体的存在仍然对位错在高温下的运动起到阻碍作用。从计算结果可以看出，SiC_w/Al 的残余应力松弛激活能为 1.40eV/mol（即 135.1kJ/mol），这个值小于 Al 的自扩散激活能 1.45eV/mol，这就说明在 SiC_w/Al 的残余应力松弛过程中，材料变形储存能提高导致促进喷丸复合材料回复再结晶这个因素占据了主导地位，而增强体对位错的阻碍运动对应力松弛的影响为次要因素。TiB_2/Al 残余应力松弛激活能为 1.64eV/mol，大于纯 Al 的 1.45eV/mol 和 SiC_w/Al 的 1.40 eV/mol。造成这种现象的主要原因是在 TiB_2/Al 中，TiB_2 增强体的尺寸非常小，是在 50～500nm；而 SiC_w/Al 中的增强体 SiC_w 晶须尺寸是直径在 1μm 左右而长度在 10μm 左右，这就导致了在 TiB_2/Al 中增强体的阻碍作用占主导，而在 SiC_w/Al 中变形储存能促进了喷丸复合材料的回复与再结晶占主导，因此，TiB_2/Al 的残余应力松弛激活能大于纯 Al 的残余应力松弛激活能，而 SiC_w/Al 的残余应力松弛激活能小于纯 Al 的残余应力松弛激活能。

13.6　SiC_w/Al 复合材料喷丸表面微结构[7]

13.6.1　变温热喷丸 SiC_w/Al 的微结构

和一般金属材料类似，在复合材料喷丸中，弹丸撞击使得表层区域晶粒细化，位错密度升高，微应变增大，平均晶粒尺度在深度方向上呈由小到大梯度分布，位错密度和微应变在深度方向上呈由大到小梯度分布。由于 XRD 线形分析反映的材料微观结构变化是具有统计性的结果，因而比其他微观结构观测方法更能综合体现相应区域的晶粒尺度、微应变和位错的变化规律。更高初始温度的变温热喷丸在相同深度下衍射峰半高宽值更大。通过 XRD 线形分析得到普通喷丸，初始温度为 120℃和 170℃变温热喷丸样品的晶粒尺度和位错密度沿层深的分布，如图 13.31 和图 13.32 所示。从图中可以看到，无论是哪种喷丸方式，随着层深的增加，晶粒尺度逐渐变大，而位错密度则逐渐减小。

对比 120℃和 170℃变温热喷丸晶粒尺度和位错密度沿层深分布曲线，可以看到温度越高，在相同深度下晶粒尺度越小，而位错密度则越大。具体来说，喷丸强度为 0.15mmA 情况下，初始喷丸温度为 120℃，表面晶粒尺度为 51nm，表面位错密度为 $5.9×10^{15}\,m^{-2}$；初始喷丸温度为 170℃，表面晶粒尺度为 48nm，表面位错密度为 $7.8×10^{15}\,m^{-2}$；金属基复合材料在经受弹丸反复冲击后，变形层内大量位错聚集在增强体附近。在低温情况下，增强体对大量聚集的位错有比较强的阻碍作用，然而在高温情况下材料位错运动更容易被激活，位错的运动会

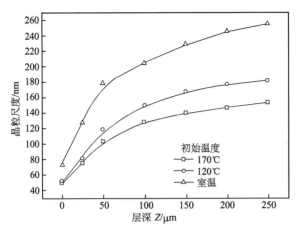

图 13.31 SiC$_w$/Al 晶粒尺度沿层深分布规律

变温热喷丸参数：喷丸强度 0.15mmA，喷丸初始温度分别为室温、120℃和170℃

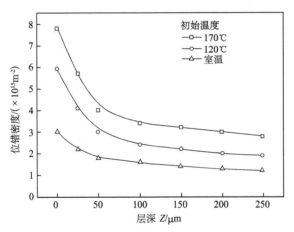

图 13.32 SiC$_w$/Al 位错密度沿层深分布规律

变温热喷丸参数：喷丸强度 0.15mmA，初始喷丸温度分别为室温、120℃和170℃

比低温更容易。和普通喷丸相比，变温热喷丸因为其变形是在高温下进行，因而变形量更大，使得有更多区域产生了塑性变形，同时变形区域内晶粒尺度变得更小，位错密度变得更大。随着温度的降低，这种细小的晶块和极高的位错密度并没有产生相应的回复和再结晶，而顺利地保持了下来，最终导致在变温热喷丸处理完成后，其位错密度相对于普通喷丸要大，晶粒尺度相对于普通喷丸要小。

和普通喷丸相比，变温热喷丸在表面形成的晶块更小，位错密度更高，因而其组织结构强化效果会更明显。众所周知，材料的表面力学性能不仅取决于微观组织结构本身，更取决于微观组织结构的稳定性。在变温热喷丸 SiC$_w$/Al 复合材料中，其形成的微观结构相对于普通喷丸更稳定，同时 SiC$_w$/Al 复合材料中增强体对位错运动的阻碍，使得位错更难于移动，这两方面都使得变温热喷丸 SiC_w/Al 复合材料中的微观结构能够保持比较高的稳定性。

13.6.2　应力喷丸 SiC_w/Al 的微结构

应力喷丸主要是通过在喷丸过程中施加拉应力，在喷丸处理完成后释放拉应力，使得材料表层获得更大数值的残余压应力。为了研究应力喷丸对 SiC_w/Al 组织结构的影响，选择加载在样品材料上的预应力值分别为 100MPa 和 150MPa。通过 Voigt 线形分析方法得到预应力数值分别为 0MPa（普通喷丸）、100MPa 和 150MPa 喷丸塑性变形层内晶粒尺度和微应变沿层深的分布，喷丸强度统一为 0.15mmA，结果如图 13.33 和图 13.34 所示。通过对不同预应力下晶粒尺度和微应变随层深分布的比较可以看出，在相同喷丸强度和相同深度下，随着预应力的增加，晶粒尺度变小。预应力的引入对于材料表层晶粒尺度的控制有非常明显的作用，在深度为 100μm 范围内，晶粒尺度都保持在非常小的范围内，和普通喷丸相比，晶粒尺度沿层深的变化较平缓。在预应力的作用下，喷丸撞击导致更大的表层塑性变形层，预应力的作用导致材料塑性变形层内晶粒尺度变得更小，微应变更大，位错密度更高，这种微结构的变化反映到宏观上就是提高喷丸材料表面塑性变形层的力学性能。

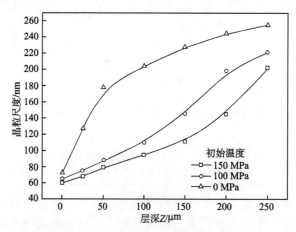

图 13.33　SiC_w/Al 晶粒尺度沿层深分布规律
应力喷丸参数：预应力分别为 0MPa、100MPa 和 150MPa，喷丸强度 0.15mmA

13.6.3　复合喷丸 SiC_w/Al 的微结构

通过对变温热喷丸和应力喷丸工艺对材料微观组织结构影响的分析，可以预测，如果能够综合两种处理方法的优势，将会使得处理材料在力学性能方面的改善更为明显。本节所讨论的复合喷丸工艺就是结合了这两种喷丸工艺来对 SiC_w/Al 进行强化

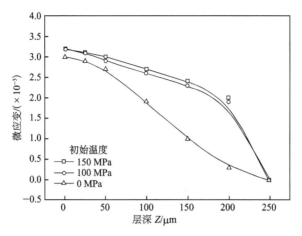

图 13.34　SiC$_w$/Al 微应变沿层深分布规律
应力喷丸参数. 预应力分别为 0MPa、100MPa 和 150MPa，喷丸强度 0.15mmA

的。具体工艺试验选取：①复合喷丸预加拉应力 100MPa，初始温度 120℃；②变温热喷丸初始温度 120℃；③应力喷丸预加拉应力 100MPa；④普通喷丸。其中喷丸强度为 0.15mmA。图 13.35 为普通喷丸、变温热喷丸、应力喷丸和复合喷丸样品晶粒尺度随层深的变化。图 13.36 为普通喷丸、变温热喷丸、应力喷丸和复合喷丸样品微应变随层深的变化。图 13.37 为普通喷丸、变温热喷丸、应力喷丸和复合喷丸样品位错密度随层深的变化。从图 13.35～图 13.37 的对比可以看出，复合喷丸无论是从晶粒尺度方面，还是微应变和位错密度方面，其强化效果都明显好于其他三种工艺。

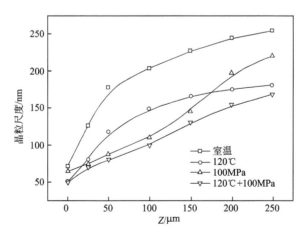

图 13.35　SiC$_w$/Al 晶粒尺度沿层深分布规律
喷丸强度 0.15mmA，变温热喷丸初始温度为 120℃，应力喷丸外加应力为 100MPa，
复合喷丸初始温度＋外加应力为 120℃＋100MPa

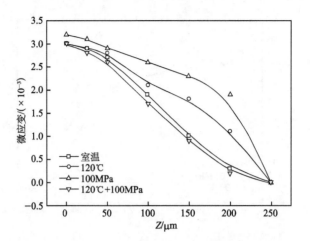

图 13.36　SiC_w/Al 微应变沿层深分布规律
喷丸强度 0.15mmA，变温热喷丸初始温度为 120℃，应力喷丸外加应力为 100MPa，
复合喷丸初始温度＋外加应力为 120℃＋100MPa

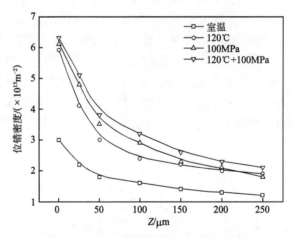

图 13.37　SiC_w/Al 位错密度沿层深分布规律
喷丸强度 0.15mmA，变温热喷丸初始温度为 120℃，应力喷丸外加应力为 100MPa，
复合喷丸初始温度＋外加应力为 120℃＋100MPa

　　复合喷丸强化工艺中，温度场和应力场使得材料表层在经受冲击时的塑性变形量比普通喷丸、应力喷丸和变温热喷丸都要大，这种大的塑性变形在微观层面的表现就是使得晶粒尺度相比于其他处理工艺更小，微应变变形程度更大，同时大变形产生了更多的位错而导致整体位错密度更高。另外，从图 13.35～图 13.37 也可以看出，复合喷丸强化不仅能增强塑性变形层的组织结构强化效果，还能增加强化层的深度，这主要是由于样品在高温和预加拉应力状态下发生了一定的软化现象，相同喷丸强度下的弹丸冲击的影响力

能够到达更深的区域。

13.7　SiC$_w$/Al 复合材料喷丸表面微结构的回复和再结晶[7]

喷丸组织强化是通过弹丸使得材料表面产生塑性变形，使得塑性变形层内微观组织结构发生改变，从而提高了材料表层结构的力学性能。这种表面力学性能的改变对材料服役过程中性能的改善极为有利。然而，由于塑性变形层组织结构处于热力学亚稳状态，在一定温度下微观组织会发生回复再结晶现象，这种现象的发生会极大地损害喷丸形成的强化组织，研究高温下喷丸材料显微结构的演变对于喷丸强化工艺本身有极为重要的意义。

金属基复合材料由于增强体的存在，必然会对喷丸样品塑性变形层内微观结构的回复和再结晶产生影响。有关研究表明，增强体能够促进金属基复合材料在喷丸强化中的塑性变形量增大，并促进再结晶形核率的提升，使得喷丸材料在高温过程中再结晶过程更容易发生。增强体的形状和大小对于再结晶过程有着非常重要的影响，对于喷丸材料回复和再结晶过程的分析，一般通过再结晶激活能的大小来判断再结晶的难易程度。本节通过对 SiC$_w$/Al 复合材料连续加热和等温加热，利用不同线形分析方法，研究 SiC$_w$/Al 复合材料和基体合金 6061Al 塑性变形层在温度场作用下微观结构演变过程。

13.7.1　SiC$_w$/Al 连续加热回复与再结晶行为

连续加热试验的建立，是通过对喷丸强化后的 SiC$_w$/Al 复合材料和基体合金 6061Al 分别进行加热，利用 XRD 线形分析得到其微结构演变规律。其中所有材料喷丸强度为 0.15mmA，喷丸样品的加热温度区间为 100～400℃，在加热时温度每升高 25℃保温 5 min。

分别通过改进的 Warren-Averbach（MWA）线形分析方法和 Voigt 线形分析方法得到的连续加热过程中 SiC$_w$/Al 喷丸表面晶粒尺度的变化，通过 MWA 方法计算出的结果代表面积权重平均晶柱尺寸，Voigt 方法计算出的结果代表相应衍射峰晶面平均晶柱尺寸。结果表明，两种方法结果完全一致，故仅给出 Voigt 方法的分析结果。图 13.38 和图 13.39 分别给出晶粒尺度和微应变的计算结果。

从图中可以看到，无论运用哪种线形分析方法，晶粒尺度都随着温度的升高而长大。图中纵坐标为 t 时刻晶粒尺度 D_t 与初始晶粒尺度 D_0 之比，可以看到，当温度比较低、加热时间比较短时，晶粒尺度变化不大到了加热温度较高的阶段，晶块长大的速率发生了明显的变化，而基体合金 6061Al 在相同情况下的长大速率要明显高于 SiC$_w$/Al。用 Voigt 线形分析方法得到的基体合金 6061Al 和 SiC$_w$/Al 金属基复合材料晶粒尺度长大倍数分别是 14 和 6 倍。造成这种不同结

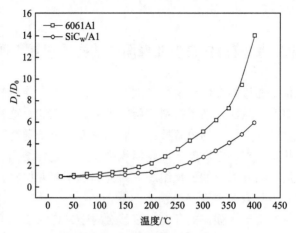

图 13.38　用 Voigt 线形分析方法得到连续加热过程中喷丸 SiC$_w$/Al 晶粒尺度变化
D_0 代表初始晶粒尺度，D_t 代表 t 时刻晶粒尺度，喷丸强度 0.15mmA

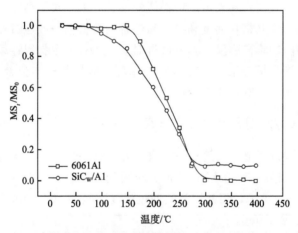

图 13.39　用 Voigt 线形分析方法得到连续加热过程中喷丸 SiC$_w$/Al 微应变变化
MS_0 代表初始微应变，MS_t 代表加热 t 时刻微应变，喷丸强度 0.15mmA

果的主要原因是两种线形分析方法计算时所得到的比较值不同。在 SiC$_w$/Al 金属
基复合材料中，由于增强体 SiC$_w$ 的强度要比基体合金 6061Al 大得多，在经历喷
丸表面塑性变形后，增强体周围的基体塑性变形量会因为增强体的作用而大大增
加，其内部储存的变形能也会大大增加。研究表明，当金属基复合材料中增强体
的尺寸比较大时，增强体周围储存的大的变形能为晶体的回复和再结晶提供相应
能量，同时增强体本身也为再结晶提供了相应的形核区域，使得再结晶现象的发
生变得相对容易。当金属基复合材料中增强体的尺寸比较小时，尽管增强体同样
使得周围产生比较大的塑性变形能，但由于这些极小的颗粒能够有效地阻碍位错
线的移动以及晶界的迁移，从而使得晶块的长大变得困难。而我们实验中的 SiC

晶须尺寸相对比较小，从而使得 SiC_w/Al 金属基复合材料晶粒尺度的稳定性要大于 6061Al 基体合金。两种方法计算微应变演变规律的变化趋势相同。在喷丸塑性变形的区域内，位错和其他微观结构有着密切的联系，位错、微应变和晶粒尺度之间并不是独立存在的参量，位错密度的变化直接影响着微应变的变化。弹丸撞击能够在材料表面产生大量的位错，造成表面位错密度急剧升高。材料表面的剧烈塑性变形所产生的位错遇到增强体后移动被阻碍而导致在增强体周围聚集。位错密度极高代表能量密度极高，这种高能量能够促使再结晶晶核的形成，从而使晶块的再结晶过程变得容易。通过升高温度，储存在材料内部的变形能释放，释放的能量促使晶块的回复再结晶过程能够顺利进行。由于增强体和基体之间存在的物理性能差异，其周围有更多再结晶形核条件，同时加以高密度位错所聚集的能量使得 SiC_w/Al 复合材料的微应变值在高温环境中更容易下降。

通过对比 SiC_w/Al 复合材料晶粒尺度和微应变在连续加热条件下的演变，可以得出这样的结论，由于增强体的存在，一方面增强体周围的能量密度增大，另一方面晶界的移动变得困难，这两方面因素导致了晶块在加热过程中晶块长大的幅度和微应变降低的幅度相比较小。但总体而言，增强体的存在还是能够提高 SiC_w/Al 复合材料的热稳定性。

13.7.2 SiC_w/Al 等温加热回复与再结晶行为

连续加热条件下 SiC_w/Al 的微观结构演变能够描述其回复再结晶的规律和趋势，但并不能量化晶粒尺度和微应变松弛的具体值，本节通过分析 SiC_w/Al 在等温加热条件下微观组织结构的变化，得到晶块长大激活能和微应变松弛激活能。等温处理选择 3 个不同温度：150℃、250℃ 和 300℃，同样选择 SiC_w/Al 复合材料和 6061Al 基体合金两组材料进行对比，喷丸强度为 0.15mmA。Voigt 方法计算出的晶粒尺度和微应变演变规律示于图 13.40 和图 13.41 中。可以看到，晶粒在加热初期的长大速度较大，随着加热时间的增加，晶粒尺度的长大速率逐渐下降。SiC_w/Al 复合材料的长大速率在加热初期大于 6061Al 基体合金，但在随后的过程中，6061Al 的长大速率远高于 SiC_w/Al。随着加热温度的升高，SiC_w/Al 和 6061Al 在加热完成后晶粒尺度的差值随着温度的增加先增大后减小，其中在 150℃、250℃ 和 300℃ 这三个温度加热 9360s 情况下，差值最大的是在 250℃ 时，晶粒尺度差值达到了 126nm。

晶粒尺度演变规律在一定温度下遵循：

$$dD/dt = AD^{-n}\exp[-Q_a/(RT)] \tag{13.10}$$

其中，dD/dt 为晶粒尺度长大速率；T 为温度（K）；R 为理想气体常数（8.314 J/(mol·K)）；A 为材料常数；Q_a 为晶界迁移激活能。通过对 D 积分，得到

$$D_t^{n+1} = D_0^{n+1} + At(n+1)\exp[-Q_a/(RT)] \tag{13.11}$$

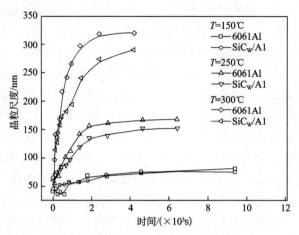

图 13.40　用 Voigt 线形分析方法得到等温加热过程中喷丸 SiC$_w$/Al 晶粒尺度变化
喷丸强度 0.15mmA，加热温度分别为 150℃、250℃和 300℃

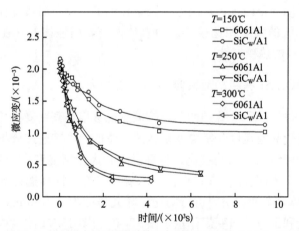

图 13.41　用 Voigt 线形分析方法得到等温加热过程中喷丸 SiC$_w$/Al 微应变变化
喷丸强度 0.15mmA，加热温度分别为 150℃、250℃和 300℃

其中，D_0 为初始晶粒尺度；D_t 为加热时间 t 后的晶粒尺度。通过公式（13.10）和图 13.40 中的各个时间和温度下的晶粒尺度数据进行拟合，计算出 SiC$_w$/Al 复合材料和 6061Al 基体合金的晶界迁移激活能分别为 268kJ/mol 和 243kJ/mol。与此类似，通过对图 13.40 中的各个时间和温度下的晶粒尺度数据进行拟合，计算出 SiC$_w$/Al 复合材料和 6061Al 基体合金的晶界迁移激活能分别为 232kJ/mol 和 221kJ/mol。

　　Voigt 方法得到的在不同温度条件下等温加热微应变随加热时间的演变如图 13.41 所示。从图的对比中可以看出，微应变松弛速率是先快后慢，最终微应变的大小基本上保持在一个恒定值上。等温加热温度越高，微应变值下降得越快。在相同的等温加热温度下，SiC_w/Al 复合材料微应变的松弛速率在开始阶段大于 6061Al 基体合金，但在整个等温加热处理结束后，SiC_w/Al 复合材料微应变的值却大于 6061Al 基体合金，这一点和连续加热条件下微应变的变化规律有相似之处。

微应变演变规律在一定温度下遵循：

$$\frac{\mathrm{d}\varepsilon}{\mathrm{d}t} = -C\varepsilon^m \exp[-Q_b/(RT)] \tag{13.12}$$

式中，$\mathrm{d}\varepsilon/\mathrm{d}t$ 为微应变松弛速率；Q_b 为微应变松弛激活能；ε 为微应变；C 为材料常数；m 为微应变松弛指数。对 ε 积分：

$$\varepsilon_t^{-(m-1)} = \varepsilon_0^{-(m-1)} + Ct(m-1)\exp[-Q_b/(RT)] \tag{13.13}$$

式中，ε_0 为初始微应变值；ε_t 为加热时间 t 时刻微应变值。

通过公式（13.13）和图 13.41 中的各个时间和温度下的微应变数据进行拟合，计算出 SiC_w/Al 复合材料和 6061Al 基体合金的微应变松弛激活能分别为 249kJ/mol 和 236kJ/mol（MWA 法）。与此类似，通过对图 13.41 中的各个时间和温度下的微应变数据进行拟合，计算出 SiC_w/Al 复合材料和 6061Al 基体合金的微应变松弛激活能分别为 203kJ/mol 和 198kJ/mol（Voigt 法）。

从 SiC_w/Al 复合材料和 6061Al 基体合金晶粒尺度在不同温度下的演变规律可以看出，在等温加热开始时，SiC_w/Al 复合材料晶粒尺度的长大速率大于 6061Al 基体合金，但在随后的加热过程中，SiC_w/Al 复合材料晶粒尺度的长大速率逐渐变得比 6061Al 基体合金小。在等温加热完成后，SiC_w/Al 复合材料晶粒尺度明显小于 6061Al 基体合金晶粒尺度。从 SiC_w/Al 复合材料和 6061Al 基体合金微应变在不同温度下的演变规律可以看出，在等温加热开始时，SiC_w/Al 复合材料微应变的松弛速率大于 6061Al 基体合金。在喷丸过程中，由于弹丸撞击引起的强烈塑性变形，SiC_w/Al 复合材料增强体周围形成了大量位错线，位错线的大量塞积使得材料整体的变形能大大增加。在等温加热过程中，储存的变形能能够使晶块回复和再结晶在开始阶段变得更容易。因此在等温加热的初期，SiC_w/Al 复合材料的晶块长大速率比 6061Al 基体合金更快，微应变的松弛速率也更大。但随着等温加热时间的增加，这种现象发生了转变，SiC_w/Al 复合材料的晶块长大速率和微应变的松弛速率变得小于 6061Al 基体合金。

13.8　喷丸对 SiC_w/Al 织构的影响[7]

SiC_w/Al 复合材料在制备过程中经轧制处理，因而产生原始织构。在喷丸处理过程中，材料表层发生强烈的塑性变形，不仅改变了表层的组织结构，还削弱了原始织构。喷丸处理对织构的影响与喷丸过程中组织结构的变化密切相关。

　　同时，在复合材料中，增强体也会影响喷丸过程中织构的变化。研究认为，当增强体的尺寸大于 100nm 时，就会导致更高程度的非均匀变形，从而引起织构强度的降低。增强体的体积分数越大，织构强度越低。在变形过程中，增强体会改变基体的塑性流动方向，由于基体的强度远低于增强体，因此基体的流动需要绕过增强体，从而改变了基体的最初的晶向。

　　图 13.42 为 SiC_w/Al 复合材料经 0.15mmA 喷丸前后基体中（200）、（220）和（222）的极图。从图中可以看出，未喷丸前，复合材料中存在较强的织构；经喷丸后，材料表面织构基本消失；在次表层 $50\mu m$ 处，存在一定的织构，但织构方向已经和未喷丸时基体中的织构方向有所不同。由于极图不能完整反映材料中织构的变化，为了进一步认识喷丸对织构的影响，实验将不全极图数据利用 harmonic 方法转化为 ODF 函数（orientation distribution function），并作进一步分析。

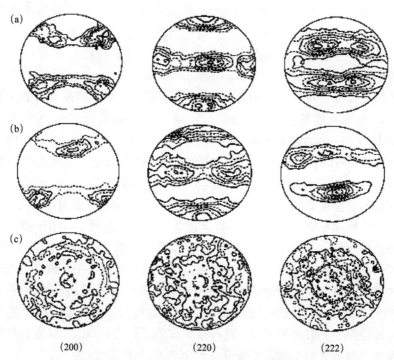

图 13.42　SiC_w/Al 复合材料经 0.15mmA 喷丸前后基体中（200）、（220）和（222）的极图
(a) 未喷丸；(b) 喷丸后层深 $50\mu m$ 处；(c) 喷丸后材料表面

　　晶体取向呈三维空间分布，而（200）、（220）和（222）的不全极图只能获得对应晶面上的二维织构信息。利用 Harmonic 方法可以将不全极图数据转化为 ODF 函数，从而可以完整、准确地表示出织构的内容。图 13.43 为喷丸样品中 ODF 取向分布函数 $\varphi_2 = 45°$ 截图，密度水平等高线值为 0、1、2、3、4、5，第 5

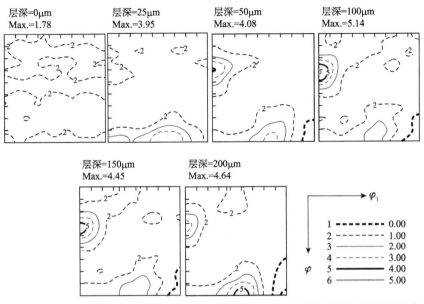

图 13.43　0.15mmA 喷丸后 SiC_w/Al 复合材料中 $\varphi_2 = 45°$ ODF 截图沿层深的分布

密度水平线代表该处的织构取向最强。

图中横坐标和纵坐标分别为 Euler 空间的 φ_1 和 φ，$\varphi_2 = 45°$。由这三个角度根据下面两个公式可以计算出该复合材料内的织构成分：

$$H : K : L = \sin\varphi\sin\varphi_2 : \sin\varphi\cos\varphi_2 : \cos\varphi \tag{13.14}$$

$$u : v : w = (\cos\varphi_1\cos\varphi_2 - \sin\varphi_1\sin\varphi_2\cos\varphi)$$
$$: (-\cos\varphi_1\sin\varphi_2 - \sin\varphi_1\cos\varphi_2\cos\varphi)$$
$$: \sin\varphi_1\sin\varphi \tag{13.15}$$

通过计算得知，该复合材料内的织构成分主要有 $\{110\}\langle112\rangle$ 和 $\{112\}\langle110\rangle$ 两种，在 200μm 层深处 $\{110\}\langle112\rangle$ 织构较强，此处受喷丸影响很小，因此可认为该材料的原始织构主要成分为 $\{110\}\langle112\rangle$。在次表层 100μm 层深附近为残余应力区，该区域在喷丸作用下发生一定的塑性变形。与传统的喷丸后材料内织构变化不同的是，SiC_w/Al 复合材料残余应力区的织构并没有因为喷丸的影响而减弱或者消失；相反，该区域的织构成分由原始织构 $\{110\}\langle112\rangle$ 逐渐转变为 $\{112\}\langle110\rangle$，并且织构的取向密度水平略有增强。研究认为，该现象的发生主要与 SiC_w/Al 复合材料中的晶须增强体有关。SiC_w/Al 复合材料在制备时受轧制处理，材料内晶须增强体的排列具有一定的方向性。在喷丸处理时，基体铝强度较低，易发生塑性变形，但是其塑性流动方向受到晶须增强体的影响，趋向于和增强体的排列方向一致，所以该复合材料中塑性变形区内的织构强度并没有减弱，而是成分发生了一定的变化。而在表面，材料在弹丸的高速撞击下不断发生大塑性变形，同时还受到其他方向的不断挤压，变形方向是任意的，因此表层材料在喷丸后的织构基本被完全消除。

　　根据相应的计算结果，SiC_w/Al 的织构成分主要有两种：$\{110\}\langle112\rangle$ 和 $\{112\}\langle110\rangle$，由于弹丸撞击的影响随深度的增加急剧减小，因而喷丸处理后样品在深度为 $200\mu m$ 处，主要织构形式仍然为原始织构 $\{110\}\langle112\rangle$。在深度为 $100\mu m$ 处，SiC_w/Al 织构由原始织构 $\{110\}\langle112\rangle$ 逐渐转变为 $\{112\}\langle110\rangle$，这个结果和之前的预期并不相符，因为我们知道无规则弹丸撞击产生的塑性变形可以有效地降低和消除织构现象，但在实验中不仅织构现象没有降低，反而略有增强，且方向也发生相应转变。这种现象的产生，我们认为主要与增强体 SiC_w 的作用有关。SiC_w/Al 在制备过程中受到挤压，SiC 晶须在 6061Al 基体中的排列存在一定的方向性。由于 6061Al 强度较低，在弹丸撞击材料表面时容易发生塑性变形，在塑性流动过程中受到强度较高的 SiC 晶须阻碍，其流动方向和增强体排列方向趋于一致，因而在 $100\mu m$ 深度处织构强度并没有减弱，而是方向发生了变化。由于表面受到各个方向弹丸高速撞击，因此表层的织构现象几乎完全消除。

参 考 文 献

[1] 李鹏，刘道新，关艳英，等. 喷丸强化对新型 7055-T7751 铝合金疲劳性能的影响. 机械工程材料，2015，39 (1)：86～89.

[2] 栾卫志. TiB_2/Al 复合材料喷丸强化及其表征. 上海交通大学博士学位论文，2009.

[3] Luan W Z, Jiang C H, Ji V, et al. Investigation for warm peening of TiB_2/Al composite using X-ray diffraction. Materials Science and Engineering, 2008, A 497 : 374～377.

[4] 栾卫志，姜传海，王浩伟，等. TiB_2/Al 喷丸形变层连续加热组织结构. 中国有色金属学报，2008，18：1402～1406.

[5] 栾卫志，姜传海，王浩伟. $TiB_2/6351Al$ 复合材料喷丸层再结晶过程的 X 射线衍射分析. 金属学报，2008，44：671～674.

[6] 卞凯. SiC_w/Al 复合材料喷丸强化及数值模拟. 上海交通大学硕士学位论文，2010.

[7] 黄俊杰. SiC_w/Al 复合材料喷丸强化及其表征研究. 上海交通大学博士学位论文，2014.

[8] Huang J J, Wang Z, Bian K, et al. Investigation for different peening techniques on residual stress field of SiC_w/Al composite. Journal of Materials Engineering and Per-

formance，JMEPEG _ ASM International，2012，22（3）：2012～2017.

[9] Huang J，Wang Z，Bian K，et al. Thermal relaxation of residual stresses in shot peened surface layer of SiC$_w$/Al composite. Journal of Materials Engineering and Performance，2012，21（6）：915～919.

[10] Huang J J，Jiang C H，Wang Q. Influence of isothermal annealing on stress relaxation of shot peened SiC$_w$/Al composite. 11th International Conference on shot Peening，Seat. 11～12，2011，USA.

第14章　钛合金及钛基复合材料
喷丸强化表层结构的表征与研究

14.1　Ti 基合金喷丸应力的测定[1~5]

14.1.1　TC4 钛合金的喷丸应力[1,4]

TC4 钛合金为 Ti6Al4V 双相（β+α）钛合金。图 14.1 为 X 射线应力分析仪所测喷丸（SP）与 SP+A（退火）试样表面残余应力沿层深分布情况。由图可以看到，500℃ 退火 1h 可使 SP 试样表面残余应力几乎完全去除，而次表层仍约有 300MPa 的残余压应力。图 14.2 对比了基材（BM）、SP、SP+P（抛光）、SP+P+A 和 SP+A 五种不同表面处理试样的表面残余应力（σ_r）、表面粗糙度（Ra）（由 TAYLOR-HOBSON 表面轮廓仪测定）、表面加工硬化（以 X 射线衍射峰半高宽度表示）情况，均以 SP 状态为比较基准。因此可以看到，采用上述几种表面处理，基本上可以将 SP 三因素分离开。

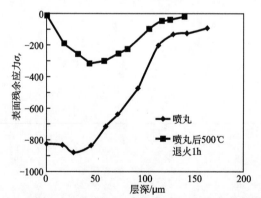

图 14.1　Ti6Al4V 喷丸和喷丸后退火试样表面残余应力沿层深分布曲线

三种不同的喷丸强度对 TC4 钛合金的残余应力随层深分布的影响示于图 14.3，发现喷丸强度越大，残余应力越大，层深也越大。

14.1.2　TC4-DT 钛合金喷丸残余应力场及其热松弛行为[4]

受喷材料为厚 6mm 的经过表面机械抛光处理的 TC4-DT 合金板材，喷丸强

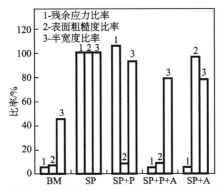

图 14.2　不同表面处理的 TC4-DT 钛合金试样的表面残余应力、
表面粗糙度和表面加工硬化情况的比较

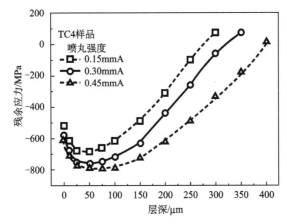

图 14.3　三种不同的喷丸强度对 TC4 钛合金的残余应力随层深分布的影响[1]

化处理在数控气动式喷丸机上进行，采用直径为 0.13mm 的铸钢弹丸双面喷丸，采用的喷丸强度分别为 0.10mmA、0.15mmA、0.20mmA、0.30mmA。喷丸材料为铸钢，喷丸覆盖率为 100%，采用 TR110 袖珍式表面粗糙度仪测试喷丸材料的表面粗糙度。为防止喷丸材料表面发生氧化，残余压应力热松弛试验在 SK10−5 真空管式炉中进行。选用喷丸强度为 0.2mmA 的试样，在 150° 和 300℃ 条件下分别保温 5h、10h、15h 和 20h。

对试样逐层进行化学抛光，利用 X-7000S 型 X 射线衍射仪（应力附件）测定 TC4-DT 钛合金抛光试样及经不同喷丸强度强化后的试样不同层深的残余应力分布。内部残余应力的测定要沿着垂直于抛光、喷丸面的方向。被测试样的规格为 20mm×20mm×6mm，使用 $\sin^2\psi$ 方法测试残余应力，所选的入射线与试样表面法线的夹角分别为 0°、15°、30°、40°、45°，测试条件为：靶材 CrKα；管电压 30 kV；管电流 40 mA；衍射晶面为（103），衍射角为 118°；半高宽法定峰。

　　图 14.4 给出了喷丸强度分别为 0.10mmA、0.15mmA、0.20mmA、0.30mmA 和原始抛光材料的残余应力沿层深的分布曲线，其主要特征参数列入表 14.1 中。图 14.4 可见，沿垂直于抛光未喷丸试样和喷丸试样表面所测得的残余压应力的分布都符合残余应力场特征曲线，即产生最大残余压应力值位于次表层的残余压应力场。TC4-DT 钛合金喷丸后表面残余应力产生的原因主要是弹丸喷射材料表面产生的不均匀塑性变形，塑性变形程度取决于喷丸强度的大小。喷丸后残余应力的分布是由赫兹动压力和表面层的直接塑性延伸两种过程彼此竞争的综合结果。当弹丸喷射硬材料时，赫兹动压力占优势，此时硬材料表面塑性变形小，而在表面下较小的深度上又存在高剪应力，使得在此深度层产生塑性变形，从而残余压应力的最大值在次表层。然而弹丸喷射软材料时，弹丸的大部分动能转变为表面层的直接塑性变形，在较深层上的剪应力较低，最大残余压应力将在试样表面。随着喷丸强度的增大，残余压应力场深度基本呈现增大趋势，最大残余压应力深度也逐渐增大。

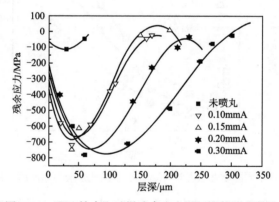

图 14.4　TC4 钛合金试样残余应力沿层深的分布曲线

表 14.1　对应于图 14.4 的 TC4 钛合金试样残余应力场参数

喷丸强度 /mmA	表面残余 压应力/MPa	最大残余 压应力/MPa	最大残余压应力 距表面距离/μm	残余压应力 场深度/μm
未喷丸	−53	−107	30	70
0.10	−346	−708	40	170
0.15	−228	−737	40	150
0.20	−203	−776	60	230
0.30	−271	−703	130	300

　　图 14.5 为 0.20mmA 喷丸强度试样在 150℃和 300℃分别保温 15h 和 20h 后的残余压应力沿层深分布曲线。经 0.20mmA 喷丸后试样表面残余压应力值为

—203MPa，最大残余压应力值为—776MPa（表 14.1）。喷丸试样在 150℃保温 15h
热松弛后，表面残余压应力和最大残余压应力分别为—125MPa 和—520MPa，相
对松弛量分别为 38.4％和 33.0％；在 300℃保温 20h 后，表面残余压应力和最大
残余压应力分别为—125PMa 和—410PMa，相对松弛量分别为 38.4％和 47.2％。
相比而言，温度越高，保温时间越长，对残余应力的热松弛越有利。

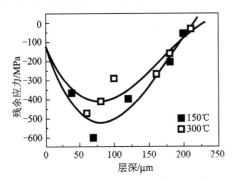

图 14.5　时效处理试样的残余应力沿层深分布曲线

　　图 14.6 为试样经 5h、10h、15h 和 20h 保温后的表面残余应力值。材料晶粒
内和晶界上的原子扩散、位错运动和晶体滑移的难易程度决定温度对应力松弛速
率的影响。当材料一定时，残余应力热松弛与温度和保温时间有关。在温度处于
金属原子扩散速率很低的温度范围内或远低于材料再结晶温度时，应力松弛的最
大速率发生在保温的最初阶段。许多喷丸残余压应力热松弛的研究发现，大部分
松弛量发生在热暴露的最初 3min 到 1h 内 。由图可知，随保温时间的延长，喷
丸层表面残余压应力逐渐减小。经 150℃ 和 300℃ 保温 5h 时，表面残余压应力
松弛量达到 25.6％ 和 30％，此后应力松弛速率逐渐减小。

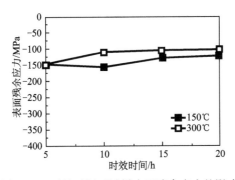

图 14.6　时效时间对试样表面残余应力的影响

　　试验结果显示应力热松弛的动力学过程符合 Zener-Wert-Avrami 公式。

$$R^{RS}/R_0^{RS} = \exp[-(At)m] \tag{14.1}$$

$$A = B\exp[-Q/(RT)] \tag{14.2}$$

式中，R^{RS} 为在 T 保温 t 时间后的表面残余应力；R_0^{RS} 为保温前的表面残余应力；m 为决定于松弛机理的参数；t 为保温时间；A 为材料和温度的函数。式（14.2）中，B 为常量；Q 为残余应力松弛激活能；R 为玻尔兹曼常数；T 为热松弛温度。

14.1.3　TC18 钛合金的喷丸应力[4,5]

TC18 钛合金（Ti5A15Mo5V1Cr1Fe）是一种新型超 α+β 两相超高强度钛合金。TC18 钛合金的热处理制度为：840℃ 1h+FC（炉冷）+750℃ 1h+AC（空冷）+600℃ 2h+AC。对 TC18 钛合金进行双重退火处理获得 α+β 双相组织。

喷丸强化在气动式喷丸机上进行，弹丸材料为铸钢和玻璃，喷丸强度为 0.15～0.20mmA，表面覆盖率为 100%～500%。采用 XRD 和逐层电解抛光，测定 TC18 钛合金经不同喷丸规范处理试样和磨加工试样沿垂直试样表面残余应力的分布。试验在 X-300 型应力分析仪上进行，测定条件：辐射为 CoKα，管电压为 26kV，管电流为 6 mA，衍射晶面为 β 相的（114），交相关方法定峰，应力常数为 172 MP/（°）。

典型的 TC18 钛合金磨加工和喷丸所产生的残余应力如图 14.7 所示，图中曲线 a 为磨削加工试样应力分布，曲线 b 和曲线 c 为喷丸试样应力分布。残余压应力场的特征可归纳为 4 个特征参量：表面残余压应力，最大残余压应力，最大残余压应力距表面距离和残余压应力场深度，如表 14.2 所示。

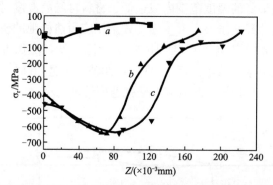

图 14.7　TC18 钛合金沿垂直试样表面残余应力的分布

表 14.2　各种喷丸强化规范下 TC18 钛合金残余压应力的特征参数

弹丸	弹丸尺度/mm	喷丸强度/mmA	覆盖率/%	表面残余压应力/MPa	最大残余压应力/MPa	最大残余压应力距表面距离/μm	残余压应力场深度/μm
玻璃1	0.2	0.10	200	−500	−670	50	130
2	0.2	0.15	100	−500	−660	54	118
3	0.2	0.15	200	−300	−610	30	80
4	0.2	0.15	200	−510	−640	60	135
5	0.2	0.15	300	−580	−660	70	150

续表

弹丸	弹丸尺度 /mm	喷丸强度 /mmA	覆盖率 /%	表面残余 压应力 /MPa	最大残余 压应力 /MPa	最大残余压应 力距表面距离 /μm	残余压应力 场深度 /μm
6	0.2	0.15	400	−477	−630	75	204
7	0.2	0.15	500	−460	−665	89	230
8	0.2	0.20	100	−500	−640	57	150
9	0.2	0.20	200	−564	−660	69	180
10	0.2	0.20	300	−600	−658	80	200
11	0.2	0.20	200	−450	−630	45	98
12	0.2	0.25	200	−470	−625	48	105
13	0.2	0.30	200	−480	−650	56	110
钢1	0.8	0.15	100	−450	−660	65	172
2	0.8	0.15	200	−480	−657	73	185
3	0.8	0.20	100	−496	−660	93	200
4	0.8	0.20	200	−520	−670	95	260
5	0.8	0.20	300	−400	−660	100	275
6	0.8	0.20	400	−360	−658	100	280
7	0.8	0.20	500	−300	−630	150	300

由表 14.2 可知，对于玻璃弹丸而言，在喷丸时间（正比于表面覆盖率）一定时，表面残余压应力数值随喷丸强度的增加而增加；在喷丸强度一定时，表面残余压应力起初随喷丸时间（表面覆盖率）的增加而增加，但继续增加喷丸时间（如覆盖率为 400％和 500％时），表面残余压应力有所降低。对钢弹丸也存在类似现象，但无论在哪一种喷丸工艺下，最大残余压应力的数值却几乎没有变化，而且随着喷丸强度和喷丸时间的增加，最大残余压应力距表面距离增大，残余压应力场深度也增加，这对改善疲劳性能非常有利。对于表面光洁度较低或表面可能存在较深的微裂纹（如机械划伤、锻造折叠、发纹和焊接裂纹等）和类裂纹（如非金属夹杂物、疏松和缩孔等）的零件，应采用较高的喷丸强度，以便使最大残余压应力深度大于裂纹或类裂纹的深度，从而使裂纹在交变应力或应力腐蚀条件下不发生或不易发生扩展。

残余压应力对改善材料疲劳性能非常有效，但在交变应力或温度的作用下，它会发生松弛。TC18 钛合金喷丸残余应力在温度和交变应力发生的松弛情况分别如图 14.8 和图 14.9 所示。温度对应力松弛速率的影响依赖于材料的热性能，即依赖于金属材料晶粒内和晶界上的原子扩散、位错运动和晶体滑移的难易程度。此外，应力松弛还与高温下的保温时间有关。在温度处于金属原子扩散速率很低的温度范围内，或在远低于金属材料再结晶温度时，应力松弛的最大速率发生在保温的最初阶段。TC18 钛合金在最初的 10h 范围内，随着时间的增加，应力松弛速率急剧减小，并逐渐趋于稳定（图 14.8）；在交变应力作用下，喷丸残余压应力的松弛也发生在最初阶段（图 14.9），TC18 钛合金一般在 1×10^5 循环周次后趋于稳定。综上所述，零件使用过程中，在温度和交变载荷单独或共同作用下，对改善材料疲劳性能有贡献的残余压应力会逐渐发生松弛，但是当零件的工作温度低于材料的再结晶温度和承受的交变应力低于材料的疲劳强度极限时，残余压应力的松弛是非常缓慢的。这一结论对在生产和工程实践中使用喷丸强化时具有重要意义。

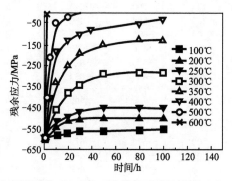

图 14.8　在不同温度下，TC18 钛合金残余应力松弛与时间的关系

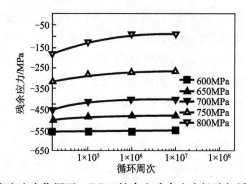

图 14.9　在交变应力作用下，TC18 钛合金残余应力松弛与循环周次的关系

14.2　(TiB＋TiC)/TC4 复合材料喷丸强化和喷丸残余应力及其分布[1,6]

(TiB＋TiC)/TC4 复合材料的室温力学性能见表 14.3，可见 TiB＋TiC 的增强效应。其 XRD 花样示于图 14.10 中。

表 14.3　(TiB＋TiC)/TC4 复合材料的室温力学性能

试样	弹性模量/GPa	屈服强度/MPa	抗拉强度/MPa
TC4	112	860	940
5% (TiB＋TiC)/TC4	122	960	1010
8% (TiB＋TiC)/TC4	134	1021	1090

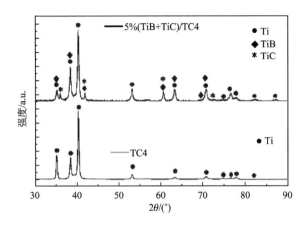

图 14.10　TC4 钛合金和钛基复合材料的 XRD 图

对钛基复合材料（TiB＋TiC）/TC4 进行表面喷丸处理，并通过 X 射线原位应力分析方法研究了不同喷丸工艺下残余应力的分布规律，讨论喷丸后残余应力在不同外加载荷以及高温条件下的松弛行为，并对松弛机理进行讨论分析。

利用 LXRD 型 X 射线衍射应力仪（Proto，Canada）测定材料喷丸层残余应力及其分布。应力测量参数：CuKα 辐射，管电压为 30kV，管电流为 25mA，Ni 片过滤器。Ti（213）衍射面作为参考晶面，在应力测试过程中，倾斜角（ψ）的变化范围为 0°～45°，测量精度±1%。利用化学腐蚀方法逐层腐蚀剥离表层，然后测定残余应力沿层深的变化，化学腐蚀所使用的试剂为去离子水，硝酸和氢氟酸的混合溶液，溶液容积配比为水：硝酸：氢氟酸＝31：12：7。由于化学腐蚀速度主要与腐蚀时间和腐蚀液浓度有关，基于本实验，钛合金及其复合材料的化学腐蚀速度为 7～10μm/min。

14.2.1　（TiB＋TiC）/TC4 复合材料传统和复合喷丸残余应力分布

三种不同的喷丸强度下，TC4 钛合金的残余压应力沿深度的分布情况如图 14.11 所示。从图中可知，喷丸后表面引入的残余应力都是残余压应力，其随层深的变化趋势是先增大后减小，最后趋于较低的应力水平。当喷丸强度由 0.15mmA 增至 0.45mmA 时，喷丸表面残余压应力由－517MPa 增至－605MPa，增幅达到 17%，最大残余压应力由－684MPa 增加到－794MPa，增幅达到 16%。在三种不同喷丸强度下，表面变形层深度大约为 250μm，300μm 和 400μm，残余压应力层深逐渐增大。这主要是因为喷丸强度增加，弹丸打击材料力度增大，导致材料表层变形程度增大，从而产生更大的残余压应力以及更深的残余压应力分布。

钛合金和复合材料残余应力随层深的分布情况对比如图 14.12 所示，所用的喷丸强度为（0.3＋0.15）mmA。从图中可知，喷丸后残余压应力随层深的变化趋势是先

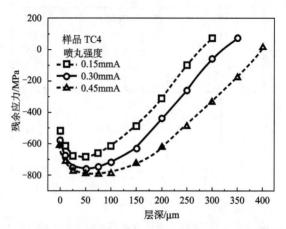

图 14.11　三种不同的喷丸强度对 TC4 钛合金的残余应力随深度分布的影响

增大后减小，最后趋于稳定。对于三种不同的样品，其最大残余压应力的大小和层深位置都不相同。对于样品 TC4、5% (TiB+TiC)/TC4 和 8% (TiB+TiC)/TC4，最大残余压应力分别为 -813MPa、-857MPa 和 -859MPa。从图中还可知，喷丸以后，两个含有增强体的复合材料样品的表层变形层厚度大约为 250μm，而钛合金表层变形层厚度为 300μm。从三个样品比较可知，在近表层区域（<75μm），残余压应力都比较高而且变化不明显；但是在深表层区域（≥75μm），残余压应力开始明显地减小，相对 TC4 钛合金样品来说，复合材料的残余压应力减小得更快，这个主要是因为增强体的存在对深表层变形的阻碍作用更明显，使得复合材料在深表层的塑性变形比较小。

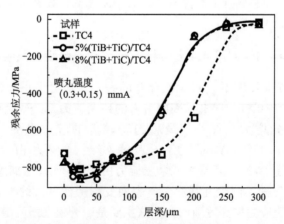

图 14.12　在相同喷丸条件下，三种不同样品的残余应力随层深的分布

喷丸弹丸与材料表面的高速碰撞，引起材料近表层的变形程度高于深表层。在近表层，增强体对表面变形的阻碍作用较弱，导致喷丸后引入很高的残余压应

力；在深表层，增强体对变形的阻碍作用体现得比较明显。因此，在深表层，含有增强体样品的残余压应力减小速度要比钛合金样品快；而含有增强体的两个复合材料样品的残余压应力数据大小和趋势都变化不大，这主要是因为增强体的体积分数差别不大，而且喷丸强度相同。

图14.13显示了8%（TiB+TiC）/TC4复合材料在不同喷丸强度下的残余应力分布情况，采用了三种不同的喷丸强度，即（0.15+0.15）mmA，（0.30+0.15）mmA和（0.45+0.15）mmA。从图中可知，其残余应力的总体变化趋势和图14.12相似，对应于上述三种喷丸强度，其最大的残余压应力所在的层深分别为25μm、25μm和50μm。而且，随着喷丸强度的增大，表层变形层厚度分别为150μm、250μm和300μm。因此，喷丸强度的增加，直接引起最大残余压应力所在层深和表层变形层厚度的变化。

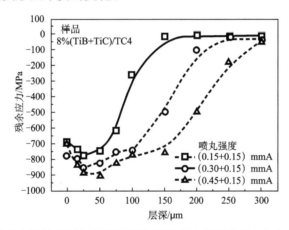

图14.13　不同的喷丸强度对8%（TiB+TiC）/TC4复合材料的残余应力随层深分布的影响

当其他条件不变时，喷丸强度直接和弹丸的碰撞速度有关系。弹丸碰撞速度越大，引入的碰撞动能就越大，表层变形层厚度就越深。同理，在相同的深度，喷丸强度越大，其残余压应力的值就越大。在深表层，残余压应力的减小速度与喷丸强度的增加成反比，喷丸强度越大，减小越慢，这主要和增强体对表层变形的阻碍作用有关。在高的喷丸强度下，增强体对变形的阻碍作用较弱，总的变形层厚度就会增加，从而引起残余压应力的减小速率变慢。

在喷丸过程中，表面微凹坑的影响也不能忽视。喷丸前，表面微凹坑主要是由于生产加工过程中引入，并且表面微凹坑的存在对材料的疲劳性能的影响很大，因为表面微凹坑会使得表面微裂纹萌生和扩展。由于喷丸强化的一个重要的作用就是可以阻止表面微裂纹萌生和扩展，因此合适的喷丸强化能够减少微凹坑所带来的损害。所以，在实验过程中，需要选择一个合适的喷丸强度范围，如果喷丸强度过高，会引入更多的微凹坑，进一步恶化疲劳性能；如果喷丸强度太小，喷丸强化的作用就不能完全体现。所以在本研究工作中，第一次喷丸采用了三种喷丸强度：0.15mmA、0.3mmA 和 0.45mmA；同时也进行了第二次喷丸，降低了第一次喷丸表面粗糙度，可以减少第一次喷丸引入表面的微凹坑，同时得到进一步优化的残余压应力场。

14.2.2　（TiB＋TiC）/TC4 复合材料预应力喷丸残余应力分布

随着现在对喷丸工艺要求的提高，一些新的喷丸强化方法开始引入，如预应力喷丸和热喷丸等方法。关于预应力喷丸，是在喷丸之前给材料加载一固定方向的张应力，喷丸以后卸载预应力，在材料表层会得到更高的残余压应力。已经有相关研究工作者利用预应力喷丸方法来改善传统金属材料的表面残余应力，然而对钛基复合材料的预应力喷丸研究得很少。本结将讨论预应力喷丸对钛基复合材料表层残余应力分布的影响。

未加载预应力样品和加载不同预应力的三个样品，沿着三个不同测量方向所得到的残余应力随层深的分布如图 14.14 所示。测量方向为 $\psi=0°$（纵向，longitudinal direction，LD），45°和 90°（横向，transverse direction，TD）。从图中可以发现，预应力喷丸以后在表面形成了残余压应力，其随层深的变化规律是先增大到最大值，然后随着层深的增加快速减小。表层变形层的深度（the depth of surface deformation layer，DSDL）大约都在 150μm，最大残余压应力的层深位置（the location of maximum，CRS）大约在 14μm，表层变形层的深度和最大残余压应力层深都较传统喷丸小，主要是因为喷丸强度降低了，采用的陶瓷弹丸较小。

预应力喷丸后，残余压应力都显著增加，预应力越大，残余压应力增加越明显。三个不同的测量方向得到的变化趋势很相似，都是在预应力为 300MPa 时，残余压应力最大，如图 14.14 中（a）～（c）所示。比较这三个图还可以发现，预应力喷丸以后残余应力增加的幅度在纵向方向上（$\psi=0°$）最大，主要原因是预应力的加载方向就是沿着纵向，在预应力卸载以后，表面纵向出现了最大的挤压，储存了更多的应变能，形成了更大的残余压应力。不同预应力加载样品在三个不同测量方向上的表面残余压应力和最大残余压应力分别如表 14.4（a）和（b）所示。由表中结果可知，在三个不同的测量方向，表面残余压应力和最大残余压应力的测量值都是在 $\psi=0°$ 时达到最大。喷丸前，由加载的张应力所引起的弹性变形在纵向要比其他两个方向大，喷丸和预应力卸载以后，在纵向方向上表层弹性变形回复最少，更多的应变能被储存，更大的残余压应力被引入。此外，尽管在不同的预应力喷丸下，三个方向残余压应力的变化趋势都很相近，由预应力喷丸所引起的残余压应力变化趋势基本不受测量方向的影响。

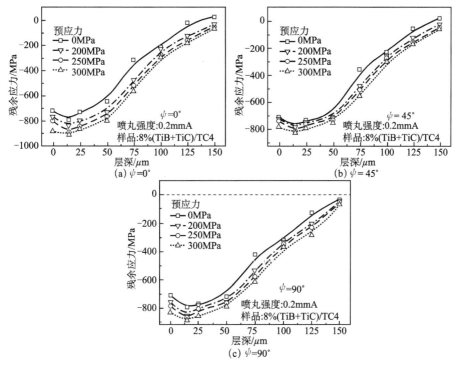

图14.14 (TiB+TiC)/TC4复合材料沿三个不同测量方向所得到的残余应力随层深的分布

表14.4 (a) 不同预应力加载样品在三个不同测量方向上的表面残余压应力

（单位：MPa）

	0MPa	200MPa	250MPa	300MPa
$\psi=0°$	−732	−770	−803	−884
$\psi=45°$	−712	−725	−740	−795
$\psi=90°$	−722	−759	−785	−832

表14.4 (b) 不同预应力加载样品在三个不同测量方向上的最大残余压应力

（单位：MPa）

	0MPa	200MPa	250MPa	300MPa
$\psi=0°$	−805	−852	−893	−913
$\psi=45°$	−774	−786	−814	−828
$\psi=90°$	−785	−847	−874	−885

14.2.3 (TiB+TiC)/TC4复合材料喷丸表面残余应力均匀性

材料表面喷丸以后残余应力的不均匀性将影响材料的疲劳性能，目前对于残余应力分布的均匀性研究还比较少。其不均匀性主要是由于弹丸撞击材料表面引起变形不均和材料本身不均所引起。通过改善喷丸工艺，可以提高材料喷丸后残余应力分布的均匀性。本小节研究在不同的喷丸工艺下，表面残余应力的分布云图。为了只考虑喷丸工艺对表面残余应力的均匀性的影响，选取 TC4 钛合金作为研究对象。为了量化残余应力分布的均匀性，我们统计了应力云图中所有残余应力范围、平均残余应力值、标准方差值，如表 14.5 所示。其中经过统计得到的标准方差值越小，说明应力分布越均匀。

表 14.5　喷丸参数以及残余应力分布

应力参数 / 喷丸工艺及强度	残余应力范围/MPa	平均残余应力值/MPa	标准方差值
0.50mmA	−548～−954	−734	87.8
(0.50+0.25) mmA	−546～−981	−752	84.2
(0.50+0.25+0.15) mmA	−636～−1028	−831	75.8

图 14.15 显示了一次喷丸、二次喷丸和三次喷丸后表面残余应力分布云图，从应力云图可以分析残余应力分布的均匀性。进行比较可以发现，经过二次和三次喷丸以后，残余应力数值逐渐增加，三个残余应力范围分别为 −548～−954MPa，−546～−981MPa 和 −636～−1028MPa，其平均残余应力分别为 −734MPa、−752MPa、−831MPa。标准方差结果显示，经过二次和三次喷丸以后，标准方差值逐渐减小，说明残余应力均匀性在逐渐增加，三个标准方差值分别为 87.8、84.2、75.8。上述结果显示复合喷丸工艺与传统的一次喷丸工艺相比，不仅可以进一步提高表层残余应力值，同时也可以改善表面残余应力的均匀性。

14.3　(TiB+TiC)/TC4 复合材料喷丸强化和喷丸残余应力松弛行为[1,6]

14.3.1　(TiB+TiC)/TC4 复合材料等温退火下的残余应力松弛

虽然在喷丸过程中能够引入很高的残余压应力，但是该残余压应力在外加载荷的作用下会出现松弛现象，包括热机械载荷、热辐射、静态载荷和周期载荷等，所以残余压应力对抗外界载荷的稳定性能是提高疲劳性能的关键因素。关于应力的松弛行为，在传统的金属合金中已经研究很多，但是在高温下，喷丸强化后的钛基复合材料的残余应力的松弛行为研究很少，因此，本小节主要研究钛基复合材料 8% (TiB+TiC)/TC4 喷丸后残余应力在高温下的松弛行为。同时也讨论喷丸强化后的热松弛机理，选取了四个温度作为等温退火的温度，分别为

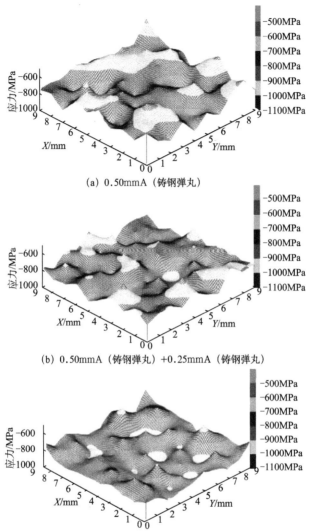

(a) 0.50mmA（铸钢弹丸）

(b) 0.50mmA（铸钢弹丸）+0.25mmA（铸钢弹丸）

(c) 0.50mmA（铸钢弹丸）+0.25mmA（铸钢弹丸）+0.15mmA（陶瓷弹丸）

图 14.15　经过不同喷丸强度喷丸后表面残余应力分布云图

350℃、400℃、450℃ 和 500℃。

将样品分别在四个温度下退火 2h，然后测量残余应力随层深的变化情况。退火前，先将喷丸样品腐蚀到次表层最大残余应力处。图 14.16 显示了退火后残余应力随层深的分布。从图 14.16 中可知，在整个变形层中，残余压应力都出现松弛现象，温度越高，应力松弛越明显。当退火温度达到 500℃ 时，残余压应力基本松弛。其最大残余压应力、最大残余压应力层深和残余压应力层深都在减小，结果如表 14.6 所示。这些变化都归因于变形层在高温下的热回复和再结晶过程。

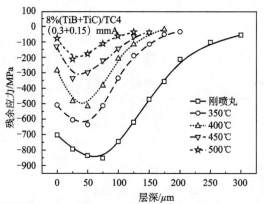

图 14.16　等温退火 2h 以后，喷丸样品表层残余应力随层深的变化情况，
退火温度分别为 350℃、400℃、450℃和 500℃

表 14.6　喷丸样品在不同温度下等温退火 2h 后的残余压应力松弛的相关特征参数

	刚喷丸	350℃	400℃	450℃	500℃
表面残余压应力值/MPa	−701	−484	−275	−120	−71
最大残余压应力值/MPa	−851	−634	−513	−330	−207
最大残余压应力深度/μm	73	48	41	35	31
残余压应力总体层深/μm	300	200	175	150	125

　　为了研究残余应力松弛与退火时间之间的关系，图 14.17 显示了表层残余应力的松弛行为。退火前，样品腐蚀到次表层最大应力处，退火时间分别为 1min、2min、4min、8min、16min、32min、64min 和 128min。图 14.17 中结果显示，残余应力的松弛同时受到退火时间和退火温度的影响。退火之前，腐蚀样品表面的残余压应力为−850MPa，在四个不同温度下退火 128min 后，残余压应力分别松弛到−484MPa、−285MPa、−120MPa 和−71MPa，应力松弛百分比分别达到 43.1%、66.5%、85.9%和 91.6%。所以随着退火温度的升高和退火时间的延长，残余应力松弛更明显。当退火温度为 500℃，退火时间为 128min，残余应力基本松弛完，这与图 14.16 的结果能够较好地吻合。

　　根据上述分析可知，残余应力的热松弛主要受退火时间和退火温度的影响，当退火温度固定时，热松弛速率在退火的初始阶段下降很快（图 14.17）。残余应力的热松弛主要受到热激活机理的影响，并且热松弛机理可以用 Zener-Wert-Avrami 函数表示：

$$\sigma_{T,\,t}^{RS}/\sigma_0^{RS} = \exp[-(At)^m] \tag{14.3}$$

其中，σ_0^{RS} 代表退火前初始的残余应力；$\sigma_{T,t}^{RS}$ 代表在退火温度 T 下，经过时间 t 以后的残余应力；m 是与松弛机理有关的参数；A 是依赖于材料和温度的函数，可以用等式（14.4）表示：

$$A = B\exp(-\Delta H / kT) \tag{14.4}$$

其中，B 是材料常数；k 是玻尔兹曼常数；ΔH 代表松弛过程中的激活焓。

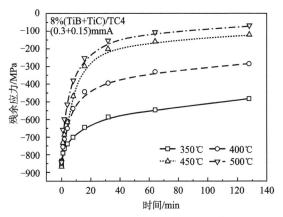

图 14.17　不同退火温度、退火时间下，表层残余应力的松弛行为

基于等式（14.3），为了得到数值参数 m，将测量得到的数据做成 $\lg[-\ln(\sigma_{T,t}^{RS}/\sigma_0^{RS})]$ 随 $\lg(t)$ 的变化图，如图 14.18 所示。图 14.18 显示了 $\lg[-\ln(\sigma_{T,t}^{RS}/\sigma_0^{RS})]$ 与 $\lg(t)$ 之间的关系，可以发现，两者之间呈现较好的线性关系。直线斜率代表数值参数 m，对于不同的退火温度，斜率基本一致，通过计算可知，m 值大约为 0.4483。基于等式（14.3）和（14.4），可以通过回归分析计算出残余应力松弛过程中的激活焓＝2.92eV。残余应力松弛激活能 Q_{RS} 也可以通过计算得到，大约为282kJ/mol，比 α-Ti 和 β-Ti 的自扩散激活能（$Q_{\alpha\text{-Ti}}=170\text{kJ/mol}$，$Q_{\beta\text{-Ti}}=153\text{kJ/mol}$）都要大。因此常温下，在没有外加载荷的情况下，不会出现残余应力松弛行为。

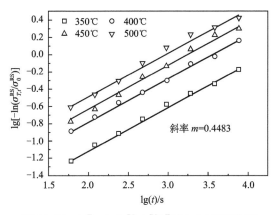

图 14.18　$\lg[-\ln(\sigma_{T,t}^{RS}/\sigma_0^{RS})]$ 随 $\lg(t)$ 的变化图

根据上述关于残余应力热松弛的讨论可知，松弛机理主要受到热回复和再结晶过程的影响。当退火温度为 500℃时，导致残余压应力松弛的位错运动和位错重组变得

更容易，变形层中的位错密度开始减少。在残余应力松弛过程中，增强体也起着重要的作用。一方面，增强体可以作为位错移动的阻碍源，在退火过程中阻碍位错的滑移；另一方面，增强体周围的高密度位错在高温下促进了再结晶过程。因此，残余应力的热松弛归因于热回复和再结晶过程中位错的热激活滑移。通过和钛的自扩散激活能的比较，高的残余应力松弛激活能主要来自于增强体对位错滑移的阻碍作用。

14.3.2　(TiB＋TiC)/TC4 复合材料外加载荷下的残余应力松弛

温度和载荷以及两者的综合作用是导致残余应力松弛的主要外界因素。在外加载荷以及高温条件下，喷丸残余应力将发生松弛现象。喷丸残余应力的稳定性直接影响受喷材料的疲劳性能。残余应力的松弛与材料内部微结构的变化密切相关，其实质为喷丸产生的弹性应变能在高温或外加载荷的作用下通过形成局部塑性变形逐渐释放的过程。

本小节主要研究 TC4 钛合金喷丸后表面残余应力沿加载方向应力的松弛行为，加载方式为循环载荷。循环载荷选择为：700MPa，750MPa，800MPa。TC4 钛合金喷丸后表面残余应力在循环载荷条件下沿加载方向的松弛行为如图 14.19 所示，从图中可知，在不同的外加循环载荷条件下，随着循环次数 N 的增加，残余应力不断松弛。对于不同的循环载荷，残余应力松弛均发生在开始阶段，当载荷为 700MPa、750MPa、800MPa 时，其剧烈松弛阶段分别在循环 2 次到 5 次之间，此阶段可以认为是静载荷松弛阶段。随着循环次数的增加，残余应力的松弛速率在逐渐减小，最终趋于一种稳定状态，外加载荷越大，稳定的残余应力值越小，经过 30 次循环之后，在外加载荷分别为 700MPa、750MPa、800MPa 时，最终喷丸残余应力分别松弛了约 43%、56%、66%。残余应力的松弛行为与位错的运动密切相关，在外加载荷作用下，卸载后沿相同方向加载，材料的屈服强度提高，产生加工硬化现象，当反向加载时，材料的屈服强度降低。在循环加载过程中，每次加载使得材料屈服强度提高，最终材料残余应力逐渐稳定。

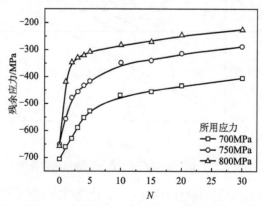

图 14.19　TC4 钛合金喷丸后表面残余应力在不同循环载荷条件下沿加载方向的松弛行为

喷丸过程中引入的残余压应力可以提高材料的疲劳性能，但对疲劳性能起作用的是最终经过循环后稳定下来的残余压应力值。依据 Kodama 的理论，循环次数与喷丸残余应力可以用如下关系式表示：

$$\sigma_N^{RS} = A + m\log N \qquad (14.5)$$

式中，A 和 m 为材料常数；σ_N^{RS} 是循环 N 次后表面残留残余应力；其中 m 代表残余应力的松弛速率，A 代表松弛直线的截距，可以认为是加载瞬间产生松弛后的残余应力值。利用公式（14.5）以及图 14.20 中的数据，可以得到在外加载荷分别为 700MPa、750MPa、800MPa 下，喷丸表层残余应力随循环次数的变化规律可以分别表示为：$\sigma_N^{RS} = -662 + 176\log N$，$\sigma_N^{RS} = -532 + 165\log N$，$\sigma_N^{RS} = -394 + 113\log N$，加载荷越高，最后残余应力稳定值越小。

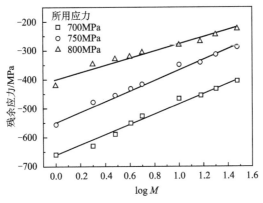

图 14.20　残余应力与循环次数对数值关系

当外加载荷接近材料屈服强度时，残余应力出现明显松弛。对于 TC4 钛合金，其屈服强度为 860MPa，由于在喷丸过程中表层出现加工硬化，其强度有所提高，因此在外加载荷为 800MPa 时，喷丸残余压应力依然没有完全松弛。

14.4　(TiB＋TiC)/TC4 复合材料喷丸层微结构表征[1,6]

14.4.1　(TiB＋TiC)/TC4 复合材料喷丸层的衍射图

对于 TC4 钛合金及其复合材料，目前的研究主要集中在其力学性能，较少利用 XRD 线形分析方法去研究喷丸后微结构的变化。而且复合材料在喷丸过程中，增强体的存在使其 XRD 衍射线形与单一合金不同。因此，本章利用 XRD 线形分析方法对 TC4 钛合金及其复合材料 (TiB＋TiC)/TC4 喷丸后的微结构变化进行分析，同时研究其喷丸变形层在等温退火下的回复与再结晶行为。喷丸前后，钛合金 TC4 表面的 XRD 图如图 14.21 所示，对其所有主峰已经进行了指标化。从图 14.21 中可以发现，喷丸以后没有新相产生，所有峰的位置没有太大的变化，只是喷丸以后峰形明显宽化，这主要是因为喷丸过程中，弹丸高速地撞击在材料表面，使表面出现弹塑性变形和晶块细化现象。另外，也可以发现衍射峰的相对强度腐蚀明显变化，可能是因为喷丸后表面择尤取向的影响。喷丸前，由于加工和后处理的影响，材料在（101）衍射方向存在择尤取向，使（101）衍射晶面的峰强要高于其他峰，喷丸以后，弹丸的高速碰撞打破了表层的择尤取向结构，使得其他有些峰的强度也提高了，尤其是（002）衍射峰。5％（TiB＋TiC）/TC4 复合材料表面的 XRD 图如图 14.22 所示，三个主峰变化规律和变化趋势与 TC4 钛合金的变化趋势一致，主要还是喷丸的作用，使峰形明显宽化，同时出现了择尤取向。

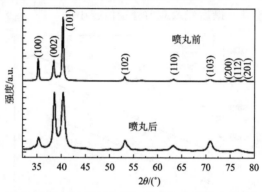

图 14.21　喷丸前后，TC4 钛合金表面的 XRD 图

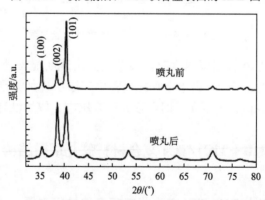

图 14.22　喷丸前后，5％（TiB＋TiC）/TC4 复合材料表面的 XRD 图

14.4.2　（TiB＋TiC）/TC4 复合材料喷丸微结构的 Voigt 方法分析

1. 晶粒尺度、微应变和位错密度的计算

根据 Voigt 方法，结构展宽包括 Gaussian 部分和 Cauchy 部分，而 Cauchy 部分主要决定于晶粒尺度，Gaussian 部分主要决定于微应变。通过积分展宽计算，晶粒尺度（D）和微应变（ε）可以通过下式：

$$D = \lambda / (\beta_G^c \cdot \cos\theta), \qquad \varepsilon = \beta_G^c / 4\tan\theta \qquad (14.6)$$

计算。其中，2θ 为衍射角；λ 为入射 X 射线波长。在喷丸过程中，会引入一些点缺陷，从而影响峰形，点缺陷对于峰形的影响主要体现在微应变中，同时还会对衍射强度有一定的影响。通过式（14.6）和结构展宽线形，可以得到三个不同衍射峰下晶粒尺度和微应变随着层深的变化，结果如图 14.23 所示。

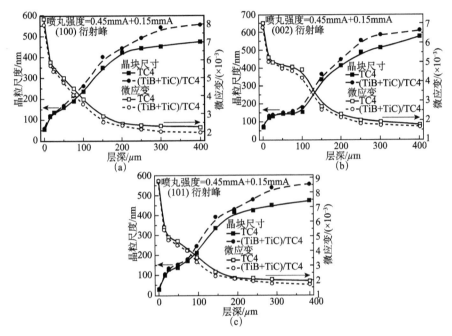

图 14.23　利用三个不同衍射峰计算的晶粒尺度和微应变随层深的变化情况

在晶粒尺度方面，尽管这些值是从三个不同的衍射峰计算得到的，但是变化趋势都很相近，而且值的大小也基本处在同一层次，微应变也存在类似的变化趋势。从图 14.23 中还可以发现，晶粒尺度都是在表面达到最小，并且在相同的喷丸强度下，同一层深下，钛合金的晶粒尺度要比复合材料小，因为钛合金中没有增强体，晶粒尺度细化更明显。

在图 14.23 中，微应变从表面开始一直减小，然后到 300μm 的时候变化不再明显。在相同的喷丸强度下，同一层深下，钛合金的微应变要比复合材料更剧烈。从微应变的研究结果来看，钛合金和复合材料中喷丸的影响层深都大约为 300μm，基于图 14.22 和图 14.23 的分析，喷丸强度和增强体的作用在结构展宽、晶粒尺度和微应变方面体现得很明显。与增强体的作用相比，喷丸强度的影响还是占主要因素。

根据上述 Voigt 方法计算得到的晶粒尺度和微应变，可以通过 Williamson 方法计算得到表面变形层的位错密度，其表达方式如下所示：

$$\rho = \frac{2\sqrt{3}}{|\boldsymbol{b}|} \cdot \frac{\langle \varepsilon^2 \rangle^{1/2}}{D} \tag{14.7}$$

其中，ρ 表示位错密度；$\langle \varepsilon^2 \rangle$ 表示多次测量的加权平均值；$\boldsymbol{b}$ 表示 Burgers 矢量的模。Burgers 矢量的值可以通过参考文献得到。尽管喷丸强化导致表层的弹性和塑性变形，但是和加载拉伸相比，这种变形都是比较微弱的。因此，在使用式（14.7）时，主要考虑的位错类型为平面位错。结合图 14.23，利用晶粒尺度和微应变计算得到的位错密度随层深的分布如图 14.24 所示，位错密度的变化趋势都很相似，表面的位错密度最大，然后随着层深的增加逐渐减小，最后趋于稳定。在表面，三个衍射峰计算得到钛合金的位错密度分别为 $6.4 \times 10^{14}\,\mathrm{m}^{-2}$、$5.0 \times 10^{14}\,\mathrm{m}^{-2}$ 和 $8.2 \times 10^{14}\,\mathrm{m}^{-2}$，对于复合材料，表面最大的位错密度分别为 $5.9 \times 10^{14}\,\mathrm{m}^{-2}$，$4.6 \times 10^{14}\,\mathrm{m}^{-2}$ 和 $8.0 \times 10^{14}\,\mathrm{m}^{-2}$，略小于钛合金的数值。喷丸之前，钛基复合材料的平均位错密度为 $10^{12} \sim 10^{13}\,\mathrm{m}^{-2}$，喷丸以后提高到 $10^{14}\,\mathrm{m}^{-2}$，这些变化起因于高动能喷丸弹丸和增强体对位错的阻碍。

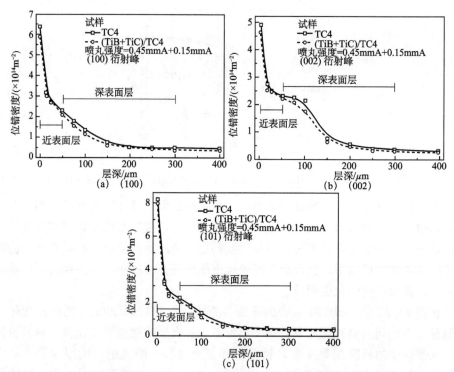

图 14.24　选用三个不同衍射峰，利用晶粒尺度和微应变计算得到的位错密度随层深的分布情况

　　在近表层，钛合金和复合材料之间的位错密度数值差别不大，而在深表层，两者之间的差别较明显，钛合金中的位错密度要明显大于复合材料中的位错密度，主要是因为喷丸过程中变形程度不同，近表层的变形要比深表层严重，所以

深表层的弹性回复比近表层容易，位错密度比近表层低，其中增强体在喷丸过程中阻碍了变形，使得复合材料中的位错密度低于钛合金材料，尤其在深表层，增强体的作用才能体现得更明显。从位错密度变化趋势可以发现，当层深超过 $300\mu m$ 以后，位错密度的数值基本趋于稳定，变化不明显。

2. 喷丸工艺对晶粒尺度分布的影响

材料喷丸以后表面晶粒尺度出现细化现象，同时晶粒尺度的二维分布与喷丸工艺密切相关，但是目前对于晶粒尺度二维分布的研究还比较少。改变喷丸工艺，将会影响晶粒尺度分布。本小节将研究在不同的喷丸条件下表面晶粒尺度的二维分布情况。

为了排除增强体对晶粒尺度分布的影响，只考虑喷丸工艺对晶粒尺度分布的作用，选取 TC4 钛合金作为研究对象。为了具体化晶粒尺度二维分布，将晶粒尺度云图中所有晶粒尺度的值进行统计，得到晶粒尺度的分布范围、平均晶粒尺度值、标准方差值，如表 14.7 所示。

表 14.7　喷丸参数以及晶粒尺度分布

喷丸工艺及强度	晶粒尺度分布范围/nm	平均晶粒尺度值/nm	标准方差值
0.50mmA	50～68	56	2.5
(0.50+0.25) mmA	52～64	58	2.4
(0.50+0.25+0.15) mmA	52～62	57	1.9

可见，随着喷丸次数的增加，晶粒尺度的分布范围分别为 50～68nm，52～64nm 和 52～62nm，晶粒尺度的变化不明显，说明喷丸基本处于饱和状态，即使再增加喷丸的次数，晶粒尺度变化也不大。这说明对于钛合金材料，利用 0.5mmA 喷丸强度进行喷丸处理，已经基本达到喷丸饱和状态，多次喷丸主要用于改善表面残余应力均匀性和表面粗糙度。

14.4.3　(TiB+TiC)/TC4 复合材料喷丸微结构 Rietveld 全谱拟合分析

Rietveld 全谱拟合方法是利用 XRD 慢扫谱作为实际测量谱，利用结构精修软件 MAUD (materials analysis using diffraction)，通过调节线形函数参数，使拟合线形与实测衍射线形吻合，通过拟合结果获取材料不同晶向组织结构信息。全谱拟合中所得到的 XRD 谱为慢扫描结果，在测量过程中扫描速度为 $3°/min$，扫描步长为 $0.01°$。图 14.25 为钛合金喷丸试样 ((0.3+0.15) mmA) 采用 Rietveld 全谱拟合后的结果，TC4 钛合金含有 α 相和 β 相，其中 α 相为密排六方结构，β 相为体心立方结构，在 Rietveld 全谱拟合过程中通过调节线形函数参数，使拟合线形与实测衍射线形相吻合。从拟合结果可知，拟合线形与实测衍射线形吻合很好，残差达到全谱拟合要求，R_w 为 5.44%。

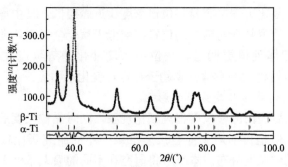

图 14.25　TC4 钛合金喷丸表面实测衍射线形以及 Rietveld 全谱拟合线形
（喷丸强度：（0.3＋0.15）mmA）

通过上述全谱拟合以后，可以利用拟合得到的衍射线形参数，在 PoPa 模型的基础上计算 α-Ti 相的微观晶粒尺度以及微应变，由于在钛合金和复合材料中，α-Ti 相的含量远远超过其他相（其中 β 相大约为 10％，TiB＋TiC 为 5％），因此本节主要讨论 α-Ti 相的微观结构变化。表 14.8 为采用 Rietveld 全谱拟合分析方法获得的 α-Ti 相不同晶向的晶粒尺度和微应变值。从表中可以看出，钛合金和复合材料经过喷丸处理之后，沿各个衍射晶向晶粒尺度相差不大，为了进一步比较两者之间的晶粒和微应变的大小，将 TC4 钛合金的各个晶向的晶粒尺度、平均晶粒尺度及微应变与复合材料作比较后发现，喷丸后钛合金材料表面的晶粒尺度要小于复合材料；钛合金的微应变要大于复合材料。

表 14.8　采用 Rietveld 全谱拟合分析方法获得 α-Ti 相不同晶向的晶粒尺度和微应变

No.	$\langle hkl \rangle$	晶粒尺度/nm		微应变/（×10⁻³）	
		TC4	5％（TiB＋TiC）/TC4	TC4	5％（TiB＋TiC）/TC4
1	$\langle 100 \rangle$	11	14	4.06	2.76
2	$\langle 002 \rangle$	15	12	2.02	4.04
3	$\langle 101 \rangle$	12	13	1.73	1.90
4	$\langle 102 \rangle$	11	13	3.82	1.97
5	$\langle 110 \rangle$	11	14	4.06	2.76
6	$\langle 103 \rangle$	11	13	3.63	2.68
7	$\langle 200 \rangle$	11	14	4.06	2.76
8	$\langle 112 \rangle$	12	13	2.51	1.78
9	$\langle 201 \rangle$	11	14	3.11	2.46
10	$\langle 004 \rangle$	15	12	2.02	4.04
11	$\langle 202 \rangle$	12	13	1.73	1.90
12	$\langle 104 \rangle$	12	12	3.16	3.14
13	$\langle 203 \rangle$	12	13	3.09	1.71
14	$\langle 210 \rangle$	11	14	4.06	2.76
15	$\langle 211 \rangle$	11	14	3.52	2.58
16	$\langle 114 \rangle$	13	13	3.85	2.20
	平均	12	13.2	3.15	2.59

由于钛合金与复合材料模拟得到 α-Ti 相的平均晶粒尺度相差不大，我们选择 5％（TiB＋TiC）/TC4 复合材料，研究在不同喷丸强度下，通过 Rietveld 全谱拟合分析方法得到 α-Ti 相的平均晶粒尺度沿层深变化，结果如图 14.26 所示，平均微应变结果如图 14.27 所示。

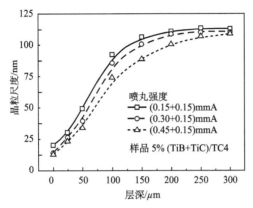

图 14.26　不同喷丸强度下 5％（TiB＋TiC）/TC4 复合材料的 α-Ti 相平均晶粒尺度沿层深变化

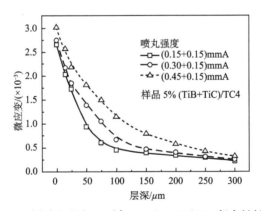

图 14.27　不同喷丸强度下 5％（TiB＋TiC）/TC4 复合材料的 α-Ti 相平均微应变沿层深变化

图 14.28 显示了钛基复合材料在同一喷丸强度下，晶粒尺度对数正态分布随层深的变化情况。从图中可知，随着层深的增加，晶粒尺度的分布范围逐渐增大，当层深达到 150μm 处时，出现概率最大的晶粒尺度约为 100nm。图 14.29 显示了钛基复合材料在不同喷丸强度下，晶粒尺度对数正态分布的变化情况。由图发现，随着喷丸强度的提高，最大概率出现的晶粒尺度在减小，由 25nm 减小到 15nm 左右。该变化规律与 Voigt 计算方法变化规律一致，即随着层深的增加，晶粒尺度在逐渐增大，同一样品随着喷丸强度的提高，表面晶粒尺度在减小。

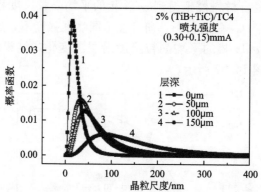

图 14.28　喷丸后 5％（TiB＋TiC）/TC4 复合材料喷丸表层晶粒尺度对数正态分布随
层深的变化情况（喷丸强度：（0.3＋0.15）mmA）

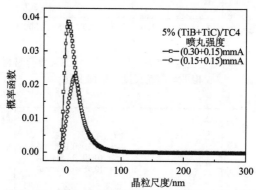

图 14.29　喷丸后 5％（TiB＋TiC）/TC4 复合材料
喷丸表面晶粒尺度的对数正态分布随喷丸强度的变化

14.5　（TiB＋TiC）/TC4 复合材料高温下喷丸层微结构变化[1,6]

　　虽然喷丸强化提高了钛基复合材料的表面性能，但是在高温下，喷丸组织结构的热力学性能会出现不稳定性，容易降低喷丸的强化效果。因此，对高温下钛合金及复合材料喷丸变形层组织结构的热稳定性的研究能够促使材料保留更好的性能，并具有实际的意义。本小节将调查 TC4 钛合金和 5％(TiB＋TiC)/TC4 复合材料的变形层在等温退火后的回复和再结晶行为。

　　在不同的退火温度和退火时间下，TC4 样品喷丸表面的 XRD 图如图 14.30所示。从图中可知，相同退火温度下，随着退火时间增加，峰宽明显变小；相同的退火时间下，退火温度越高，衍射峰的峰宽越小。喷丸过程中，弹丸高速碰撞材料表面，使表面出现塑性变形和晶块细化现象，从而在表面得到比较宽的衍射峰。图 14.31 显示了钛基复合材料 5％(TiB＋TiC)/TC4 退火后喷丸表面的 XRD

图，可以发现其变化规律与图 14.30 一致。

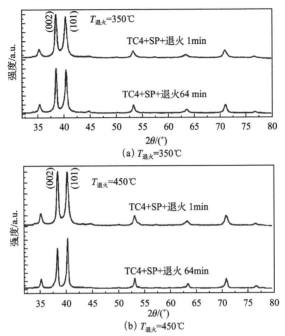

图 14.30　不同退火温度和退火时间下，TC4 样品喷丸表面的 XRD 图

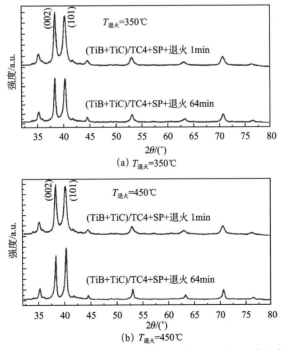

图 14.31　不同退火温度和退火时间下，5%（TiB＋TiC）/TC4 喷丸表面的 XRD 图

　　根据上述 XRD 结果，晶粒尺度通过 Voigt 方法计算得到，在等温退火过程中，晶粒尺度随退火时间的变化如图 14.32 所示。从图中可知，随着退火时间的延长，晶粒尺度逐渐长大，退火温度越高，晶粒尺度长大越明显。另外，在相同的退火温度和退火时间下，5%（TiB+TiC）/TC4 的晶粒尺度要小于 TC4 合金的晶粒尺度，这主要是由于增强体对位错移动的阻碍作用，而且在再结晶过程中，增强体对于晶界和亚晶界的移动也有一定的阻碍作用，所以复合材料的晶粒尺度增大速度要慢于钛合金。对于同一种样品，当退火温度为 450℃时，其晶粒尺度要大于 350℃时的晶粒尺度。对于退火后晶粒尺度的影响因素，主要包括退火温度和退火时间以及增强体，其中退火温度是主要因素。

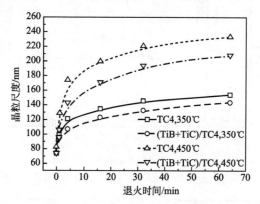

图 14.32　喷丸 5%（TiB+TiC）/TC4 样品表层晶粒尺度随退火时间和退火温度的变化

　　对于同一种材料，晶粒尺度的生长速率可以表示为

$$\frac{\mathrm{d}D}{\mathrm{d}t} = AD^{-1}\exp\left[-\frac{Q_a}{RT}\right] \tag{14.8}$$

其中，D 为晶粒尺度；T 为退火温度；t 为退火时间；R 为气体常数（8.314 J·mol^{-1}·K^{-1}）；A 为材料常数；Q_a 为晶界迁移的激活能（再结晶激活能）。对等式（14.8）积分以后，得到

$$D_t^2 = D_0^2 + 2At\exp\left[-\frac{Q_a}{RT}\right] \tag{14.9}$$

其中，D_0 表示退火前初始的晶粒尺度；D_t 表示退火时间 t 时的晶粒尺度。利用等式（14.9）和图 14.32 中的数据，通过回归分析，可以分别计算得到钛合金 TC4 和复合材料（TiB+TiC）/TC4 的 Q_a 数值大小分别为 294kJ/mol 和 341kJ/mol。基于计算结果，复合材料的要高于钛合金材料，这主要还是因为增强体的存在，在晶界和亚晶界的迁移方面起到阻碍作用。此外，增强体可以阻碍位错的移动，对晶界迁移激活能也有一定贡献。

　　喷丸强化以后，在材料表面引入了塑性变形，退火以后，出现表面微应变松弛和再结晶。根据 Voigt 方法，微应变计算结果如图 14.33 所示，随着退火时间增加，微应变逐渐减小。在相同退火温度和退火时间下，5％ (TiB＋TiC)/TC4 复合材料的微应变松弛速率要慢于 TC4 钛合金，这主要是由增强体在热回复和再结晶过程中的阻碍作用所致，结果与图 14.32 讨论结果一致。考虑退火温度的影响，发现退火温度越高，微应变松弛越明显，同样显示退火温度是微应变松弛的关键因素。

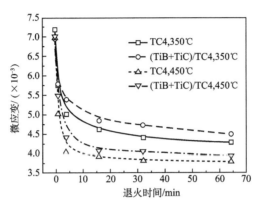

图 14.33　喷丸 5％ (TiB＋TiC)/TC4 样品的微应变随着退火时间和退火温度的变化

从图 14.33 中可知，在退火初期阶段，微应变松弛速率很快，在退火的后期，速率趋于平缓，图 14.33 中的微应变松弛速率可以用指数函数表示为

$$\frac{\mathrm{d}\varepsilon_t}{\mathrm{d}t} = -C\varepsilon_t^m \exp\left[-\frac{Q_b}{RT}\right] \tag{14.10}$$

其中，Q_b 表示应变松弛激活能；ε_t 表示微应变；C 表示材料常数；m 表示松弛指数。通过对微应变松弛速率积分得到

$$\varepsilon_t^{-(m-1)} = \varepsilon_0^{-(m-1)} + Ct(m-1)\exp\left[-\frac{Q_b}{RT}\right] \tag{14.11}$$

其中，ε_0 代表初始微应变；ε_t 代表退火时间 t 时的微应变。基于等式 (14.11) 和图 14.33 数据，通过回归分析，可以计算得到 5％ (TiB＋TiC)/TC4 复合材料和 TC4 钛合金的应变松弛激活能 Q_b 数值大小分别为 288kJ/mol 和 273kJ/mol。

比较再结晶激活能和松弛激活能，可以发现，无论是复合材料，还是钛合金，再结晶激活能都要大于松弛激活能，可见在相同的条件下，再结晶行为比应变松弛行为更难发生，主要是由于在同一激活条件下，相比位错移动，晶界和亚晶界的移动更难。比较图 14.32 和图 14.33 的变化速率，两者的变化规律吻合较好。不同退火温度和退火时间下，喷丸样品表面的位错密度的分布如图 14.34 所示，所有样品在不同条件下的变化趋势很相近。在退火初期，位错密度的值急剧减小，主要是回复的作用，随着退火时间的增加，位错密度的值逐渐趋于平缓。在相同的退火温度下，TC4 钛合金的位错密度衰减速率要比复合材料快，而且退火温度越高，衰减速率越快。

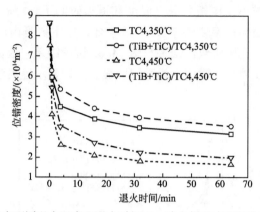

图 14.34　在不同退火温度和退火时间下，喷丸样品表面的位错密度分布

　　在金属基复合材料中，增强体在加工变形过程中起着重要作用。喷丸后，会在材料表层引入高密度位错，而增强体粒子可以作为位错阻塞源阻止位错滑移。再结晶过程主要依赖变形储存能，而高密度位错就意味着高的储存能，在退火过程中，储存能开始释放同时位错开始滑移，因此，复合材料的晶粒尺度生长速率、微应变松弛速率、位错密度减小速率都要小于钛合金材料。同理，退火后，复合材料中保留的微应变和位错密度都要大于基体材料，这些结果在图 14.32、图 14.33 和图 14.34 中都有显示。

　　等温退火 2h 后，对再结晶行为随层深的变化也进行了研究，晶粒尺度随层深的分布如图 14.35 所示。对于不同的材料和退火温度，变化趋势很相近。在近表层（the near surface layer，NSL），随着层深增加，晶粒尺度逐渐增大；然后，在中间表层（the middle surface layer，MSL）逐渐减少，最后在深表层（the deep surface layer，DSL）急剧增加。在相同的退火温度和退火时间下，复合材料的晶粒尺度要小于钛合金材料，是因为再结晶过程中，增强体对晶界和亚晶界移动的阻碍作用。在退火温度方面，退火温度越高，晶粒尺度长大速率越大。

　　退火过程中，表面晶粒尺度和近表层晶粒尺度都由于再结晶作用而增大。喷丸以后，材料表面出现了很小的晶粒尺度和很高的残余压应力，同时也引起了较大的塑性变形，这种较大的塑性变形即使在较高的温度下也会在一定程度上降低材料表面再结晶的能力。因此，对于近表层，再结晶反而表现得更容易些。中间表层是连接近表层和深表层的一个过渡层，尽管该层晶粒尺度因为喷丸被细化，但是相比近表层，热传递并不是很彻底，因此，在中间表层，晶粒尺度先减小后增大，然后进入深表层区域。而且在中间表层中，复合材料的晶粒尺度减小速度要比钛合金 TC4 快，这主要是因为增强体的影响。在深表层，喷丸和热传递的影响都不是很彻底，晶粒尺度逐渐增大，然后钛合金达到未喷丸前的大小。另外，从图 14.35 中还发现，对比这三层的晶粒尺度大小，发现表面的晶粒尺度数

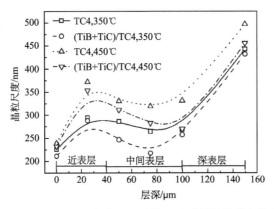

图 14.35　退火 2h 完成后，晶粒尺度随层深的分布情况

值最小，因此，喷丸是导致晶块细化的最主要因素。

参 考 文 献

[1] 谢乐春 . TC4 钛合金与钛基复合材料喷丸强化及其 XRD 表征 . 上海交通大学博士学位论文，2015.

[2] 冯宝香，杨冠军，毛小南，等 . 钛及钛合金喷丸强化研究进展 . 钛工业进展，2008，25（3）：1~5.

[3] 冯宝香，毛小南，杨冠军，等 . TC4-DT 钛合金喷丸残余应力场及其热松弛行为 . 金属热处理，2009，(4)：20~23；Feng B X, Mao X N, Yang G J, et al. Residual stress field and thermal relaxation behavior of shot-peened TC4-DT titanium alloy. Materials Science and Engineering A，2009，A 512：105~108.

[4] 刘道新，何家文 . 喷丸强化因素对 Ti 合金微动疲劳抗力的作用 . 金属学报 2001，37（2）：156~160.

[5] 高玉魁 . TC18 超强度钛合金残余应力场的研究 . 稀有金属材料与工程，2004，33（11）：1209~1212.

[6] Xie L C, Jiang C H, Lu W J, et al. Investigation on the surface layer characteristics of shot peened titanium matrix composite utilizing X-ray diffraction. Surface & Coatings Technology，2011，206：511~516.

第 15 章 镍基高温合金单晶 DD3 喷丸强化表层结构的表征与研究

单晶材料是各向异性的。对于各向异性材料，晶体排列长程有序将导致该材料的某些物理性能亦呈现各向异性特征。姜艳[1]对 DZ4 镍基高温合金单晶 (001)、(110) 及 (111) 晶面进行了氧化腐蚀实验，发现 DZ4 高温氧化行为表现为各向异性，其高温氧化性能与腐蚀面的晶体取向有关。对镍基高温合金单晶 (100) 和 (110) 晶面进行压痕实验，发现压痕引起材料表面发生弹塑性变形，塑性变形量（或塑性变形区）取决于单晶的晶体取向。此外，S. Ejiri 等[2]认为若材料本身具有各向异性（如织构材料），由于 (001)、(110) 及 (111) 各取向单晶喷丸后的织构不同，其表层残余应力分布也具有各向异性。

本章主要采用 X 射线应力测定技术，①研究了晶体取向对 DD3 喷丸残余应力大小及其分布的影响，探讨了不同喷丸工艺下 DD3 残余应力的变化，以及高温环境中残余应力的热松弛行为；②研究了 DD3 喷丸及加热条件下微结构的变化，如晶块细化、微观应力和晶体缺陷等；③在高速弹丸的连续轰击作用下，其表层材料的变形方向具有任意性，使其表面多晶化和择尤取向，越靠近表面，变形的程度越大，择尤取向的弱化越显著。

15.1 DD3 喷丸残余应力有限元模拟[3,4]

根据三参数 Barlat 模型模拟的 [001] 取向 DD3 镍基单晶高温合金喷丸残余应力云图如图 15.1 所示，喷丸强度相当于 0.1mmA。从图中可以看出，喷丸后试样发生了塑性变形，在变形层内产生了残余压应力，由于残余应力在整个样品内保持平衡，因此在变形层与未变形区域分界处相应地出现了拉应力。变形层内残余压应力分布并不均匀，由弹丸最后一次撞击形成的应力分布区具有较大的残余应力值，而最大残余压应力出现在次表层。可以认为，喷丸过程中样品表面在弹丸的作用下先发生塑性变形，随着弹丸反复撞击，塑性变形逐步向内部扩展，并导致表层组织发生变化形成具有一定厚度的变形层。变形层内残余应力的分布亦不断发生变化，相应地产生具有一定影响深度的残余压应力场。从图中还可以看出，因 DD3 为正交各向异性材料，其残余应力沿不同晶向，分布各异。可见，模拟结果和喷丸残余应力场分布的一般规律相同，而应力分布呈现各向异性也符合各向异性材料喷丸残余应力分布的基本特征。

根据模拟的喷丸残余应力分布的结果，得到表面残余应力随测量角分布曲线，考虑到应力分布的正交对称性，测量角 φ 范围为 $0°\sim90°$，如图 15.2 所示。将其与采用 X 射线技术测量得到的残余应力值进行比较，容易发现 DD3 喷丸面残余应力随测量角 φ 分布的模拟结果与实测结果呈现相似的变化趋势。喷丸残余应力分布表现为各向异性，应力值与测量方向密切相关，45°测量方向残余应力具有最小值。

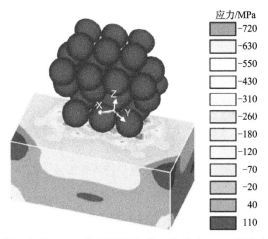

图 15.1　根据三参数 Barlat 模型模拟的 [001] 取向 DD3 镍基高温合金单晶
喷丸残余应力云图，喷丸强度相当于 0.1mmA

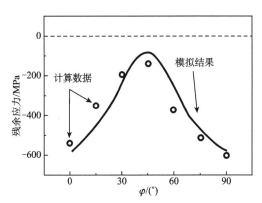

图 15.2　根据三参数 Barlat 模型模拟的 DD3 喷丸残余应力随测量
角分布，喷丸强度相当于 0.1mmA

图 15.3 为根据三参数 Barlat 模型模拟的 DD3 喷丸残余压应力云图，得到的 0°测量方向残余应力随层深的变化曲线，图中数据点为 X 射线应力测定方法测得的结果，亦为 0°测量方向。可以看出，喷丸残余应力场的模拟结果与实测结果具

有相似的变化规律：喷丸后样品表面存在一定的残余压应力，变形层内随着深度的增加，残余压应力逐渐增大，并在一定深度（次表层）达到最大值，随后逐渐减小，在临近材料内部未变形区域最终转变为残余拉应力。以上对比分析表明，采用有限元分析方法能有效地模拟出各向异性材料 DD3 喷丸残余应力随测量角分布，以及喷丸残余应力场，模拟结果较可靠。

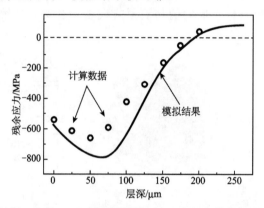

图 15.3　根据三参数 Barlat 模型模拟的 DD3 喷丸残余应力沿层深的分布

15.2　多晶应力测定方法与单晶应力测定[3,5]

15.2.1　传统 X 射线残余应力测定

对于多晶试样，其应力状态通常采用传统的 X 射线残余应力测量方法进行测定，其衍射几何关系如图 15.4 所示。图中，沿直角坐标系三个相互垂直的坐标系的正应力分量分别为 σ_{11}、σ_{22} 及 σ_{33}，ψ 为被测应变（$\varepsilon_{\varphi\psi}$）方向与试样表面法线之间的夹角，$\varphi$ 为待求应力（σ_{φ}）与正应力（σ_{11}）之间的夹角。由于 X 射线对 DD3 的穿透深度（~10μm）相对于光斑照射面积（约几 mm²）很小，故可近似认为被测试的体积为自由面，即 $\sigma_{33}=0$。因而，镍基高温合金单晶喷丸层的应力测定可简化为平面二维应力的测定，根据弹性力学知识，试样表面任一点 P（φ，ψ）的应变 $\varepsilon_{\varphi\psi}$ 可表示为

$$\varepsilon_{\varphi\psi}=\left[(1+\upsilon)/E\right]\sigma_{\varphi}\cdot\sin^2\psi-(\upsilon/E)(\sigma_{11}+\sigma_{22}) \tag{15.1}$$

式中，E、υ 分别为镍合金的弹性模量和泊松比。

利用 Voigt 提出的弹性常数

$$\frac{1}{2}S_2=(1+\upsilon)/E \tag{15.2}$$

$$S_1=-\upsilon/E \tag{15.3}$$

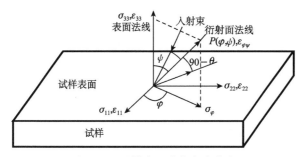

图 15.4　试样表面残余应力状态

式（15.1）可转化成

$$\varepsilon_{\varphi\psi} = \frac{1}{2} S_2 \cdot \sigma_{\varphi} \cdot \sin^2\psi + S_1(\sigma_{11} + \sigma_{22}) \tag{15.4}$$

式（15.4）表示弹性应变 $\varepsilon_{\varphi\psi}$ 是 $\sin^2\psi$ 的线性函数，因此 σ_{φ} 可以通过直线的斜率求得

$$\sigma_{\varphi} = \frac{2}{S} \frac{d\varepsilon_{\varphi\psi}}{\partial\sin^2\psi} \tag{15.5}$$

由于 φ 为常数，故式（15.5）可表达为

$$\sigma_{\varphi} \approx \frac{2}{S_2} \frac{\varepsilon_{\psi2} - \varepsilon_{\psi1}}{\sin^2\psi_2 - \sin^2\psi_1} \tag{15.6}$$

因为

$$\varepsilon_{\psi_2} - \varepsilon_{\psi_1} = \frac{d_2 - d_1}{d_0} \approx \frac{\Delta d}{d} = -\Delta\theta\cot\theta = \frac{\Delta 2\theta\cot\theta}{2} \tag{15.7}$$

将式（15.7）代入式（15.6）可得

$$\sigma_{\varphi} = \frac{2}{S_2} \cdot \cot\theta \frac{\Delta 2\theta}{\sin^2\psi_2 - \sin^2\psi_1} \tag{15.8}$$

式中，2θ 为衍射角，θ 为布拉格角。通过测量不同 ψ 角下的衍射角 $\Delta 2\theta$ 的变化，可计算出材料表面喷丸残余应力 σ_{φ} 的大小。

15.2.2　单晶体 X 射线残余应力测定

根据单晶体的衍射特征，单晶体 X 射线残余应力测量的几何关系如图 15.5 所示。单晶体应力测定必须通过 χ 角和 φ 角转动使（hkl）晶面符合衍射条件，$O—L_1L_2L_3$ 为实验室坐标系，$O—S_1S_2S_3$ 为样品坐标系，$O—C_1C_2C_3$ 为晶体坐标系，χ 为 [hkl] 方向与 L_3 之间的夹角，φ 为待求应力 σ_{φ} 与 L_1 之间的夹角。

根据弹性力学理论，[hkl] 方向的应变 ε_{hkl} 可以表示为

$$\varepsilon_{hkl} = \frac{d'_{hkl} - d^0_{hkl}}{d^0_{hkl}} = a^2\varepsilon^C_1 + b^2\varepsilon^C_2 + c^2\varepsilon^C_3 + ab\varepsilon^C_{12} + bc\varepsilon^C_{23} + ca\varepsilon^C_{31} \tag{15.9}$$

式中，ε_{hkl} 为 O 点 [hkl] 方向的应变；d^0_{hkl}、d'_{hkl} 分别为（hkl）晶面在无应力状态

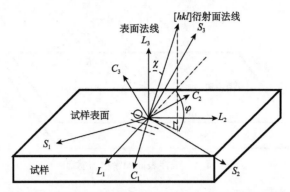

图 15.5　单晶体 X 射线残余应力测量的几何关系示意图

和受力状态下的晶面间距；ε_{ij}^C 为 O 点晶体坐标系下应变张量 ε^C 沿三个坐标轴的分量，可通过最小二乘方法求得；a、b、c 分别为 $[hkl]$ 方向与实验室坐标系基矢的方向余弦，可表达为

$$a = \cos\varphi\sin\chi, \quad b = \sin\varphi\sin\chi, \quad c = \cos\chi \qquad (15.10)$$

求得应变张量 ε^C 后，依据广义胡克定律，晶体坐标系下的应力张量 σ^C 可以表示为

$$\sigma^C = C * \varepsilon^C \qquad (15.11)$$

式中，C 为弹性常数。而样品坐标系下的应变张量 ε^S 与宏观应力张量 σ^S 则可分别通过晶体坐标系和样品坐标系的转换矩阵 M 及其逆矩阵 M^{-1} 由 ε^C 和 σ^C 计算得到：

$$\varepsilon^S = M^{-1}\varepsilon^C M \qquad (15.12)$$

$$\sigma^S = M^{-1}\sigma^C M \qquad (15.13)$$

实验中主要利用 Philips 公司出品的 X′ Pert 四轴衍射仪对 DD3 镍基高温合金单晶磨削加工表面的应力状态进行测定。采用 CuK_α 为 X 射线源，对 DD3 (331) 衍射晶面进行测量，DD3 弹性柔度系数分别为

$$S_{11} = 7.685 \times 10^{-12} \ \text{m}^2/\text{N}$$

$$S_{12} = -3.067 \times 10^{-12} \ \text{m}^2/\text{N}$$

$$S_{44} = 7.752 \times 10^{-12} \ \text{m}^2/\text{N}$$

15.2.3　两类试样残余应力 X 射线残余应力测量方法的比较

从两类方法的衍射几何（图 15.4 和图 15.5）可知，其本质没有什么差别。在给定的某些晶面取向（如 {001}、{110}、{111} 等）试样的喷丸表层应力研究中，感兴趣的是喷丸后表面多晶层的应力及微结构的标准的研究，只需把试样表面法线与 L_3 重合，L_1 与 C_1 重合，两种方法就完全相同了，这时，$\chi_{单晶} = \psi_{多晶}$，$\varphi_{单晶} = \varphi_{多晶}$。对于单晶体某 (hkl) 取向试样喷丸后多晶层的表征就完全与多晶试样一样。可用 Cr 靶进行 {113} 测定分析，也可用 Cu 靶进行 {133} 测定分析，即可进行不同方位的应变 $\varepsilon_{\psi\varphi}$ 测定。

　　然而，要对不同 $\{hkl\}$ 取向的单晶试样，用 $\{113\}$ 或 $\{331\}$ 面进行测定就不那样简单了，一般来说，只能进行特定的 $\varepsilon_{\varphi\psi}$ 的测定。比如 (001) 取向的试样，选择 [001] $//L_3$，[100] $//L_1$，[010] $//L_2$，参考立方晶系 (001) 标准极射赤面投影图 (图 15.6) 可知，只有当 $\varphi = 45°$ 时才能用 (113)、(331) 进行测定，而且 ψ 角的理论值分别为 25.2°，76.9°。也就是说，只能测定 $\varepsilon_{45°, 25.2°}^{113}$，$\varepsilon_{45°, 76.9°}^{331}$。同理，只能测定 $\varepsilon_{71.6°, 72.3°}^{131}$，这里所给出的 φ 和 ψ 角都需参考立方晶系对应试样平面取向 $\{hkl\}$ 的标准极图和查阅有专业书籍中 $(h_1 k_1 l_1)$ 与 $(h_2 k_2 l_2)$ 晶面间夹角数据表，或用公式计算，即 $\cos(h_1 k_1 l_1)(h_2 k_2 l_2) = \dfrac{h_1 h_2 + k_1 k_2 + l_1 l_2}{\sqrt{h_1^2 + k_1^2 + l_1^2} \sqrt{h_2^2 + k_2^2 + l_2^2}}$。

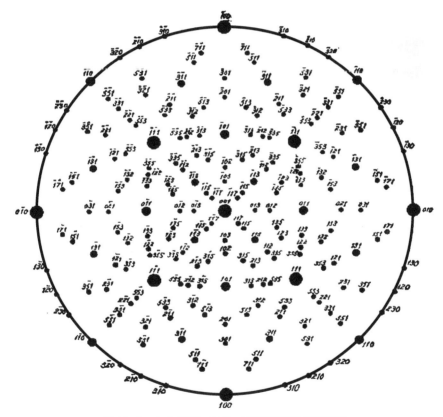

图 15.6　立方晶系 (001) 标准极射赤面投影图

15.3　DD3 单晶不同取向试样喷丸强化表层残余应力分布的特征[3,5,6]

　　实验中主要利用 Philips 公司出品的 X′ Pert 四轴衍射仪对 DD3 镍基高温合金单晶表面的应力状态进行测定。采用 CuK$_\alpha$ 为 X 射线源，对 DD3 (331) 衍射晶面进行测量，DD3 弹性柔度系数分别为：$S_{11} = 7.685 \times 10^{-12}$ m²/ N、$S_{12} = -3.067 \times 10^{-12}$ m²/ N 及 $S_{44} = 7.752 \times 10^{-12}$ m²/ N。应力计算公式为

$$\sigma_\varphi = \left[-\frac{1}{2}\cot\theta_0 \frac{1}{(1/2)S_2^{hkl}} \right] \cdot \frac{\partial\, (2\theta_{\varphi\psi})}{\partial\, (\sin^2\psi)} \tag{15.14}$$

用表面取向分别为（001）、（110）及（111）的三种单晶作为预喷丸表面，其表面法线方向分别为 [001]、[110] 及 [111]，与理想取向偏差均不超过 7°。实验中，使用直径约 0.3mm 的陶瓷弹丸，在 0.3MPa 喷丸气压下，分别对这三种取向样品进行喷丸处理，喷丸强度为 0.15mmA，喷丸覆盖率达到 200%。喷丸残余应力为二维平面应力，可采用 X 射线应力分析技术，通过测量不同方位角（ψ）下衍射峰位的位移量（$\Delta 2\theta$），计算残余应力值。为了能更完整地获得残余应力分布信息，分别对这三种取向样品沿不同测量方向（φ）上的残余应力值进行测定。实验中，φ 角测试范围为 0°～180°，间隔 15°。

15.3.1　（001）取向试样喷丸残余应力分布

对 DD3 试样（001）晶面进行喷丸处理，并利用 X 射线残余应力测量方法测定了该喷丸面沿不同方向上的残余应力值，应力测量方向如图 15.7（a）所示。图中 $O - a_1 a_2 a_3$ 为晶体坐标系，令 $Oa_1 = [010]$、$Oa_2 = [\bar{1}00]$、$Oa_3 = [001]$；$O - X_1 X_2 X_3$ 为试样坐标系，试样表面与（001）晶面平行，其法线方向 OX_3 为 [001] 晶向。令试样坐标系 OX_i 与晶体坐标 Oa_i 重合，即 OX_1 // [010]、OX_2 // [$\bar{1}$00]、OX_3 // [001]。实验中，OX_1 为初始位置，对应的测试角 φ 为 0°，逆时针旋转样品台进行数据采集，相关测试结果见图 15.7（b）。从图中可以看出，DD3（001）晶面经喷丸处理后，其表面残余应力值随应力测量方向呈波状分布，在 $\varphi = 45°$ 与 135°附近为波峰，具有最小值，约 -440MPa，而 $\varphi = 0°$、90°、180°处为波谷，具有较大的残余压应力值，约 -600MPa。从图 15.7（a）可知，φ 为 45°与 135°均对应于 DD3（001）的 ⟨110⟩ 晶向，而 φ 为 0°、90°、180°对应于 ⟨100⟩晶向。由此表明，DD3 试样（001）晶面经喷丸处理后，其表面残余应力沿 ⟨110⟩ 方向具有最小值，而沿 ⟨100⟩ 方向具有最大值。

15.3.2　（110）取向试样喷丸残余应力分布

图 15.8（a）为 DD3 试样（110）晶面喷丸以及 X 射线残余应力测试示意图。试样表面为（110）晶面，其法线方向为 [110]。图中，$O - X_1 X_2 X_3$ 为试样坐标系，则试样表面法线表示为 OX_3；$O - a_1 a_2 a_3$ 为晶体坐标系，令 $Oa_1 = [1\bar{1}0]$，$Oa_2 = [00\bar{1}]$，$Oa_3 = [110]$。在实验中，试样坐标系中 OX_i 与晶体坐标系中 Oa_i 完全重合，即 OX_1 // Oa_1 // [$1\bar{1}0$]，OX_2 // Oa_2 // [$00\bar{1}$]，OX_3 // Oa_3 // [110]。OX_1 为初始测定位置（$\varphi = 0°$），按逆时针旋转样品台，进行数据采集，不同测量

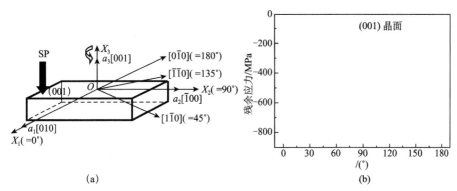

图 15.7　(a) DD3 镍基高温合金单晶 (001) 晶面喷丸以及 X 射线残余应力测试示意图；
(b) DD3 镍基高温合金单晶 (001) 晶面喷丸残余应力分布，喷丸强度为 0.15mmA

方位角 (φ) 上残余应力测试结果如图 15.8 (b) 所示。由图可知，DD3 (110) 晶面经喷丸处理后，其表面残余应力分布极不均匀，残余应力的大小取决于应力测量的方向，沿 0° 与 180° 方向的应力最小 ($\approx -190\text{MPa}$)，而在 φ 为 60° 与 120° 附近具有较大的残余应力 ($\approx -800\text{MPa}$)。结合图 15.8 (a) 可知，φ 为 0° 与 180° 均对应于 DD3 试样的 〈110〉 晶向，而 φ 为 60° 与 120° 均对应于其 〈112〉。因此，DD3 (110) 晶面经喷丸处理后，其表面沿 〈110〉 方向的残余应力最小，沿 〈112〉 方向具有最大值。

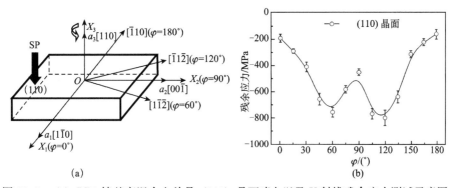

图 15.8　(a) DD3 镍基高温合金单晶 (110) 晶面喷丸以及 X 射线残余应力测试示意图；
(b) DD3 镍基高温合金单晶 (110) 晶面喷丸后残余应力分布，喷丸强度为 0.15mmA

15.3.3　(111) 取向试样喷丸残余应力分布

对 DD3 试样 (111) 晶面进行喷丸处理，并利用 X 射线残余应力测量方法对其表面残余应力进行测定，应力测量方向与各坐标系间的几何关系如图 15.9 (a) 所示。图中，$O\text{-}X_1X_2X_3$ 与 $O\text{-}a_1a_2a_3$ 分别为试样坐标系和晶体坐标系，令 $Oa_1 = [\bar{1}2\bar{1}]$，$Oa_2 = [\bar{1}01]$，$Oa_3 = [111]$，OX_3 为样品表面法线。由于喷丸面为（111），其法线方向为 [111]。实验中，令试样坐标系 OX_i 与晶体坐标系 Oa_i 完全重合，即 OX_1 ∥ $[1\bar{2}1]$、OX_2 ∥ $[\bar{1}01]$、OX_3 ∥ $[111]$。φ 为 0°～180°，通过旋转样品台，即可测量不同 φ 角上的残余应力值，其测试结果如图15.9（b）所示。从图中可以看出，DD3（111）取向试样，经喷丸处理后，其表面残余应力值随 φ 呈波状分布，在 φ＝30°、90°、150°处为波峰，具有较小的残余应力（≈－540MPa），而 φ＝0°、60°、120°、180°附近为波谷，对应的残余应力值较大，约－620MPa。

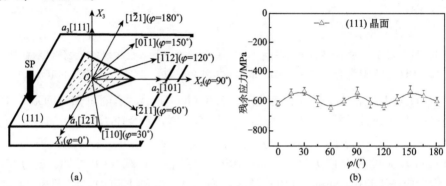

图 15.9　（a）DD3 镍基高温合金单晶（111）晶面喷丸以及 X 射线残余应力测试示意图；（b）DD3 镍基高温合金单晶（111）晶面喷丸残余应力分布，喷丸强度为 0.15mmA

对比图 15.9（a）和（b）可知，φ＝30°、90°、150°对应于 DD3 试样的〈110〉晶向，而 φ＝0°、60°、120°、180°则对应于〈112〉晶向。因此，DD3（111）取向试样经喷丸处理后，其表面残余应力沿〈110〉晶向具有最小值，沿〈112〉晶向具有最大值。

通过以上分析可知，当喷丸强度为 0.15mmA，喷丸覆盖率为 200％时，取向（001）、（110）及（111）晶面的 DD3 试样喷丸残余应力分布不均匀，残余应力的大小与测量方向密切相关。

根据测量方向和样品坐标系及晶体坐标系的关系可知，如图 15.7、图 15.8 及图 15.9 所示，DD3（001）、（110）以及（111）晶面试样喷丸后，沿〈110〉方向的残余应力均为最小值。这是因为 DD3 为面心立方结构，其主要滑移系是 {111}〈110〉。喷丸过程中，试样表面在大量弹丸连续轰击的作用下发生不均匀塑性变形。变形层内位错易于沿〈110〉方向滑移，在该方向上具有较小的位移能，因此该方向上产生较小的残余应力。

对 DD3（001）、（110）、（111）晶面的喷丸残余应力值及分布状态进行对比，可以发现，其残余应力的大小和均匀性存在明显差异。相比较而言，DD3（111）晶面具有较大的残余应力，约－620MPa，且应力分布相对均匀，应力的最大值与最小值之间的差额为 110MPa。而 DD3（110）晶面残余应力分布极不均匀，最大应力与最小应力相差高达 610MPa，且该晶面平均残余应力仅为 −480MPa。这说明，DD3 单晶高温合金经喷丸处理后，其表面残余应力分布各向异性。造成这一现象的主要原因是，DD3（001）、（110）以及（111）晶面具有不同的杨氏模量。从宏观角度而言，杨氏模量是衡量金属材料抵抗弹性变形能力大小的尺度。在一定外力的作用下，金属材料的杨氏模量越小，则越容易变形以及产生较大的变形。在室温下，（001）晶面具有较小的杨氏模量，约 131.5GPa，而（110）晶面杨氏模量是（001）晶面的 1.7 倍，（111）晶面杨氏模量是（001）晶面的 2.3 倍。理论上，在相同的喷丸条件下，（001）晶面最易发生变形，其变形层内应产生较大的残余应力。然而实验发现，（111）晶面具有较大的表面残余压应力，这可能是与材料的表面硬度有关。DD3（001）、（110）以及（111）晶面的硬度分别为 385.5 HV、398.8 HV 和 560.5 HV。

　　研究表明，当喷丸工艺一定时，材料的硬度（强度）越大，其表面残余应力值越高，因而（111）晶面具有较大的表面残余压应力。

15.4　喷丸工艺对 DD3 残余应力分布的影响[3~7]

　　在相同喷丸设备的情况下，试样表层喷丸残余应力分布主要取决于喷丸时间、喷丸强度、弹丸材质及尺寸等参数。通常可以通过数值模拟，以调整喷丸工艺参数，从而优化残余应力分布，获得最佳的表面性能。

　　研究发现，随着喷丸时间的增加，喷丸强度不断增大，喷丸残余应力亦不断增大，当达到饱和喷丸，即喷丸强度达到饱和时，继续延长时间，喷丸残余应力变化不大。若增大喷丸强度，可获得较大的喷丸残余应力。但随着喷丸强度的增大，喷丸表层的粗糙度亦随之增加，这将导致应力的集中，从而不利于材料疲劳性能的提高。喷丸过程中，可以通过延长喷丸时间来确定饱和喷丸强度及饱和喷丸时间，通过调整喷丸强度及弹丸材质、尺寸等来获得最佳的喷丸强化效果，即获得较大的喷丸残余应力的同时降低表面粗糙度。

　　图 15.10 为（001）取向 DD3 试样经不同时间喷丸处理后，其表面残余应力值随 φ（0°~180°）的变化。由图可知，当喷丸处理 10s 后，DD3 试样表面残余应力分布各向异性，在 φ 为 45° 和 135° 处，具有应力的最小值，约 −200MPa。延长喷丸时间至 30s，残余应力显著增加，φ 为 45° 和 135° 处残余应力的增幅最大，达 −420MPa，是 10s 时的 2.1 倍。喷丸时间为 30s 时，应力的最大值与最小值间相差 40MPa，残余应力分布趋于各向同性。当试样经过 120s 喷丸处理，其表面残余应力分布均匀，应力值较 60s 喷丸仅略有增加（~50MPa），这说明该喷丸条件下已达到饱和。

　　图 15.11 为沿 0°、15°、30° 及 45° 方向（φ）喷丸残余应力随时间的变化，可以看出喷丸残余应力随时间的变化趋势大致相同，即随喷丸时间的延长先迅速增

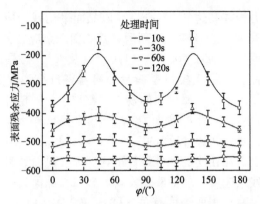

图 15.10　(001) 取向 DD3 试样经不同时间喷丸后其表面残余应力分布, 喷丸强度为 0.12mmA

大（0～30s），然后应力随时间的变化趋势大致相同，即随喷丸时间的延长先迅速增大（0～30s），然后变化逐渐趋于平缓。其中，φ 为 45°处喷丸残余应力随时间变化最为显著，依次是 30°、15°、0°。喷丸过程中，试样表面在大量弹丸连续轰击的作用下，表层材料先发生塑性变形。对于单晶，位错滑移是产生塑性变形的主要方式，而〈110〉又是 DD3 的主要滑移方向，因此，变形过程中位错易于沿该方向滑移，使得该方向具有较小的残余应力。随着喷丸时间的延长，塑性变形不断增大，变形层内晶块细化，且晶块取向无序度增加，使得每个晶块的取向〈110〉也随机分布。由于塑性变形过程中，每个晶块均沿〈110〉滑移，〈110〉取向的无序化使得残余应力分布逐渐均匀，趋于各向同性。此外，随着喷丸时间的延长，试样被喷部位的变形量逐渐增大，变形逐渐由材料表层向内部扩展，从而导致残余应力影响的深度不断增加，残余应力值不断增大。

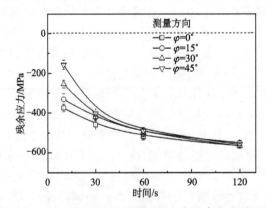

图 15.11　(001) 取向 DD3 在不同测量方向残余应力随时间的变化

　　研究发现，调整喷丸工艺参数，如使用不同材质、尺寸的弹丸，或采用多步不同强度喷丸，如二次喷丸、三次喷丸等，也可优化材料的表面性能。二次喷丸或三次喷丸，是在一次喷丸的基础上，再选用小尺寸弹丸以较小的喷丸强度对材料进行第二次喷丸，甚至第三次喷丸，以实现增加材料受喷部位的残余应力，并降低其表面粗糙度。实验中，分别采用直径为 0.3mm 的陶瓷弹丸和 0.4mm 的铸钢弹丸对 DD3 进行传统喷丸（一次喷丸），而二次喷丸则是选用直径为 0.4mm 铸钢弹丸、0.6mm 钢丝切丸以及 0.3mm 陶瓷弹丸，具体喷丸工艺参数如表 15.1 所示。

表 15.1　DD3 传统喷丸及二次喷丸工艺参数

	喷丸强度/mmA	压强/MPa	喷丸时间/s	弹丸材质	弹丸尺寸/mm
A	0.10	0.3	30	陶瓷弹丸	0.3
B	0.25	0.3	30	铸钢弹丸	0.4
C	0.25+0.10	0.5+0.3	30+10	铸钢弹丸＋陶瓷弹丸	0.4+0.3
D	0.55+0.10	0.6+0.3	30+10	钢丝切丸＋陶瓷弹丸	0.6+0.3

图 15.12 为经不同喷丸工艺处理后，材料表面残余应力随 φ 角的变化。从图中可以看出，采用直径为 0.3mm 的陶瓷弹丸，对材料表面喷丸 30s，则喷丸强度为 0.1mmA，残余应力分布各向异性，应力最大值与最小值间相差 490MPa，平均残余应力约为 -360MPa。若采用直径为 0.4mm 的铸钢弹丸，持续喷丸 30s，则喷丸强度为 0.25mmA，残余应力明显增加（≈-670MPa），且表面残余应力分布较为均匀，应力最大值与最小值间相差 90MPa。在此基础上，以 0.3mm 的陶瓷弹丸对喷丸面进行第二次喷丸，不仅能提高其残余应力（≈-790MPa），还能使残余应力分布趋于均匀。当以直径 0.6mm 钢丝切丸对 DD3 进行一次喷丸时，再以 0.3mm 的陶瓷弹丸对其喷丸 10s，则可获得较大的残余压应力（≈-965MPa），该条件下，DD3 表面残余应力分布均匀。结果表明，增加喷丸强度以及喷丸次数可以有效改善残余应力的分布状态，使其分布均匀，且应力值显著提高。

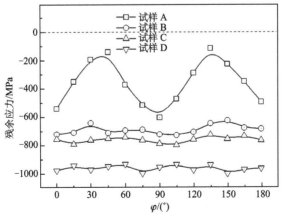

图 15.12　(001) 取向 DD3 在不同喷丸工艺下残余应力分布
A. 0.3mm 陶瓷弹丸，喷丸 30s，0.1mmA；B. 0.4mm 铸钢弹丸，30s，0.25mmA；
C. B+0.3mm 陶瓷弹丸对喷丸面进行第二次喷丸；
D. 0.6mm 钢丝切丸一次喷丸，再以 0.3mm 的陶瓷弹丸对其喷丸 10s

15.5　　DD3 喷丸残余压应力沿深度的分布[3~7]

喷丸会在试样表面受喷部位引入具有一定深度的残余压应力场。通常，该残余压应力场具有四个主要特征参数，分别为：①表面残余压应力值（简称 SCRS）；②最大残余压应力值（简称 MCRS）；③残余压应力层深（简称 DCRS）；④最大残余压应力深度（简称 DMCRS）。

为了研究喷丸后 DD3 镍基高温合金单晶残余应力沿层深的变化规律，选择样品 C（其表面法线为 [001]，(0.3+0.3)mm 陶瓷弹丸二次喷丸，残余应力分布均匀，如图 15.12 所示），采用电化学抛光技术对其进行剥层处理，以获得不同深度的残余应力值。图 15.13 为该样品喷丸后在不同方位角（$\varphi=0°$、15°、30° 及 45°）上测量的残余应力沿层深的分布曲线。从图中可以看出，这四个测量方向上的喷丸残余应力随层深的变化规律均符合喷丸残余应力分布的一般特征，即在喷丸后，样品表面存在残余压应力，并随着深度的增加，残余压应力逐渐增大，在一定深度达到最大值后，再逐渐减小。对比不同测量方位角上（φ）的残余应力分布曲线，可以发现：样品表层与次表层一定深度范围内（即 0~35μm），喷丸残余压应力分布均匀；但随深度的进一步增加，各测量方向上残余压应力值的增长率明显各异，0°方向上残余压应力在 75μm 处达到最大值，约 −887MPa，而 15°、30° 及 45°方向上残余压应力均在 100μm 处达到最大值，其值分别是 −1055MPa、−1205MPa 及 −1300MPa。当残余压应力达到最大值后，其值将随层深的增加而不断减小，在 200μm 处，0°、15°及 30°方向上残余压应力接近临界值（0MPa），而 45°方向上残余压应力的影响层深则明显大于200μm。以上分析表明，尽管样品表面（0~25μm）喷丸残余压应力均匀分布，但随着层深的增加，残余压应力值的变化与测量方向密切相关，呈现各向异性。显然，45°方向上最大残余压应力值较大，其相应的层深，以及受残余压应力的影响层深相对较深。

15.6　　DD3 喷丸残余应力的热松弛行为研究[3,6]

喷丸是通过在金属或合金表层及次表层引入一定的残余压应力，来有效抑制裂纹的萌生和扩展，从而显著提高金属或合金的疲劳强度以及延长其疲劳寿命。因而，喷丸残余应力的稳定性将直接影响材料的疲劳性能。然而，在高温环境及外加载荷的作用下，喷丸残余应力将发生松弛。而且，喷丸残余应力的松弛行为还与喷丸过程中材料内部微结构的变化密切相关。总地来说，残余应力松弛的实质是材料内部储存的由喷丸产生的弹性应变能在外界因素的作用下通过局部的塑

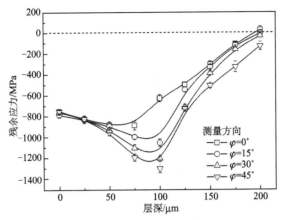

图 15.13　DD3 喷丸残余应力在不同测量方向上（$\varphi=0°$，15°，30°及 45°）
沿层深的分布，喷丸强度为（0.25+0.1）mmA

性变形而逐渐释放的过程。促使喷丸残余应力发生松弛的外界因素主要是温度、载荷以及两者之间的综合作用。研究发现，喷丸残余应力在高温环境下会发生明显的松弛，随着温度的升高及时间的延长，松弛行为更加显著。

本节采用 X 射线残余应力测定方法，借助电化学抛光技术，系统地研究了 DD3 镍基高温合金单晶喷丸残余应力在不同的退火温度下（即 400℃、500℃、600℃及 700℃）保温一段时间后（1～120min）的热松弛行为。鉴于 DD3 喷丸试样残余应力值与测量方向密切相关，因而分别测量了沿不同测量方向喷丸残余应力在不同温度下保温 1h 后随着层深的分布，选择的测量方向分别为 $\varphi=0°$，15°，30°及 45°，如图 15.14 所示。对比分析不同测量方向上喷丸残余应力随温度的变化，可以看出，高温退火后，DD3 喷丸试样残余应力发生了明显的松弛，温度越高，松弛越明显。但测量方向不同，其残余应力松弛率亦不相同。当温度一定时，$\varphi=45°$方向残余应力的松弛最为显著，当温度达到 700℃时，在距离材料表层约 25μm 处，喷丸残余应力已完全松弛。

利用电化学抛光技术，对 DD3 喷丸试样进行剥层处理，在其次表层，即与表面距离约 15μm 处获得较大的残余压应力，在不同的温度下分别进行等温加热处理，用以研究 DD3 喷丸残余应力的热松弛行为。图 15.15（a）～（d）分别为沿不同测量方向，即 $\varphi=0°$，15°，30°及 45°，DD3 喷丸表面残余压应力值随退火温度和保温时间的变化。可以看出，退火温度越高，应力松弛越显著。当温度一定时，保温时间的延长也会引起喷丸残余应力松弛，在等温退火的初始阶段，即 1～30min，残余应力松弛最为显著，随后趋于平缓，当保温超过 60min 时，残余应力随时间的变化不再显著。

对于不同测量方向的喷丸残余应力，随着退火温度和保温时间的变化规律基

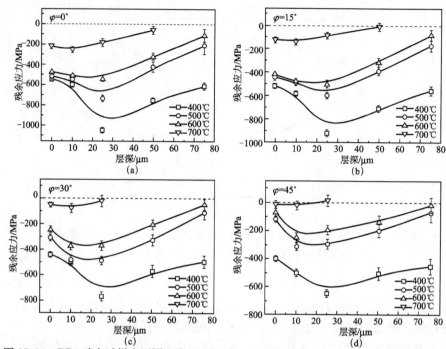

图 15.14　DD3 喷丸试样在不同温度下（400℃、500℃、600℃、700℃）等温退火 1h 后分别沿 $\varphi=0°$，15°，30°和沿 $\varphi=45°$方向上测量残余应力随层深分布

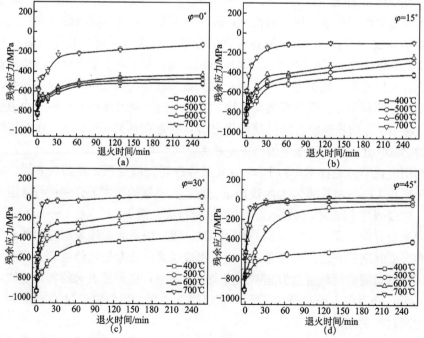

图 15.15　等温加热过程中，DD3 沿不同测量方向喷丸残余应力的松弛行为

本一致，即退火温度越高、保温时间越长，喷丸残余应力松弛越明显。但是，当
退火温度和保温时间一定时，各测量方向喷丸残余应力松弛快慢存在差异。很
明显，$\varphi=45°$方向喷丸残余应力松弛最为显著，这与图 15.15（a）～（d）的结
果相吻合。当温度高达 700℃，且保温超过 60min 时，$\varphi=45°$方向喷丸残余应力
几乎完全松弛（图 15.15（d）），而该条件下 $\varphi=0°$ 方向喷丸残余应力约为
－220MPa（图 15.15（a））。

通过以上分析可知，当测量方向一定时，DD3 喷丸残余应力在高温环境下的
松弛主要取决于退火温度和保温时间，其本质上是一个热激活的过程，可以用
Zener-Wert-Avrami 函数来描述，即

$$\frac{\sigma_{T,t}^{RS}}{\sigma_0^{RS}} = \exp\left[-(At)^m\right] \tag{15.15}$$

式中，指数 m 取决于喷丸材料的松弛机理；σ_0^{RS} 为初始状态的喷丸材料的残余应
力值；$\sigma_{T,t}^{RS}$ 为一定温度（T）下连续保温　段时间（t）后的喷丸材料的残余应力
值；A 则是与喷丸材料有关的温度函数，可以表示为

$$A = B\exp(-\Delta H/kT) \tag{15.16}$$

式中，B 为材料常数；k 为玻尔兹曼常数；ΔH 代表残余应力松弛激活焓。

通过式（15.15）和式（15.16），对 $\varphi=0°$测量方向喷丸残余应力热松弛数据
（图 15.15（a））进行线性回归，计算结果如图 15.16 所示。由图可知，该条件下
DD3 喷丸残余应力热松弛指数 m 为 0.29，这表明残余应力的热松弛实际上是一
个蠕变的过程，与加热过程中位错的运动有关。此外，利用式（15.16）还可以
计算得到 DD3 喷丸残余应力热松弛激活能 Q，其值约为 126.5kJ/mol，小于 Ni
的自扩散激活能（280kJ/mol）。

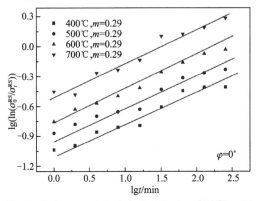

图 15.16　等温退火中 DD3 喷丸残余应力 $\lg(\ln(\sigma_0^{RS}/\sigma_t^{RS}))$ 随 $\lg t$ 的变化

喷丸过程中，大量弹丸高速轰击 DD3 镍基高温合金单晶表面，造成材料表
层发生剧烈的塑性变形，使 DD3 表层材料晶块细化、位错快速增值，从而导致
应力集中。当退火温度升高时，位错运动的能力逐步提高，促使位错密度逐渐降

低，进而导致残余应力发生松弛。在高温环境下，不同测量方向喷丸残余应力松弛的不均匀性，主要是归结于金属材料的位错滑移机理。DD3 镍基高温合金单晶是典型的面心立方结构，主要的滑移系是 ｛111｝〈110〉，即在 ｛111｝晶面沿〈110〉晶向滑移。而 $\varphi=45°$测量方向，对应于 Ni 单晶的〈110〉晶向，也是其主滑移方向。在高温环境下，位错滑移和攀移变得容易，大量位错首先沿〈110〉方向开动，且在该方向上位错最易发生滑移，因而导致该方向上的残余应力松弛最为显著。

15.7　DD3 喷丸变形层微结构[3,5~7]

15.7.1　DD3 喷丸变形层衍射线形

喷丸造成材料表面发生反复的塑性变形，使得表层材料晶块细化并产生位错等大量缺陷。为了定量地分析喷丸变形层组织结构的变化，可采用 XRD 线形分析方法，即利用组织结构的变化对 XRD 谱线线形产生的影响，获得变形层内的晶粒尺度、微应变以及位错密度等微结构信息。本质上，衍射线形的变化主要取决于材料的组织结构。喷丸后，材料表层产生了点阵畸变、出现晶块细化、微应变和位错密度增大等现象，这些变化使材料的衍射线形发生相应的宽化。通常，由晶粒尺度效应引起的衍射线形接近于 Lorentzian - Cauchy 线形，而微应变效应引起的衍射线形具有 Gaussain 线形特征。

喷丸样品（001）取向 DD3 镍基高温合金单晶，分别经机械加工和喷丸处理后，利用 X 射线衍射仪对表层材料组织结构的衍射信息进行采集，所得衍射谱线如图 15.17 所示。从图中可以看出，磨削加工已使 DD3 表面多晶化，但仍具有强［100］择尤取向。利用电化学抛光技术，对其进行剥层，以去除机械加工影响层。对其进行喷丸处理后，其表层材料呈现多晶体衍射信息，即除了原始取向峰（200）外，Ni 基合金的其他特征峰，如（111）、（220）及（311）等均已显现，且（200）衍射峰形明显宽化，衍射强度显著降低。喷丸过程中，DD3 表层材料发生循环塑性变形。变形方向的随机性，以及晶块取向趋于无序化，导致 DD3 原始取向弱化，并呈现多晶体的衍射信息。而喷丸引起的 DD3 表层材料组织结构的变化，即晶块细化与位错增殖等，造成其衍射线形发生宽化。

利用峰形函数对喷丸材料的实测衍射线形进行拟合，可以提高线形分析结果的可靠性，并得到微结构的初步信息。常用拟合衍射线形的方法有 Pesudo-Voigt 函数法和 Person Ⅶ 型函数法。通过 Person Ⅶ 型函数拟合衍射线形时，不仅可以将 $K_{\alpha 1}$ 线形与 $K_{\alpha 2}$ 线形分离开，还能实现重叠峰分离，并得到各重叠衍射线

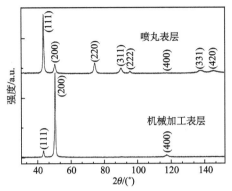

图 15.17　（001）取向 DD3 镍基高温合金单晶机械加工表层和喷丸表层 X 射线衍射
对比谱图，喷丸强度（0.5＋0.1)mmA，CuKα 辐射

形 K_{a1} 与 K_{a2} 线形分量。利用（331）衍射峰线形，喷丸强度（0.5＋0.1）mmA Pesudo-Voigt 函数法，可以获得衍射峰的 Lorentzian 和 Gaussian 宽度分量，但需要首先采用 Person VII 型函数等方法对重叠峰分峰。

图 15.18 为 DD3（331）衍射峰通过 Person VII 函数拟合得到的结果。从图中可以看出，拟合线形与实测衍射线形基本吻合，而且 K_{a1} 和 K_{a2} 线形分量实现分离。通过 Person VII 函数法还可以拟合出形状因子 M、峰位等参数，为进一步分析提供参考。DD3 喷丸样品经 600℃ 高温退火，其（331）衍射峰形状因子为 1.61，表明该线形介于 Cauchy 线形和改进 Lorentzian 线形之间。

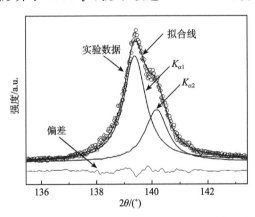

图 15.18　利用 Person VII 函数拟合 600℃退火处理 DD3 镍基高温合金单晶喷丸
表面（331）衍射峰线形，喷丸强度（0.5＋0.1）mmA，CuKα 辐射

15.7.2　DD3 喷丸变形层微结构的 XRD 线形分析

利用 XRD 线形分析方法，通过对单个或者多个衍射方向的衍射峰进行分析，

可以得到材料的微结构信息。目前，已发展了多种 XRD 线形分析方法。对于存在弹性各向异性的材料，利用 Voigt 函数法可以简单直接地表征各衍射晶面（晶向）上组织结构的变化。若变形材料中存在大量的位错，应考虑由位错引起的微应变的各向异性，通过采用引入平均位错对比因子的改进的 Warren-Averbach 和改进的 Williamson-Hall 作图方法，可以得到较为可靠的计算结果。此外，采用 Rietveld 全谱拟合分析方法，通过线形宽化模型，也可以获得各个晶向的微结构信息。若不考虑材料的各向异性，可使用 Williamson-Hall 作图法、指数 Williamson-Hall 作图法、以及 Warren-Averbach 方法。

鉴于 DD3 为各向异性材料，主要采用改进的 Williamson-Hall 作图法、改进的 Warren-Averbach 作图法、Voigt 方法以及 Rietveld 全谱拟合分析方法对 DD3 喷丸变形层的组织结构进行分析。

对图 15.18 中 DD3 喷丸试样的实测线形进行 Stokes 去卷积，获得其物理线形，进而计算出各衍射峰的积分宽度 β，计算结果如表 15.2 所示。

表 15.2　DD3 喷丸试样真实物理线形的积分宽度 β　（单位：(°)）

hkl	111	200	220	311	222
β	0.28145	0.61905	0.5745	0.7075	0.5689

15.8　晶面取向和喷丸工艺对 DD3 变形层微结构的影响[3,7]

喷丸造成材料衍射线形宽化，是由材料微观组织结构变化引起的。对于 DD3 镍基高温合金单晶，弹性常数的各向异性导致喷丸塑性变形行为亦呈现各向异性，从而使喷丸变形层的组织结构除了受到喷丸工艺的影响外，还与喷丸表面的晶面取向密切相关。

15.8.1　晶面取向对 DD3 喷丸变形层微结构的影响

通过单晶定向，将 DD3 试棒切割成 10mm×10mm×3mm 薄片，最大面积为样品表面，样品表面法线方向分别为 [001]、[110] 及 [111]，其与理想取向偏差均不超过 7°，即样品表面分别与 DD3 (001)、(110) 及 (111) 晶面平行。在相同的喷丸工艺下，对这三组样品，即 [001] 取向、[110] 取向及 [111] 取向样品，分别进行喷丸处理，其未喷丸面以及喷丸表面的 λ 射线衍射谱线如图 15.19 所示。从图中可以看出，喷丸后样品表层材料原始取向峰明显弱化，均呈现出多晶体的衍射信息，而且，喷丸处理后，各取向样品对应的原始取向的衍射线形均明显宽化。然而，对于不同取向样品，其原始取向峰弱化的程度并不相同。很明显，[110] 取向样品经 0.12mmA 喷丸处理后，表层材料仍具有较强的初始取向。依据图 15.19 的衍射谱线,采用改进的 Warren-Averbach 方法分析了 DD3 不同取向喷丸表面组织结构的变化,计算结果如表 15.3 所示。可以看出,喷丸造成 DD3 表面的纳米化,对于不同取向试样,其喷丸表面晶粒尺度相差不大,相比较而言,[111] 取向的喷丸表面晶块较小。同时,喷丸导致样品表面生成大量的位错,产生较高的位错密度,其中,[111] 取向喷丸表面位错密度最高,而 [110] 取向喷丸表面的位错密度较小。喷丸表面晶粒尺度以及位错密度的高低,直接反映其喷丸过程中产生变形的程度。这说明相同的喷丸工艺下,喷丸造成 [111] 取向表层材料变形程度较大,即产生较小的晶块和较高的位错密度,其次是 [001] 和 [110] 取向。

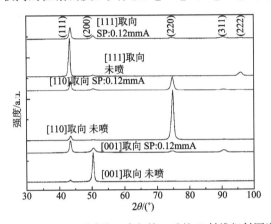

图 15.19　DD3 不同晶面喷丸前、后的 X 射线衍射图谱

表 15.3　采用 MWA 方法计算出的 DD3 不同取向喷丸表面晶粒尺度和位错密度

	试样表面取向		
	[001]	[110]	[111]
D /nm	34.5	35.0	32.9
$\rho/(\times 10^{15}\,\mathrm{m}^{-2})$	7.11	6.63	9.83

造成喷丸过程中 DD3 塑性变形行为各向异性的主要原因,可能是其表面硬度以及弹性常数的各向异性。[111] 取向表面硬度最大,约 560.5 HV。当喷丸工艺一定时,材料的硬度(或强度)越大,其表层材料晶块碎化越显著,因而 [111] 取向喷丸表面具有较小的晶粒尺度与较高的位错密度。对于 [001] 和 [110] 取向,其表面硬度值相近(386~389 HV),造成两取向晶粒尺度和位错密度存在较大差异的原因,可能归结于其不同的弹性模量。[110] 取向弹性模量是 [001] 取向的 1.7 倍,根据弹性力学知识,喷丸工艺一定时,[001] 取向变形程度相对较大,从而产生相对较小的晶块和较高的位错密度。

15.8.2　不同喷丸工艺下 DD3 微结构

对于传统金属材料，喷丸工艺是影响喷丸变形层组织结构的主要因素。图 15.20 为 DD3 在不同喷丸覆盖率下其表层材料的 XRD 谱线。可以看出，当表面覆盖率为 80％时，晶体 Ni 的所有特征峰均已出现，但该条件下喷丸表面择尤取向严重，具有较强的原始取向峰（200）；随着覆盖率的增加，DD3 原始取向明显弱化，而（111）与（220）衍射峰则逐渐增强，同时各衍射峰均明显宽化；当覆盖率达到 200％时，变化不再显著。

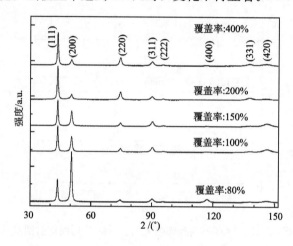

图 15.20　DD3 不同喷丸覆盖率下的 XRD 谱图

采用 Voigt 函数方法分析了不同覆盖率下 DD3 喷丸表面组织结构的变化。图 15.21、图 15.22 及图 15.23 分别为 DD3 喷丸层不同衍射方向晶粒尺度 D、微应变 ε 以及位错密度 ρ 随喷丸覆盖率的变化。可以看出，随着喷丸覆盖率的增加，各衍射方向晶粒尺度逐渐减小，而微应变与位错密度均逐渐增大，其中（200）衍射方向微结构变化最为显著，而（111）、（220）及（311）变化不大，但当覆盖率达到 200％时，（200）衍射方向微结构的变化亦不再显著。还可以看出，不同衍射方向，其晶粒尺度、微应变及位错密度均各不相同，（200）衍射方向具有较小的晶粒尺度以及较高的位错密度和微应变。这表明，喷丸过程中 DD3 表面组织结构变化各向异性。由图 15.20～图 15.23 可知，改变喷丸覆盖率对 DD3 组织结构的影响较大。若覆盖率过低，则表面塑性变形程度较小，喷丸表面择尤取向严重，位错密度与微应变值明显偏低，这些都不利于材料表面性能的提高。当覆盖率达到 200％时，变形层组织结构较稳定，具有高水平位错、较细小的晶块、较大的微应变，以及较低的择尤取向，表明 200％覆盖率下形成的喷丸变形组织有利于材料表面性能的改善。

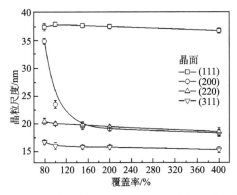

图 15.21　DD3 各衍射方向晶粒尺度随喷丸覆盖率的变化

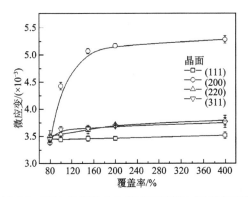

图 15.22　DD3 各衍射方向微应变随喷丸覆盖率的变化

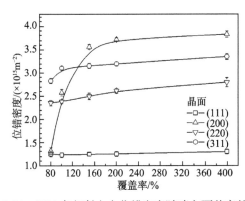

图 15.23　DD3 各衍射方向位错密度随喷丸覆盖率的变化

　　为了进一步研究喷丸变形层不同深度的微结构变化，将覆盖率为 200%，喷丸强度为（0.25＋0.1）mmA 样品进行剥层处理，其不同层深 XRD 谱线如图 15.24 所示。从图中可以看出，随着层深增加，各衍射线峰宽逐渐变窄，表明晶粒尺度逐渐增大，而位错密度和微应变却逐渐减小。当层深达到 75μm 时，由喷丸引起的衍射线形宽化效应开始减弱。此外，各个衍射峰相对强度也随层深发生明显变化。在层深 25μm 与 50μm 处，样品具有强〈220〉择尤取向。但到 75μm 处，（220）、（111）及（331）衍射峰强度骤然降低，峰强极弱，而（420）衍射峰显著增强，为最强峰。在距离表面 100μm 处，各个衍射峰均明显弱化，只有相对较强的（200）衍射峰，较弱的（420）衍射峰以及极弱的（311）衍射峰。当深度达到 125μm 时，只能采集到 DD3 原始取向峰（200）的衍射信息。以上分析表明，喷丸的影响层深约为 125μm。

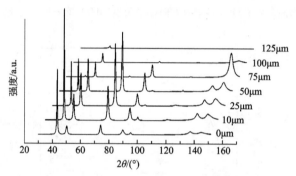

图 15.24　DD3 喷丸层不同层深 XRD 谱线，喷丸强度（0.25＋0.1）mmA

　　利用 Person VII 型函数拟合法，对 DD3 原始取向（200）衍射峰进行拟合，得到其衍射线形随层深的变化，以及不同深度（200）衍射峰峰位，结果如图 15.25（a）、（b）所示。可以看出，随着层深的增加，DD3（200）－Kα₁ 衍射线形逐渐变窄，且（200）衍射峰先向低角移动（10μm），然后逐渐向高角移动。峰位的变化可能是受到喷丸变形层残余应力分布的影响，即残余压应力随层深先增大，在一定层深达到最大值，然后逐渐减小。

　　利用 XRD 衍射数据，通过线形分析计算出不同层深处晶粒尺度和微应变，结果分别如图 15.26 和图 15.27 所示。可以看出，喷丸的影响层深为 125μm 左右，随深度的增加，晶粒尺度逐渐增大，故微应变的变化趋势正好相反。

　　利用 Rietveld 全谱拟合方法，对 DD3 喷丸层内晶粒尺度的分布状态进行了表征，计算结果如图 15.28 所示。可以看出，随着变形层深度的增加，最大概率对应的晶粒尺度逐渐增大，晶粒尺度的对数正态分布曲线明显变宽，晶粒尺度变化的范围逐渐增大。其变化规律与图 15.27 吻合。

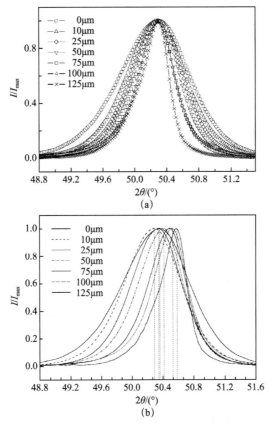

图 15.25　DD3 喷丸样品（200）－Kα₁ 衍射峰线形（a）
以及峰位（b）随层深的变化，喷丸强度为（0.5＋0.1）mmA

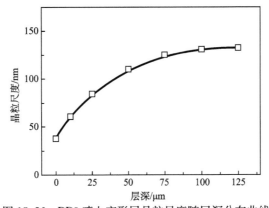

图 15.26　DD3 喷丸变形层晶粒尺度随层深分布曲线

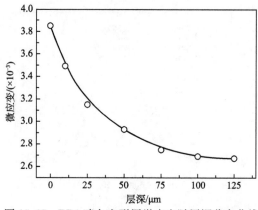

图 15.27　DD3 喷丸变形层微应变随层深分布曲线

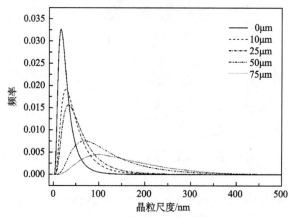

图 15.28　DD3 喷丸变形层晶粒尺度的对数正态分布

15.9　DD3 喷丸变形层中微结构的松弛行为[3,5~7]

　　喷丸造成材料表面位错密度与微应变增加，并出现晶块细化现象，这些微结构的变化是喷丸改善材料表面性能的重要因素之一。然而，喷丸变形组织处于亚稳定态，高温条件下将发生回复与再结晶以及晶粒长大等现象，同时位错密度与微应变也将随之减小，这些微结构的变化将降低喷丸效果。因而，研究高温下 DD3 喷丸变形层组织结构的变化具有极其重要的意义。

　　本节主要借助 X 射线衍射线形分析方法，系统地研究了连续加热与等温加热条件下 DD3 喷丸变形层组织结构的变化，并对引起组织变化的原因进行了讨论。

15.9.1　微结构在连续加热过程中的回复与再结晶

　　首先研究了连续加热过程中 DD3 喷丸层组织结构的变化。将 DD3 喷丸试样

在 400～700℃温度范围内连续加热，温度间隔为 50℃，每一温度下持续保温
4min，利用 X 射线衍射技术对变形组织进行表征，并通过 Voigt 方法对（311）
衍射谱线进行线形分析，以研究晶粒尺度与微应变在连续加热过程中的变化，计
算结果如图 15.29 和图 15.30 所示。可以看出，晶粒尺度长大到初始值的 1.7
倍，而微应变的变化率从 0.95 降至 0.67。这表明，连续加热不仅促使晶块长大，
还导致微应变降低。图 8.30 为连续加热过程中 DD3 喷丸表面在（311）衍射方
向微应变的变化，可以看出加热过程中微应变的变化分为三个阶段：先缓慢下降
（25～450℃），然后急剧下降（450～600℃），最后趋于稳定（600～700℃）。变
形金属中，位错不仅是主要的晶格缺陷，也是晶界与亚晶界等缺陷的主要组成成
分，因此变形引起的微应变的变化主要取决于变形层内位错密度的变化。通过前
面的讨论，可以确定喷丸能在很大程度上提高 DD3 喷丸表面的位错密度(10^{15}～
10^{16})。高密度位错意味着高的晶格储存能，加热过程中储存能的释放为晶块长
大与再结晶提供了驱动力。大量位错在加热过程中（中高温）发生滑移和攀移，
喷丸组织位错密度随退火温度的提高与保温时间的延长而逐渐减少，使微应变降
低。值得注意的是，当微应变处于稳定阶段时，在（311）衍射方向仍具有较高
的微应变（$MS/MS_0 \approx 0.68$），表明在 700℃高温下，DD3 喷丸组织仍有大量的
位错存在。

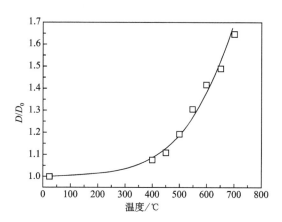

图 15.29　连续加热过程中 DD3 喷丸层沿（311）衍射方向晶粒尺度的变化，
喷丸强度（0.5＋0.1）mmA；D_0：DD3 喷丸层初始晶粒尺度；
D：DD3 保温 t 时间后喷丸层的晶粒尺度

15.9.2　微结构在等温加热过程中的回复与再结晶

将 DD3 喷丸样品分别在 400℃、500℃、600℃和 700℃下等温退火，在不同
加热时间下利用 X 射线衍射技术对其组织结构进行表征，并通过 Voigt 方法计算
出（111）衍射方向晶粒尺度和微应变随温度和时间的变化，以研究等温退火过

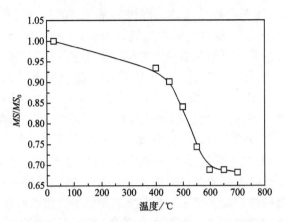

图 15.30　连续加热过程中 DD3 喷丸表面在（311）衍射方向微应变的
变化，喷丸强度（0.5＋0.1）mmA，MS_0：初始微应变，
MS：保温 t 时间后的微应变

程中 DD3 喷丸变形层组织结构的演变。

　　图 15.31 为在不同退火温度下（111）衍射方向晶粒尺度随退火时间的变化，可以看出，不同温度下晶粒长大呈现相似的规律，即退火温度一定时，随着加热时间的延长，晶粒先是迅速长大，然后长大速度逐渐变缓，并最终趋于稳定。退火温度越高，晶粒长大速度就越快，相应的最终晶粒尺度亦相对较大。

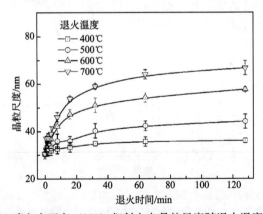

图 15.31　DD3 喷丸表面在（111）衍射方向晶粒尺度随退火温度和时间的变化

　　等温加热过程中，晶粒尺度的变化规律可表示为

$$\frac{\mathrm{d}D}{\mathrm{d}t} = AD^{-1}\exp\left[-\frac{Q_b}{RT}\right] \tag{15.17}$$

式中，T、t 分别表示退火温度（K）与保温时间（s）；A 是材料常数；$R =$ 8.314 J·mol^{-1}·K^{-1} 为气体常数；Q_b 为晶界迁移激活能。对式（15.17）进行积分，可得

$$D_t^2 = D_0^2 + At(n+1)\exp\left[-\frac{Q_b}{RT}\right] \tag{15.18}$$

式中，D_0 为初始晶粒尺度；D_t 为加热一段时间 t 后的晶粒尺度。根据上式，对图 15.31 中的数据进行回归分析，可得到 $D_t^2 - D_0^2$ 随退火温度和时间的变化，如图 15.32 所示。可以看出，退火温度越高，时间越长，斜率越陡峭，数据点的分散性较大，相对计算误差较大。根据图 15.32 计算结果，通过二次回归分析，即可得到 DD3 镍基高温合金单晶的晶界迁移激活能 Q_b 为 236kJ/mol。

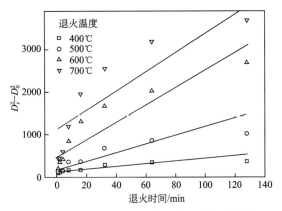

图 15.32　$D_t^2 - D_0^2$ 随退火温度和时间的变化

　　等温退火过程中，不仅晶粒尺度会发生变化，随着晶格储存能的释放，由材料变形所产生的大量位错将发生滑移和攀移，这使材料内的位错密度明显降低，微应变发生松弛。等温退火过程中，微应变随温度和时间的变化趋势如图 15.33 所示，可以看出，退火温度越高，微应变松弛越显著，相应的稳定状态下的微应变亦越小，当退火温度一定时，微应变随退火时间的延长先快速减小，然后逐渐变缓并最终趋于稳定。

　　等温退火过程中，微应变的松弛规律可表示为

$$\frac{d\varepsilon}{dt} = -C\varepsilon^m \exp\left(-\frac{Q_b'}{RT}\right) \tag{15.19}$$

式中，ε 为微应变；C 为材料常数；m 为松弛指数；Q_b' 为松弛激活能。对式 (15.19) 积分，得

$$\varepsilon_t^{-(m-1)} = \varepsilon_0^{-(m-1)} + Ct(m-1)\exp[-Q_b'/(RT)] \tag{15.20}$$

式中，ε_0 为材料的初始微应变；ε_t 为材料经时间 t 退火处理后的微应变。

　　根据式 (15.20) 和图 15.33 中的实验数据得活能 Q_b' 为 215kJ/mol，该值略小于其晶界迁移激活能 Q_b（$\approx$236kJ/mol）。

　　通过以上分析可知，喷丸造成 DD3 表层材料发生塑性变形，变形层内产生点缺陷、位错及层错等缺陷。随着变形量的增大，位错增殖、应变能提高，导致

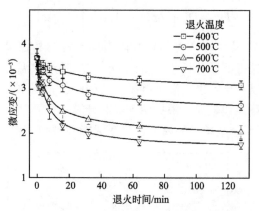

图 15.33　DD3 喷丸表面在（111）衍射方向微应变随退火温度和时间的变化

变形储存能增高。喷丸组织处于热力学不稳定状态，有发生变化降低能量的趋势，高温下喷丸组织将发生回复、再结晶与晶粒长大等现象。变形储存能是加热时发生回复与再结晶的主要驱动力。首先是低温回复阶段，主要是通过空位的扩散（如与间隙原子对消、与位错发生作用而消失等）来改变缺陷数量和分布，从而使点缺陷密度降低。由于低温回复阶段不发生大角度晶界的迁移，因此该阶段晶粒尺度与形状并未发生明显变化，而且位错密度亦基本保持不变。当温度较高时，位错发生滑移与交滑移，使位错密度略有降低。当升温到高温回复阶段时，位错可以攀移，使滑移面上不规则位错重新分布，从而降低了位错的弹性畸变能，并使位错沿垂直于滑移面的方向排列，形成小角度亚晶界，产生多边化结构即亚晶。在回复阶段，亚晶略有长大。当继续加热到再结晶温度后，首先是在畸变较大的区域产生新的无畸变的晶核，然后通过消耗周围的变形晶粒而逐渐长大，并形成新的等轴晶粒，直到变形晶粒完全消除。随着退火温度的升高或保温时间的延长，在晶界能的驱动下，晶粒将进一步合并长大。对于喷丸样品，表层材料的变形程度和退火温度是影响其回复与再结晶过程的主要因素。

15.10　DD3 镍基合金单晶喷丸强化织构表征[3]

　　研究发现，喷丸不仅使材料表面组织结构发生变化，如晶块细化、位错密度增多等，还会削弱其原始织构。由于织构的存在对材料的性能有重要的影响，因而研究喷丸对材料织构的影响是十分必要的。对于镍基高温合金单晶，多采用定向凝固技术沿某一特定的方向生长，一般多为 [001] 取向，因此镍单晶具有唯一的原始织构，即原始取向。喷丸过程中，塑性变形方向的随机性使晶块取向无序化，从而造成镍单晶原始取向显著弱化，伴随着变形层内生成新的取向，甚至形成变形织构，进而改变了镍单晶的性能。因此，研究喷丸对 DD3 原始取向的影响具有实际意义。

本节利用 X 射线衍射技术，研究喷丸对 DD3 原始取向的影响。鉴于喷丸过程中 DD3 塑性变形行为各向异性，因而分别对 [001]、[110] 以及 [111] 取向喷丸样品表面的极图分布进行测定，并观察了 DD3 喷丸样品不同层深织构的分布。

在样品直角坐标系中，令 ND 垂直于喷丸表面，即沿 〈001〉 晶向，RD 平行于 〈100〉 晶向，TD 平行于 〈010〉。在织构测定中，首次通过 Schultz 衍射方法测量出 Ni (200)、Ni (220) 及 Ni (111) 三个不完整极图，对其进行散焦校正后，利用 harmonic 方法计算出 ODF 函数，截断级数 $l_{max} = 22$。图 15.34 (a) ~ (c) 为 [001]、[110] 及 [111] 取向 DD3 喷丸样品表面的 (111)、(200) 和 (220) 极图。

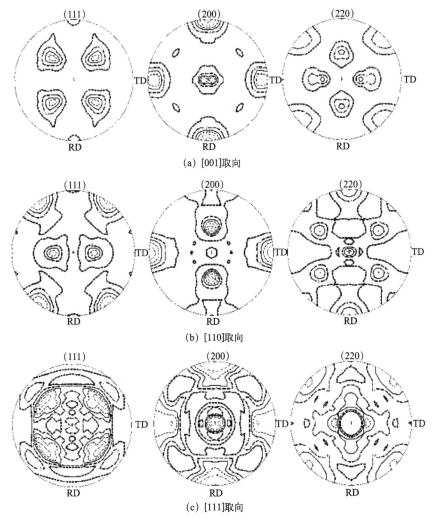

图 15.34　不同取向 DD3 喷丸样品表面原始取向极图的变化，喷丸强度 0.15mmA

经分析得知，[001]、[110] 和 [111] 取向的样品，经 0.15mmA 喷丸强化后，仍显示 {001}⟨100⟩、{110}⟨$\overline{1}$10⟩ 和 {111}⟨$\overline{1}$10⟩ 取向的织构；但比原三种取向样品的原始织构取向均发生不同程度的弱化，并伴随着弱的图中黑色形状表示主要的织构成分，[001]，[110] 和 [111] 三种取向材料相比 [111] 取向材料织构弱化程度最大，并有新织构成分生成。然而，极图仅仅是二维平面图，无法确切和定量地表征织构内容，因而需要利用 ODF 函数做进一步分析，以获得 DD3 喷丸织构的完整信息。

　　图 15.35 为利用测定的 DD3 (200)、DD3 (220) 和 DD3 (111) 不完整极图计算得到的 [001]、[110] 及 [111] 取向喷丸试样的 ODF 函数 $\varphi_2=0°$ 与 45° 截面图。通过式 (15.7) 和式 (15.8) 可以对喷丸试样的织构成分：

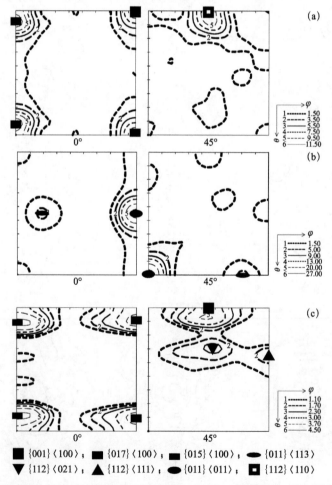

图 15.35　不同取向 DD3 喷丸样品的 ODF 函数 $\varphi_2=0°$，45°截面图，喷丸强度 0.12mmA

$$h : k : l = \sin\phi\sin\varphi_2 : \sin\phi\cos\varphi_2 : \cos\phi \tag{15.21}$$
$$u : v : w = (\cos\varphi_1\cos\varphi_2 - \sin\varphi_1\sin\varphi_2\cos\phi)$$
$$: (-\cos\varphi_1\sin\varphi_2 - \sin\varphi_1\cos\varphi_2\cos\phi) \tag{15.22}$$
$$: \sin\varphi_1\sin\phi$$

进行定量表征，结果如表 15.4 所示。可以看出，喷丸造成样品表面取向多样化，三种喷丸样品的原始取向均有不同程度的弱化。

表 15.4 不同取向 DD3 喷丸样品的主要织构成分

取向	主要织构成分	次要织构成分
[001]	{001}⟨100⟩	{112}⟨110⟩，{017}⟨100⟩
[110]	{110}⟨-110⟩	{011}⟨113⟩
[111]	{111}⟨1̄10⟩，	{017}⟨100⟩，{015}⟨100⟩，{112}⟨021⟩，{112}⟨111⟩

图 15.36 为三种喷丸样品的 ODF 最大取向密度的分布。对于未喷丸样品，其原始取向均为单晶定向切割方向，即具有唯一确定的晶体取向，因而其取向密度均分别具有极大值。从图中可以看出，喷丸造成样品表面原始取向严重弱化，择尤取向程度降低，并引起 ODF 最大取向密度降低。其中 [111] 取向喷丸表面具有很小的取向密度，其次是 [001] 取向，而 [110] 取向喷丸表面择尤取向较为显著，具有较大的取向密度。对于变形金属，取向密度的高低可以反映材料的变形程度。因此，喷丸后 [111] 取向表层材料变形程度最大，其次是 [001]、[110]。这与通过 X 射线衍射线形分析得到的结论一致。

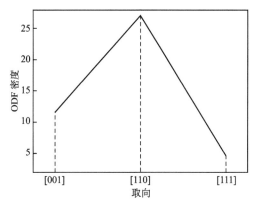

图 15.36 [001]、[110] 及 [111] 取向 DD3 喷丸样品的
ODF 最大取向密度，喷丸强度 0.12mmA

实验发现，喷丸不仅引起材料表面取向发生变化，还将导致变形层晶体取向发生相应的变化。图 15.37 为 (0.5+0.1) mmA 喷丸强度下 [001] 取向 DD3 喷丸样

品织构沿层深的分布。可以看出，喷丸减弱了原始织构，且表面织构已基本消除，表明样品表面的塑性变形量大，晶块取向无序化。在层深 50μm 处出现较强织构，且织构成分并不单一，呈现一定的多样化。在距表面 100μm 深度，出现强〔011〕〈011〉织构。当深度达到 150μm 时，原始织构〔100〕〈001〉为主要织构成分。在距表面 200μm 处，织构成分单一，为其原始取向织构，但与未喷丸状态存在一定的偏差，这主要是由喷丸引起的晶体转动造成的。可以认为，喷丸产生的塑性变形层深度约为 200μm，这与通过 XRD 谱图确定的层深结果基本相同。

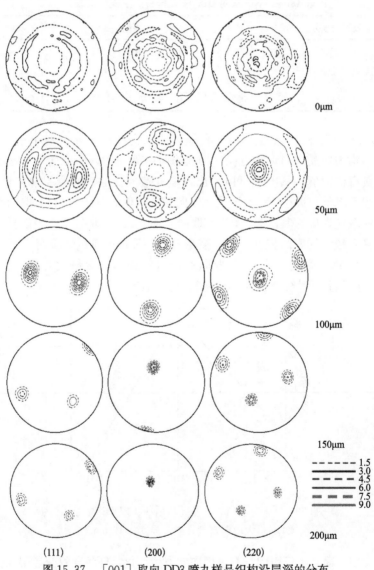

图 15.37　　〔001〕取向 DD3 喷丸样品织构沿层深的分布，
喷丸强度（0.5＋0.1）mmA

通过以上分析可知，喷丸造成 DD3 表层材料镶嵌块的原始取向严重弱化，并形成一些新的取向，使喷丸表面取向多样化。喷丸过程中材料变形的方向是任意的，当表层材料在高速弹丸的撞击下沿表面向四周延展时，下一个弹丸的撞击又随即改变了上一个弹丸造成的流变方向，随机的塑性变形方向是造成 DD3 喷丸表面镶嵌块原始取向显著弱化的主要原因。

由 XRD 线形分析结果表明，喷丸还造成样品表面晶粒细化、位错增殖。对于具有高层错能（stacking fault energy，SFE）的金属，如 Ni、Al 等，由变形产生的位错主要集中在晶界与亚晶界。喷丸是一个反复的塑性变形过程，随着变形量的不断增加，位错亦不断增殖，大量的位错在亚晶界处积聚与重排，同时塑性变形方向的随机性造成亚晶发生转动。位错重新规则排列以及亚晶转动导致晶粒之间的取向差增大，促使小角度的亚晶界逐渐转变为大角度晶界，从而形成小尺寸的新晶粒，即促进了原始晶粒碎化。同时，随着大角度晶界的增多，晶粒的取向逐渐变为随机取向，从而导致 DD3 喷丸表面原始取向显著弱化。

不同取向 DD3 样品，其表面硬度及弹性模量各向异性，使表层材料产生不同程度的塑性变形，晶块细化以及取向无序化的程度亦不相同，从而使喷丸表面的原始取向产生不同程度的弱化，进而使其取向密度存在差异。相比较而言，[111] 与 [001] 取向喷丸表面具有细小的晶块、较高的位错密度以及较低的择尤取向，因而其喷丸组织强化效果相对显著。

15.11　DD3 喷丸变形层力学性能以及影响因素[1]

15.11.1　喷丸对硬度的影响

表 15.5 给出了 [001]、[110] 及 [111] 取向 DD3 试样喷丸前后的表面显微硬度值，可以看出，经 0.15mmA 强度喷丸处理，这三种取向单晶试样的表面显微硬度分别提高了 70%、59% 及 23%。图 15.38 为（0.5＋0.1）mmA 喷丸强度下，DD3 变形层内显微硬度随层深变化曲线。结果表明，喷丸后样品的表面显微硬度提高了不少，达 689HV。随着层深的增加，显微硬度逐渐减小，硬化层深度约为 200μm。

表 15.5　不同取向 DD3 试样喷丸前后其表面显微硬度值

		取　　　向		
		[001]	[110]	[111]
显微硬度/HV	基　体	385.5	389.8	558.2
	喷丸表面	657.3	621.8	687.1

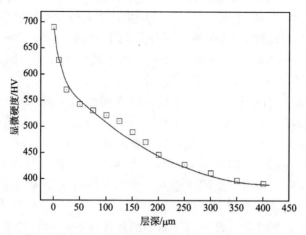

图 15.38　DD3 喷丸变形层内显微硬度随层深的分布，喷丸强度（0.5＋0.1）mmA

15.11.2　喷丸残余压应力对材料力学性能的影响

当材料表面的最大应力等于或小于表层材料的疲劳极限时，疲劳源可能萌生于材料的次表层，此时可用局部疲劳强度来表征残余应力的作用。若测量得到某材料残余应力随层深的分布 $\sigma_r(z)$，那么其局部疲劳极限 $\sigma_w^r(z)$ 可表示为深度 z 相关的函数：

$$\sigma_w^r(z) = \sigma_w(z)\{1 - [\sigma_r(z)/\sigma_b(z)]\} \tag{15.23}$$

式中，$\sigma_w(z)$ 为无残余应力时材料疲劳极限沿层深的分布；$\sigma_b(z)$ 为材料抗拉强度随层深的分布。对于高强度材料，材料抗拉强度可表示为

$$\sigma_b = 4.02HV - 374 \tag{15.24}$$

通过上式可计算得到材料抗拉强度随层深的分布。对于未经过表面处理的光滑金属材料，当 σ_b〈1400MPa 时，其疲劳极限和抗拉强度之间满足线性关系，m 约为 0.5。无残余应力状态下，材料的疲劳极限 $\sigma_w(z)$ 近似为其抗拉强度 $\sigma_b(z)$ 的一半，即

$$\sigma_w(z) \approx \frac{1}{2}\sigma_b(z) \tag{15.25}$$

利用上述局部疲劳模型，结合图 15.13 中 DD3 喷丸残余应力分布以及图 15.38 中其显微硬度分布，可以计算出 DD3 镍基合金单晶喷丸层局部疲劳极限随层深的分布，如图 15.39 所示。从图中可以看出，喷丸后 DD3 疲劳极限随着层深的增加先增大后再逐渐降低。

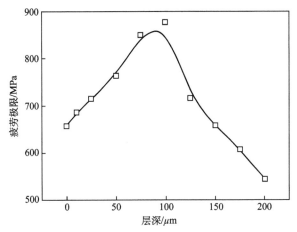

图 15.39　理论计算 DD3 镍基合金单晶喷丸层局部疲劳极限随
层深的分布，喷丸强度 (0.5+0.1) mmA

15.12　镍基合金单晶喷丸各向异性的综合分析和结论

15.12.1　镍基合金单晶喷丸各向异性的综合分析

从 15.1 节的介绍得知，在（001）取向的单晶面上喷丸后的压应力〈100〉>
〈110〉；在（110）单晶面上，〈112〉>〈100〉>〈110〉；在（111）单晶面上，
〈112〉>〈110〉；从 15.2 节得知，在（001）取向的单晶面上喷丸强度为
0.15mmA 时，喷丸 10s 仍显示压应力〈100〉>〈110〉，随着喷丸时间的增加，
平面内的压应力逐渐趋于均匀；在传统喷丸及二次喷丸工艺参数的比较研究中得
知，0.1mmA 喷丸 30s 仍显示压应力〈100〉>〈110〉，随着喷丸强度的增加和
时间的增加，平面内的压应力逐渐趋于均匀。为什么会出现这种现象，现分析讨
论如下。

镍基高温合金属于面心立方，原子密堆面为 {111}，而面心立方结构主要晶
体学方向的原子线密度计算结果如表 15.6 所示。可见，喷丸后的压应力大小与
原子线密度有良好的对应关系，原子线密度越大，压应力值越小，即应力大小按
如下顺序排列，〈111〉>〈112〉>〈100〉>〈110〉，实验结果证明了这一点。

表 15.6　原子线密度的计算

晶向	100	110	111	112
长度/Å	a	$\sqrt{2}a$	$\sqrt{3}a$	$\sqrt{6}a$
该长度范围中的原子数	1	2	1	1
线密度	1.000 原子/a	1.4142 原子/a	0.5773 原子/a	0.4082 原子/a

如果喷丸后虽然存在织构，(100)、(110)、(111) 三种取向单晶表面织构若主要为 {001}⟨100⟩、{110}⟨$\bar{1}$10⟩、{111}⟨$\bar{1}$10⟩，则这种情况仍会保持，但其间的差值会减小。当这种织构逐渐减弱，换言之，喷丸后晶粒取向分布趋于随机，平面的压应力分布就越均匀，这就是随喷丸时间的增加，或喷丸强度的增加，压应力分布就越均匀的道理。

类似可考虑 {100}、{110}、{111} 面上的原子面密度，计算结果如表 15.7 所示。所以可预测，在相同喷丸条件下，三个晶面的压应力将是 {111} 最大，{100} 面次之，{110} 面最小，即 $\sigma_{111} > \sigma_{100} > \sigma_{110}$。

表 15.7　原子面密度的计算结果

面指数	{100}	{110}	{111}
计算面的形状	正方形	矩形	等边三角形
边长/Å	a	$a, \sqrt{2}a$	$\sqrt{2}a$
计算面的面积/Å^2	a^2	$\sqrt{2}a^2$	$0.866a^2$
计算面的面积内的原子数	2	2	2
面密度	2 原子/a^2	1.4142 原子/a^2	2.309 原子/a^2

为了证明上述分析，测定了在不同覆盖率（80％和 400％）下 [100]、[110] 和 [111] 三种取向镍基合金单晶喷丸后样品的残余应力分布如图 15.40 (a)、(b) 和 (c) 所示，由此明显可见，三种取向已多晶化的表面都呈现压应力，而且随覆盖率的增加，压应力增大。其随 φ 的变化正说明 (100)、(110) 和 (111) 平面内的各向异性。

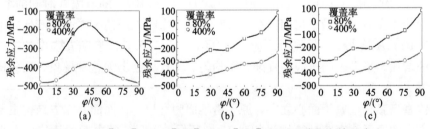

图 15.40　[100] (a)、[110] (b)、[111] (c) 三种取向镍基合金
单晶喷丸样品沿不同测量方向的残余应力分布

为了比较不同取向样品的应力差别，把覆盖率分别为 80％和 400％的三种取向镍基合金单晶喷丸后样品的残余应力分布分别绘于图 15.41 (a) 和 (b) 中。由图可见，在高覆盖率的（400％）情况下，(111) 取向的压应力大于 (100) 取向的压应力，(110) 取向的压应力最小。其间的差值还与应力测量的方位角 φ 有关。这一规律与面心立方结构 {111}{100}{110} 晶面原子面密度相关，{111}

面的原子面密度最大，｛100｝次之，｛110｝最小，其理论原子面密度分别为
2.309 原子/a^2、2.000 原子/a^2 和 1.4142 原子/a^2（a 为立方晶体的点阵参数）。
当覆盖率较小（如 80%）时，一般还是（111）取向的样品经受最大的压应力，
而（100）次之，（110）最小，但在某些 φ 位置，因多重因素的复合作用，可能
出现 $\sigma_{100} < \sigma_{110}$ 的情况，见图 15.41（a）中 $\varphi = 32° \sim 45°$ 的情况。最后获得在一般
情况下 $\sigma_{111} > \sigma_{100} > \sigma_{110}$ 的结论。

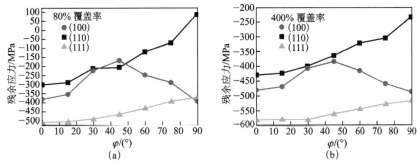

图 15.41　在 80%（a）和 400%（b）覆盖率情况下三种取向
镍合金单晶喷丸后样品的残余应力分布

15.12.2　结论

从本章对 DD3 镍基高温合金（100）、（110）和（111）三种取向单晶的喷丸
表层的残余应力、微结构（晶粒大小、微应变及晶体缺陷）研究结果表明，可得
如下结论：

（1）单晶体最明显的特征是各向异性，不同晶面或晶向，如（100）、（110）
和（111）或同一晶面内的不同方向都具有不同的性质，因此喷丸后也显示各向
异性。但当晶粒的择尤取向（织构）被弱化后，同一晶面内的各向异性大大减
小，如果晶粒取向趋于随机分布，各向异性随之减小，并趋于较均匀分布。不同
喷丸强度喷丸后的各种取向晶体的残余应力的平面分布证明了这一点。

（2）根据第（1）结论可知，无论哪一种取向的单晶体的喷丸，应该是残余
应力在平面内的分布达到较为均匀，即晶粒取向分布比较随机、织构基本消除时
为最佳工艺。

（3）喷丸强化机理除残余压应力强化外，还有晶粒细化强化、微应变强化和
缺陷强化，择尤取向弱化也起着重要作用。

参 考 文 献

[1] 姜艳. 几种化合物与合金的单晶及氧化各向异性. 上海交通大学硕士学位论

文，2010.

[2] Ejiri S，Sasaki T，Hirose Y. X-ray Stress measurement for TiN films evaporated by PVD. Thin Solid Films，1997，307（1）：178～182.

[3] 陈燕华. 镍基单晶高温合金喷丸层塑性变形行为及其表征研究. 上海交通大学博士学位论文，2014.

[4] 须庆. 各向异性材料喷丸残余应力的数值模拟. 上海交通大学硕士学位论文，2011.

[5] 陈艳华，须庆，姜传海，等. 单晶材料 X 射线应力测定原理与方法. 理化检验-物理分册，2012，48（3），144～147.

[6] 陈艳华，须庆，姜传海，等. DD3 镍基单晶高温合金喷丸层残余应力的 X 射线衍射分析. 机械工程材料，2012，36（3），76～78.

[7] Chen Y H，Jiang C，Wang Z，et al. Influence of shot peening on surface-layer characteristics of a monocrystalline nickel-based superalloy. Powder Diffraction，2010，25（04）：355～358.

第 16 章　重要典型零部件喷丸表层结构的表征与研究

随着现代工业技术的发展，人们对机械装备的安全可靠性能和寿命要求越来越高。机械装备，如飞机、装甲车、船舶、机车、汽车、内燃机、汽轮机、冶金机械、石油机械、采煤机械、矿山机械等，其中凡是承受循环载荷的重要承力件随时可能出现疲劳断裂失效，其后果不仅造成财产损失，还会导致人员伤亡，因此提高机械零部件的疲劳强度和寿命具有重大意义。喷丸变形强化工艺是通过对零件表层实施冷挤压而使表层冷作硬化和产生残余压应力，目前该技术已被证明能显著提高零件抗疲劳性能和抗应力腐蚀能力，延长零件使用寿命。时至今日，喷丸变形强化工艺已经成为现代零部件不可缺少的加工制造工艺，是衡量和评价一个国家的机器制造工艺技术水平的标志之一。下面仅举几个例子加以介绍。

16.1　齿面材料 18CrNiMo7-6 喷丸表层结构表征[1]

18CrNiMo7-6 主要用于制造高速、重载火车的电力机车上的齿轮。通过喷丸处理，可以显著提高其齿轮的疲劳性能。金属材料在接受喷丸处理时，材料表层发生强烈塑性变形，由于产生塑性变形的各部分之间变形程度的不均匀而引入了残余应力场。残余应力场的深度与材料本身和喷丸过程中的各项工艺的参数相关：在材料强度不变的条件下，喷丸强度越高，喷丸所形成的残余应力场的深度就越大，而且表面残余压应力值、最大残余压应力值也都会有相应的提高。本节主要研究不同喷丸工艺（表 16.1）对 18CrNiMo7-6 表层残余压应力场、衍射半高宽、残余奥氏体以及显微硬度的影响。

表 16.1　18CrNiMo7-6 喷丸工艺参数

工艺编号	喷丸工艺参数
精加工面	未喷丸
①	钢弹丸 0.30MPa　　钢弹丸直径 0.6mm
②	钢弹丸 0.35MPa
③	钢弹丸 0.40MPa
④	钢弹丸 0.45MPa
⑤	钢弹丸 0.50MPa

16.1.1 喷丸层残余应力及其分布

喷丸处理可在表层形成残余压应力场，表层残余压应力有效阻碍了微裂纹的产生以及扩展。残余应力的存在导致材料 X 射线相应峰位发生偏移，利用 X 射线应力测定方法，结合电化学剥层技术，测定出不同 ψ 角下的衍射角的变化 $\Delta 2\theta$，通过下面公式：

$$\sigma_x = \frac{-E}{2(1+\nu)} \cos\theta \, \frac{\Delta 2\theta}{\sin^2\psi_2 - \sin^2\psi_1} \tag{16.1}$$

可以测量出精加工未喷丸面及不同喷丸工艺表层残余应力值。

原始精加工表面在没有进行喷丸处理之前存在低水平的残余压应力，沿材料层深分布比较浅，主要是磨削加工以及原始渗碳淬火所致。由于机械加工残余应力水平较低，而且沿材料层深的分布很浅，故对材料的表面性能不会产生明显影响。喷丸处理之后，表层残余应力显著提高，层深也相应大幅度增大。具体分布趋势如图 16.1 所示。

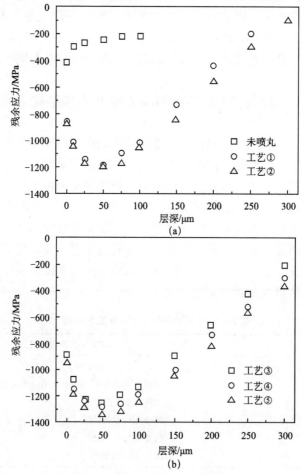

图 16.1　18CrNiMo7-6 喷丸工艺①～⑤的残余应力沿层深分布

从趋势分布图可以看出，18CrNiMo7-6 在没有进行喷丸处理之前，机械加工所导致的表面残余压应力为－413MPa，残余压应力在 100μm 降为－217.4MPa，残余压应力层深较浅。通过不同强度的喷丸处理之后，表面残余应力值、残余压应力层深均有大幅度提高。工艺①～⑤对应喷丸表面残余压应力由－857.6MPa 增至－943.3MPa，25μm 处残余压应力由－1140.2MPa 增至－1287.2MPa，50μm 处的残余压应力由－1189.7MPa 增至－1338.6MPa，100μm 处残余压应力由－1017.9MPa 增至－1242.7MPa。

随着喷丸强度的增加，弹丸打击材料力度增大，从而导致材料表层的变形程度增大，最终产生更大的残余压应力以及更深的残余压应力分布。在五种喷丸工艺中，残余压应力最大达到－1338.6MPa，喷丸影响区在深度为 300μm 时，残余压应力值保持在－362.7MPa。

16.1.2　喷丸层衍射半高宽及其分布

在喷丸过程中高速的弹丸反复击打金属材料表面，表面经过循环塑性变形后，造成了纳米尺度的细小亚晶粒和高水平微应变，即呈现出明显的表层加工硬化现象，导致材料表层硬度增高。喷丸强度和覆盖率越大，材料的表层加工硬化现象就越明显。衍射半高宽是衍射强度最大值一半处的宽度，衍射线形的宽化主要是由材料的微观结构所引起的，衍射半高宽越宽则材料的喷丸变形组织结构越明显，微观晶块越细，同时微应变越大。材料经过喷丸处理后，表层微观结构的变化使得相应 X 射线衍射峰出现宽化。因此，可以利用材料衍射线的半高宽值来表征其微结构。

借助 X 射线衍射方法并结合电化学剥层技术，测量精加工未喷丸面及不同喷丸工艺的表层衍射半高宽，其随层深的变化趋势如图 16.2 所示。数据表明，原始精加工表面存在一定宽化的衍射半高宽，沿材料层深的分布很浅，主要是渗碳淬火以及磨削加工过程导致表层塑性变形所致。考虑到机械加工引入衍射半高宽的宽化程度并不十分明显，而且沿材料层深的分布很浅，故对材料的表面性能不会产生明显影响。

对比 18CrNiMo7-6 未喷丸试样与喷丸处理后试样的半高宽可以发现，喷丸处理后衍射半高宽都出现一定幅度的增大，随着喷丸强度的增加，半高宽增加的幅度也随之增大。工艺①～⑤对应的喷丸表面衍射半高宽由工艺①的 6.203° 增加至工艺⑤的 6.504°，25μm 处衍射半高宽由 5.698° 增至 5.907°，50μm 处衍射半高宽由 5.371° 增至 5.523°，100μm 处衍射半高宽由 5.164° 增至 5.237°，衍射宽化深度也随喷丸强度增大而逐渐增大。

16.1.3　喷丸层残余奥氏体含量及其分布

残余奥氏体属于不稳定相，在喷丸过程中由于材料表层发生塑性变形，残余

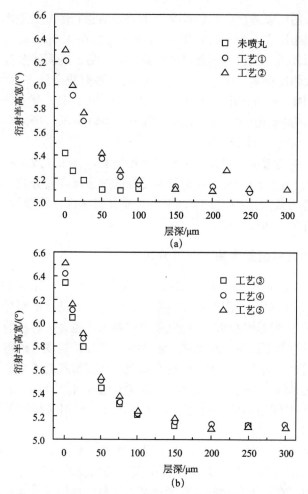

图 16.2　18CrNiMo7-6 喷丸工艺①~⑤的衍射半高宽沿层深分布

奥氏体向更稳定的马氏体相转变，这就是所谓的应力或应变诱发马氏体相变。考虑到材料喷丸表面的塑性变形量最明显，发生马氏体相变最为充分，故残余奥氏体含量明显降低。经过喷丸处理后，材料表面约 20%的残余奥氏体转变为马氏体相，从而导致材料表面强度增加。

利用 X 射线衍射定量物相分析方法，并结合电化学剥层技术，测量精加工未喷丸面以及不同喷丸工艺的表层残余奥氏体含量，其随层深的变化趋势如图 16.3 所示。原始精加工表面附近的残余奥氏体含量略低于内部基体，该现象沿材料层深的分布很浅，主要是磨削加工导致奥氏体向马氏体转变所致。然而，机械加工所导致的相变程度非常有限，而且沿材料层深的分布很浅，故对材料的表面性能不会产生明显影响。

18CrNiMo7-6 在没有进行喷丸处理之前，表面与基体残余奥氏体含量在 20%左

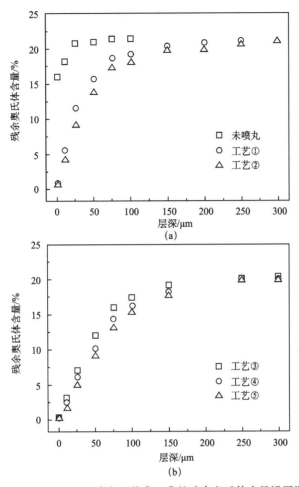

图 16.3　18CrNiMo7-6 喷丸工艺①～⑤的残余奥氏体含量沿层深分布

右。在喷丸作用下，表面残余奥氏体含量随着喷丸强度的增加逐渐向马氏体转变。工艺①～⑤喷丸表面残余奥氏体含量由 0.69% 降至 0.17%，25μm 处残余奥氏体含量由 11.46% 降至 5.04%，50μm 处残余奥氏体含量由 15.71% 降至 9.15%，100μm 处残余奥氏体含量由 19.16% 降至 15.41%，随着喷丸强度的增大，发生诱发相变深度逐渐增大。

16.1.4　喷丸层显微硬度及其分布

材料硬度是一个综合性指标，受多种因素的影响，如喷丸残余压应力、变形细化组织以及喷丸诱发马氏体相变等。其中，材料表层喷丸残余压应力越大、变形细化组织越明显以及喷丸诱发马氏体相变越充分，导致喷丸表层的显微硬度越高，材料的表面强化效果就越明显。喷丸表层显微硬度提高，不但可以明显提高材料的疲劳强度和寿命，而且还可以适当提高零部件的耐磨损性能。利用显微硬度计测量各种喷丸工艺试块表层显微硬度的分布情况，其变化趋势如图 16.4 所示。

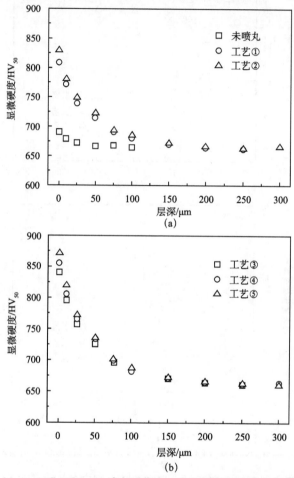

图 16.4　18CrNiMo7-6 喷丸工艺①～⑤的显微硬度沿层深分布

16.2　18Cr2Ni4WA 钢齿轮表面喷丸应力的结构表征[2]

16.2.1　18Cr2Ni4WA 钢齿轮表面喷丸工艺

喷丸工艺试验针对齿根及齿面，借助数控喷丸设备，对齿轮样件进行喷丸试验，所采用的弹丸主要是钢丝切丸，弹丸直径为 0.60mm，型号为 G2，硬度大于 61HRC，此外采用直径为 0.2mm 的陶瓷弹丸进行辅助试验。在喷丸试验中，最重要的工艺参数即喷丸强度，是通过饱和喷丸弧高度曲线来确定的。采用 A 型 Almem 弧高度试片，改变喷丸空气压力，测得不同喷丸时间对应的弧高度值，绘制出喷丸时间与弧高度关系曲线。当喷丸时间增加 1 倍时，弧高度增幅不超过 10%，饱和点弧高度值即喷丸强度。利用不同喷丸强度所需要的空气压力，组合如表 16.2 所示的喷丸工艺，各工艺均采用超过 200% 的覆盖率。

表 16.2　18Cr2Ni4WA 钢齿轮表面喷丸工艺参数

材料牌号	工艺方法或条件	喷丸工艺参数
	A	陶瓷弹丸 0.18mmA
18Cr2Ni4WA 钢	B	钢丝切丸 0.50mmA
	C	钢丝切丸 0.50mmA＋陶瓷弹丸 0.18mmA

16.2.2　18Cr2Ni4WA 钢齿轮表面喷丸层残余应力及其分布

残余应力测试主要针对齿根附近齿面，利用 X 射线应力测试方法，并结合电化学剥层技术，测量被试齿轮在不同喷丸工艺下的表层残余应力。残余应力分布趋势如图 16.5 所示。

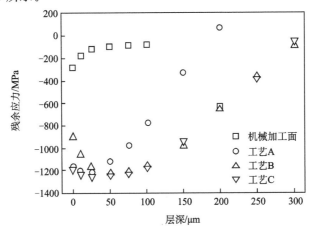

图 16.5　18Cr2Ni4WA 钢齿轮表面喷丸残余应力沿层深分布

工艺 A 采用陶瓷弹丸，陶瓷弹丸硬度高于钢弹丸，喷丸后可获得很高的表面残余压应力，材料表面残余压应力为 -1154.8MPa，50μm 处的残余压应力为 -1100MPa，150μm 处的残余压应力为 -334.8MPa，由于此工艺喷丸强度较低（0.18mmA），残余压应力的分布深度为 170μm 左右。

工艺 B 采用钢丝切丸，材料表面残余压应力为 -882.4MPa，50μm 处的残余压应力为 -1212.9MPa，150μm 处的残余压应力为 -964.7MPa，残余压应力的分布深度为 300μm 左右。由于此工艺对应的喷丸强度较高（0.50mmA），喷丸强度增加则弹丸打击材料力度增大，材料表层的变形程度增大，从而产生更大的残余压应力以及更深的残余压应力分布。

与工艺 B 相比，工艺 C 增加了 0.18mmA（陶瓷弹丸）弱喷丸，在精整喷丸表面的同时，可以更加有效地增加表面残余压应力，材料表面残余压应力由工艺 B 的－882.4MPa 增至－1192.6MPa。这说明，采用"钢丝切丸强力喷丸＋陶瓷弹丸减弱喷丸"的复合喷丸方式，可以获得更为显著的表面强化效果。

16.2.3　喷丸层衍射半高宽及其分布

借助 X 射线衍射方法并结合电化学剥层技术，测量不同喷丸工艺的表层衍射半高宽，其分布趋势如图 16.6 所示。原始精加工表面存在一定宽化的衍射半高宽，沿材料层深的分布很浅，主要是由磨削加工过程导致表面塑性变形所致。考虑到机械加工引入衍射半高宽的宽化程度并不十分明显，而且沿材料层深的分布很浅，所以对材料的表面性能不会产生明显影响。

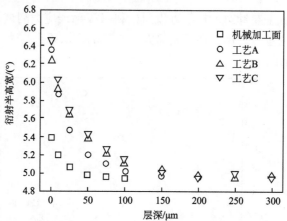

图 16.6　18Cr2Ni4WA 钢齿轮表面喷丸衍射半高宽沿层深分布

采用工艺 A 可以获得很宽的衍射半高宽，材料表面衍射半高宽为 6.362°，50μm 处的衍射半高宽为 5.210°，150μm 处的衍射半高宽为 4.975°，材料衍射半高宽明显宽化深度在 75μm 左右。采用工艺 B，材料表面衍射半高宽为 6.245°，50μm 处衍射半高宽为 5.379°，150μm 处衍射半高宽为 5.043°，材料衍射半高宽明显宽化深度在 150μm 左右。由于此工艺下的喷丸强度较高（0.50 mmA），材料表层变形程度增大，从而产生更加明显的变形组织结构，即晶块细化和微应变增大，表现为衍射宽化的现象。工艺 C 在精整喷丸表面和增加残余压应力的同时，材料喷丸表面衍射半高宽由工艺 B 的 6.245°增至 6.457°。这说明采用"钢丝切丸强力喷丸＋陶瓷弹丸减弱喷丸"的复合喷丸方式，进一步提高了喷丸表面的衍射半高宽，即喷丸变形组织结构更为显著。

16.2.4　喷丸层残余奥氏体含量及其分布

残余奥氏体测定主要针对齿根附近齿面，利用 X 射线衍射定量物相分析方法，

并结合电化学剥层技术，测量不同喷丸工艺的表层残余奥氏体含量。残余奥氏体分布
趋势见图 16.7。数据表明，原始精加工表面附近的残余奥氏体含量略低于内部基体，
该现象沿材料层深的分布很浅，主要是由磨削加工导致奥氏体向马氏体转变所致。

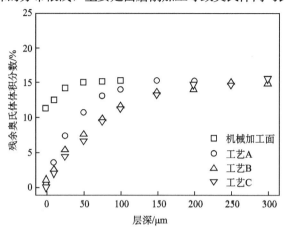

图 16.7　18Cr2Ni4WA 钢齿轮表面喷丸残余奥氏体沿层深分布

机械加工导致的相变非常有限，而且沿材料层深的分布很浅，所以对材料的表面
性能不会产生明显影响。工艺 A 采用陶瓷弹丸，由于其硬度高于钢丝切丸，喷丸处理
导致材料表面奥氏体向马氏体充分转变，表面残余奥氏体体积分数为 0.4%，50 μm
处残余奥氏体体积分数为 10.8%，150 μm 处残余奥氏体体积分数为 15.1%，由于此工
艺对应的喷丸强度较低（0.18 mmA），明显相变深度在 75μm 左右。工艺 B 采用钢丝
切丸，喷丸强度较高，材料的表面残余奥氏体体积分数为 0.8%，50μm 处的残余奥氏
体体积分数为 7.6%，150μm 处残余奥氏体体积分数为 13.6%，材料明显相变深度在
150μm 左右。由于此工艺对应的喷丸强度较高（0.50 mmA），喷丸强度增加，即弹丸
打击材料的力度增大，材料表层变形程度增大，从而使奥氏体向马氏体的转变更加充
分，因此发生相变的深度更大。工艺 C 在精整喷丸表面以及增加表面残余压应力的同
时，表面残余奥氏体体积分数由工艺 B 的 0.8%降至 0.1%。这说明采用"钢丝切丸
强力喷丸＋陶瓷弹丸减弱喷丸"的复合喷丸方式，材料表面残余奥氏体体积分数几乎
降为 0，具有更加明显的喷丸相变强化效果。

徐颖强、方宗德和赵万民[3]对图 16.8 所示的弧齿锥齿轮齿廓结构的齿轮各
主要部位喷丸前后进行较全面的残余应力测试，得到如下结论：

（1）喷丸试件的残余应力比未喷丸试件的残余应力大，建议在齿轮制造中采
用喷丸工艺来提高齿轮的承载能力；

（2）喷丸后齿廓中部齿根垂直向残余应力比齿廓大、小端齿根垂直向残余应
力明显增大，这有利于改善齿廓中部的承载能力，且大端比小端大，也满足齿轮
啮合承载向大端移动的趋势要求；

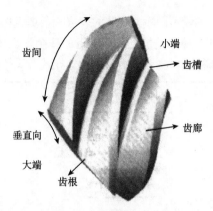

图 16.8　弧齿锥齿轮齿廓结构

（3）喷丸对齿廓齿根两向残余应力有明显影响，垂直向有降低的趋势，而齿向仍为残余压应力，但与未喷丸齿轮的齿向相比较有所提高。

（4）喷丸不仅使齿廓表面的残余压应力有所提高，更重要的是改善了齿廓面层残余应力场的分布。本次试验仅仅测试了齿廓根部表面上的残余应力，未测试沿层深的分布状态，而后者往往关系到齿轮能承受多少载荷以及喷丸工艺是否合理等。

16.2.5　16MnCr5 钢齿轮材料喷丸强化及表征

对 16MnCr5 钢制备的齿轮进行表面喷丸强化处理，喷丸强度为 0.2～0.5mmA，喷丸强化不仅能够大大降低表层残余奥氏体含量（在表面从 30% 降低到 5%），而且还能提高表面硬化诱发的残余应力。对其齿轮进行疲劳试验，结果显示喷丸强化处理后，齿轮疲劳强度在 790～880MPa，喷丸强化可将疲劳强度提高 50%。另外，在文献 [4] 中，通过试验和数值分析研究了喷丸强化对渗碳试样弯曲疲劳强度的作用，该试样与汽车齿轮类似，图 16.9 显示了试验测试的结果，并证实了喷丸强化的优势。

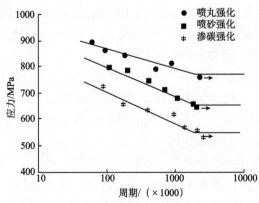

图 16.9　汽车齿轮类似试样获得 S-N 曲线

16.3　弹簧喷丸强化表层微观结构表征

16.3.1　圆柱螺旋弹簧的喷丸强化[5,6]

作用于弹簧上的力有两种：一是载荷力；二是喷丸引入的残余应力。这里只关注残余应力。弹簧的几何尺寸、形状和残余应力的测定部位，见图 16.10，其中标注的 1、2、3、4 编号分别表示外圈表面残余应力的测定部位，而 5 号则表示内圈的测定部位，箭头所示为 σ_r 的方向。

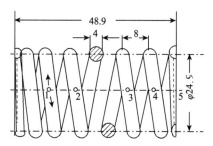

图 16.10　弹簧的几何尺寸、形状和残余应力 σ_r 的测定部位）

喷丸前，弹簧内、外圈表面的残余应力为零。喷丸后，经不同疲劳寿命试验之后的残余应力的测定结果见表 16.3。表中的数据表明：①喷丸使弹簧内、外圈表面引入均匀的残余应力，其值为 $\sigma_r = -600\text{MPa}$；②作用于内侧表面的外加应力要高于外侧表面，所以内侧表面的残余松弛量比较高，约为 20%，而外侧表面基本上不发生松弛；③经 2.3×10^7 次数的疲劳寿命试验后，松弛后内侧表面稳定的残余压应力值为 $\sigma_r = -480\text{MPa}$。内侧表面在疲劳过程中实际承受的应力水平为

$$\sigma_0 = \sigma_{sp} + \sigma_r = 725 - 480 = 245\ \text{MPa} \tag{16.2}$$

此值远远低于材料的屈服强度。

表 16.3　圆柱螺旋弹簧的疲劳试验前后弹簧表面的残余应力

编号	表面部位	喷丸残余应力 σ_r /MPa	经下列疲劳寿命后的 σ_τ /MPa			
			1.02×10^6	4.46×10^6	2.3×10^7	2.3×10^7
1	外侧	−640	−560	−560	−600	−600
2	外侧	−600	—	—	−600	−620
3	外侧	−600	—	—	−600	−560
4	外侧	−600	—	—	−600	−600
5	内侧	−600	−480	−480	−480	−480

　　所谓动载松弛，是静载松弛后至疲劳断裂这一过程中发生的松弛，其松弛量远远低于静载松弛量，与疲劳循环周数的对数成正比。表 16.3 的数据表明：弹簧表面的残余应力基本上不发生动载松弛，当喷丸引入试样表层的残余压应力在疲劳试验过程中不发生或发生很低的静载松弛时，引入的这种残余应力场称为最佳残余应力场。本试验采用喷丸强化工艺参数给出的弹簧残余应力场就是一种最佳残余应力场。试验证明 ：只有最佳残余应力场才能获得最佳的强化效果，使弹簧具备更高的疲劳断裂寿命。

　　图 16.11 为一款乘用车螺旋弹簧采用正常喷丸和预应力喷丸强化之后的表面残余应力分布图[7]。从图中可以看出，采用预应力喷丸强化处理后，表面残余应力达到－800MPa，最大残余应力超过－1000MPa，残余压应力层深超过0.5mm。螺旋弹簧预应力喷丸强化后疲劳性能与预应力大小密切相关，图 16.12

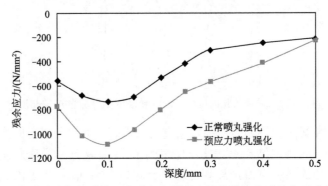

图 16.11　一款乘用车螺旋弹簧正常喷丸和预应力喷丸强化之后的表面残余应力分布

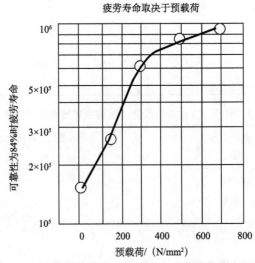

图 16.12　螺旋弹簧疲劳寿命与预应力喷丸预载荷之间的关系

为螺旋弹簧疲劳寿命与预应力喷丸预载荷之间的关系。从图中可以看出，随着预应力强度的增大，喷丸强化后疲劳寿命逐渐增加，一般当采用的预应力约为材料的屈服强度一半时，可以达到最佳的残余压应力分布。

上述结果表明，选择适宜的喷丸强化工艺参数，能获得弹簧表层最佳残余应力场。这种残余应力场在弹簧承受交变应力作用下发生很小量的静载松弛，所以喷丸后的弹簧表层具有最佳的强化效果。

16.3.2　15CrSi 钢汽车悬架弹簧喷丸层表征[5~7]

喷丸工艺规范对 15CrSi 钢制成的汽车悬架弹簧进行喷丸处理后，用 X 射线应力测定仪测定弹簧的残余应力（σ_r）、（211）晶面衍射峰的半高宽（β）以及显微硬度（HV）等沿层深（z）的分布曲线，其结果分别示于图 16.13～图 16.15 中。比较一次（A1）和二次（A2）喷丸的 $\sigma_r \sim z$ 剖面图，除了二次喷丸表面的 σ_r 值稍提高了约 $-50\mathrm{MPa}$ 之外，二者的 $\sigma_r \sim z$ 基本上没有明显的变化。但是

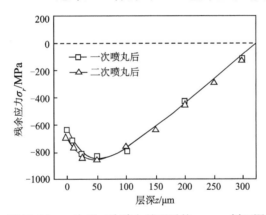

图 16.13　一次和二次喷丸处理后的 $\sigma_r \sim z$ 剖面图

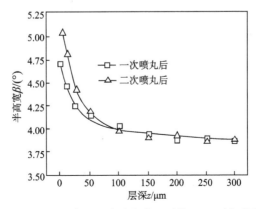

图 16.14　一次和二次喷丸处理后的 $\beta \sim z$ 剖面图

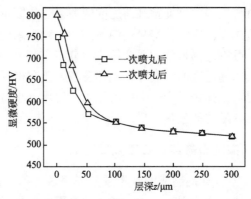

图 16.15　一次和二次喷丸处理后的 $HV \sim z$ 剖面图

A1 与 A2 相比，A2 号样品在层深为 $0 \sim 50 \mu m$ 范围内的 β 与 HV 值都发生了明显的提高，如上所述两种剖面的走向变化一致，则表明超高强度钢($\sigma_b = 1900 MPa$)的弹簧表层材料发生了强烈的循环应变硬化倾向。

　　表征喷丸残余压应力场的 4 个特征参量以及外表面上的 β、HV 测定值见表 16.4。根据：①$HV \sim \sigma_b$ 换算表；②对于 15CrSi 钢取 $\sigma_{0.2}/\sigma_b = 0.9$；③$\sigma_{0.3}/\sigma_{0.2} = 0.6$ 或 $\tau_{0.3}/\sigma_b = 0.54$。经查表后计算获得的表面与基体的剪切屈服强度 $\tau_{0.3}$ 等见表 16.5，表中数据表明，二次喷丸由一次喷丸的 $\tau_{0.3} = 1620 MPa$，大幅度增至 $\tau_{0.3} = 1836 MPa$，与基体比较相对增高 89％；此外，一、二次喷丸之间的差异并不只限于外表面上的 $\tau_{0.3}$ 值的不同，同时还表现在 $\tau_{0.3}$ 随表层的分布深度上的不同。在深度达到 $25 \mu m$ 时，一次喷丸样品的 $\tau_{0.3}$ 值下降到 $1177 MPa$，该值与疲劳加载的最大交变切应力值（$\sigma_{max} = 1100 MPa$ 十分接近，因此导致发生纵向切断型断裂模式（LSFM）的早期疲劳断裂。而在 $25 \mu m$ 深度上，二次喷丸的 $\tau_{0.3}$ 值仍高达 $1139 MPa$，深度 $25 \mu m$ 近似接近于高 $\tau_{0.3}$ 值的优化深度，由此起到了改变 LSFM→NTFM[①] 逆向断裂模式转换作用。凡是在线生产抽检发现疲劳断裂寿命不合格的悬架簧，其断裂形貌大多是 LSFM，而采用二次喷丸处理后均可达到规定的断裂寿命，这就是喷丸强化机理中的"组织结构强化机理"在改善 LSFM 断裂抗力所起到的决定性的强化作用。

表 16.4　两种弹簧样品的残余应力、层深和显微硬度与半高宽的测定数据

样品	σ_{rs} /MPa	σ_{max} /MPa	z_m /mm	z_0 /mm	HV_s	HV_m	β_s/ (°)	β_m/ (°)
A1	−638.2	−828.1	0.05	0.33	750	527	4.70	3.87
A2	−686.7	−864.5	0.05	0.33	797	527	5.08	3.87

①　NTFM 中文名称是正断型断裂模式。

表 16.5　两种样品外表面上的值 $\tau_{0.3}$ 及其与基体值的相对变化

No.	HV	σ_b /MPa	$\sigma_{0.2}$ /MPa	$\sigma_{0.3}$ /MPa
A1	750	3000	2700	1620
A2	797	3400	3060	1836
基体	527	1800	1620	972

在汽车行业中，钢板弹簧广泛用于各种卡车上，典型的钢板弹簧是由单片厚度均相同的钢板制造而成的，承受载荷时，钢板的应力呈线性增加，图 16.16 为典型的钢板弹簧。为了提高其抗疲劳性能，采用预应力对其进行喷丸强化处理，图 16.17 为常规喷丸和不同预应力抛丸后钢板弹簧的 S-N 曲线。从图中可以看出，预应力喷丸强化较常规喷丸可以提高钢板弹簧的疲劳寿命，喷丸工艺参数对喷丸后续的疲劳寿命影响显著[7]。

图 16.16　某一型号的钢板弹簧原图

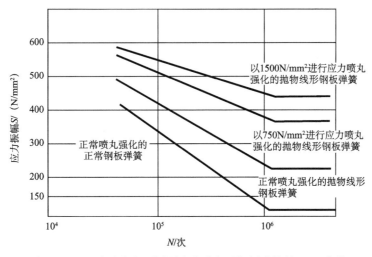

图 16.17　正常喷丸和不同预应力喷丸后钢板弹簧的 S-N 曲线

最后获得下列结论：

（1）选择适宜的喷丸强化工艺参数，能获得弹簧表层最佳残余应力场。这种残余应力场在弹簧承受交变应力作用下发生很小量的静载松弛，所以喷丸后的弹簧表层具有最佳的强化效果。

（2）喷丸强化工艺能使气门弹簧的疲劳断裂寿命达到国际上规定的疲劳寿命（即 2.3×10^3 次数）。

16.4　典型汽轮机叶片材料喷丸强化表层残余应力[8~11]

16.4.1　AISI403 钢汽轮机叶片喷丸残余应力分布[8]

对 AISI403 钢汽轮机叶片进行喷丸强化处理后，为了表示表面残余应力分布的均匀程度，引入了分布标准偏差 S 来量度，数据分布的分散程度标准偏差 S 可通过下式计算。

$$S = \sqrt{\frac{\sum\limits_{i=1}^{n} (x_i - \overline{x})^2}{n-1}} \tag{16.3}$$

式中，S 为标准偏差；n 为测试次数；$i = 1 \sim n$；x 为测试值；$\overline{x}$ 为 n 次测试的平均值。在喷丸区测量 15 点（图 16.18）之后，通过式（16.3）计算得到 15 个测试点残余应力测试的标准偏差为 1.54MPa，残余应力均在 -626MPa 左右，表明喷丸后 AISI403 钢汽轮机叶片试样表面的残余应力分布非常均匀，其有利于汽轮机叶片表面性能的提高。

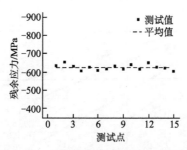

图 16.18　不同测试点的残余应力分布

图 16.19 为 AISI403 钢汽轮机叶片试样喷丸后不同测试点的残余应力沿层深的分布。可以看出，在试验范围内，喷丸后 AISI304 钢汽轮机叶片在各层深存在残余应力，表面为 -635.8MPa，距表面 25μm 处达最大值 -795.8MPa，当层深达 250μm 时，残余应力减少至 -25.3MPa。可见汽轮机叶片喷丸后残余应力存在的深度较大，AISI304 钢汽轮机叶片残余应力的存在阻碍了材料疲劳裂纹的扩

展，因此可有效提高其疲劳强度。

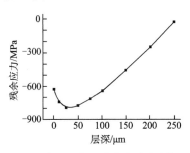

图 16.19　不同测试点的残余应力沿层深的分布

喷丸工艺可以改善汽轮机叶片过渡区的残余应力分布和提高汽轮机叶片的疲劳性能。研究表明，喷丸能优化汽轮机叶片表面的残余应力状态，引入有益的残余压应力能为提高其疲劳性能提供保障。下面给出一个具体测定的例子。

16.4.2　1Cr12Ni3Mo2VN 马氏体不锈钢叶片喷丸残余应力[10]

图 16.20 为 909mm 叶片和 40 in（＝1016mm）叶片的形状、尺寸残余应力测试点分布示意图。叶片材料为 1Cr12Ni3Mo2VN 马氏体不锈钢，喷丸强度为 0.5 mmA。残余应力测试在 MSF-2M 型 X 射线应力分析仪上进行。测试条件为 $CoK_{\alpha1}$ 辐射，衍射晶面：（310），30kV，10 mA，出光口采用平行光束技术，定点计数，步进扫描。采用 PSF 常规法中的固定 Ψ 法测量，预设 Ψ 为 0°、15°、30° 和 45°，半高宽法定峰，$\sin^2\Psi$ 法计算应力。残余应力 σ_r 由 $\sigma_r = KM$ 求得，其中 K 为 X 射线应力常数，$K = -197MPa$；M 为 $\partial(2\theta)/\partial(\sin^2\Psi)$ 即 $2\theta \sim \sin^2\Psi$ 直线的斜率，是实验确定值。仪器测量误差为 ±2MPa。每支叶片的各点分别测试了沿叶片长度方向（纵向）和垂直于长度方向（纵向）两个方向的残余应力。

喷丸前后叶片残余应力测试结果如图 16.21 和图 16.22 所示。比较图 16.21 和图 16.22 数据可以看出，喷丸前，909mm 叶片无论是横向还是纵向，其残余应力状态均为压应力，除个别点外，纵向压应力大于横向，最大为 −469.4MPa，最小为 −150.8MPa；而相应的横向压应力分别为 −356.5MPa 和 −98.4MPa；40 in 叶片，除个别点外，残余应力表现为拉应力，纵向最大拉应力达 450.4MPa，横向最大拉应力为 432.2MPa，而且不同测试点残余应力值差别较大。两支叶片残余应力的状态不同，可能是机械加工不同造成的。与喷丸前各点的残余应力相比，经过喷丸的两支叶片的残余应力状态都发生了有益的变化。对于 909mm 叶片，几乎所有测试点的残余压应力值均在 −500MPa 以上，最大残余压应力达 −700MPa，横向残余应力提高幅度在 15%～530%（图 12.21），大部分点在 100% 以上。相比较而言，纵向与横向的残余应力的差别是，未喷丸的较小，喷丸后较大，残余应力分布更加均匀。而对于 40 in 叶片，绝大多数点

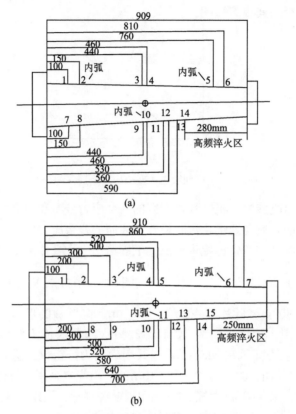

图 16.20　两支叶片的形状、尺寸及残余应力测试点分布图

经喷丸后由拉应力转变为压应力，最大残余压应力达−684.8MPa，应力变化幅度最高可达 498%（图 12.22）；但个别点仍保留残余拉应力状态，如 15 点和 9 点纵向应力；909mm 叶片 6 点和 40 in 叶片 8 点横向压应力喷丸后反而出现下降，这可能是喷丸不均匀造成的。测试过程中，当出现误差较大的情况时，需改变预设值重新测量。909mm 叶片 2 点横向应力、6 点纵向应力以及 40 in 叶片 12 点横向应力喷丸前后均经多次测量未能测出。观察试样表面状况及测试点的位置发现，909mm 叶片 2 点表面粗糙，从而影响了残余应力测量的精度；而 40 in 叶片 12 点位于焊接拉筋区，该区位置曲率较大，表面呈加工形成的波浪状，从而影响了测量的精度。试样表面不平整（40 in 叶片）和氧化腐蚀严重（909mm 叶片）均会引起试样表面粗糙度的增加，从而导致各点测量精度的下降；此外，叶片不规则的外形使得测试点衍射区域（即光斑）扩大以及某些测试点的表面曲率过大，叶片材料内部的织构对 X 射线衍射分析结果也会产生影响。

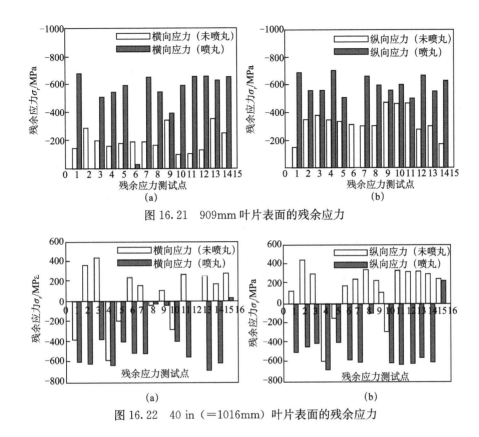

图 16.21　909mm 叶片表面的残余应力

图 16.22　40 in（＝1016mm）叶片表面的残余应力

16.5　若干大型零部件的喷丸强化

　　表面喷丸强化是提高机械零部件疲劳寿命和应力腐蚀抗力的关键制造工艺，具有强化效果明显、操作简便及成本低廉等优点。喷丸过程中高速弹丸流反复击打材料表面，导致其表层发生明显塑性变形，进而引入残余压应力场、产生细化组织结构及诱发残余奥氏体向马氏体转变。实用的喷丸工艺包括：强化喷丸、精整喷丸、抛光喷丸、预应力喷丸、温度喷丸及复合喷丸。利用有限元计算方法，可数值模拟零部件喷丸残余压应力及其分布，预测出合适的喷丸工艺参数。通过喷丸工艺、喷丸设备和弹丸之间的黄金搭配，获得优化的喷丸残余压应力场及变形细化组织结构，尽可能降低喷丸表面的粗糙度，最大限度地改善材料的疲劳寿命和应力腐蚀抗力等。对于薄壁零部件，采用合适的喷丸工艺可以避免喷丸后出现的尺寸变化问题，目前已成功实现 0.5mm 薄壁零部件的喷丸强化，其短期和长期尺寸变化不超过 2μm。对于精密零部件，采用特殊喷丸技术可以确保喷丸表面粗糙度不增加甚至降低，目前已达到喷丸粗糙度 Ra 低于 0.3μm 的水平。喷丸零部件后只允许少量表面加工，某些特殊情况虽然允许加热处理，但加热温度不宜过高。喷丸零部件使用一段时间后若喷丸残余应力发生松弛，允许采用二次喷丸，以恢复原有的残余压应力水平。

　　为节约篇幅，下面仅简介若干工业零部件的喷丸强化实验表征结果和结论。

16.5.1　工业透平叶片组件喷丸

　　工业透平叶片组件示于图 16.23（a），采用"强化喷丸＋精整喷丸＋抛光喷丸"技术，进行喷丸强化处理，优化残余压应力场和喷丸变形组织结构，尽可能降低喷丸表面粗糙度。其结果分别示于图 16.23（b）～（e）。

（a）工业透平叶片组件的实物照片

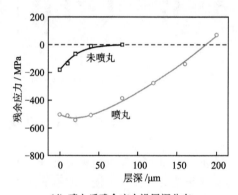

（b）喷丸叶片表面轮廓线与粗糙度 $Ra\ 0.65/Rz\ 3.75\ \mu m$

（c）叶片表面喷丸后 SEM 形貌

（d）喷丸后残余应力沿层深分布

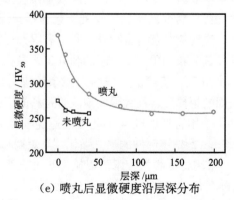

（e）喷丸后显微硬度沿层深分布

图 16.23　工业透平叶片组件（a）和喷丸强化表层结构表征结果（b）～（e）

结论：采用"强化喷丸＋精整喷丸＋抛光喷丸"技术，进行了系统的工艺试验，在获得强化效果的同时，确保喷丸表面粗糙度低于 $Ra\,0.65\mu m$ 的水平。

16.5.2　电站汽轮机低压叶片喷丸

电站汽轮机低压叶片见图 16.24（a）。1000 MW 汽轮机低压末级叶片，进气侧背弧经激光淬硬，在淬火与未淬火之间过渡区存在残余拉应力，采用"强化喷丸＋精整喷丸"技术，以改善该残余应力及其分布。表征结果见图 16.24（b）～（d）。

（a）电站汽轮机低压叶片照片

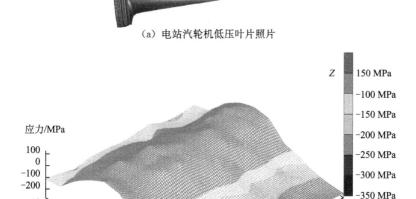

（b）淬火与未淬火过渡区喷丸之前表面残余应力分布（X 和 Y 轴单位 mm）

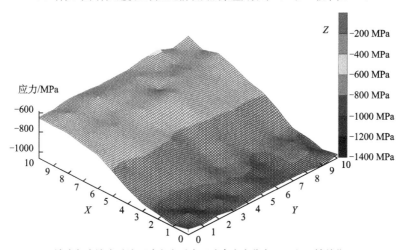

（c）淬火与未淬火过渡区喷丸之后表面残余应力分布（X 和 Y 轴单位 mm）

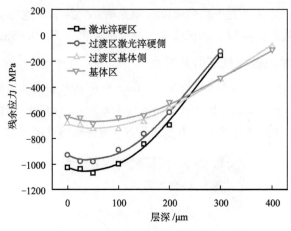

（d）喷丸残余应力沿层深分布

图 16.24　电站汽轮机低压叶片（a）和喷丸强化表层结构表征结果（b）～（d）

结论：采用"强化喷丸＋精整喷丸"技术，优化喷丸强化工艺，消除了过渡区附近的残余拉应力，可以显著改善抗疲劳性能。

16.5.3　钛合金叶片

钛合金叶片见图 16.25（a）。采用"强化喷丸＋精整喷丸＋表面研磨"技术，对钛合金叶片进行表面强化处理，优化材料表层残余压应力场，进一步增加表面残余应力和降低表面粗糙度。表征结果见图 16.25(b)和(c)。

结论：采用"强化喷丸＋精整喷丸＋表面研磨"技术，通过系统喷丸工艺试验，在获得强化效果的同时，喷丸表面粗糙度达 Ra 0.42μm 水平。

16.5.4　核电低压轮盘喷丸

核电低压转子轮盘（图 16.26（a））表面喷丸强化质量对核电站安全性至关重要，系统研究其喷丸强化工艺、获得优化残余压应力场和变形组织结构，确保喷丸表面残余压应力的均匀性。表征结果见图 16.26(b)和(c)。

结论：采用"强化喷丸＋精整喷丸"技术，优化了喷丸强化工艺，确保核电低压轮盘喷丸残余应力分布均匀，优于现行技术规范的要求。

（a）钛合金叶片照片

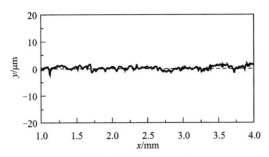

（b）表面轮廓线及粗糙度 $Ra\,0.42/Rz\,4.06\,\mu m$

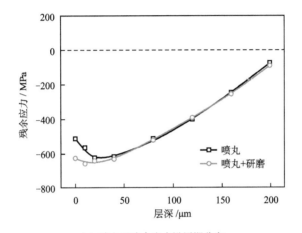

（c）喷丸后残余应力沿层深分布

图 16.25　钛合金叶片（a）和喷丸强化表征结果（b）、（c）

（a）核电低压转子轮盘照片

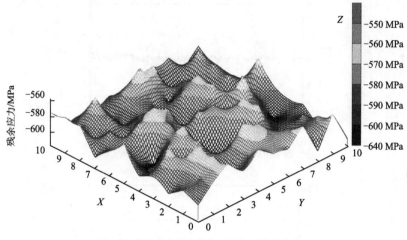

（b）喷丸表面残余应力分布（X 和 Y 轴单位 mm）

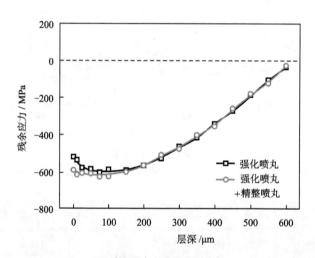

（c）喷丸残余应力沿层深分布

图 16.26　核电低压转子轮盘（a）和喷丸强化表层结构分析结果（b）、（c）

16.5.5　核电镍基合金散热管喷丸

核电镍基合金散热管喷丸见图 16.27（a）。为预防 Incoloy800 合金 U 形管应力腐蚀破坏，对其外表面进行喷丸，获得优化残余压应力场和变形组织结构，降低喷丸表面粗糙度，确保合适喷丸硬度及尺寸稳定性。表征结果见图 16.27（b）和（c）。

结论：采用"强化喷丸＋精整喷丸"技术，进行了系统的喷丸工艺试验，各项检测结果均优于现行技术规范的要求。

（a）核电镍基合金散热管照片

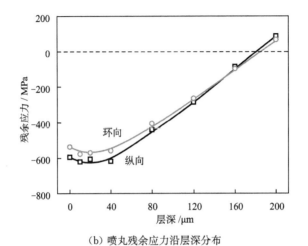

（b）喷丸残余应力沿层深分布

（c）喷丸后显微硬度沿层深分布

图 16.27　核电镍基合金散热管（a）和喷丸强化表征结果（b）、（c）

16.5.6　核电开口销喷丸

对核电镍基合金开口销（图 16.28（a））表面进行喷丸处理，以防止其应力腐蚀失效。表征结果见图 16.28（b）和（c）。

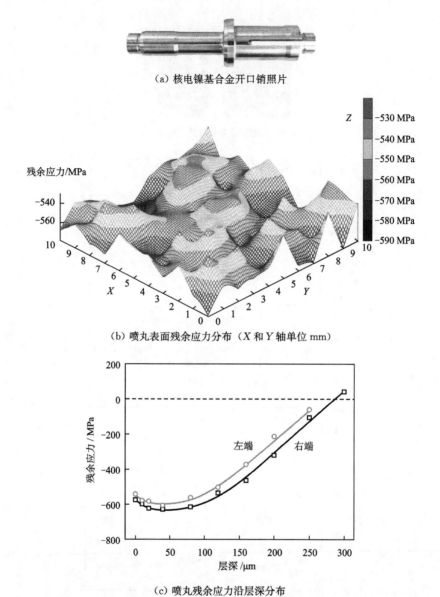

（a）核电镍基合金开口销照片

（b）喷丸表面残余应力分布（X 和 Y 轴单位 mm）

（c）喷丸残余应力沿层深分布

图 16.28　核电镍基合金开口销（a）和喷丸强化表征结果（b）、（c）

结论：采用"强化喷丸＋精整喷丸"技术，进行了系统的喷丸工艺试验，各项检测结果均优于现行技术规范的要求。

16.5.7　高压锅炉管焊缝喷丸

高压锅炉管焊缝（图 16.29（a））的对接焊缝存在着较大的残余拉应力，为此对焊缝附近区域进行喷丸处理，目的是产生必要的残余压应力分布。表征结果见图 16.29（b）和（c）。

（a）高压锅炉管焊缝照片

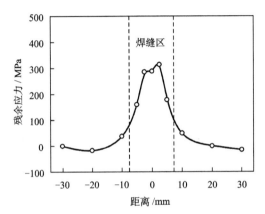

（b）原始焊缝附近表面残余应力分布

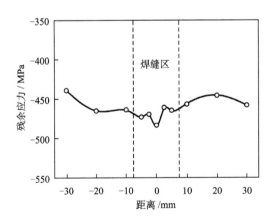

（c）喷丸后焊缝附近表面残余应力分布

图 16.29　高压锅炉管焊缝（a）和喷丸强化表征结果（b）、（c）

结论：采用"强化喷丸＋精整喷丸"技术，进行了系统的喷丸工艺试验，各项检测结果均优于现行技术规范的要求。

16.5.8　铝合金舱体焊缝喷丸

铝合金舱体焊缝见图 16.30（a），考虑到焊缝存在着较大的残余拉应力，对铝合金舱体焊缝区域进行喷丸处理，目的是消除焊缝区域的残余拉应力。表征结果见图 16.30（b）、（c）。

（a）铝合金舱体焊缝照片

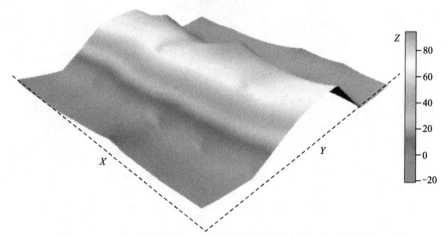

（b）原始焊缝附近表面残余应力分布（X 和 Y 轴满量程 20mm，Z 轴单位 MPa）

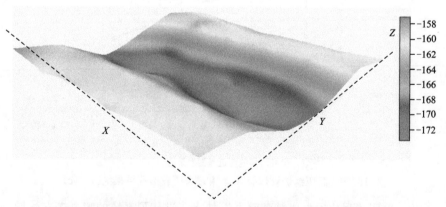

（c）喷丸后焊缝附近表面残余应力分布（X 和 Y 轴满量程 20mm，Z 轴单位 MPa）

图 16.30　铝合金舱体焊缝（a）和喷丸强化表征结果（b）、（c）

结论：采用了局部喷丸技术，对铝合金舱体焊缝区域进行喷丸处理，从而有效消除了焊缝区域有害的残余拉应力，同时产生有益的残余压应力。

16.5.9　变速齿轮喷丸

变速齿轮见图 16.31（a），渗碳淬火后表面硬度 HRC60，优化喷丸残余压应力场，确保材料表层残余奥氏体充分向马氏体转变，降低喷丸表面的粗糙度。表征结果见图 16.31(b)～(e)。

（a）变速齿轮照片

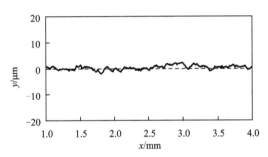

（b）喷丸表面轮廓线和粗糙度 Ra 0.68/ Rz 3.95μm

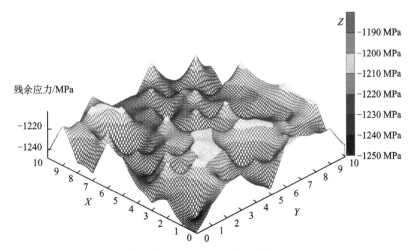

（c）喷丸表面残余应力分布（X 和 Y 轴单位 mm）

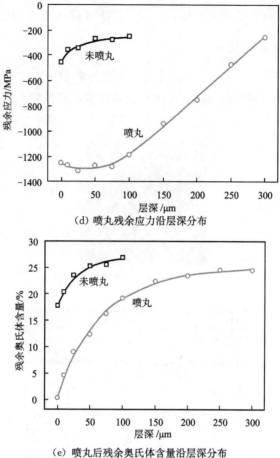

(d) 喷丸残余应力沿层深分布

(e) 喷丸后残余奥氏体含量沿层深分布

图 16.31　变速齿轮 (a) 和喷丸强化表征结果 (b) ～ (e)

　　结论：采用"强化喷丸＋精整喷丸＋抛光喷丸"技术，优化喷丸工艺参数，各项检测结果均优于现行技术规范的要求。

16.5.10　机车齿轮喷丸

　　机车硬齿面齿轮见图 16.32 (a)，渗碳淬火后表面硬度 HRC60，通过喷丸处理获得优化的残余压应力场。确保材料表层残余奥氏体充分向马氏体转变，提高齿轮的疲劳寿命。表征结果见图 16.32(b)～(d)。

　　结论：采用了"强化喷丸＋精整喷丸"技术，进行了系统的喷丸工艺试验，疲劳性能显著提高。

16.5.11　机车轮毂喷丸

　　机车轮毂见图 16.33 (a)，通过喷丸处理获得优化的残余压应力场。表征结果见图 16.33(b)～(d)。

(a) 机车硬齿面齿轮照片

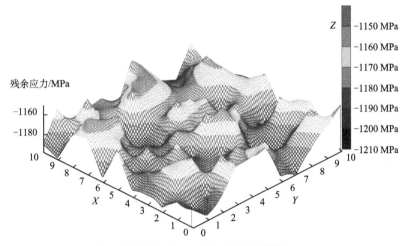

(b) 喷丸表面残余应力分布（X 和 Y 轴单位 mm）

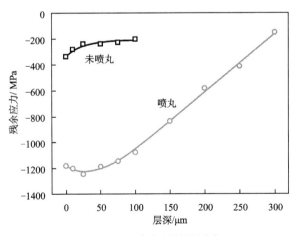

(c) 喷丸后残余应力沿层深分布

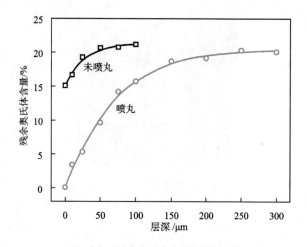

(d) 喷丸后残余奥氏体含量沿层深分布

图 16.32　机车硬齿面齿轮（a）和喷丸强化表征结果（b）～（d）

（a）机车轮毂照片

（b）喷丸表面 SEM 形貌

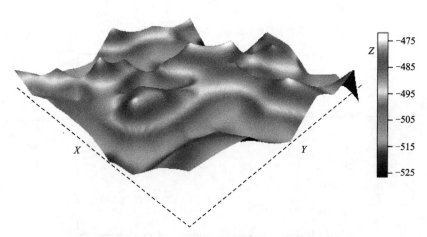

（c）喷丸表面残余应力分布（X 和 Y 轴满量程 10mm，Z 轴单位 MPa）

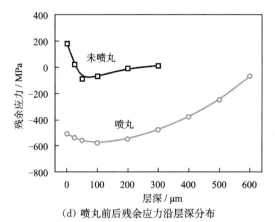

(d) 喷丸前后残余应力沿层深分布

图 16.33　机车轮毂 (a) 和喷丸强化表征结果 (b) ～ (d)

结论：采用了"强化喷丸＋精整喷丸"技术，进行了系统的喷丸工艺试验，疲劳性能显著提高。

16.5.12　不锈钢管内壁喷丸

不锈钢管内壁见图 16.34 (a)，为了改善奥氏体不锈钢管耐高温氧化性，对管内壁喷丸，分析喷丸表层金相组织，检测显微硬度沿层深的分布。表征结果见图 16.34 (b) 和 (c)。

(a) 不锈钢管照片　　　　　　　(b) 喷丸表层金相组织

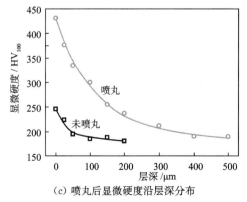

(c) 喷丸后显微硬度沿层深分布

图 16.34　不锈钢管 (a) 和喷丸强化表征结果 (b)、(c)

　　结论：采用喷丸强化技术，优化喷丸工艺参数，喷丸层各项检测结果均优于现行技术规范的要求。

参 考 文 献

[1] 戴如勇. 重载机车牵引齿轮表面喷丸强化及其表征研究. 上海交通大学硕士学位论文，2012.

[2] 朱美琳，姜传海，王根全，等. 18Cr2Ni4WA 钢齿轮表面喷丸强化试验研究. 车用发动机，2012，1：89～92.

[3] 徐颖强，方宗德，赵万民. 喷丸强化齿轮残余应力的实验研究. 重型机械，2004，4：34～37.

[4] Blarasin A, Guagliano M, Vergani L. fatigue crack growth prediction in specimens similar to spur gear teeth. Fatigue & Fracture of Engineering Materials & Structures，1997，20 (8)：1171～1182.

[5] 赵秋芳，何涛，付宏鸽. 高能喷丸强化 60CrMnBA 弹簧钢残余应力和疲劳性能研究. 铸造技术，2014，(7)：1491～1493.

[6] 汝继来，王仁智. 圆柱螺旋弹簧的喷丸强化研究. 弹簧工程，1996，(4)：33～36.

[7] Baiker S. Shot Peening：A Dynamic Application and Its Future. 3rd Edition. Metal Finishing News Publishing House，2012.

[8] 冯昌瑾. AISI403 钢电站汽轮机叶片喷丸残余应力分布. 理化检验（物理分册），2014，49 (8)：526～528.

[9] 王永芳，冉广，周敬恩，等. 喷丸对汽轮机叶片残余内应力影响的研究. 汽轮机技术，2005，47 (5)：397～399.

[10] 王天剑，刘禹炯，徐永峰，等. 喷丸强化处理对核电汽轮机低压叶片表面残余应力的影响. 东方汽轮机，2014，2：65～67.

[11] 徐鲲濠，王烜烽，李湘军，等. 汽轮机末级叶片叶根的喷丸强化. 机械工程材料，2012，36 (11)：79～81.

第 17 章　弹丸对材料的作用机理和喷丸强化机理

17.1　喷丸工艺参数与强化层结构参数的关系

第 11 章已对喷丸强化工艺、参数对宏观残余应力随深度分布的影响做了总结，见表 17.1。

表 17.1　喷丸工艺、参数对宏观残余应力随深度分布的影响

喷丸工艺条件		喷丸残余应力深度分布的四大参数			
		表面残余压应力	最大残余压应力值	最大应力对应深度	压应力总体深度
喷丸强度	越大	较大	越小	越深	越深
	越小	较小	较大	越浅	越浅
覆盖率	越高	越大	越大	无明显影响	无明显影响
	越低	越小	越小	无明显影响	无明显影响
弹丸大小	越大	越小	越小	无明显影响	无明显影响
	越小	越大	越大	无明显影响	无明显影响
弹丸材质	铸钢	较大	较大	较深	无明显影响
	铸铁	较小	较小	较浅	无明显影响
	陶瓷	最小	最小	与铸铁差不多	无明显影响
弹丸速度	越快	越大	越大	无明显影响	无明显影响
	越慢	越小	越小	无明显影响	无明显影响
预应力喷丸	力大	较大	较大	较深	较深
	力小	较小	较小	较浅	较浅
温度喷丸	高温	较大	大	深	无明显影响
	低温	较小	小	浅	无明显影响
被喷材质	低强度钢	小	小	深	深
	中强度钢	较小	较小	较深	较深
	高强度钢	大	大	浅	浅
	超高强度钢	最大	最大	最浅	最浅
	钛	大	较小	较浅	较浅
	铝	最小	最小	最深	最深

　　类似地把第 12~15 章的实验研究结果可总结出喷丸工艺对喷丸强化表层结构参数的影响，如表 17.2 所示。

表 17.2　喷丸工艺对喷丸强化表层结构参数的影响

喷丸工艺条件		喷丸后表层结构参数			
		表层晶粒大小	表层微观应力	表层位错密度	表层层错概率
喷丸强度	越大	越小	越大	越大	越大
	越小	越大	越小	越小	越小
覆盖率	越高	越小	越大	越大	越大
	越低	越大	越小	越小	越小
弹丸大小	越大	越小	越大	越大	越大
	越小	越大	越小	越小	越小
弹丸材质	铸钢	较小	较大	较大	较大
	铸铁	较大	较小	较小	较小
	陶瓷	最大	最小	最小	最小
弹丸速度	越快	越小	越大	越大	越大
	越慢	越大	越小	越小	越小
预应力喷丸	力大	较小	较大	较大	较大
	力小	较大	较小	较小	较小
温度喷丸	高温	较小	较大	较大	较大
	低温	较大	较小	较小	较小
被喷材质	钢	较小	较大	较大	较大
	钛	大	大	大	大
	铝	最大	最小	最小	最小

17.2　喷丸表层结构参数与性能的关系

　　第 11 章对喷丸强化表层残余应力分布进行了数值模拟，第 12~16 章对典型材料或零部件喷丸强化表层的残余应力、晶粒大小、微应变、位错密度，以及层错概率进行了实验测定。本章首先通过典型的实例的结果进行综合分析，寻找这些结构参数与喷丸表层性能之间的对应关系。为此，S32205 双相钢的喷丸残余应力、晶粒大小、微应变、位错密度及层错概率和喷丸表层的显微硬度、屈服强度随离喷丸表面距离分布曲线，见图 17.1～图 17.8，仔细对比分析这些图，不难得出如下结论：

（1）喷丸表层的结构参数（残余应力、晶粒大小、微应变、位错密度和层错概率）与喷丸表层材料的性能（显微硬度、屈服强度）有良好的对应关系；

（2）就喷丸表层的表面而言，残余压应力越大、晶粒越小、微应变越大、位错密度越大、层错概率越高，喷丸表层的表面的显微硬度越大、屈服强度越大。

（3）就喷丸表层内的分布而言，也是残余压应力越大、晶粒越小、微应变越大、位错密度越大、层错概率越高，显微硬度越大、屈服强度越大。

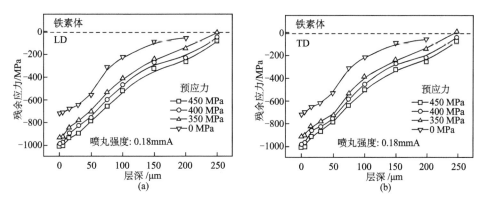

图 17.1 S32205 双相钢铁素体在不同预应力下残余应力随层深的变化

（a）纵向；（b）横向

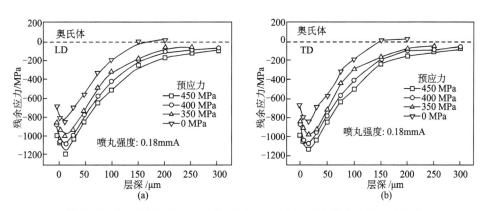

图 17.2 S32205 双相钢奥氏体在不同预应力下残余应力随层深的变化

（a）纵向；（b）横向

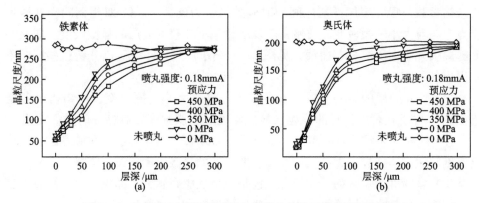

图 17.3　S32205 双相钢不同预应力喷丸条件下晶粒沿层深分布

（a）铁素体；（b）奥氏体

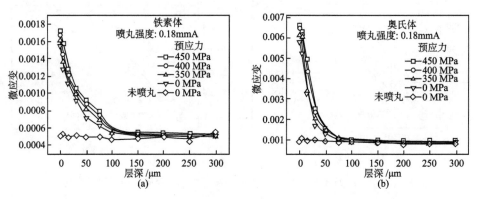

图 17.4　S32205 双相钢不同预应力喷丸条件下微应变沿层深分布

（a）铁素体；（b）奥氏体

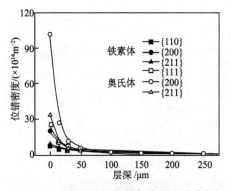

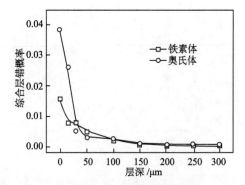

图 17.5　S32205 双相钢复合喷丸强化后
铁素体和奥氏体的位错密度沿层深的变化

图 17.6　S32205 双相钢复合喷丸后综合层错
概率沿层深的变化

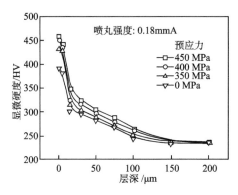

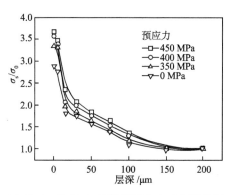

图 17.7　S32205 双相钢经不同预应力喷丸
后显微硬度随层深的变化

图 17.8　S32205 双相钢预应力喷丸强化层
屈服强度沿层深的变化

通过喷丸表层性能与表层结构参数的良好对应关系和喷丸表层结构参数与喷丸工艺的良好对应关系，就能发现喷丸材料表层性能与喷丸工艺之间也有良好的对应关系。由于影响工艺参数的喷丸强度、覆盖率的因子很多，如弹丸性质、大小、速度，还有喷丸方法，如普通喷丸、复合喷丸、预应力喷丸、热喷丸等，还有受喷材料的种类、性质等，不可能一一加以讨论，因此仅对同一种弹丸性质、大小、速度，同一种喷丸方法和同一种材料，就不同喷丸强度加以总结，如表 17.3 所示，可见喷丸强度-喷丸后表层结构参数-材料表层性能有良好的对应关系。

表 17.3　喷丸强度-喷丸后表层结构参数-材料表层性能的关系

	喷丸后表层结构参数					喷丸后材料表层性能	
	表面 残余应力	表层晶粒 大小	表层微观 应力	表层 位错密度	表层 层错概率	显微硬度	屈服强度
喷丸强度越大	较大	越小	越大	越大	越大	越大	越大
喷丸强度越小	较小	越大	越小	越小	越小	越小	越小

为什么会存在如此良好的对应关系，这就需要了解弹丸对受喷材料/零部件的作用机理和喷丸强化机理问题，下面给予讨论。

17.3　喷丸机理分析基础——单丸条件下的受力变形分析[1,2]

对于单个弹丸的作用（图 17.9），一般认为，在喷丸过程中弹丸对材料的冲击作用如同小锤子在击打材料表面，在材料表面产生小的凹坑。同时，材料表面发生拉伸屈服。在表面下方，材料试图重新恢复到初始形状，因此会在凹坑下方产生一个球形的材料冷作硬化区，这个区域处于较高压应力作用下，金属试件在磨削、焊接、热处理和其他一些加工工艺过程中会产生拉应力，使金属件表层的原子处于拉应力状态下。由于拉应力已经开始拉动金属原子分离，拉应力区域裂纹极易传播，而经喷丸强化后我们可以通过压实材料来引入表层的压应力层。

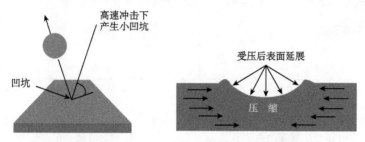

图 17.9　单个弹丸作用下残余应力变化情况

当多个弹丸作用时（图 17.10），一般认为，喷丸过程中金属表层原子开始聚集收缩和向外推动，试图恢复原始形状，金属表面下方的原子被压应力层内的原子之间的结合力拉向表面。这些原子抵制向外的拉力从而产生了内部拉应力，并与表面压应力一起保持零件平衡。零件内部的拉应力不存在表层拉应力的问题，因为裂纹很少在内部产生。在喷丸过程中，零件经历了弹性变形、弹塑性变形和完全塑性变形过程。喷丸是大量规则形状的球体撞击各种形状零件表面的过程，属于固体的接触行为，因此喷丸的机理分析主要依据接触力学。迄今为止，还未找到或者根本不存在求解接触问题的一般方法，对于一般的接触问题，并不存在通用的求解方法。鉴于喷丸机理分析的复杂性，在分析过程中选择试件表面为平面的金属板，并把单个弹丸的冲击过程作为理解喷丸机理的基础首先进行分析。

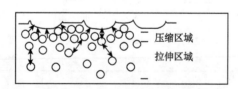

图 17.10　多个弹丸作用下残余应力变化情形

单个弹丸在垂直冲击试件过程中，整个过程可分为试件从弹性变形阶段，塑性变形初始阶段，塑性变形扩展到表面后的全塑性变形阶段，以及弹丸反弹时的弹性变形恢复阶段，塑性压入和弹性恢复两个阶段产生的应力值叠加后得到残余应力。实际应用中，通常只注重受冲击试件最后的残余应力分布状况，因此对单个弹丸冲击试件的研究也主要针对残余应力分布状况。根据 Johnson 接触力学，超声喷丸过程属于中速撞击范围（弹丸的速度较小，通常〈100m/s），可根据 Hertz 的准静态方法，利用静止条件下非弹性接触应力的知识来研究撞击特性。

整个分析过程需要了解静态时弹性固体非协调表面的法向接触变形规律、Hertz 理论、静态时塑性接触知识，以及两物体弹性撞击的分析过程等，所涉及的理论基础概述如下。

17.3.1　静态接触理论

1. 弹性固体非协调表面的法向接触

物体变形情况如图 17.11 所示，当两个非协调表面固体相接触时，设曲面 1 在原点的曲率半径为 R_1，曲面 2 在原点的曲率半径为 R_2，则两曲面外形轮廓表达式为

$$Z_1 = \frac{1}{2R_1'}x_1^2 + \frac{1}{2R_1''}y_1^2; \quad Z_2 = -\left(\frac{1}{2R_2'}x_2^2 + \frac{1}{2R_2''}y_2^2\right) \tag{17.1}$$

适当选择坐标，则两曲面间隙表达式为

$$h = Z_1 - Z_2 = \frac{1}{2}\left(\frac{1}{R_1'} + \frac{1}{R_2'}\right)x_2^2 + \frac{1}{2}\left(\frac{1}{R_1''} + \frac{1}{R_2''}\right)y_2^2 \tag{17.2}$$

当在两固体上施加法向力 P 时，两物体内较远处的点 T 和 TZ 分别向着 O 点平行 Z 轴移动位移 δ_1 和 δ_2，每个物体表面由于接触压力而平行 Z 轴移动位移 $\bar{\mu}_{Z1}$ 和 $\bar{\mu}_{Z2}$。虚线代表变形前物体表面外形。如果变形后两物体表面任意点 S_1 和 S_2 在接触面内重合，令 $\delta = \delta_1 + \delta_2$，则在接触区域内满足

$$\bar{\mu}_{Z1} + \bar{\mu}_{Z2} = \delta_1 + \delta_2 - h = \delta - \left[\frac{1}{2}\left(\frac{1}{R_1'} + \frac{1}{R_2'}\right)x_2^2 + \frac{1}{2}\left(\frac{1}{R_1''} + \frac{1}{R_2''}\right)y_2^2\right] \tag{17.3}$$

在接触区域外

$$\bar{\mu}_{Z1} + \bar{\mu}_{Z2} \leqslant \delta - \left[\frac{1}{2}\left(\frac{1}{R_1'} + \frac{1}{R_2'}\right)x_2^2 + \frac{1}{2}\left(\frac{1}{R_1''} + \frac{1}{R_2''}\right)y_2^2\right] \tag{17.4}$$

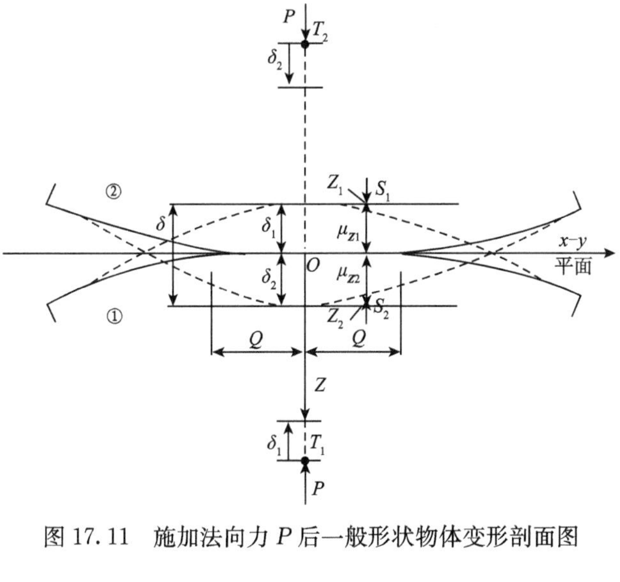

图 17.11　施加法向力 P 后一般形状物体变形剖面图

当半径为 R 的球体与大物体平表面发生三维接触时，式（17.4）简化为

$$\bar{\mu}_{Z1} + \bar{\mu}_{Z2} = \delta - \frac{1}{2R_1} r^2 \tag{17.5}$$

式中，r 为以 O 点为圆心的接触区域的任意半径。

由图 17.11 可推出 $\delta_1 = \bar{\mu}_{Z1}(0)$，$\delta_2 = \bar{\mu}_{Z2}(0)$，因此式（17.5）可写成无量纲模式：

$$\left\{ \frac{\bar{\mu}_{Z1}(0)}{a} - \frac{\bar{\mu}_{Z1}(x)}{a} \right\} + \left\{ \frac{\bar{\mu}_{Z2}(0)}{a} - \frac{\bar{\mu}_{Z2}(x)}{a} \right\} = \frac{x_2^2}{2aR_1} \tag{17.6}$$

令 $x=a$，并且记接触区内的变形 $\bar{\mu}_Z(0) - \bar{\mu}_Z(x) = d$，则式（17.6）可进一步简化为

$$\frac{d_1}{a} + \frac{d_2}{a} = \frac{a}{2R_1} \tag{17.7}$$

由于 $d \ll a$，因此每个物体中的应变状态都可以用比值 d/a 表示。而应变的大小总是和接触压力与弹性模量的比值成正比，因此各物体相互作用的平均接触压力 p_m 变为

$$p_m \propto \frac{a/R_1}{(1/E_1) + (1/E_2)} \tag{17.8}$$

球体三维接触时，总压缩载荷 $P = \pi a^2 P_m$，根据式（17.8）可推导出接触面半径 a 为

$$a \propto \left\{ P \cdot \frac{(1/E_1) + (1/E_2)}{(1/R_1)} \right\}^{1/3} \tag{17.9}$$

平均接触压力 P_m 为

$$P_m \propto \left\{ P \cdot \frac{[(1/R_1) + (1/R_2)]^2}{[(1/E_1) + (1/E_2)]^2} \right\}^{1/3} \tag{17.10}$$

在三维接触条件下，每个物体的压缩量 δ_1 和 δ_2 与局部压入量 d_1 和 d_2 成正比，因此远处的点的相互接近量为

$$\delta = \delta_1 + \delta_2 \propto d_1 + d_2 \propto \left\{ P^2 \cdot [(1/E_1) + (1/E_2)]^2 [(1/R_1) + (1/R_2)] \right\}^{1/3} \tag{17.11}$$

接触面的 Hertz 压力分布表达式为

$$P(r) = \frac{P_0 (a^2 - r^2)^{1/2}}{a} \tag{17.12}$$

2. 弹性半空间受表面力作用的经典求解方法

弹性半空间体如图 17.12 所示，$C(\xi, \eta)$ 为加载区域 S 内表面上的一个一般点，而 $A(x, y, z)$ 为固体内的任意点，则距离为

$$CA \equiv \rho = \{(\xi - x)^2 + (\eta - y)^2 + Z^2\}^{1/2} \tag{17.13}$$

分布力 $P(\xi, \eta)$，$q_x(\xi, \eta)$ 及 $q_y(\xi, \eta)$ 作用在区域 S 上。定义系列势函数

$$F_1 = \iint_S q_x(\xi,\ \eta)\Omega \mathrm{d}\xi \mathrm{d}\eta$$

$$G_1 = \iint_S q_y(\xi,\ \eta)\Omega \mathrm{d}\xi \mathrm{d}\eta \qquad (17.14)$$

$$H_1 = \iint_S P(\xi,\ \eta)\Omega \mathrm{d}\xi \mathrm{d}\eta$$

式中

$$\Omega = z\ln(\rho + z) - \rho$$

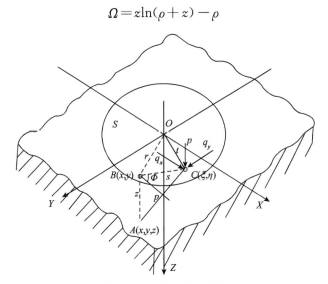

图 17.12　弹性半空间体

由上式定义势函数

$$\begin{cases} F = \dfrac{\partial F_1}{\partial z} = \iint_S q_x(\xi,\ \eta)\ln(\rho + z)\mathrm{d}\xi \mathrm{d}\eta \\[2mm] G = \dfrac{\partial G_1}{\partial z} = \iint_S q_y(\xi,\ \eta)\ln(\rho + z)\mathrm{d}\xi \mathrm{d}\eta \\[2mm] H = \dfrac{\partial H_1}{\partial z} = \iint_S p(\xi,\ \eta)\ln(\rho + z)\mathrm{d}\xi \mathrm{d}\eta \end{cases} \qquad (17.15)$$

令

$$\Psi_1 = \frac{\partial F_1}{\partial x} + \frac{\partial G_1}{\partial y} + \frac{\partial H_1}{\partial z}, \qquad \Psi = \frac{\partial \Psi_1}{\partial z} = \frac{\partial F}{\partial x} + \frac{\partial G}{\partial y} + \frac{\partial H}{\partial z}$$

Love（1952）指出，固体内任意一点 A（x, y, z）的弹性位移分量 μ_x, μ_y 及 μ_z 可用上述函数表示为

$$\begin{cases} \mu_x = \dfrac{1}{4\pi G} \left\{ 2\,\dfrac{\partial F}{\partial z} - \dfrac{\partial H}{\partial x} + 2\nu\,\dfrac{\partial \Psi_1}{\partial x} - z\,\dfrac{\partial \Psi}{\partial x} \right\} \\[2mm] \mu_y = \dfrac{1}{4\pi G} \left\{ 2\,\dfrac{\partial F}{\partial z} - \dfrac{\partial H}{\partial y} + 2\nu\,\dfrac{\partial \Psi_1}{\partial y} - z\,\dfrac{\partial \Psi}{\partial y} \right\} \\[2mm] \mu_z = \dfrac{1}{4\pi G} \left\{ 2\,\dfrac{\partial F}{\partial z} + (1-2\nu)\Psi - z\,\dfrac{\partial \Psi}{\partial z} \right\} \end{cases} \tag{17.16}$$

求出位移后，则可由胡克定律从相应的应变计算出应力：

$$\begin{cases} \sigma_x = \dfrac{2\nu G}{1-2\nu}\left(\dfrac{\partial \mu_x}{\partial x} + \dfrac{\partial \mu_y}{\partial y} + \dfrac{\partial \mu_z}{\partial z} \right) + 2G\,\dfrac{\partial \mu_x}{\partial x} \\[2mm] \sigma_y = \dfrac{2\nu G}{1-2\nu}\left(\dfrac{\partial \mu_x}{\partial x} + \dfrac{\partial \mu_y}{\partial y} + \dfrac{\partial \mu_z}{\partial z} \right) + 2G\,\dfrac{\partial \mu_y}{\partial y} \\[2mm] \sigma_z = \dfrac{2\nu G}{1-2\nu}\left(\dfrac{\partial \mu_x}{\partial x} + \dfrac{\partial \mu_y}{\partial y} + \dfrac{\partial \mu_z}{\partial z} \right) + 2G\,\dfrac{\partial \mu_z}{\partial z} \\[2mm] \tau_{xy} = G\left(\dfrac{\partial \mu_x}{\partial y} + \dfrac{\partial \mu_y}{\partial x} \right) \\[2mm] \tau_{yz} = G\left(\dfrac{\partial \mu_y}{\partial z} + \dfrac{\partial \mu_z}{\partial y} \right) \\[2mm] \tau_{zx} = G\left(\dfrac{\partial \mu_z}{\partial x} + \dfrac{\partial \mu_x}{\partial z} \right) \end{cases} \tag{17.17}$$

对于表面上作用有给定的弹性半空间的应力及变形问题，可由上述方程得到正规解。即若在区域 S 之内作用力的分布完全已知，则从原则上讲可以求出固体内任意一点处的应力及位移。

3. 加载区域为圆形的应力状况

如图 17.13 所示，加载区域为半径为 a 的圆形域，加载压力 $p(r) = p_0(1 - r^2/a^2)^n$ 为按如下形式分布的轴对称压应力时的应力的封闭解，则根据经典求解方法可以求得表面点 B 处的位移和内部点 B 处的应力的封闭解。

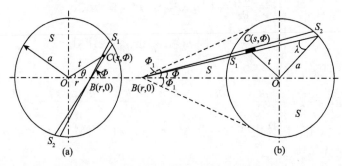

图 17.13　作用在圆形域上的压力和位移

(a) 在内点 B；(b) 在外点

1）均布压力（$n=0$）

当表面力为均布法向压力时，在加载圆内部产生的法向和切向位移分别是：在圆心处的法向位移为

$$(\overline{\mu}_z)_0 = 2(1-\nu) \cdot \frac{pa}{E} \tag{17.18}$$

在圆的边界处的法向位移为

$$(\overline{\mu}_z)_a = 4(1-2\nu) \cdot \frac{pa}{\pi E} \tag{17.19}$$

由于力是轴对称的，因此与表面相切的位移必定沿径向方向，径向位移为

$$\overline{\mu}_r = -[1-2\nu(1+\nu)] \cdot \frac{pr}{2E} \tag{17.20}$$

圆内表面上的应力为

$$\overline{\sigma}_r = \overline{\sigma}_\theta = -\frac{1}{2}(1+2\nu)p, \quad \overline{\sigma}_z = -p \tag{17.21}$$

加载圆的内部沿圆心处 Z 轴应力分布公式为

$$\sigma_z = -p \cdot \left\{ 1 - \frac{z^3}{(a^2+z^2)^{3/2}} \right\} \tag{17.22}$$

$$\sigma_r = \sigma_\theta = -p \cdot \left\{ \frac{1+2\nu}{2} - \frac{(1+\nu)z}{(a^2+z^2)^{1/2}} + \frac{z^3}{2(a^2+z^2)^{3/2}} \right\} \tag{17.23}$$

对于均匀分布的压力，在 $z=0.64a$ 处，若取泊松比 $\nu=0.30$，则主剪应力最大值为

$$(\tau_1)_{\max} = 0.33p = 0.33P/\pi a^2 \tag{17.24}$$

2）Hertz 压力（$n=1/2$）

两个相互接触的无摩擦弹性旋转体之间的压力按 Hertz 压力分布，即

$$p(r) = p_0 \cdot \frac{(a^2-r^2)^{1/2}}{a} \tag{17.25}$$

由上式得总压力表达式为

$$P = 2\pi p_0 a^2/3 \tag{17.26}$$

加载圆内的位移表达式如下：

法向位移为

$$\overline{\mu}_z(r) = \frac{(1-\nu^2)}{E} \cdot \frac{\pi p_0}{4a}(2a^2-r^2), \quad r \leqslant a \tag{17.27}$$

切向位移为

$$\overline{\mu}_r(r) = -\frac{(1-2\nu)(1+\nu)}{3E} \cdot \frac{a^2}{r}p_0 \left\{ 1 - \left[1 - \frac{r^2}{a^2}\right]^{3/2} \right\}, \quad r \leqslant a \tag{17.28}$$

加载圆内的表面应力分布为

$$\frac{\overline{\sigma}_r}{P_0} = \frac{1-2\nu}{3} \cdot \frac{a^2}{r^2} \left\{ 1 - \left[1 - \frac{r^2}{a^2}\right]^{3/2} \right\} - \left\{ 1 - \frac{r^2}{a^2} \right\}^{1/2} \tag{17.29}$$

$$\frac{\bar{\sigma}_\theta}{P_0} = \frac{1-2\nu}{3} \cdot \frac{a^2}{r^2} \left\{ 1 - \left[1 - \frac{r^2}{a^2} \right]^{3/2} \right\} - 2\nu \left\{ 1 - \frac{r^2}{a^2} \right\}^{1/2} \tag{17.30}$$

$$\frac{\bar{\sigma}_z}{p_0} = - \left\{ 1 - \frac{r^2}{a^2} \right\}^{1/2} \tag{17.31}$$

加载圆的内部圆心处沿深度方向应力分布公式为

$$\frac{\sigma_r}{p_0} = \frac{\sigma_\theta}{p_0} = -(1-\nu) \left\{ 1 - \frac{z}{a} \arctan \left[\frac{a}{z} \right] \right\} + \frac{1}{2} \left[1 + \frac{z^2}{a^2} \right]^{-1} \tag{17.32}$$

$$\frac{\sigma_z}{p_0} = - \left(1 + \frac{z^2}{a^2} \right)^{-1} \tag{17.33}$$

对于 Hertz 压力分布，在 $z = 0.57a$ 处，若取泊松比 $\nu = 0.30$，则主剪应力最大值为

$$(\tau_1)_{\max} = 0.31 p_0 = 0.47 P / \pi a^2 \tag{17.34}$$

4. 弹性接触的 Hertz 理论

两个弹性体相互接触处的应力状态的分析主要基于 Hertz 理论。Hertz 系统地阐述了物体表面的法向位移所必须满足的由式（17.3）和式（17.4）所表述的条件。用 a 表示接触区的有效尺寸，用 R 表示相对曲率半径，用 R_1 和 R_2 表示每个物体的有效曲率半径，用 l 表示物体横向和深度两方面的有效尺寸，为计算局部变形，在 Hertz 理论中做出如下假设：

（a）表面都是连续的，并且是非协调的：$a \ll R$；

（b）小应变：$a \ll R$；

（c）每个物体可被看成是一个弹性半空间：$a \ll R_{1,2}$，$a \ll l$；

（d）表面无摩擦：$q_z = q_y = 0$。

以上假设使每个物体均可被看成是一个弹性半空间体，载荷作用在平面的一个小的椭圆或圆形区域内，按照这种简化可根据两物体的一般应力分布来分别处理高度集中的接触应力。

这一弹性力学问题可陈述为：求两个弹性半空间体表面上通过接触区 S 作用的压力分布 $p(x, y)$，该压力分布将产生表面法向位移 $\bar{\mu}_{z1}$ 和 $\bar{\mu}_{z2}$，在接触区 S 内满足式(17.3)，在接触区 S 外满足式(17.4)。

将已求得的 Hertz 压应力分布产生的法向位移 $\bar{\mu}_{z1}$ 和 $\bar{\mu}_{z2}$ 代入式（17.5），可得到

$$\frac{\pi p_0}{4aE^*} (2a^2 - r^2) = \delta - \frac{1}{2R_1} r^2 \tag{17.35}$$

式中，E^* 由公式 $\dfrac{1}{E^*} = \dfrac{1-\nu_1^2}{E_1} + \dfrac{1-\nu_2^2}{E_2}$ 定义。由上式可推导出接触圆的半径、两物体内远处的点相互接近量和总载荷与压力关系的表达式为

$$a = \left(\frac{3PR}{4E^*} \right)^{1/3} \tag{17.36}$$

$$\delta = \frac{a^2}{R} = \left(\frac{9P^2}{16RE^{*2}}\right)^{1/3} \tag{17.37}$$

$$p_0 = \frac{3P}{2\pi a^2} = \left(\frac{6PE^{*2}}{\pi^3 R^2}\right)^{1/3} \tag{17.38}$$

5. 塑性屈服准则

在两个接触固体的复杂应力场中，开始塑性屈服的载荷与较软材料的简单拉伸或剪切试验时的屈服点有关。通常判断屈服的准则有：Von Mises 剪切应变能准则

$$J_2 \equiv \frac{1}{6}\{(\sigma_1 - \sigma_2)^2 + (\sigma_2 - \sigma_3)^2 + (\sigma_3 - \sigma_1)^2\} = k^2 = \frac{Y^2}{3} \tag{17.39}$$

Tresca 最大剪应力准则

$$\max\{|\sigma_1 - \sigma_2|, |\sigma_2 - \sigma_3|, |\sigma_3 - \sigma_1|\} = 2k = Y \tag{17.40}$$

最大简化应力准则

$$\max\{|\sigma_1 - \sigma|, |\sigma_2 - \sigma|, |\sigma_3 - \sigma|\} = k = \frac{2}{3}Y \tag{17.41}$$

式中

$$\sigma = (\sigma_1 + \sigma_2 + \sigma_3)/3$$

半径为 R 的球体与大物体平表面发生轴对称接触时，应力按 Hertz 应力分布，最大剪应力发生在对称轴表面下方。对于泊松比为 0.30，在深度为 $0.48a$ 处的最大压力值为 $0.62P$。因此根据 Tresca 准则，屈服时的 p_0 值为

$$p_0 = \frac{3}{2}p_m = 3.2k = 1.60Y \tag{17.42}$$

而根据 Von Mises 准则

$$p_0 = 2.8k = 1.60Y \tag{17.43}$$

初始屈服时的最大接触压力为

$$P_Y = \frac{\pi^2 R^2}{6E^{*2}}(p_0)^3_Y \tag{17.44}$$

较软材料接触区域表面下方初次超过屈服点时，接触区平均压力表达式为 $p_m = cY$，其中 c 值约为 1.0，塑性区很小，并且保持被弹性的材料完全包围，所以塑性应变与周围的弹性应变的量级相同。当塑性区继续扩展，挤出自由表面时，变形成为非限制模式，此时可写出接触区平均压力表达式 $p_m = cY$，其中 c 值约为 3.0，取决于冲击头的几何形状和界面的摩擦力。根据变形模式不同，接触载荷可分为三个范围：纯弹性（$p_m < Y$）、弹塑性（约束，$Y < p_m < 3Y$）和全塑性（无约束，$3Y < p_m$）。

通常将压入量 δ 对载荷 P 的曲线称为柔度曲线。由式（17.37）和式（17.44），对于刚性球塑性压入可用适当的无量纲变量表示为

$$\begin{cases} \delta/\delta_Y = 0.148(\delta E^{*2}/RY^2) \\ P/P_Y = 0.043(PE^{*2}/R^2Y^3) \end{cases} \tag{17.45}$$

在全塑性范围内，假定受压边缘无"堆积"和"沉陷"，压入量近似取 $\delta = a^2/2R$，令全塑性接触压力等于 3.0Y，并为常数，则柔度关系可表示为

$$P/P_Y = 0.81(\delta E^{*2}/RY^2) = 5.5(\delta/\delta_Y) \tag{17.46}$$

弹性变形恢复量 δ' 可用平均接触压力 p_{m} 的形式表示，从弹性方程（17.36）和（17.37）中消去 R 后，得

$$\delta' = \frac{9\pi}{16} \cdot \frac{Pp_{\mathrm{m}}}{E^{*2}} \tag{17.47}$$

用方程（17.46）的无量纲变量形式柔度关系可写为

$$P/P_Y = 8.1 \times 10^{-3}(\delta'E^{*2}/RY^2)^2 = 0.38(\delta'/\delta_Y)^2 \tag{17.48}$$

6. 弹塑性压入的空腔模型

弹塑性压入发生后，有关变形物体内的应力和应变求解方法有两种：一种是有限元法，另一种是空腔模型法。空腔模型法是简化了的弹塑性压入模型，由 Johnson 等提出，根据 Sanuals 等的观察研究，任何钝形压头（包括圆锥形、球形或棱锥形）所引起的表面位移是由初次接触点开始近似地呈放射状，并伴有近似半圆形的等应变外形，如图 17.14 所示。

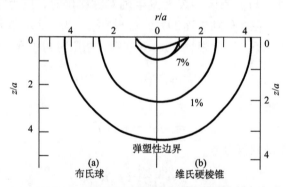

图 17.14　试验所得塑性应变等值线

（a）布氏球形压头（$a/R = 9.51$）所引起的；（b）维氏硬棱锥压头所引起的

如图 17.15 所示，压头的接触表面位于半径为 a 的半圆形的"核心"里。假设在这一核心里存在应力的静水压力分量 $\bar{p}$。假设在核心外面应力和位移为径向对称的，并且与包含有圆形空腔（该空腔受分布压力 $\bar{p}$ 作用）的无限大理想弹塑性体内情况相同。弹塑性边界在半径 c 上，这里 $c > a$。在核心与塑性区的交界面之间：

（a）核心内的静水压应力正好等于外区应力的径向分量。

（b）在压入增量 $\mathrm{d}h$ 过程中，位于边界 $r = a$ 上的质点的径向位移必定适应被压头移动的材料的体积（忽略核心的可压缩性）。

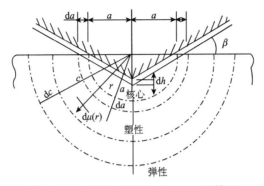

图 17.15　圆锥作弹塑性压入的空腔模型

在塑性区 $a \leqslant r \leqslant c$，应力表示为

$$\sigma_r/Y = -2\ln(c/r) - 2/3$$
$$\sigma_\theta/Y = -2\ln(c/r) + 1/3 \tag{17.49}$$

在弹性区 $r \geqslant c$ 内，应力表示为

$$\sigma_r/Y = \frac{2}{3}(c/r)^3$$
$$\sigma_\theta/Y = \frac{1}{3}(c/r)^3 \tag{17.50}$$

径向位移表达式为

$$\frac{\mathrm{d}\mu(r)}{\mathrm{d}c} = \frac{Y}{E}\{3(1-\nu)(c^2/r^2) - 2(1-2\nu)(r/c)\} \tag{17.51}$$

对于不可压缩材料，核心部位的压力表达式为

$$\frac{\overline{P}}{Y} = -\left[\frac{\sigma_r}{Y}\right]_{r=a} = \frac{2}{3} + 2\ln(c/a) = \frac{2}{3}\left\{1 + \ln\left(\frac{1}{3} \cdot \frac{E\tan\beta}{Y}\right)\right\} \tag{17.52}$$

压头正下方的材料中应力并不是纯静水压力。假如 $\overline{p}$ 表示静水压力分量，法向应力 $\sigma_\theta \approx -(\overline{p}+2Y/3)$，径向应力 $\sigma_r \approx -(\overline{p}-Y/3)$。因此，对球形空腔模型，压入压力 p_m 的最佳估计为 $\overline{p}+2Y/3$。

对于圆形压头，可取 $\tan\beta \approx \sin\beta - a/R$，核心部位的压力表达式可写为

$$\frac{\overline{P}}{Y} = \frac{2}{3}\left\{1 + \ln\left(\frac{1}{3} \cdot \frac{Ea}{YR}\right)\right\} \tag{17.53}$$

对球形空腔模型，根据径向位移公式和核心部位体积守恒要求，可求得在发生完全塑性状况时，弹塑性边界在 $c/a = 2.3$ 处。

7. 塑性压入卸载后残余应力计算

在塑性压入过程中，压头下方的材料在垂直于表面方向受到压缩，而平行于表面的则为径向膨胀。受压固体从塑性变形状态卸载后，在恢复的过程中，垂直于表面的应力降低，但是塑性变形材料的永久性径向膨胀导致的由周围弹性材料

施加的径向压应力仍会保持。为确定残余应力，首先需要了解在塑性加载末期的应力。然后，假设卸载过程是弹性的，与接触压力分布等值反向的表面法向力分布引起一种弹性应力系，残余应力可通过叠加这个弹性应力系得到。接触表面保持无力作用，内部残余力系是自平衡的。

　　沿接触圆心处 z 轴方向，根据式（17.39），Von Mises 等效残余应力为

$$(\bar{\sigma}_e)_r = \frac{1}{\sqrt{2}}\sqrt{(\sigma_r - \sigma_\theta)^2 + (\sigma_\theta - \sigma_z)^2 + (\sigma_z - \sigma_r)^2} \qquad (17.54)$$

σ_r，σ_θ，σ_z 为主应力，且 $\sigma_\theta = \sigma_r$，因此 Von Mises 等效残余应力可写为：$(\bar{\sigma}_e)_r = |\sigma_r - \sigma_z|$。在塑性受压时，沿对称轴有

$$|\sigma_z - \sigma_r| = Y \qquad (17.55)$$

在弹性卸载时：

$$|\sigma_r - \sigma_z| = Kp_m = KcY \qquad (17.56)$$

式中，K 取决于加载末期的压力分布和表层下的深度。因此，两式叠加后给出残余应力差为

$$|\sigma_r - \sigma_z|_r = (Kc - 1)Y \qquad (17.57)$$

在接触表面，令接触压力是均匀分布的压力 p，则塑性加载时，$\sigma_z = -p$，$\sigma_r = \sigma_\theta = -(p - Y)$。弹性卸载叠加的应力为 $\sigma_z = p$，$\sigma_r = \sigma_\theta = \frac{1}{2}(1 + 2\nu)p \approx 0.8p$，最终残余应力为

$$(\sigma_z)_r = 0, \quad (\sigma_r)_r = (\sigma_\theta)_r = Y - 0.2p \qquad (17.58)$$

在接触区外面的塑性区表面，加载引起的应力可近似用空腔模型求解。径向应力是受压的，周向应力是数值较小的拉应力。弹性卸载降低的应力由以下表达式给出：

$$\sigma_r = -\sigma_\theta = -\frac{1}{2}(1 - 2\nu)p_m a^2/r^2 \qquad (17.59)$$

最终的残余应力可由加载和卸载产生的应力叠加后得出。

17.3.2　冲击过程的接触理论

1. 弹性冲击

冲击过程的分析首先从最简单的形式，即对心的弹性冲击开始。Hertz 提出了无摩擦弹性体之间撞击的经典理论，并直接从他的静力弹性接触理论中得出。这一理论称为准静态理论，即假定变形限制于接触区的附近，并由静力理论给出：忽略弹性波动，并假定每一物体的总质量在任一瞬时都以质量中心的速度运动。

　　设有两弹性球，质量分别为 m_1 和 m_2，当它们在点 O 处撞击时正以速度 V_{z1} 和 V_{z2} 沿着共同的中心线运动，即两球体的对心弹性撞击运动。

$$V_{x1} = V_{x2} = \omega_{y1} = \omega_{y2} = 0 \qquad (17.60)$$

　　在撞击过程中，由于弹性变形，它们的中心相互接近一个位移。它们的相

对速度为 $V_{z1}-V_{z2}=\mathrm{d}\delta_z/\mathrm{d}t$，　见图 17.16。在任何瞬时它们之间的相互作用力 P 为

$$P=\frac{4}{3}R^{1/2}E^{*}\delta_z^{3/2}=K\delta_z^{3/2} \tag{17.61}$$

因此可得

$$-\frac{m_1+m_2}{m_1m_2}p=\frac{\mathrm{d}}{\mathrm{d}t}(V_{z2}-V_{z1})=\frac{\mathrm{d}^2\delta_z}{\mathrm{d}t^2} \tag{17.62}$$

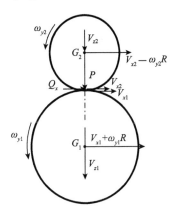

图 17.16　球体的对心撞击

取 ρ 与 δ_z 之间的关系为静弹性接触时的关系式

$$p=\frac{4}{3}R^{1/2}E^{*}\delta_z^{3/2}=K\delta_z^{3/2} \tag{17.63}$$

其中，$\dfrac{1}{E^{*}}=\dfrac{1-\nu_1^2}{E_1}+\dfrac{1-\nu_2^2}{E_2}$，$\dfrac{1}{R}=\dfrac{1}{R_1}+\dfrac{1}{R_2}$。令 $\dfrac{1}{m}=\dfrac{1}{m_1}+\dfrac{1}{m_2}$，则可得

$$m\frac{\mathrm{d}^2\delta_z}{\mathrm{d}t^2}=-K\delta_z^{3/2} \tag{17.64}$$

上式对 δ_z 做积分得

$$\frac{1}{2}\left\{V_z^2-\left(\frac{\mathrm{d}\delta_x}{\mathrm{d}t}\right)^2\right\}=\frac{2}{5}\cdot\frac{K}{m}\cdot\delta_z^{5/2} \tag{17.65}$$

式中，V_z 为两球相互接近速度：$V_z=(V_{z1}-V_{z2})_{t=0}$。将 $\dfrac{\mathrm{d}\delta_z}{\mathrm{d}t}=0$ 代入式 (17.65) 可得最大压缩量 δ_z^{*} 表达式为

$$\delta_z^{*}=\left(\frac{5mV_z^2}{4K}\right)^{2/5}=\left(\frac{15mV_z^2}{16R^{1/2}E^{*}}\right)^{2/5} \tag{17.66}$$

由第二次积分给出压缩时间曲线，于是

$$t=\frac{\delta_z^{*}}{V_z}\int\frac{\mathrm{d}(\delta_z/\delta_z^{*})}{\{1-(\delta_z/\delta_z^{*})^{5/2}\}^{1/2}} \tag{17.67}$$

在最大压缩量对应的时刻 t^{*} 之后，球又重新舒展。由于它们是理想弹性及

无摩擦的，并且忽略波动中所吸收的能量，故变形可完全恢复。所以撞击的总时间 T_c 为

$$T_c = 2t^* = \frac{2\delta_z^*}{V_z} \int \frac{\mathrm{d}(\delta_z/\delta_z^*)}{\{1-(\delta_z/\delta_z^*)^{5/2}\}^{1/2}} = 2.94\delta_z^*/V_z = 2.87\,(m^2/RE^*V_z)^{1/5}$$

(17.68)

以上分析适合球的接触，或在圆面积上作弹性接触的物体。

2. 三维物体冲击情况是否适用准静态理论的判断基础

根据由 Hunter（1956）提出的方法，通过将弹性半空间看作一个与阻尼器并联的弹簧，就能极近似地得到弹性半空间的动力响应。由阻尼器所吸收的能量构成了因波动而发散到半空间的能量。只要系统的时间常数与作用于系统的力脉冲周期相比很短，在撞击过程中力的变化就主要由弹簧控制，即按准静态方式变化，并且由阻尼器所吸收的能量将是撞击总能量的很小的一部分。

Johnson 通过将准静态弹性撞击的力-时间变化近似为

$$P(t) = P^* \sin\omega t = P^* \sin(\pi t/2t^*), \qquad 0 \leqslant t \leqslant 2t^* \tag{17.69}$$

求得弹性半空间的弹簧阻尼器模型具有弹簧刚度 s（$\approx 5\mathrm{Ga}$）与时间常数 $T \approx 0.74a/c_2 \approx 1.2a/c_0$。当这样的系统受到由式（17.69）所表达的力脉冲作用时，如果松弛时间 T 与脉冲的周期 $2t^*$ 相比很短，那么阻尼器所吸收的能量很小，并且响应由弹簧支配。如果现在我们取 a 为常数并等于 a^*，那么时间之比可以写成

$$\frac{T}{2t^*} \approx 0.4\,\frac{a^*V_z}{\delta_z^* c_0} = 0.4\,\frac{RV_z}{a^* c_0} \tag{17.70}$$

为了接近准静态条件，上式必须远小于 1。考虑一个硬钢球体撞击大块钢板某一平表面的情况，其中球体 $m_1 = \frac{4}{3}\pi\rho R_1^3$，板质量 $m_2 \gg m_1$，板厚 $1 \gg R_1$，则 $m = m_1$。于是由上式可得球体撞击钢板表面的准静态判断条件为

$$\frac{T}{2t^*} \approx 0.455\left(\frac{V_z}{c_0}\right)^{3/5} \ll 1 \tag{17.71}$$

由上式可得，只要 $V_z \leqslant 0.002c_0$，就可使 $T/2t^* < 1\%$，a^*、t^* 和 δ_z^* 是最大压缩时刻对应的数值。

3. 非弹性撞击

1）屈服开始发生

弹性撞击过程中，在最大压缩的时刻，如果接触压力 p 达到由 Von Mises 屈服应力给出的 1.60Y，弹塑性材料将在表面下方的某一点达到弹性状态的极限，这里 Y 是较软物体的屈服应力。通过弹性撞击分析中的式（17.63）和式（17.66），可得到接触压力最大：

$$p_0^* = \frac{3}{2\pi}\left(\frac{4E^*}{3R^{3/4}}\right)^{4/5}\left(\frac{5}{4}mV^2\right)^{1/5} \tag{17.72}$$

其中，$\dfrac{1}{E^*}=\dfrac{1-\nu_1^2}{E_1}+\dfrac{1-\nu_2^2}{E_2}$，$\dfrac{1}{R}=\dfrac{1}{R_1}+\dfrac{1}{R_2}$，$\dfrac{1}{m}=\dfrac{1}{m_1}+\dfrac{1}{m_2}$，$V$ 是撞击的相对速度。

代入 $p_0=1.60Y$ 就可得到引起屈服所需的速度 V_Y 的表达式

$$\frac{1}{2}mV_Y^2\approx 53R^3Y/E^{*4} \tag{17.73}$$

当均匀球体撞击大物体表面时，上式可简化为

$$\frac{\rho V_Y^2}{Y}=26\,(Y/E^*)^4 \tag{17.74}$$

ρ 是球的密度。在金属表面引起屈服的撞击速度是非常小的。对硬钢球撞击中硬钢（$Y=1000\mathrm{N/mm^2}$）的情况，$V_Y=0.14\mathrm{m/s}$。显然，金属物体之间的大多数撞击都包含有某些塑性变形。

Johnson 认为，无量纲量（$\rho V^2/Y_d$）对度量金属撞击性质的范围提供了有用的启示，此量被定义为损伤系数。表 17.4 中给出了速度范围及其所对应的变形状态。

表 17.4　速度范围对应的变形状态

范　围	损伤系数（$\rho V^2/Y_d$）	近似速度 $V/(\mathrm{m/s})$
弹性	$<10^{-5}$	<0.1
全塑性压入	$\sim 10^{-1}$	~ 5
浅压入理论的极限	$\sim 10^{-2}$	~ 100
大范围塑性流动，流体动力状态的开始	~ 10	~ 1000
超高速撞击	$\sim 10^2$	~ 10000

密度为 ρ_1 的硬质球撞击密度为 ρ、动态屈服强度为 Y_d 的重块体。取 $P_d=3Y_d$，相比于 $\rho V^2/Y_d$ 的范围取 $\rho_1/\rho\approx 1$，于是可以写出

$$\left[\frac{\frac{1}{2}mV^2}{p_dR^3}\right]=0.72\left(\frac{\rho_1}{\rho}\right)\left(\frac{\rho V^2}{Y_d}\right)\approx\frac{\rho V^2}{Y_d} \tag{17.75}$$

2）中等速度塑性撞击

超声喷丸过程中的丸粒的速度在 100m/s（中等撞击速度一般在 500m/s 以下），属于中等撞击速度，因此我们着重对中等撞击速度下的弹塑性变化过程进行分析。

在弹性撞击分析中，已经得出，只要撞击速度与弹性波速相比很小，就可用准静态的方法求解接触应力。当塑性变形发生时，此条件仍然正确，因为塑性流动的效果是减小接触压力脉冲的强度，从而减少转变为弹性波动的能量。因此在中等的撞击速度条件下，可以利用在静止条件下非弹性接触应力的知识来研究撞击特性。

我们的求解思想是：针对圆形轮廓的接触，通过撞击速度 V 和两物体的性质来决定最大的接触应力、撞击持续时间和"恢复系数"（V'/V）。利用静止条件下非弹性接触应力求解结果来求解沿撞击中心深度方向的应力分布等。

在撞击过程最大压缩时，动能被两碰撞物体的局部弹性及塑性变形所吸收：

$$\frac{1}{2}mV^2 = W = \int_0^{\delta^*} P \mathrm{d}\delta \tag{17.76}$$

式中，$\frac{1}{m} = \frac{1}{m_1} + \frac{1}{m_2}$；$V$ 是撞击的相对速度；δ^* 是最大压缩量。

在最大压缩点之后，物体回跳的动能等于弹性恢复过程中所做的功：

$$\frac{1}{2}mV'^2 = W' = \int_0^{\delta^*} P' \mathrm{d}\delta' \tag{17.77}$$

其中，V'、W'、P' 和 δ' 表示回跳时的值。

从式（17.76）和式（17.77）可看出，在加载与卸载中，撞击情况都由接触的柔度关系 $P(\delta)$ 所决定。在弹性范围内（$P \leqslant P_Y$），加载与卸载是相同的，由式（17.63）表达。较软物体发生初始屈服时，屈服首先发生在表面下的一点处，并且当塑性区扩展至接触表面时，平均接触压力由 $1.1Y$ 上升至达到完全塑性条件时的 $3Y$。此后，在无应变强化时，接触压力近似保持为常数，称为流动压力或屈服压力。

由于弹塑性接触的柔度关系没有精确的定义，因此弹塑性撞击的理论必然是近似的。因为金属物体之间的大多数撞击最终导致完全塑性压入，而对喷丸过程，我们只关心最终的残余应力状况，因此我们可以只对所关心的撞击变形过程的第三个阶段进行研究。

在进行静力分析中，我们做出假定：（a）总的（弹性与塑性）压缩量 δ，由 $\delta = a^2/2R$ 与接触尺寸相联系，即在压痕的边缘处，无"堆积"和"沉陷"；（b）平均接触压力 p_m 为常数，并等于 $3.0Y$。由这些假定可得出柔度关系式（17.45）。它相当好地预测出试验结果。此处采用同样的假定，并利用式（17.76）给出：

$$\frac{1}{2}mV^2 = \int_0^{a^*} \pi a^2 p_d(a/R) \mathrm{d}a = \pi a^{*4} p_d / 4R \tag{17.78}$$

其中，p_d 表示在动态加载过程中的平均接触压力；$\pi a^{*4}/4R$ 是被半径为 R 的压头所挤出的物质的近似体积。

若认为回跳是弹性的，则将柔度关系式（17.47）代入式（17.77）就能给出回跳能量 W'，其中 $P^*(= -\pi a^{*2} p_d)$ 是回跳开始时两物体之间的压力，用式（17.36)消去半径，则回跳动能可以用压痕的尺寸表示为

$$\frac{1}{2}mV'^2 = W' = \frac{3P^*}{10a^* E^*} = \frac{3}{10}\pi^2 a^{*3} p_d^2 / E^* \tag{17.79}$$

从式（17.78）与式（17.79）中消除 a^*，就给出恢复系数的表达式：

$$e^2 \equiv \frac{V'^2}{V^2} = \frac{3\pi^{5/4} 4^{3/4}}{10} \left(\frac{p_d}{E^*}\right) \left(\frac{(1/2)mV^2}{p_d R^3}\right)^{-1/4} \tag{17.80}$$

取 $p_d \approx 3.0Y_d$，其中 Y_d 是动态屈服强度，则

$$e \approx 3.8 \, (Y_\mathrm{d}/E^*)^{1/2} \left(\frac{1}{2} mV^2/Y_\mathrm{d}R^3\right)^{-1/8} \tag{17.81}$$

Tabor（1948）及 Crook（1954）用撞击试验来推断动态加载过程中的平均接触压力 p_d，他们发现动态接触压力比静态屈服压力 p_m 大一个因子。对于屈服应力对应变率敏感的软金属来说，这个因子稍微大一些（表 17.5）。此外还发现，接触压力在整个塑性变形期间并不保持常数，当撞击物减速时，它下降到与回跳开始时的静压力（在表 17.5 中以 p_r 表示）接近的一个值。

表 17.5　金属的动态接触压力与静态接触压力近似关系

金属	$p_\mathrm{d}/p_\mathrm{m}$	$p_\mathrm{r}/p_\mathrm{m}$
钢	1.28	1.09
黄铜	1.32	1.10
铝合金	1.36	1.10

根据表 17.5，取动态接触压力 $p_\mathrm{d}=1.09 p_\mathrm{m}=4.14Y$，取开始恢复时刻接触压力 $p_\mathrm{r}=1.09 p_\mathrm{m}=3.27Y$。$Y$ 是静态屈服应力，恢复系数的表达式可写为

$$e \approx 4.8 \, (Y/E^*)^{1/2} \left(\frac{1}{2} mV^2/YR^3\right)^{-1/8} \tag{17.82}$$

其中，$\dfrac{1}{R}=\dfrac{1}{R_1}+\dfrac{1}{R_2}$；$m=\dfrac{m_1 m_2}{m_1+m_2}$；$\dfrac{1}{E^*}=\dfrac{1-\nu_1^2}{E_1}+\dfrac{1-\nu_2^2}{E_2}$。

总撞击时间由两部分组成：塑性压入时间 t_p 及弹性回跳时间 t'。若取如以前一样的假定，即流动压力 p_d 为常数及压缩量 $\delta=a^2/2R$，则可以计算压入时间。两物体相对运动的方程为

$$m \frac{\mathrm{d}^2 \delta_z}{\mathrm{d}t^2} = -\pi a^2 p_\mathrm{d} = -2\pi R p_\mathrm{d} \delta \tag{17.83}$$

该方程的解为

$$t_\mathrm{p} = (\pi m/8 R p_\mathrm{d})^{1/2} \tag{17.84}$$

假定回跳是弹性的，并由 Hertz 理论控制，则回跳时间 t' 可以从式（17.81）与式（17.68）得到。其结果为

$$t' = 1.2 e t_\mathrm{p} \tag{17.85}$$

由上式可看出，当撞击产生的塑性程度加深时，e 下降，并且回跳时间 t' 成为总撞击时间（$t'+t_\mathrm{p}$）更小的一部分。

以上塑性撞击的简单理论是基于假定最大压缩量 δ^* 近似由 $a^{*2}/2R$ 给出的。要使情况果真如此，a^*/R 必须小于 0.5，因而由式（17.78），$\frac{1}{2} mV^2/p_\mathrm{d}R^3$ 必须大于 0.05。对钢球撞击钢表面的情况，就要求 ν 小于 $100\mathrm{m/s}$，超声喷丸过程的速度明显处于此范围内。

17.4　超声喷丸残余压应力的计算[1,2]

上面介绍的理论似乎太抽象，下面讨论一个具体例子。

首先选择材料，丸粒选用实际应用中的钢弹丸，工件材料选择汽车变速箱齿轮用 20CrMnTi 钢，齿轮是现代机械中应用最广泛的一种机械传动零件。齿轮在啮合时齿面接触处有接触应力，齿根部有最大弯曲应力，可能产生齿面或齿体强度失效。因此，要求齿轮材料有高的弯曲疲劳强度和接触疲劳强度，齿面要有足够的硬度和耐磨性，而要达到这些要求，现实有效的办法就是齿面喷丸强化。表 17.6 显示了理论计算用材料参数。

表 17.6　理论计算用材料参数

材料	密度/(g/cm³)	弹性模量/GPa	泊松比
轴承钢弹丸	7.8	210	0.3
20CrMnTi	7.8	205.67	0.27

对于单个小球体撞击大块体平表面，球体半径为 $R_1 = 0.04$ cm，质量为 $m_1 = (4/3)(\rho\pi R_1^3)$。当喷丸设备频率为 $f = 20$ kHz，输出振幅为 90 μm 时，超声喷丸速度 $V = 10\sim20$ m/s：本书选择 $V = 20$ m/s 进行理论计算。在全塑性压入阶段，塑性流动作用使接触应力分布近似为均布力，取动态接触压力 $p_d = 1.28p_m = 4.14Y$，开始恢复时刻接触应力 $p_r = 1.08p_m = 3.27Y = 2780$ MPa，p_m 为静态时的平均接触压力，Y 是静态屈服应力，Y_b 是动态屈服应力，$Y_b = 1.28Y$。由式（17.49），将已知数值代入公式可求得表面残余应力分布值：

$$(\sigma_z)_r = 0,\ (\sigma_r)_y = (\sigma_\theta)_r = -(p_d - Y_b) + \frac{1}{2}(1+\nu)p_r = 36\ \text{MPa}$$

根据 $\frac{1}{2}mV^2 = \int_0^{a^*} \pi a^2 p_d(a/R)\mathrm{d}a = \pi a^{*4}p_d/4R$ 可求出接触尺度 $a^* = \sqrt[4]{\dfrac{2mV^2R_1}{\pi p_d}} = 0.088$ mm，压缩量 $\delta^* \approx a^{*2}/2R_1 = 0.00968$ mm。

在全塑性变形阶段取 $C = 3$，由式（17.22）、式（17.23）和式（17.7）可求出 K 值。

$$|\sigma_r - \sigma_z| = \left| -p_r\left\{\frac{1+2\nu}{2} - \frac{(1+\nu)z}{(a^{*2}+z^2)^{1/2}} + \frac{z^3}{2(a^{*2}+z^2)^{3/2}}\right\} + p_r\left\{1 - \frac{z^3}{(a^{*2}+z^2)^{3/2}}\right\} \right|$$

$$= KcY$$

当 $z = \lambda a^*$ 时，

$$|\sigma_r - \sigma_z| = \left| 3.27\left\{0.23 + \frac{1.27\lambda}{(1+\lambda^2)^{1/2}} - \frac{3\lambda^3}{2(1+\lambda^2)^{3/2}}\right\} \right| Y = 3KY$$

得出

$$K = \left| 1.09 \left\{ 0.23 + \frac{1.27\lambda}{(1+\lambda^2)^{1/2}} - \frac{3\lambda^3}{2(1+\lambda^2)^{3/2}} \right\} \right|$$

Von Mises 等效残余应力表达式为：$(\bar{\sigma}_e)_r = |\sigma_r - \sigma_z|$，将上式所得 K 值代入式（17.48），可得到沿中心处 z 轴方向 Von Mises 等效应力为

$$|\sigma_r - \sigma_z|_r = (Kc-1)Y = \left\{ \left| 3.27 \left[0.23 + \frac{1.27\lambda}{(1+\lambda^2)^{1/2}} - \frac{3\lambda^3}{2(1+\lambda^2)^{3/2}} \right] \right| - 1 \right\} Y$$

根据上式，对于不同深度处，将 Von Mises 等效应力结果给予表 17.7。

对应的沿深度方向的 Von Mises 等效应力分布曲线如图 17.17 所示。

表 17.7　Von Mises 等效应力

深度 λa^*	$0.2a^*$	$0.4a^*$	$0.64a^*$	$0.8a^*$	a^*	$1.2a^*$	$1.4a^*$	$1.6a^*$	$1.8a^*$
$a^* = 0.088$mm	0.0176	0.0352	0.056	0.0704	0.088	0.1056	0.1232	0.1408	0.1584
等效应力	0.53Y	1.04Y	1.22Y	1.15Y	0.95Y	0.72Y	0.49Y	0.28Y	0.11Y
$Y=850$MPa 时应力值	450	886.7	1039	978	811	610	415	240	90

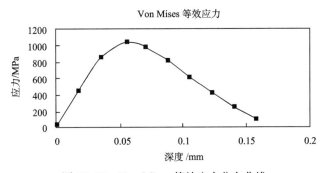

图 17.17　Von Mises 等效应力分布曲线

根据球形空腔模型，在完全塑性变形状况下，考虑动态效果，令表面动态接触压力为

$$p_d = 1.28 p_m = 3.84Y$$

由 $p_m = \bar{p} + \frac{2}{3}Y_m$，取静态压力 $\bar{p} = \frac{7}{3}Y_d = 2.99Y$，则 $\frac{Ea}{YR} \approx 36.5$。

由弹塑性边界位置条件可得到 $c/a = 1.975$，根据前述公式可以得到：在塑性区 $a \leqslant r \leqslant c$，残余应力表示为

$$(\sigma_r)_r = [-2\ln(c/r) - 2/3]Y + \frac{1}{2}(1-2\nu)3.27Y(a^2/r^2)$$

$$(\sigma_\theta)_r = [-2\ln(c/r) + 1/3]Y + \frac{1}{2}(1-2\nu)3.27Y(a^2/r^2)$$

在弹性区 $r \geqslant c$ 内，残余应力表示为

$$(\sigma_r)_r = -\frac{2}{3}(c/r)3Y + \frac{1}{2}(1-2\nu)3.27Y(a^2/r^2)$$

$$(\sigma_\theta)_r = \frac{1}{3}(c/r)3Y + \frac{1}{2}(1-2\nu)3.27Y(a^2/r^2)$$

令深度表达式 $r = \lambda a^*$，则沿 z 轴方向残余应力分布见表 17.8。核心内压头正下方的材料的应力之横向应力为

$$\sigma_\theta \approx -(\overline{p} + 2Y_d/3) + \frac{1}{2}(1-2\nu)3.27Y(a^2/r^2) = -0.8316Y = -706.8 \text{ MPa}$$

纵向应力为

$$\sigma_r \approx -(\overline{p} - Y/3) + \frac{1}{2}(1-2\nu)3.27Y(a^2/r^2) = 0.3484Y = 296 \text{ MPa}$$

当 $r = 0.5a^* = 0.08$ mm 时，$\sigma_z \approx -706.8$ MPa，$\sigma_r \approx 296$ MPa，对应的沿深度方向的横向和纵向残余应力分布曲线如图 17.18 所示。

表 17.8　沿 z 轴方向残余应力分布

深度 $r = \lambda a^*$	a^*	$1.2a^*$	$1.4a^*$	$1.6a^*$	$1.8a^*$	$1.9a^*$	$2.0a^*$	$2.1a^*$	$2.2a^*$
$a^* = 0.088$mm	0.083	0.1056	0.1232	0.1408	0.1584	0.1672	0.176	0.1848	0.1936
横向应力 σ_θ	$-0.276Y$	$-1.14Y$	$-0.97Y$	$-0.794Y$	$-0.62Y$	$-0.54Y$	$-0.45Y$	$-0.38Y$	$-0.327Y$
$Y=850$MPa 应力值	-1084	-970	-825	-675	-527	-455	-385	-326	-278
纵向应力 σ_r	$-1.28Y$	$-0.14Y$	$0.029Y$	$0.21Y$	$0.38Y$	$0.464Y$	$0.51Y$	$0.45Y$	$0.4Y$
$Y=850$MPa 应力值	-234	-120	25	175	323	384	432	380	337

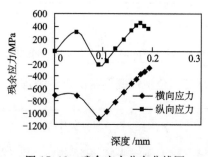

图 17.18　残余应力分布曲线图

17.5　喷丸表层塑性变形[3,4]

17.5.1　喷丸表层塑性变形层

在喷丸过程中，弹丸高速撞击材料/工件表面，相当于数量众多的微型锤头在

锤击表面材料，其锤击点也可能相互重叠，即某个区域受到多次重复击打。图 17.19（a）～（c）给出喷丸表面的塑性变形层。工件最表层的材料在受击部位有辐射状延伸，应力超过屈服极限，从而形成永久性的凹坑，在其下的一定深度内存在塑性变形层（图 17.19（a））。各个弹丸撞击而形成的凹坑直径比弹丸直径小，深度也不大，就整个表面来说，凹坑比较平缓。凹坑的直径与选用的弹丸粒径有关，约在十分之几范围内。另外，凹坑直径还受弹丸速度和入射角的影响。喷丸后除外形的变化外，组织结构也发生变化，位错数量增加，并出现亚晶界和晶粒细化现象（图 17.19（b））。喷丸后的零件如果又受到交叉载荷或温度的影响，结构将再度改变，因为喷丸引起组织结构变化并不稳定，有向稳定态转化的趋势（图 17.19（c））。

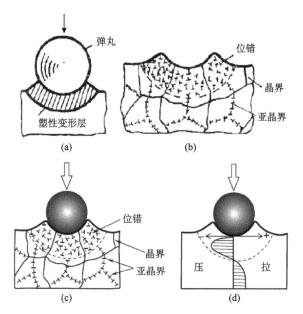

图 17.19　喷丸表面的塑性变形层和喷丸后的应力分布
（a）喷丸撞击表面；（b）喷丸后的组织结构；
（c）交叉载货（或温度）作用下组织和位错结构的变化；（d）喷丸后的应力分布

喷丸时使用的弹丸数量巨大，每单位面积上受到撞击的次数也相当惊人，才能使工件各部位都得到均匀喷射的机会。如果以直径为 0.3～0.8mm 的弹丸，喷射 100～150 kg/m² 弹丸为例，由于名义直径为 0.3mm 的弹丸，每千克包含 $7.5×10^6$ 粒，按统计平均计算的理论覆盖率达到每平方厘米撞击 75000～112000 次之多；名义径 0.8mm 的弹丸每千克包含 $3.4×10^5$ 粒，也能达到每平方厘米撞击 3400～5100 次。实际的覆盖率与上述理论覆盖率有差异，因为工件表面存在喷射重叠的区域和未受到弹丸撞击的空白点。

金属零件喷丸后，表层有塑性变形和组织变化，图 17.20 为受喷零件显微组织的金相照片，其中最上面一薄层显示弹丸撞击而引起的金属组织变化，冷塑性变形层的范围清楚可辨。图 17.20（a）为铝合金工件经球形钢丸喷射后，在 100 倍的显微镜下制作的磨片。峰谷起伏表示喷丸后表面的形貌，它直接决定了表面的粗糙度。生产上选择喷丸工艺时，表面粗糙度常常是考虑的重要方面。

　　图 17.20（b）的上半部为钢板经球形钢丸喷射完全去除氧化皮后的磨片，其中冷加工范围十分明显；下半部为粗糙度测量仪扫描的轮廓，与表面真实轮廓稍有差异。

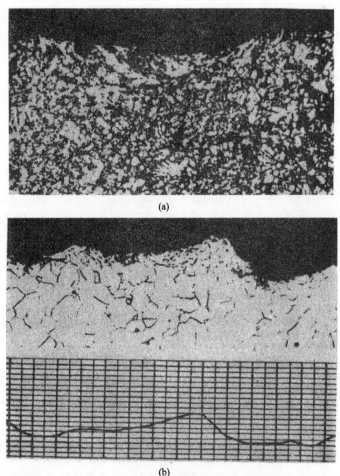

图 17.20　　金属零件喷丸后表面塑性变形

　　表面变形层是喷丸的一个重要参数，它影响受喷表面在日后零件使用中的可靠性。喷丸后变形层的深度将受到多方面因素的制约，就喷丸零件方面而言，它的材料成分、组织和极限性能都是重要因素。另外，所采用的弹丸的硬度、粒度、喷丸时的弹丸速度，以及入射角和喷射时间等，也都影响变形层的深度。在现代喷丸工艺中，弹丸的速度根据不同的目标可取 20～300m/s，其最大速度已接近声速。目前国内叶轮式喷雾机的喷射速度为 70～80m/s。

17.5.2　塑性变形的形成机理

金属塑性变形的微观理论，一般都建立在晶体运动的基础上，它由取向无序的多晶体（晶粒）组成，即承认小范围的各向异性。

金属的塑性变形来源于晶面间滑移、孪生（双晶）、晶界滑移、扩散性蠕变等晶体运动，而晶面间的滑移是最主要的变形方式。

变形后的金属晶体内存在的滑移带和滑移线反映了晶体的滑移运动。试验时可将一块经过抛光和腐蚀的纯金属（铁、铝或铜）通过一定程度的拉伸或压缩使其变形，然后置于金相显微镜下观察，就能发现晶粒内部的条形滑移带；如果显微镜的放大倍数足够大，还能发现滑移带是由许多密集的、细小的线条组成的，即称为滑移线（图 17.21）。

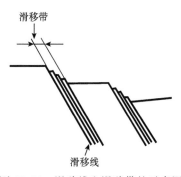

图 17.21　滑移线和滑移带的示意图

一般地，金属的原子滑移容易在原子排列最密的晶面，其晶面间的距离最大，晶面间结合力最弱，而晶面上由于原子间距小，结合力较强，因此，在切应力作用下，晶面间就容易滑移，这种晶体内的原子滑移就是金属塑性变形的原因。

图 17.22 为晶体中晶面间距的示意图，其中Ⅰ组晶面为原子最密堆面，Ⅱ和Ⅲ组晶面的原子密堆都小于Ⅰ组晶面。图 17.23 为三种最常见的晶体点阵中最密堆面的原子排列形式，由图可见，体心立方的密堆为 {110}、面心立方为 {111}，密堆六方为 {0001}。

由于立方点阵金属的最密堆面数目较多，这类材料的塑性变形能力较强，如铁、铝、铜等。晶体内晶面之间的滑移需要一定的切应力，能启动滑移切应力称为临界切应力。晶面间的滑移是通过晶体内位错的移动而实现，并不是晶面两侧的部分晶体相互的整体滑动。位错是一组晶体缺陷，它可以是由一组缺损或一组键断裂而形成的多余原子半平面，也可以是原子排列受到破坏而形成的点阵畸变等。图 17.24 为位错在晶体中运动过程的示意图。图中晶体存在一个多余原子半

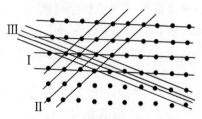

图 17.22　晶面间距的示意图

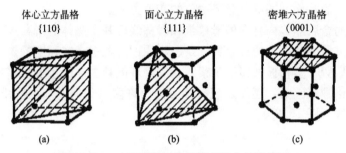

图 17.23　三种最常见的晶体点阵中的滑移面

平面，它在切应力的作用下一格一格地自左向右运动，使位错中心逐步从左方移到了右方，结果是晶体的上半部分相对下半部分滑移了一个原子间距。不难理解，它所需要的切应力要比整体滑动所需的切应力小得多。有试验证明，对铜、锌等金属的临界切应力值分别为 1.0MPa、0.94MPa。

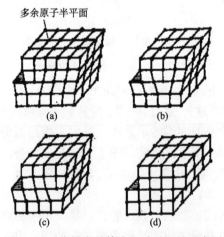

图 17.24　位错在晶体中运动过程的示意图

在实际金属晶体中，总存在一定数量的位错。退火处理后的金属位错数目较少，相反，较少喷丸处理后表层内位错数量大大增加，这说明金属塑性变形时晶体的位错必须以某种方式增加，这样，金属材料的机械性能和残余应力都有影响。

必须说明，喷丸工艺中，需接受喷丸的金属材料常为多晶体，它的塑性变形比上述过程更复杂。

17.5.3　喷丸表层的残余应力

1. 喷丸残余应力的产生

残余应力产生的原因通常可分为三类：①不均匀的塑性变形；②不均匀相变；③热膨胀系数不匹配，温度变化不均匀。从变形的角度来说，喷丸过程中残余应力的产生主要是因为高速弹丸的作用下金属材料内部组织与表层组织发生的塑性变形的不均匀性，即材料表层（受喷部位）的变形量最大，随着深度的增加变形量逐渐减少，明显表现为内部材料与表层材料变形不均匀，可以说喷丸残余应力是发生不均匀塑性变形的金属材料内部需要保持平衡而形成的相互作用。

从做功的角度来说，可将对金属零部件表面进行喷丸处理看成是一个通过能量转换，使零部件表层组织的结构，甚至表层材料的外形发生变化的过程。喷丸过程中，弹丸连续轰击零部件表面，对其做变形功，使其发生宏观塑性变形。而做功的过程实际上是能量转化或转移的过程，即能量吸收、储存—能量转换—能量释放。喷丸过程中，弹丸对零部件连续轰击所做的变形功，除了大部分转变成热能并释放外，部分能量使零部件发生宏观的塑性变形，只有极小部分的能量（约占变形功的 10%）存储在零部件内，以畸变能的形式存在。这些存储的能量使材料内部各部分之间产生相互作用，从而形成喷丸残余（内）应力。零部件内部实际应力的情况非常复杂，除了位错之间的交互作用，还要受到位错与点缺陷，以及位错与晶界、亚晶界相互作用的影响，是诸多因素引起的晶格畸变的综合结果。由喷丸产生的不均匀变形受位错与点缺陷相互作用的影响相对较小，变形层内大量晶格畸变的形成主要归结于位错间的交互作用以及与晶界、亚晶界的相互作用，而实际上晶界和亚晶界均是由大量的位错堆积而成的。因而可以说，喷丸残余内应力是晶格畸变的一种表现，而位错是造成晶格发生畸变的重要因素。喷丸引起的应力分为三类。

1）第 I 类内应力

材料中第 I 类内应力属于宏观应力，其作用与平衡范围为宏观尺寸，此范围包含了无数个小晶粒。在射线辐照区域内，各个小晶粒所承受的内应力差别不大，但不同取向晶粒中同族晶面间距则存在一定差异。根据弹性力学理论，当材料中存在单向拉应力时，平行于应力方向的（hkl）晶面间距收缩减小（衍射角增大），同时垂直于应力方向的同族晶面间距拉伸增大（衍射角减小），其他方向的同族晶面间距及衍射角则处于中间。当材料中存在压应力时，其晶面间距及衍射角的变化与拉应力相反。材料中宏观应力越大，不同方位同族晶面间距或衍射角的差异就越明显，这是测量宏观应力的理论基础。从严格意义上讲，只有在单向应力、平面应力以及三方向应力不等的情况下，这一规律才正确。有关宏观应力的研究已比较透彻，其 X 射线测量方法已十分成熟，本书主要讨论宏观应力测量问题，若不作特别说明，材料内应力均是指宏观应力。

2）第 II 类内应力

材料中第 II 类内应力是一种微观应力，其作用与平衡范围为晶粒尺寸数量级所示。在射线的辐照区域内，有的晶粒受拉应力，有的则受压应力。各晶粒的同族（hkl）晶面具有一系列不同的晶面间距 $d_{hkl} \pm \Delta d$ 值。即使是取向完全相同的晶粒，其同族晶面的间距也不同。因此，在材料的射线衍射信息中，不同晶粒对应的同族晶面衍射谱线位置将彼此有所偏移，各晶粒衍射线的总和将合成一个在 $2\theta_{hkl} \pm \Delta 2\theta$ 范围内宽化的衍射谱线。材料中第 II 类内应力（应变）越大，则射线衍射谱线的宽度越大，据此来测量这类应力（应变）的大小，相关内容已在第 7 章介绍。

必须指出的是，多相材料中的相间应力，从其作用与平衡范围上讲，应属于第 II 类应力的范畴。然而不同物相的衍射谱线互不重合，不但造成衍射线宽化效应，而且可能导致各物相的衍射谱线位移。因此，其射线衍射效应与宏观应力类似，故又称为伪宏观应力，可以利用宏观应力测量方法来评定这类伪宏观应力。

3）第 III 类内应力

材料中第 III 类内应力也是一种微观应力，其作用与平衡范围为晶胞尺寸数量级，是原子之间的相互作用应力，如晶体缺陷—空位、间隙原子或位错等周围的应力场等。根据衍射强度理论，当射线照射到理想晶体材料上时，被周期性排列的原子所散射，各散射波的干涉作用使得空间某方向上的散射波互相叠加，从而观测到很强的衍射线。在第 III 类内应力作用下，部分原子偏离其初始平衡位置，破坏了晶体中原子的周期性排列，造成了各原子射线散射波周相差的改变，散射波叠加，即衍射强度要比理想点阵的小。这类内应力越大，则各原子偏离其平衡位置的距离越大，材料的射线衍射强度越低。由于该问题比较复杂，目前尚没有一种成熟方法来准确测量材料中的第 III 类内应力。

2. 喷丸残余应力的分布特征

喷丸过程中零部件表层与内部变形的不均匀性导致了残余应力的非均匀分布，即在零部件表层引入了具有一定深度范围的残余压应力场，随着变形层深度的增加，残余压应力先增大，并在次表层达到最大值，但随后逐渐衰减，到一定深度后甚至可能会出现微弱的残余拉应力。图 17.25 为喷丸表面典型残余压应力沿层深分布曲线，图中 σ_{srs}、σ_{mtrs}、σ_{min}、Z_m、Z_0 是表征残余压应力场的五个重要参数，分别表征表面残余压应力、最大残余压应力、最小残余压应力、最大残余压应力层深、残余压应力的作用层深（残余压应力场深度）。

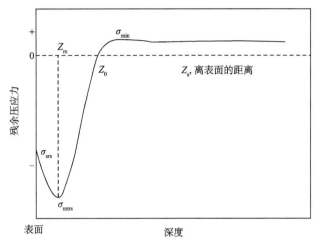

图 17.25   喷丸表面典型残余压应力沿层深分布曲线

喷丸残余应力分布不仅受喷丸强度等工艺参数的影响，还与受喷材料自身的硬度和强度有关。当喷丸强度一定时，材料的硬度（或强度）越大，引入的残余压应力场深度（Z_0）越小。对于同一种材料，喷丸强度越高，Z_0 值越大，同时 σ_{srs} 与 σ_{mtrs} 亦越大，但 σ_{mtrs} 值不可能超过材料的屈服强度。Wohlfahrt 等在开展喷丸残余应力场的研究时还发现，材料表面能否产生 σ_{mtrs} 与其表层材料塑性变形的程度密切相关，即材料的强度越高，则越容易在其次表层形成残余压应力的峰值。

由于塑性变形和微观应力的存在会引入晶体缺陷，如位错、层错等。

17.6   应力强化机理[3,4]

以往的许多喷丸规范标准文件中，都把喷丸引入零件的残余应力当作改善疲劳、应力腐蚀断裂抗力的唯一强化机理，所以很有必要进一步研讨喷丸强化工艺中的强化机理。王仁智教授[5]在"金属材料的喷丸强化原理及强化机理综述"一文中以疲劳断裂为主，用喷丸强化处理改变疲劳断裂抗力来讨论喷丸应力强化机理。

喷丸强化机理中的残余应力强化机理，按照材料发生的疲劳断裂模式（fatigue fracture mode，FFM），或者是由正应力（σ）或切应力（τ）引起的疲劳断裂来区分，可分成三类：

（i）正应力引起的正向拉伸断裂模式（normal tensile fracture mode，NT-FM）；

（ii）切应力 τ 引起的纵向剪切断裂模式（longitudinal shear fracture mode，LSFM），横向剪切断裂模式（transverse shear fracture mode，TSFM）。

（iii）对于拉-拉（拉-压）、纯弯曲、旋转弯曲等加载方式，当沿与主应力成

45°斜截面上完成了第 I 阶段疲劳裂纹萌生之后，过渡到第 II 阶段疲劳裂纹扩展直至发生断裂主要是在外施的交变正应力作用下完成的。这种加载方式的宏观疲劳断口形貌只有一种，即 NTFM 断口，其表面基本上与外施正应力方向垂直，但是，承受交变扭转应力的材料/零件（如轴类、圆柱螺旋弹簧等）其宏观疲劳断裂则可能出现三种断裂模式，即除了 NTFM 之外，还可能出现 LSFM 和 TSFM 断口。下面通过正应力与切应力两种加载方式作用下对样品的受力分析，解释喷丸引入残余应力在改变疲劳断裂抗力中的强化机理。

17.6.1　外施正应力与喷丸残余正应力作用

外施正应力与喷丸残余正应力作用于圆柱体内单元体任意截面上的受力分析，如图 17.26 所示，外施交变正应力（σ）与喷丸残余正应力（σ_z）共同作用于单元体任意斜截面 $\mathrm{d}F$。

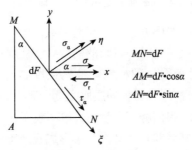

$MN = \mathrm{d}F$
$AM = \mathrm{d}F \cdot \cos\alpha$
$AN = \mathrm{d}F \cdot \sin\alpha$

图 17.26　外施交变正应力 σ 与喷丸残余正应力 σ_z 共同作用
于单元体任意斜截面上的受力图

取参考坐标系 η 与 ξ 分别与斜截面垂直与平行。根据 P 的平衡方程：$\sum P_\eta = 0$，$\sum P_\xi = 0$，计算得

$$\sigma_\alpha = (\sigma_r - \sigma)\cos^2\alpha$$
$$\tau_\alpha = \frac{1}{2}(\sigma_r - \sigma)\sin 2\alpha \tag{17.86}$$

根据式（17.85）在表 17.9 中列出了作用于 4 个特定角度斜截面上的 σ_α 和 τ_α 计算值。

表 17.9　作用于 4 个特定角度斜截面上的 σ_α 与 τ_α 计算值

$\alpha/(°)$	σ_α	τ_α
0	$\sigma_r - \sigma$	0
45	$\frac{1}{2}(\sigma_r - \sigma)$	$\frac{1}{2}(\sigma_r - \sigma)$
90	0	0
135	$\frac{1}{2}(\sigma_r - \sigma)$	$\frac{1}{2}(\sigma - \sigma_r)$

表 17.9 中的计算结果表明：

（1）残余应力与外施交变正应力发生交互作用后，导致外施交变应力的最大值降低，材料/零件实际承受的最大交变应力值下降，由此提高了其疲劳断裂抗力。

（2）最大交变正应力 σ_a 只作用在 $\alpha=0^\circ$ 的截面上，其值为（$\sigma_r-\sigma$），所以这种加载条件的疲劳断裂模式基本上都是 NTFM，其宏观断口与 σ_a 的作用方向垂直。

综上所述，可知在上述规定的加载条件下，喷丸引入的残余压应力只是通过削减外施交变正应力中的最大值，达到提高其疲劳断裂抗力的目的。这就是"应力强化机理"的原理。

但是这里还必须指出，喷丸引入残余压应力的同时，还引发材料显微组织发生改性，由此必然导致材料的力学行为的变化，当显微组织发生改性后，材料的力学行为是提高还是降低，取决于材料的循坏应变特性，对此这里不作赘述。

17.6.2　外施扭转切应力与喷丸残余正应力作用

外施扭转切应力与喷丸残余正应力作用于圆柱体内单元体任意截面上的受力分析，如图 17.27 所示。外施交变切应力（τ）与喷丸残余正应力 σ_z 共同作用于单元体任意斜截面 $\mathrm{d}F$。

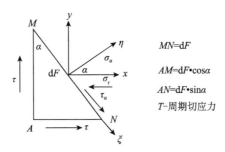

图 17.27　外施交变切应力 τ 与喷丸残余正应力 σ_z 共同作用
于单元体任意斜截面上的受力图

取参考坐标系 η 与 ξ 轴分别与斜截面垂直与平行，根据力的平衡方程 $\sum P_\eta = 0$，$\sum P_\xi = 0$，计算得

$$\begin{cases} \sigma_\alpha = \sigma_r\cos^2\alpha - \tau\sin2\alpha \\ \tau_\alpha = \dfrac{1}{2}\sigma_r\sin2\alpha + \tau\cos2\alpha \end{cases} \tag{17.87}$$

根据式（17.87），表 17.10 中列出了作用于 4 个特定角度斜截面上的 σ_α 与 τ_α 计算值。

表 17.10　作用于 4 个特定角度斜截面上的 σ_α 和 τ_α 计算值

$\alpha/(°)$	σ_α	τ_α
0	σ_r	τ
45	$\frac{1}{2}\sigma_r - \tau$	$\frac{1}{2}\sigma_r$
90	0	$-\tau$
135	$\frac{1}{2}\sigma_r + \tau$	$-\frac{1}{2}\sigma_r$

表 17.10 中的计算结果表明：

（1）在外施载荷只是交变切应力的受力条件下，材料/零件有可能发生正断型模式的断裂，也可能发生纵/横向切断型模式的断裂，这取决于外施交变切应力的水平。

（2）若发生 NTFM 断裂，则断口表面法线与 x 轴间的夹角为 15°或 135°。在这种受力条件下，应力强化机理对疲劳断裂抗力的改善起主导的强化作用；

（3）若发生 LSFM 或 TSFM 断裂，疲劳断口表面法线与 x 轴间的夹角 α 为 0°或 90°。但是，喷丸残余正应力 σ_z 在这两个角度上的切应力分量为零，见表 17.10 中第 4 行，这说明喷丸引入的残余压应力 σ_r 与外施的交变切应力 τ 之间无交互作用，换句话讲，应力强化机理对改变切应力作用下发生 LSFM 或 TSFM 断裂抗力完全失效。然而，实际上喷丸处理仍能改善发生 LSFM 和 TSFM 断裂的断裂抗力机理，这说明，除了"应力强化机理"之外，喷丸强化机理中还存在另外一种能改善由交变切应力引发产生疲劳断裂抗力的新机理，为了探索这种新的强化机理，首先必须较全面地了解金属材料的"扭转疲劳机理"。

17.7　扭转疲劳断裂机理图揭示的若干断裂规律[3,4]

疲劳断裂模式的试验研究虽然经历了一个多世纪，但是对于圆柱体扭转疲劳断裂机理的系统研究至今公开发表的论文只有一篇，参见文献 [8]。图 17.28 示出了由合金结构钢的剪切屈服强度 τ_s、外施切应力振幅 τ_α，疲劳断裂寿命 N_f 以及疲劳断裂模式（FFM）等参量构成的圆柱体"扭转疲劳断裂机理图"（torsinal fatigue fracture mechanism map，TFFMM）的原理。

扭转疲劳有三种基本断裂模式：

（1）NTFM 发生在外施交变切应力幅值处于较低的范围，见图 17.28，称 I 型为张开型断裂，宏观断口表面切割圆柱体样品后，在样品外表面遗留的切割痕迹如图 17.29（a）所示。

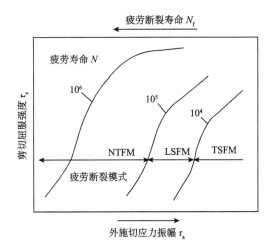

图 17.28 合金结构钢的扭转疲劳断裂机理原理图

（2）LSFM 发生在外施交变切应力幅值处于中等水平的范围，见图 17.28，称Ⅲ型为撕开型断裂，宏观断口表面切割样品后在样品外表面遗留的切割痕迹如图 17.29（b）所示。

（3）TSFM 发生在外施交变切应力幅值处于最高水平的范围，见图 17.28，称Ⅱ型为滑开型断裂，宏观断口表面切割样品后在样品外表面遗留的切割痕如图 17.29（c）所示。

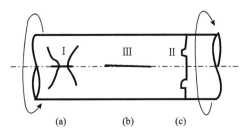

图 17.29 扭转疲劳的三种断裂模式在圆柱体样品外表面上
出现的宏观裂纹走向示意图
(a) NTFM（Ⅰ——张开型）；(b) LSFM（Ⅲ——撕开型）；
(c) TSFM（Ⅱ——滑开型）

疲劳断裂模式与材料剪切屈服强度（τ_s）和外施切应力振幅（τ_a）间的函数关系为

$$(\text{FFM}) = f(\tau_s,\ \tau_a)$$

当 τ_s＝常数时，FFM 的变化只取决于 τ_a；当 τ_a＝常数时，FFM 的变化只取决于 τ_s。

三种断裂模式变化中的替代转换规律：

随着 τ_a（或 τ_s）的连续变化，三种断裂模式将遵循替代转换规律依次发生以下顺序的转换：

NTFM→LSFM→TSFM。

任何一种断裂模式的断裂寿命随其屈服强度的提高而增长。

在 τ_a＝常数的条件下，任何模式的断裂寿命（N_f）与其 τ_a 之间的变化均呈正比关系。由图 17.29 可见，任何一种断裂模式范围内，在 τ_a 恒定的条件下，通过对循环应变硬化特性的材料进行喷丸，迫使表层显微组织结构发生循环应变硬化而使得材料剪切屈服强度提高，由此便可达到改善 NTFM，特别是改善 LSFM 与 TSFM 疲劳断裂抗力的目的。

17.8　晶粒细（纳米）化机理[5~7]

在用衍射方法表征晶粒大小的过程中，先后出现嵌镶块（mosaic block）、畴（晶块）（domain）、晶粒（grain）、微晶（crystallite）和纳米晶（nano-grain）许多名词。根据谢乐公式的严密推导，其中 D_{hkl} 是指参与衍射晶体 $\langle hkl \rangle$ 方向尺度，也就是晶粒在 $\langle hkl \rangle$ 方向的尺度。比如，立方晶系材料的 D_{111} 就是晶粒的 [111]、[$\bar{1}$11]、[1$\bar{1}$1] 和 [11$\bar{1}$] 四个方向尺度的平均值。因此，相对而言，"晶粒"这个名词是比较确切、科学的。嵌镶块和畴的叫法不妥，也太通俗。微晶和纳米晶仅是晶粒大小分别在微米（μm～亚 μm）和纳米（几 nm～100nm）量级时的叫法。因此，晶粒细化是晶粒从大变小的过程，把晶粒向纳米尺度方向细化，其尺度又能达到纳米量级的过程称为纳米化是很确切的。

剧烈塑性变形方法是制备纳米晶、亚微米晶材料的一种有效方法，喷丸进行材料表面纳米化是一种利用 SP 原理制备纳米材料的方法。喷丸是在一定条件下，用弹丸轰击金属材料表面的一种冷加工工艺，也是实现表层自身细晶化、纳米化的途径之一。弹丸多方向、长时间与试样表面发生碰撞，每次碰撞后都会在试样表面产生一个应力、应变场，相应的沿不同方向产生塑性变形。多次碰撞后，任何一个小体积元沿不同方向的微观变形量都非常大，最终导致材料表面的晶粒得以细化，且保持材料成分和物相结构不变，进而改变材料的力学性能。

喷丸过程中丸粒与试样表面反复发生碰撞而使得样品表面产生大量凹坑，产生剧烈塑性变形，经过长时间处理后会使晶粒得到一定程度的细化，进而提高材料的硬度。喷丸这种表面纳米化处理技术将纳米晶体材料的与传统工程金属材料相结合，在工业上具有极其重要的应用价值。

在固定工艺参数时，材料的塑性变形方式和晶粒细化机理主要与层错能（SFE）有关。高层错能金属的纳米化主要是通过位错运动来完成的；低层错能金属则依靠机械孪生（孪晶）；而具有中等层错能的金属则存在着位错运动和机械孪生两种变形方式。

表 17.11 给出不同结构材料的层错能与变形方式。从表 17.11 可以看到,在表面机械加工自身纳米化处理过程中,晶粒细化与塑性变形机理主要取决于金属的晶体结构及层错能大小。对于滑移系比较多的立方系金属,高层错能材料的塑性变形一般通过位错运动,低层错能材料通过机械孪生,中等层错能材料则两种变形方式均可发生。对于滑移系比较少的密堆六方(cph)金属材料,由于滑移系较少,即使层错能较高,也会有机械孪生存在。到目前为止,Fe、Al、Cu、316Lss、Inconel600、304ss、Ti、Co、低碳钢、铝合金、钛合金等材料表面自纳米化的晶粒细化机理均有报道。其中最具代表性的是 Fe、Cu、304ss、Ti,了解这几种材料的晶粒细化机理,就可以大致了解各种金属材料的表面自纳米化的晶粒细化机理。

表 17.11 不同结构材料的层错能与变形方式[9]

材料	Fe	Al	Cu	316Lss	304ss	Ti	Mg	Co
晶体点阵	bcc	fcc	fcc	fcc	fcc	cph	cph	cph
层错能/(mJ/m²)	200	166	78	40	21	300	60~78	27
变形方式	位错运动	位错运动	位错运动,机械孪生	位错运动,机械孪生	机械孪生	位错运动,机械孪生	位错运动,机械孪生	位错运动,机械孪生

(1)Fe 晶体结构属于体心立方(bcc)结构,具有较高的层错能。当表面受到弹丸撞击而以较高的应变速率产生塑性变形时,会引起材料原始粗晶粒中的滑移系开始沿各自的滑移面滑移(具体的滑移面与晶粒的取向有关);随应变不断增加,位错不断滑移的结果是,在有些晶粒中形成密集位错墙(DDW),在有些晶粒中形成位错缠结(DT);由于弹丸是从各个方向撞击试样表面,应变路径不断变化,所以即使在同一个晶粒中,滑移系也会不断变化,形成多滑移或交滑移,并与当前滑移系中的位错或前面变形过程中形成的位错相互作用(如 DDW 的交割),从而形成位错胞,这样就有效地将原始粗晶组织细化。随着变形的不断进行,DDW 和 DT 累积的位错越来越多,当 DDW 和 DT 能量比亚晶界的能量高时,DDW 和 DT 中的位错就会通过湮灭、重组而转变成更稳定的亚晶界;亚晶界的取向差比 DDW 和 DT 更高,但总体上仍然较小,一般也称小角晶界。随着变形的进一步进行,亚晶界也会通过位错的湮灭、重组使取向差不断增加;同时,由于晶粒不断细化,晶界滑移或晶粒转动也会更容易,这也促使亚晶界向任意取向的晶界转变。变形不断进行,DDW 和 DT 又可以在细化的晶粒或亚晶粒中形成,以同样的方式将晶粒进一步细化,当晶粒中位错的增殖速率与淹没速率相平衡时,晶粒就不能再被细化,从而获得稳定的晶粒尺寸。这类材料的晶粒细化机理如图 17.30(a)所示。

类似的材料还有 Al 及其合金,低碳钢等。

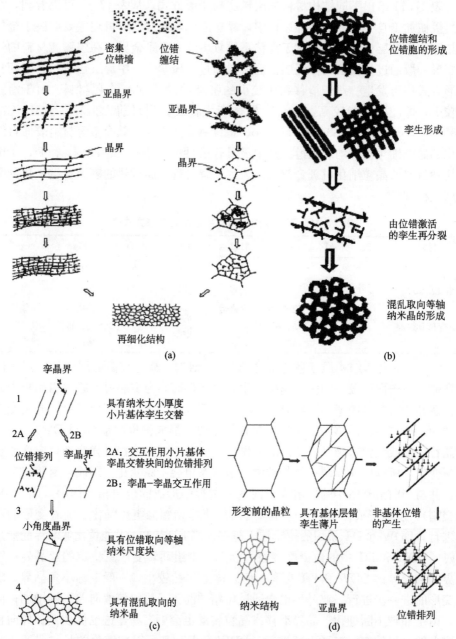

图 17.30　结构和层错能不同的材料晶粒细化机理示意图

(a) 纯铁；(b) 316Lss；(c) 304ss 与 Inconel 600；(d) 纯钛

　　(2) Cu 晶体结构属于面心立方（fcc）结构，具有中等的层错能。纯铜的变形方式主要是位错运动，随着应变量的增加依次形成了由较厚位错墙分割的等轴状位错胞、晶粒尺寸逐渐减小而取向差逐渐增大的亚微晶和取向呈随机分布的纳米晶。机械孪生只发生在表面附近应变量较大的、晶体学取向不适合位错运动的晶粒中，其作用主要是调整晶粒取向，使晶粒碎化易于以位错运动方式进行。

（3）316Lss 晶体结构属于 fcc 结构，具有较低的层错能。在外加载荷的作用下，因位错运动所需的临界分切应力小于机械孪生，在奥氏体粗晶内部首先产生大量位错，当位错密度达到一定程度时，通过位错的湮灭和重组而形成位错胞；随着位错的不断增殖，当大量位错的交滑移受阻时，就会产生应力集中，诱发机械孪生，将显微组织"切割"成片层状，一般称为薄层状孪生基体交替块（lamellar twin-matrix alternate blocks，LTMABs），其厚度在亚微米量级内变化（取决于层深，亦即应变量），同时所有孪晶一般终止于晶粒内部或相邻孪晶的边界处（说明孪晶生长的驱动力还不足以克服晶界、孪晶界的阻碍）；随着应变的增加，位错运动开始在孪晶分割而成的层片状组织内部起作用，这样就可以在LTMABs 内部的机械孪生变得更加困难时进一步与塑性变形相适应。为了降低变形能，LTMABs 内的位错排列成位错墙的形式。随着应变的进一步增加，位错墙逐渐演变成亚晶界，从而 LTMABs 分割成具有较小取向差的等轴纳米块（相当于已经细化成纳米尺度的、具有小角度晶界的晶粒）。随着变形的进一步进行，亚晶界也会通过位错的湮灭、重组使取向差不断增加；同时，由于晶粒不断细化，晶界滑移或晶粒转动也会更容易，这也促使亚晶界向任意取向的晶界转变。这样就最终形成了等轴状、取向呈随机分布的纳米晶组织。其晶粒细化机理如图 17.30（b）所示。

（4）304ss 晶体结构属于 fcc 结构，具有较低的层错能。位错在 {1 1 1} 面上滑移并相互交割形成网络结构；单系孪晶形成并逐渐过渡到多系孪晶（由于层错能较低，孪晶的生长驱动力较大，足以克服晶界、孪晶界的阻碍，从而使得孪晶的交割成为可能）；多系孪晶相互交割使晶粒尺寸不断减小，并在孪晶交叉处形成马氏体相；孪晶系增多与孪晶重复交割强度加大使得碎化晶粒的尺寸进一步减小；最终在大应变量、高应变速率和多方向载荷的共同作用下，形成等轴状、取向呈随机分布的马氏体相纳米晶组织。类似的材料还有 Inconel 600（16.5Cr，8Fe，0.1C，0.8Mn，0.38Si，0.4Cu，其余为 Ni. mass%）等，但由于层错能比304ss 稍高，故仍然存在一些差别。Inconel 600 孪晶一般终止于晶粒内部或者共轭孪晶的边界处，这说明孪晶生长的驱动力不足以克服遇到的孪晶界障碍。随着应变的增加，当机械孪晶难以在孪晶-基体交叉结构中形成时，为了与塑性变形相适应，在孪晶-基体交叉结构中位错运动开始起作用。为了降低应变所积累的能量，位错组态将以 DDW 的形式出现，即位错聚集形成 DDW。随着应变的进一步增加，DDW（通过位错的湮灭和重组）转变成亚晶界，将孪晶-基体交叉结构分成等轴的纳米级小块，并具有一定的取向差。304ss 与 Inconel 600 的晶粒细化机理如图 17.30（c）所示。

（5）Ti，具有较高的层错能，但晶体结构属于 cph 结构，由于滑移系较少，即使层错能较高也存在机械孪生。产生均匀的塑性变形至少需要 5 个独立的滑移系，而钛只有 4 个独立的滑移系，所以为了保持塑性变形的能力，需要进行孪生变形，因此在低应变下孪生是主要的变形方式。随温度和变形条件的不同，孪生面分别有：$\{10\bar{1}2\}$，$\{11\bar{2}1\}$，$\{11\bar{2}2\}$，$\{10\bar{1}1\}$。多方向的应变以及应变的不断增加，可以使不同的孪晶系开动，于是导致不同孪晶系的交割。随着应变的增加，孪晶的进一步形成会使微观结构的尺度迅速下降。这也就导致了薄片状结构的形成，它们的取向差很小。然后位错运动开始起主导作用。孪晶和孪晶的交叉会阻碍位错的运动，这样就导致了在孪晶界处产生很高的位错密度，形成 DDW。

在一定的应变水平下，位错需要重组以降低体系的能量，从而形成位错胞以适应塑性变形。位错胞是亚晶界形成的初始阶段，随后会转变成具有小取向差的小块，最终形成亚微米级的多角形晶粒。亚微米级晶粒中的位错密度比薄片状结构小。随着应变的增加，这种分割会不断地进行下去，于是形成了等轴的纳米晶。晶粒取向的随机化同样是由于晶界的旋转而逐渐形成的。其晶粒细化机理如图 17.30（d）所示。

当材料中存在第二相时，第二相的晶粒细化主要有两种方式：一种是基体变形在第二相处受阻会产生应力集中，当其达到第二相位错开始移动的临界分切应力时，第二相内部的滑移位错会将其切开；另一种是当基体中产生大量的位错、位错墙和亚晶界时，第二相在晶界中发生溶解，直到在纳米结构中完全消失。

表面自身纳米化机理分析结果表明，对以位错滑移为主要变形方式的材料，其晶粒细化机理主要晶粒分割、动态再结晶机理和胞结构转变为超细晶粒机理；以变形孪晶为主要变形材料，其晶粒细化是通过变形孪晶间的交割实现的。变形孪晶的相互交割将变形晶粒分割为不同的结构单元，这种孪晶分割过程随着处理表面靠近逐渐在越来越小的尺度上进行。在近表层，纳米级的多系变形孪晶将变形晶粒分割成为纳米量级的结构单元，弹丸的随机重复变形使这些结构单元逐渐转变为随机取向，经过长时间的表面机械研磨处理（SMAT），在材料表层形成均匀分布的纳米晶。根据微观应变的大小、晶粒的尺寸、形状及分布状况，可以将样品沿厚度方向划分为 3 个区域：表面纳米晶层、过渡层和原始晶粒层。表面纳米晶层：此层由晶体学随机取向的等轴状纳米晶组成，沿样品厚度方向晶粒尺寸逐渐增加。研究表明，低碳钢在表面经机械研磨处理后，从表面到 40μm 的深度，晶粒尺寸由 14nm 逐渐增加到 100nm，而微观应变随深度增加逐渐变小。

在表面纳米化过程中，密堆六方钛表面产生了塑性变形，在微观上产生了大量的孪晶，并且孪生不断地向表面运动。与此同时，滑移系开始移动，位错数目不断增多，当位错胞的能量大于晶界的能量时就转变为晶界。随转变晶界数目增多，表面晶粒不断细化，最终达到纳米量级。

17.9　组织-结构强化机理

在材料科学领域，所谓"组织"是指用金相、岩相方法，或用扫描电子显微镜、透射电子显微镜观察到的各种物相的晶粒形貌、分布等信息的通称，而"结构"则是借助衍射方法来揭示材料中各种物相的晶体结构及其精细结构、微结构。然而，一些人把上述两种信息统称为"组织结构"，其实"组织"和"结构"的概念是有明显差别的。尽管本书喷丸表层结构表征所涉及的内容包括宏观应力、微应力、晶粒大小、晶体缺陷（如位错、层错等）以及显微硬度、材料的某些力学行为，虽然涉及组织形貌及分布的内容很少，但晶粒大小、第二相析出及其分布也属于显微组织的内容，因此我们仍沿用"组织-结构"强化这个名词。

17.9.1　细（纳米）晶强化机理

通常金属材料是由许多晶粒组成的多晶体，晶粒的大小可以用单位体积内晶粒的数目来表示，数目越多，晶粒越细。实验表明，在常温下的细晶粒金属比粗晶粒金属有更高的强度、硬度、塑性和韧性。这是因为细晶粒受到外力发生塑性变形可分散在更多的晶粒内进行，塑性变形较均匀，应力集中较小；此外，晶粒越细，晶界面积越大，晶界越曲折，越不利于裂纹的扩展。故工业上将通过细化晶粒以提高材料强度的方法称为细晶强化。细晶强化的关键在于晶界对位错滑移的阻滞效应。位错在多晶体中运动时，由于晶界两侧晶粒的取向不同，加之这里杂质原子较多，也增大了晶界附近的滑移阻力，因而一侧晶粒中的滑移带不能直接进入第二个晶粒，而且要满足晶界上变形的协调性，需要多个滑移系统同时动作。这同样导致位错不易穿过晶界，而是塞积在晶界处，引起了强度的增高。可见晶界面是位错运动的障碍，因而晶粒越细小，晶界越多，位错被阻滞的地方就越多，多晶体的强度就越高，已经有大量实验和理论的研究工作证实了这一点。另外，位错在晶体中是三维分布的，位错网在滑移面上的线段可以成为位错源，在应力的作用下，此位错源不断放出位错，使晶体产生滑移。位错在运动过程中，首先必须克服附近位错网的阻碍，当位错移动到晶界时，又必须克服晶界的障碍，才能使变形由一个晶粒转移到另一个晶粒上，从而使材料产生屈服。因此，材料的屈服强度取决于使位错源运动所需的力、位错网给予移动位错的阻力和晶界对位错的阻碍大小。晶粒越细小，晶界就越多，障碍也就越大，需要加大外力才能使晶体产生滑移。所以，晶粒越细小，材料的屈服强度就越大 。细化晶粒是众多材料强化方法中唯一可在提高强度的同时提高材料塑性、韧性的强化方法。其提高塑性机理为：晶粒越细，在一定体积内的晶粒数目越多，则在同样塑性变形量下，变形分散在更多的晶粒内进行，变形较均匀，且每个晶粒中塞积的位错少，因应力集中引起的开裂机会较少，有可能在断裂之前承受较大的变形量。提高强度机理为：晶界增多，而晶界上的原子排列不规则，杂质和缺陷多，能量较高，阻碍位错的通过。

晶粒大小的作用是晶界影响的反映，因为晶界是位错运动的障碍，在一个晶粒内部必须塞积足够数量的位错才能提供必要的应力，使相邻晶粒中的位错源开动，并产生宏观可见的塑性变形。因而，减小晶粒尺寸将增加位错运动障碍数目，同时减小晶粒内位错塞积群的强度，使屈服强度提高。许多金属与合金的屈服强度和晶粒大小的关系符合 Hall-Petch 关系，即

$$\sigma_s = \sigma_0 + k_y \overline{D}^{-1/2} \tag{17.88}$$

式中，σ_0 为位错在基体金属中运动的总阻力，亦称为摩擦系数，取决于晶体结构和位错密度；k_y 为度量晶界对强化贡献大小的钉扎常数，或表示滑移带端部的应力集中系数；$\overline{D}$ 为晶粒平均直径。

对于铁素体为基的钢而言，晶粒大小在 $0.3 \sim 400 \mu m$ 都符合式（17.88）的关系。奥氏体钢也适合这个关系，但其 k_y 值较铁素体的小 1/2，这是因为奥氏体钢中位错的钉扎作用较小，体心立方金属较面心立方金属和密排六方金属的 k_y 值都高，所以体心立方金属细晶强化效果最好，而面心立方和密排六方金属则较差。

亚晶界的作用与晶界类似，也阻碍位错的运动。实验发现，Hall-Petch 公式也完全适用于亚晶粒，但 k_y 值不同，将有亚晶的多晶材料和无亚晶的同一材料相比，至少小 1/2～4/5，且 d 为亚晶粒的直径。另外，在亚晶界上产生屈服变形所需的应力对亚晶粒间的取向差不是很敏感。

相界也阻碍位错的运动，因为相界两侧材料具有完全不同的取向和不同的柏氏矢量，还可能具有不同的晶体结构和不同的性能。因此，多相合金中的第二相的大小将影响屈服强度，同时第二相的形状、分布等因素也有重要影响。

在不同的试验温度和应变速率下，有图 17.31 所示的结果。可见，随晶粒直径的减小，屈服强度在不断增大，并且各曲线的（不同温度下）斜率几乎相等。这说明屈服强度增加的趋势与温度无关，而仅与晶粒尺寸有关。

进一步研究发现，晶界对屈服强度的影响不仅来自晶界本身，而且与晶界是连接两个晶粒的过渡区有关，由于在此过渡区的两边是不同位向排列的两个晶

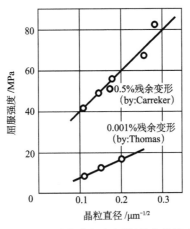

图 17.31　晶粒直径与屈服强度的关系

粒，一个晶粒内的滑移带不能穿过晶界直接传播到相邻晶粒，故构成位错运动的障碍。在一个晶粒内，还可能形成亚晶，亚晶界的能量较低，亚晶界两边取向差很小，往往只差几度，最简单的亚晶界是由一排刃型位错按垂直方向排列而成的，这些小角度的亚晶对合金性能也有很大影响，研究发现，随亚晶尺寸变小，屈服强度增加。

17.9.2　相变强化机理

众所周知，钢的性能取决于钢的组织结构（或称为钢的组织及微观精细结构），而组织结构的主导是由相变决定的。最简单的例子是低碳钢在热轧后随冷却条件的变化，有铁素体＋珠光体、铁素体＋贝氏体、马氏体等几种结构。钢的力学性能也随之有很大的变化，从而可以生产出不同强度等级的钢材品种，用于各种不同的用途。这种情况就归属于相变强化（phase transformation strengthening）。

（1）钢的化学成分决定要有结构变化的原相（母相），这是前提。

（2）发生相变有一个形核和长大的过程，例如随冷却条件的变化，相变有扩散型与无扩散型之分，在较高温度下的相变过程由扩散控制，低温下的相变为切变控制机理。

（3）喷丸应变是诱发相变的一种重要的驱动条件，在外力的作用下，状态失去了平衡，由高能量状态向低能量状态转变。在丸粒的反复作用下，有大角晶界的多边形铁素体与小角晶界的非多边形铁素体的区分，此外含有微合金化元素溶质的奥氏体转变产物中具有非常高的位错密度，所以高强度钢筋的生产，除了析出强化和晶粒细化外，相变强化也是钢筋强韧化机理不容忽视的因素。

钢经喷丸诱发转变成马氏体，这是使钢强化的常用手段之一。马氏体强化能获得高的强度和硬度，其强化不是靠单一机理，而是几种强化机理共同作用的结果，具体如下：

（1）马氏体点阵为碳所固溶强化。马氏体是碳在 α-Fe 中的过饱和固溶体，含有过饱和的碳量。当奥氏体转变成马氏体时，碳原子由不饱和变成过饱和，点阵由面心立方转变成体心立方，碳原子在晶格中的位置也发生了变化，因而引起晶格畸变，在晶体内部形成巨大的应力场。碳含量愈大，晶格畸变愈大。

（2）组织细化，特别是形成相弥散地分布在基体相中，如铁素体钢中残余奥氏体和/或弥散分布的碳化物都属于组织强化范畴。

17.9.3　缺陷强化机理

对工程材料来说，一般是通过综合的强化效应以达到较好的综合性能。具体方法有固溶强化、变形强化、沉淀强化和弥散强化、细化晶粒强化、择尤取向强化、复相强化、纤维强化和相变强化等，这些方法往往是共存的。材料经过辐照后，也会产生强化效应，但一般不把它作为强化手段。

喷丸在材料/零部件表层引入微应变（力），进而引入晶体缺陷，如位错、层错等。变形强化决定于位错运动受阻，因而强化效应与位错类型、数目、分布、固溶体的晶型、合金化情况、晶粒度和取向及沉淀颗粒大小、数量和分布等有关。温度和受力状态有时也是决定性的因素。

金属材料的变形主要是通过滑移实现的，位错对于理解金属材料的一些力学行为特别有用。而位错理论可以解释材料的各种性能和行为，特别是变形、损伤和断裂机理，相应的学科为塑性力学、损伤力学和断裂力学。另外，位错对晶体的扩散和相变等过程也有较大影响。

第一，滑移解释了金属的实际强度比根据金属键理论预测的理论强度低得多的原因。此外，金属材料拉伸断裂时，一般沿 45° 截面方向断裂而不会沿垂直截面的方向断裂，原因在于材料在变形过程中发生了滑移。

第二，滑移赋予了金属材料的延性。如果材料中没有位错，铁棒就是脆性的，也就不可能采用各种加工工艺，如锻造等，将金属加工成有用的形状。

第三，通过干预位错的运动，进行合金的固溶强化，控制金属或合金的力学性能。把障碍物引入晶体就可以阻止位错的运动，造成固溶强化，如板条状马氏体钢（F12 钢）等。

第四，晶体成型加工过程中出现硬化，这是因为晶体在塑性变形过程中位错密度不断增加，弹性应力场不断增大，位错间的交互作用不断增强，因而位错运动变得越来越困难。

第五，含裂纹材料的疲劳开裂和断裂、材料的损伤机理以及金属材料的各种强化机理都是以位错理论为基础的。

17.10　喷丸强化的综合效果[8,9]

总结本章前述的内容可得出如下结论：

（1）喷丸表层的结构参数（残余应力、晶粒大小、微应变、位错密度和层错概率）与喷丸表层的性能（显微硬度、屈服强度）有良好的对应关系。

（2）就喷丸表层的最表面而言，残余压应力越大、晶粒越小、微应变越大、位错密度越大、层错概率越高，喷丸表层的最表面的显微硬度、屈服强度越大。

（3）就喷丸表层内的分布而言，也是残余压应力越大、晶粒越小、微应变越大、位错密度越大、层错概率越高，喷丸表层的最表面的显微硬度、屈服强度越大。

（4）就喷丸工艺而言，喷丸强度越大，残余压应力越大、晶粒越小、微应变越大、位错密度越大、层错概率越高，喷丸表层的最表面的显微硬度、屈服强度越大，但都会达到饱和。

（5）喷丸强化处理引发靶材表层发生的塑性变形，实属循环塑性变形，而并非单调塑性变形的性质。

（6）应力强化与组织-结构强化两种强化机理都是改善疲劳、应力腐蚀、氢脆等的断裂抗力的强化机理。

（7）应力强化机理只能改善正断型模式的疲劳断裂抗力，而组织-结构强化机理主要用于改善切断型模式的疲劳断裂抗力，此外它也有助于改善正断型模式的疲劳断裂抗力。

可见，残余压应力的强化作用固然十分重要，而喷丸引起的其他效应也不可忽视，所以喷丸强化是一个综合效应，但还未考虑喷丸后表面粗糙度的影响。

由于靶材和喷丸工艺参数不同，疲劳源可能萌生于表面或次表面。首先，疲劳裂纹的萌生是位错往复运动的结果，而位错在表面和内部运动时所受的约束力截然不同，这一现象在分析内部萌生疲劳源的疲劳强度时至关重要。其次，许多试验表明，喷丸引起表面粗糙度的变化对疲劳性能有重要影响，但一般文献多予忽略。

当表面引入残余压应力时，表面粗糙度是决定疲劳源萌生位置的重要因素。

1. 疲劳源萌生于表面的情况

表面起裂时，控制喷丸强化效果的有以下 3 个因素：材料的表面疲劳极限

(SFL)，表面残余应力（σ_r^s）值以及喷丸后的深度（R_{tm}）。为讨论粗糙度的影响，先定义几个表征粗糙度的参数：

S 为轮廓峰顶间距的平均值。

$R_{tm} = \dfrac{1}{n} \sum R_{ti}$，其中 R_{ti} 为取样长度，为 n 个子段中第 i 个子段内高峰与低谷的高度差。

K_1 为应力集中系数。

把喷丸表面凹痕理想化为球面凹坑，凹坑的表面直径为粗糙度参数 S，深度为 R_{tm}，存在这种表面凹坑的半无限大体受均匀拉应力时的应力集中系数 K_1，可根据西田的试验曲线计算。当 $R_{tm}/S < 0.15$ 时，曲线的近似表达式为

$$K_1 \approx 1 + 22 \, (R_{tm}/S)^2 \tag{17.89}$$

如中央凹坑周围存在大量凹坑，则有分散中央凹坑应力集中的作用。可把这种情况理想化为中央凹坑周围有 6 个大小相同与其相切的凹坑，根据有限元分析，此时的（$K_1 + 1$）值将减小 20%，即整体的应力集中系数变为

$$K \approx 1 + 18 \, (R_{tm}/S)^2 \tag{17.90}$$

同一喷丸规范下，软材料比硬材料的应力集中系数大，因此喷丸强化效果低。

在喷丸表面起裂的情况下，可将 σ_r^s 视为平均应力，修正的 Goodman 方程为

$$K\sigma_a = m \left[\sigma_b - (K\sigma_m + \sigma_r^s) \right] \tag{17.91}$$

式中，σ_a 为有残余应力和应力集中存在时以应力幅表示的疲劳极限；σ_m 为外施平均应力；σ_b 为抗拉强度；$m = \sigma_{-1}/\sigma_b$（σ_{-1} 为 $R = -1$ 时的疲劳极限，即材料的疲劳极限）。m 值可由材料手册中查到。此外，也可测定未喷丸试样在一定应力比 R 下的疲劳极限 $\sigma_{a(R)}$，以计算出 σ_{-1} 和 m 值。考虑到多数试验结果介于 Goodman 和 Gerber 曲线之间，计算 σ_{-1} 时宜采用中介方程

$$\sigma_{a(R)} = \sigma_{-1} \left[1 - (\sigma_{m(a)}/\sigma_b)^{1.5} \right] \tag{17.92}$$

利用式（17.92）可以预测喷丸后表面疲劳源时的疲劳极限，将各试样的 σ_b、σ_r^s、K 和 m 值代入式（17.91）算出 σ_a。再根据

$$\sigma_{\max} = 2\sigma_a/(1 - R) \tag{17.93}$$

算出 $\sigma_{\max}$，即为疲劳极限的预测值，其与试验值相当接近，最大误差小于 3%。

2. 疲劳源萌生于内部的情况

当喷丸强度较低或喷丸强度虽高但喷丸后表面磨削加工，由于表层残余压应力的作用，疲劳源移到试样内部，疲劳极限大幅度提高约 30%，说明疲劳源已移到内层的残余拉应力区内。通常，残余拉应力区内的组织结构不发生明显的变化，更没有压应力的强化作用，然而在拉应力区内萌生疲劳源的试样，其疲劳极限却明显增高。这里除了外施应力梯度的有利因素之外，尚有其他更重要的强化

因素在起作用。为了寻求另一强化因素，需对疲劳源处的实际应力进行计算。以最大应力表示

$$\sigma_{fs} = \sigma_s^l + \sigma_s^n \qquad (17.94)$$

式中，σ_s^l 和 σ_s^n 分别为疲劳源处外载引起的应力最大值和残余拉应力值。σ_s^l 可根据实测的疲劳极限 σ_{max}、Z_s 及试样厚度 h 计算，其表达式为

$$\sigma_s^l = \sigma_{max}[(h - 2Z_s)/h] \qquad (17.95)$$

而 σ_s^n 可由实测的残余压应力场及残余拉应力场的表达式计算：

$$\sigma_s^n = \frac{(Z_s - Z_0)^{1.35}}{a(Z_s - Z_0) + b} \qquad (17.96)$$

式中，a、b 为由残余应力场确定的常数。

　　基于上述分析，可以提出喷丸强化的综合效应理论。在忽略喷丸引起的表层材料循环硬化/软化影响的前提下，参与强化效应的因素有残余压应力场、表面粗糙度、材料本身的表面疲劳极限 SFL 和内部疲劳极限 IFL 等四项。后两者为材料固有的性能，与喷丸工艺无关，二者间存在 IFL /SFL≈1.34 的比例关系。由于 SFL＜IFL，且有表面粗糙度的负作用，疲劳源可能萌生于表面，此时表层的残余压应力只起到直接强化作用，其强化效果较差。若表面粗糙度较低，或喷丸后表面磨光，则在喷丸残余压应力场的作用下，疲劳源被驱赶到试样内部，迫使疲劳断裂在高值的 IFL 应力水平下发生，此时残余压应力起到将疲劳源向内层压迫的间接强化作用，而实质的强化因素在于材料本身固有的高值 IFL，强化效果较高。至于疲劳源究竟萌生于表面还是内部，由这两重因素的竞争而决定。对于喷丸后不磨光试样，当这两重因素处于平衡时，便会发生双栖疲劳源。

　　利用这一理论可以实现喷丸件疲劳强度的定量估算及喷丸工艺参数的优化选择。

参 考 文 献

[1] 刘海英. 超声喷丸强化机理的研究. 太原理工大学硕士学位论文，2008.

[2] Johnson K L. Contact Mechanics. Cambridge University Press，1985.

[3] 王仁智. 表面喷丸强化机理. 机械材料工程，1988，5：19～23.

[4] 王仁智. 金属材料的喷丸强化原理及其强化机理综述. 中国表面工程，2012，11 (6)：1～9.

[5] 刘刚，雍兴平，卢柯. 金属材料表面纳米化的研究现状. 中国表面工程，2001，3：1～5；中国金属材料表面纳米化技术取得突破性进展. 表面工程资讯，2004，4 (1)：3.

[6] 冯淦，石连捷，吕坚，等．低碳钢超声喷丸表面纳米化的研究．金属学报，2000，36（3）：300～303.

[7] 刘宝胜．镁合金表面纳米化显微结构和晶粒细化机理研究．太原理工大学硕士学位论文，2007.

[8] 李金魁，姚枚，王仁智，等．喷丸强化的综合效应理论．航空学报，1992，13（11）：670～677.

[9] 李金魁．金属喷丸强化理论研究．哈尔滨工业大学博士学位论文，1989.